RUDOLF BEREIS

DARSTELLENDE GEOMETRIE I

MATHEMATISCHE LEHRBÜCHER UND MONOGRAPHIEN

HERAUSGEGEBEN VON DER
DEUTSCHEN AKADEMIE DER WISSENSCHAFTEN ZU BERLIN
INSTITUTE FÜR MATHEMATIK

I. ABTEILUNG
MATHEMATISCHE LEHRBÜCHER
BAND XI

DARSTELLENDE GEOMETRIE I

VON

RUDOLF BEREIS

AKADEMIE-VERLAG · BERLIN
1964

DARSTELLENDE GEOMETRIE I

VON

DR. RUDOLF BEREIS

Professor und Direktor
des Instituts für Geometrie
an der Technischen Universität Dresden

Mit 361 Abbildungen

AKADEMIE-VERLAG · BERLIN

1964

Erschienen im Akademie-Verlag GmbH, Berlin W 8, Leipziger Str. 3–4

Lizenz-Nr. 202 · 100/480/64
Gesamtherstellung: VEB Druckerei „Thomas Müntzer" Bad Langensalza
Bestellnummer: 5530 · ES 19 B 3

VORWORT

Das Unterrichtsfach „Darstellende Geometrie“ ist aus der Grundausbildung von Studenten der Mathematik, des Maschinenbaus, des Bauingenieurwesens, der Kartographie, der Geodäsie usw. nicht mehr wegzudenken, wird doch durch das Studium der darstellenden Geometrie das räumliche Vorstellungsvermögen mehr als bei irgendeinem anderen Studium geweckt und gefördert. Darüber hinaus werden dem zukünftigen Ingenieur Konstruktionsmethoden zur Verfügung gestellt, die ihn befähigen, räumliche geometrische Probleme mit Hilfe gewisser Abbildungsarten in einer Zeichenebene graphisch zu lösen bzw. im Geist vorgestellte räumliche Gebilde anderen Personen durch Zeichnung mitzuteilen. Die darstellende Geometrie ist eben, wie der Wiener Geometer Josef KRAMES so trefflich formulierte, die Hohe Schule des räumlichen Denkens und der bildhaften Wiedergabe des räumlich Gedachten.

Vorliegendes Lehrbuch der darstellenden Geometrie weist einige Besonderheiten auf, die nachstehend kurz erklärt werden:

1. Das Lehrbuch ist zum Gebrauch für Direkt- und Fernstudenten aller Fachrichtungen geschrieben, bei denen die darstellende Geometrie als ein Grundlagenfach vorkommt. Es ist aber auch als Nachschlagewerk für den in der Praxis stehenden Ingenieur gedacht und soll nicht zuletzt eine wichtige Hilfe für die Lehrer der Fächer Mathematik, darstellende Geometrie und technisches Zeichnen sein.

2. Das Lehrbuch ist sowohl für den Gebrauch neben einer Vorlesung als auch zum Selbststudium bestimmt. Der Text ist daher besonders in den einführenden Teilen ausführlich gehalten, wobei auch Wiederholungen nicht gescheut wurden. Diese absichtliche Breite der Ausführungen soll die erfahrungsgemäß immer wieder auftretenden Schwierigkeiten bei einem ersten Studium der darstellenden Geometrie mildern.

3. Das Lehrbuch soll in drei Teilen erscheinen. Der vorliegende erste Band bringt die Grundlagen der darstellenden Geometrie bis zur Durchdringung krummer Flächen. Der gebotene Stoff geht dabei weit über den Rahmen einer einführenden Vorlesung hinaus. Daher wird der vortragende Dozent eine geschickte Auswahl des gebrachten Stoffes zu treffen haben, damit er bei der geringen Stundenanzahl, die derzeit für die darstellende Geometrie vorgesehen ist, auch noch die für die entsprechende Fachrichtung wichtigen Teile der Bände zwei und drei in seine Vorlesung aufnehmen kann.

Der zweite Band wird eine Einführung in die Lehre der Landkartenentwürfe, Schraublinien und Schraubflächen sowie ebene und sphärische Kinematik bringen.

In den dritten Band sollen kotierte Projektion, Axonometrie und Perspektive aufgenommen werden.

4. Um den Studierenden ein leichteres Nachschlagen zu ermöglichen, wurden ganze Stoffpartien in das Schema „Aufgabe — Lösung" aufgegliedert und jedem Band ein Stichwortverzeichnis beigegeben. Auf eine (wenn auch nicht immer streng formal durchgeführte) Trennung in „gedankliche, räumliche Lösung" und ihre „konstruktive Durchführung" wurde Wert gelegt, wobei häufig die zu Beginn des ersten Bandes dargelegte „geometrische Kurzschrift" Verwendung fand.

5. Zum erfolgreichen Erarbeiten des gebotenen Stoffes ist unbedingt ein aktives Mitarbeiten des Lesers erforderlich. So sollten die zahlreichen beigefügten Figuren selbständig nochmals entworfen werden, wobei sich der Anfänger vor mechanischer Ausführung der Konstruktionen hüte. Von jeder gezeichneten Linie soll stets ihre räumliche Bedeutung erfaßt werden.

Insbesondere sind die „Aufgaben für den Leser" dazu geeignet, das selbständige Durchdenken eines räumlichen Problems und dessen konstruktive Lösung in einer Zeichenebene dem Studierenden nahe zu bringen. Man lege bei der hierzu nötigen Zeichenarbeit Wert auf exakte, präzise Ausführung und scheue sich nicht, die eine oder andere Zeichnung mit Tusche auszuführen. In diesem Zusammenhang sei aus einer Rede des genialen französischen Mathematikers Gaspard Monge (1746—1818) zitiert: „. . . Um die französische Nation von der Abhängigkeit, in welcher sie sich von der ausländischen Industrie befindet, zu befreien, muß der öffentliche Unterricht in Frankreich bestrebt sein, Dinge zu lehren, welche Genauigkeit erfordern und die Schüler an sorgfältiges und exaktes Arbeiten gewöhnen . . . Zur Erreichung dieser Ziele ist aber die Kenntnis der darstellenden Geometrie, dieser für den Ingenieur unerläßlichen Sprache, von ganz besonderer Wichtigkeit. Sie ist leicht zu erlernen, gewöhnt die Schüler durch die mit dem Unterricht zu verbindenden konstruktiven Übungen an Präzision und erweckt den Forschungstrieb, da sie immerfort sich damit beschäftigt, Unbekanntes aus Bekanntem zu ermitteln."

6. Jene durch Sternchen * . . . * gekennzeichneten Abschnitte und Aufgaben sind vor allem für Mathematikstudenten oder mathematisch besonders interessierte Leser gedacht und können von Studierenden anderer Fachrichtungen übersprungen werden. Diese Teile des Buches bezwecken zweierlei:

a) Sie sollen auf rechnerisch-analytische Behandlungen von räumlichen Problemen hinweisen, ermöglicht doch eine Rechnung eine höhere Präzision als die genaueste Zeichnung. Um den heutigen gesteigerten Anforderungen an Exaktheit zu entsprechen, wird es bei manchen Problemen der Praxis vorteilhaft sein, sich durch graphische Verfahren an die Lösung heranzutasten und dann erst die Rechnung einzusetzen. Dadurch wird es in vielen Fällen möglich sein, schneller und billiger zu optimalen Ergebnissen zu gelangen.

Es soll aber nicht unerwähnt bleiben, daß für viele Zwecke der Praxis genügend genaue Konstruktionsverfahren existieren, die einfacher und schneller ausreichende Ergebnisse liefern als die Rechnung.

b) In den durch Sternchen hervorgehobenen Teilen soll dargelegt werden, daß die darstellende Geometrie anschauliche Grundlagen der analytischen Geometrie des Raumes und der Differentialgeometrie liefert und daß umgekehrt die beiden genannten Disziplinen der darstellenden Geometrie erst die nötige Strenge und Exaktheit geben.

Die in diesem Buch benützten Sätze der analytischen, der algebraischen und der Differentialgeometrie wurden (ohne Beweise) diesen Gebieten entnommen.

Die auch mit analytischen Mitteln arbeitende darstellende Geometrie, die sich der anschaulich-konstruktiven Denkweise bedient und der man auch alle graphischen Methoden der reinen und angewandten Mathematik zuweisen muß, wird nach dem Wiener Geometer Erwin Kruppa als „Konstruktive Geometrie" bezeichnet.

7. Abweichend von den meisten Lehrbüchern der darstellenden Geometrie wird im vorliegenden Lehrbuch konsequent ein räumliches Rechtssystem verwendet, damit bei auftretenden Rechnungen kein Wechsel des Koordinatensystems vorgenommen werden muß.

Der Leser wird nach intensivem Studium des vorliegenden Lehrbuches der darstellenden Geometrie nicht nur in der Lage sein, technische Zeichnungen zu „lesen", die nach den geschilderten Verfahren der darstellenden Geometrie hergestellt wurden, sondern auch selbst solche zu entwerfen. Dadurch wird es ihm möglich sein, sich auf den verschiedensten technischen Gebieten leichter durchzusetzen, ist und bleibt doch die anschauliche Geometrie ein wesentlicher Bestandteil des Rüstzeuges des schaffenden Technikers jedes Zeitalters.

Für die wertvolle Mithilfe bei der Anordnung des Stoffes, für Korrekturlesen und mancherlei Anregungen danke ich meinem Oberassistenten Herrn Dr. Gerhard Geise. Ferner haben mich beim Ausfeilen des Textes und beim Lesen der Korrekturen mein Oberassistent Herr Dr. Helmut Günther und die Herren Assistenten Dr. Eberhard Schröder, Dipl.-Math. Hans-Gerhard Busse und Dipl.-Math. Adolf Nowotny in unermüdlicher Arbeit unterstützt. Ganz besonderer Dank gebührt meiner techn. Zeichnerin Frl. Ingeborg Tittel, die die vielen Textbilder in hervorragender Weise klischeefertig gezeichnet hat. Dem Akademie-Verlag und seinen Mitarbeitern danke ich für viel Verständnis und Entgegenkommen und für die große Sorgfalt, mit der sie die Drucklegung dieses Buches durchgeführt haben.

Dresden, im Herbst 1963 Rudolf Bereis

INHALT

III. Elementare Konstruktionsaufgaben in zugeordneten Normalrissen

IV. Ebenflächig begrenzte Körper

HINWEISE FÜR DEN LESER

a) Im allgemeinen werden bezeichnet:

Punkte mit lateinischen Großbuchstaben oder arabischen bzw. römischen Zahlen:

$$A, B, \ldots, P, Q, \ldots, 0, 1, 2, \ldots, I, II, \ldots;$$

Kurven, insbesondere Geraden, mit kleinen lateinischen Buchstaben:

$$a, b, \ldots, k, l, m, n, \ldots;$$

Körper und *Flächen* mit großen griechischen oder deutschen Buchstaben:

$$A, B, \Gamma, \ldots, K, \ldots, \Phi, \ldots, \Omega; \mathfrak{A}, \mathfrak{B}, \mathfrak{C}, \ldots, \mathfrak{K}, \ldots, \mathfrak{Z};$$

Ebenen und *Winkel* mit kleinen griechischen Buchstaben:

$$\alpha, \beta, \gamma, \ldots, \varepsilon, \ldots, \mu, \nu, \ldots, \omega .$$

Ein Verwechseln von Ebenen und Winkeln wird aus dem Zusammenhang heraus nicht möglich sein. Die Buchstaben und Ziffern können noch mit oben oder unten angebrachten Ziffern oder Zeichen versehen sein:

$$A', B'', T_1^*, e_2, \tilde{\omega}', \Phi', \ldots .$$

b) Im Text sind die einzelnen Schritte der dargestellten Konstruktionen in einer besonderen Kurzschrift angegeben, die teilweise mit der von Wiener und Rohn-Papperitz (siehe Literaturverzeichnis) benutzten übereinstimmt. So bedeuten:

$AB = g$	die Verbindungsgerade g der Punkte A und B,	$\alpha\beta = g$	die Schnittgerade g der Ebenen α und β,
$Aa = \alpha$	die Verbindungsebene α des Punktes A mit der Geraden a,	$\alpha a = P$	den Schnittpunkt P der Ebene α mit der Geraden a,
$ab = \varepsilon$	die Verbindungsebene ε der sich schneidenden oder parallelen Geraden a und b,	$ab = P$	den Schnittpunkt P der Geraden a und b.

Bemerkung. Für windschiefe Geraden a und b ist das Symbol ab nicht erklärt. Welche der beiden Bedeutungen dem Symbol ab zukommt, wird in jedem Fall angegeben.

Sind Punkte mit arabischen oder römischen Zahlen bezeichnet, so bedeutet *1-2* oder *I-II* die Verbindungsgerade der Punkte *1*, *2* bzw. *I*, *II*.

Ferner bedeuten:

$ABC = \varepsilon$ die Verbindungsebene ε der Punkte A, B, C,

$A \cdot \alpha\beta = \varepsilon$ die Verbindungsebene ε des Punktes A mit der Schnittgeraden von α und β,

$\alpha\beta\gamma = P$ den Schnittpunkt P der Ebenen α, β, γ,

$\alpha \cdot AB = P$ den Schnittpunkt P der Ebene α mit der Verbindungsgeraden von A und B.

Weiterhin werden folgende Zeichen benutzt:

$\|$: parallel, $\nparallel$: nicht parallel,

$A \| a = g$: die Gerade g durch den Punkt A parallel zur Geraden a,

$A \| \alpha = g$: eine Gerade g durch den Punkt A parallel zur Ebene α,

$\perp$: senkrecht, normal (im Text), ⊡ : senkrecht, normal (im Bild),

$A \perp a = g$: die zur Geraden a normale Gerade g durch den Punkt A (in der Ebene Aa),

$A \perp a = \nu$: die zur Geraden a normale Ebene ν durch den Punkt A,

$A \perp \alpha = g$: die zur Ebene α normale Gerade g durch den Punkt A.

Bei Zusammensetzungen der Zeichen verwendet man meist runde Klammern. So bedeuten:

$(A \perp a)\, a = B$: Fußpunkt B des aus A auf a gefällten Lotes = Schnittpunkt der durch A gelegten Normalebene auf a mit a,

$(A \perp \alpha)\, \alpha = B$: Fußpunkt B des aus A auf die Ebene α gefällten Lotes.

Weitere benützte Zeichen sind:

$\overline{AB} = d$: Abstand der Punkte A und B bzw. die durch die Punkte A und B angegebene Strecke,

$\overline{Aa} = d$: Abstand des Punktes A von der Geraden a (Lotabstand),

$\overline{A\alpha} = d$: Abstand des Punktes A von der Ebene α (Lotabstand).

Bemerkung. Abstände werden dem Betrag nach angegeben. Sollen sie jedoch vorzeichenbehaftet sein, so wird dies jeweils besonders vermerkt. Bei Teil- und Doppelverhältnissen auftretende Strecken sind hingegen stets vorzeichenbehaftet:

$(AB\cdot C) = \dfrac{\overline{AC}}{\overline{BC}} = \delta$: Teilverhältnis des Punktes C in bezug auf die Punkte A und B,

$(ABCD) = \dfrac{\overline{AC}}{\overline{BC}} : \dfrac{\overline{AD}}{\overline{BD}} = \delta$: Doppelverhältnis der in der Reihenfolge A, B, C, D aufgezählten Punkte.

Weitere verwendete Zeichen sind:

$\sphericalangle$:	Winkel
$\sphericalangle\, ab = \varphi$:	Winkel φ der Geraden a und b,
$\sphericalangle\, a\alpha = \varphi$:	Winkel φ der Geraden a gegen die Ebene α,
$\sphericalangle \alpha\beta = \varphi$:	Winkel φ der Ebenen α und β,
$\sphericalangle\, ABC = \varphi$:	Winkel φ der Geraden AB gegen die Gerade BC,
$\Delta\, ABC$:	das Dreieck mit den Ecken A, B, C,
$\sim$:	ähnlich, z. B. $\Delta\, ABC \sim \Delta\, PQR$,
$\cong$:	kongruent, z. B. $\Delta\, ABC \cong \Delta\, PQR$,
$k(M, r)$:	der Kreis k mit der Mitte M und dem Radius r,
$\mathfrak{K}(M, r)$:	die Kugel $\mathfrak{K}$ mit der Mitte M und dem Radius r,
$\mathfrak{K}(k, S)$:	der Kegel $\mathfrak{K}$ mit dem Scheitel S durch die Kurve k,
$\begin{pmatrix} S \\ A_1 A_2 \ldots A_n \end{pmatrix}$:	die Pyramide mit der Spitze S durch das Polygon $A_1 A_2 \ldots A_n$.
(P) :	Gesamtheit aller Punkte P (die einer gewissen Bedingung unterworfen sind, z. B. die Bahn des Punktes P bei einer zwangläufigen Bewegung),
(g) :	Gesamtheit aller Geraden (Kurven) g (die einer gewissen Bedingung unterworfen sind),
(ε) :	Gesamtheit aller Ebenen ε (die einer gewissen Bedingung unterworfen sind),
$\varepsilon\Phi = k$:	Schnittkurve k der Ebene ε mit der Fläche Φ,
$\Phi_1\Phi_2 = k$:	Schnittkurve k der Flächen Φ_1 und Φ_2.

c) Auskunft über Zeichenpapier, Zeichengeräte, Normschrift usw. findet der Leser z. B. in dem Buch von BACHMANN-FORBERG: Technisches Zeichnen, Teubner, Leipzig 1961 (14. Auflage).

d) Das griechische Alphabet:

A, α	Alpha	H, η	Eta	N, ν	Ny	T, τ	Tau
B, β	Beta	Θ, ϑ	Theta	Ξ, ξ	Xi	Y, υ	Ypsilon
Γ, γ	Gamma	I, ι	Jota	O, o	Omikron	Φ, φ	Phi
Δ, δ	Delta	$K, \varkappa$	Kappa	Π, π	Pi	X, χ	Chi
E, ε	Epsilon	Λ, λ	Lambda	P, ϱ	Rho	Ψ, ψ	Psi
Z, ζ	Zeta	M, μ	My	Σ, σ	Sigma	Ω, ω	Omega

I. GRUNDBEGRIFFE

§ 1. Fernelemente

In einer Ebene ε liege eine Gerade g und auf ihr ein Punkt P. Prägt man der Geraden eine kartesische Zahlenskala auf (durch Annahme eines Nullpunktes O, einer Einheitsstrecke e und eines Durchlaufungssinns (Figur 1)), so wird dadurch dem Punkt P eine reelle Zahl x zugeordnet, die seinen (vorzeichenbehafteten) Abstand von O, gemessen in der Einheit e, angibt. Insbesondere entspricht dem Punkt O die Zahl 0. Umgekehrt entspricht jeder reellen Zahl x ein Punkt P von g. Je größer $|x|$ gewählt wird, um so weiter ist der zugehörige Punkt P von O entfernt. Die Gesamtheit aller Punkte von g, die sich durch reelle Zahlen in dieser Weise erfassen lassen, nennt man die (reellen) *eigentlichen Punkte* der Geraden.

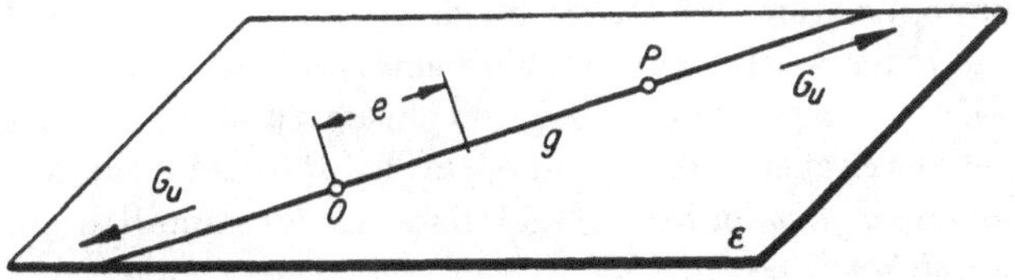

Figur 1

Werden nur die eigentlichen Punkte von g betrachtet, so spricht man von der *euklidischen Geraden g*. Zur Vereinheitlichung gewisser geometrischer Lehrsätze wird auch dem Symbol ∞ ein Punkt G_u auf g zugeordnet. Man nennt diesen fiktiven Punkt den *uneigentlichen Punkt* oder den *Fernpunkt* von g. Durch Hinzufügen des Fernpunktes hat man die euklidische Gerade zu einer *projektiven Geraden* gemacht. Führt man dies für alle Geraden der Ebene ε durch, so erhält man als Gesamtheit der Fernpunkte der Geraden von ε die *uneigentliche* oder die *Ferngerade* von ε; hierbei haben parallele Geraden denselben Fernpunkt, im Endlichen sich schneidende Geraden verschiedene Fernpunkte. Durch Hinzunahme der Ferngeraden wird aus der euklidischen, nur aus eigentlichen Punkten und Geraden bestehenden Ebene eine *projektive Ebene*. In der projektiven Ebene kann jetzt auch zwei parallelen Geraden ein Schnittpunkt zugewiesen werden, nämlich ihr gemeinsamer Fernpunkt. Ein Fernpunkt ist gleichwertig mit einer *Richtung*. Macht man schließlich alle Ebenen des Raumes, d. h. alle eigentlichen Ebenen zu projektiven Ebenen, so erhält man als Gesamtheit aller Ferngeraden die *uneigentliche Ebene* oder die *Fernebene* des Raumes. Dabei haben parallele Ebenen dieselbe Ferngerade, im Endlichen sich schneidende Ebenen verschiedene Ferngeraden.

Durch Hinzunahme der Fernebene wird aus dem euklidischen Raum ein *projektiver Raum*. Im projektiven Raum kann jetzt auch zwei (verschiedenen) parallelen Ebenen eine Schnittgerade zugewiesen werden, nämlich ihre gemeinsame Ferngerade. Man sagt, parallele Ebenen haben dieselbe *Stellung*. Eine Ferngerade ist mit einer Stellung gleichwertig.

Man nennt die Mannigfaltigkeit der Fernelemente des Raumes eine Ebene, da sie den gleichen Verknüpfungsgesetzen unterworfen sind wie die Elemente einer projektiven Ebene. Es schneiden sich zwei (verschiedene) Ferngeraden stets in genau einem Punkt, zwei Fernpunkte haben stets genau eine Verbindungsgerade.

In dem so erklärten projektiven Raum kann man alle Sätze des Schneidens und der Verknüpfung ohne Ausnahme aussprechen, wie „*Zwei (verschiedene) Geraden haben entweder einen Schnittpunkt oder sind windschief*".

§ 2. Abbildungsverfahren und ihre Eigenschaften

Der schaffende Techniker steht häufig vor räumlichen Aufgaben. Zu ihrer Lösung gehören nicht nur ein gewandtes und sicheres räumliches Denken, sondern — zufolge der Unmöglichkeit, im Raum zu zeichnen — auch *Abbildungsverfahren*, die gestatten, auf einer Zeichenebene (Bildebene) an Hand der abgebildeten räumlichen Objekte die vorliegenden Fragen graphisch zu lösen. Wie eine solche Abbildung nach geometrischen Grundsätzen durchgeführt, die räumlichen Probleme in der Zeichenebene gelöst und die Ergebnisse wieder räumlich gedeutet werden, dies lehrt die *darstellende Geometrie*.

Wir werden uns im folgenden auf die in der Technik verwendeten Methoden beschränken und nur jene Abbildungsverfahren darlegen, die in den einzelnen Zweigen der heutigen Technik gebraucht werden und Bedeutung haben.

An ein technisches Bild werden, je nach dem betreffenden Zweck, verschiedene Forderungen gestellt. Vor allem soll ein solches Bild

a) anschaulich,
b) maßgetreu

sein. Man nennt ein Bild anschaulich, wenn der Beschauer durch bloßes Betrachten der Zeichnung in der Lage ist, sich das dargestellte Objekt richtig räumlich vorzustellen. Eine solche Anschaulichkeit wird man dadurch erreichen, daß man z. B. das Abbildungsverfahren dem Sehvorgang mit einem Auge möglichst gut anpaßt.

Man nennt andererseits ein Bild maßgetreu, wenn man durch einfache Verfahren in der Lage ist, Strecken und Winkel in ihrer wahren Größe aus dem Bilde zu entnehmen oder in das Bild einzutragen. Völlige Maßtreue kann naturgemäß bei einem zweidimensionalen Bild eines dreidimensionalen Objektes nicht auftreten (nur bei Verwendung eines räumlichen Modelles wäre dies zu erreichen). Aber man ist in der Lage, durch eine entsprechende Wahl des Auges und durch passende

Lage des Objektes zur Bildebene für gewisse Teile des darzustellenden Objektes Maßtreue zu erzielen.

Leider lassen sich die beiden genannten Forderungen nicht vereinen. Je anschaulicher nämlich ein Bild hergestellt wird, desto weniger maßgetreu ist es, und umgekehrt. Es wird daher bei jedem Problem das zu verwendende Abbildungsverfahren dem jeweiligen Zweck anzupassen sein.

§ 3. Zentralprojektion

Durch möglichst genaue Nachahmung des monokularen Sehvorganges wird die Anschaulichkeit eines Bildes am weitesten vorgetrieben. Diese Abbildungsmethode heißt *Zentralprojektion* oder *Perspektive* (von perspicere = klar sehen) und ist von allen in der Technik verwendeten Abbildungsmethoden die allgemeinste. (Figur 2.) Dabei ersetzt man das Auge durch einen im Endlichen liegenden Punkt O, den *Augpunkt* oder das *Auge* (auch *Projektionszentrum* genannt), und die Netzhaut durch eine (meist lotrecht gedachte) Ebene π, die *Bild-* oder *Projektionsebene.* Das Auge O darf nicht in der Bildebene π liegen. Den Lotabstand $\overline{O\pi} = d$ nennt man die *Augdistanz* oder die *Distanz,* den Lotfußpunkt H von O auf π den *Hauptfluchtpunkt* oder *Hauptpunkt* der Abbildung. Nun wird die Zentralprojektion dadurch erklärt, daß man jeden Raumpunkt P mit dem Auge O verbindet und diesen *Seh-* oder *Projektionsstrahl* OP mit der Bildebene π schneidet. Den so erhaltenen Durchstoßpunkt $P^c = OP \cdot \pi$ nennt man den *Zentralriß* oder das *perspektive Bild* von P. Dadurch ist (mit Ausnahme des Augpunktes O) eine eindeutige Abbildung der Punkte des (projektiven) Raumes auf die Punkte der (projektiven) Bildebene erklärt. Im allgemeinen entspricht einem Raumpunkt ein eigentlicher Bildpunkt in π. Nur jenen Punkten, die in der durch O parallel zu π gelegten Ebene π_v (= *Verschwindungsebene*) liegen (z. B. der Punkt G_v in Figur 2), entsprechen unendlich ferne Bildpunkte (Bildfernpunkte), also eine gewisse Richtung in π.

Eine nicht durch O gehende Gerade g wird derart abgebildet, daß man die Zentralrisse ihrer Punkte bestimmt. Die zugehörigen Projektionsstrahlen erfüllen die Verbindungsebene Og (= *Seh-* oder *projizierende Ebene* durch g). Man erhält somit den Zentralriß g^c von g als Schnitt der Sehebene Og mit der Bildebene π. Dem Fernpunkt G_u von g entspricht als Bildpunkt $G_u{}^c$ der Durchstoßpunkt von $O \| g$ durch π. Da parallele Geraden denselben Fernpunkt G_u besitzen, müssen ihre Zentralrisse durch ein und denselben Punkt der Bildebene gehen, nämlich durch den Zentralriß $G_u{}^c$ von G_u. Man nennt $G_u{}^c$ den *Fluchtpunkt* von g und von allen zu g parallelen Geraden. Da der *Spurpunkt* $G = g\pi$ als Punkt der Bildebene sein eigener Zentralriß ist, geht das Geradenbild g^c durch G hindurch. Durch Spurpunkt G und Fluchtpunkt G_u^c ist sowohl der Zentralriß g^c als auch die Gerade g im Raum festgelegt, wenn der Hauptpunkt H und die Distanz d bekannt sind. Damit könnte man eine Abbildung des Geradenraumes auf geordnete Punktepaare der Bildebene erklären, auf die jedoch in diesem Rahmen nicht näher

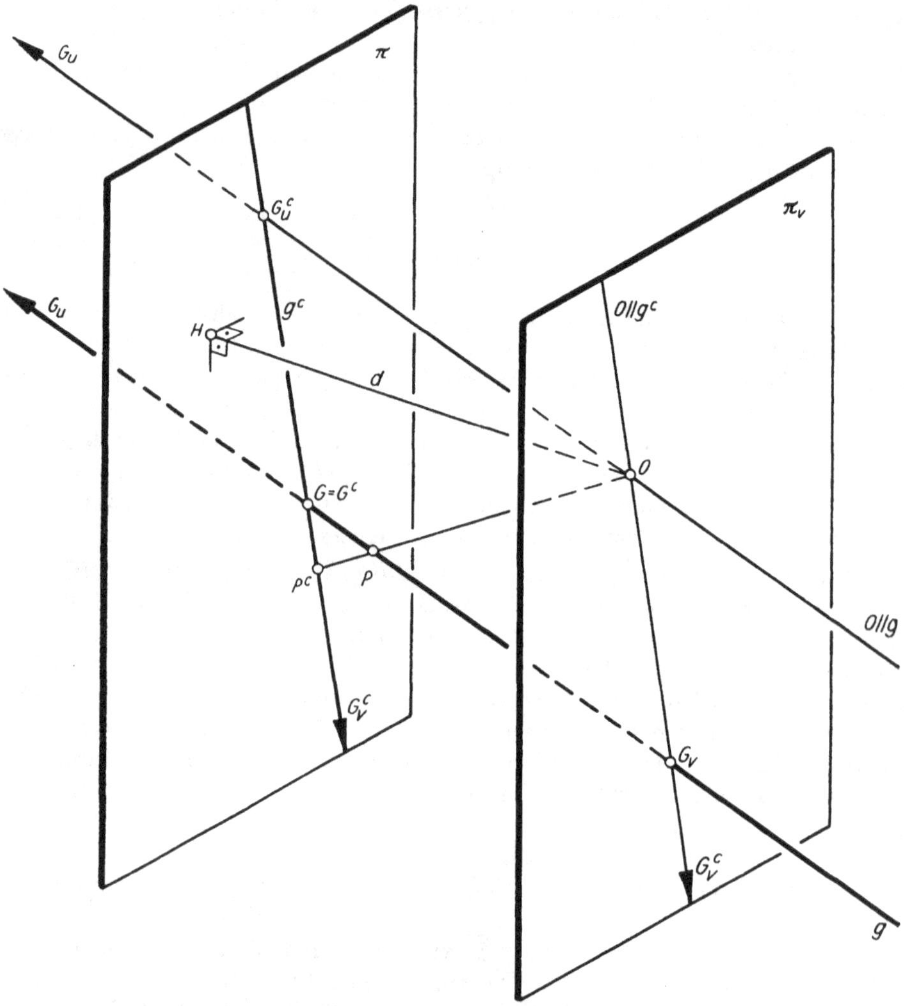

Figur 2

eingegangen werden soll. Der Schnittpunkt G_v der Geraden g mit der Verschwindungsebene π_v besitzt einen unendlich fernen Bildpunkt. Daher gibt die Verbindungsgerade OG_v die Richtung des Zentralrisses g^c von g an. Man nennt G_v den *Verschwindungspunkt* von g. Die Zentralprojektion ist im allgemeinen *geradentreu*. Nur für Geraden durch O, also für Sehstrahlen, ist ihr Spurpunkt in der Bildebene π der Zentralriß. Das Bild einer Raumgeraden ist daher eine Gerade oder ein Punkt. Eine Gerade der Verschwindungsebene hat entweder die Ferngerade u der Bildebene als Zentralriß oder einen Punkt von u als Bild. – Auf weitere Eigenschaften der Zentralprojektion und auf ihre Anwendung in der technischen Praxis soll im 3. Band dieses Werkes ausführlich eingegangen werden.

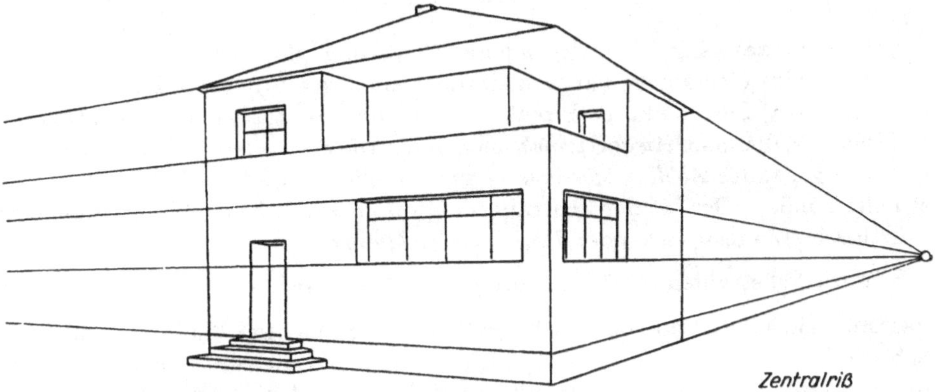

Zentralriß

Schrägriß

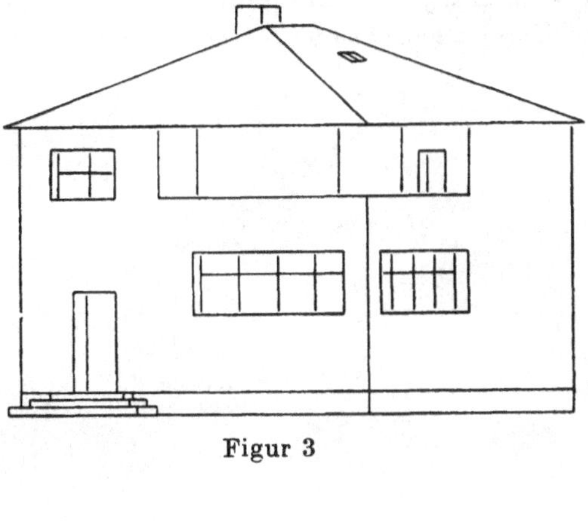

Normalriß

Figur 3

§ 4. Parallelprojektion

Läßt man das Auge O in irgendeiner Richtung (die nicht zur Bildebene π parallel ist) ins Unendliche wandern, nimmt man also einen (nicht der Bildebene π angehörenden) Fernpunkt als Projektionszentrum, so erhält man eine Abbildung des Raumes, die man *Parallelprojektion* nennt. Die Seh- oder Projektionsstrahlen — das sogenannte *Abbildungsmittel* — sind nämlich in diesem Falle ein Parallelstrahlenbündel. Das bei der Zentralprojektion im Endlichen gelegene Auge O ist nun durch eine feste *Seh-* oder *Projektionsrichtung* ersetzt.

Sind die Sehstrahlen schräg zur Bildebene $\left(\text{Einfallswinkel} \neq \frac{\pi}{2}\right)$, so nennt man das Bild einen *Parallel-* oder *Schrägriß* des betrachteten Objektes. Fallen die Sehstrahlen normal zur Bildebene ein, so erhält man die für technische Anwendungen besonders wichtige Darstellungsart der *Normalprojektion.*

Konstruktionspläne sind fast nur als Normalrisse angefertigt, da sie für alle zur Bildebene parallelen Schnitte des dargestellten Objektes maßgetreu und konstruktiv leicht zu beherrschen sind. Sie sind jedoch wenig anschaulich und ihr Lesen erfordert bereits eine weitgehend geschulte Raumanschauung.

Figur 3 zeigt vom gleichen Objekt einen Zentral-, Schräg- und Normalriß.

In jedem der drei Bilder besitzen Punkte, die im Raum auf demselben Sehstrahl liegen, denselben Bildpunkt. Es läßt sich daher das dargestellte Objekt aus dem *einen* Bild allein nicht rekonstruieren. Will man Eindeutigkeit erzielen, so wird man insbesondere bei Normalprojektion folgende Verfahren gebrauchen:

a) Man gibt bei jedem Bildpunkt den (vorzeichenbehafteten) Abstand des dargestellten Punktes von der (in diesem Fall meist waagerecht gedachten) Bildebene — die *Kote* des Raumpunktes — an. Dieses Abbildungsverfahren, *kotierte Projektion* genannt, findet in vielen Gebieten, vor allem bei Erdbauten und Geländedarstellungen, Verwendung. Auch darüber wird im 3. Band eingehend berichtet.

b) Man verwendet gleichzeitig zwei Normalrisse (auf verschiedene Bildebenen) desselben Objektes, so daß jeder Raumpunkt durch ein (geordnetes) Punktepaar dargestellt wird. Diese *zugeordneten Normalrisse* werden im nächsten Kapitel behandelt.

II. ZUGEORDNETE NORMALRISSE. ORTHOGONALE MEHRTAFEL-PROJEKTION

§ 5. Das räumliche kartesische Normalkoordinatensystem

Um die Lage eines Punktes P im Raum festzulegen, bedient man sich eines räumlichen Koordinatensystems. Das gebräuchlichste ist das *kartesische Normalkoordinatensystem.* (Figur 4.) Es besteht aus drei durch einen Punkt O gehenden und aufeinander senkrecht stehenden Geraden. Der Punkt O heißt der *Ursprung* des Systems, die Geraden werden x-, y- und z-Achse genannt. Jede der drei Achsen trägt einen Maßstab, wobei O der gemeinsame Nullpunkt dieser Skalen ist. Die Entfernungen der auf diesen Achsen gelegenen Einheitspunkte X, Y, Z von O

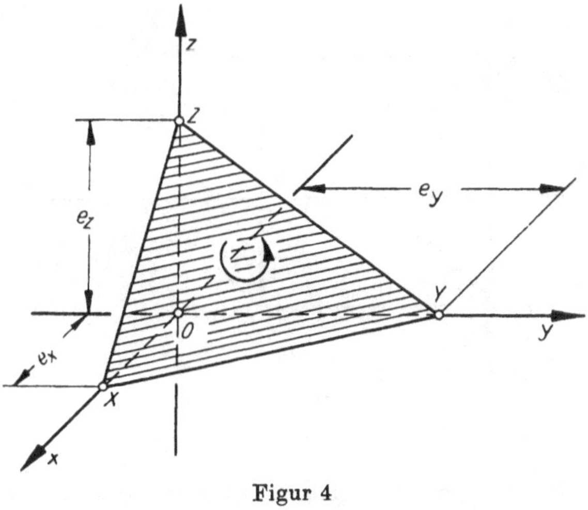

Figur 4

sind die Längeneinheiten e_x, e_y, e_z, die im folgenden gleich groß angenommen werden sollen. Besitzt das Dreieck XYZ für einen Beschauer, den die Ebene XYZ von O trennt, *positiven Umlaufsinn* (Gegenuhrzeigersinn), so liegt ein sogenanntes *Rechtssystem* vor, sonst ein *Linkssystem.* Im folgenden wird, wenn nichts Gegensätzliches gesagt wird, stets ein Rechtssystem den Betrachtungen zugrunde gelegt.

(Figur 5.) Jeder eigentliche Punkt P des Raumes kann als Eckpunkt eines Quaders aufgefaßt werden, welcher den Ursprung O als Gegenecke besitzt und dessen von O ausgehenden Kanten in den Koordinatenachsen liegen. Die mit den Skalen der Achsen gemessenen, also vorzeichenbehafteten Kantenlängen dieses Quaders nennt man die *Koordinaten* x, y, z des Punktes P; man schreibt $P(x, y, z)$.

Sind die auf den Koordinatenachsen gelegenen Eckpunkte dieses sogenannten *Koordinatenquaders* der Reihe nach P_1, P_2, P_3, so gilt:

$\overline{OP_1} = x =$ *Abszisse* des Punktes P,

$\overline{OP_2} = y =$ *Ordinate* des Punktes P,

$\overline{OP_3} = z =$ *Kote* (*Applikate*) des Punktes P.

Die drei Ebenen, die durch je zwei Koordinatenachsen aufgespannt werden, sind die *Koordinatenebenen*. Die drei Koordinaten x, y, z eines Punktes P geben

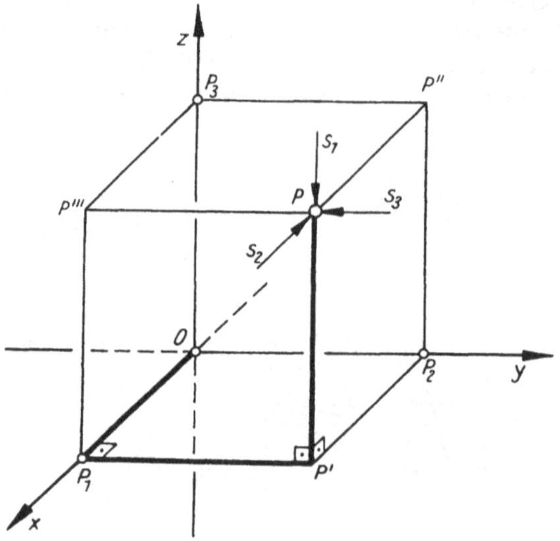

Figur 5

somit auch die (mit Vorzeichen versehenen) Abstände des Punktes P von den drei Koordinatenebenen an. Und zwar ist

$x =$ Abstand von der yz-Ebene,

$y =$ Abstand von der zx-Ebene,

$z =$ Abstand von der xy-Ebene.

Die Zuordnung zwischen den Punkten P des euklidischen Raumes und den geordneten Zahlentripeln (x, y, z) ist eineindeutig, da jedem Punkt des Raumes eindeutig ein bestimmtes Zahlentripel (x, y, z) entspricht und umgekehrt. Will man einen Punkt P aus seinen Koordinaten konstruieren, so benützt man etwa den in Figur 5 hervorgehobenen, vom Ursprung O ausgehenden Rechtwinkelzug.

§ 6. Grund-, Auf- und Kreuzriß

Wenn nichts anderes verabredet wird, so soll die xy-Ebene horizontal gedacht werden, die positive x-Achse nach vorne, die positive y-Achse nach rechts und somit die positive z-Achse nach oben zeigen (Rechtssystem).

Die von einem Punkt P ausgehenden Kanten des Koordinatenquaders treffen die Koordinatenebenen der Reihe nach in den Punkten P', P'', P'''. (Figur 5.) Man nennt

$$\begin{aligned} P' &= \textit{1. Bild} \text{ von } P = \textit{1. Riß} \text{ von } P = \textit{1. Projektion} \text{ von } P \\ &= \textit{Grundriß} \text{ von } P, \\ P'' &= \textit{2. Bild} \text{ von } P = \textit{2. Riß} \text{ von } P = \textit{2. Projektion} \text{ von } P \\ &= \textit{Aufriß} \text{ von } P, \\ P''' &= \textit{3. Bild} \text{ von } P = \textit{3. Riß} \text{ von } P = \textit{3. Projektion} \text{ von } P \\ &= \textit{Kreuzriß} \text{ von } P. \end{aligned}$$

Projiziert man den Punkt P normal zur xy-Ebene, d. h. legt man durch P einen Sehstrahl normal zur xy-Ebene (das Auge ist dann der *Lotfernpunkt* der xy-Ebene = Fernpunkt der z-Achse) und schneidet diesen mit der xy-Ebene, so erhält man den Punkt P'. Der Grundriß P' von P ist also, kurz gesagt, das Bild von P beim *Blick von oben*. In analoger Weise erhält man den Aufriß P'' von P als Bild beim *Blick von vorne* und schließlich den Kreuzriß P''' von P als Bild beim *Blick von der rechten Seite*. In vielen Fällen, insbesondere bei technischer Anwendung, hat sich die Bildung des Kreuzrisses für eine Sehrichtung von links eingebürgert, was keinen prinzipiellen Unterschied ergibt.

Die drei Koordinatenebenen, in denen auf diese Art Bilder des darzustellenden Gegenstandes entstehen, fungieren hier als Projektions- oder Bildebenen. Speziell heißt die

$$\begin{aligned} xy\text{-Ebene} &= \textit{1. Bildebene} = \textit{1. Tafelebene} = \textit{1. Projektionsebene} \\ &= \textit{Grundrißebene} = \pi_1, \\ yz\text{-Ebene} &= \textit{2. Bildebene} = \textit{2. Tafelebene} = \textit{2. Projektionsebene} \\ &= \textit{Aufrißebene} = \pi_2, \\ zx\text{-Ebene} &= \textit{3. Bildebene} = \textit{3. Tafelebene} = \textit{3. Projektionsebene} \\ &= \textit{Kreuzrißebene} = \pi_3. \end{aligned}$$

Wie Figur 5 zeigt, wird der

Grundriß P' durch das Zahlentripel $(x, y, 0)$,
Aufriß P'' durch das Zahlentripel $(0, y, z)$,
Kreuzriß P''' durch das Zahlentripel $(x, 0, z)$

gekennzeichnet. Durch Angabe zweier Bilder von P (die eine Koordinate gemeinsam haben müssen) ist das dritte Bild mitbestimmt, und man kann den Punkt P im Raum konstruieren. Man kommt daher grundsätzlich mit zwei zueinander senkrecht stehenden Bildebenen aus (*Zweitafelsystem*). Eine dritte Bildebene dient nur zur Erleichterung von gewissen Konstruktionen oder zur Konstruktion bei verschiedenen Grenzlagen und Ausartungen oder zur Hebung der Anschaulichkeit des Bildes. Das System der Normalrisse auf zwei zueinander normale Bildebenen nennt man *zugeordnete Normalrisse*.

Die zu den Bildebenen normalen Geraden sind die *Seh-* oder *Projektionsstrahlen*. Insbesondere heißt

$s_1 = P \perp \pi_1 =$ *1. Sehstrahl = 1. Projektionsstrahl*
$=$ *erstprojizierender Sehstrahl* durch P,

$s_2 = P \perp \pi_2 =$ *2. Sehstrahl = 2. Projektionsstrahl*
$=$ *zweitprojizierender Sehstrahl* durch P,

$s_3 = P \perp \pi_3 =$ *3. Sehstrahl = 3. Projektionsstrahl*
$=$ *drittprojizierender Sehstrahl* durch P.

Die hier und auch sonst übliche Vorstellung einer waagerechten Grundrißebene π_1 ist vom theoretischen Standpunkt aus belanglos; sie kommt nur den Bedürfnissen des Konstrukteurs entgegen und erleichtert das anschauliche Erfassen des

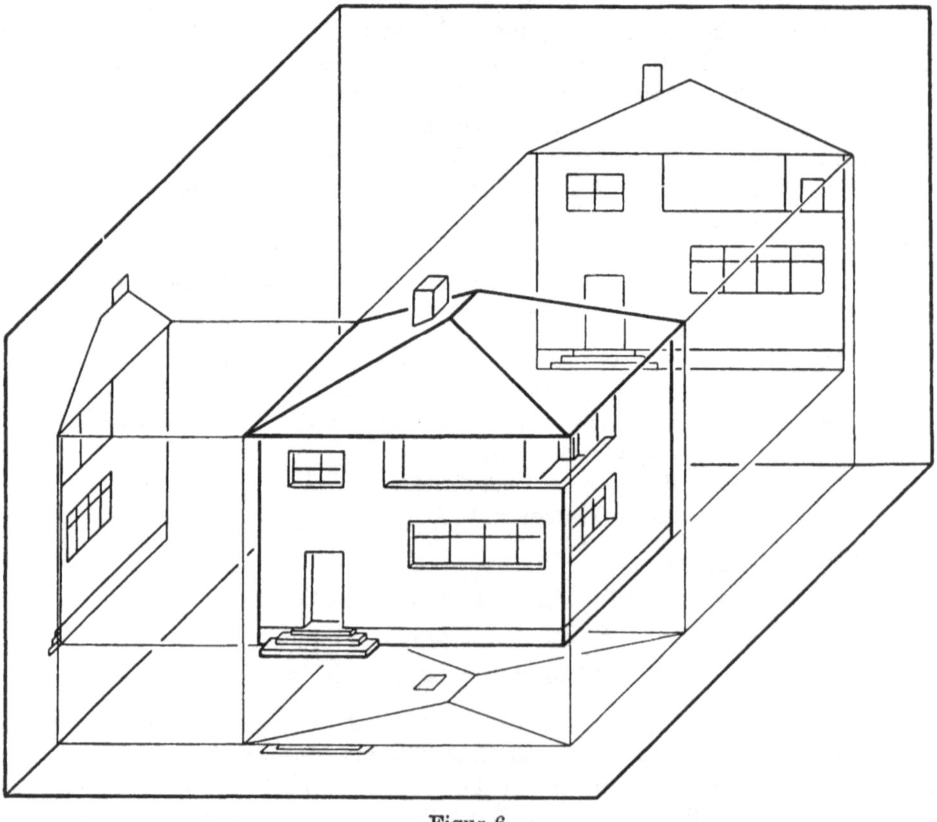

Figur 6

dargestellten Objektes. Grund-, Auf- und Kreuzriß sind auf alle Fälle gleichwertige Bilder.

Die Koordinatenachsen, die jetzt als Schnittgeraden je zweier Bildebenen auftreten, werden *Bild-*, *Riß-* oder *x-Achsen* genannt, wobei ein Doppelindex die zugehörigen Bildebenen nennt. Speziell:

$$x\text{-Achse} = \pi_3\pi_1 = x_{31}\text{-}\mathit{Achse},$$
$$y\text{-Achse} = \pi_1\pi_2 = x_{12}\text{-}\mathit{Achse},$$
$$z\text{-Achse} = \pi_2\pi_3 = x_{23}\text{-}\mathit{Achse}.$$

Zur Illustration dieser Verhältnisse zeigt Figur 6 eine Schrägrißskizze eines Hauses samt seinem Auf-, Grund- und Kreuzriß.

Abbildung der Raumelemente im Grund- und Aufrißverfahren

§ 7. Abbildung des Punktes

Da dem Konstrukteur gewöhnlich nur eine Zeichenebene (Zeichenbrett) π zur Verfügung steht, müssen die einzelnen Bildebenen irgendwie in die Zeichenebene π gebracht werden. Wie diese Vereinigung vor sich geht, ist willkürlich. Vorteilhaft ist es, die Zeichenebene mit einer der Bildebenen zu identifizieren und die andere Bildebene um die entsprechende Bildachse nach π umzuklappen (= *Verebnung des räumlichen Zweitafelsystems*). Wie dies beim Zweitafelsystem etwa geschehen kann, zeigt Figur 7. Dort wurde die Zeichenebene π in die Aufrißebene π_2 gelegt und die Grundrißebene π_1 um die Rißachse x_{12} so in die Aufrißebene π_2 hineingedreht, daß der vordere Teil von π_1 $(x > 0)$ auf den unteren Teil der Aufrißebene π_2 $(z < 0)$ zu liegen kam. Um den ursprünglichen oder wahren Grundriß von dem gedrehten zu unterscheiden, soll der ursprüngliche Grundriß durch Unterstreichen gekennzeichnet werden. Dies wird im folgenden aber nicht konsequent durchgeführt, sondern nur dort angebracht werden, wo Verwechslungen eintreten könnten.

Da bei der geschilderten Umklappung von π_1 nach π_2 der rechte Winkel $OP_2\underline{P'}$ erhalten bleibt, folgt:

Bei einem zugeordneten Zweitafelsystem liegen nach Verebnung Auf- und Grundriß eines Punktes stets auf einer zur Bildachse x_{12} normalen Geraden. Man sagt auch: Auf- und Grundriß befinden sich in Mongescher Lage. Die zur Rißachse normale Gerade, auf der die Bilder P', P'' des Raumpunktes P liegen, heißt eine *Ordnungslinie* oder ein *Ordner.*

Bei diesem Verfahren wird demnach jeder Punkt P des Raumes auf ein *geordnetes Punktepaar* (P', P'') der Zeichenebene abgebildet, dem die Bedingung auferlegt ist, daß P' und P'' auf einem Ordner liegen.

(Figur 8.) Die beiden Bildebenen π_1, π_2 teilen den Raum in vier Gebiete (*Quadranten*) *I, II, III, IV*. Die Vorzeichen der Abszisse und der Kote kennzeichnen die Zugehörigkeit eines betrachteten Punktes zu einem dieser Quadranten. In

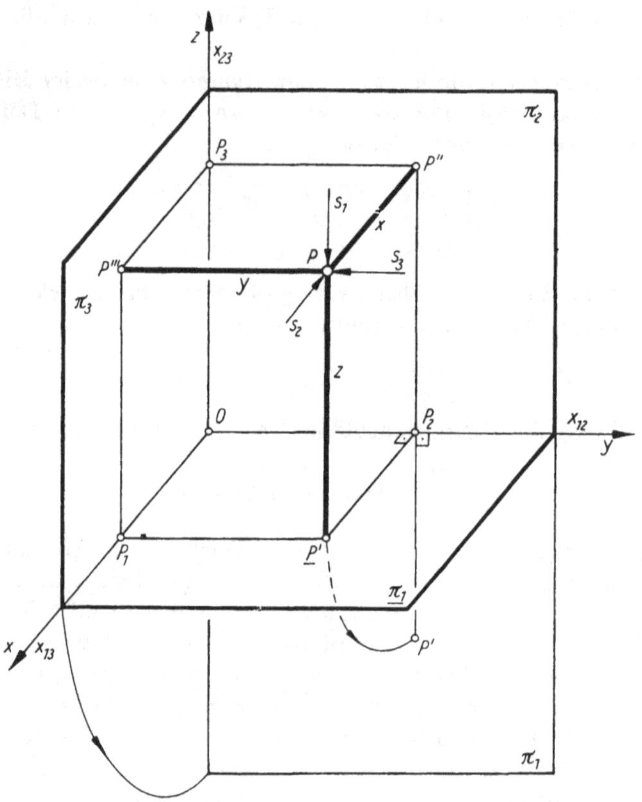

Figur 7

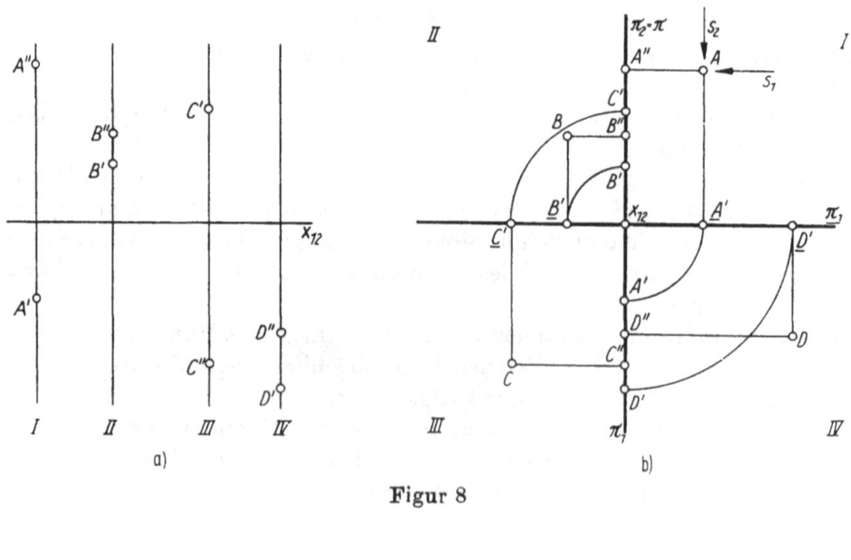

Figur 8

Figur 8b (einem Kreuzriß) wurde in jedem der vier Räume ein Punkt gewählt und die zugehörigen Auf- und Grundrisse konstruiert. Der Vorgang des Projizierens der Punkte sowie das Umklappen von π_1 nach $\pi = \pi_2$ ist zu erkennen. Das Ergebnis nach Verebnung zeigt Figur 8a.

Für einen Punkt von π_1 verschwindet die Kote, für einen Punkt der Aufrißebene π_2 verschwindet die Abszisse. Punkte der Bildachse x_{12} haben sowohl verschwindende Abszisse als auch verschwindende Kote. Zusammenfassend:

	I	*II*	*III*	*IV*	π_1	π_2	x_{12}
x	>0	<0	<0	>0	*beliebig*	0	0
y	*beliebig*	*beliebig*	*beliebig*	*beliebig*	*beliebig*	*beliebig*	*beliebig*
z	>0	>0	<0	<0	0	*beliebig*	0

Man nennt (mit Berücksichtigung des Vorzeichens) den Abstand

$\overline{P'P}$ den *ersten Tafelabstand*,

$\overline{P''P}$ den *zweiten Tafelabstand*.

Wie aus den Figuren 8a und 8b zu erkennen ist, erscheint der erste Tafelabstand im zweiten Bild in wahrer Größe, nämlich als Abstand des Aufrisses des betrachteten Punktes von der Rißachse, und der zweite Tafelabstand im ersten Bild als Abstand des Grundrisses des Punktes von der Bildachse. Daraus folgt erneut:

Alle Punkte der Grundrißebene haben ihren Aufriß, alle Punkte der Aufrißebene ihren Grundriß in der Rißachse. Ein Punkt der Grundrißebene ist mit seinem Grundriß, ein Punkt der Aufrißebene mit seinem Aufriß identisch.

Hätte man die Zeichenebene π mit der Grundrißebene π_1 identifiziert, so hätte man obige Überlegungen sinngemäß zu variieren. Figur 9 zeigt an Hand eines dargestellten Würfels den Unterschied der beiden Auffassungen. In der Zeichenebene sind die erhaltenen Bilder des dargestellten Objektes nach beiden Verebnungen naturgemäß die gleichen.

Durch Angabe von P' und P'' in Mongescher Lage ist der Punkt P im Raum dann eindeutig festgelegt, wenn man erklärt hat, welche der beiden Bildebenen mit der Zeichenebene identisch ist. Diese Rekonstruktion der räumlichen Lage eines Punktes aus seinen Bildern ist vom Anfänger unbedingt für verschiedene Annahmen der Bildpunkte und der Zeichenebene durchzuführen. Mit Vorteil verwendet man dabei ein einfaches Modell des räumlichen Zweitafelsystems aus Karton oder steifem Zeichenpapier.

Wird für einen Punkt P das Projektionsrechteck $P\underline{P'}P_2\underline{P''}$ zu einem Quadrat, so liegen entweder Grundriß P' und Aufriß P'' eines solchen Punktes zur Rißachse symmetrisch (P ist ein Punkt der *Symmetrieebene*) oder sie fallen zusammen (sie koinzidieren; P ist ein Punkt der *Koinzidenzebene*). Im ersten Falle besteht zwischen den Koordinaten von P die Beziehung

$$x - z = 0 .$$

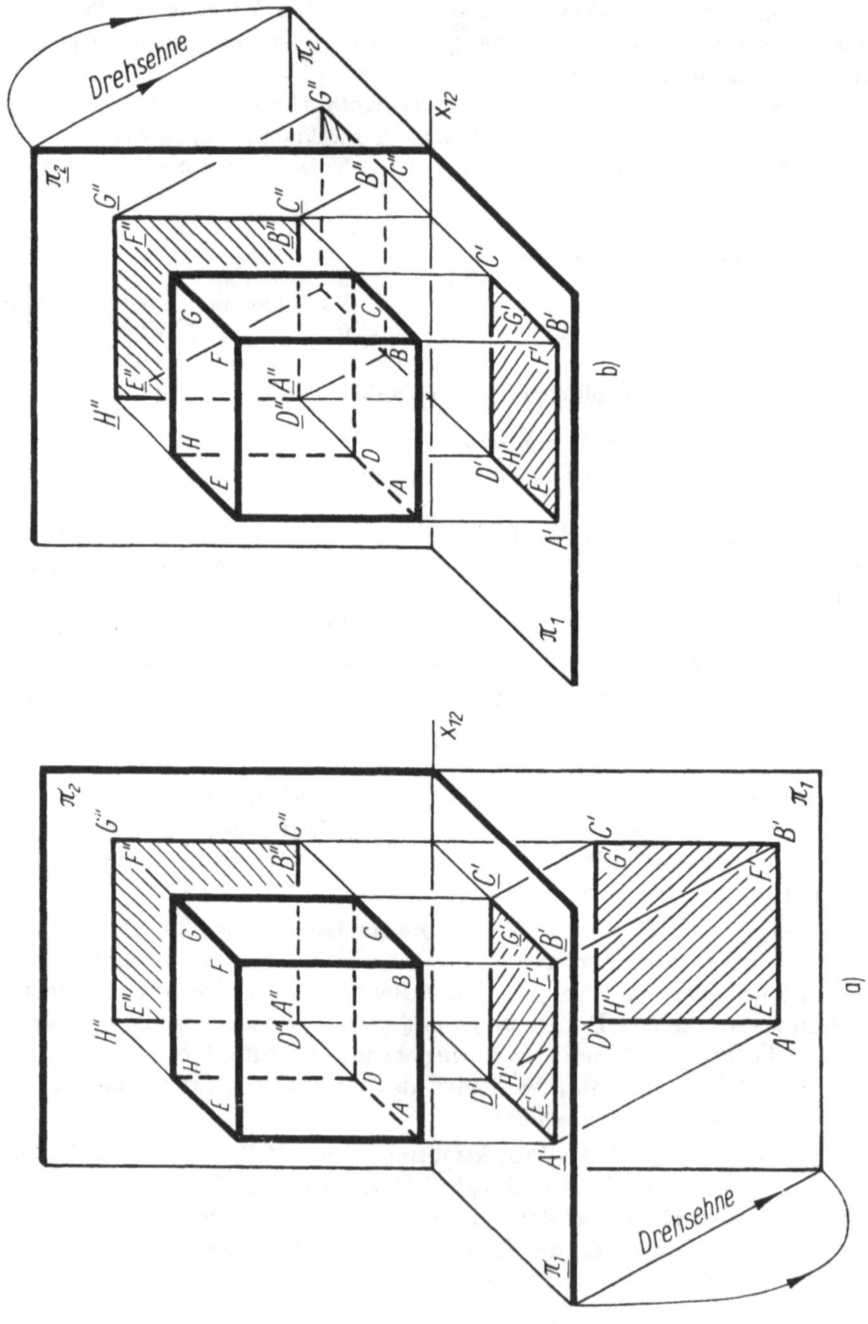

Figur 9

Dies ist die Gleichung der Symmetrieebene des ersten und dritten Quadranten. Man bezeichnet sie kurz als Symmetrieebene σ. (Figur 10.) Im zweiten Fall, wenn also $P' = P''$ ist, gilt für die Koordinaten eines solchen Punktes:

$$x + z = 0\,.$$

Dies ist die Gleichung der Symmetrieebene des zweiten und vierten Quadranten. Man bezeichnet sie als Koinzidenzebene $\varkappa$. (Figur 10.)

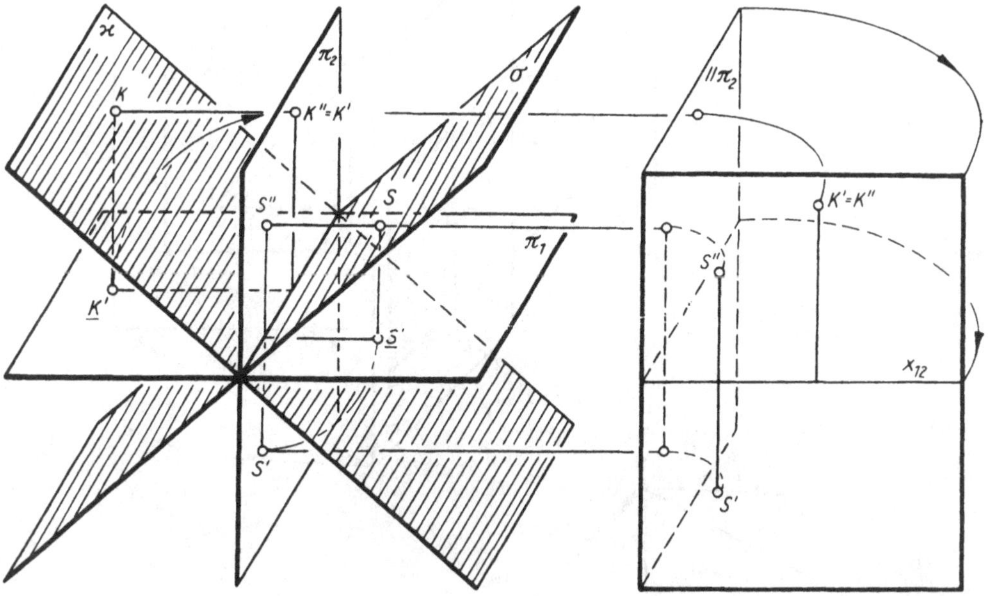

Figur 10

Die geschilderte Anordnung zweier zugeordneter Normalrisse gilt, wie bereits erwähnt, nicht nur für Grund- und Aufriß, sondern auch für Auf- und Kreuzriß sowie Grund- und Kreuzriß, ja ganz allgemein für irgendein Zweitafelsystem. Die oben skizzierte Anordnung von Auf- und Grundriß ist in vielen europäischen Ländern üblich. In Amerika setzt man den darzustellenden Gegenstand meist hinter π_2 und unter π_1. Dies zeigt Figur 11, und zwar Figur 11a mit der Aufrißebene und Figur 11b mit der Grundrißebene als Zeichenebene.

* Das einem Punkt P zugeordnete Zahlentripel (x, y, z) kann auch aufgefaßt werden als das Koordinatentripel eines Vektors $\mathfrak{p}$, der vom Urspung O nach dem Punkt P führt. Man schreibt für diesen Ortsvektor

$$\overrightarrow{OP} = \mathfrak{p} = (x, y, z) = \begin{pmatrix} x \\ y \\ z \end{pmatrix}.$$

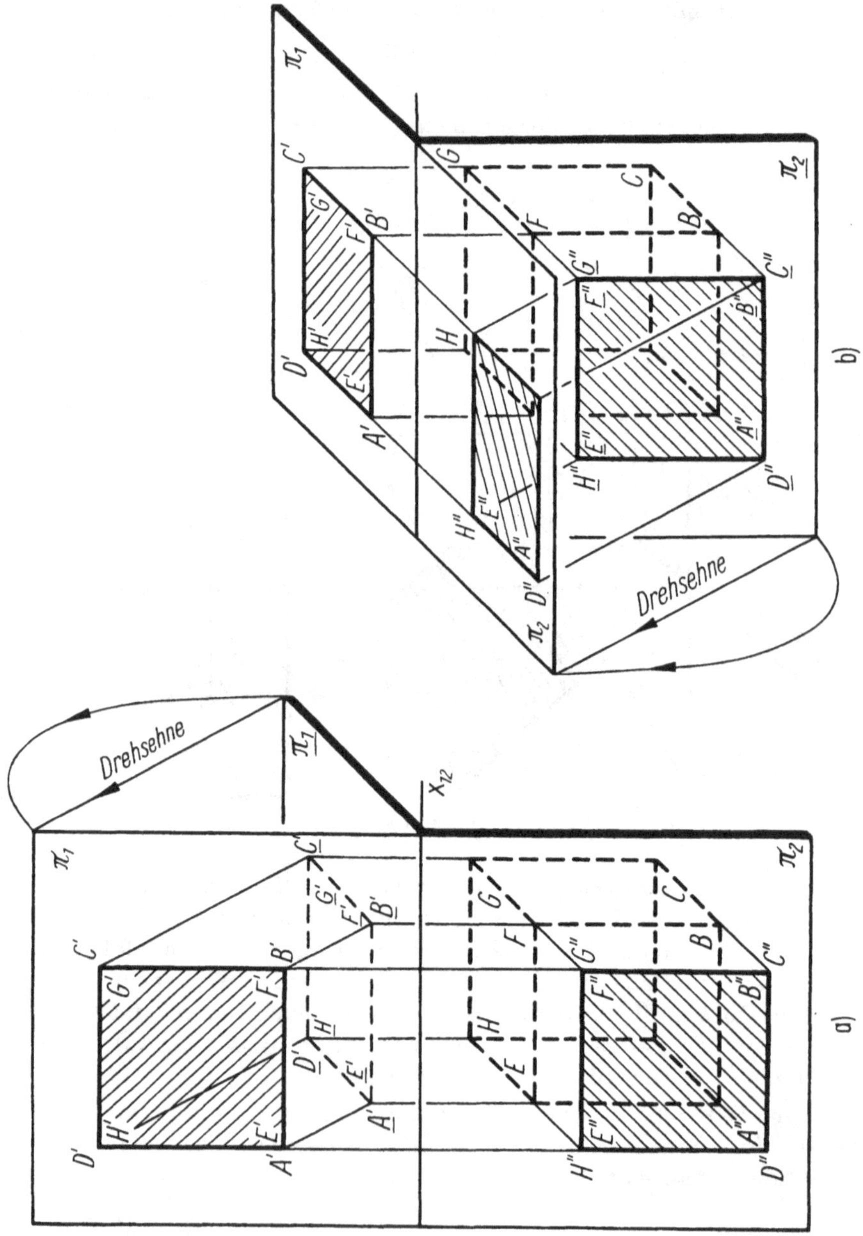

a)
b)
Drehsehne
Drehsehne
π_1
π_2
x_{12}
A' B' C' D' E' F' G' H'
A'' B'' C'' D'' E'' F'' G'' H''
A B C D E F G H

Figur 11

Führt man in der xy-Ebene Polarkoordinaten ein:

$$x = r \cdot \cos\varphi\,,$$
$$y = r \cdot \sin\varphi\,,$$

so ist dadurch dem Punkt P das Zahlentripel (r, φ, z) zugeordnet (*Zylinderkoordinaten*).

Manchmal ist es vorteilhaft, die xy-Ebene als *Gaußsche Zahlenebene* zu deuten. Dann ist der Grundriß P' eines (eigentlichen) reellen Punktes P durch eine komplexe Zahl festgelegt, die ebenfalls mit P' bezeichnet werden soll. Also

$$P' = x + i\,y = r\,(\cos\varphi + i \cdot \sin\varphi) = r \cdot e^{i\varphi}\,.$$

Einem Raumpunkt P ist in diesem Fall ein geordnetes Zahlenpaar (P', z) zugeordnet, dessen erster Bestandteil komplex, dessen zweiter Bestandteil aber stets reell ist. Wir schreiben

$$P(x, y, z) = P(P', z).$$

Will man auch Fernpunkte erfassen, so muß man zu *homogenen Punktkoordinaten* übergehen. Dies geschieht durch den Ansatz

$$x = \frac{x_1}{x_0}\,, \qquad y = \frac{x_2}{x_0}\,, \qquad z = \frac{x_3}{x_0}\,.$$

Jedem Raumpunkt wird dadurch ein geordnetes Zahlenquadrupel zugeordnet, bei dem es nur auf die Verhältnisse ankommt:

$$P(x_0 : x_1 : x_2 : x_3)\,.$$

Man nennt x_0 die homogenisierende Koordinate. Die Fernebene ist durch $x_0 = 0$ gekennzeichnet; für das Quadrupel (0:0:0:0) ist kein Punkt definiert. *

§ 8. Verschieben und Weglassen der Bildachse

Liegt die Abbildung eines Objektes in zugeordnetem Auf- und Grundriß *europäischer Anordnung* vor (in den Figuren 12, 13, 14, 15 sei der Punkt P dessen Repräsentant) und verschiebt man die Bildachse x_{12} um h parallel zu sich nach oben in die Lage $\tilde{x}_{12}$, während P' und P'' ungeändert bleiben, so läßt dies verschiedene räumliche Deutungen zu. (Figuren 12, 13, 14.) In den drei dargestellten Fällen gibt die linke Figur den zugeordneten Auf- und Grundriß (nach Verebnung), die rechte hingegen einen Kreuzriß beim Blick von links vor und nach Verebnung wieder. Alle Elemente in der Deutung nach der Verschiebung der Rißachse sind durch das Zeichen $\sim$ gekennzeichnet.

Fall 1. (Figur 12.) Bedient man sich der Vorstellung, daß die erste Bildebene fest bleibt ($\pi_1 = \tilde{\pi}_1$), so bedeutet die erwähnte Verschiebung der x_{12}-Achse um h nach oben eine Verschiebung der zweiten Bildebene um h nach rückwärts und gleichzeitiges Senken des Objektes um die Strecke h.

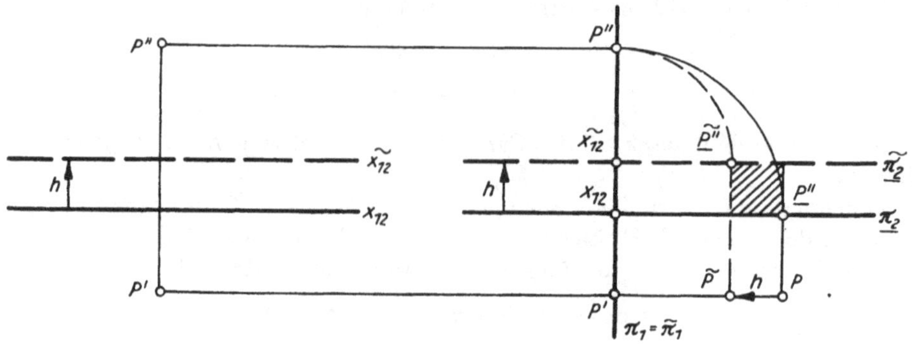

Figur 12

Fall 2. (Figur 13.) Denkt man sich die Aufrißebene fest ($\pi_2 = \tilde{\pi}_2$), so bedeutet die beschriebene Verschiebung der x_{12}-Achse nach oben eine Hebung der 1. Bildebene um h und eine Verschiebung des Objektes um h in Richtung der x-Achse nach vorn.

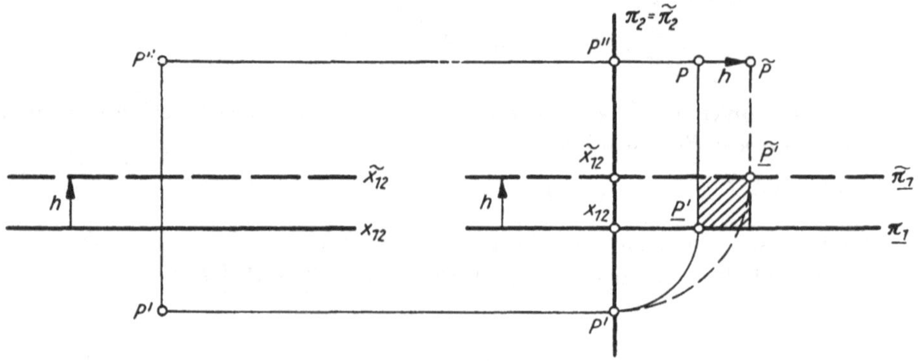

Figur 13

Fall 3. (Figur 14.) Nimmt man schließlich an, daß das Objekt fest bleibt, so bewirkt die Verschiebung der x_{12}-Achse um h nach oben eine Hebung der ersten Bildebene um h und gleichzeitig eine Verschiebung der zweiten Bildebene um h nach hinten. Daher stimmt die Koinzidenzebene $\varkappa$ mit der Koinzidenzebene $\tilde{\varkappa}$ überein, und man kann auch sagen: Die Bildachse x_{12} verschiebt sich in diesem Fall in der Koinzidenzebene $\varkappa$ parallel zu sich um $h\sqrt{2}$.

* Die in den Fällen 1., 2. und 3. rein anschauungsmäßig erkannten Veränderungen der räumlichen Anordnung von Objekt und Bildebenen, bewirkt durch die Verschiebung der Bildachse in der Zeichenebene, lassen sich leicht formelmäßig erfassen, wenn wir mit den Bildebenen π_1, π_2 bzw. $\tilde{\pi}_1, \tilde{\pi}_2$ in der verabredeten Weise je ein kartesisches Normalkoordinatensystem verbinden. (Figur 15.) Dann erfaßt man die Verschiebung

$$P(x, y, z) \to \tilde{P}(\tilde{x}, \tilde{y}, \tilde{z})$$

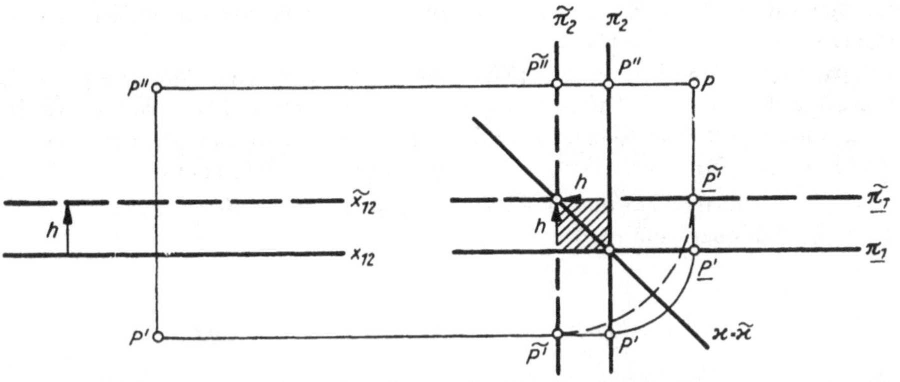

Figur 14

durch die Formeln

$$\bar{x} = x + h\,,$$
$$\bar{y} = y\,,$$
$$\bar{z} = z - h\,.$$

Je nach den verschiedenen zugrunde gelegten Vorstellungen von festbleibenden Elementen ergibt sich die Veränderung der in den einzelnen Fällen aufgeführten Stücke mit Hilfe dieser Formeln unmittelbar. *

Da eine Verschiebung der Bildachse nur die Lage des Objektes zu den beiden Bildebenen, hingegen am Objekt selbst nichts ändert, kann man bei vielen Aufgaben die Bildachse „fliegend“ annehmen, d.h., man verschiebt sie dorthin, wo man sie am günstigsten verwenden kann, oder man läßt sie gegebenenfalls überhaupt weg. Wir werden zeigen, daß man tatsächlich bei einer ganzen Reihe von

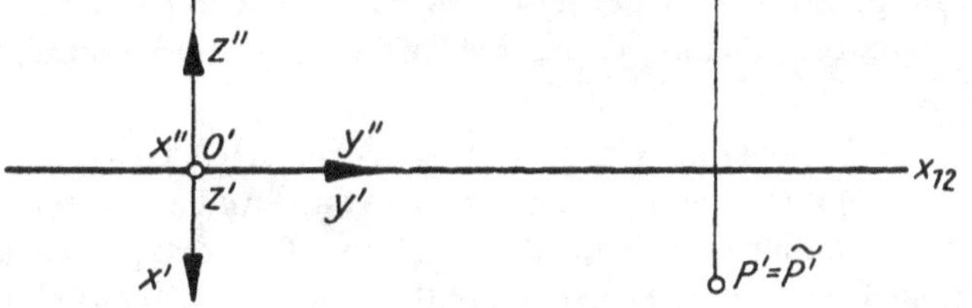

Figur 15

Aufgaben auf die Bildachse verzichten kann. Bei den meisten technischen Zeichnungen wird keine Bildachse verwendet.

Aus analogen Überlegungen erkennt man, daß auch eine Änderung des Abstandes von Grund- und Aufriß eines Objektes in Ordnerrichtung keinen Einfluß auf die am dargestellten Gegenstand durchzuführenden Konstruktionen hat.

Aufgabe 1 (für den Leser). Man zeige, daß der Halbierungspunkt P_H der Strecke $\overline{P'P''}$ mit den Normalrissen $P_K' = P_K''$ der Normalprojektion P_K von P auf die Koinzidenzebene identisch ist.

§ 9. Abbildung einer Geraden allgemeiner Lage

Eine Gerade, die nicht parallel zur Auf-, Grund- oder Kreuzrißebene liegt, werde *Gerade allgemeiner Lage* genannt. Durchläuft ein Punkt P eine Gerade g allgemeiner Lage, so erfüllen die erstprojizierenden Strahlen durch die einzelnen Lagen von P eine Ebene normal π_1, die sogenannte *erstprojizierende Ebene* durch g. (Figur 16.) Die Schnittgerade dieser erstprojizierenden Ebene mit π_1 ist die Gesamtheit der Grundrisse aller Punkte P von g, der Grundriß g' von g. Da man die Schnittgerade einer Ebene mit π_1 ihre *1. Spur* nennt, gilt:

Der Grundriß g' einer Geraden g allgemeiner Lage ist die erste Spur der durch g gehenden erstprojizierenden Ebene; g' steht nicht normal zur Rißachse x_{12}.

Analog ist der Aufriß g'' von g die *2. Spur* (= Schnittgerade mit der zweiten Bildebene) der durch g gelegten zweitprojizierenden Ebene, die ebenfalls nicht normal zur Bildachse liegt. (Die beiden Bildebenen sind nun noch zu verebnen; dies wird künftig nicht mehr besonders erwähnt werden.)

Sind von einer Geraden g die zugeordneten Normalrisse g', g'' in der Zeichenebene π gegeben, so läßt sich, wenn wir den Fall, daß g' oder g'' in eine Gerade normal zu x_{12} fällt, ausschließen, die Raumgerade eindeutig rekonstruieren. Wir brauchen nur erklären, welche Bildebene mit der Zeichenebene zusammenfallen soll. Erklären wir etwa die Aufrißebene identisch mit der Zeichenebene, dann drehen wir die Grundrißebene π_1 um die Bildachse in ihre ursprüngliche Lage $\overline{\pi_1}$ zurück (Figur 16), legen durch $\overline{g'}$ eine erst-, durch g'' eine zweitprojizierende Ebene, und die Schnittgerade der beiden projizierenden Ebenen ergibt die Gerade g im Raum.

Es sind somit die Geraden allgemeiner Lage des (euklidischen) Raumes eineindeutig auf die geordneten Geradenpaare von π abgebildet, die keine Gerade normal zu x_{12} enthalten dürfen, aber sonst an keine weitere Bedingung geknüpft sind.

Liegt ein Punkt P auf einer Geraden g, so liegen nach Gesagtem seine Bilder P', P'' auf den entsprechenden Bildern g', g'' von g und naturgemäß auf einem Ordner. Kennt man daher von einem Punkt P einer Geraden g etwa seinen Grundriß P' (auf g'), so findet man seinen Aufriß P'' als Schnittpunkt des durch P' gelegten Ordners mit g''.

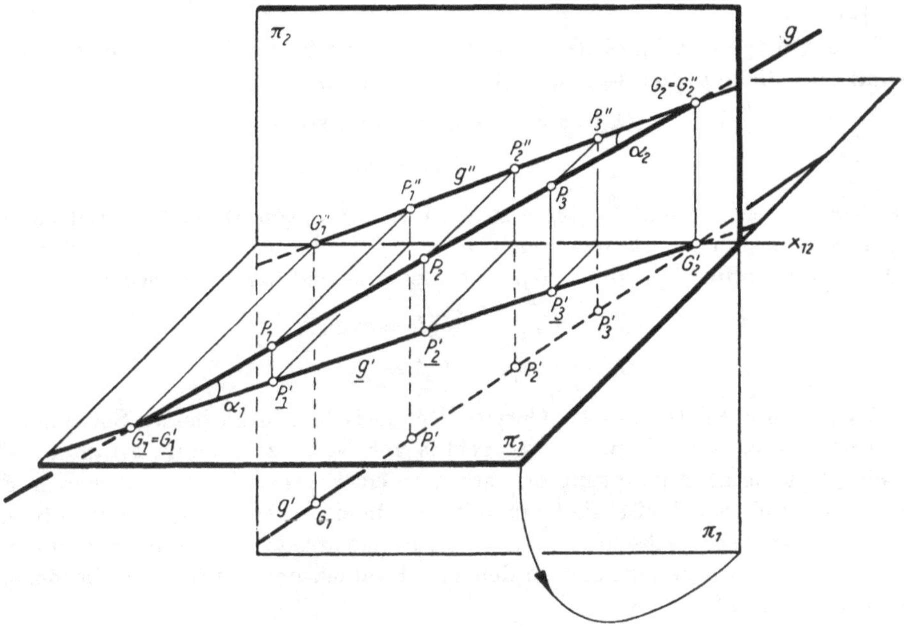

Figur 16

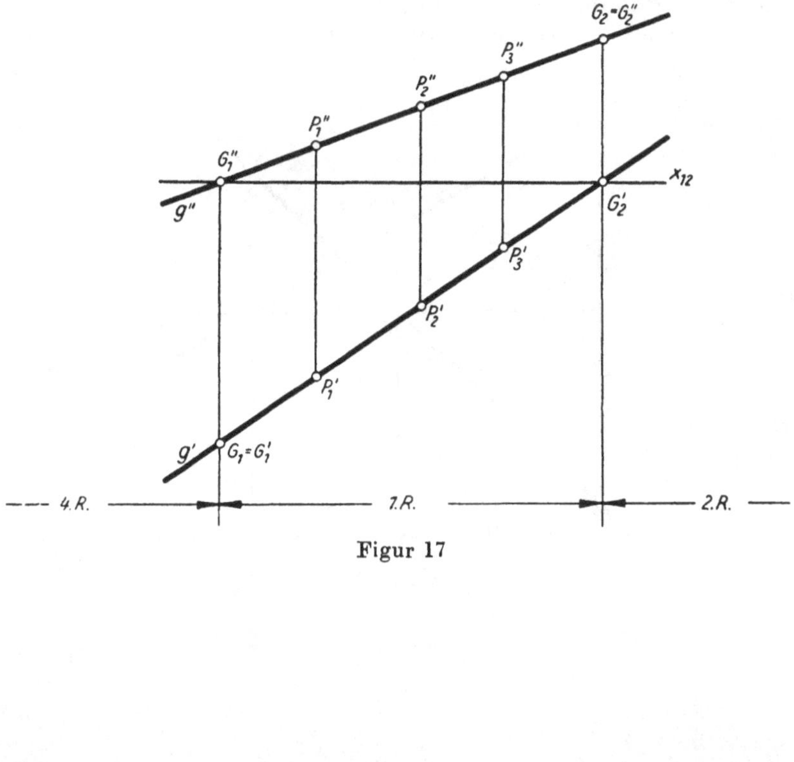

Figur 17

Dem Fernpunkt G_u von g weist man sinngemäß die Fernpunkte von g' und g'' als Bilder zu.

Die Schnittpunkte G_1, G_2 der Geraden g mit den beiden Bildebenen π_1 bzw. π_2 nennt man die Spurpunkte von g. (Figur 16.) Es ist

$$G_1 = g\,\pi_1 = \textit{1. Spurpunkt} \text{ von } g\,,$$

$$G_2 = g\,\pi_2 = \textit{2. Spurpunkt} \text{ von } g\,.$$

Da der erste Spurpunkt G_1 der ersten Bildebene angehört, fällt G_1 mit seinem Grundriß zusammen, während sein Aufriß G_1'' in der Bildachse liegt. Analoges gilt für den zweiten Spurpunkt G_2. Zusammenfassend kann man schreiben:

$$G_1' = G_1\,, \qquad G_1'' = g''\,x_{12}\,,$$

$$G_2' = g'\,x_{12}\,, \quad G_2'' = G_2\,.$$

Die in Figur 17 dargestellte Gerade liegt zwischen ihren beiden Spurpunkten im ersten, links von G_1 im vierten, rechts von G_2 im zweiten Quadranten. Die Richtigkeit dieser Behauptung erkennt man entweder dadurch, daß man in der oben beschriebenen Weise die Gerade im Raum sich rekonstruiert oder daß man in den angegebenen Abschnitten je einen Punkt auf der Geraden annimmt und diesen auf seine Zugehörigkeit zu den vier Räumen untersucht (vgl. die Zusammenstellung auf Seite 13).

(Figur 18.) Von gewisser Bedeutung sind ferner jene Punkte K und S, die in der Koinzidenzebene $\varkappa$ bzw. in der Symmetrieebene σ liegen (K = *Koinzidenzpunkt*, S = *Symmetriepunkt* von g). Man findet die (zusammenfallenden) Bilder $K' = K''$ von $K = g\,\varkappa$ im Schnittpunkt von g' mit g''. Um hingegen die Bilder S', S'' von $S = g\,\sigma$ zu finden, spiegelt man etwa g' an der Bildachse und schneidet dieses Spiegelbild mit g''. Der so erhaltene Schnittpunkt ist der Aufriß S'' von S;

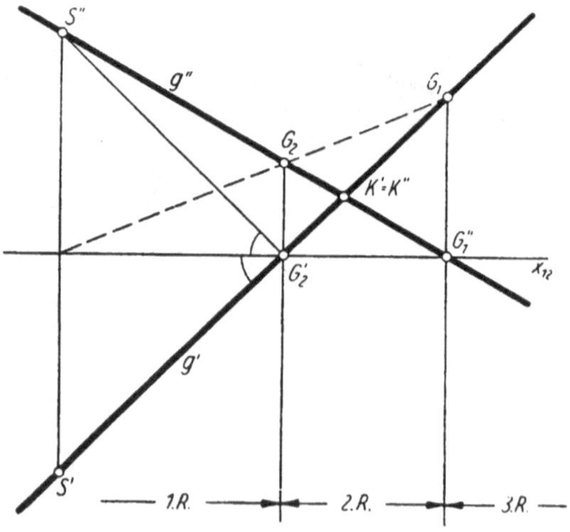

Figur 18

auf dem Ordner durch S'' im Schnitt mit g' liegt S'. Aus elementargeometrischen Beziehungen heraus erkennt man auch, daß der Ordner von S die Bildachse im gleichen Punkt schneidet wie die Verbindungsgerade der beiden Spurpunkte G_1, G_2 in der Zeichenebene.

* Die vier Punkte G_1, G_2, K, S bilden einen *harmonischen Wurf*, d. h., es ist das Doppelverhältnis $(G_1 G_2 K S) = -1$, da die vier Ebenen π_1, π_2, $\varkappa$, σ, aus denen g diese vier Punkte ausschneidet, harmonisch liegen. *

§ 10. Neigungswinkel einer Geraden. Das Teilverhältnis dreier Punkte einer Geraden

Der Winkel, den eine Gerade g mit einer Bildebene einschließt, ist jener nicht stumpfe Winkel, den die Gerade mit ihrem Normalriß auf diese Ebene bildet. Man nennt ihn den *Neigungswinkel* von g. Insbesondere heißt

$$\alpha_1 = \sphericalangle\, g\,\pi_1 = \sphericalangle\, g\, g' = \textit{1. Neigungswinkel} \text{ von } g\,,$$

$$\alpha_2 = \sphericalangle\, g\,\pi_2 = \sphericalangle\, g\, g'' = \textit{2. Neigungswinkel} \text{ von } g\,.$$

In den Bildern erscheinen diese Winkel im allgemeinen nicht in wahrer Größe, sondern verzerrt. Nur wenn die erstprojizierende Ebene durch g zur zweiten Bildebene parallel liegt, erkennt man im zweiten Bild den ersten Neigungswinkel in wahrer Größe, und umgekehrt. Wie man die wahre Größe der Neigungswinkel bei allgemeiner Lage der Geraden g zu den Bildebenen finden kann, wird später gezeigt.

(Figur 16.) Jede auf g liegende Strecke, z. B. $\overline{P_1P_3}$ oder $\overline{P_2P_3}$, wird im Grundriß im allgemeinen verkürzt erscheinen, ist doch $\overline{P_1'P_3'} = \overline{P_1P_3} \cdot \cos\alpha_1$, $\overline{P_2'P_3'} = \overline{P_2P_3} \cdot \cos\alpha_1, \ldots$. Das *Teilverhältnis* der drei Punkte P_1, P_2, P_3, definiert durch $(P_1P_2 \cdot P_3) = \overline{P_1P_3} : \overline{P_2P_3}$ (die auf der rechten Seite stehenden Entfernungen sind vorzeichenbehaftet zu denken), und das Teilverhältnis ihrer Grundrisse P_1', P_2', P_3' stimmen hingegen überein:

$$\begin{aligned}(P_1'P_2' \cdot P_3') &= \overline{P_1'P_3'} : \overline{P_2'P_3'} \\ &= (\overline{P_1P_3} \cdot \cos\alpha_1) : (\overline{P_2P_3} \cdot \cos\alpha_1) \\ &= \overline{P_1P_3} : \overline{P_2P_3} \\ &= (P_1P_2 \cdot P_3)\,.\end{aligned}$$

Analog ist im Aufriß: $(P_1''P_2'' \cdot P_3'') = (P_1P_2 \cdot P_3)$. Somit gilt der

Satz. *Das Teilverhältnis je dreier Punkte einer Geraden bleibt bei Normalprojektion und, wie aus dem Strahlensatz folgt, auch bei schiefer Parallelprojektion ungeändert, wenn die Gerade nur kein Projektionsstrahl ist.* Das Teilverhältnis dreier Punkte einer Geraden ist eine sogenannte *Invariante der Parallelprojektion.*

Daraus folgt insbesondere, daß die Punktreihen, die auf einer Geraden g und auf ihren durch Parallelprojektion erhaltenen Bildern liegen, ähnlich sind (den Fall, daß g Projektionsstrahl ist, ausgeschlossen).

§ 11. Abbildung von Geraden besonderer Lage

Wir wollen nun jene Geraden betrachten, die (im oben angegebenen Sinn) keine allgemeine Lage haben oder durch eine Besonderheit von Interesse sind.

1. *g parallel zu* π_1 (zunächst seien die Geraden normal zu π_2 ausgeschlossen). (Figur 19.) Eine solche Gerade heißt *1. Hauptlinie* oder *Horizontale* oder *Höhenlinie.* Ihr Grundriß ist eine Gerade (nicht normal zu x_{12}), ihr Aufriß ist parallel zur Bildachse. Der erste Spurpunkt ist ein Fernpunkt. Der erste Neigungswinkel α_1 ist Null, der zweite Neigungswinkel α_2 erscheint im Grundriß in wahrer

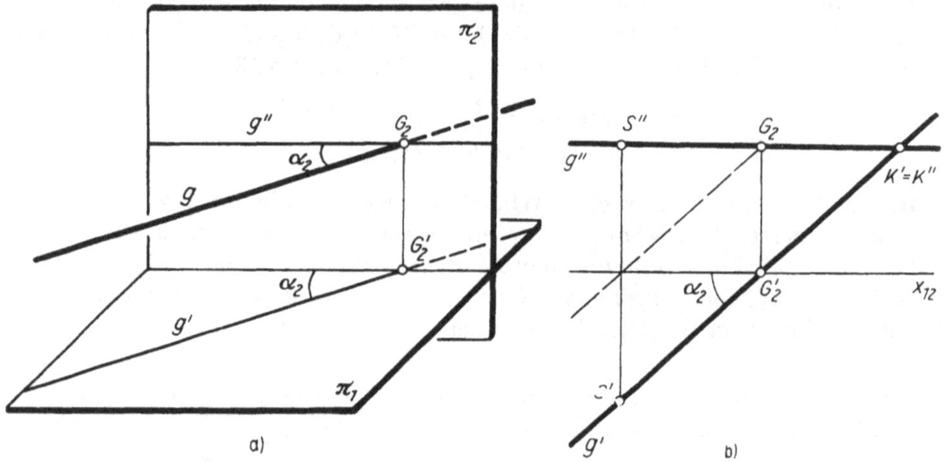

Figur 19

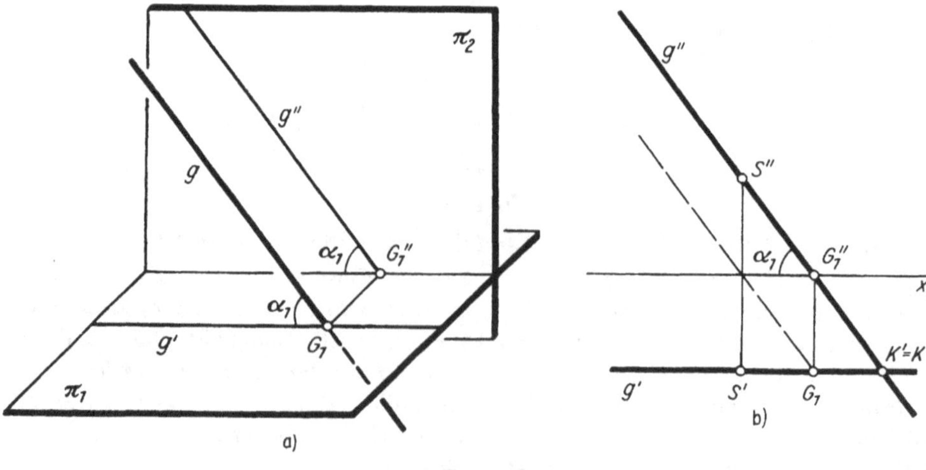

Figur 20

Größe. Jede Strecke auf einer solchen 1. Hauptlinie wird im Grundriß in wahrer Größe abgebildet. Auf g und g' liegen demnach *kongruente Punktreihen.* In Figur 19b sind auch Koinzidenz- und Symmetriepunkt eingezeichnet worden.

2. *g parallel zu π_2* (zunächst seien die Geraden normal zu π_1 ausgeschlossen). (Figur 20.) Man spricht in diesem Fall von einer *2. Hauptlinie* oder *Frontalen* oder *Frontlinie* (*Frontgeraden*). Ihr Grundriß ist parallel zur Rißachse, ihr Aufriß ist eine Gerade nicht normal zu x_{12}. Ihr 1. Spurpunkt ist ein eigentlicher Punkt, ihr 2. Spurpunkt ein Fernpunkt. Der 2. Neigungswinkel α_2 ist Null, während der 1. Neigungswinkel α_1 im Aufriß in wahrer Größe erscheint. Jede Strecke auf einer zweiten Hauptlinie wird im Aufriß in wahrer Größe abgebildet. Auf g und g'' liegen kongruente Punktreihen.

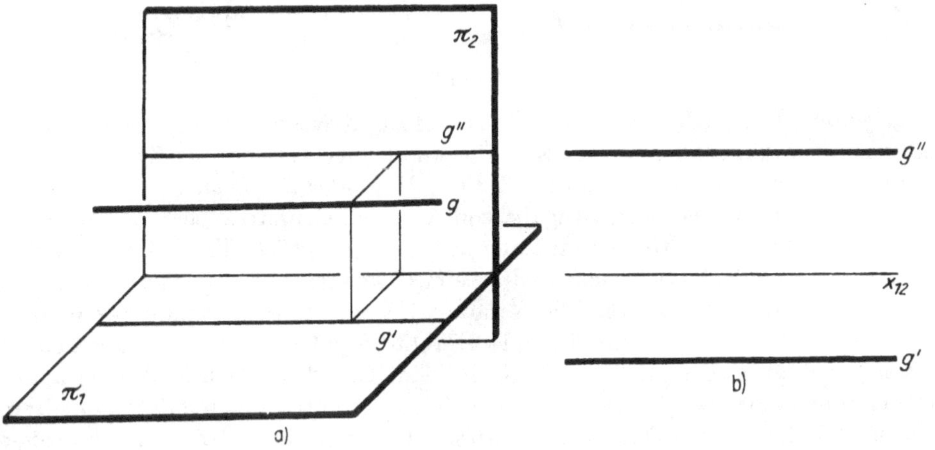

Figur 21

3. *g parallel zur Bildachse x_{12}.* (Figur 21.) Die Gerade g ist erste und zweite Hauptlinie zugleich. Beide Spurpunkte sind Fernpunkte und fallen in den Fernpunkt der Bildachse. Beide Neigungswinkel sind Null. Sowohl im Auf- wie im Grundriß liegen kongruente Punktreihen zur Punktreihe auf g vor.

4. *g normal zu π_1.* (Figur 22.) Eine zur 1. Bildebene normale Gerade nennt man, wie bereits erwähnt, erstprojizierend. Ihr Grundriß ist ein Punkt, ihr Aufriß eine zur Bildachse normale Gerade. Eine erstprojizierende Gerade ist zugleich eine zweite Hauptlinie. Ihr zweiter Spurpunkt liegt im Unendlichen. Der 1. Neigungswinkel beträgt 90°, der zweite ist Null. Auf g und g'' liegen kongruente Punktreihen.

5. *g normal zu π_2.* (Figur 23.) Steht eine Gerade zur zweiten Bildebene normal, so heißt sie zweitprojizierend. Ihr Aufriß ist ein Punkt, ihr Grundriß eine zur Bildachse normale Gerade. g ist in diesem Fall auch eine 1. Hauptlinie. Ihr 1. Spurpunkt liegt im Unendlichen. Der zweite Neigungswinkel beträgt 90°, der erste ist Null. Auf g und g' liegen kongruente Punktreihen.

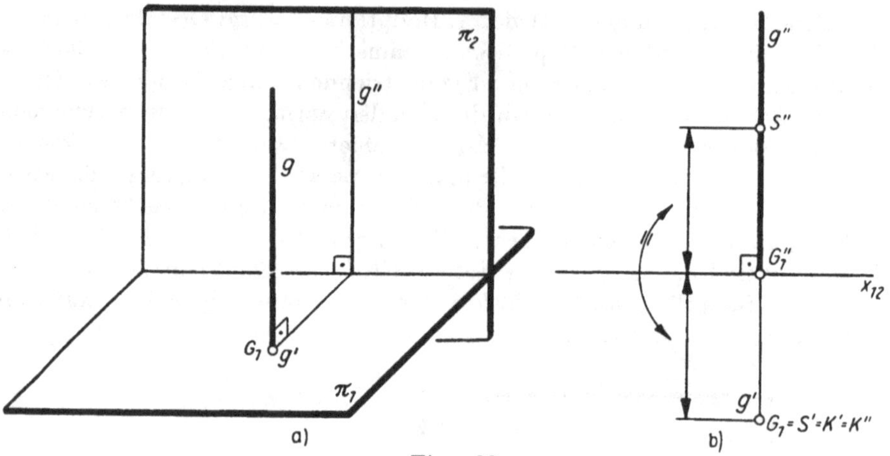

Figur 22

6. *g normal zur Bildachse* x_{12} (d. h. parallel zur Kreuzrißebene; *g* sei nicht erst- oder zweitprojizierend). (Figur 24.) Da eine solche Gerade zur Kreuzrißebene parallel verläuft, nennt man sie eine *3. Hauptlinie* oder *Profilgerade.* Vorliegender Fall ist der einzige, wo durch Angabe von Auf- und Grundriß (beide Bilder fallen in Ordnerrichtung) die Gerade im Raum nicht festgelegt ist. Es ist durch Ordnerziehen nicht möglich, zum Grundriß P' eines Punktes P von g seinen Aufriß zu bestimmen, oder umgekehrt. Die Gerade wird erst dann bestimmt, wenn Auf- und Grundriß zweier auf ihr liegender Punkte gegeben sind. In Figur 24b ist durch die Punkte $A(A', A'')$ und $B(B', B'')$ eine Gerade g gegeben. Man erkennt, wie man etwa zu dem Aufriß C'' eines weiteren Punktes C von g durch eine rein planimetrische Konstruktion (auf Grund der Invarianz der Teilverhältnisse

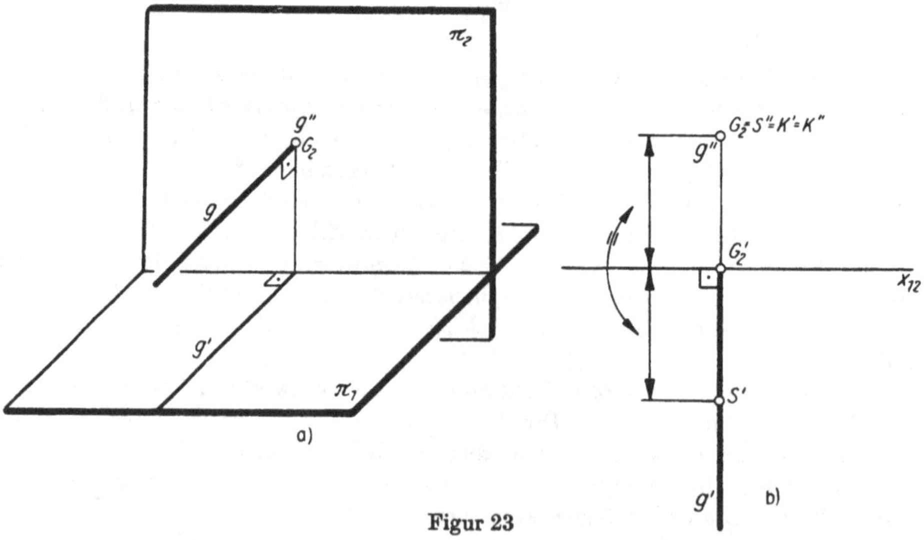

Figur 23

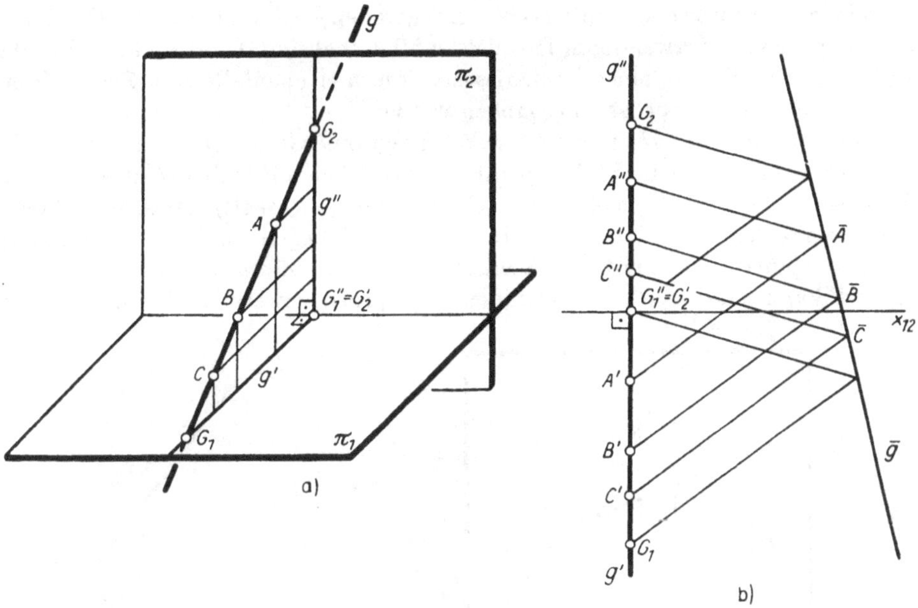

Figur 24

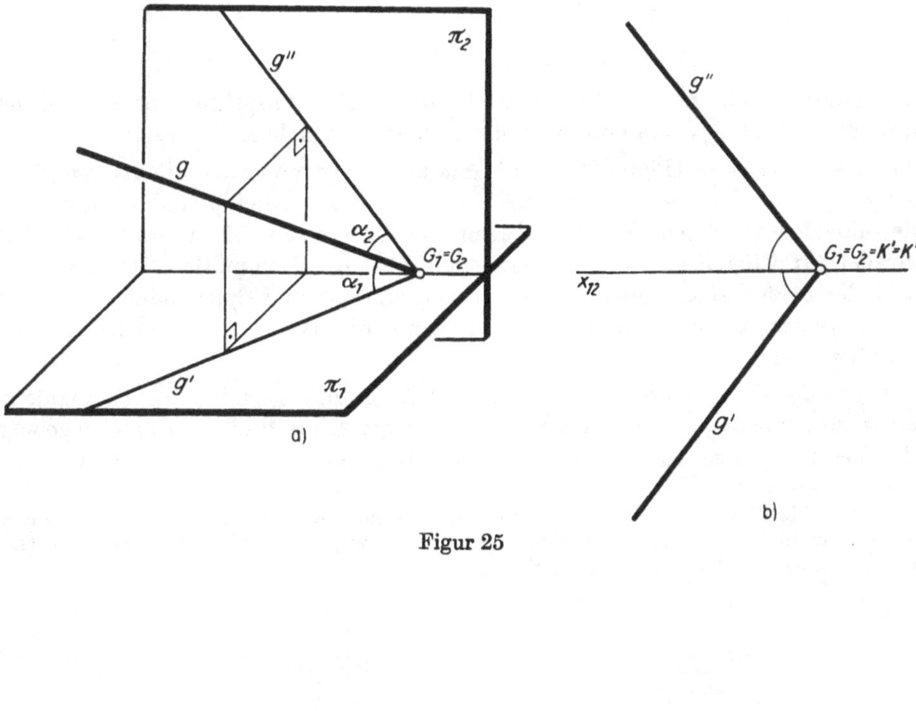

Figur 25

$(A''B'' \cdot C'') = (AB \cdot C) = (A'B' \cdot C'))$ den Grundriß C' finden kann. Auch die beiden Spurpunkte sind mittels der Hilfsgeraden $\bar{g}$ zu konstruieren. (Die Richtungen der beiden verwendeten Parallelstrahlbüschel sind dabei willkürlich wählbar.)[1]) Die Einführung eines Kreuzrisses würde hier ebenfalls zum Ziele führen, doch soll darauf erst später eingegangen werden.

7. *g in der Symmetrieebene σ.* (Figur 25.) Liegt eine Gerade g in der Symmetrieebene, so schneidet sie die Bildachse und ist gegen beide Bildebenen gleich geneigt (der Leser beweise die Gleichheit der beiden Neigungswinkel!). Auch ihre Projektionen schneiden einander in der Bildachse und liegen zu ihr spiegelbildlich. Beide Spurpunkte fallen mit dem Koinzidenzpunkt K zusammen. Als Symmetriepunkt S kann jeder Punkt der Geraden angesprochen werden. Ist insbesondere

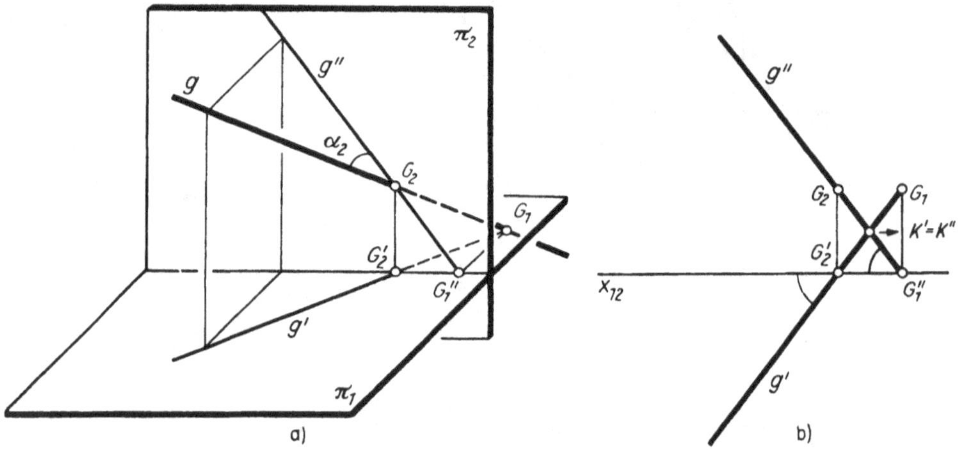

Figur 26

die Gerade g eine erste und damit auch eine zweite Hauptlinie von σ, so liegen ihre beiden Bilder parallel und symmetrisch zur Bildachse.

8. *g parallel zu σ.* (Figur 26.) Die Gerade g ist gegen beide Bildebenen gleich geneigt (Beweis ?), schneidet aber die Bildachse nicht. Auch g' und g'' sind gegen die Bildachse gleich geneigt. Die Verbindungsgerade ihrer Spurpunkte G_1G_2 liegt parallel zur Rißachse. Der Symmetriepunkt ist ein Fernpunkt. Man kann die Lage der beiden Bilder auch so schildern: g' und g'' sind Spiegelbilder bezüglich der Parallelen zur Bildachse durch die (zusammenfallenden) Risse des Koinzidenzpunktes K von g.

9. *g in der Koinzidenzebene $\varkappa$.* (Figur 27.) Liegt eine Gerade in der Koinzidenzebene, so schneidet sie die Bildachse und ist gegen beide Bildebenen gleich geneigt (der Leser weise die Gleichheit der beiden Neigungswinkel nach!). Ihre beiden

[1]) Diese Konstruktion läßt eine interessante räumliche Deutung zu, vgl. A. Baruch: Die Verwendung der Koinzidenzebene zur Lösung von Aufgaben der Darstellenden Geometrie. Jahresber. DMV **29** (1920) 123–129.

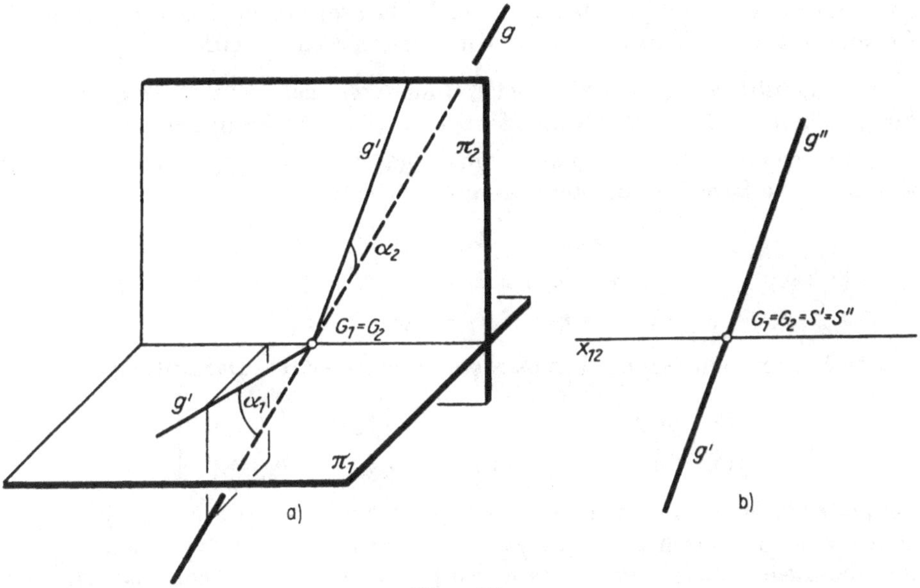

Figur 27

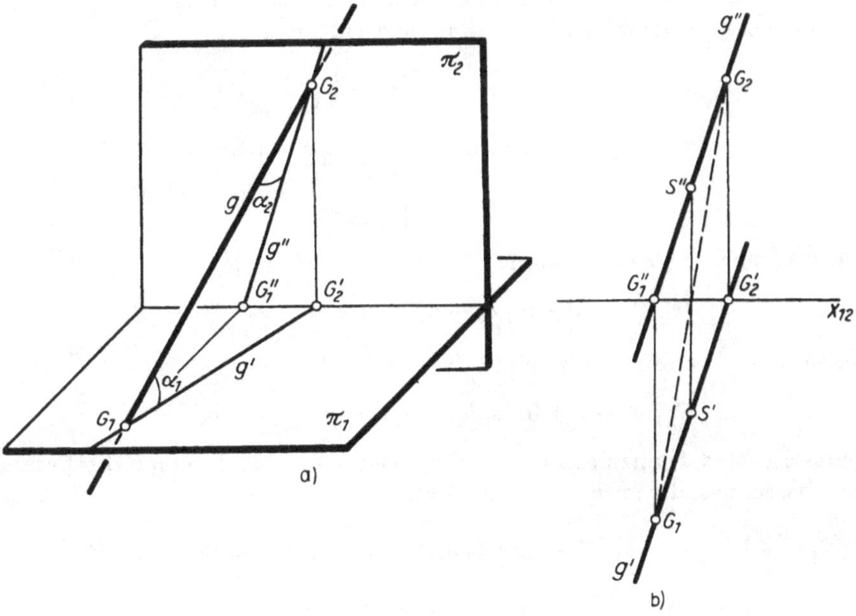

Figur 28

Bilder g', g'' decken einander. Die beiden Spurpunkte fallen mit den beiden Bildern des Symmetriepunktes S (in der Bildachse) zusammen. Jeder Punkt der Geraden kann als Koinzidenzpunkt von g angesprochen werden.

10. *g parallel zu* $\varkappa$. (Figur 28.) Beide Bilder von g gehen durch Parallelverschiebung ineinander über. Der Koinzidenzpunkt K ist ein Fernpunkt.

* Sind von einer Geraden g zwei Punkte gegeben: $A(a_1, a_2, a_3)$ und $B(b_1, b_2, b_3)$, so lautet eine Parameterdarstellung von g:

$$\left.\begin{aligned} x &= a_1 + t\,(b_1 - a_1) \\ y &= a_2 + t\,(b_2 - a_2) \qquad (-\infty < t < \infty)\,. \\ z &= a_3 + t\,(b_3 - a_3) \end{aligned}\right\} \qquad (1)$$

Durch Elimination von t erhält man eine parameterfreie Darstellung:

$$\left.\begin{aligned} (b_2 - a_2)\,x - (b_1 - a_1)\,y - (a_1 b_2 - a_2 b_1) &= 0\,, \\ (b_3 - a_3)\,x - (b_1 - a_1)\,z - (a_1 b_3 - a_3 b_1) &= 0\,. \end{aligned}\right\} \qquad (2)$$

Die erste Gleichung von (2) gibt den Grundriß g' von g und zugleich die erstprojizierende Ebene durch g an, die zweite Gleichung kennzeichnet den Aufriß g'' und die zweitprojizierende Ebene durch g. (Dabei wurde allgemeine Lage von g angenommen.)

Zur Berechnung des 1. Spurpunktes G_1 setzt man etwa in der dritten Gleichung von (1) für die Kote $z = 0$ und geht mit dem daraus berechneten Wert von t in die beiden ersten Gleichungen von (1). So erhält man

$$G_1(x_1, y_1, z_1) \quad \text{mit} \quad \begin{cases} x_1 = \dfrac{a_1 b_3 - a_3 b_1}{b_3 - a_3}\,, \\ y_1 = \dfrac{a_2 b_3 - a_3 b_2}{b_3 - a_3}\,, \\ z_1 = 0 \end{cases}$$

oder in homogenen Koordinaten:

$$G_1\,[(b_3 - a_3) : (a_1 b_3 - a_3 b_1) : (a_2 b_3 - a_3 b_2) : 0]\,.$$

Analog findet man für den zweiten Spurpunkt G_2:

$$G_2\,[(b_1 - a_1) : 0 : (a_2 b_1 - a_1 b_2) : (a_3 b_1 - a_1 b_3)]\,.$$

Symmetrie- und Koinzidenzpunkt erhält man dadurch, daß man die Parameterwerte berechnet, die zu $x = \pm z$ gehören. So ist

$$S\,\{[(a_3 - a_1) - (b_3 - b_1)] : [a_3 b_1 - a_1 b_3] : [b_2 (a_3 - a_1) - a_2 (b_3 - b_1)] : [a_3 b_1 - a_1 b_3]\}$$

und

$$K\,\{[(a_3 + a_1) - (b_3 + b_1)] : [a_3 b_1 - a_1 b_3] : [b_2 (a_3 + a_1) - a_2 (b_3 + b_1)] : -[a_3 b_1 - a_1 b_3]\}\,.$$

Die oben angeführten zehn besonderen Lagen einer Geraden lassen sich nun durch folgende Spezialisierungen der Koordinaten von A und B gewinnen:

1. $g \parallel \pi_1$: $a_3 = b_3$;
2. $g \parallel \pi_2$: $a_1 = b_1$;
3. $g \parallel x_{12}$: $a_1 = b_1$ und $a_3 = b_3$;
4. $g \perp \pi_1$: $a_1 = b_1$ und $a_2 = b_2$;
5. $g \perp \pi_2$: $a_2 = b_2$ und $a_3 = b_3$;
6. $g \perp x_{12}$: $a_2 = b_2$;
7. g in σ: $a_1 = a_3$ und $b_1 = b_3$;
8. $g \parallel \sigma$: $a_1 - a_3 = b_1 - b_3 \neq 0$;
9. g in $\varkappa$: $a_1 = -a_3$ und $b_1 = -b_3$;
10. $g \parallel \varkappa$: $a_1 + a_3 = b_1 + b_3 \neq 0$. *

§ 12. Lage zweier Geraden zueinander

Zwei verschiedene Geraden a und b des Raumes haben gemeinsam entweder

a) einen eigentlichen Punkt: sie *schneiden einander*, oder

b) einen Fernpunkt: sie sind *zueinander parallel*, oder

c) keinen Punkt: sie sind *zueinander windschief* oder — wie man auch sagt — *einander kreuzend.*

Welcher der drei möglichen Fälle vorliegt, ist im allgemeinen aus zwei zugeordneten Normalrissen leicht zu ersehen.

a) (Figur 29a.) Schneiden zwei Geraden a, b einander, dann muß der Schnittpunkt ihrer beiden ersten Bilder $P' = a'\,b'$ mit dem Schnittpunkt $P'' = a''\,b''$ der beiden zweiten Bilder auf einem Ordner liegen, sind doch P', P'' die zugeordneten Normalrisse des Schnittpunktes P der beiden Geraden a, b im Raum. — In den Figuren 29b, 29c, 29d sind einige Sonderfälle dargestellt.

b) (Figur 30a.) Sind zwei Geraden a, b zueinander parallel, so besitzen sie denselben Fernpunkt U, dessen Grundriß der gemeinsame Fernpunkt von a' und b' ist; a' und b' sind daher zueinander parallel. Durch analoge Überlegung erkennt man, daß auch die beiden zweiten Bilder a'', b'' zueinander parallel sein müssen. — Der Leser beachte die in den Figuren 30b und 30c dargestellten Sonderfälle.

c) (Figur 31.) Sind zwei Geraden a, b zueinander windschief, dann liegt der Schnittpunkt $a'\,b'$ ihrer Grundrisse mit dem Schnittpunkt $a''\,b''$ ihrer Aufrisse nicht auf einem Ordner. Sind die beiden Geraden kreuzrißparallel, so ziehe man einen Kreuzriß zu Rate.

Bei der Umkehrung dieser Sätze muß man vorsichtig sein. So gilt folgendes:

a) Liegt der Schnittpunkt der ersten Bilder zweier Geraden mit dem Schnittpunkt ihrer zweiten Bilder auf einem Ordner, dann schneiden die beiden Geraden einander im Raum.

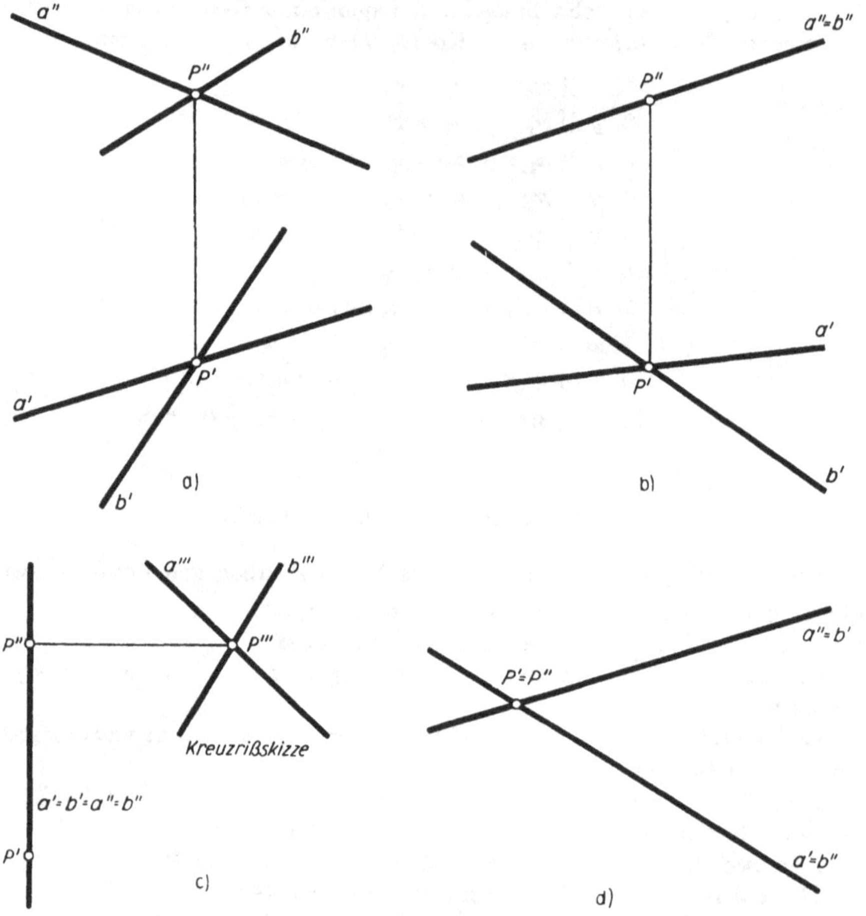

Figur 29

b) Sind Auf- und Grundriß eines Geradenpaares a, b je ein paralleles Geradenpaar, so sind im allgemeinen die beiden Geraden im Raum zueinander parallel. Nur bei zwei dritten Hauptlinien gilt dieser Satz nicht immer. In einem solchen Falle untersucht man den Kreuzriß der beiden Geraden auf Parallelität. Fallen nicht alle vier Risse zusammen, so kann man auch von folgender Überlegung ausgehen. (Figur 32.) *Zwei Geraden, die ein paralleles Geradenpaar schneiden, können nicht windschief zueinander sein.* Man verbindet daher die beiden Punktepaare, die a und b festlegen, z. B. $c'' = A''C''$, $d'' = B''D''$ und $c' = A'C'$, $d' = B'D'$, und untersucht, ob die Schnittpunkte $c''d''$ und $c'd'$ auf einem Ordner liegen. Ist dies nicht der Fall, dann sind nicht nur c und d, sondern auch a und b zueinander windschief.[1])

[1]) Vergleiche auch die oben angeführte Arbeit von Baruch.

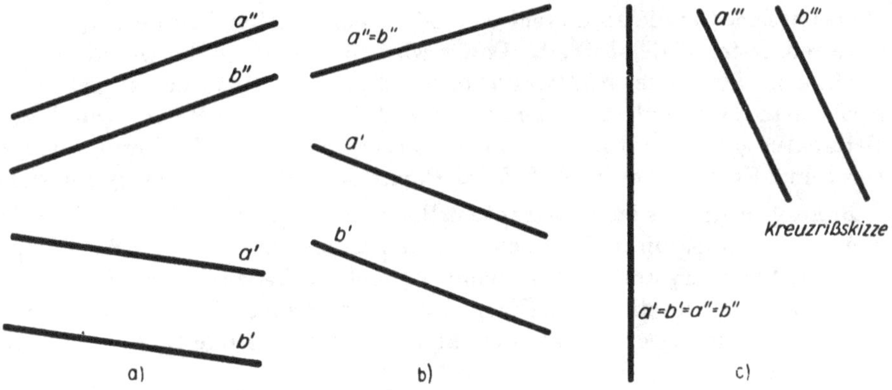

Figur 30

Der Leser diskutiere die oben zu a) und b) angeführten Sonderfälle (Figuren 29 b, c, d und 30 b, c)!

c) Für zwei zueinander windschiefe Geraden, die keine dritten Hauptlinien sind, gilt: Der Schnittpunkt ihrer Aufrisse und der Schnittpunkt ihrer Grundrisse liegen nicht auf einem Ordner. (Figur 31.)

(Figur 31.) Da auf dem Ordner durch den Punkt $a'\,b'$ im Aufriß die verschiedenen Punkte P_a'' (auf a'') und P_b'' (auf b'') liegen, so läßt sich leicht fest-

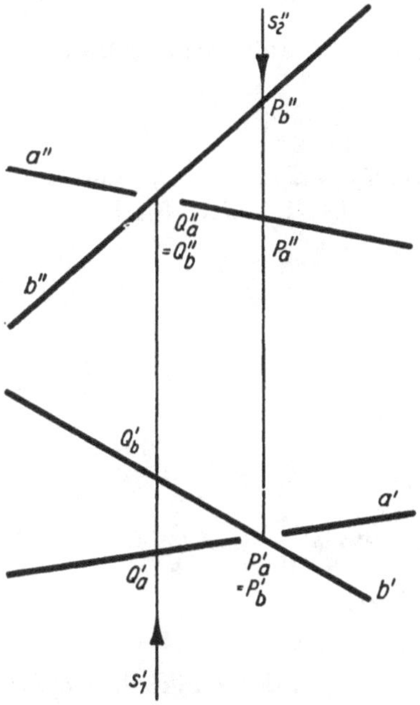

Figur 31

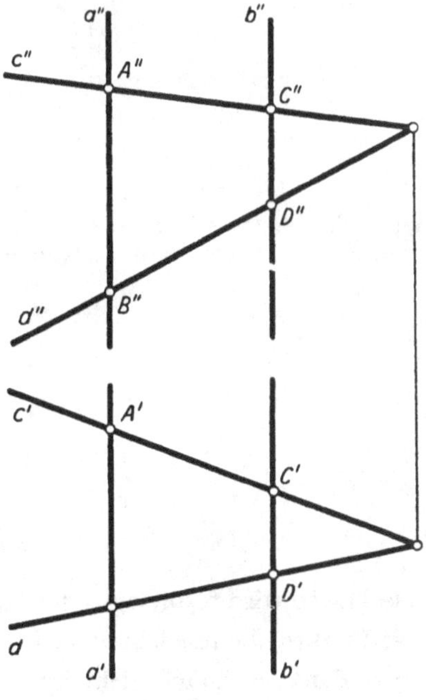

Figur 32

stellen, welche Gerade an dieser Stelle höher liegt. Es hat hier der Punkt auf b den größeren ersten Tafelabstand. Daher wird die Gerade b die Gerade a über P' verdecken. Um dieser *Sichtbarkeit* in der Zeichnung Ausdruck zu geben, unterbricht man die Gerade a' in der in Figur 31 dargestellten Weise. Durch analoge Betrachtungen erkennt man, daß in der Figur die Gerade b die Gerade a über $a'' b''$ verdeckt. Es ist daher im Aufriß der Punkt Q_b sichtbar, Q_a hingegen unsichtbar.

Bemerkung. Besitzen die zweiten Bilder a'', b'' zweier windschiefer Geraden a, b einen Schnittpunkt P'', so entsprechen diesem im Raum ein Punkt P_a auf a und ein Punkt P_b auf b. Man nennt P_a und P_b die *zweiten Deckpunkte* von a und b. Analog sind die *ersten Deckpunkte* von a und b definiert. Man kann unter Verwendung des Begriffes Deckpunkt den unter c) ausgesprochenen Satz wie folgt formulieren:

c') Für zwei zueinander windschiefe Geraden a, b, die keine dritten Hauptlinien sind, gilt: *Der (gemeinsame) Aufriß der zweiten Deckpunkte von a und b und der (gemeinsame) Grundriß der ersten Deckpunkte liegen nicht auf einem Ordner.*

* Sind etwa die Koordinaten der Punkte A, B, C, D bekannt, die die verschiedenen Geraden $a = AC$ und $b = BD$ bestimmen, dann stehen z. B. folgende Kriterien zur Verfügung, um zu entscheiden, welcher der Fälle a), b) oder c) vorliegt:

Schneiden die beiden Geraden einander oder sind sie parallel, dann liegen die vier Punkte in einer Ebene und es gilt:

$$\begin{vmatrix} a_1 & a_2 & a_3 & 1 \\ b_1 & b_2 & b_3 & 1 \\ c_1 & c_2 & c_3 & 1 \\ d_1 & d_2 & d_3 & 1 \end{vmatrix} = 0 , \qquad \text{außerdem im Fall}$$

a) $(a_1 - c_1):(a_2 - c_2):(a_3 - c_3) \neq (b_1 - d_1):(b_2 - d_2):(b_3 - d_3)$ und im Fall b) $(a_1 - c_1):(a_2 - c_2):(a_3 - c_3) = (b_1 - d_1):(b_2 - d_2):(b_3 - d_3)$. Im Fall c) liegen die vier Punkte nicht in einer Ebene. Daher ist

$$\begin{vmatrix} a_1 & a_2 & a_3 & 1 \\ b_1 & b_2 & b_3 & 1 \\ c_1 & c_2 & c_3 & 1 \\ d_1 & d_2 & d_3 & 1 \end{vmatrix} \neq 0 . *$$

§ 13. Bestimmung einer Ebene

Eine Ebene wird festgelegt oder bestimmt durch

a) drei Punkte, die nicht in einer Geraden liegen, oder

b) einen Punkt und eine nicht inzidente Gerade (d.h., der Punkt darf nicht auf der Geraden liegen), oder

c) zwei einander schneidende Geraden, oder, was projektiv gesehen kein neuer Fall ist,

d) zwei parallele Geraden.

§ 14. Abbildung einer Ebene allgemeiner Lage

Durchläuft ein Punkt P eine *Ebene ε allgemeiner Lage* (die Ebenen normal zu π_1 oder normal zu π_2 seien zunächst von den Betrachtungen ausgeschlossen), so erfüllen die erstprojizierenden Geraden durch die einzelnen Lagen von P den

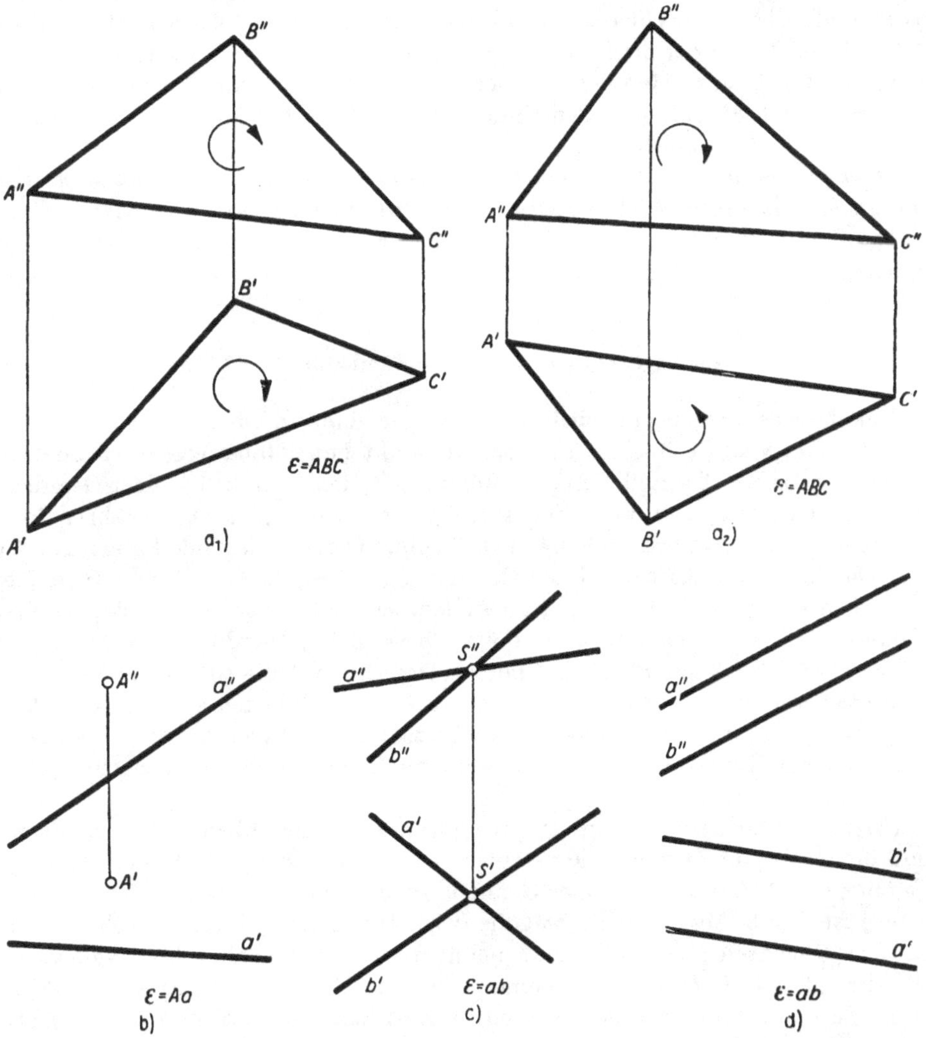

Figur 33

gesamten Raum. Die ersten Bilder aller Punkte einer Ebene bedecken daher die ganze erste Bildebene π_1. Analoges gilt für den Aufriß. *Man wird daher Ebenen dadurch darstellen, daß man Bestimmungsstücke, die sie festlegen, abbildet.* (Figuren 33a, 33b, 33c, 33d.) Die Bildachse wird hierzu nicht benötigt. – Der Leser beachte aber stets, daß die beiden Risse ε' und ε'' einer Ebene ε allgemeiner Lage *zwei Punktfelder in vereinigter Lage* sind. Diese Punktfelder ε', ε'' sind durch die Bilder der genannten Bestimmungsstücke von ε festgelegt. Hierauf und auf den Zusammenhang zwischen ε' und ε'' wird später (§ 17) eingegangen.

Rekonstruiert man sich die durch das Dreieck ABC in Figur 33a_1 aufgespannte Ebene über einer der beiden Bildebenen, so erkennt man, daß beim Blick von vorn und beim Blick von oben die gleiche Seite der Ebene zu sehen ist. In Figur 33a_2 hingegen erblickt man für die beiden Sehrichtungen verschiedene Seiten der dargestellten Ebene. Man nennt die erste Ebene *gleichwendig*, die zweite *wechselwendig*. Beachtet man noch den Umlaufsinn der Dreiecke in den Rissen, so kann man den Satz aussprechen:

Besitzen Grund- und Aufriß eines Dreiecks den gleichen Umlaufsinn, dann liegt das Dreieck in einer gleichwendigen, andernfalls in einer wechselwendigen Ebene.

Der Leser untersuche, welche Ebene in den Figuren 33b, 33c, 33d gleich- bzw. wechselwendig ist.

§ 15. Angittern von Geraden und Punkten einer Ebene

Eine Gerade liegt bekanntlich dann und nur dann in einer Ebene ε, wenn sie jede Gerade von ε schneidet (der Schnittpunkt kann dabei eigentlich oder ein Fernpunkt sein). Dies gibt uns die Möglichkeit, den Grundriß g' einer Geraden g einer Ebene ε zu finden, wenn der Aufriß g'' gegeben ist, oder umgekehrt. So ist in Figur 34 eine Ebene ε durch drei nicht in einer Geraden liegende Punkte A, B, C dargestellt und der Aufriß g'' einer Geraden g gegeben, die der Ebene ε angehören soll. Um den Grundriß g' von g zu finden, schneidet man g'' mit den zweiten Bildern der Dreieckseiten und führt diese Schnittpunkte $1'' = g'' \cdot B''C''$, $2'' = g'' \cdot C''A''$, $3'' = g'' \cdot A''B''$ mittels Ordnern auf die entsprechenden Dreieckseiten in den Grundriß. Die drei Punkte $1'$, $2'$, $3'$ liegen auf dem gesuchten Grundriß g' von g. Man nennt diese Konstruktion das *Angittern von g.* (Der Leser führe analoge Konstruktionen durch, wenn die Ebene durch andere Bestimmungsstücke gegeben ist.)

(Figur 35.) Ist der Grundriß P' eines Punktes P einer Ebene ε gezeichnet und soll man den Aufriß von P konstruieren, so legt man durch P' eine beliebige Gerade, die als Grundriß g' einer Geraden g von ε aufgefaßt wird. Der Aufriß g'' von g ist durch Angittern leicht gefunden. Der Ordner durch P' schneidet g'' in dem gesuchten Punkt P''. Man nennt diese Konstruktion das *Angittern des Punktes P* und die Hilfsgerade g einen *Gitterstab*. Ist statt P' der Aufriß P'' des in ε gelegenen Punktes P gegeben, so verläuft das Angittern in analoger Weise. Figur 35 zeigt diese Konstruktion, wenn ε durch einen Parallelstreifen $(a \,||\, b)$

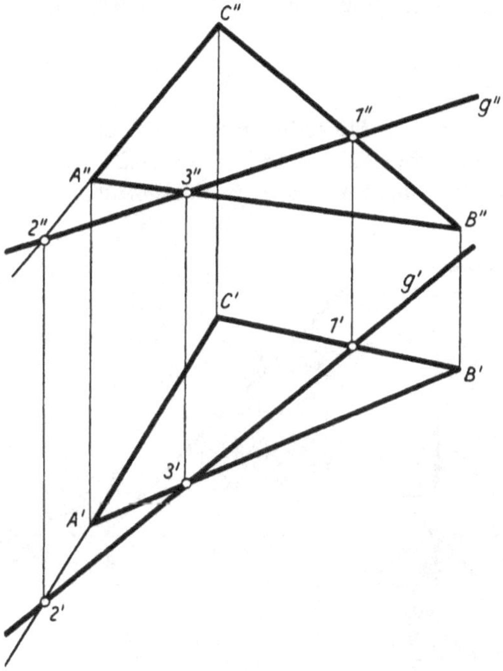

Figur 34

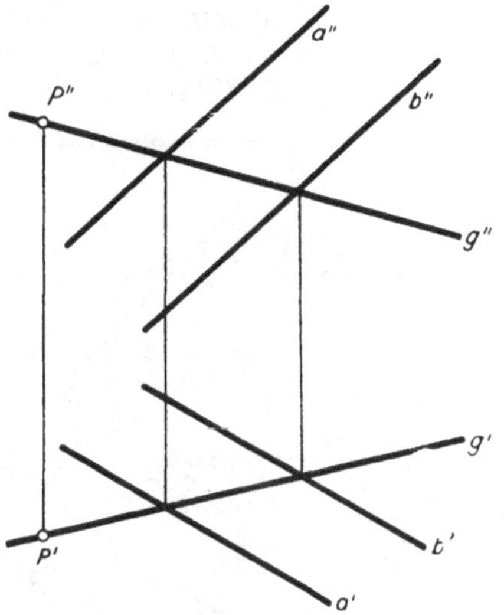

Figur 35

gegeben ist. Der Leser führe das Angittern von Punkten durch, wenn die Trägerebene durch verschiedene Bestimmungsstücke festgelegt ist.

§ 16. Ausgezeichnete Geraden einer Ebene

1. *Die Spuren einer Ebene*

Eine Ebene ε allgemeiner Lage schneidet beide Bildebenen in je einer Geraden, den beiden *Spurgeraden* oder *Spuren* von ε. (Figuren 36, 37, 38.) Es ist

$$\varepsilon\,\pi_1 = e_1 = \mathit{1.\ Spur}\ \text{von}\ \varepsilon\ ,$$

$$\varepsilon\,\pi_2 = e_2 = \mathit{2.\ Spur}\ \text{von}\ \varepsilon\ .$$

Die beiden Spuren e_1, e_2 schneiden einander in einem Punkt E der Bildachse, dem *Knotenpunkt* von ε. Dieser Knotenpunkt der Ebene ist der Durchstoßpunkt der Bildachse mit ε und zugleich der gemeinsame Schnittpunkt der Ebenen ε, π_1 und π_2:

$$E = e_1\,e_2 = \varepsilon\,x_{12} = \varepsilon\,\pi_1\,\pi_2\ .$$

Da die erste Spur e_1 von ε der Grundrißebene angehört, ist der Grundriß e_1' mit e_1 identisch, während der Aufriß e_1'' in der Bildachse liegt. Da ferner e_2 in der Aufrißebene liegt, gilt:

$$e_2'' = e_2\,, \quad e_2' = x_{12}\,; \quad e_1'' = x_{12}\,, \quad e_1' = e_1\,.$$

Für die Risse des Knotenpunktes E gelten, wie für jeden Punkt der Bildachse: $E = E' = E''$. (E kann auch Fernpunkt sein; Figur 38.) Dies trifft für alle Ebenen allgemeiner Lage in gleicher Weise zu, weshalb man die Bezeichnungen e_1', e_1'', e_2', e_2'', E', E'' gewöhnlich wegläßt.

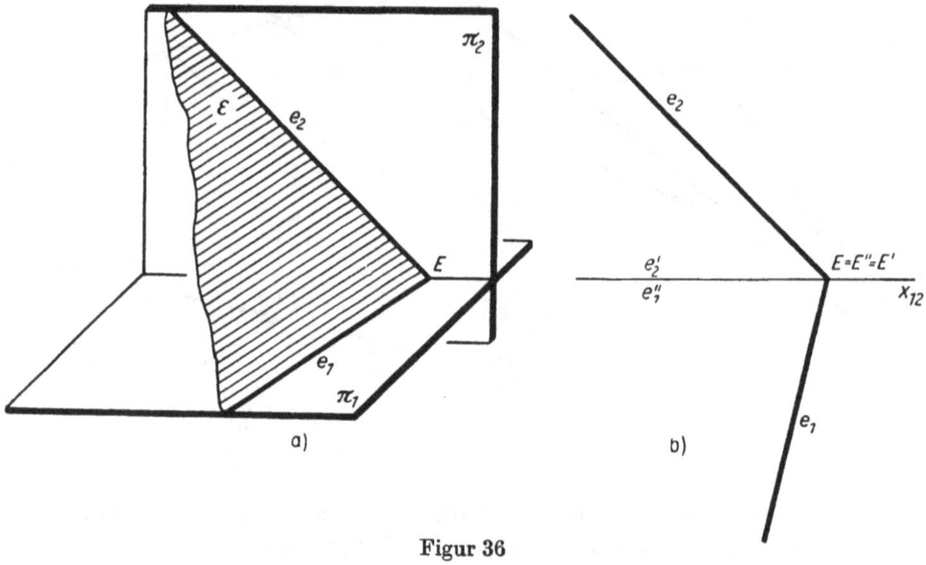

Figur 36

Mitunter ist es vorteilhaft, eine Ebene durch ihre beiden Spuren anzugeben (Sonderfall der Bestimmung einer Ebene durch zwei einander schneidende Geraden). So zeigt Figur 36 eine gleichwendige, Figur 37 eine wechselwendige, Figur 38 eine sogenannte *Pult-* oder *Dachebene* (die hier ebenfalls gleichwendig angenommen wurde).

(Figur 39.) Es sei ε eine Ebene, deren Knotenpunkt E vom Koordinatenursprung O verschieden ist. Bezeichnet dann E_1 den Durchstoßpunkt von e_1 mit π_3 (Figur 39a), E_2 den Schnittpunkt $e_2\pi_3$ und nennt man die (vorzeichenbehafteten) Abstände vom Ursprung

$$\overline{OE_1} = u\,, \quad \overline{OE} = v\,, \quad \overline{OE_2} = w\,,$$

so erhält man ein geordnetes Zahlentripel (u, v, w), durch das zunächst die Spuren der Ebene ε und damit die Ebene ε selbst festgelegt ist (projizierende und Pultebenen ausgeschlossen). Man kann daher diese Achsenabschnitte u, v, w als ***inhomogene Ebenenkoordinaten*** ansprechen. In Figur 39b wurde die Ebene $\varepsilon(4, 3, 2)$ durch ihre Spuren in Grund- und Aufriß festgelegt.

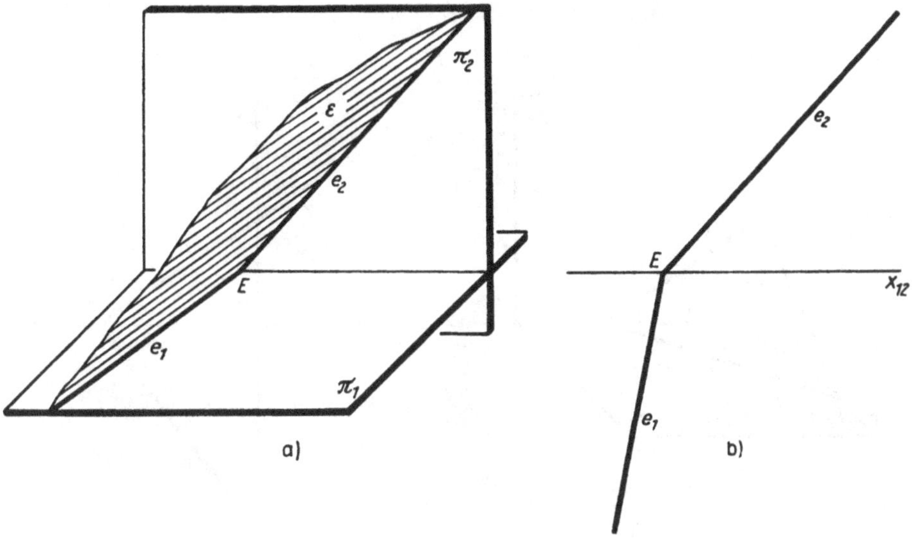

Figur 37

Das Angittern von Geraden und Punkten bei einer durch ihre Spuren gegebenen Ebene bereitet keine Schwierigkeiten, wenn man beachtet, daß der erste Spurpunkt einer Geraden g von ε in der ersten Spur e_1, der zweite Spurpunkt von g in der zweiten Spur e_2 von ε liegen muß. In Figur 40 wurde zum Grundriß P' eines Punktes P, der in der Ebene $\varepsilon = e_1 e_2$ liegen soll, mittels eines willkürlich gewählten Gitterstabes g der Aufriß P'' konstruiert.

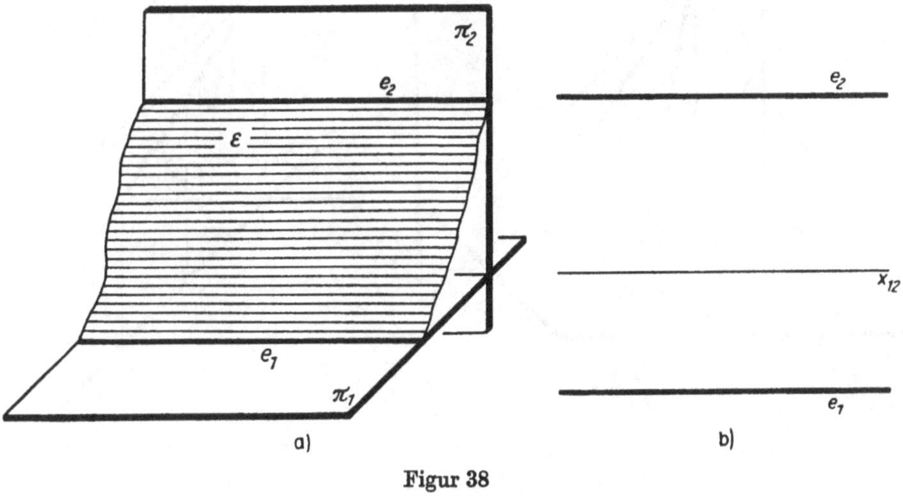

Figur 38

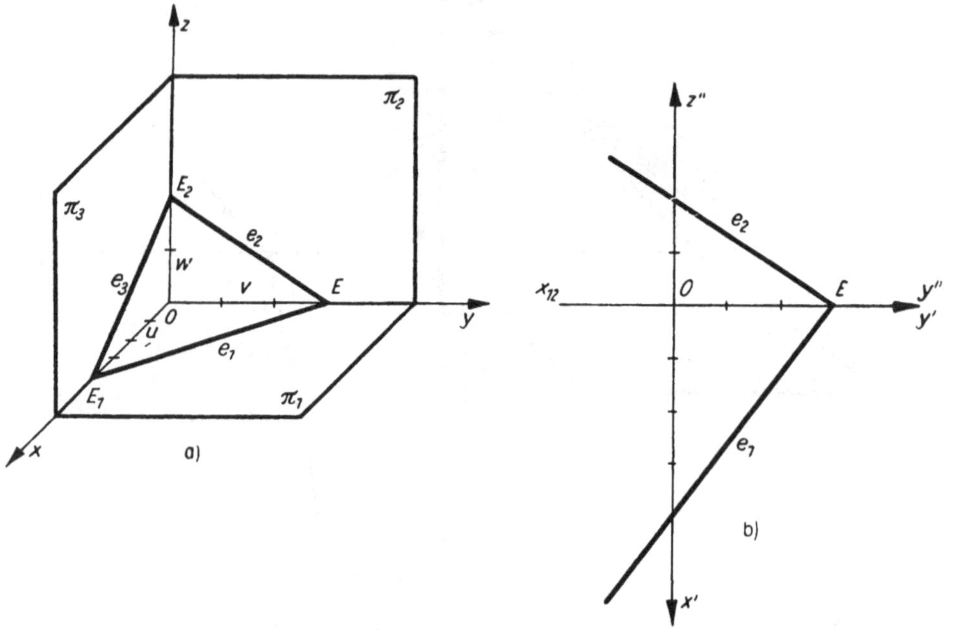

Figur 39

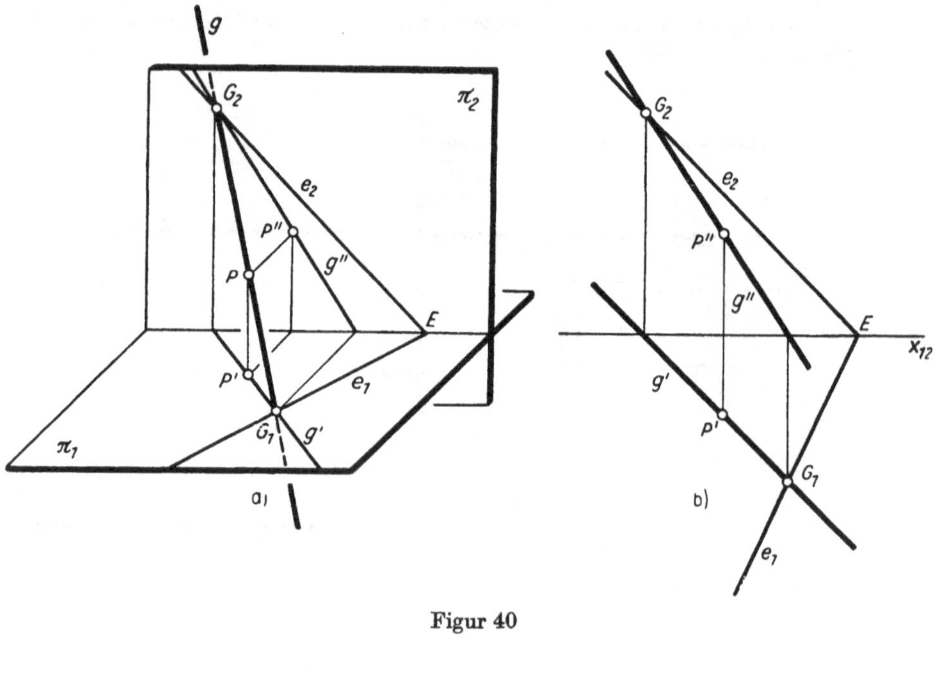

Figur 40

2, *Spurparallelen (= Hauptlinien) einer Ebene*

Unter den Geraden einer Ebene ε haben jene eine besondere Bedeutung, die zu einer Bildebene und damit auch zu einer Spur von ε parallel liegen. Sie heißen *Spurparallelen* oder *Hauptlinien* von ε.

(Figur 41.) Eine zu π_1 parallele Gerade h_1 der Ebene ε heißt *1. Spurparallele* oder *1. Hauptlinie* von ε (auch *Horizontale* oder *Höhenlinie* genannt). Da $h_1 || \pi_1$, gilt $h_1' || e_1$ und $h_1'' || x_{12}$. Entsprechend nennt man eine Gerade h_2 von ε, die parallel zu π_2 verläuft, eine *2. Spurparallele* oder *2. Hauptlinie* (auch *Frontale* oder

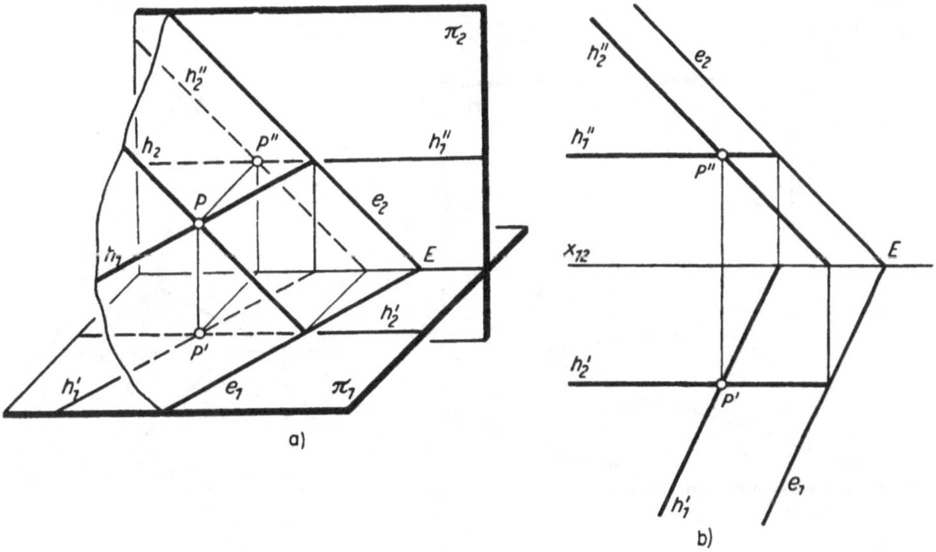

Figur 41

Frontgerade, Frontlinie genannt). Die Hauptlinien einer Ebene geben die Richtungen der entsprechenden Spuren an; sie eignen sich besonders zum Angittern von Punkten. (Der Leser führe das Angittern von Punkten bei verschiedenen Annahmen der beiden Spuren und verschiedenen Lagen des einen gegebenen Risses von P durch und bediene sich abwechselnd einer ersten bzw. einer zweiten Spurparallelen.)

Dem Leser wird es nun nicht schwer fallen, für eine Ebene, die durch andere Bestimmungsstücke gegeben ist, eine erste oder zweite Spurparallele durch irgendeinen ihrer Punkte zu zeichnen, ohne die Spuren der Ebene zu verwenden.

3. *Spurnormalen (= Fallinien) einer Ebene*

Weitere Geraden einer Ebene, die besondere Beachtung verdienen, sind die Spurnormalen oder Fallinien.

Eine zur ersten Spur e_1 normale Gerade f_1 von ε heißt *erste Spurnormale* oder *erste Fallinie* von ε. (Eine erste Fallinie f_1 einer Ebene ε zeigt den Weg an, den eine in einem Punkt von f_1 auf ε gelegte Kugel zufolge der Schwerkraft nehmen würde.) (Figur 42.) Da $f_1 \perp e_1$, steht die erstprojizierende Ebene durch f_1, deren erste Spur den Grundriß f_1' angibt, ebenfalls zu e_1 normal, d.h., es ist $f_1' \perp e_1$. Sinngemäß nennt man eine Gerade f_2 von ε, die zur zweiten Spur e_2 normal steht, eine *zweite Spurnormale* oder *zweite Fallinie* von ε. Nach gleichen Überlegungen erkennt man, daß der Aufriß f_2'' einer zweiten Fallinie von ε zur zweiten Spur e_2 normal steht.

Den Winkel, den eine erste (zweite) Fallinie f_1 (f_2) einer Ebene ε mit ihrem Grundriß f_1' (Aufriß f_2'') einschließt, nennt man den *ersten* (*zweiten*) *Neigungswinkel* von ε.

Die Ebene $f_1 f_1'$ nennt man eine *Profilebene* der Ebene ε.

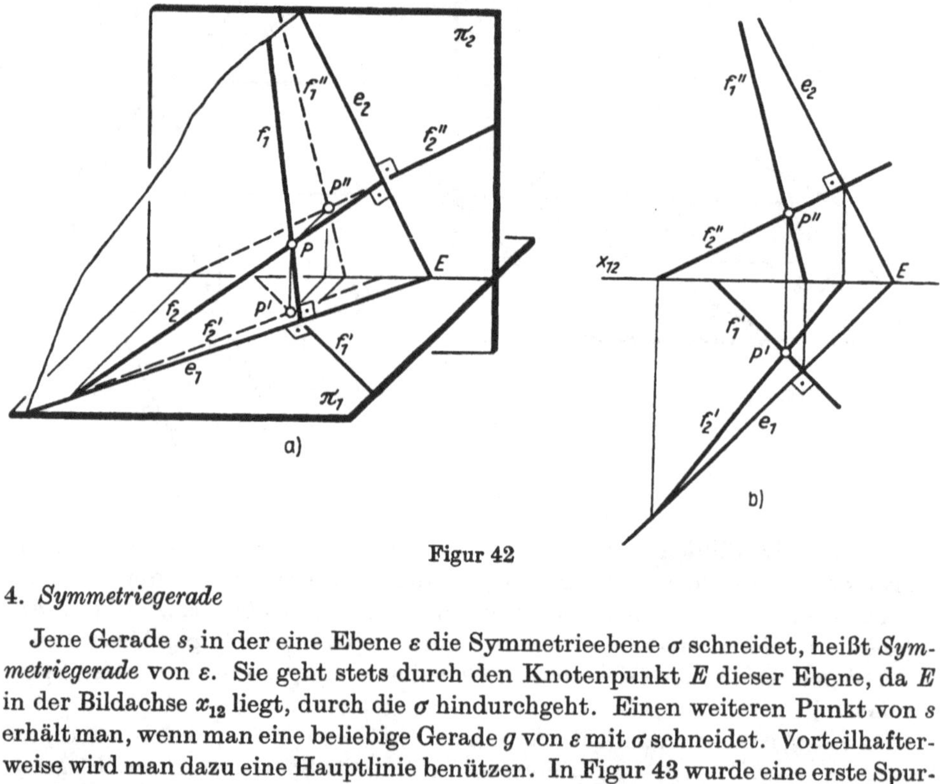

Figur 42

4. *Symmetriegerade*

Jene Gerade s, in der eine Ebene ε die Symmetrieebene σ schneidet, heißt *Symmetriegerade* von ε. Sie geht stets durch den Knotenpunkt E dieser Ebene, da E in der Bildachse x_{12} liegt, durch die σ hindurchgeht. Einen weiteren Punkt von s erhält man, wenn man eine beliebige Gerade g von ε mit σ schneidet. Vorteilhafterweise wird man dazu eine Hauptlinie benützen. In Figur 43 wurde eine erste Spurparallele h_1 von ε mit σ geschnitten ($\sigma h_1 = H_S$). Die beiden Risse von s ($s' = EH_S'$, $s'' = EH_S''$) liegen zur Bildachse symmetrisch.

5. *Koinzidenzgerade*

Jene Gerade k, in der eine Ebene ε die Koinzidenzebene $\varkappa$ schneidet, heißt *Koinzidenzgerade* von ε. Sie geht ebenso wie die Symmetriegerade durch den Knotenpunkt E von ε. In Figur 43 wurde dieselbe erste Hauptlinie h_1 von ε zur

Konstruktion eines zweiten Punktes von k herangezogen. ($h_1 \varkappa = H_K$; $H_K' = H_K''$; $k' = k'' = EH_K'$.)

Der Leser konstruiere Symmetrie- und Koinzidenzgerade einer Ebene ε, die durch drei nicht in einer Geraden liegende Punkte gegeben ist, ohne die Spuren der Ebene zu verwenden.

* Die beiden Spuren e_1, e_2 von ε bilden mit Symmetriegerade s und Koinzidenzgerade k dieser Ebene einen harmonischen Wurf, da π_1, π_2, σ, $\varkappa$ harmonisch liegen. Dies gilt dann auch für die Risse dieser vier Geraden. Daher halbiert e_2 die Strecke $H_K''H_S''$ und die Bildachse die Strecke $H_K'H_S'$.*

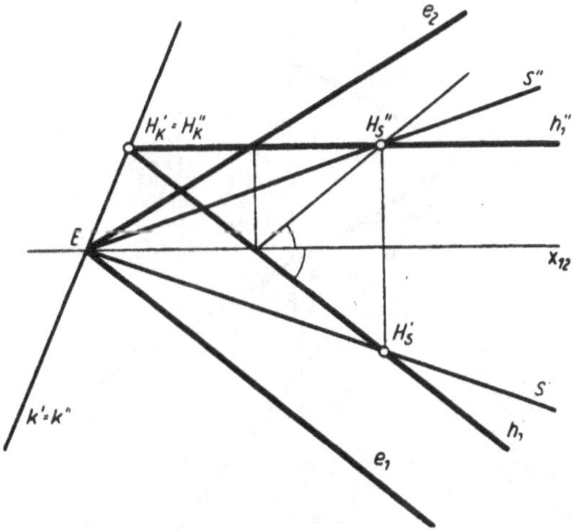

Figur 43

§ 17. Ebene perspektive Affinität

Es sei eine Ebene ε durch ihre Schnittgerade k ($k' = k''$) mit der Koinzidenzebene $\varkappa$ und einen nicht auf k liegenden Punkt P gegeben ($\varepsilon \nparallel \varkappa$). (Figur 44.) Ist der Aufriß Q'' eines Punktes Q gegeben, der in ε liegen soll, so läßt sich sein Grundriß Q' durch Angittern finden. Als Gitterstab verwendet man die Verbindungsgerade PQ. Es ist $P''Q'' = g''$. Durch den Schnittpunkt $g''k'' = K' = K''$ und P' verläuft der Grundriß g' der Hilfsgeraden g. Der Ordner durch Q'' schneidet g' im gesuchten Grundriß Q'. Die Konstruktion verläuft völlig analog, wenn statt Q'' der Grundriß Q' von Q gegeben ist. Auf gleiche Weise kann zu jeder Geraden des einen Risses von ε die entsprechende Gerade im andern Bild gefunden werden.

Der Ordner $P'P''$ schneide die zusammenfallenden Bilder der Koinzidenzgeraden k von ε in P_K, der Ordner $Q'Q''$ in Q_K. Zufolge des Strahlensatzes sind die Teilverhältnisse $(P'P'' \cdot P_K)$ und $(Q'Q'' \cdot Q_K)$ einander gleich, etwa gleich δ, und damit gilt für jeden Punkt X von ε, der nicht auf der Koinzidenzgeraden liegt (in analoger Bezeichnung):

$$(X'X'' \cdot X_K) = \text{const} = \delta\,.$$

Man nennt dieses für alle Punkte von ε (außer den Punkten auf k) gleiche Teilverhältnis das *charakteristische Teilverhältnis der Ebene* ε.

Aufgabe 2 (für den Leser). Der Leser zeige, daß für die Ebene $\varepsilon(u, v, w)$ das charakteristische Teilverhältnis $\delta = u : w$ beträgt. Hieraus folgt, daß nicht nur zueinander parallele Ebenen das gleiche charakteristische Teilverhältnis besitzen,

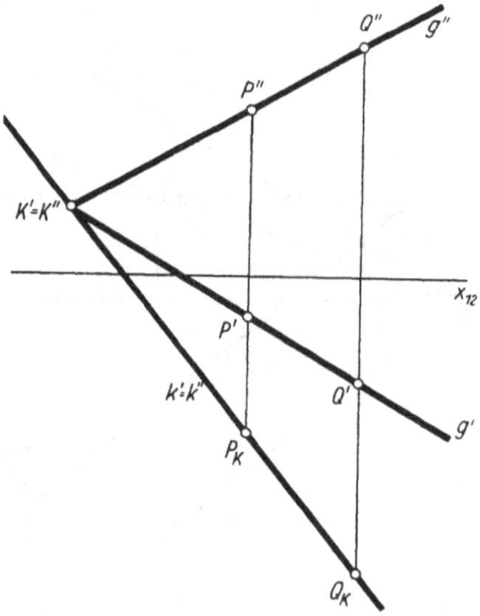

Figur 44

sondern auch alle Ebenen, deren dritte Hauptlinien zueinander parallel sind. *Der Leser weise nach, daß alle Ebenen mit gleichem charakteristischem Teilverhältnis δ ein Bündel bilden, dessen Träger der Fernpunkt $(0 : -\delta : 0 : 1)$ ist. *

Zusammenfassend kann man über Grundriß ε' und Aufriß ε'' einer Ebene ε allgemeiner Lage folgende Aussagen machen (man beachte, daß — wie schon erwähnt — ε' und ε'' zwei ebene Punktfelder in vereinigter Lage sind):

1. Auf- und Grundriß eines Punktes P von ε (nicht auf k) haben eine zu einer festen Richtung parallele Verbindungsgerade (Ordner); die Zuordnung $P' \leftrightarrow P''$ ist umkehrbar eindeutig (= eineindeutig).
2. Punkte der Koinzidenzgeraden k von ε haben zusammenfallende Bilder.
3. Auf- und Grundriß einer Geraden g von ε schneiden einander in einer festen Geraden (= zusammenfallendes Bildpaar der Koinzidenzgeraden k von ε).
4. Parallelen Geraden des einen Risses entsprechen parallele Geraden im anderen Bild (d. h., die Ferngerade geht in sich über).

5. Das Teilverhältnis dreier Punkte A, B, C einer Geraden stimmt mit dem Teilverhältnis ihrer Grund- und Aufrißpunkte überein:

$$(AB \cdot C) = (A'B' \cdot C') = (A''B'' \cdot C'') .$$

6. Die zusammenfallenden Bilder der Koinzidenzgeraden k von ε schneiden den Ordner $P'P''$ eines beliebigen Punktes P von ε (jedoch nicht auf k) in einem Punkt P_K derart, daß das Teilverhältnis $\delta = (P'P'' \cdot P_K)$ für alle Punkte P von ε einen festen Wert hat: das charakteristische Teilverhältnis von ε.

Damit ist zwischen Auf- und Grundriß von ε eine gewisse Zuordnung (*geometrische Verwandtschaft*) nachgewiesen, die man *perspektive Affinität* nennt. Die Verbindungsgerade entsprechender Punkte nennt man *Affinitätsstrahl*, die feste Achse, auf der entsprechende Geraden einander schneiden, *Affinitätsachse*. Die Grundeigenschaften einer solchen perspektiven Affinität kann man auch so aussprechen:

1. Entsprechende Punkte liegen auf einem Affinitätsstrahl (parallel zu einer festen Richtung).
2. Punkte der Affinitätsachse entsprechen sich selbst.
3. Einer Geraden entspricht wieder eine Gerade (man nennt daher die Verwandtschaft *linear* oder vom *1. Grad*); entsprechende Geraden schneiden einander auf der Affinitätsachse (der Schnittpunkt kann auch uneigentlich sein).
4. Parallelen Geraden entsprechen wieder parallele Geraden (d. h., die Ferngerade geht bei einer perspektiven Affinität in sich über).
5. Inzidenz von Punkt und Gerade entspricht wieder Inzidenz von Punkt und Gerade.
6. Das Teilverhältnis dreier Punkte einer Geraden ist invariant.
7. Die Affinitätsachse schneidet den zu einem (nicht zusammenfallenden) Punktepaar P', P'' gehörigen Affinitätsstrahl in einem Punkt P_K, der mit dem Punktepaar P', P'' ein festes Teilverhältnis bildet, das die *Charakteristik der perspektiven Affinität* genannt wird.
8. *Durch Angabe der Affinitätsachse und eines entsprechenden Punktepaares ist eine (ebene) perspektive Affinität bestimmt* (d. h., man kann, wie oben gezeigt wurde, „vervollständigen“, also zu jedem Punkt des einen Feldes den entsprechenden Punkt des anderen Feldes auffinden).

* Aufgabe 3 (für den Leser). Der Leser zeige, daß die Charakteristik einer perspektiven Affinität mit dem Verhältnis der (vorzeichenbehafteten) Flächeninhalte f', f'' entsprechender Figuren übereinstimmt. (Figur 45.)

Bemerkung. Bei einer gleichwendigen Ebene liegen die zugeordneten Normalrisse ihrer Punkte auf derselben Seite von $k' = k''$, ihre Charakteristik $\delta = (P'P'' \cdot P_K) = f' : f''$ ist positiv. Bei einer wechselwendigen Ebene hingegen liegen P' und P'' auf verschiedenen Seiten von $k' = k''$, ihre Charakteristik ist negativ. *

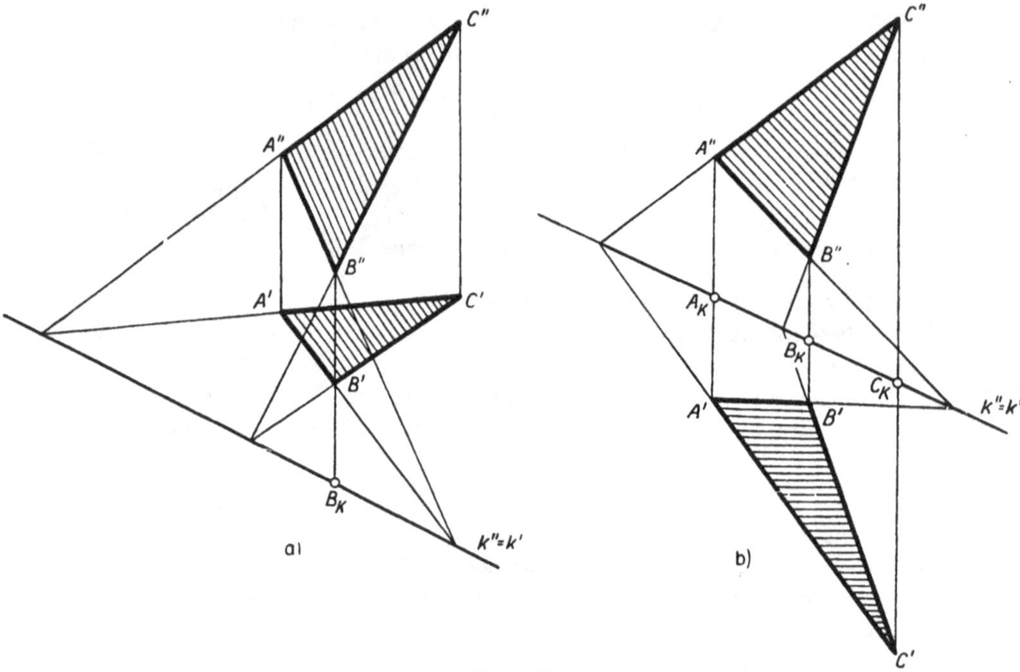

Figur 45

§ 18. Abbildung von Ebenen besonderer Lage

Es sollen nun jene Ebenen betrachtet werden, die entweder keine allgemeine Lage haben oder durch eine andere Besonderheit von Interesse sind.

1. *ε normal zur Kreuzrißebene* (aber nicht normal zur ersten oder zweiten Bildebene). (Figuren 46, 47.) Da eine solche Ebene zur Bildachse x_{12} parallel liegt oder durch sie hindurchgeht, ist ihr Knotenpunkt E der Fernpunkt von x_{12} oder unbestimmt. Ihre beiden Spuren e_1, e_2 sind zur Bildachse parallel oder fallen mit ihr zusammen. Man nennt ε eine Pult- oder Dachebene. Sie kann gleich- oder wechselwendig sein. Bei einer Dachebene kann das Angittern eines Punktes nicht mit einer Spurparallelen durchgeführt werden, sondern muß mittels einer Geraden g von allgemeiner Lage vorgenommen werden. Die Koinzidenzgerade k von ε ist zur Bildachse parallel. Dies gilt auch für $k' = k''$. Die Affinitätsstrahlen der perspektiven Affinität zwischen ε' und ε'' stehen somit zur Affinitätsachse normal. Man spricht in diesem Fall von einer *orthogonalen perspektiven Affinität* oder von einer *affinen Streckung*.

Sonderfälle.

1a. $\varepsilon = \varkappa$. (Figur 48a.) Beide Spuren fallen in die Bildachse x_{12}; $k' = k''$ wird unbestimmt. Auf- und Grundriß einer jeden Figur von ε fallen zusammen. Die Verwandtschaft zwischen Auf- und Grundriß von ε ist die *Identität*. ($\delta = 1$.)

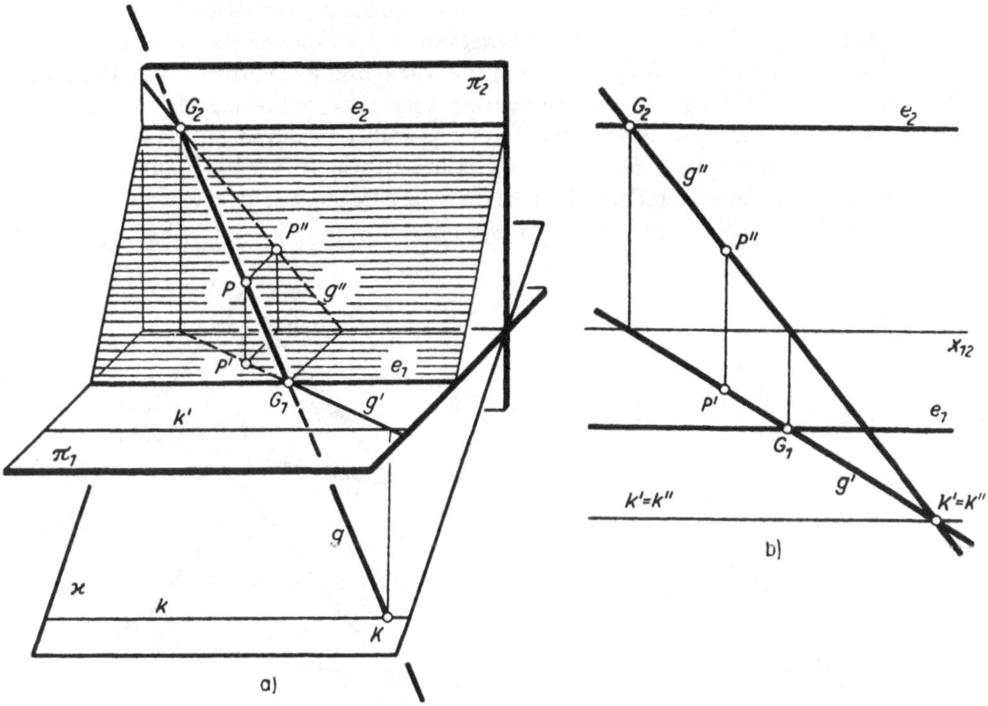

Figur 46

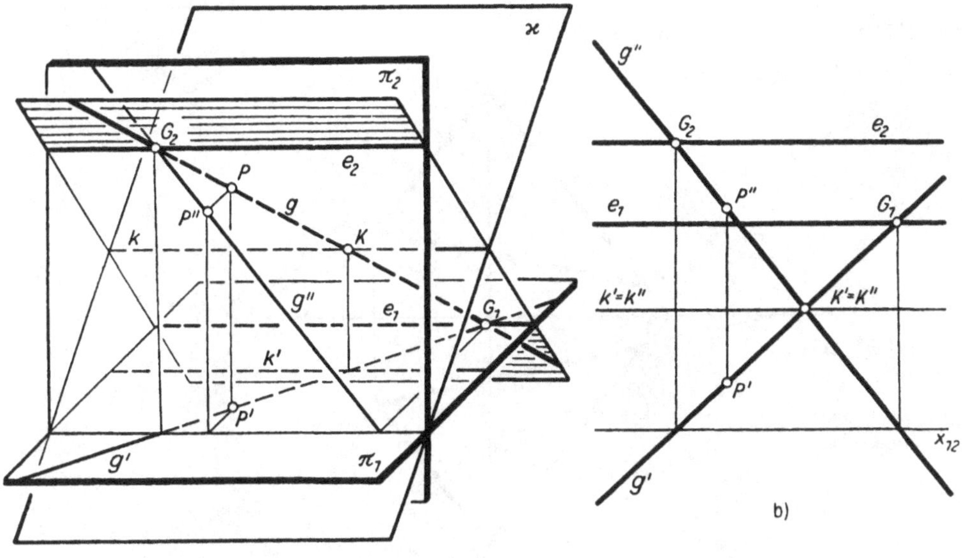

Figur 47

1b. $\varepsilon \parallel \varkappa$. (Figur 48b.) Die beiden Spuren e_1, e_2 liegen parallel und symmetrisch zur Bildachse x_{12}. $k' = k''$ wird zur Ferngeraden der Zeichenebene. Grund- und Aufriß einer Figur von ε sind *gleichsinnig kongruent* und gehen durch eine Parallelverschiebung in Ordnerrichtung ineinander über. Die Schiebstrecke ist halb so groß wie der Abstand der beiden zueinander parallelen Spuren. ($\delta = 1$.)

1c. $\varepsilon = \sigma$. (Figur 48c.) Beide Spuren fallen in die Bildachse. Auch $k' = k''$ liegt in x_{12}. Auf- und Grundriß einer Figur von ε liegen zur Bildachse *orthogonal symmetrisch*, sind also *ungleichsinnig kongruent*. ($\delta = -1$.)

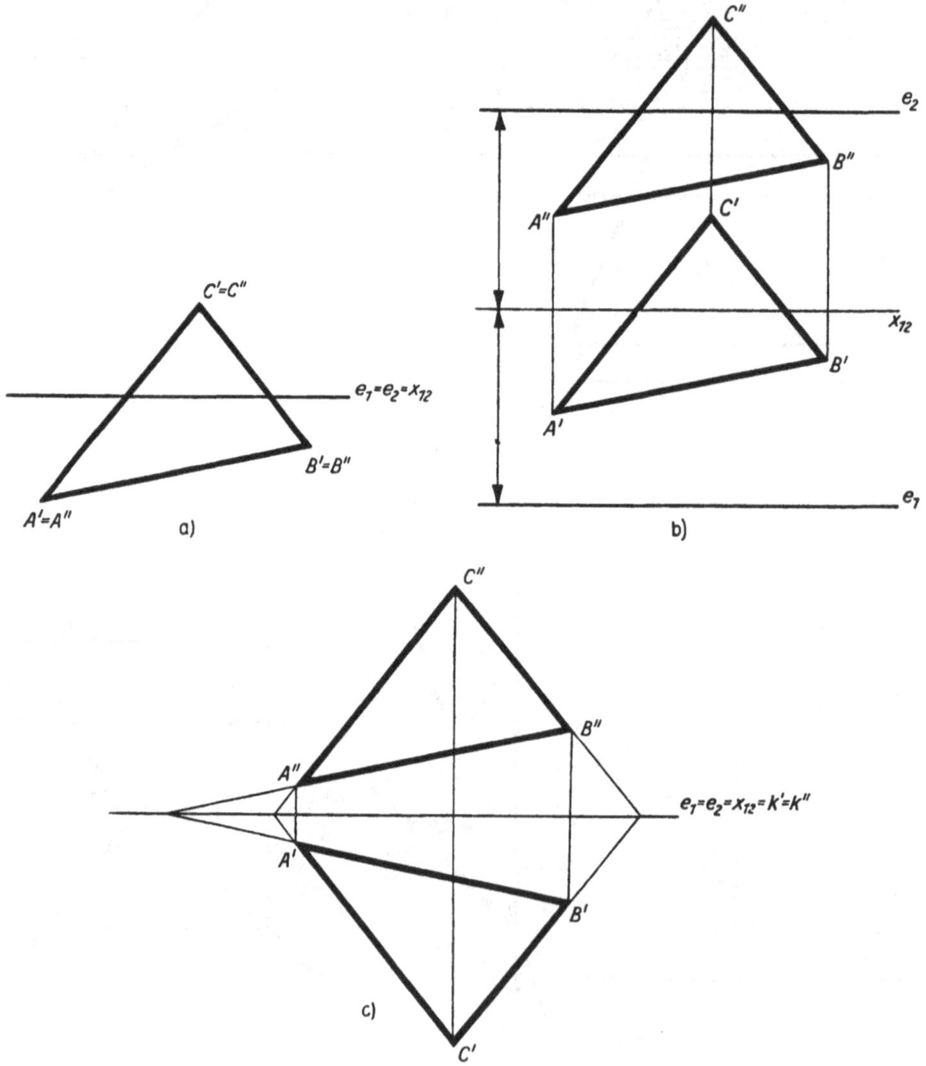

Figur 48a—c

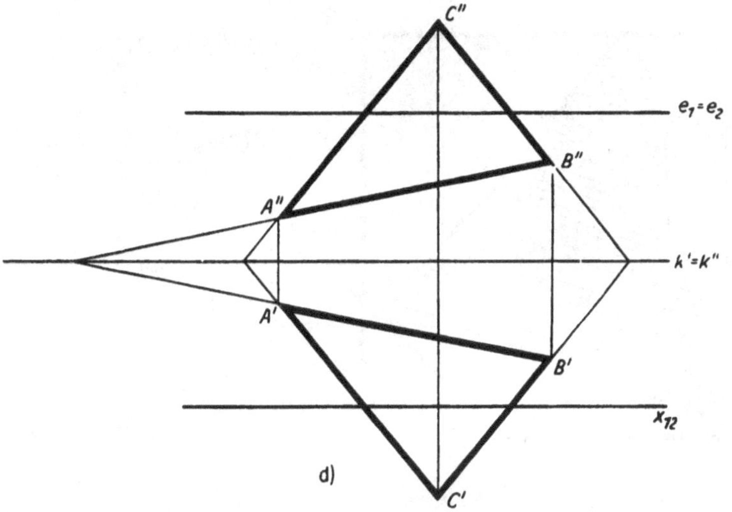

Figur 48d

1d. $\varepsilon \,||\, \sigma$. (Figur 48d.) Beide Spuren liegen in einer Parallelen zur Bildachse (beachte, daß $e_1 = e_1'$, hingegen $e_2 = e_2''$ ist). $k' = k''$ ($||\, x_{12}$) ist Symmetrale von $e_1 = e_2$ und der Bildachse x_{12}. Auf- und Grundriß einer Figur von ε liegen *orthogonal symmetrisch* zu $k' = k''$ (*gegensinnige Kongruenz*; $\delta = -1$).

2. *ε normal zur Symmetrieebene σ* (Pultebenen und projizierende Ebenen ausgenommen). (Figur 49.) Die Ebene ε schneidet die Koinzidenzebene $\varkappa$ in einer Geraden k, die ebenfalls zur Symmetrieebene σ normal steht und damit eine dritte Hauptlinie ist. Die Affinitätsachse $k' = k''$ ist zu den Affinitätsstrahlen parallel. Man nennt diese spezielle perspektive Affinität zwischen ε' und ε'' eine *Scherung* oder *äquivalent perspektive Affinität*. Sie ist flächentreu ($\delta = 1$). Die Spuren einer solchen Ebene liegen zur Bildachse symmetrisch.

3. *ε normal zur Koinzidenzebene $\varkappa$* (Pultebenen und projizierende Ebenen ausgenommen). (Figur 50.) Die Ebene ε schneidet die Symmetrieebene σ in einer Geraden s, die ebenfalls zur Koinzidenzebene $\varkappa$ normal steht und damit eine dritte Hauptlinie ist. Da s der Symmetrieebene angehört, liegen auf ihren Rissen ungleichlaufend kongruente Punktreihen. Es ist daher $\delta = -1$. Entsprechende Flächen haben denselben Inhalt, aber entgegengesetzten Umlaufsinn. Man nennt diese spezielle perspektive Affinität *schiefe Symmetrie*. Die Spuren einer solchen Ebene fallen in die gleiche Gerade der Zeichenebene.

4. *ε normal zu π_1* (nicht normal oder parallel zu x_{12}). (Figur 51.) Ist die Ebene ε erstprojizierend, ohne zur Kreuzrißebene parallel zu sein, so steht ihre zweite Spur e_2 im (endlichen) Knotenpunkt E zur Bildachse x_{12} normal, während die erste Spur e_1 beliebige Lage (außer normal zu x_{12}) annehmen kann. Die Verwandtschaft zwischen ε' und ε'' artet aus, da allen Punkten einer zweiten Hauptlinie h_2 von ε nur ein Punkt (der ersten Spur) entspricht ($\varepsilon' = e_1$). Die zusammenfallenden

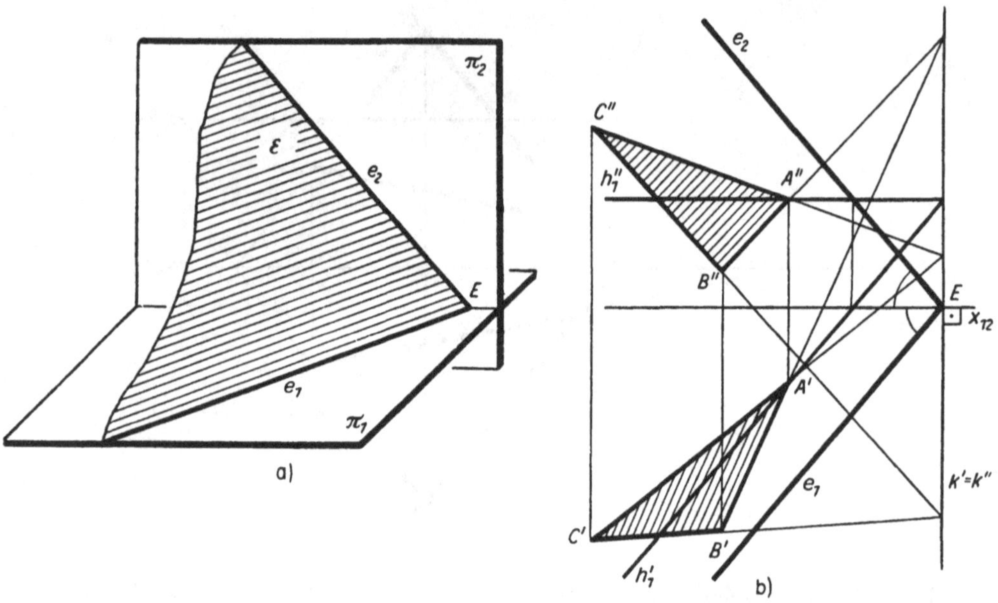

Figur 49

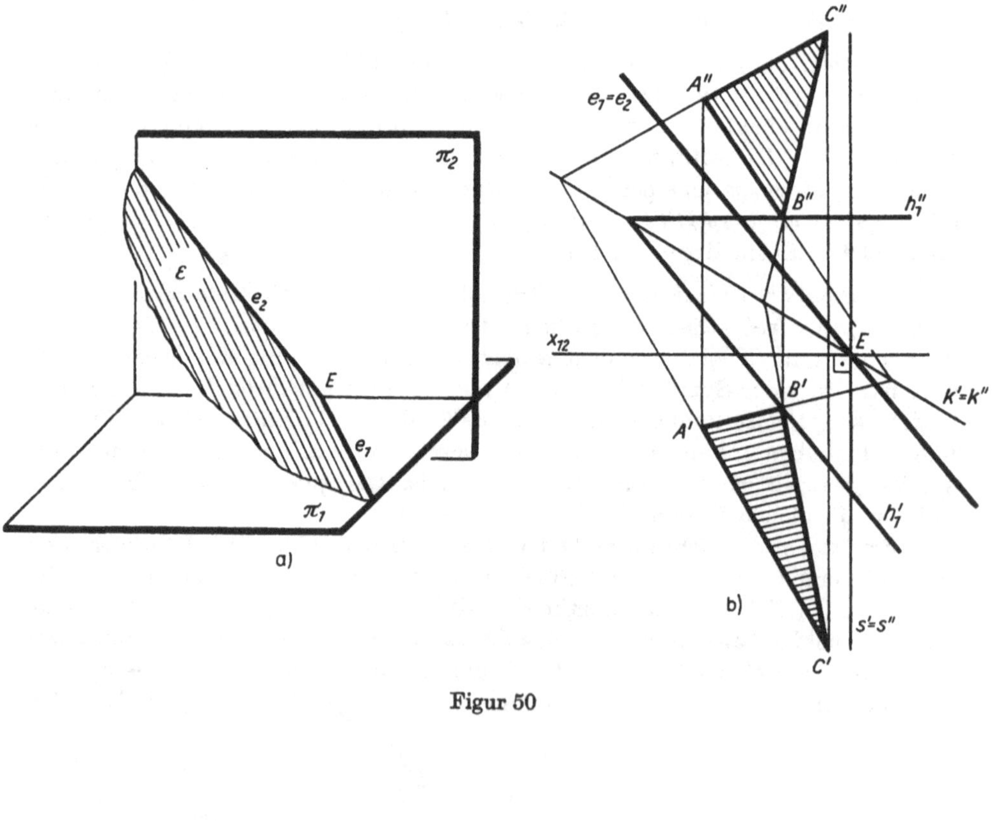

Figur 50

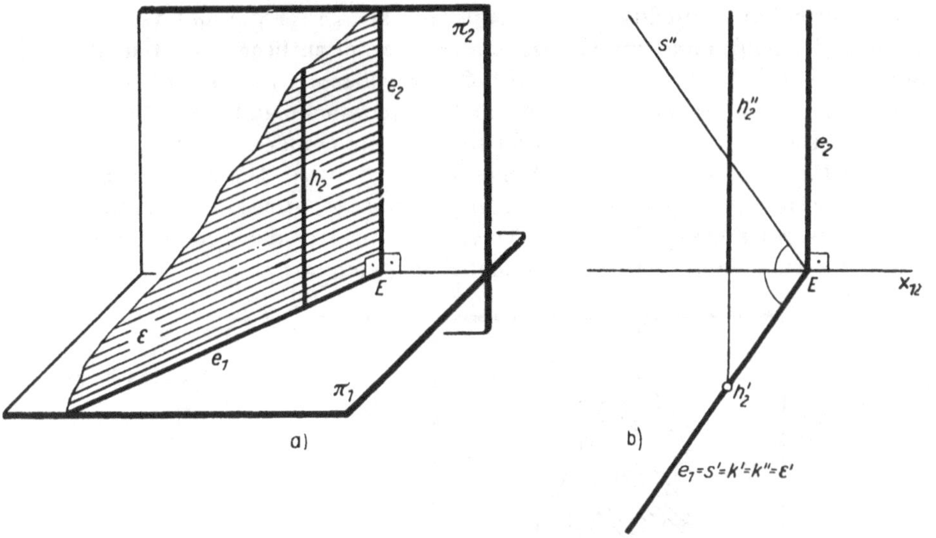

Figur 51

Bilder der Koinzidenzgeraden $k' = k''$ liegen – wie die Grundrisse alle Geraden von ε – in der ersten Spur e_1. In e_1 liegt auch der Grundriß s' der Symmetriegeraden s. Der Aufriß s'' von s liegt zu s' bezüglich der x_{12}-Achse symmetrisch.

Sonderfall.

4a. ε *ist frontal* (d. h. parallel zu π_2). (Figur 52.) Der Knotenpunkt E rückt in den Fernpunkt der Bildachse. Der Aufriß s'' der Symmetriegeraden von ε wird daher zu einer Parallelen zu x_{12} symmetrisch zu e_1 ($\varepsilon'' \cong \varepsilon$). Dies ist auch ein Sonderfall von 1.

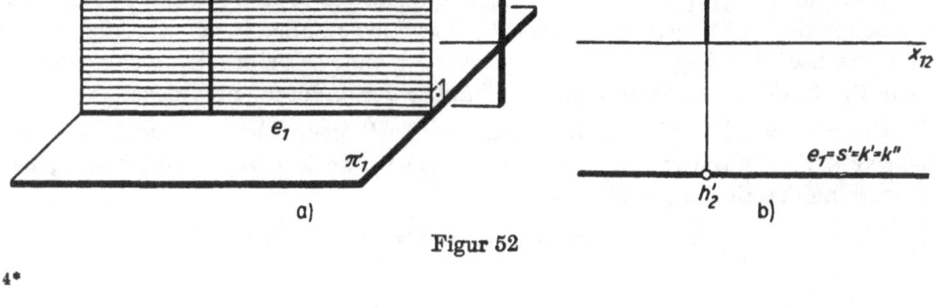

Figur 52

5. *ε normal zu π_2* (nicht normal oder parallel zu x_{12}). (Figur 53.) Ist die Ebene ε zweitprojizierend, ohne zur Kreuzrißebene parallel zu liegen, so steht ihre erste Spur e_1 im (endlichen) Knotenpunkt E zur Rißachse x_{12} normal, während die zweite Spur beliebige Lage (außer normal zu x_{12}) annehmen kann. Die Verwandtschaft zwischen ε' und ε'' artet aus, da allen Punkten einer ersten Hauptlinie von ε nur ein Punkt (der zweiten Spur) entspricht ($\varepsilon'' = e_2$). Die zusammenfallenden Bilder der Koinzidenzgeraden $k' = k''$ liegen, wie die Aufrisse aller Geraden von ε, in der zweiten Spur e_2. In e_2 liegt auch der Aufriß s'' der Symmetriegeraden s. Der Grundriß s' von s liegt zu s'' bezüglich x_{12} symmetrisch.

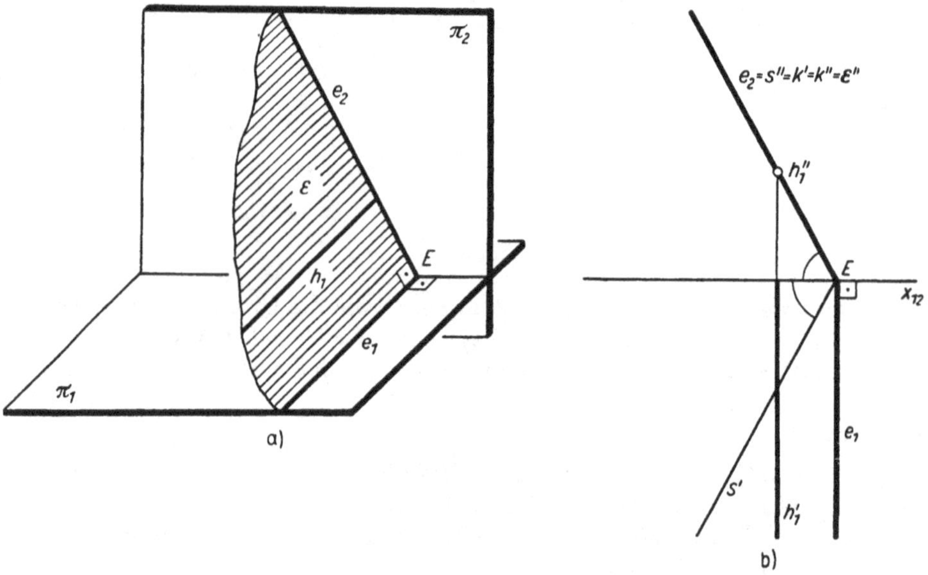

Figur 53

Sonderfall.

5a. *ε waagerecht* (d. h. parallel zu π_1). (Figur 54.) Der Knotenpunkt E rückt in den Fernpunkt der Bildachse. Der Grundriß s' der Symmetriegeraden von ε wird daher zu einer Parallelen zu x_{12} symmetrisch zu e_1. ($\varepsilon' \cong \varepsilon$.) Dies ist auch ein Sonderfall von 1.

6. *ε normal zu x_{12}.* (Figur 55.) Die Ebene steht auf beiden Bildebenen normal. Man nennt sie daher *doppeltprojizierend.* Ihre Spuren fallen in eine Gerade normal zur Bildachse. Die Verwandtschaft zwischen ε' und ε'' artet noch weiter aus, da jedem Punkt der einen Spur sämtliche Punkte der anderen entsprechen.

* Um die zwischen Grundriß ε' und Aufriß ε'' einer Ebene ε bestehende perspektive Affinität analytisch zu fassen, gehen wir zweckmäßig von der homogenen Darstellung der Ebene ε aus:

$$\varepsilon \ldots \quad a_0 x_0 + a_1 x_1 + a_2 x_2 + a_3 x_3 = 0 .$$

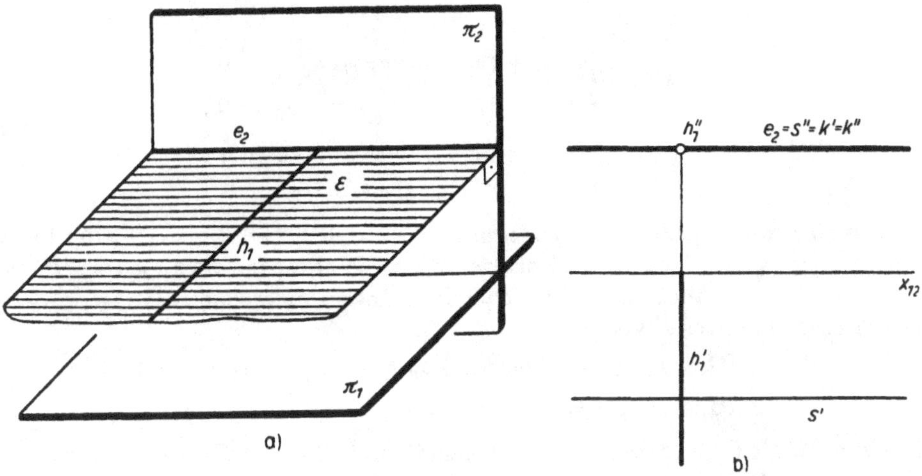

Figur 54

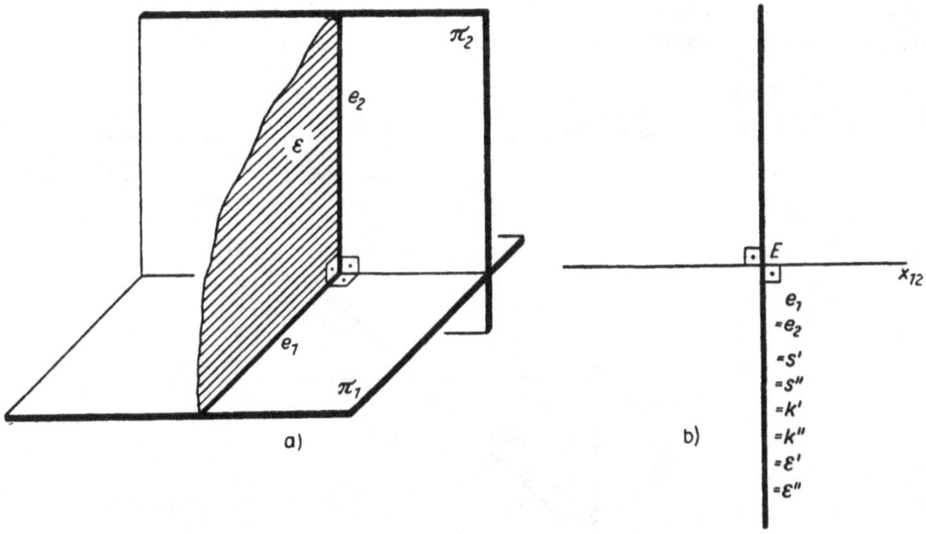

Figur 55

Die Risse der Schnittgeraden k von ε mit der Koinzidenzebene

$$\varkappa \ldots \quad x_1 + x_3 = 0$$

werden beschrieben durch

$$k' \ldots \begin{cases} a_0 x_0 + (a_1 - a_3) x_1 + a_2 x_2 = 0 \\ x_3 = 0\,, \end{cases}$$

$$k'' \ldots \begin{cases} a_0 x_0 + a_2 x_2 + (a_3 - a_1) x_3 = 0 \\ x_1 = 0\,. \end{cases}$$

Identifizieren wir die Zeichenebene π mit der Grundrißebene π_1, so ist jeder Punkt $P(p_0 : p_1 : p_2 : p_3)$ des Raumes auf das geordnete Punktepaar $P'(p_0 : p_1 : p_2)$, $P''(p_0 : - p_3 : p_2)$ der Zeichenebene $\pi = \pi_1$ abgebildet. Insbesondere sind die zugeordneten Bilder eines Punktes P von ε:

$$\left.\begin{aligned} P'(p_0 : p_1 : p_2) &= P'(a_1 p_0 : - a_0 p_0 - a_2 p_2 - a_3 p_3 : a_1 p_2)\,, \\ P''(p_0 : - p_3 : p_2) &= P''(a_3 p_0 : a_0 p_0 + a_1 p_1 + a_2 p_2 : a_3 p_2)\,. \end{aligned}\right\} \quad (1)$$

Der zugehörige Ordnerschnitt P_K mit dem Grundriß k' der Koinzidenzgeraden k von ε hat die Koordinaten

$$P_K((a_1 - a_3) p_0 : - a_0 p_0 - a_2 p_2 : (a_1 - a_3) p_2)\,,$$

und nach kurzer Rechnung erhält man für das charakteristische Teilverhältnis

$$(P'P'' \cdot P_K) = \delta = a_3 : a_1\,.$$

(Figur 56.) Werden P' und P'' durch $P'(p'_0 : p'_1 : p'_2)$ und $P''(p''_0 : p''_1 : p''_2)$ bezeichnet, so ergeben sich aus (1) die Transformationsgleichungen der perspektiven Affinität zwischen Auf- und Grundriß der Ebene ε:

$$\left.\begin{aligned} \varrho\, p''_0 &= a_0 p'_0 & \varrho\, p'_0 &= a_1 p''_0 \\ \varrho\, p''_1 &= a_0 p'_0 + a_1 p'_1 + a_2 p'_2 & \varrho\, p'_1 &= - a_0 p''_0 + a_3 p''_1 - a_2 p''_2 \\ \varrho\, p''_2 &= a_3 p'_2 & \varrho\, p'_2 &= a_1 p''_2 \end{aligned}\right\}. \quad (2)$$

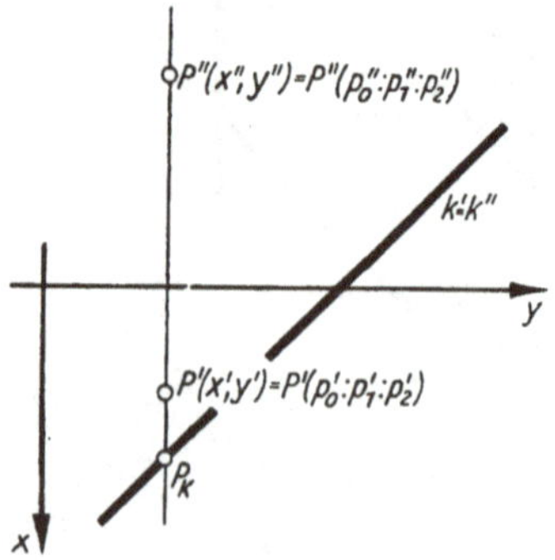

Figur 56

Hieraus ergeben sich die oben angegebenen Sonderfälle zu:

	Ebene ε $a_0 x_0 + a_1 x_1 + a_2 x_2 + a_3 x_3 = 0$	Charakteristisches Teilverhältnis δ Affinitätsachse k'	Gleichungen der persp. Affinität (inhomogen) $\varepsilon' \to \varepsilon''$	 $\varepsilon'' \to \varepsilon'$	Figur
1.	$\varepsilon \perp \pi_3$ ($\nparallel \pi_1$ oder π_2) $a_0x_0 + a_1x_1 + a_3x_3 = 0$ $a_1 a_3 \neq 0$	$\delta = a_3 : a_1$ $a_0 x_0 + (a_1 - a_3) x_1 = 0$	orthogonale persp. Affinität $x'' = \frac{a_1}{a_3} x' + \frac{a_0}{a_3}$ $y'' = y'$	$x' = \frac{a_3}{a_1} x'' - \frac{a_0}{a_1}$ $y' = y''$	46, 47
1a.	$\varepsilon = \varkappa$ $x_1 + x_3 = 0$	$\delta = 1$ k' unbestimmt	Identität $x'' = x'$ $y'' = y'$	$x' = x''$ $y' = y''$	48a
1b.	$\varepsilon \parallel \varkappa$ $a_0 x_0 + x_1 + x_3 = 0$ $a_0 \neq 0$	$\delta = 1$ $x_0 = 0$	gleichsinnige Kongruenz (Parallelverschiebung in Ordnerrichtung) $x'' = x' + a_0$ $y'' = y'$	$x' = x'' - a_0$ $y' = y''$	48b
1c.	$\varepsilon = \sigma$ $x_1 - x_3 = 0$	$\delta = -1$ $x_1 = 0$ (x_{12}-Achse)	ungleichsinnige Kongruenz (orthogonale Symmetrie) $x'' = -x'$ $y'' = y'$	$x' = -x''$ $y' = y''$	48c
1d.	$\varepsilon \parallel \sigma$ $a_0x_0 + x_1 - x_3 = 0$ $a_0 \neq 0$	$\delta = -1$ $a_0 x_0 + 2 x_1 = 0$	ungleichsinnige Kongruenz (orthogonale Symmetrie) $x'' = -x' - a_0$ $y'' = y'$	$x' = -x'' - a_0$ $y' = y''$	48d
2.	$\varepsilon \perp \sigma$ ($\nparallel \pi_3$ oder x_{12}) $a_0x_0 + a_1x_1 + a_2x_2 + a_1x_3 = 0$ $a_1 a_2 \neq 0$	$\delta = 1$ $a_0 x_0 + a_2 x_2 = 0$	Scherung, äquivalent persp. Affinität $x'' = x' + \frac{a_2}{a_1} y' + \frac{a_0}{a_1}$ $y'' = y'$	$x' = x'' - \frac{a_2}{a_1} y'' - \frac{a_0}{a_1}$ $y' = y''$	49
3.	$\varepsilon \perp \varkappa$ ($\nparallel \pi_3$ oder x_{12}) $a_0x_0 + a_1x_1 + a_2x_2 - a_1x_3 = 0$ $a_1 a_2 \neq 0$	$\delta = -1$ $a_0x_0 + 2a_1x_1 + a_2x_2 = 0$	schiefe Symmetrie $x'' = -x' - \frac{a_2}{a_1} y' - \frac{a_0}{a_1}$ $y'' = y'$	$x' = -x'' - \frac{a_2}{a_1} y'' - \frac{a_0}{a_1}$ $y' = y''$	50
4.	$\varepsilon \perp \pi_1$ ($\nparallel \pi_3$ oder x_{12}) $a_0x_0 + a_1x_1 + a_2x_2 = 0$ $a_1 a_2 \neq 0$	$\delta = 0$ $a_0x_0 + a_1x_1 + a_2x_2 = 0$	einfach ausgeartete persp. Affinität nicht definiert	$x' = -\frac{a_2}{a_1} y'' - \frac{a_0}{a_1}$ $y' = y''$	51
4a.	$\varepsilon \parallel \pi_2$ $a_0x_0 + x_1 = 0$	$\delta = 0$ $a_0 x_0 + x_1 = 0$	einfach ausgeartete persp. Affinität nicht definiert	$x' = -a_0$ $y' = y''$	52

	Ebene ε $a_0 x_0 + a_1 x_1 + a_2 x_2 + a_3 x_3 = 0$	Charakteritisches Teilverhältnis δ Affinitätsachse k'	Gleichungen der persp. Affinität (inhomogen) $\varepsilon' \to \varepsilon''$	 $\varepsilon'' \to \varepsilon'$	Figur
5.	$\varepsilon \perp \pi_2$ ($\nparallel \pi_3$ oder x_{12}) $a_0 x_0 + a_2 x_2 + a_3 x_3 = 0$ $a_2 a_3 \neq 0$	$\frac{1}{\delta} = 0$ $a_0 x_0 - a_3 x_1 + a_2 x_2 = 0$	einfach ausgeartete persp. Affinität $x'' = \frac{a_2}{a_3} y' + \frac{a_0}{a_3}$ $y'' = y'$	nicht definiert	53
5a.	$\varepsilon \parallel \pi_1$ $a_0 x_0 + x_3 = 0$	$\frac{1}{\delta} = 0$ $a_0 x_0 - x_1 = 0$	einfach ausgeartete persp. Affinität $x'' = a_0$ $y'' = y'$	nicht definiert	54
6.	$\varepsilon \perp x_{12}$ $a_0 x_0 + x_2 = 0$	δ unbestimmt $a_0 x_0 + x_2 = 0$	doppelt ausgeartete persp. Affinität nicht definiert	nicht definiert	55 *

* Aufgabe 4 (für den Leser). Eine nicht durch den Koordinatenursprung O gehende Ebene sei durch $\varepsilon(u, v, w)$ gegeben. (Figur 57.) $k' = k''$ sei (wie in Figur 57) mit Hilfe der ersten Spurparallelen h_1 und der zweiten Spurparallelen h_2 konstruiert worden. Der Leser weise nach, daß die eingetragenen Streckenrelationen gültig sind. *

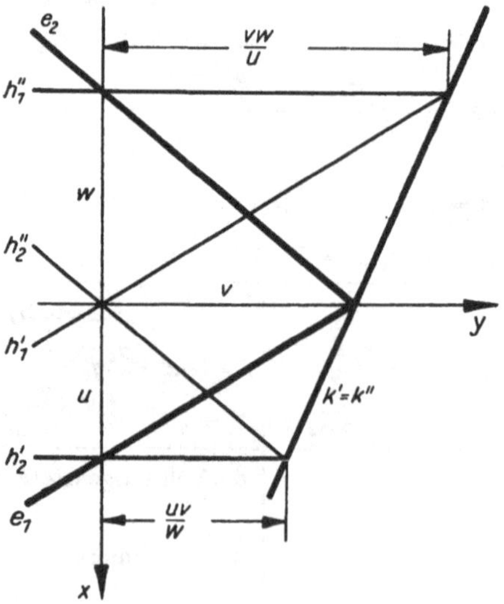

Figur 57

Seitenrisse

§ 19. Einführung von Seitenrissen

Technische Objekte sind oftmals so gestaltet und in einer solchen speziellen Lage zu den Bildebenen angenommen, daß zwar aus den Rissen (Grund-, Auf- und Kreuzriß) ihre Hauptabmessungen leicht zu entnehmen, die Bilder selbst aber wenig anschaulich sind. Dies erklärt sich daraus, daß in jedem Riß viele Kanten und Flächen projizierend erscheinen. Ist ein anschauliches Bild wünschenswert, so kann man ein solches z. B. mit Hilfe einer neuen Parallelprojektion des gegebenen Objekts herstellen. Dabei muß man dafür sorgen, daß möglichst keine Kante oder Fläche projizierend wird. Im Falle einer schiefen Parallelprojektion geben hierüber die §§ 22—27 „Schrägrisse" Auskunft, bzw. im 3. Band der Abschnitt „Axonometrie". Das neue Bild kann auch durch Normalprojektion entstehen, wobei man die zeichnerisch-konstruktiven Vorteile zugeordneter Normalrisse durch Verwenden sogenannter *Seitenrisse* ausnützen kann.

Damit wieder zugeordnete Normalrisse entstehen, hat man zunächst eine neue Sehrichtung so zu wählen, daß die zu ihr normale neue Bildebene auf einer der bereits vorhandenen Bildebenen senkrecht steht und daß außerdem möglichst keine Kanten und Flächen mehr projizierend sind. Man nennt die neue Bildebene *Seitenrißebene*, genauer: eine an die alte Bildebene *angehängte* Seitenrißebene, und den entstehenden neuen Normalriß einen *Seitenriß des gegebenen Objekts*. An die neue Bildebene kann — wenn nötig — eine weitere Seitenrißebene angehängt werden (*doppelter Seitenriß*).

Die erste und die daran angeschlossene zweite Seitenrißebene können stets so gewählt werden, daß die zweite Seitenrißebene eine beliebig vorgegebene Ebene ε wird. Man braucht nämlich nur eine Ebene senkrecht zur Spur von ε mit der alten Bildebene annehmen und zur ersten Seitenrißebene machen. Demnach kann ein doppelter Seitenriß immer so eingeführt werden, daß die Normalprojektion auf eine willkürlich vorgegebene Ebene ε erhalten wird. (Ist $\varepsilon \perp \pi_1$ oder $\varepsilon \perp \pi_2$, so genügt ein einziger Seitenriß.)

Häufig tritt auch der Fall ein, daß Teile eines Objektes eine für gewisse Konstruktionen ungünstige Lage haben. Durch einen geeignet gewählten Seitenriß können die erforderlichen Konstruktionen wesentlich erleichtert werden. Nötigenfalls sind noch weitere Seitenrisse einzuführen.

§ 20. Die sechs Hauptrisse

Zunächst besprechen wir sechs spezielle Normalrisse, die *sechs Hauptrisse* eines Objekts. Es sind die folgenden, den sechs Flächen eines Quaders entsprechenden Ansichten:

Ansicht von oben oder Grundriß	—	Ansicht von unten oder Untersicht

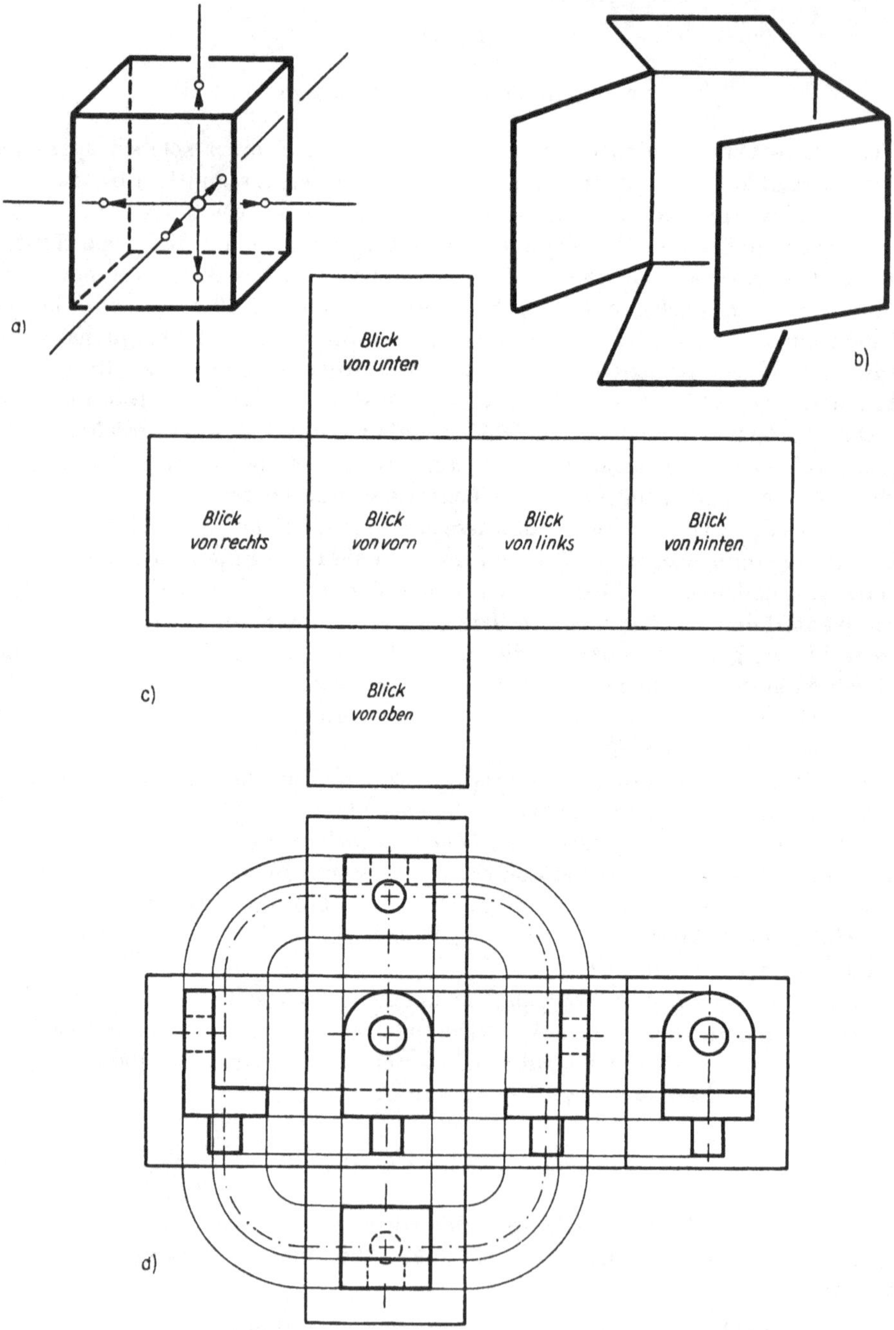
a)
b)
Blick von unten
Blick von rechts
Blick von vorn
Blick von links
Blick von hinten
c)
Blick von oben
d)

Figur 58

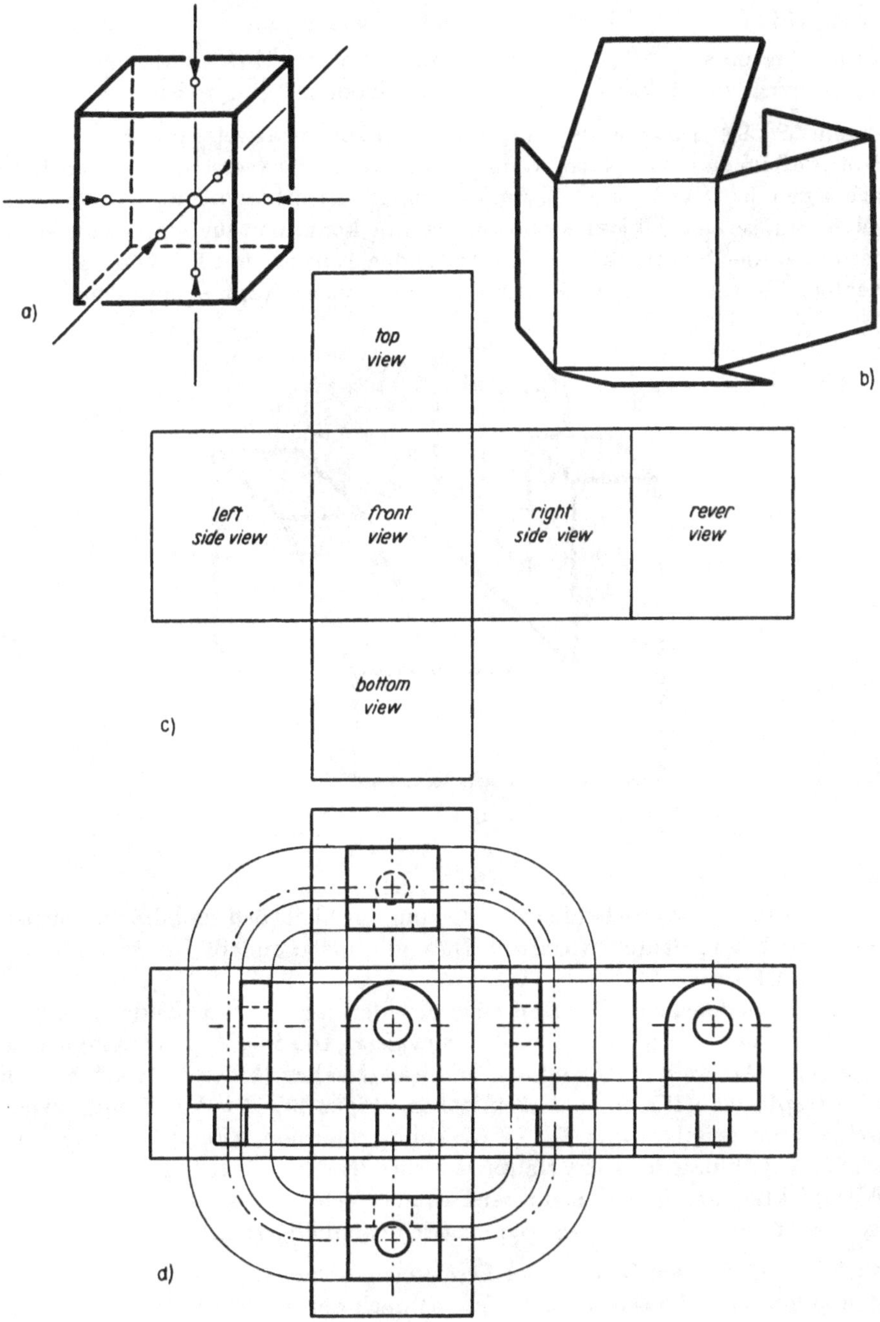
a)
b)
top
view
left
side view
front
view
right
side view
rever
view
bottom
view
c)
d)

Figur 59 a—d

Ansicht von vorn oder Aufriß	–	Ansicht von hinten oder Rückansicht
Ansicht von links oder Kreuzriß von links	–	Ansicht von rechts oder Kreuzriß von rechts

(Figuren 58, 59.) Diese sechs Hauptansichten sind paarweise derart zusammengefaßt, daß im Raum dieselben Geraden die Träger der (verschieden orientierten) zugehörigen Sehstrahlen sind. Zwei so gepaarte Ansichten nennt man *Gegenrisse*. Zwei Gegenrisse eines Objektes sind gegensinnig kongruent und unterscheiden sich sonst nur in der Sichtbarkeit der auftretenden Kanten und Flächen. Man kann daher bei Verwendung von Gegenrissen unsichtbare Kanten unterdrücken und

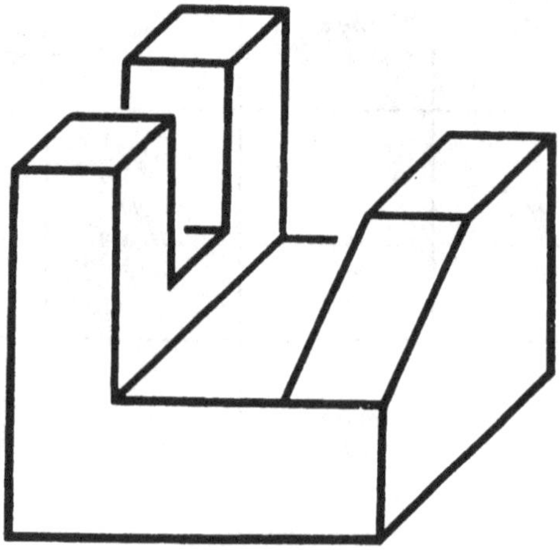

e)

Figur 59 e

erreicht dadurch eine anschaulichere Wirkung (in Figur 58d sind die unsichtbaren Kanten noch angedeutet worden). Dies gilt insbesondere für kompliziertere technische Objekte.

Die sechs Bildebenen begrenzen einen Quader. Der abzubildende Gegenstand befinde sich im Innern dieses *Bildebenenquaders*. Die Bildebenen entstehen nach europäischer Art an den ‚Innenflächen‘ dieses Quaders (Figur 58), nach amerikanischer Gepflogenheit an den ‚Außenflächen‘ (Figur 59). Die Verebnung im europäischen Sinne erfolgt nach DIN 8 (Zeichnungsnormen) (Figur 58). Die amerikanische Anordnung der sechs Hauptrisse wird in Figur 59 gezeigt.

Bei Objekten mit ein oder mehreren Symmetrieebenen hat die Verwendung von Gegenrissen nur den Sinn, diese Symmetrie augenfällig zu machen.

Aufgabe 5 (für den Leser). Der Leser zeichne von einfachen technischen Objekten (Figur 59e) die sechs Hauptrisse a) nach europäischer, b) nach amerikanischer Art.

§ 21. Eigentliche Seitenrisse

In Figur 60 wird das Einführen einer dritten Bildebene π_3 (erste Seitenrißebene) erläutert, wenn die neue Bildebene an die Aufrißebene angehängt wird. Wie bereits erwähnt, muß π_3 normal zu π_2 gewählt werden, während ihre Neigung gegen π_1 beliebig sein kann. (Steht π_3 auch auf π_2 normal, so liegt eine spezielle Seitenrißebene, eine Kreuzrißebene vor.)

Der durch P (normal zu π_3) gelegte Sehstrahl s_3 schneidet π_3 in $\underline{P'''}$. Nach Verebnung liegt daher P''' auf der Normalen zu x_{23} durch P'' im zweiten Tafelabstand von x_{23} entfernt. (Die Umlegungsrichtung ist willkürlich.) P'', P'''

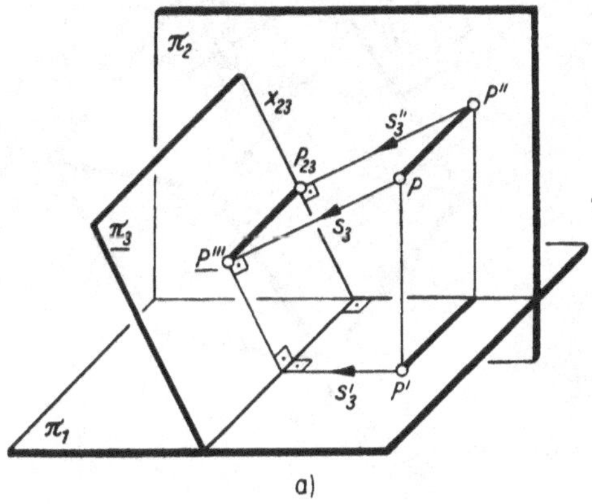

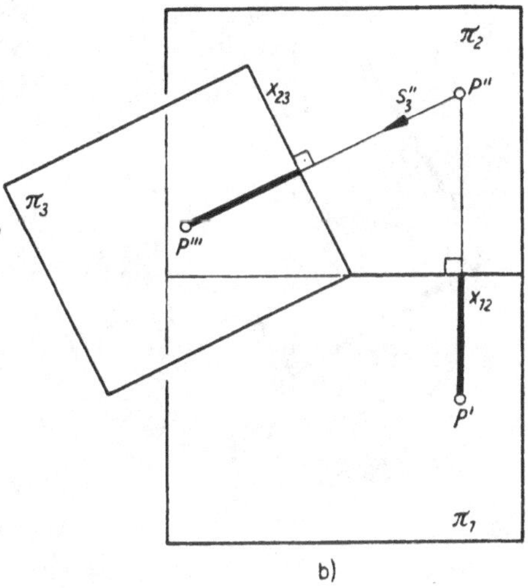

Figur 60

(und x_{23}) legen den Punkt P im Raum fest. Der Grundriß P' und damit die Bildachse x_{12} können nun wegfallen.

Wird also durch Wahl der neuen Bildachse x_{23} eine Seitenrißebene π_3 an π_2 angehängt, so gelten folgende Regeln:

1. Der Seitenriß P''' (*neuer Riß*) und der Aufriß P'' eines Punktes P liegen auf einer Normalen (*neuer Ordner*) zur Bildachse x_{23} (*neue Bildachse*).

2. *Der Abstand des neuen Bildes P''' von der neuen Bildachse x_{23} ist gleich dem Abstand des wegfallenden Bildes P' von der wegfallenden Bildachse x_{12}.* (Man beachte, daß alle Abstände mit einem Vorzeichen behaftet sind!)

(Figur 61.) Da die Seitenrißebene π_3 nach zwei verschiedenen Seiten um x_{23} in die Zeichenebene $\pi = \pi_2$ hineingedreht werden kann, ergeben sich für das dargestellte Objekt demgemäß zwei verschiedene Ansichten. Die mit π_3 starr verbunden gedachten Sehstrahlen s_3 werden so orientiert, daß sie nach Verebnung der Bildebenen die gleiche Orientierung aufweisen wie die zweiten Sehstrahlen s_2;

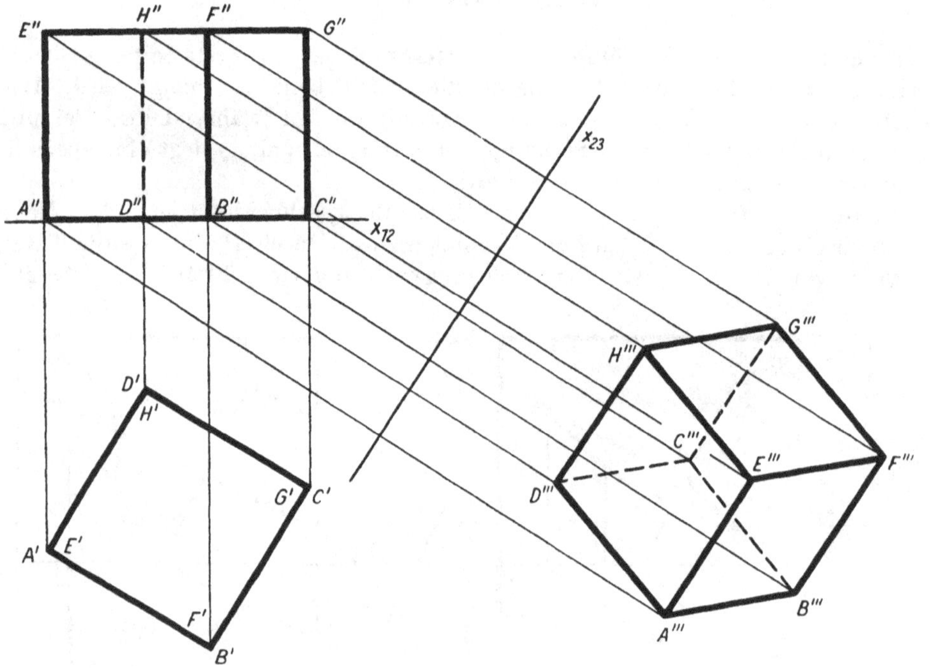

Figur 61

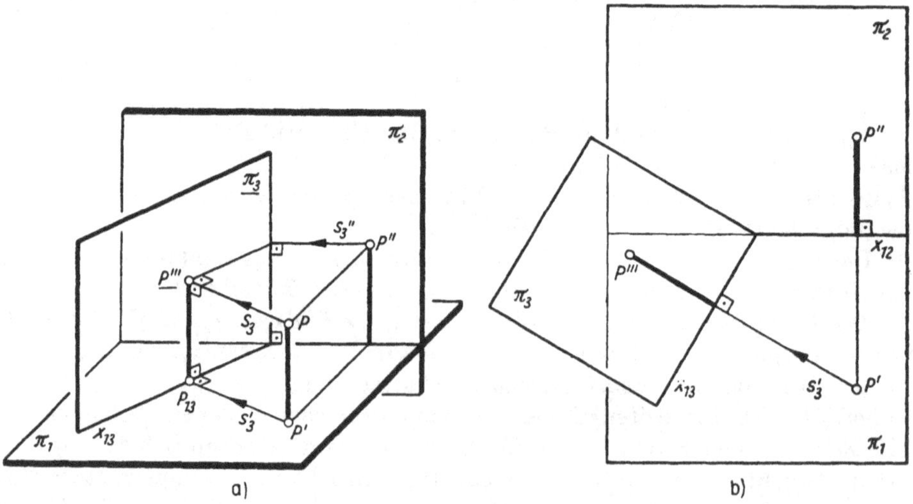

Figur 62

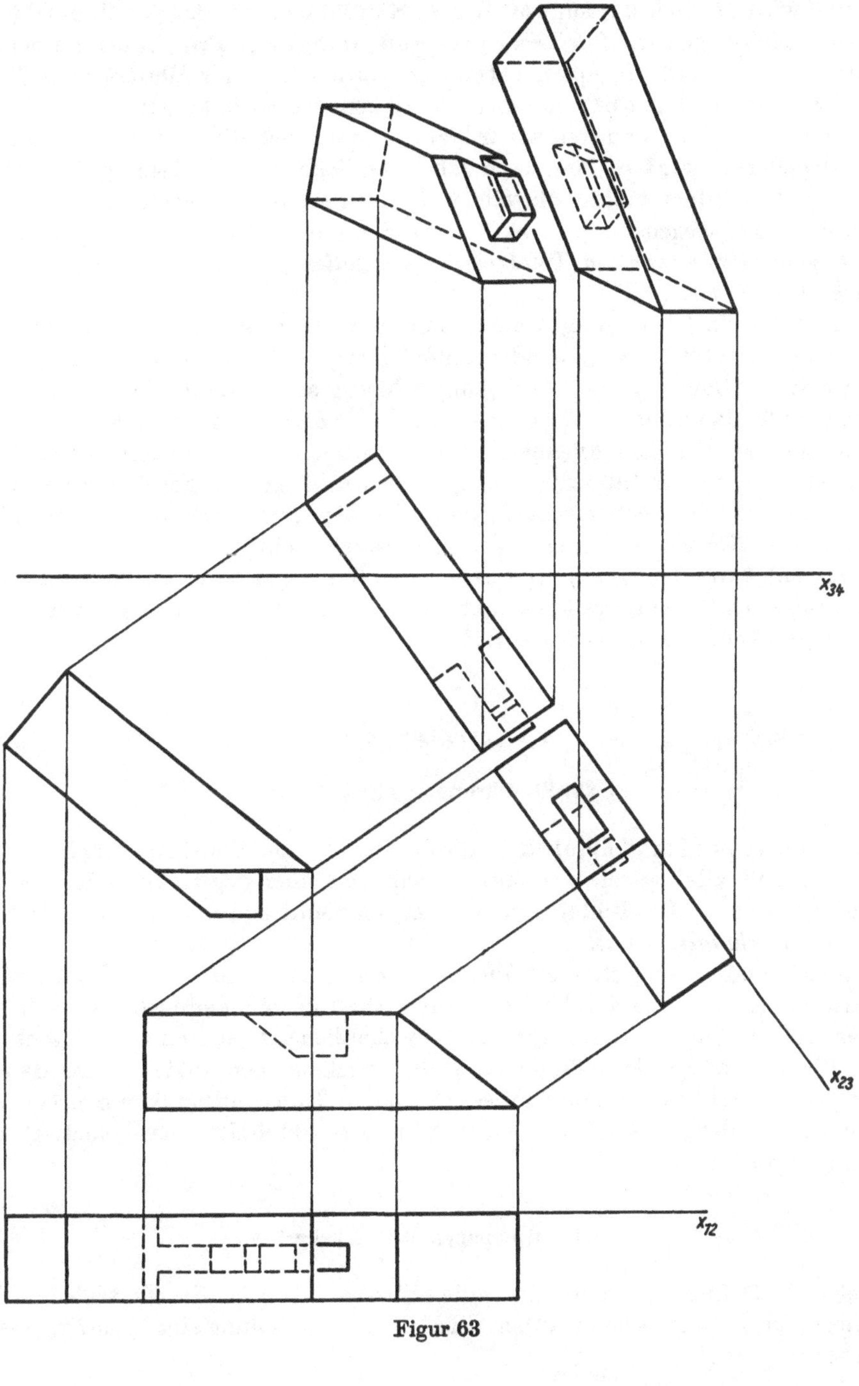

Figur 63

dadurch wird die Sichtbarkeit von Ecken, Kanten usw. des dargestellten Objekts im Seitenriß festgelegt. Der Leser überprüfe, daß dieses Prinzip bereits bei der Anordnung der sechs Hauptrisse benutzt worden ist. Zur Illustrierung dieses Prinzips wurde in Figur 61 von einem Würfel ein Seitenriß konstruiert.

Nach gleichen Überlegungen wie früher (§ 8) darf auch die x_{23}-Achse verschoben oder weggelassen werden. Man kann daher den Seitenriß P''' eines Punktes P auf seinem neuen Ordner willkürlich wählen. Die Seitenrisse aller weiteren Punkte des darzustellenden Gegenstandes erhält man sodann durch Übertragung der in bezug auf P gemessenen zweiten Tafelabstände (*relative Tafelabstände* oder *Tafelabstandsdifferenzen*).

Nach analogen Überlegungen kann man eine Seitenrißebene normal zu π_1 einführen und arbeitet bei wegfallendem Aufriß mit Grund- und Seitenriß. (Figur 62.)

Da man für konstruktive Überlegungen häufig solche Bilder des betrachteten Gegenstandes benötigt, in denen eine Reihe von Kanten entweder in wahrer Gestalt oder als Punkte erscheinen, wird es gelegentlich — wie bereits erwähnt — nötig sein, eine zweite Seitenrißebene π_4 an π_3 anzuhängen. (Figur 63.) Eine zweite Seitenrißebene wird auch gebraucht (doppelter Seitenriß), wenn man allgemeine, anschauliche Normalrisse eines Objektes herstellen will.

Aufgabe 6 (für den Leser). Der Leser führe die in § 19 besprochene Einführung eines doppelten Seitenrisses konstruktiv durch, so daß die Normalprojektion auf eine vorgegebene Ebene erhalten wird.

Schrägrisse

§ 22. Einführung von Schrägrissen

Stehen bei einer Parallelprojektion die Sehstrahlen zur Bildebene π nicht normal (ohne zu π parallel zu sein), so spricht man von einer *allgemeinen* oder *schiefen Parallelprojektion*. Das Bild $\mathfrak{K}^s$ eines Objektes $\mathfrak{K}$ nennt man eine *schiefe Projektion* oder einen *Schrägriß* von $\mathfrak{K}$.

Sehr oft sind — wie schon erwähnt — Grund-, Auf- und Kreuzriß eines technischen Objektes wenig anschaulich. Auf verhältnismäßig einfache Weise liefert in den meisten Fällen ein Schrägriß eine anschauliche Darstellung des Gegenstandes. Bis auf wenige Ausnahmen sind alle anschaulichen Bilder dieses Bandes Schrägrisse. Daher soll schon an dieser Stelle die Konstruktion von Schrägrissen behandelt werden, obwohl dies sachlich in den Abschnitt „Axonometrie" des 3. Bandes gehört.

§ 23. Allgemeines über Schrägrisse

Folgende Definitionen und Sätze, die teilweise schon bei der Zentral- und Parallelprojektion besprochen wurden, sind bei der Herstellung eines Schrägrisses zu beachten:

1. *Der Schrägriß eines Punktes*

Der Schrägriß P^s eines Punktes P ist der Schnittpunkt des durch P gelegten Sehstrahls mit der Bildebene π. Insbesondere ist jeder Punkt von π sein eigener Schrägriß. (Der allen Sehstrahlen gemeinsame Fernpunkt ist der einzige Punkt des Raumes, der keinen Schrägriß besitzt.)

2. *Der Schrägriß einer Geraden*

Der Schrägriß g^s einer Geraden g ist die Schnittgerade der durch g gelegten Sehebene mit der Bildebene π. (Die Sehebene durch g wird durch g und einen g schneidenden Sehstrahl aufgespannt.) g^s enthält daher auch den Spurpunkt G von g. (Figur 64a.)

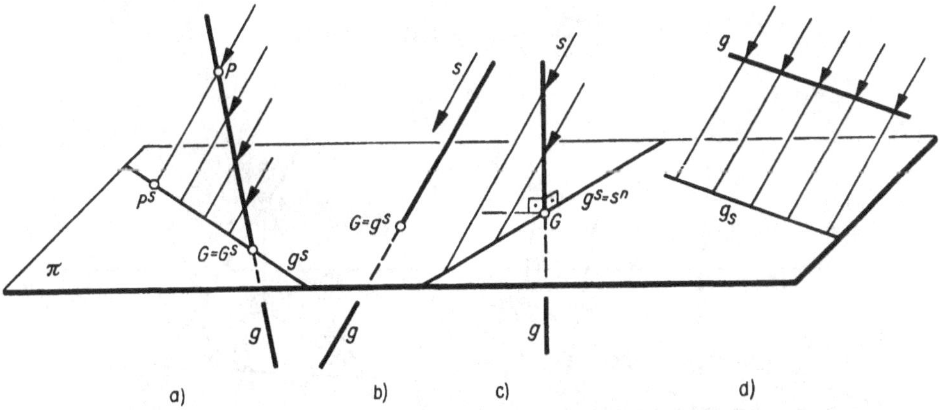

Figur 64 a—d

Liegt die Gerade g parallel zu den Sehstrahlen, so ist der Schrägriß g^s ein Punkt, nämlich der Durchstoßpunkt von g mit π. (Figur 64b.)

Steht g normal zur Bildebene π, so ist ihr Schrägriß g^s gleich der Normalprojektion s^n eines durch einen beliebigen Punkt von g gelegten Sehstrahls s. (Figur 64c.)

Ist g parallel zur Bildebene, so ist der Schrägriß g^s zu g parallel. (Figur 64d.)

Sind a und b zwei im Punkt P einander schneidende Geraden, so treffen sich ihre Schrägrisse a^s und b^s im Schrägriß P^s von P. (Figur 64e.)

Sind a und b zwei zueinander parallele Geraden, die nicht zur Sehrichtung parallel liegen, so ist ihr Schrägriß ein paralleles Geradenpaar (oder fallen im Schrägriß zusammen). (Figur 64f.)

3. *Schrägrisse von Strecken*

Der Normalriß a^n einer Strecke a wird im allgemeinen kürzer als die Strecke im Raum sein, denn es gilt (Figur 64g):

$$a^n = a \cdot \cos \gamma \ ,$$

wenn γ den Neigungswinkel der Trägergeraden g von a bedeutet. Für $\gamma = 0$ (d. h. $g \| \pi$) ist $a^n = a$, für $\gamma = \frac{\pi}{2}$ (d. h. $g \perp \pi$) gilt $a^n = 0$.

Bei schiefer Parallelprojektion kann das Bild einer Strecke auch länger als die Strecke im Raum sein, hängt doch das Verzerrungsverhältnis $k = a^s : a$ nicht nur von dem Neigungswinkel γ der Trägergeraden g von a ab, sondern auch von dem Neigungswinkel σ der Sehstrahlen und dem Winkel φ, den g mit der Sehrichtung einschließt. (Figur 64g.) Beachten wir die Proportion

$$k = a^s : a = \overline{A^sG} : \overline{AG},$$

so folgt aus

$$\overline{A^sG}^2 = \overline{AG}^2 + \overline{AA^s}^2 - 2 \cdot \overline{AG} \cdot \overline{AA^s} \cdot \cos\varphi$$

wegen

$$\overline{AA^s} = \frac{\overline{AA^n}}{\sin\sigma} \quad \text{und} \quad \overline{AA^n} = \overline{AG} \cdot \sin\gamma$$

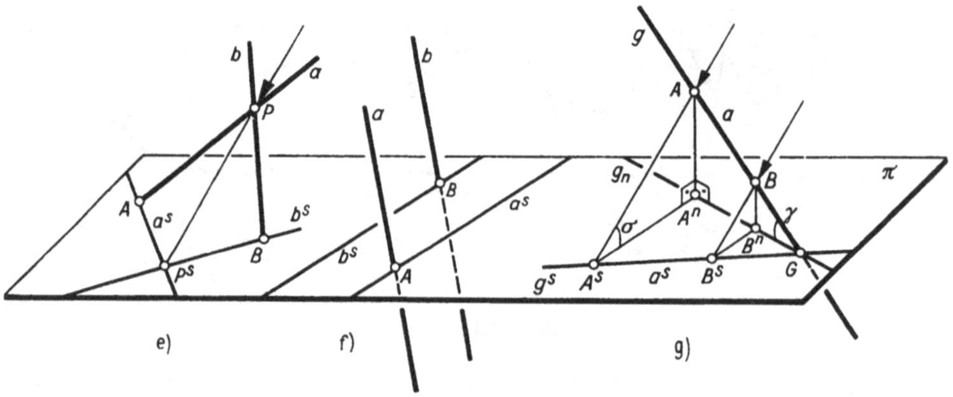

Figur 64 e—g

nach kurzer Umformung:

$$k = \sqrt{\sin^2\gamma + \sin^2\sigma - 2 \cdot \sin\gamma \cdot \sin\sigma \cdot \cos\varphi} : \sin\sigma\,. \tag{1}$$

Da für zwei Strecken a, b auf parallelen Trägergeraden die drei Winkel γ, σ, φ gleich sind, gilt

$$a^s : a = b^s : b \quad \text{und somit} \quad a : b = a^s : b^s,$$

oder: *Das Verhältnis zweier Strecken a und b, die auf parallelen Trägergeraden liegen, bleibt bei Parallelprojektion ungeändert.*

Sind $\overline{AC}$ und $\overline{BC}$ zwei Strecken derselben Trägergeraden, so kann man auch sagen: *Das Teilverhältnis dreier Punkte einer Geraden wird durch Parallelprojektion nicht geändert,* in Formeln:

$$(AB \cdot C) = (A^sB^s \cdot C^s)\,.$$

Man sagt dafür auch: *Jede gerade Punktreihe, deren Trägergerade nicht zur Sehrichtung parallel verläuft, bildet sich auf eine zu ihr ähnliche Punktreihe ab.* Das Verzerrungsverhältnis k wird nach Formel (1) bestimmt.

Eine zur Bildebene parallele Strecke a besitzt ein paralleles und gleich langes Schrägbild a^s. In der Tat wird für $\gamma = 0$ das Verzerrungsverhältnis $k = 1$.

Eine zur Sehrichtung parallele Strecke a hat einen Punkt als Schrägbild a^s. Tatsächlich wird für $\gamma = \sigma$ und $\varphi = 0$ das Verzerrungsverhältnis $k = 0$.

4. *Schrägriß einer ebenen Figur*

Eine ebene Figur $\mathfrak{F}$ und ihr Schrägriß $\mathfrak{F}^s$ sind zueinander perspektiv affin. Die Schnittgerade e der Ebene ε von $\mathfrak{F}$ mit der Bildebene π ist die Affinitätsachse, die

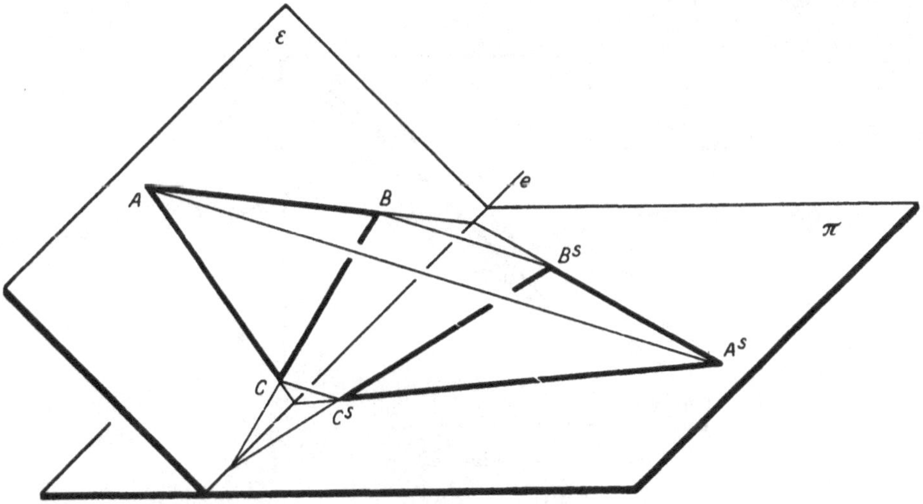

Figur 65

Sehstrahlen bilden die Affinitätsstrahlen. Diesen Sachverhalt kann man direkt aus Figur 65 entnehmen. Hierauf wird im Paragraph 56 „Ebener Schnitt eines Prismas. Perspektive Affinität“ (S. 148) genauer eingegangen. (Vgl. auch die Figuren 123, 144, 145.)

Aufgabe 7 (für den Leser). Man überlege, warum die beiden Figuren $\mathfrak{F}$ und $\mathfrak{F}^s$ in perspektiv affiner Lage bleiben, wenn die Ebene ε samt $\mathfrak{F}$ um die Gerade e gedreht wird.

Liegt die Ebene einer Figur $\mathfrak{F}$ zur Bildebene π parallel, so geht der Schrägriß $\mathfrak{F}^s$ aus $\mathfrak{F}$ durch Parallelverschiebung in Sehstrahlenrichtung hervor. $\mathfrak{F}^s$ ist demnach zu $\mathfrak{F}$ kongruent.

Liegt die Ebene ε einer Figur $\mathfrak{F}$ zur Sehstrahlenrichtung parallel, dann liegen in ε unendlich viele Sehstrahlen. ε ist eine Sehebene. Ihr Schrägriß daher eine Gerade, und zwar ihre Spur in der Bildebene. Der Schrägriß $\mathfrak{F}^s$ von $\mathfrak{F}$ erscheint als eine Strecke.

Über den *Schrägriß eines Körpers* mögen hier folgende Bemerkungen genügen: Ein ebenflächig begrenzter Körper wird abgebildet, indem man die Bilder seiner Ecken und Kanten konstruiert (vgl. unten § 44). Alle zur Bildebene parallelen Schnitte des Körpers erscheinen in wahrer Gestalt.

§ 24. Schiefe Projektion auf die Aufrißebene

Aufgabe 8. Ein Objekt $\mathfrak{K}$ sei in Grund- und Aufriß gegeben. Eine Parallelprojektion sei durch den Aufriß s'' eines Sehstrahls s und

a) den Neigungswinkel σ von s gegen π_2 (= 2. Neigungswinkel von s) oder

b) $\cot \sigma = k = m : n$ oder

c) den Grundriß s' von s

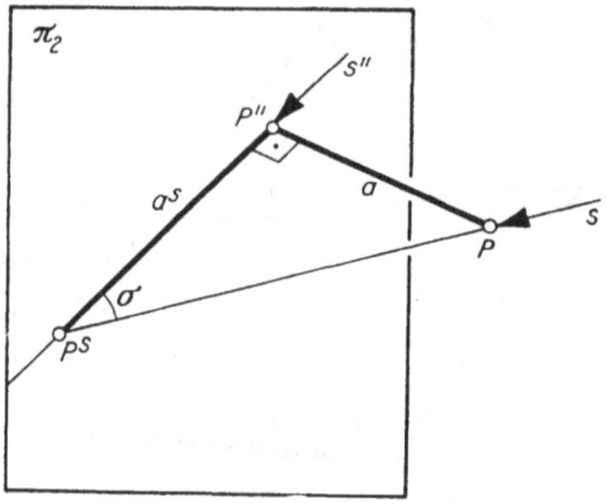

Figur 66

festgelegt. Man konstruiere die schiefe Parallelprojektion von $\mathfrak{K}$ auf die Aufrißebene π_2.

Lösung. Der Schrägriß P^s eines Punktes P von $\mathfrak{K}$ liegt auf dem Aufriß s_P'' des durch P gelegten (zu s parallelen) Sehstrahls s_P. Ist $a = \overline{PP''}$ der (vorzeichenbehaftete) zweite Tafelabstand von P, so ergibt sich für den (vorzeichenbehafteten) Abstand $\overline{P^sP''} = a^s$ nach Figur 66:

$$\overline{P^sP''} = a^s = a \cdot \cot \sigma .$$

Man nennt $\cot \sigma = k$ das Verzerrungsverhältnis. Es legt zusammen mit s'' den Schrägriß auf π_2 fest.

Soll von mehreren Punkten der Schrägriß konstruiert werden, so wird man zweckmäßig die Multiplikation ihrer zweiten Tafelabstände mit dem Verzerrungsverhältnis k nach einer der folgenden Methoden durchführen:

1. (Figur 67a.) Die Parallelprojektion sei durch s'' und σ gegeben. Die Gerade s_P'' durch P'', auf der P^s liegt, sei gezeichnet worden. Nun trägt man an der Bildachse an einer beliebigen Stelle den Winkel σ an und zieht durch P' die Parallele

zum konstruierten Schenkel dieses Winkels. Dadurch entsteht ein rechtwinkliges Dreieck, dessen Katheten auf der x_{12}-Achse und dem Ordner von P liegen. Die auf der Bildachse liegende Kathete gibt die Strecke $\overline{P^s P''}$ an.

2. (Figur 67b.) Die Parallelprojektion sei wieder durch s'' und σ gegeben. Die Gerade s_P'' durch P'' sei konstruiert worden. Sodann zeichnet man in einer Nebenfigur ein rechtwinkliges Dreieck ABC, das bei C den rechten Winkel und bei B

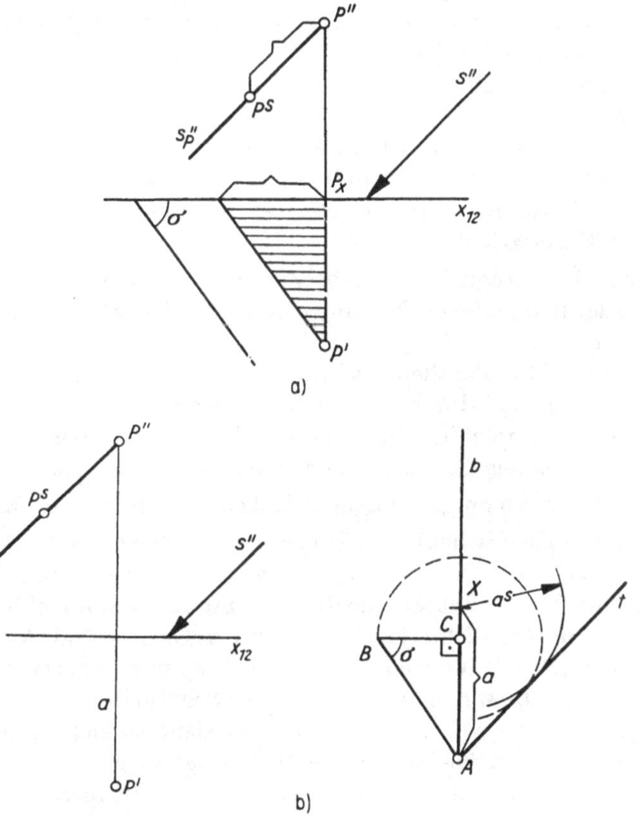

Figur 67 a—b

den Winkel σ aufweist. Um den Scheitel C des rechten Winkels zeichnet man den Kreis durch B und legt aus A eine Tangente t an den Kreis. Der zu verkürzende Tafelabstand a wird von A aus auf der Geraden AC nach X abgetragen. Der Normalabstand $\overline{Xt}$ gibt die Länge a^s wieder. Vorteilhafterweise wird man die Größe a^s durch bloßes Abtasten mit dem Zirkel ermitteln, ohne das Lot von X auf t zu fällen.

3. (Figur 67c.) Die Parallelprojektion sei durch s'' und $\cot\sigma = k = m : n$ gegeben, die Gerade s_P'' durch P'' gezeichnet worden. Auf der Bildachse wähle

man einen Punkt X und konstruiere folgendes Dreieck XYZ: Die Seite XY liege auf dem Ordner durch X, die Seite ZX sei zu s'' parallel, und es gelte: $\overline{ZX} : \overline{YX} = m : n = k$. Man erkennt leicht, daß der Punkt Z als Schrägriß des Punktes Y gedeutet werden kann, wenn man Y als einen Punkt der ersten Bildebene ansieht. Macht man $\overline{YX} = a = \overline{PP''}$, so ist $\overline{ZX} = a^s = \overline{P^sP''}$. Durch Angabe dieses Dreiecks, das man auch *Verzerrungsdreieck* nennt, ist der Schrägriß festgelegt.

Zeichnet man über $\overline{P'P_x}$ (Figur 67c) ein zum Verzerrungsdreieck ähnliches Dreieck, so erhält man im dritten Eckpunkt den Schrägriß P'^s des Grundrisses P' von P, den sogenannten *Schräggrundriß* von P. Der Ordner durch den Schräggrundriß P'^s schneidet s_P'' ebenfalls in dem gesuchten Schrägriß P^s von P (räumliche Deutung ?).

Man erkennt aus dieser Konstruktion, daß zwischen dem Grundriß $\mathfrak{K}'$ eines Objektes $\mathfrak{K}$ und seinem Schräggrundriß $\mathfrak{K}'^s$ eine perspektive Affinität besteht, von der die x_{12}-Achse die Affinitätsachse ist und die Seite YZ des Verzerrungsdreiecks die Affinitätsrichtung angibt.

$\overline{P'P'^s}$ kann als Schrägriß der Drehsehne gedeutet werden, die (im Raum) $\underline{P'}$ mit P' verbindet und zu jener Drehung gehört, die die Bildebene $\underline{\pi_1}$ in die Aufrißebene überführt.

4. (Figur 67d.) Die Parallelprojektion sei durch s'' und $\cot\sigma = k = m : n$ gegeben, die Gerade s_P'' durch P'' gezeichnet worden. Für Verzerrungsverhältnisse $k < 2$ ist es zu empfehlen, die graphische Multiplikation mit k in einer Nebenfigur mit Hilfe eines sogenannten Proportionalitätswinkels durchzuführen. Über einer Strecke $\overline{AB}$, die man gleich dem m-fachen einer beliebigen Einheit e macht, errichtet man ein gleichschenkliges Dreieck ABC, dessen Seite $\overline{AC} = \overline{BC}$ gleich dem n-fachen von e ist. Der Kreisbogen um C mit dem Radius a trifft die Halbgeraden CA und CB in Punkten, die die gesuchte Entfernung a^s haben.

(Figur 67e.) Die Parallelprojektion sei durch Grund- und Aufriß eines Sehstrahls s gegeben. Man legt durch P die Parallele s_P zu s und ermittelt den zweiten Spurpunkt von s_P. Dieser Spurpunkt ist der Schrägriß P^s von P. – Soll noch der Schräggrundriß P'^s von P konstruiert werden, so zieht man durch P_x die Parallele zu s'' und schneidet sie mit der Ordnungslinie durch P^s.

Bemerkung. Gibt man den Sehstrahlen einer Parallelprojektion, die den Schrägriß $\mathfrak{K}^s$ eines Objektes $\mathfrak{K}$ geliefert haben, die entgegengesetzte Orientierung, so entsteht ein Schrägriß $\mathfrak{K}^{\bar{s}}$, der aus denselben Linien wie $\mathfrak{K}^s$ besteht, nur sind die ehemals sichtbaren Teile von $\mathfrak{K}$ jetzt unsichtbar und umgekehrt. Man kann auch sagen, daß aus einer Ansicht von oben und vorn eine Ansicht von unten und hinten geworden ist (oder umgekehrt). (Figuren 68a, 68b.)

Aus der Definition des Verzerrungsverhältnisses

$$k = a^s : a = \cot\sigma$$

folgt, daß für eine zur Bildebene normale Strecke a gilt:

Wenn $\sigma \underset{>}{\overset{<}{=}} \frac{\pi}{4}$, dann ist $a^s \underset{<}{\overset{>}{=}} a$.

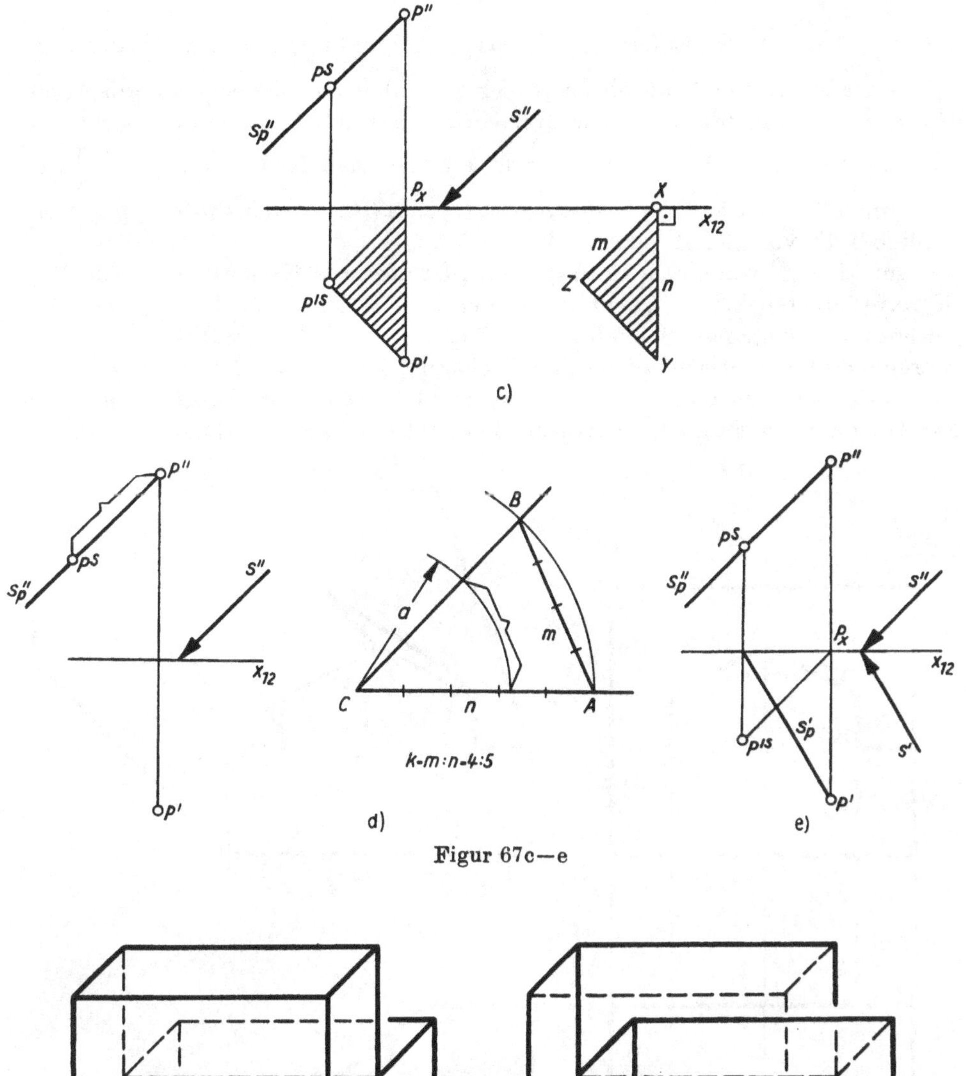

Figur 67c—e

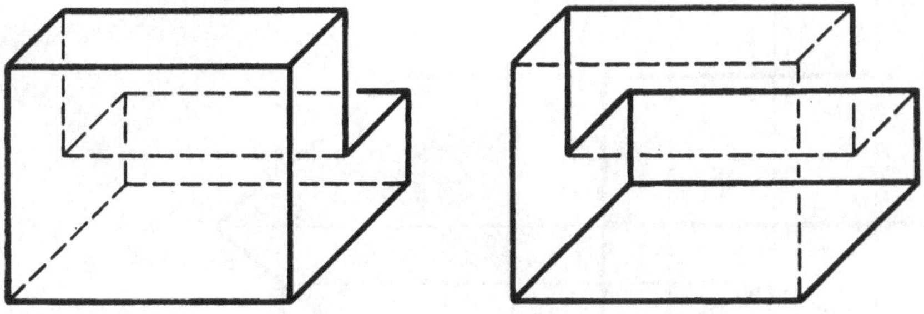

Figur 68

§ 25. Kavalierperspektive

Der Fall $\sigma = \frac{\pi}{4}$ ist insofern wichtig, als das Schrägbild in allen drei Hauptrichtungen maßtreu ist (d. h. außer den Strecken parallel zur Bildebene π werden auch die zu π normalen Strecken in wahrer Größe abgebildet). Nachteilig wirkt sich allerdings die starke Verzerrung im Bild aus. Ist zusätzlich $\sphericalangle\, s'' x_{12} = \pm \frac{\pi}{4}$, so nennt man den Schrägriß eine *Kavalierperspektive* (Kavaliere nannte man gewisse erhöhte Teile von Befestigungswerken).

Figur 69 zeigt von einem Gebäude Auf-, Grund- und Kreuzriß sowie ein Bild in Kavalierperspektive. Dabei wurde der Aufriß des Gebäudes nochmals gezeichnet, um den Sachverhalt besser zu illustrieren. Bei der praktischen Durchführung wird man dies im allgemeinen nicht tun, sondern den schon vorhandenen Aufriß als Ausgangspunkt der Kavalierperspektive wählen. Man zieht dann durch alle Aufrißpunkte Parallelen zum Aufriß des Sehstrahls s und trägt auf diesen die

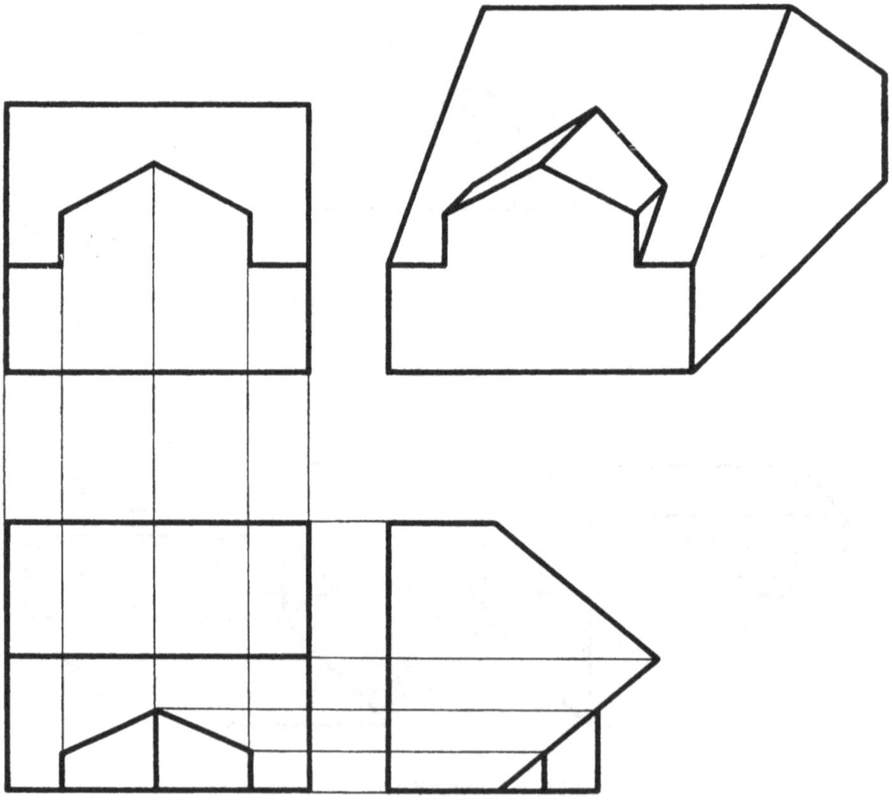

Figur 69

zweiten Tafelabstände in wahrer Größe sinngemäß auf. Dabei ist es vorteilhaft, die zweite Bildebene in einen für das darzustellende Objekt wichtigen Schnitt zu legen. In Figur 69 wurde die Aufrißebene mit der Vorderfront des Gebäudes identifiziert.

§ 26. Schiefe Projektion auf die Grundrißebene

Soll der Schrägriß eines Objektes, das in Grund- und Aufriß gegeben ist, auf die Grundrißebene gefunden werden, so sind die eben geschilderten Zeichenverfahren sinngemäß zu verwenden.

§ 27. Militärperspektive

Bemerkenswert ist jene Parallelprojektion auf π_1, bei der der erste Neigungswinkel eines Sehstrahls $\frac{\pi}{4}$ beträgt und der Grundriß s' von s in Ordnerrichtung liegt. Diese Darstellungsart wird als *Militär-* oder *Vogelperspektive* bezeichnet.

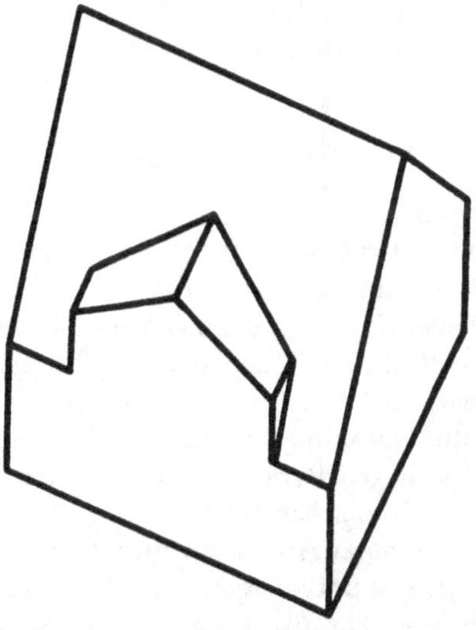

Figur 70

Der Grundriß des darzustellenden Objektes wird meistens etwas aus der Parallelstellung gedreht. Die ersten Tafelabstände (Koten) aller Punkte sind in wahrer Größe in Ordnerrichtung aufzutragen. (Figur 70.)

Aufgabe 9 (für den Leser). Man beschreibe die Ebenen des Raumes, die bei einer schiefen Parallelprojektion auf eine Bildebene maßgetreu abgebildet werden.

Drehungen

§ 28. Drehungen

(Figur 71.) Gegeben sei eine zu π_2 normale Achse a, um die ein Punkt P in einem bestimmten Sinn durch einen Winkel α gedreht werden soll. Jeder Punkt des Raumes bewegt sich bei einer Drehung um a auf einem Kreis (*Bahnkreis* oder *Bahn des Punktes*), dessen Mitte auf a liegt und dessen Ebene auf a normal steht, daher im vorliegenden Fall zu π_2 parallel ist. Der Aufriß des Bahnkreises von P ist somit ein Kreis mit der Mitte a'' und dem Radius $\overline{aP} = \overline{a''P''}$. Da auch der Drehwinkel α im Aufriß in wahrer Größe erscheint, kann von der Endlage P_1 der Aufriß P_1'' unmittelbar gezeichnet werden. Der Grundriß des Bahnkreises liegt auf der Normalen zu a'

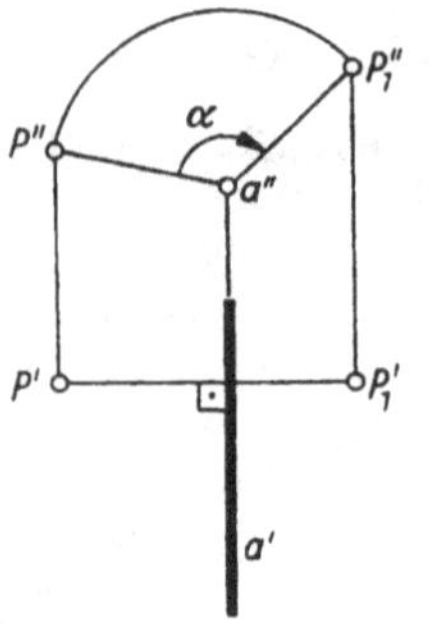

Figur 71

durch P'. Mithin erhält man den Grundriß P_1' von P_1 als Schnitt dieser Normalen mit dem Ordner durch P_1''. Sind mehrere Punkte zu drehen, so zeichnet man vorteilhafterweise in einer Nebenfigur den Winkel α und entnimmt dort die entsprechenden Drehbögen (eigentlich die Länge der zugehörigen Drehsehnen). Sinngemäß gelten diese Überlegungen bei einer Drehung um eine erstprojizierende Gerade. Figur 72 zeigt die Zusammensetzung zweier Drehungen (a normal π_2, b normal π_1) an einer sechsseitigen Pyramide. Die Reihenfolge der Drehungen ist auf die Endlage von wesentlichem Einfluß!

Ist die Drehachse a etwa eine zweite Hauptlinie (nicht normal zu π_1), so führt man eine Seitenrißebene π_3 normal zu a ein und führt die Drehung im zweiten und dritten Riß so durch, wie oben für das erste und zweite Bild erklärt. (Figur 73.) Dies ist dadurch möglich, daß die Drehachse a im dritten Riß als Punkt erscheint (man hat a durch Einführung des Seitenrisses projizierend gemacht). Die Rückführung des gedrehten Objektes in den Grundriß erfolgt nach der für Seitenrisse dargelegten Methode. Figur 73 zeigt die Drehung einer Holzverbindung um eine zweite Hauptlinie.

(Figur 74.) Soll hingegen ein Objekt um eine Achse a allgemeiner Lage durch einen Winkel α gedreht werden, so sind zur Konstruktion zwei Seitenrisse nötig.

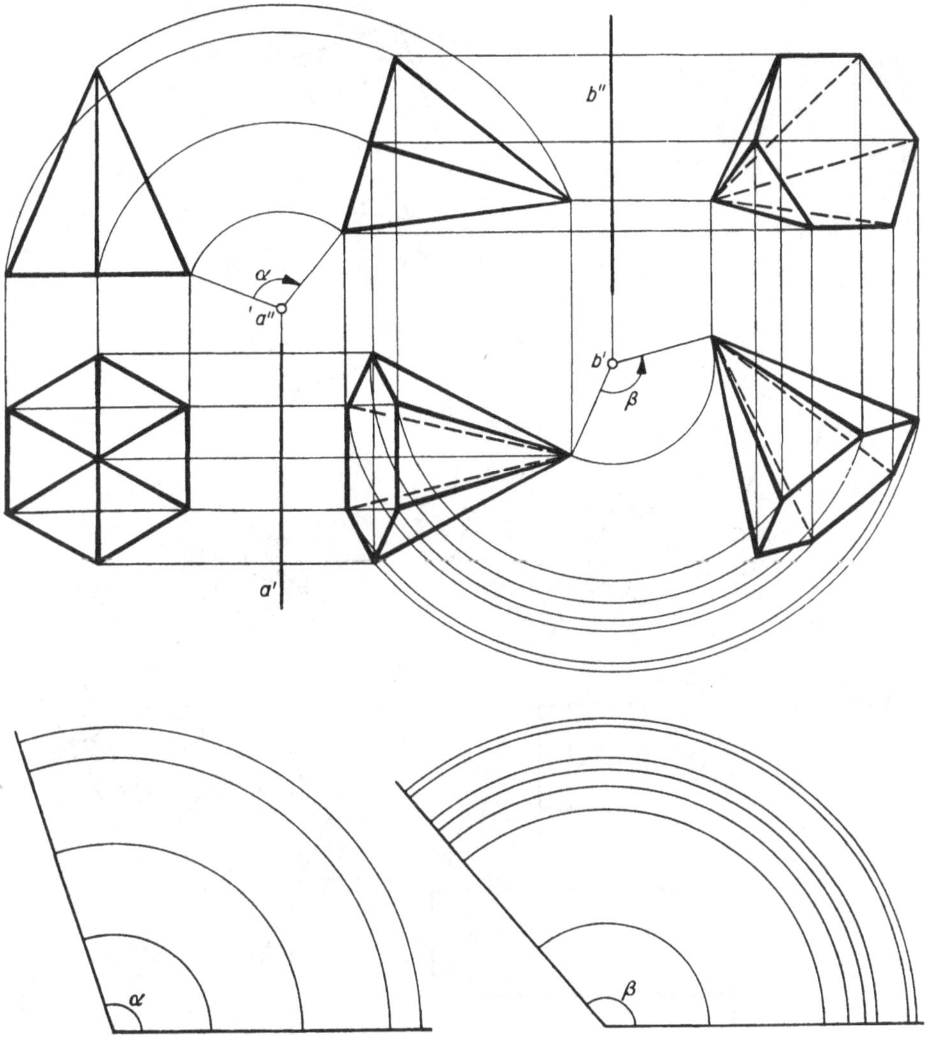

Figur 72

Für die erste Seitenrißebene π_3 (etwa an π_2 angehängt) soll a Hauptlinie werden. Daher ist x_{23} parallel zu a'' anzunehmen. Durch den zweiten Seitenriß kann man erreichen, daß a projizierend wird. Man hat daher die Bildachse x_{34} normal zu a''' zu wählen (eine Gerade allgemeiner Lage kann durch zwei Seitenrisse projizierend gemacht werden). Figur 74 zeigt die Drehung eines technischen Objektes um eine Achse allgemeiner Lage.

Aufgabe 10 (für den Leser). Der Leser überlege, welche Raumtransformation durch Zusammensetzung zweier Drehungen entsteht, wenn die beiden Drehachsen a) einander schneiden, b) zueinander windschief sind.

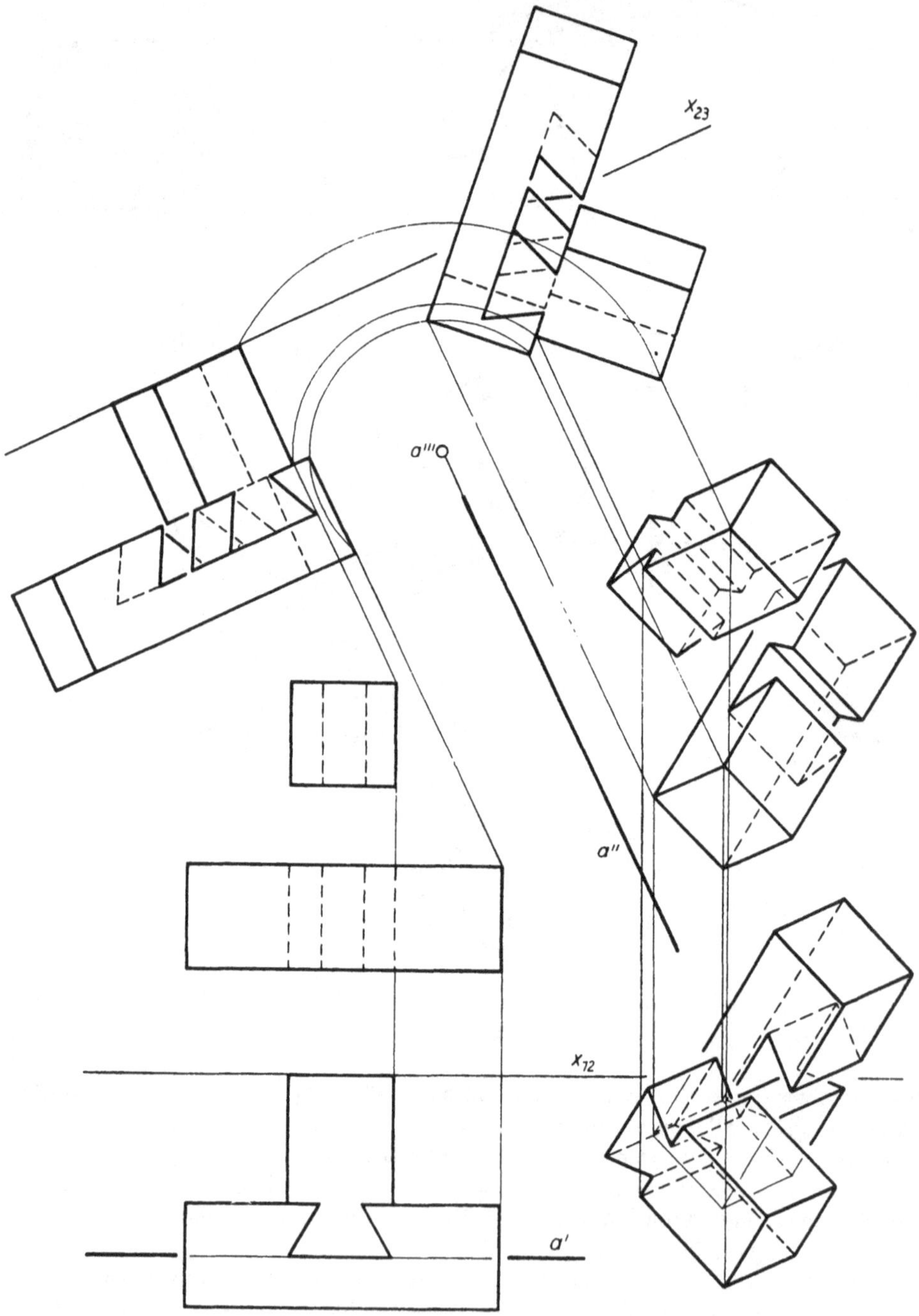

Figur 73

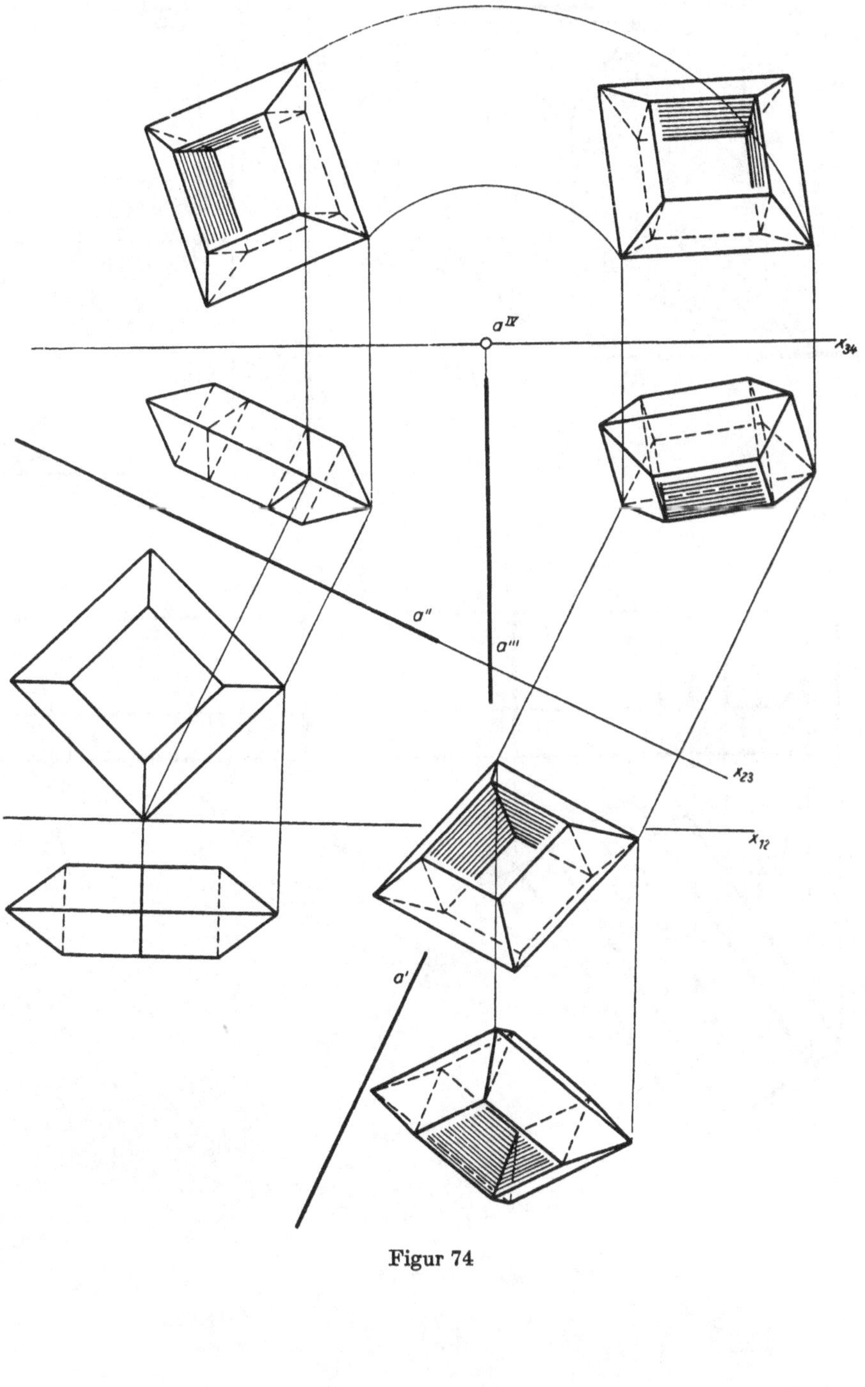

Figur 74

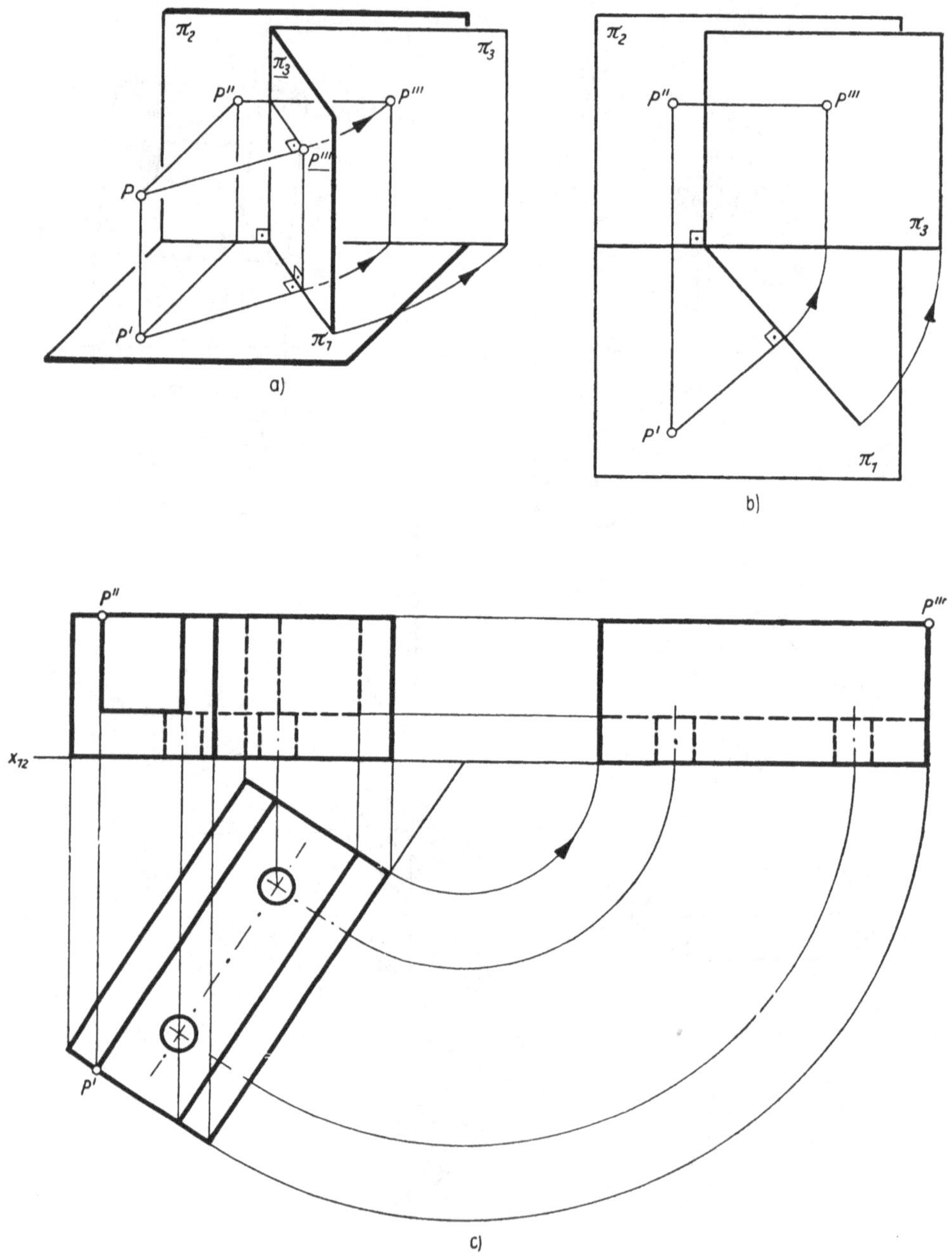

Figur 75

§ 29. Gedrehter Seitenriß

Gelegentlich legt man eine dem Grundriß angehängte Seitenrißebene π_3 nicht um ihre erste Spur nach π_1 um, sondern dreht π_3 um ihre zweite Spur in die Aufrißebene hinein. (Figur 75.) Man nennt dann P''' einen *gedrehten Seitenriß* von P. Der Leser beachte aber, daß (P'', P''') keine zugeordneten Normalrisse von P sind, da π_3 auf π_2 nicht normal steht. Man verwendet einen gedrehten Seitenriß vor allem bei technischen Objekten, die gegen die Aufrißebene um eine lotrechte Achse verdreht sind. Hierbei wird der Grundriß ganz oder teilweise als Hilfsfigur in den Aufriß, die Hauptfigur, hineingeschoben. Die Verwendung von gedrehten Seitenrissen ermöglicht eine einfache und übersichtliche Schattenkonstruktion, wie noch später gezeigt werden wird (§ 66).

III. ELEMENTARE KONSTRUKTIONSAUFGABEN IN ZUGEORDNETEN NORMALRISSEN

§ 30. Aufgaben der Lage und des Maßes

An den Techniker treten, wie bereits ausführlich dargelegt, vor allem zwei Aufgaben heran, die nach den Methoden der darstellenden Geometrie gelöst werden können:

1. Die Abbildung vorhandener oder erdachter dreidimensionaler Objekte auf eine oder mehrere Bildebenen.
2. Die Lösung räumlicher Probleme durch Konstruieren in einer Zeichenebene.

Im folgenden werden daher die wichtigsten Grundkonstruktionen erläutert, durch deren Erlernung der Konstrukteur befähigt werden soll, die an ihn herangetragenen Aufgaben der räumlichen Geometrie am Zeichenbrett zu lösen. Auch schwierige Konstruktionen kann man, wie gezeigt werden wird, in eine Reihe nacheinander auszuführender Grundaufgaben auflösen.

Die Grundkonstruktionen mit den Grundelementen der räumlichen Geometrie, nämlich mit Punkten, Geraden und Ebenen, kann man in zwei Gruppen einteilen:

1. *Aufgaben der Lage.* Sie enthalten nur Fragen nach der gegenseitigen Lage von Grundelementen der räumlichen Geometrie.
2. *Aufgaben des Maßes.* Sie enthalten Fragen nach der Länge einer Strecke, Größe von Winkeln, Flächeninhalte ebner Flächenstücke usw.

§ 31. Aufgaben der Lage und das Dualitätsprinzip des Raumes

Wir wollen acht *Grundaufgaben der Lage* betrachten, die wir paarweise gegenüberstellen:

1a) Verbindungsgerade zweier Punkte	1b) Schnittgerade zweier Ebenen
2a) Verbindungsebene einer Geraden und eines (nicht inzidenten) Punktes	2b) Schnittpunkt einer Geraden und einer (nicht inzidenten) Ebene
3a) Verbindungsebene zweier Geraden durch einen Punkt	3b) Schnittpunkt zweier Geraden in einer Ebene
4a) Verbindungsebene dreier (nicht in einer Geraden liegenden) Punkte	4b) Schnittpunkt dreier (nicht durch eine Gerade gehenden) Ebenen

Ein Vergleich dieser Aufgaben zeigt, daß sich in der räumlichen Geometrie der Lage die Elemente

Punkt — Ebene
Gerade — Gerade
Ebene — Punkt,

die Operationen

Verbinden — Schneiden
Schneiden — Verbinden

und die Eigenschaft

Inzidieren — Inzidieren

konsequent gegenüberstehen, natürlich unter der Voraussetzung des projektiven Raumes (d. h. unter Einschließung der Fernelemente). Man nennt diese gesetzmäßig erscheinende Gegenüberstellung von Elementen und Operationen unter Beibehaltung der Eigenschaft des Inzidierens das

Dualitätsprinzip des Raumes. Vertauscht man in einem richtigen Satz der Lage des projektiven Raumes Elemente und Operationen dual, so erhält man wieder einen richtigen Satz der Lage des Raumes.

Das Dualitätsgesetz gilt auch in der Ebene, nur stehen dort die Elemente Punkt und Gerade einander dual gegenüber.

Aufgaben der Lage

Aufgabe 11. (*Lagenaufgabe* 1a.) Verbindungsgerade zweier Punkte. Diese Aufgabe wurde konstruktiv und rechnerisch in § 9 erledigt.

Aufgabe 12. (*Lagenaufgabe* 2a.) Verbindungsebene einer Geraden und eines nicht inzidenten Punktes. Diese Aufgabe wurde ausführlich in den §§ 13—18 besprochen, wo gezeigt wurde, wie man zu einem Punkt oder einer Geraden des einen Bildes der Ebene mit Hilfe von Angittern (perspektive Affinität) die entsprechenden Elemente im anderen Bild aufsucht.

Aufgabe 13. (*Lagenaufgabe* 3a.) Verbindungsebene zweier Geraden durch einen Punkt. Diese Aufgabe ist in Lagenaufgabe 2a enthalten.

Aufgabe 14. (*Lagenaufgabe* 4a.) Verbindungsebene dreier Punkte, die nicht in einer Geraden liegen. Verbindet man zwei der gegebenen Punkte, so erhält man wieder Lagenaufgabe 2a.

§ 32. Aufsuchen der Spuren einer Ebene

Vor Besprechung der Lagenaufgaben 1b)—4b) soll noch das Aufsuchen der Spuren einer Ebene hervorgehoben werden, obwohl diese Aufgabe bereits in den Lagenaufgaben 2a)—4a) enthalten ist. Wir beschränken uns dabei auf den Fall, daß die Ebene durch eine Gerade und einen nicht inzidenten Punkt gegeben ist.

Aufgabe 15. Gegeben sei eine Gerade a und ein nicht inzidenter Punkt A. Es sollen die Spuren der so aufgespannten Ebene konstruiert werden.

Lösung. (Figur 76.) Man wähle auf a einen Punkt B. Die Verbindungsgerade AB heiße b. Nun konstruiert man die Spurpunkte A_1, A_2 von a und die Spurpunkte B_1, B_2 von b. Beachte, daß die beiden Spuren $e_1 = A_1B_1$ und $e_2 = A_2B_2$

sich in einem Punkt der Rißachse, dem *Knotenpunkt* E der Ebene schneiden müssen. Vorteilhafterweise wird man den Punkt B auf a so annehmen, daß b zu einer ersten oder zweiten Hauptlinie wird.

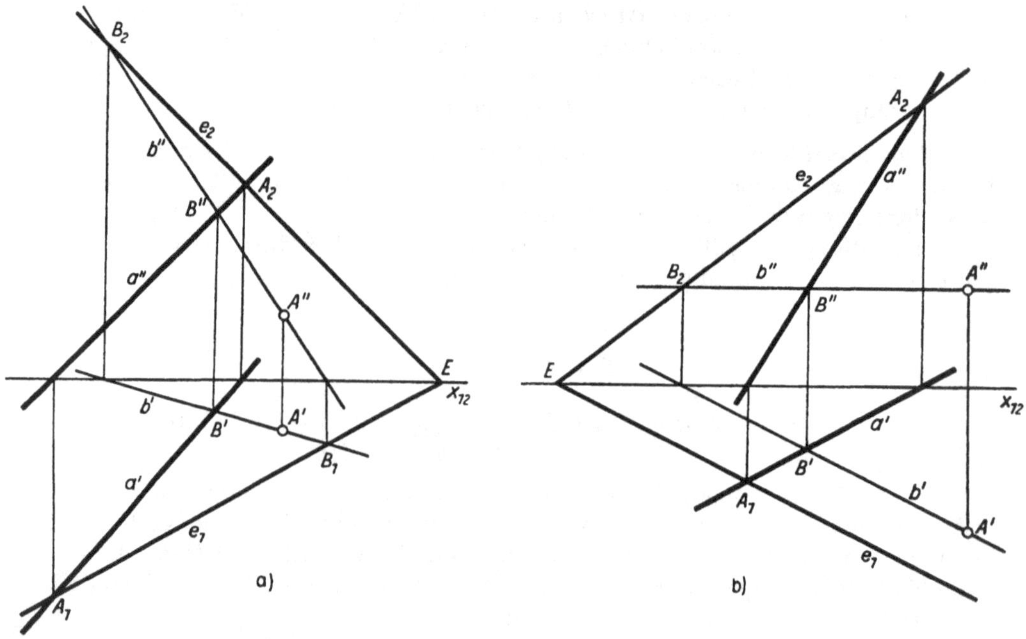

Figur 76

§ 33. Schnittgerade zweier Ebenen

Aufgabe 16. (*Lagenaufgabe* 1b.) Zwei Ebenen α und β seien durch ihre Spuren a_1, a_2 bzw. b_1, b_2 gegeben. Man suche die Bilder ihrer Schnittgeraden.

Lösung. (Figur 77a.) Der Schnittpunkt ihrer beiden ersten Spuren $a_1 b_1 = S_1$ gehört beiden Ebenen α und β und der ersten Bildebene π_1 an, ist daher der erste Spurpunkt der Schnittgeraden $s = \alpha\,\beta$. Der Aufriß S_1'' von S_1 liegt in der Bildachse x_{12}. Ebenso ist $a_2 b_2 = S_2$ der zweite Spurpunkt von s (S_2' in x_{12}). Da nun zwei Punkte von s bekannt sind, können die Risse $s' = S_1 S_2'$ und $s'' = S_1'' S_2$ gezeichnet werden.

(Figur 77b.) Fallen die beiden Spurpunkte S_1, S_2 außerhalb der Zeichenfläche, so schneidet man α und β mit zwei geeignet gewählten Ebenen parallel zu π_1 bzw. π_2. Die Schnittpunkte der sich jeweils ergebenden Hauptlinien legen $s = \alpha\,\beta$ ebenfalls fest.

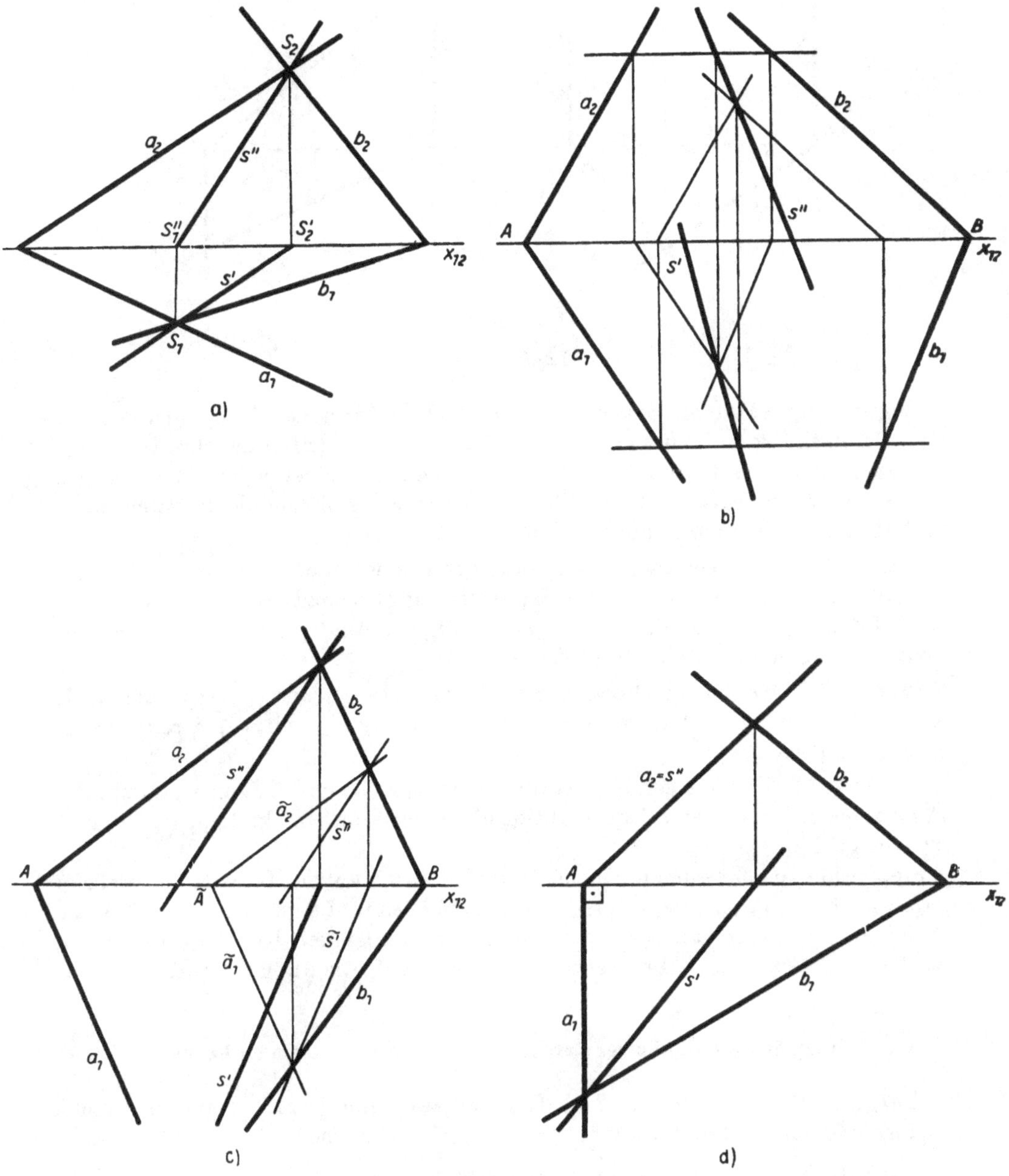

Figur 77 a—d

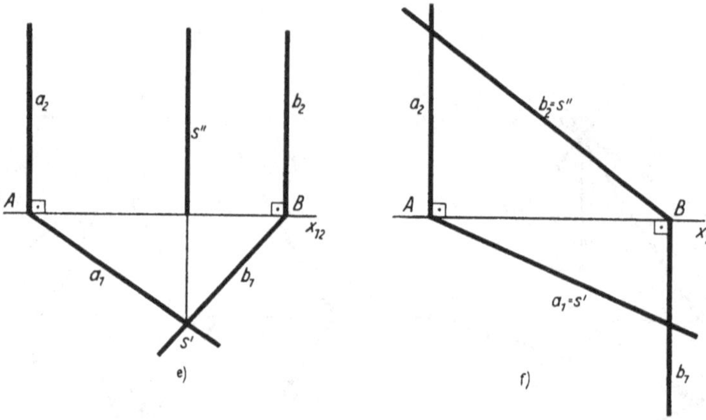

Figur 77 e—f

(Figur 77c.) Ist nur ein Spurpunkt zugänglich, so kann man die Schnittgerade s auch dadurch finden, daß man, da ein Punkt von ihr bekannt ist, ihre Richtung aufsucht. Diese erhält man durch Parallelverschiebung einer oder beider Ebenen, und zwar derart, daß das neue Ebenenpaar eine Schnittgerade (parallel zu s) besitzt, deren Spurpunkte auf das Zeichenblatt fallen.

(Figur 77d.) Ein wichtiger Sonderfall liegt vor, wenn eine der beiden Ebenen auf einer Bildebene normal steht. Ist etwa α zweitprojizierend, dann liegt der Aufriß s'' der Schnittgeraden s in der zweiten Spur. Analog fällt s' mit der ersten Spur a_1 zusammen, wenn α erstprojizierend ist.

(Figur 77e.) Sind beide Ebenen projizierend, etwa α und β erstprojizierend, so ist auch ihre Schnittgerade s erstprojizierend (bzw. zweitprojizierend, wenn dies α und β sind).

(Figur 77f.) Ist hingegen α erst- und β zweitprojizierend, dann sind, wie die Figur zeigt, keine weiteren Konstruktionslinien erforderlich, da dann $s' = a_1$ und $s'' = b_2$ gilt.

Sind beide zu schneidende Ebenen α und β durch andere Bestimmungsstücke gegeben, so kann man zuerst ihre Spuren aufsuchen und dann nach geschilderter Weise ihre Schnittgerade s konstruieren. Eine einfachere Konstruktion von s wird anschließend an die Besprechung der Lagenaufgabe 2b) gebracht.

§ 34. Schnittpunkt einer Geraden mit einer nicht inzidenten Ebene

Aufgabe 17. (*Lagenaufgabe* 2b.) Gegeben seien eine Gerade g und eine nicht inzidente Ebene ε. Der Schnittpunkt $S = g\,\varepsilon$ ist zu suchen.

Räumlicher Gedankengang der Lösung. Man legt durch g eine beliebige Hilfsebene φ. Diese Hilfsebene schneidet ε in einer Geraden s. Diese Schnittgerade s trifft g im gesuchten Durchstoßpunkt S. (Figur 78a.)

Konstruktive Durchführung. 1. Die Ebene sei durch ihre Spuren e_1, e_2 gegeben. (Figur 78b.) Die Hilfsebene φ wählt man vorteilhafterweise projizierend, etwa erstprojizierend. Dadurch fällt der Grundriß s' der Schnittgeraden $s = \varphi\,\varepsilon$ mit der ersten Spur f_1 von φ und damit mit g' zusammen. Die beiden Geraden g und s nennt man *Grundriß-* oder *erste Deckgeraden.* Im Aufriß decken sich die beiden Risse g'' und s'' nicht. Der Aufriß S'' des Schnittpunktes $S = g\,\varepsilon$ ist somit leicht konstruierbar ($S'' = g''\,s''$). Den Grundriß S' schneidet der Ordner durch S'' aus g' aus.

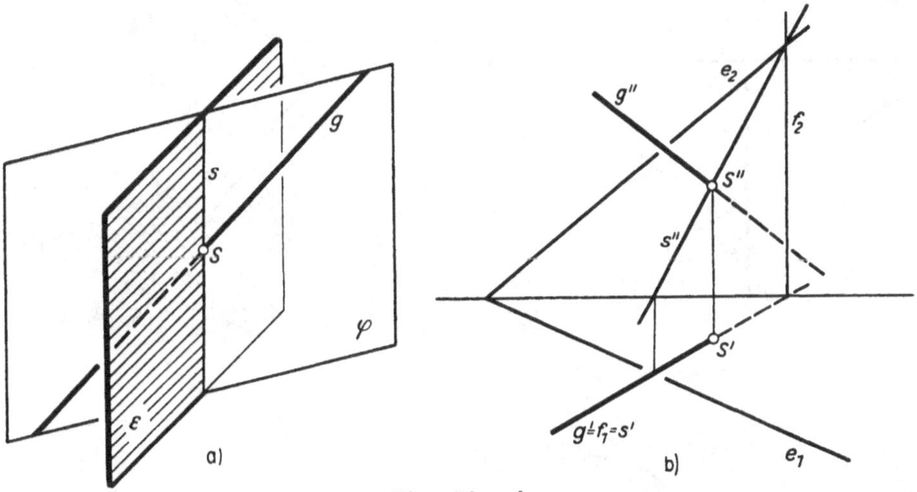

Figur 78 a—b

Diese Konstruktion versagt, wenn g eine dritte Hauptlinie ist, also normal zu x_{12} steht. In diesem Fall kann man als Hilfsebene eine Ebene allgemeiner Lage oder, wie Figur 78c zeigt, einen Kreuzriß zu Hilfe nehmen. (Der Leser beachte, daß eine dritte Hauptlinie allein durch ihre Risse nicht festgelegt ist.) Die durch g gelegte Kreuzrißebene wird dabei als Hilfsebene φ verwendet.

2. Die Ebene ε sei durch zwei einander schneidende Geraden a und b gegeben. (Figur 78d.) Die gleichen Überlegungen wie bei 1. führen zur Lösung der Aufgabe. Eine Bildachse wird, da man auf die Spuren verzichten kann, nicht benötigt. Wählt man die Hilfsebene φ durch g etwa wieder erstprojizierend, so sind g und $s = \varphi\,\varepsilon$ Grundrißdeckgeraden. Die Schnittgerade s kann als Gerade der Ebene $\varepsilon = a\,b$ durch Angittern leicht in den Aufriß geführt werden. s'' schneidet g'' in S''. Die Sichtbarkeitsverhältnisse werden in jedem Riß mittels Deckpunkten geklärt. In Figur 78e ist die Ebene ε als ein durch a und $b \parallel a$ begrenztes Flächenstück angedeutet.

Als Anwendungsbeispiel bringen wir die Durchdringung zweier Dreiecke:

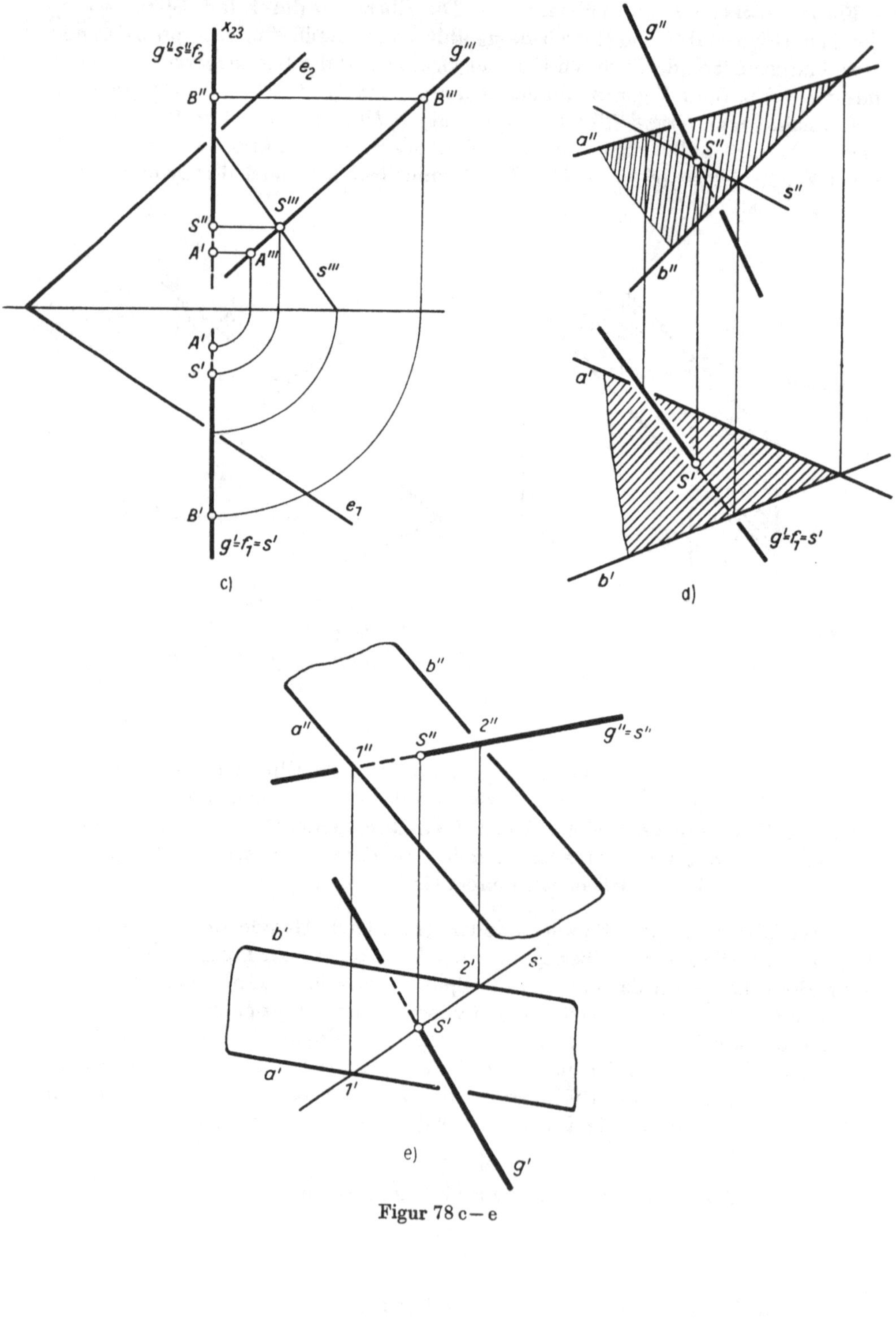

Figur 78 c—e

Aufgabe 18. Die zugeordneten Normalrisse zweier Dreiecke *ABC* und *PQR* seien gegeben. Man konstruiere die Schnittgerade *s* ihrer Ebenen und berücksichtige die Sichtbarkeit.

Lösung. (Figur 79.) Man löst diese Aufgabe durch zweimalige Anwendung der Lagenaufgabe 2b bzw. der Aufgabe 17_2. Man bringt also zwei der auftretenden Dreiecksseiten jeweils mit der anderen Dreiecksebene zum Schnitt und hat damit zwei Punkte der Schnittgeraden *s* gefunden. Da *s* in beiden Ebenen liegt, muß

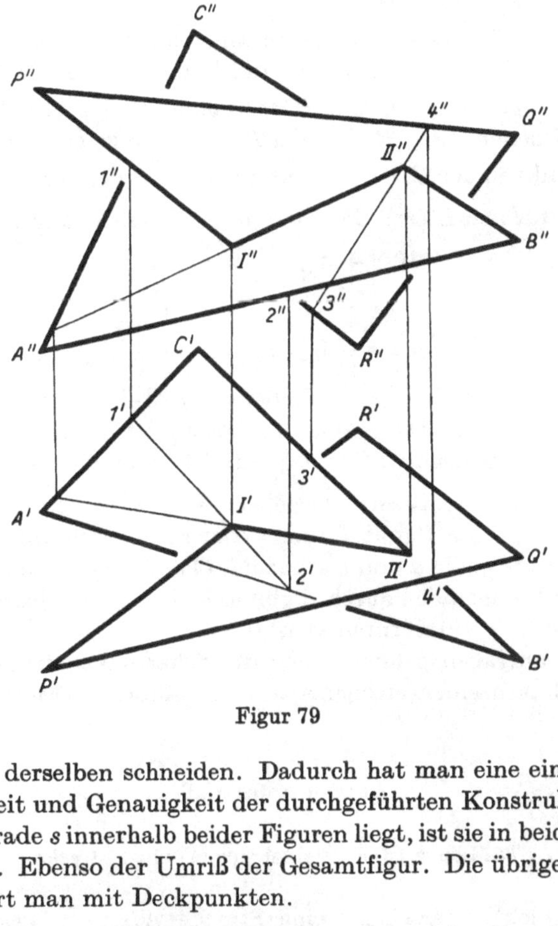

Figur 79

sie alle Geraden derselben schneiden. Dadurch hat man eine einfache Kontrolle für die Richtigkeit und Genauigkeit der durchgeführten Konstruktion.

Soweit die Gerade *s* innerhalb beider Figuren liegt, ist sie in beiden Rissen sichtbar auszuziehen. Ebenso der Umriß der Gesamtfigur. Die übrigen Sichtbarkeitsverhältnisse klärt man mit Deckpunkten.

Aufgabe 19 (*Lagenaufgabe* 3b.) Schnittpunkt zweier Geraden einer Ebene. Diese Aufgabe wurde bereits besprochen.

Aufgabe 20 (*Lagenaufgabe* 4b.) Schnittpunkt dreier nicht durch eine Gerade gehenden Ebenen. Durch irgendwelche Bestimmungsstücke sind drei nicht durch eine Gerade gehende Ebenen α, β, γ gegeben. Gesucht wird ihr gemeinsamer Schnittpunkt *S*.

1. Lösungsweg. Man sucht zunächst die Schnittgerade von zwei dieser Ebenen auf, etwa $s = \alpha\beta$, und bringt hierauf s mit der dritten Ebene zum Schnitt. Der Durchstoßpunkt $S = s\gamma$ ist der gesuchte Punkt, der allen drei Ebenen angehört.

2. Lösungsweg. Nach der Konstruktion von $s = \alpha\beta$ bestimmt man noch die Schnittgerade eines anderen Ebenenpaares. So sei etwa $s_1 = \beta\gamma$. Die Geraden s und s_1 schneiden sich ebenfalls im gesuchten Punkt S. — (Beachte, daß der Punkt S auch ein Fernpunkt sein kann!)

Aufgabe 21 (für den Leser). Gegeben sei eine regelmäßige sechsseitige Pyramide mit der Basis $ABCDEF$ in π_1 und der Spitze S. Der Punkt G halbiere die Seitenkante $\overline{ES}$, der Punkt H die Körperhöhe. Man suche den gemeinsamen Punkt der drei Ebenen FAS, BCG und DEH. * Man zeige durch Rechnung, daß der gesuchte Punkt in der Mitte der Seitenkante $\overline{FS}$ liegt. *

Aufgabe 22 (für den Leser). Man löse folgende Gleichungen:

$$\begin{aligned} 10x + 4y + 5z &= -4\,, \\ 5x - 2y - 5z &= 21\,, \\ 2x - 8y + z &= -3 \end{aligned}$$

a) * durch Rechnung *, b) graphisch (jede der drei linearen Gleichungen gibt eine Ebene im Raum an. Die graphische Lösung ist somit gleichbedeutend mit der Aufgabe, den gemeinsamen Punkt der drei Ebenen zu konstruieren).

Aufgabe 23 (für den Leser). Gegeben seien zwei zueinander windschiefe Geraden a und b und ein Punkt P, der weder auf a noch auf b liegt. Man lege durch P eine Gerade g, die a und b schneidet (Treffgerade von a und b durch P). Wieviele solcher Treffgeraden durch P gibt es? (Der Leser überlege sich auch den Fall, daß der Punkt P ein Fernpunkt ist!)

Zu den Lagenaufgaben gehören auch die Schattenkonstruktionen, die aber, wie bereits erwähnt, in einem eigenen Abschnitt gebracht werden sollen (§§63—66).

Aufgaben des Maßes

§ 35. Länge (und Tafelneigungen) einer Strecke

Bei Normalprojektion erscheint eine Strecke $\overline{AB}$ im allgemeinen verkürzt. Nur bei paralleler Lage zu einer Bildebene stimmt die Länge der Normalprojektion auf diese Ebene mit der Länge der Strecke im Raum überein. Liegt daher eine Strecke allgemeiner Lage vor und hat man ihre Länge l zu bestimmen, so muß man entweder eine neue Bildebene parallel zu AB einführen oder die Strecke $\overline{AB}$ in eine Parallellage zu einer Bildebene bringen. Dies ergibt mehrere Konstruktionsmöglichkeiten für l.

Aufgabe 24. Gegeben seien die Punkte $A(a_1, a_2, a_3)$ und $B(b_1, b_2, b_3)$ durch Grund- und Aufriß. Man ermittle die wahre Länge l der Strecke $\overline{AB}$.

1. Lösung. *Seitenrißmethode.* (Figur 80.) Führt man eine Seitenrißebene π_3 parallel zu AB ein und hängt π_3 etwa an π_2 an, so hat man die neue Bildachse x_{23} parallel zu $A''B''$ zu wählen. Die Strecke $\overline{A'''B'''} = l'''$ gibt die wahre Größe $\overline{AB} = l$ an. In analoger Weise könnte man eine zu AB parallele Seitenrißebene π_3 an π_1 anhängen. Wählt man als neue Rißachse $x_{23} = A''B''$ bzw. $x_{13} = A'B'$, so nennt man das Verfahren die Trapezmethode, die ausführlich besprochen werden soll.

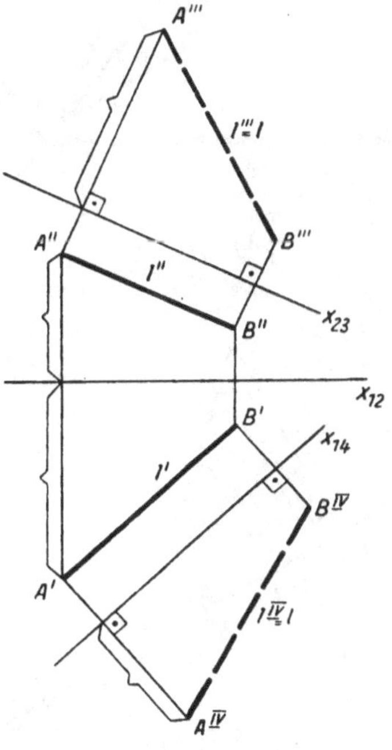

Figur 80

2. Lösung. *Trapezmethode.* (Figur 81.) Das in der erstprojizierenden Ebene durch $AB = g$ liegende Trapez $A'B'BA$ (*erstes Projektionstrapez*) weist an den Ecken A', B' rechte Winkel auf. Die Längen der Parallelseiten sind die ersten Tafelabstände der Punkte A und B (sie können daher dem Aufriß entnommen werden). Somit läßt sich eine Umlegung des ersten Projektionstrapezes um $g' = A'B'$ nach π_1 einfach zeichnen (zwei Möglichkeiten!). Die $\overline{A'B'}$ gegenüberliegende Seite $\overline{A_0B_0}$ des umgeklappten Trapezes gibt die wahre Länge der Strecke $\overline{AB}$ an. Und zwar ist $l = \overline{A_0B_0} = \frac{l'}{\cos\alpha_1}$. In den Figuren 81 a, b wurde auch die Trägergerade $g = AB$ mit umgeklappt. Dabei erhält man zusätzlich den ersten Spurpunkt $G_1 = g_0\, g'$ und den ersten Neigungswinkel $\alpha_1 = \sphericalangle\, g\, g' = \sphericalangle\, g_0\, g$.

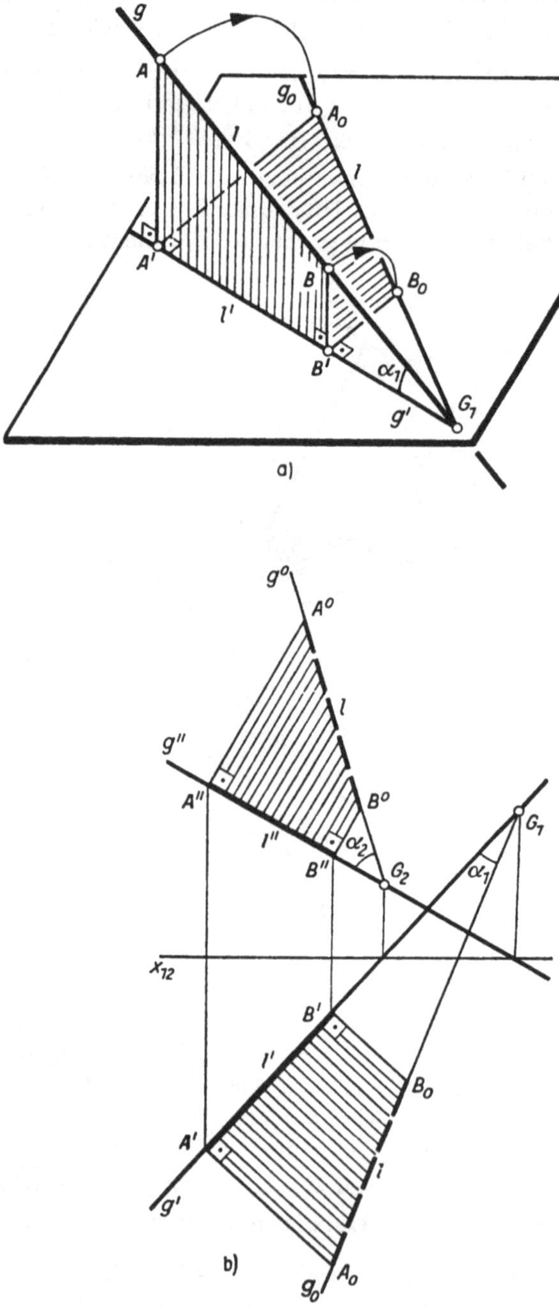
g
A
g_0
A_0
π_1
l
l
A'
B
B_0
l'
B'
α_1
G_1
g'
a)
g^0
A^0
l
g''
A''
B^0
l''
α_2
B''
G_2
G_1
α_1
x_{12}
B'
l'
B_0
A'
l
g'
b)
g_0
A_0

Figur 81

Wäre man vom Aufriß ausgegangen, so hätte man das *zweite Projektionstrapez* $A''B''BA$ benützen müssen und hätte nach Umlegung desselben nach π_2 außer der wahren Länge $l = \overline{A^0B^0} = \frac{l''}{\cos\alpha_2}$ noch den zweiten Spurpunkt G_2 von g und den zweiten Neigungswinkel $\alpha_2 = \sphericalangle\, g\, g'' = \sphericalangle\, g^0\, g''$ erhalten. Der Leser überprüfe die Lage der Spurpunkte nach der in § 9 gezeigten Konstruktion.

Vorteile der Trapezmethode: 1. Leicht räumlich vorstellbar, 2. zusätzlich werden erhalten: Spurpunkt und Neigungswinkel. Nachteil: Großer Platzverbrauch in der Zeichenfläche.

Ein weiterer Sonderfall der Seitenrißmethode liegt vor, wenn man mit den Tafelabstandsdifferenzen arbeitet (vgl. §§ 8 und 21), etwa in der folgenden Weise:

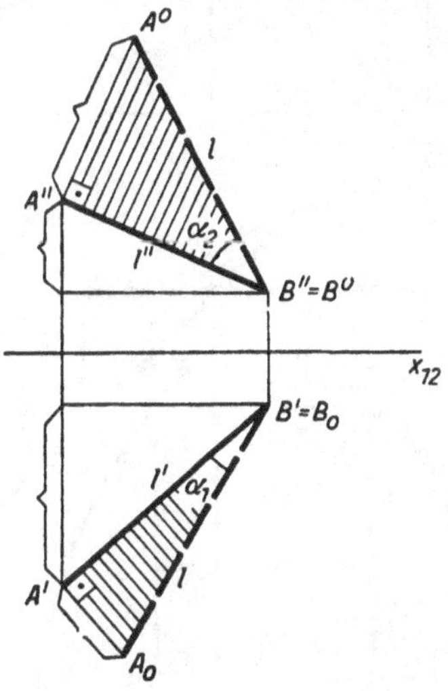

Figur 82

3. Lösung. *Differenzendreiecksmethode.* (Figur 82.) Zieht man im ersten Projektionstrapez durch einen Eckpunkt, etwa durch B, die Parallele zu g', so begrenzt man dadurch ein rechtwinkliges Dreieck. Die waagerechte Kathete hat die Länge $l' = \overline{A'B'}$, die lotrechte Kathete ist gleich der Differenz der ersten Tafelabstände von A und B, die Hypotenuse hat die Länge $\overline{AB} = l$. Dieses sog. *erste Differenzendreieck* (oder *erste charakteristische Dreieck*) ist leicht in die Zeichnung einzutragen, da in der Strecke $\overline{A'B'}$ die eine Kathete schon vorliegt und die Differenz der ersten Tafelabstände der Punkte A und B dem Aufriß zu entnehmen ist und die zweite Kathete liefert. In gleicher Weise ist diese Methode zur Ermittlung von l, wie ebenfalls Figur 82 zeigt, im Aufriß durchführbar.

Vorteile der Differenzendreiecksmethode: 1. Geringer Platzverbrauch in der Zeichenfläche, 2. zusätzliches Ergebnis: Neigungswinkel. Nachteil: Spurpunkte werden nicht zusätzlich geliefert.

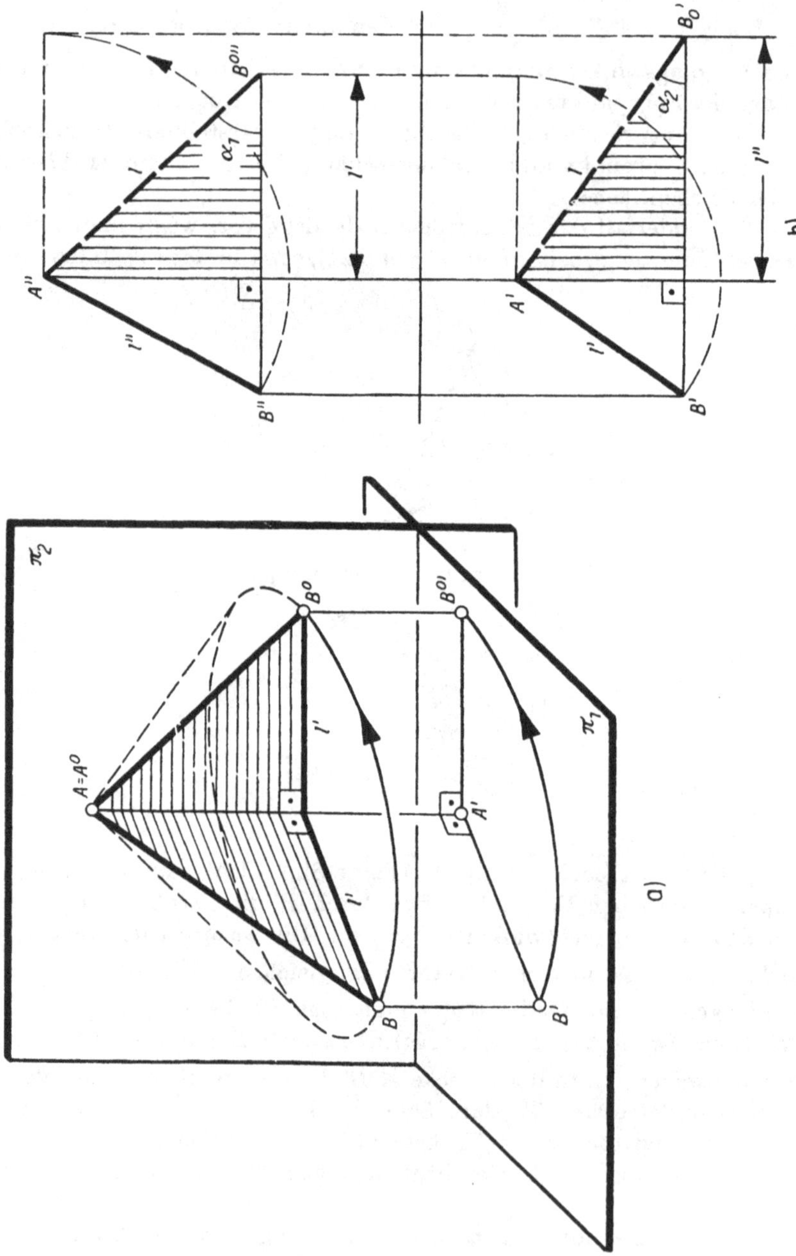

Figur 83

Bemerkung. Man kann zur Differenzendreiecksmethode auch so kommen, daß man etwa die erste Bildebene hebt, so daß sie durch einen der beiden Endpunkte der gegebenen Strecke hindurchgeht, und dann nach der Trapezmethode verfährt.

4. Lösung. *Methode des Paralleldrehens.* (Figuren 83a, 83b.) Die wahre Länge einer gegebenen Strecke kann man auch so ermitteln, daß man ein erstes charakteristisches Dreieck um den durch A (oder durch B) gelegten erstprojizierenden Strahl solange dreht, bis seine Ebene zu π_2 parallel ist. Figur 83b zeigt diese Konstruktion in zugeordneten Normalrissen, und zwar die Drehung sowohl eines ersten als auch eines zweiten charakteristischen Dreiecks. Man beachte, daß bei der genannten Drehung die Strecke $\overline{AB}$ einen Teil eines Drehkegelmantels überstreicht. Bei der praktischen Durchführung werden die in Figur 83b gestrichelten Linien nicht ausgeführt!

Vorteile der Paralleldrehungsmethode: 1. Ein Minimum an Konstruktionslinien, 2. zusätzliches Ergebnis: Neigungswinkel (man beachte, daß hier α_1 im Aufriß und α_2 im Grundriß erscheint). Nachteile: 1. Schwierigere räumliche Vorstellung, 2. Spurpunkte werden nicht zusätzlich erhalten.

Bemerkung. Die Differenzendreiecksmethode und die Methode des Paralleldrehens sind auch ohne Bildachse durchführbar.

5. Lösung. *Rechnerische Ermittlung* der wahren Länge einer Strecke. Analytisch erhält man die Länge einer Strecke $\overline{AB}$ durch die sog. *Distanzformel*

$$l = \sqrt{(a_1 - b_1)^2 + (a_2 - b_2)^2 + (a_3 - b_3)^2}$$

oder, wenn A und B durch die Ortsvektoren $\mathfrak{a}$ und $\mathfrak{b}$ angegeben sind, durch

$$l = \sqrt{(\mathfrak{a} - \mathfrak{b})^2} = |\mathfrak{a} - \mathfrak{b}|.$$

Die Neigungswinkel α_1 und α_2 berechnet man mit den Formeln

$$\cos \alpha_1 = \frac{l'}{l} = \sqrt{\frac{(a_1 - b_1)^2 + (a_2 - b_2)^2}{(a_1 - b_1)^2 + (a_2 - b_2)^2 + (a_3 - b_3)^2}}$$

und

$$\cos \alpha_2 = \frac{l''}{l} = \sqrt{\frac{(a_2 - b_2)^2 + (a_3 - b_3)^2}{(a_1 - b_1)^2 + (a_2 - b_2)^2 + (a_3 - b_3)^2}} \qquad \left(0 \leqq \alpha_1, \alpha_2 \leqq \frac{\pi}{2}\right).$$

Aufgabe 25 (für den Leser). Gegeben sind die beiden Punkte $A(6, -3, 6)$ und $B(1, 3, 2)$. Man konstruiere (* und berechne *) a) die wahre Länge $\overline{AB}$, b) die beiden Neigungswinkel der Trägergeraden $g = AB$, c) die Spurpunkte von g.

Umkehrungsaufgaben zur Aufgabe 24:

Aufgabe 26. Auf einer Geraden $g(g', g'')$ ist ein Punkt A gegeben. Man trage von A aus auf g eine gegebene Strecke a ab.

Lösung. (Figur 84.) Man wählt auf g einen zweiten Punkt B, bestimmt die wahre Länge von $\overline{AB}$ etwa nach der Methode des Paralleldrehens, trägt auf der parallel gedrehten Geraden g^0 die Strecke a von A^0 aus nach beiden Seiten ab und führt die so erhaltenen Punkte X^0 und Y^0 in den Auf- und Grundriß. Der Leser löse diese Aufgabe auch mit Hilfe der anderen Methoden zur Bestimmung der wahren Länge einer Strecke.

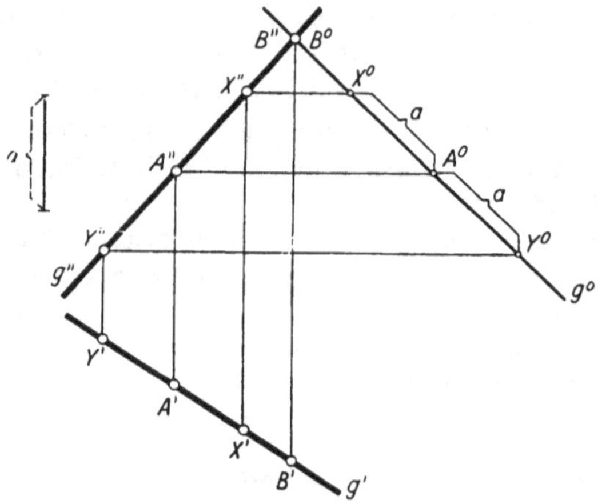

Figur 84

Aufgabe 27 (für den Leser). Von der Strecke $\overline{AB}$ kennt man die beiden Risse A', A'' von A, den Grundriß B' von B und die wahre Länge von $\overline{AB}$. Man suche B''. (Zwei Lösungen!)

Aufgabe 28 (für den Leser). Von einem Rhombus $ABCD$ sind die Eckpunkte $A(5, -4, 2)$, $B(4, 0, 4)$ und der Aufriß $D''(0, -3, 5)$ von D gegeben. Konstruiere (* und berechne *) die wahre Länge der Diagonale $\overline{AC}$. (Zwei Lösungen!)

Aufgabe 29 (für den Leser). In einem Punkt $A(6, -2, 1)$ greifen zwei Kräfte $\mathfrak{p}$ und $\mathfrak{q}$ mit $|\mathfrak{p}| = 5$ kp und $|\mathfrak{q}| = 4$ kp an. Von den Endpunkten P_1 und Q_1 der in A angehängten Kraftpfeile sind die Grundrisse $P_1'(4, 2, 0)$ und $Q_1'(3{,}5; -3; 0)$ gegeben. Man konstruiere (* und berechne*) die resultierende Kraft. (Kraftmaßstab mit der gleichen Einheit wie das zugrundegelegte Koordinatensystem annehmen.)

Aufgabe 30. Durch einen gegebenen Punkt P ist eine Gerade g zu legen, die mit den Bildebenen π_1 und π_2 gegebene Neigungswinkel α_1 und α_2 besitzt.

Lösung. (Figur 85.) Man wähle einen Punkt A in der Bildachse und versuche, durch A eine Gerade g mit den geforderten Neigungswinkeln zu konstruieren. Ist B ein Punkt dieser gesuchten Geraden im Abstand l von A, so lassen sich für die Strecke $\overline{AB}$ die zugehörigen charakteristischen Dreiecke zeichnen; sie sind in

Figur 85 durch Schraffen hervorgehoben. Nun entnimmt man die Strecke $l' = \overline{A'B^{0\prime}}$ dem parallelgedrehten ersten, die Strecke $l'' = \overline{A''B_0''}$ dem parallelgedrehten zweiten Differenzendreieck. Man findet B' als Schnittpunkt der Parallelen zu x_{12} durch B_0 mit dem Kreis $k_1(A'; l')$ und B'' als Schnitt der Parallelen zu x_{12} durch B^0 mit dem Kreis $k_2(A''; l'')$. Von den möglichen Schnittpunkten ist ein solches Paar auszuwählen, das auf einem Ordner liegt. Da durch Spiegelung von g an π_1 oder π_2 eine Gerade gleicher Neigung gegen die Bildebenen entsteht, erhält man vier Lösungen g_1, g_2, g_3, g_4.

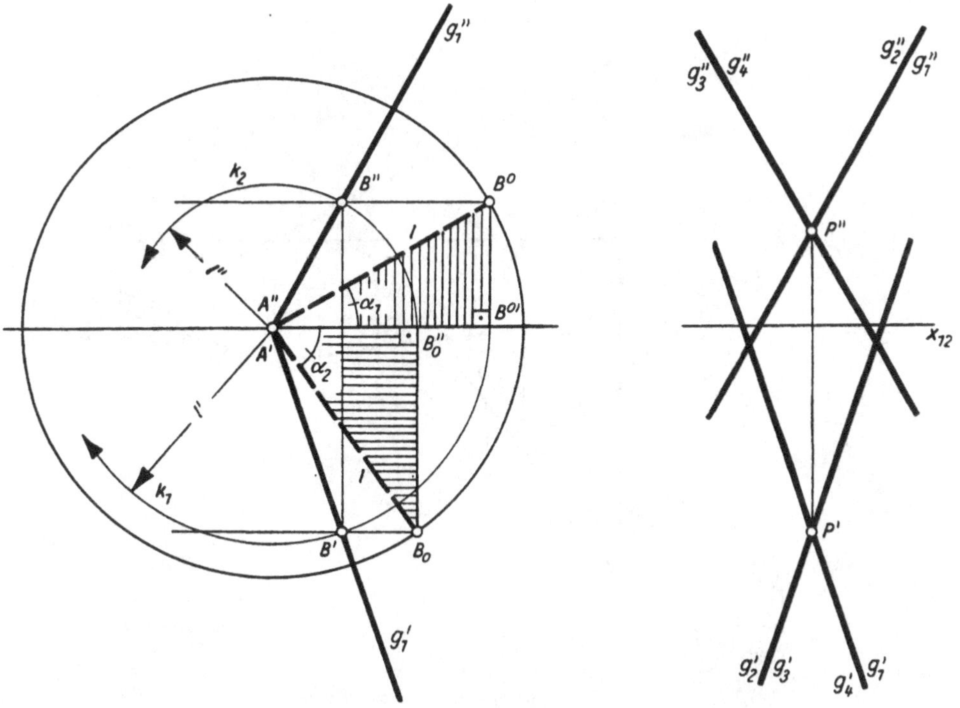

Figur 85

§ 36. Winkel zweier Geraden

Erklärung. Wenn nichts Gegenteiliges gesagt wird, dann soll hier unter dem Winkel zweier (sich schneidender) Geraden stets der nicht stumpfe Winkel, den die beiden Geraden eindeutig festlegen, verstanden werden.

Bei Normalprojektion wird ein Winkel α im allgemeinen verzerrt abgebildet. Er erscheint sicher in wahrer Größe, wenn seine Ebene ε parallel zur Bildebene liegt. Man wird daher einen allgemein liegenden Winkel α, dessen wahre Größe zu bestimmen ist, durch eine geeignete Drehung seiner Ebene ε in Parallellage zu einer Bildebene bringen. (Die Verwendung von Seitenrissen führt auf schwerfälligere Konstruktionen.)

Aufgabe 31. Gegeben sind zwei von einem Punkt P ausgehende Halbgeraden a und b. Gesucht ist die wahre Größe des von ihnen eingeschlossenen Winkels $\alpha = \sphericalangle\, a\, b$.

Lösung. (Figur 86.) Eine Parallellage von α etwa zu π_1 kann durch eine Drehung um eine erste Hauptlinie h_1 der Ebene ε von α durch einen gewissen Winkel erreicht werden. Bei einer solchen Drehung um h_1 beschreibt jeder Punkt von ε einen Kreisbogen, dessen Ebene normal zu h_1 und damit auch normal zu π_1 liegt.

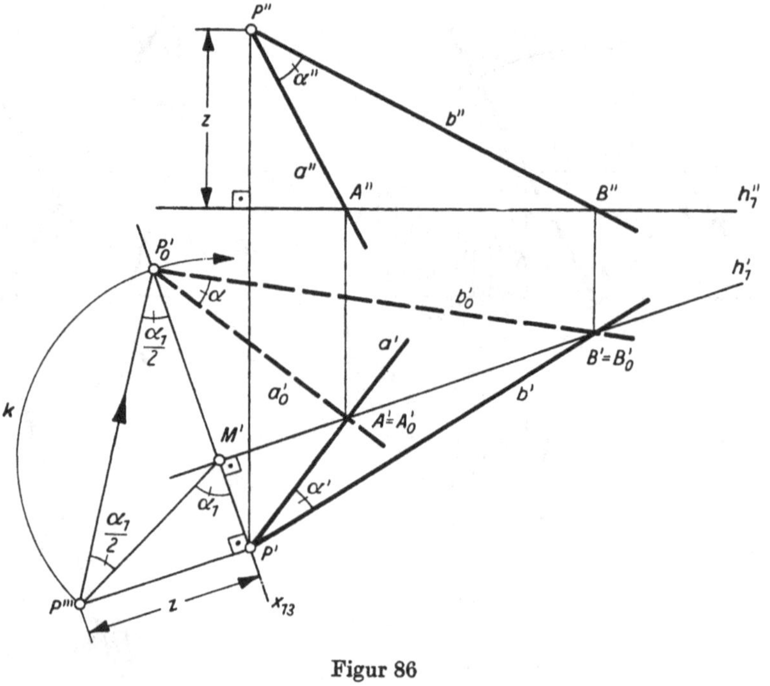

Figur 86

Die Mitte des Drehkreises liegt auf h_1. In einem an π_1 angehängten Seitenriß normal zu h_1 müssen daher diese Bahnkreise sich wieder als Kreise abbilden. Figur 86 zeigt die konstruktive Durchführung, die in der eingangs erklärten Kurzschrift dargelegt werden soll:

1. $h_1'' \perp P'P''$ (sonst beliebig);
2. $h_1''a'' = A''$,
   $h_1''b'' = B''$;
3. $(A'' \perp h_1'') \cdot a' = A'$,
   $(B'' \perp h_1'') \cdot b' = B'$;
4. $A'B' = h_1'$;

5. $P' \perp h_1' = x_{13}$;
6. $x_{13} h_1' = M'$;
7. auf $P' \perp x_{13}$ die Strecke $\overline{P''h_1''} = \overline{P'P'''} = z$ abtragen;
8. $k(M'; \overline{M'P'''})$;
9. $k\, x_{13} = P_0'$ (zwei Möglichkeiten!);
10. $P_0'A' = a_0'$,
$P_0'B' = b_0'$, $\sphericalangle a_0'b_0' = \sphericalangle ab = \alpha$.

Bemerkung. Das Dreieck $P_0'M'P'''$ und das dazu kongruente Dreieck P_0MP sind gleichschenklig. Der erste Neigungswinkel der sogenannten Drehsehne PP_0 ist $\frac{\alpha_1}{2} = \sphericalangle P'''P_0'M'$ und ist für alle Punkte P von ε gleich groß. Die Drehung der Ebene ε um h_1 parallel zu π_1 kann somit auch durch eine Parallelprojektion von ε in Richtung der Drehsehnen auf die waagerechte Ebene $\overline{\pi_1}$ durch h_1 hergestellt werden. (Figur 87.) Zwischen ε und ε_0 ($\varepsilon_0 = \overline{\pi_1}$) besteht daher eine *räumliche perspektive Affinität* mit h_1 als Affinitätsachse und der Richtung der Drehsehnen als Affinitätsrichtung. Im Grundriß entsteht somit zwischen ε' und ε_0' eine ebene perspektive Affinität mit h_1' als Affinitätsachse; die Affinitätsstrahlen stehen zur Affinitätsachse normal (orthogonale perspektive Affinität). Wieder ist zufolge der Gleichwertigkeit von Auf- und Grundriß die analoge Drehung von ε um eine zweite Spurparallele parallel zu π_2 mit den entsprechenden Worten zu beschreiben.

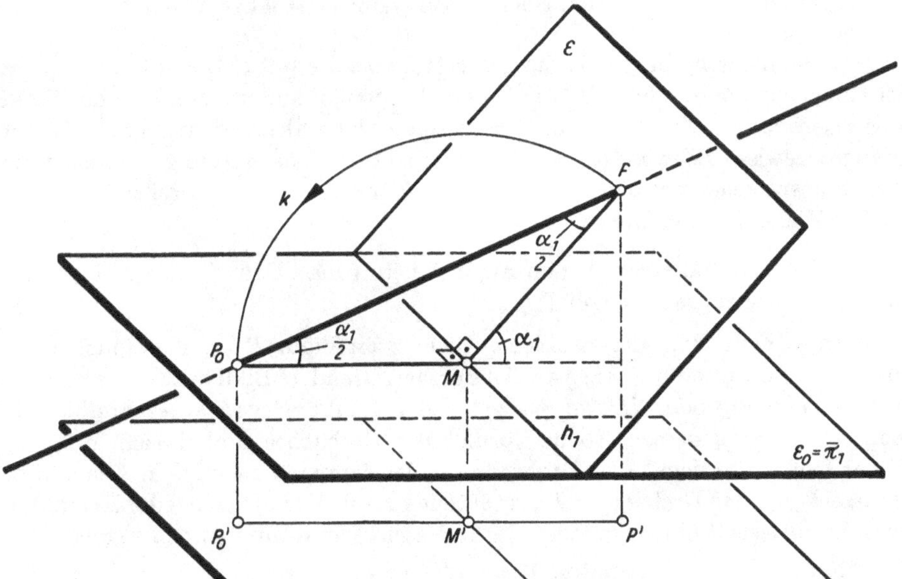

Figur 87

Sonderfall. $\alpha = 90°$. Bilden die beiden Geraden a und b einen rechten Winkel und ist einer der beiden Schenkel von α, etwa a, parallel zu π_1, so weist der andere Schenkel b in die Richtung der ersten Fallinien der von a und b aufgespannten Ebene ε. Der Grundriß b' von b steht daher (vgl. § 16) auf a' normal, es sei denn, daß b projizierend ist. Dies gibt den Satz:

Ein rechter Winkel erscheint bei Normalprojektion wieder als rechter Winkel, wenn mindestens ein Schenkel parallel zur Bildebene und kein Schenkel projizierend ist.

Zusatz. *Winkel zweier zueinander windschiefer Geraden.* Unter dem Winkel zweier windschiefer Geraden a und b versteht man jenen Winkel, der entsteht, wenn man die beiden Geraden durch einen beliebigen Punkt des Raumes parallel verschiebt.

Aufgabe 32 (für den Leser). Man konstruiere * und berechne * den Winkel der beiden (zueinander windschiefen) Geraden $a = PQ$ und $b = RS$ für $P(1, 2, 3)$, $Q(7, 8, 6)$, $R(0, -3, 10)$, $S(0, 1, 2)$. (Anleitung für die Rechnung: Es genügt, den Winkel zu berechnen, den die Vektoren $\overrightarrow{PQ}$ und $\overrightarrow{RS}$ miteinander bilden.)

Aufgabe 33 (für den Leser). Der Leser überlege, ob ein Winkel bei Normalprojektion auf eine Ebene π in wahrer Größe erscheinen kann, ohne daß die Ebene des Winkels zu π parallel ist.

§ 37. Wahre Gestalt einer ebenen Figur. Perspektive Affinität

Der Gedankengang bei der Lösung der Aufgabe, die wahre Gestalt einer ebenen Figur zu ermitteln, ist derselbe wie bei der Besprechung der Aufgabe, den Winkel zweier Geraden zu konstruieren. Da diese Aufgabe aber erfahrungsgemäß dem Anfänger gewisse Schwierigkeiten bereitet, soll der Lösungsgang nochmals ausführlich besprochen werden, wobei aber die Konstruktion des Drehradius in einfacherer Weise durchgeführt werden soll.

Aufgabe 34. Von einer ebenen Figur F kennt man Grund- und Aufriß. Man ermittle die wahre Gestalt von F.

Lösung. (Figur 88.) Man dreht die Ebene ε der Figur F um eine Spurparallele (im Sonderfall um eine Spur) parallel zur betreffenden Bildebene (bzw. in diese hinein: *Umlegung* oder *Umklappung*). Jeder Punkt P von ε beschreibt dabei einen Kreisbogen, dessen Ebene normal zur Drehachse und dessen Mitte M_P auf der Drehachse liegt. Der Drehradius r_P ist demnach gleich dem Abstand des Punktes P von der Drehachse. Figur 88 zeigt dieses Verfahren bei der Ermittlung der wahren Gestalt eines Dreiecks ABC, dessen Grund- und Aufriß gegeben sind. Die wahre Größe des Drehradius $r_C = \overline{CM_C}$ wurde nicht — wie oben — aus dem Seitenriß, sondern unter Verwendung des zu C und M_C gehörenden ersten Differenzendreiecks gewonnen (das in der Figur durch Schraffen hervorgehoben ist). Man beachte, daß die Größe r_C mit Hilfe eines „*doppelten Zirkelschlages*" gefunden werden kann! Der Aufriß M_C'' des Drehmittelpunktes braucht nicht gezeichnet werden.

Da zwischen dem Grundriß F' und dem der Umlegung F_0' eine (orthogonale) perspektive Affinität besteht, müssen entsprechende Geraden von F' und F_0' einander im Grundriß der Umlegungsachse (das ist in Figur 88 die Gerade h_1') schneiden. Dies gibt nicht nur eine brauchbare Konstruktionskontrolle, sondern ermöglicht auch ein rascheres Aufsuchen weiterer Punkte der Umlegung F_0, wenn bereits ein Punkt von F_0 konstruiert worden ist. Je weiter dieser zuerst konstru-

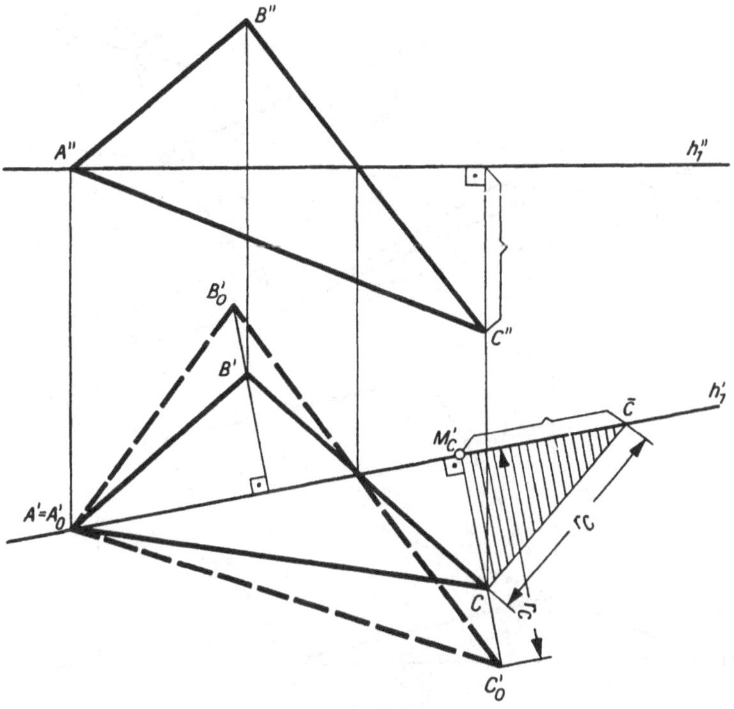

Figur 88

ierte Punkt der Figur F_0 von h_1 entfernt ist, um so genauer ist die Konstruktion weiterer Punkte von F_0 mit Hilfe der perspektiven Affinität.

Aufgabe 35 (für den Leser). Der Leser ermittle die wahre Gestalt eines Dreiecks in einer allgemein liegenden Ebene ε dadurch, daß er die Ebene durch entsprechende Wahl eines Seitenrisses zunächst projizierend macht und sodann eine weitere Rißachse parallel zu ε''' annimmt (in einem so konstruierten vierten Riß erscheint das Dreieck in wahrer Gestalt). Man vergleiche den benötigten Konstruktionsaufwand mit der oben geschilderten *Paralleldrehung einer ebenen Figur*.

Anwendung. Die wichtige Grundkonstruktion des Paralleldrehens (oder Umklappens) zu einer Bildebene wird nicht nur bei der Ermittlung der wahren Gestalt einer ebenen Figur verwendet, sondern dient auch dazu, die Risse einer geometrischen Figur F einer gegebenen Ebene ε zu bestimmen, wenn die wahre Gestalt von F und die Lage von F in ε bekannt sind.

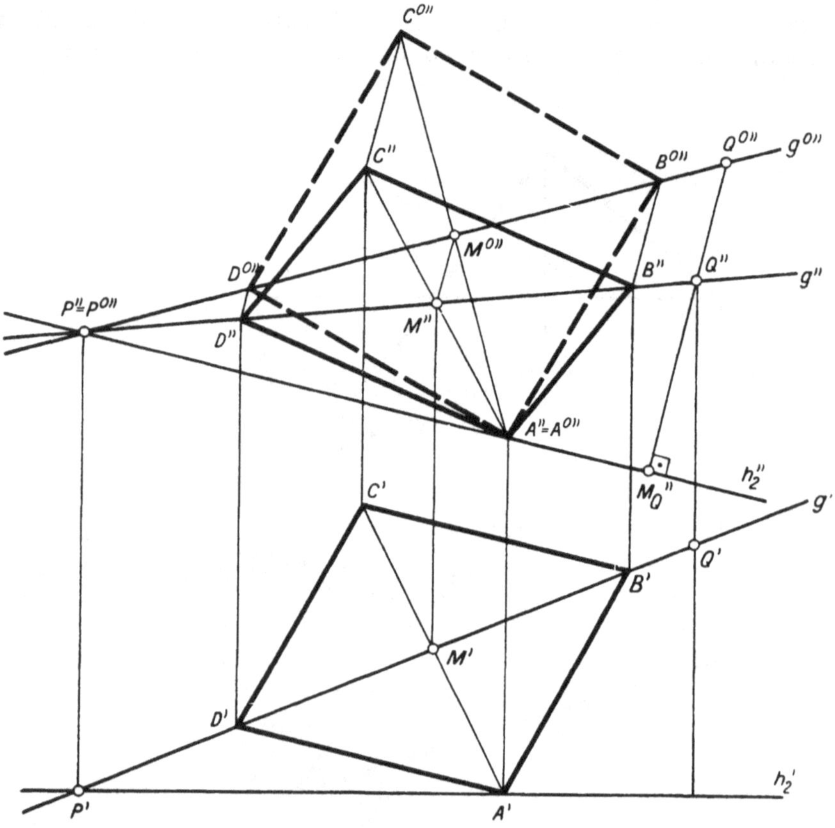

Figur 89

Aufgabe 36. Gegeben seien eine Gerade g und ein nicht inzidenter Punkt A. Man zeichne die Normalrisse jenes Quadrates mit der Ecke A, dessen eine Diagonale auf der Geraden g liegt.

Gedankengang der Lösung. Man dreht die Ebene ε, die von g und A aufgespannt wird, etwa um eine zweite Spurparallele zu π_2 parallel, zeichnet in der gedrehten Lage ε_0 (wahre Gestalt!) das gewünschte Quadrat und dreht ε_0 mit dem Quadrat in die Ebene ε zurück.

Konstruktive Durchführung. (Figur 89.) Man zeichnet die zweite Hauptlinie h_2 von ε durch A $(A' \perp A'A'' = h_2'$; $h_2'g' = P'$; $(P' \parallel A'A'') \cdot g'' = P''$;

$P''A'' = h_2'')$. Nun wird g um h_2 so gedreht, daß die Ebene $\varepsilon = h_2 g$ parallel zu π_2 wird ($Q \neq P$ auf g beliebig; $Q'' \perp h_2''$: auf diesem Lot wird $Q^{0''}$ mittels doppeltem Zirkelschlag in der geschilderten Weise gefunden). Da bei der Drehung um h_2 alle Punkte von h_2 festbleiben, also auch $P'' = P^{0''}$ ist, gibt die Verbindungsgerade $P^{0''}Q^{0''} = P''Q^{0''}$ bereits $g^{0''}$.

Die Rückführung des Quadrats $A^{0''}B^{0''}C^{0''}D^{0''}$ ($A^{0''} = A''$) ist leicht durchführbar. Die Aufrisse der Drehkreise liegen auf Geraden normal zu h_2''. B'' und D'' fallen auf g''. Nun könnte man C'' durch Ergänzen des Dreiecks $B''A''D''$ zu einem Parallelogramm erhalten oder mit Hilfe der Quadratmitte M konstruieren, wie Figur 89 zeigt. (Der Leser deute die geschilderte Konstruktion von A'', B'', C'', D'' als Ausführung der ebenen perspektiven Affinität, die zwischen dem Quadrat und seiner Umlegung im Aufriß besteht.)

Die Grundrisse B', D' findet man mittels Ordner auf g'. C' kann wieder als vierter Eckpunkt eines Parallelogramms oder mit Hilfe von M' gefunden werden. Eine weitere Möglichkeit zum Aufsuchen von C' besteht in der Umkehrung der Paralleldrehungskonstruktion (*Umkehr des Zweizirkelschlages*).

Damit ist auch eine Lösung der folgenden Aufgabe gezeigt, auf die in einem anderen Zusammenhang unten noch einmal eingegangen wird:

Aufgabe 37. Aus einem Punkt A ist auf eine Gerade g das Lot zu fällen bzw. ist der Abstand des Punktes A von der Geraden g zu ermitteln.

Aufgabe 38 (für den Leser). Der Punkt C (1, −6, 3) sei eine Ecke eines gleichseitigen Dreiecks, dessen Seite AB auf der Geraden $g = PQ$ liegt. Man zeichne Auf- und Grundriß des gleichseitigen Dreiecks, wenn die Punkte P (7, −4, 8) und Q (3, 3, 1) bekannt sind.

Aufgabe 39 (für den Leser). Man zeichne die Normalrisse eines regelmäßigen Fünfecks mit der Mitte M (3, 0, 3), dessen eine Seite auf der Geraden $g = PQ$ mit P (9; 3,5; 0), Q (0; −4; 1,5) liegt.

§ 38. Normale zu einer Ebene. Abstand eines Punktes von einer Ebene

Aufgabe 40. Man zeichne die Risse einer Geraden n, die zu einer gegebenen Ebene ε (die nicht zu π_1, π_2 oder π_3 parallel ist) normal steht.

Lösung. Man sagt, eine Ebene ε und alle zu ε parallelen Ebenen legen eine *Stellung* fest. Durch die Stellung einer Ebene ε ist auch die Richtung der zu ε normalen Geraden gegeben. Die Normalen von ε werden auch die *Lote* von ε genannt.

Eine Gerade n ist Lot von ε, wenn sie auf wenigstens zwei einander im Endlichen sich schneidenden Geraden a und b von ε normal steht (a und b können dabei auch zu n windschief sein). Die Gerade n steht dann zu allen Geraden von ε normal, insbesondere auch zu den Spurparallelen der Ebene ε. (Figur 90.) Daraus folgt nach § 16, daß der Grundriß n' eines Lotes n von ε zum Grundriß jeder ersten Hauptlinie von ε und damit auch zur ersten Spur normal steht. Analoges gilt für den Aufriß n'' von n. Man kann also sagen:

Die Normalrisse eines Lotes der Ebene ε stehen senkrecht zu den entsprechenden Rissen der Spurparallelen von ε.

Soll eine Normale n einer Ebene ε gezeichnet werden, die nicht durch ihre Spuren gegeben ist, so sind nach Gesagtem zunächst Hauptlinien oder die Spuren von ε zu konstruieren.

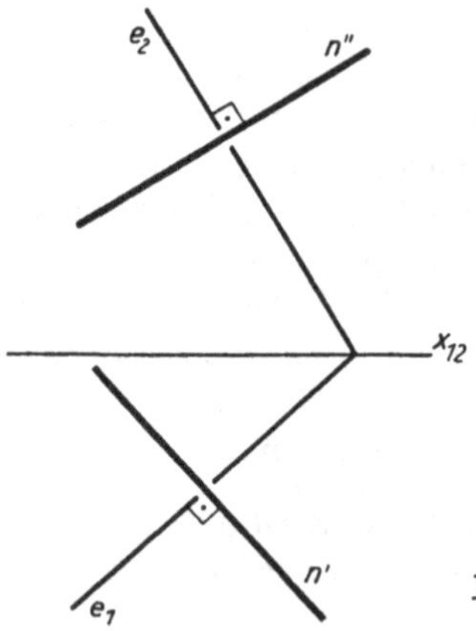

Figur 90

Der Leser überlege sich die Vereinfachungen in der Konstruktion des Lotes bei den in der Aufgabe 40 ausgeschlossenen Ebenen.

Erklärung. Nun sind wir in der Lage, den Abstand eines Punktes P von einer Ebene ε aufzusuchen, der wie folgt erklärt ist. Die Normale n zu ε durch P schneidet ε in einem Punkt D. Die Entfernung $\overline{PD} = l$ nennt man den *Lotabstand* oder kurz den *Abstand des Punktes P von der Ebene ε.*

Aufgabe 41. Man ermittle den Abstand eines Punktes P von einer Ebene ε.

Lösung. Man hat folgende Grundaufgaben der Reihe nach durchzuführen:

1. $P \perp \varepsilon = n$ (Lot aus P auf ε: Aufgabe 40);
2. $n\,\varepsilon = D$ (Lotfußpunkt: Lagenaufgabe 2b, Aufgabe 17);
3. $\overline{PD} = l$ (wahre Länge des gesuchten Abstandes: Aufgabe 24).

Konstruktive Durchführung. (Figur 91.)

1. $P' \perp e_1 = n'$,
   $P'' \perp e_2 = n''$;
2. $n'' = d''$ (d = zweite Deckgerade: Durch diesen Ansatz wird die zweitprojizierende Ebene durch n als Hilfsebene zur Konstruktion des Schnittpunktes

$n\,\varepsilon = D$ gewählt. Der Leser führe die Konstruktion von D auch mit dem Ansatz $d' = n'$ durch!),
$d''\,x_{12} = 1''$,
$d''e_2 = 2''$; durch Ordner findet man $1'$ auf e_1, $2'$ auf x_{12};
$1'2' = d'$,
$d'n' = D'$; D'' wird mittels Ordner auf n'' gefunden;

3. Die wahre Größe des Lotabstandes l wurde in Figur 91 durch Paralleldrehen zur Aufrißebene gefunden.

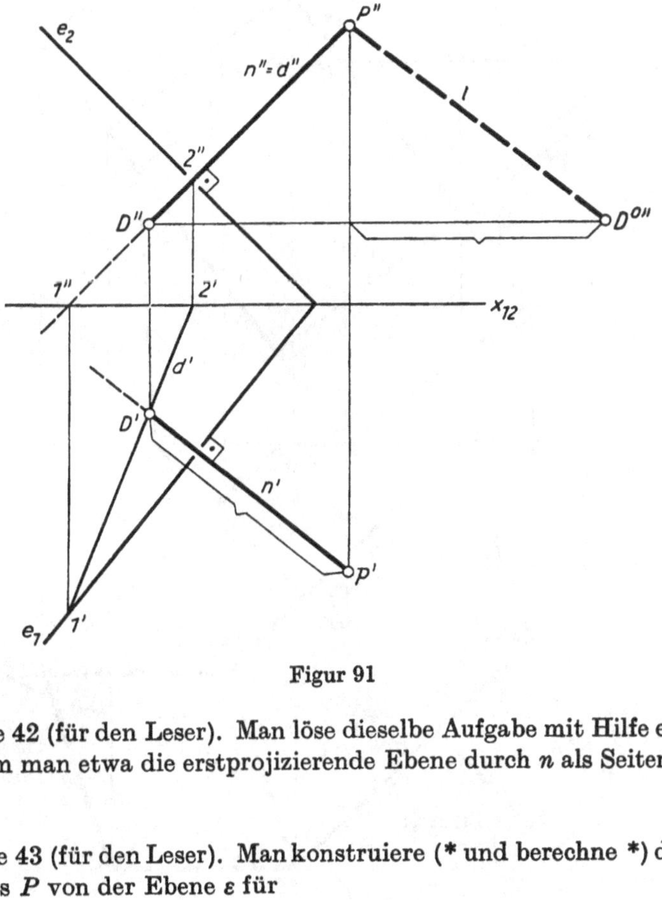

Figur 91

Aufgabe 42 (für den Leser). Man löse dieselbe Aufgabe mit Hilfe eines Seitenrisses, indem man etwa die erstprojizierende Ebene durch n als Seitenrißebene π_3 einführt.

Aufgabe 43 (für den Leser). Man konstruiere (* und berechne *) den Abstand des Punktes P von der Ebene ε für

a) $P(3, 2, 1)$, $\varepsilon\,[A\,(1, -3, 1), B\,(2{,}5; 0; 4), C\,(2, 0, 2)]$;

b) $P(3, -1, 4)$, $\varepsilon\,(2, -3, 3)$;

c) $P(3, -2, 4)$, $\varepsilon\,\{a\,[I\,(4, 0, 1), II\,(4, -4, 1)], b\,[III\,(1, 0, 3), b \parallel a]\}$.

(* Anleitung zur Durchführung der Rechnung bei Beispiel a): Man ermittle etwa einen Einheitsnormalenvektor der Ebene ε und multipliziere diesen skalar z. B.

mit dem Vektor $\overline{AP}$. Der Betrag dieses inneren Produktes ist der gesuchte Abstand:

$$l = \left| \frac{[\overrightarrow{AB}, \overrightarrow{AC}] \cdot \overrightarrow{AP}}{|[\overrightarrow{AB}, \overrightarrow{AC}]|} \right| .$$

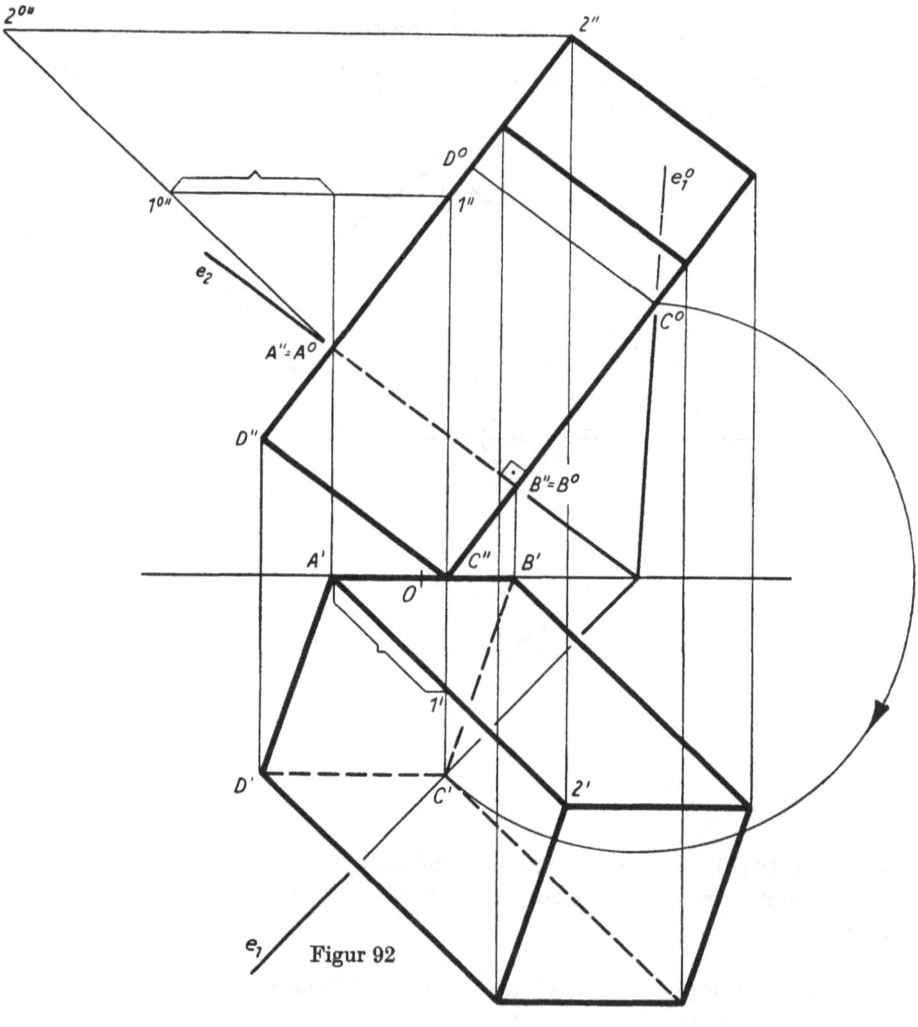

Figur 92

Aufgabe 44. Die Punkte A (0, −2, 5) und B (0, 2, 2) sind benachbarte Ecken eines Quadrates $ABCD$, dessen Ecke C in π_1 liegt. $ABCD$ sei die Basis eines geraden quadratischen Prismas, dessen Höhe gleich der doppelten Quadratseite ist. Das Prisma ist in Grund- und Aufriß darzustellen.

Lösung. (Figur 92.) Da die Punkte A und B nach Angabe in π_2 liegen, gibt die Verbindungsgerade $A''B'' = AB$ bereits die zweite Spur e_2 der Ebene ε des

Basisquadrats an. Man zeichne daher die Umklappung $A^0B^0C^0D^0$ dieses Quadrats nach π_2. Der Aufriß C'' von C liegt in der Bildachse x_{12} und in der Normalen durch C^0 zu e_2. Nun ist man in der Lage, den Aufriß des Quadrates zu vervollständigen und durch die Umkehr der Umklappungskonstruktion auch den Grundriß $A'B'C'D'$ zu konstruieren. Die hierzu nötigen Konstruktionslinien zeigt Figur 92. Nun errichtet man etwa in A das Lot n auf die Basisebene ε und trägt auf n von A aus die gewünschte Länge der Seitenkante auf (zwei Lösungen!). Die übrigen Kanten des Prismas entstehen aus den konstruierten durch Parallelverschiebung. Man achte auf die Sichtbarkeit!

§ 39. Normalebene zu einer Geraden. Abstand eines Punktes von einer Geraden

Aufgabe 45. Durch einen Punkt P ist die Normalebene ν zu einer Geraden g zu legen.

Lösung. (Figur 93a.) Alle Geraden einer Normalebene ν von g, insbesondere ihre Spurparallelen, stehen zu g normal. Sind daher die Normalrisse von g gegeben, so kann man die Normalebene ν von g durch den Punkt P einfach dadurch festlegen, daß man die durch P gehenden Spurparallelen h_1 und h_2 von ν angibt: $P' \perp g' = h_1'$, $P'' \parallel x_{12} = h_1''$, $P'' \perp g'' = h_2''$, $P' \parallel x_{12} = h_2'$.

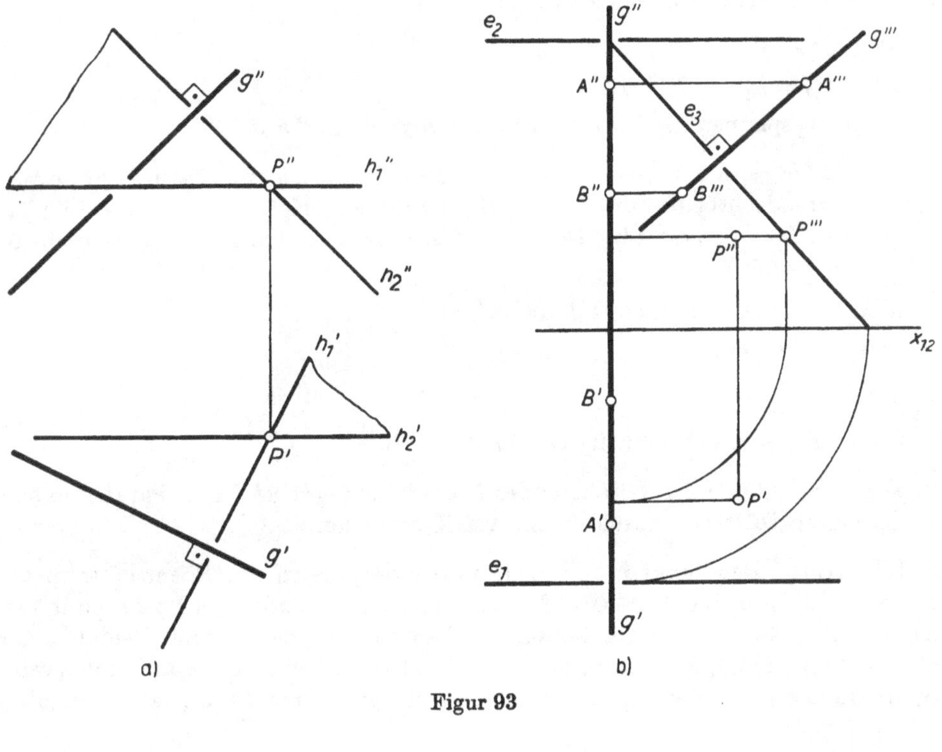

Figur 93

Ist P auf x_{12} gelegen, so ist P der Knotenpunkt und $h_1 = e_1$ die erste Spur, $h_2 = e_2$ die zweite Spur von ν. (Figur 90; statt n ist g zu setzen.)

Ist g eine dritte Hauptlinie, so wird man einen Kreuzriß zu Hilfe nehmen, wie Figur 93b zeigt.

Erklärung. Unter dem *Lotabstand* oder kurz *Abstand eines Punktes P von einer Geraden g* wird die Entfernung des Punktes P von jenem Punkt D der Geraden g verstanden, für den die Verbindungsgerade PD auf g normal steht. D heißt der *Lotfußpunkt* von P auf g.

Aufgabe 46. Man ermittle den Abstand eines Punktes P von einer Geraden g.

1. Lösung. Es gibt durch P genau eine zu g normale Ebene ν. Die Ebene ν trifft g im Lotfußpunkt D von P auf g. Um den gesuchten Abstand zu erhalten, hat man daher folgende Grundaufgaben der Reihe nach auszuführen:

1. $P \perp g = \nu$ (= Normalebene aus P auf g: Aufgabe 45);
2. $\nu g = D$ (= Lotfußpunkt: Aufgabe 17);
3. $PD = n$, $\overline{PD} = l$ (= gesuchter Abstand: Aufgabe 24).

Konstruktive Durchführung. (Figur 94.) Bei der Konstruktion des Abstandes $\overline{Pg}$ benötigt man im allgemeinen keine Bildachse. Man wird daher auch auf die Spuren der Normalebene ν verzichten und ν durch ihre Spurparallelen durch P festlegen. Man zeichnet also

1. $P' \perp g' = h_1'$, $P'' \perp g'' = h_2''$,
   $P'' \parallel x_{12} = h_1''$, $P' \parallel x_{12} = h_2'$;
   h_1 und h_2 spannen die Normalebene ν von g durch P auf.

2. $g'' = d''$ (d = zweite Deckgerade. Durch den Ansatz $g'' = d''$ wurde die zweitprojizierende Ebene durch g als Hilfsebene zur Konstruktion des Schnittpunktes $D = \varepsilon\, g$ gewählt. Der Leser führe die Konstruktion von D auch für $n' = d'$ durch.),

   $d'' h_1'' = 1''$, Ordner liefert $1'$ auf h_1',

   $d'' h_2'' = 2''$, Ordner liefert $2'$ auf h_2',

   $1'2' = d'$,

   $g'd' = D'$, durch Ordner findet man D'' auf g''.

3. Die wahre Größe des Lotabstandes l wurde in Figur 94 durch Paralleldrehen des ersten Differenzendreiecks im Aufriß gefunden.

2. Lösung. Der Punkt P und die Gerade g bestimmen eine Ebene ε. In dieser Ebene trifft die durch P gelegte Normale n zu g die Gerade g im Lotfußpunkt D. Es läßt sich daher die Aufgabe auf die Bestimmung der wahren Gestalt einer ebenen Figur (§ 37) zurückführen: Man dreht die Ebene ε etwa um eine zweite Spurparallele parallel zu π_2, konstruiert in der gedrehten Lage (wahre Gestalt!)

das Lot n und den Lotfußpunkt D (womit man den gesuchten Abstand schon erhalten hat) und dreht wieder zurück. (Vergleiche die Aufgaben 36 und 37.)

Aufgabe 47 (für den Leser). (3. Lösung von Aufgabe 46.) Man löse die gleiche Aufgabe mit Hilfe zweier Seitenrisse, durch die man die Gerade g projizierend macht.

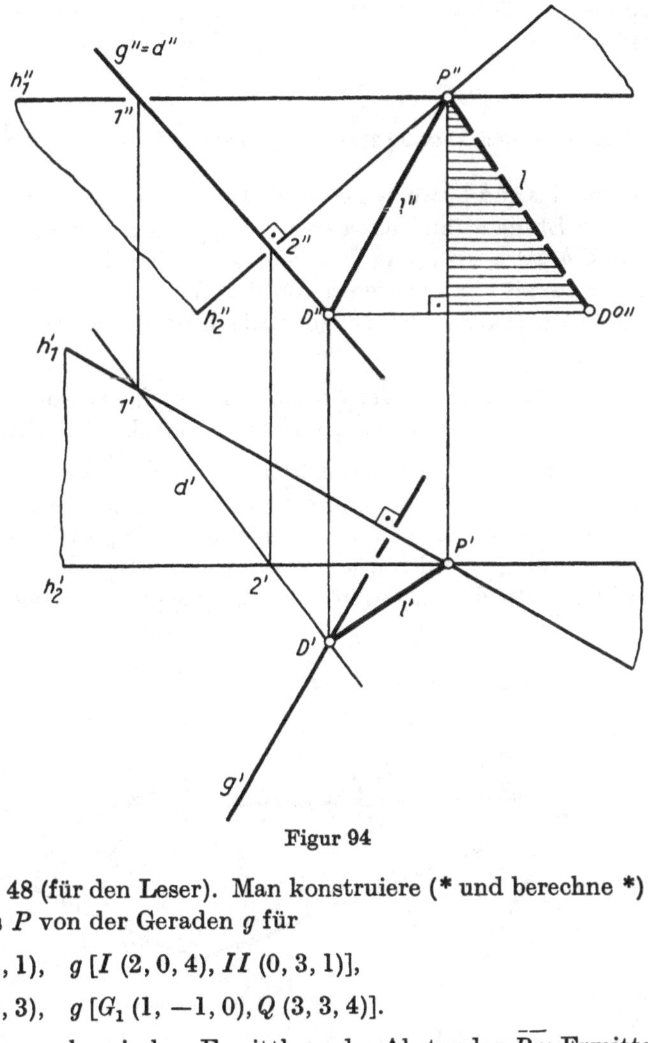

Figur 94

Aufgabe 48 (für den Leser). Man konstruiere (* und berechne *) den Abstand des Punktes P von der Geraden g für

a) $P(1, -1, 1)$, $g[I(2, 0, 4), II(0, 3, 1)]$,

b) $P(2, -2, 3)$, $g[G_1(1, -1, 0), Q(3, 3, 4)]$.

(Anleitung zur rechnerischen Ermittlung des Abstandes $\overline{Pg}$: Ermittelt man einen Einheitsnormalenvektor jener Ebene, die durch g geht und zur Ebene Pg normal steht, so kann man das Resultat von Aufgabe 43 verwenden und erhält:

$$l = \left| \frac{[[\overrightarrow{I\text{-}II}, \overrightarrow{IP}], \overrightarrow{I\text{-}II}] \cdot \overrightarrow{IP}}{|[[\overrightarrow{I\text{-}II}, \overrightarrow{IP}], \overrightarrow{I\text{-}II}]|} \right| .$$

Aufgabe 49 (für den Leser). Die Punkte A (6, —4, 8) und B (2, 4, 6) sind benachbarte Ecken eines Quadrats, dessen Ecke C in π_1 liegt. Das Quadrat ist die Basis einer geraden Pyramide mit der Körperhöhe $h = 6$ cm. Die Pyramide ist in Grund- und Aufriß darzustellen. (Zwei Lösungen!)

Aufgabe 50 (für den Leser). Gegeben sei eine Gerade l und eine l schneidende Ebene ε. Man deute l als einen Lichtstrahl, ε als Spiegelebene und konstruiere den an ε reflektierten Lichtstrahl. (Einfallswinkel = Reflexionswinkel.)

§ 40. Gemeinlot und Abstand zweier zueinander windschiefer Geraden

Erklärung. Sind a und b zwei windschiefe Geraden, so gibt es durch a genau eine zu b parallele Ebene α (und umgekehrt). Jene zu α normale Gerade n, die die Geraden a und b trifft, heißt das *Gemeinlot* der beiden Geraden. Der Abstand eines beliebigen Punktes der Geraden b von der Ebene α wird als Abstand der windschiefen Geraden erklärt (das ist auch die Entfernung der Schnittpunkte von n mit a und b).

Aufgabe 51. Man konstruiere die Normalrisse des Gemeinlotes zweier windschiefer Geraden a und b und ermittle die wahre Größe ihres Abstandes.

Lösung. (Figur 95a.) Die zu b parallele Ebene α durch a erhält man, indem man einen beliebigen Punkt A auf a annimmt und durch ihn die Parallele b_1 zu b legt. Der Abstand eines Punktes B der Geraden b von α gibt bereits die Größe des Abstandes der beiden Geraden a und b an. Um das Gemeinlot zu finden, ist die durch B auf α gelegte Normale n_1 in der Richtung von b so lange zu verschie-

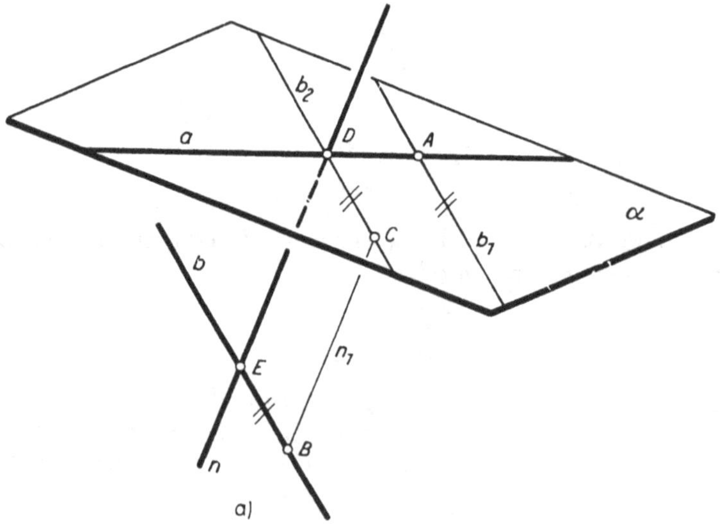

Figur 95a

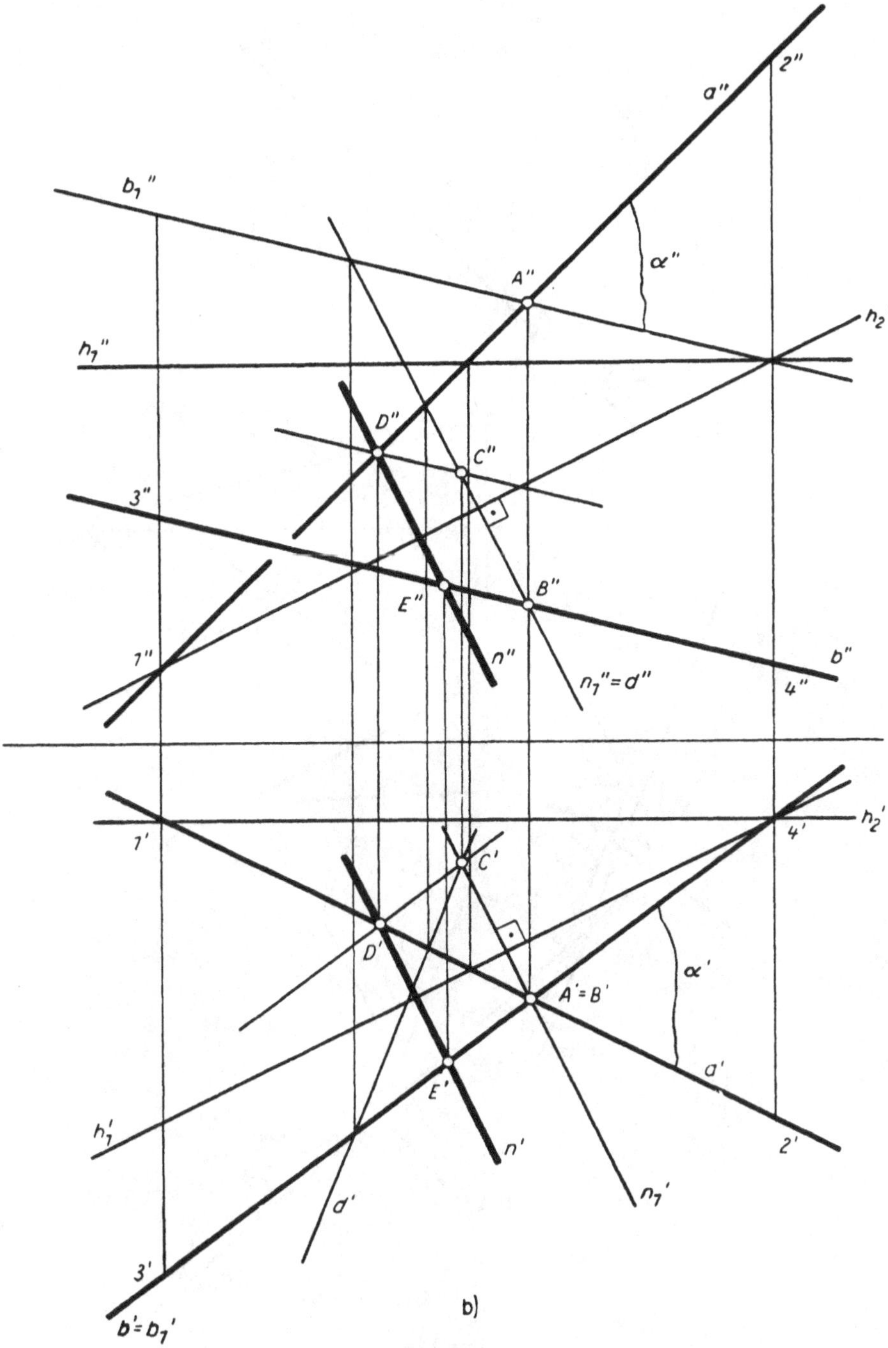

b)

Figur 95 b

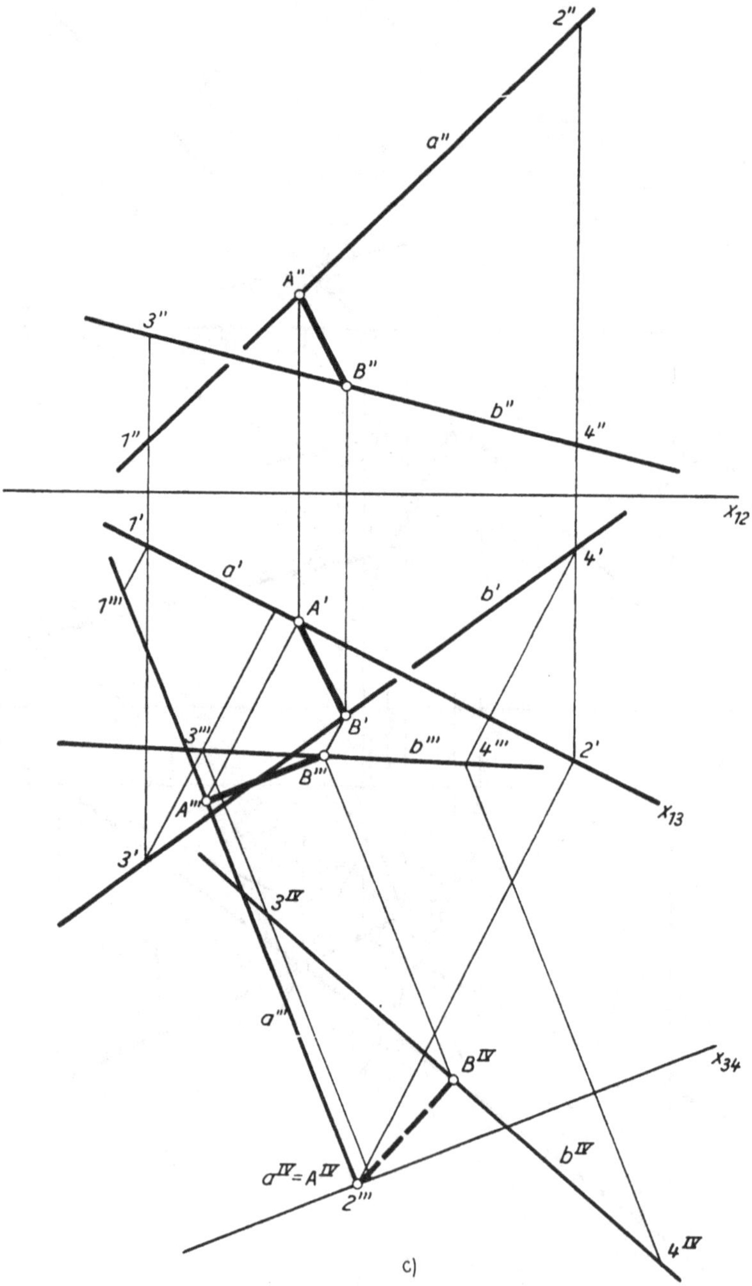
2''
a''
A''
3''
B''
b''
1''
4''
x12
1'
a'
4'
1'''
A'
b'
3'''
B'
b'''
4'''
2'
B'''
A'''
x13
3'
3IV
a'''
BIV
x34
bIV
aIV= AIV
2'''
4IV

c)

Figur 95 c

ben, bis sie a schneidet. Es sind daher folgende Konstruktionsschritte auszuführen (Figur 95b):

1. A auf a beliebig annehmen;
2. $A \parallel b = b_1$,
   $ab_1 = \alpha$;
3. B auf b beliebig annehmen;
4. $B \perp \alpha = n_1$ (Aufgabe 40);
5. $n_1 \alpha = C$ (Aufgabe 17);
6. $C \parallel b = b_2$;
7. $b_2 a = D$;
8. $D \parallel n_1 = n$ (= Gemeinlot von a und b);
9. $n\, b = E$;
10. $\overline{DE} = \overline{ab}$ (Aufgabe 17).

Figur 95b zeigt die zur konstruktiven Durchführung nötigen Linien für a [*1* (1, 0, 1), *2* (5, 8, 9)], b [*3* (7, 0, 3), *4* (1, 8, 1)]. * Bei der rechnerischen Ermittlung des Abstandes ermittelt man etwa zunächst die Vektoren

$$\mathfrak{a} = \overrightarrow{12} = 4\,\mathfrak{i} + 8\,\mathfrak{j} + 8\,\mathfrak{k}\,,$$

$$\mathfrak{b} = \overrightarrow{34} = 6\,\mathfrak{i} - 8\,\mathfrak{j} + 2\,\mathfrak{k}$$

sowie — von einem Faktor abgesehen — deren äußeres Produkt

$$\mathfrak{c} = \varrho[\mathfrak{a}, \mathfrak{b}] = 2\mathfrak{i} + \mathfrak{j} - 2\mathfrak{k}.$$

Der Vektor $\mathfrak{c}$ gibt die Richtung des Gemeinlotes an. Sodann ermittelt man den Vektor

$$\mathfrak{d} = \overrightarrow{23} = -2\,\mathfrak{i} + 8\,\mathfrak{j} + 6\,\mathfrak{k}$$

und findet den Abstand l mit

$$l = \left|\frac{\mathfrak{d}\,\mathfrak{c}}{|\mathfrak{c}|}\right| = \frac{8}{3}.$$

Der Leser berechne auch die Fußpunkte des Gemeinlotes. *

Aufgabe 52 (für den Leser). (Figur 95c.) Man löse die Aufgabe 51 mit Hilfe zweier Seitenrisse, durch die man eine der beiden windschiefen Geraden projizierend macht. — Zur Vorbereitung dieser Aufgabe ist es vorteilhaft, wenn sich der Leser die Vereinfachungen überlegt, die sich in folgenden Sonderfällen von a und b ergeben:

a) eine der Geraden ist projizierend,
b) eine der Geraden ist Hauptlinie,
c) beide Geraden sind gleichartige Hauptlinien,
d) die Geraden sind ungleichartige Hauptlinien (Figuren 95d, 95e).

Andere Zahlenangaben zur gleichen Aufgabe:
a [*1* (10, 3, 7), *2* (2, −3, 9)], b [*3* (1, 5, 4), *4* (7, −4, −2)]. (Lösung: $l = 7$, D (6, 0, 8), E (3, 2, 2).)

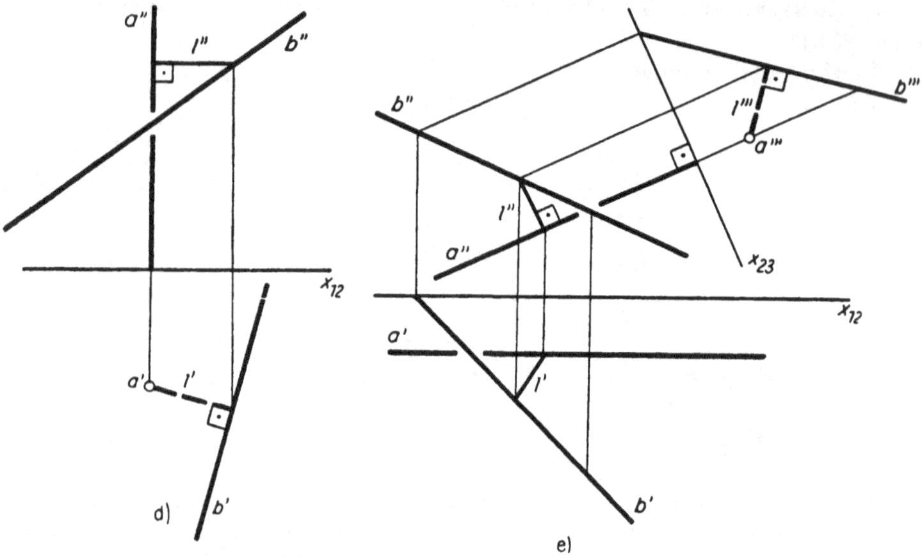

Figur 95 d—e

Aufgabe 53 (für den Leser). Um die erstprojizierende Gerade a durch A (6, 0, 0) ist eine Gerade b [B (8, -1, 0), $b' \perp A'B'$, b'' durch B'' unter 45° gegen x_{12} geneigt] so lange zu drehen, bis der Grundriß $b^{*\prime}$ der gedrehten Geraden b^* zum Grundriß b' der gegebenen Geraden b bzgl. des Ordners durch A symmetrisch liegt. Man konstruiere (* und berechne *) das Gemeinlot von bb^*, den Abstand $\overline{bb^*}$ und den Winkel dieser beiden Geraden.

§ 41. Winkel zweier Ebenen

Erklärung. Unter dem *Winkel zweier Ebenen* α und β versteht man jenen Winkel φ, den die Schnittgeraden a und b einer gemeinsamen Normalebene ν von α und β mit diesen Ebenen bilden. (Da der Winkel zweier Geraden als jener nicht stumpfe Winkel erklärt worden ist, den die beiden Geraden bestimmen, ist auch der Winkel zweier Ebenen ein nicht stumpfer Winkel.)

Aufgabe 54. Man konstruiere die wahre Größe des Winkels zweier Ebenen (die nicht parallel zueinander liegen).

1. Lösung. (Figur 96a.) Eine gemeinsame Normalebene ν von α und β steht auf der Schnittgeraden $s = \alpha\beta$ normal. Daher stehen auch die beiden Schenkel $a = \nu\alpha$ und $b = \nu\beta$ zu s normal. Dies führt zu folgendem Konstruktionsvorgang:

1. $s = \alpha\beta$ (Aufgaben 16 und 18; Lagenaufgabe 1b);
2. S auf s beliebig annehmen;
3. $S \perp s = \nu$ (= gemeinsame Normalebene von α und β; Aufgabe 45);

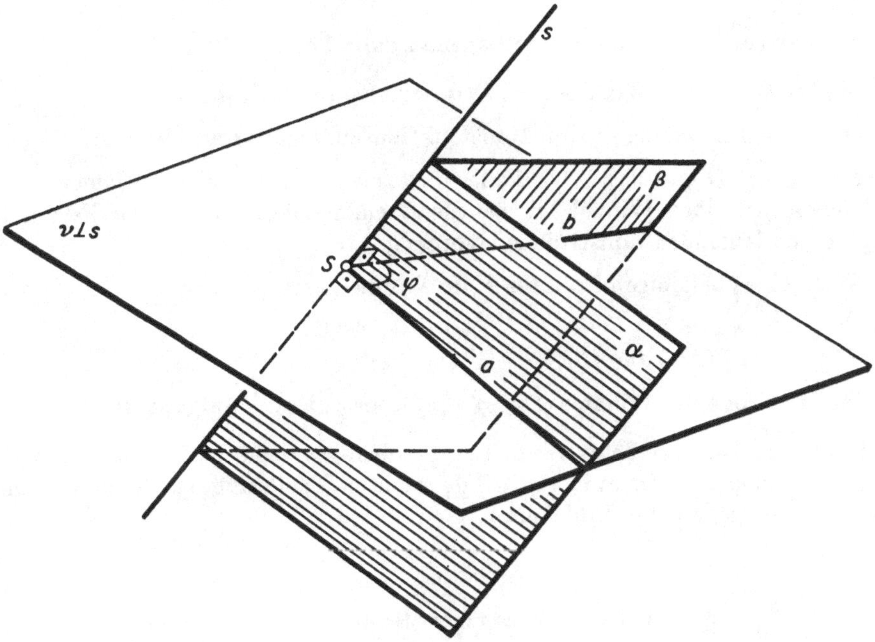

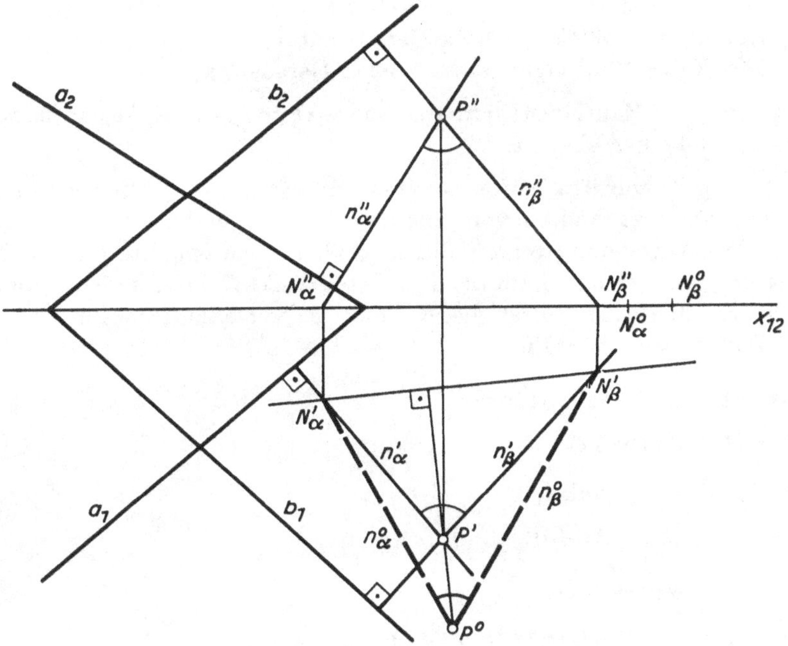

Figur 96

4. $\nu\alpha = a$,
$\nu\beta = b$ (Aufgaben 16 und 18; Lagenaufgabe 1b);

5. Wahre Größe des Winkels $\varphi = \sphericalangle\, a\, b$ ermitteln (Aufgabe 31).

Den verhältnismäßig großen Konstruktionsaufwand vermeidet die

2. Lösung. (Figur 96b.) Irgend zwei Normalen n_α und n_β der Ebenen α und β schließen denselben Winkel ein wie die Ebenen selbst. Aus dieser Feststellung ergibt sich folgender Konstruktionsvorgang:

1. Wahl eines beliebigen Punktes P im Raum;

2. $P \perp \alpha = n_\alpha$,
$P \perp \beta = n_\beta$ (Aufgabe 40);

3. Wahre Größe des Winkels $\varphi = \sphericalangle\, n_\alpha n_\beta$ konstruieren (Aufgabe 31).

Bemerkung. Der Leser vergleiche die oben gegebene Definition des Winkels zweier Ebenen mit der auf Seite 42 gebrachten Erklärung des Neigungswinkels einer Ebene (gegen eine Bildebene).

§ 42. Winkel zwischen einer Geraden und einer Ebene

Erklärung. Der Winkel, den eine Gerade g mit einer Ebene einschließt, ist jener nicht stumpfe Winkel, den die Gerade mit ihrem Normalriß auf diese Ebene einschließt (vgl. § 10 „Neigungswinkel einer Geraden").

Aufgabe 55. Man konstruiere die wahre Größe des Winkels zwischen einer Geraden g und einer Ebene ε.

1. Lösung. (Figur 97a.) Man bestimmt die Normalprojektion g_ε von g auf ε, indem man aus zwei Punkten von g die Lote auf ε legt und diese mit ε zum Schnitt bringt. Die Verbindungsgerade dieser beiden Lotfußpunkte ist die Normalprojektion g_ε von g auf ε. Fällt der Durchstoßpunkt D der Geraden g mit ε innerhalb des Zeichenfeldes, so ist dieser Punkt D vorteilhafterweise als einer der beiden Punkte auf g zu wählen.

Konstruktive Durchführung.

1. $g\,\varepsilon = D$ (Aufgabe 17);

2. P auf g beliebig wählen,
$P \perp \varepsilon = n$ (Aufgabe 40);

3. $n\,\varepsilon = N$ (Aufgabe 17);

4. $DN = g_\varepsilon$ (= Normalprojektion von g auf ε);

5. Wahre Größe von $\varphi = \sphericalangle\, g\, g_\varepsilon$ bestimmen (Aufgabe 31).

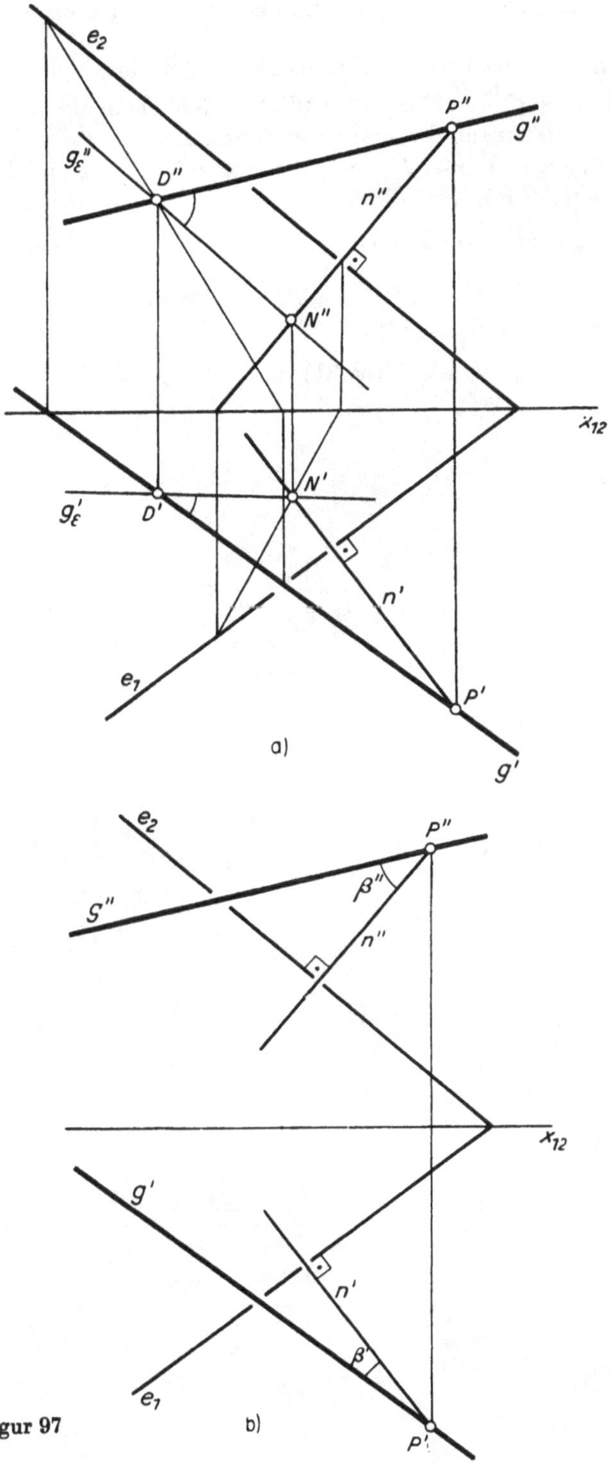

Figur 97

Die umfangreiche Konstruktionsarbeit wird vermindert bei der

2. Lösung. (Figur 97b.) Der Winkel, den irgendein Lot n von ε mit g bildet, ist das Komplement des gesuchten Winkels $\varphi = \sphericalangle\, g\, \varepsilon$. Man legt daher durch einen beliebigen Punkt P von g die Normale n zu ε und konstruiert die wahre Größe dieses Winkels.

Konstruktionsvorgang.

1. P auf g beliebig wählen;
2. $P \perp \varepsilon = n$ (Aufgabe 40);
3. $\sphericalangle\, g\, n = 90^\circ - \varphi$ (Aufgabe 31).

IV. EBENFLÄCHIG BEGRENZTE KÖRPER

Polyeder

§ 43. Polygone

Verbindet man endlich viele geordnete Punkte $P_1, P_2, \ldots, P_n$ $(n \geqq 3)$ durch Strecken derart miteinander, daß jeder Punkt mit dem folgenden, der letzte mit dem ersten verbunden ist, so entsteht ein (geschlossenes) *Vieleck* oder *Polygon*. Dabei wollen wir annehmen, daß keine drei aufeinander folgenden Punkte auf einer Geraden liegen. Die Punkte $P_1, P_2, \ldots, P_n$ heißen die *Ecken*, die Verbindungsstrecken $\overline{P_1P_2}, \overline{P_2P_3}, \ldots, \overline{P_nP_1}$ die *Seiten* des Polygons.

Liegen alle Ecken in einer Ebene, so nennt man das Polygon *eben*, sonst *windschief*.

Von besonderem Interesse sind die *ebenen konvexen Polygone*. Wenn für jede Polygonseite gilt: Das Polygon liegt ganz auf einer Seite der durch die Polygonseite festgelegten Geraden, dann nennt man es *konvex*. Ein ebenes konvexes Polygon heißt *regulär* oder *regelmäßig*, wenn es gleich lange Seiten besitzt und je zwei aneinander stoßende Seiten den gleichen Winkel bilden.

Das Wort Polygon wird sowohl für den Linienzug als auch für die von ihm begrenzte (endliche) Fläche gebraucht. In Zweifelsfällen wird dieser Unterschied besonders betont werden.

§ 44. Polyeder. Bild eines Polyeders

Unter einem *ebenflächig begrenzten Körper*, *Vielflach* oder *Polyeder* versteht man einen Körper, der von endlich vielen Polygonen begrenzt wird. Die begrenzenden Polygone heißen *Seitenflächen* oder kurz *Flächen* des Polyeders. Jede Seite einer Fläche ist Seite genau einer anderen Fläche des Polyeders. Die Seiten der Begrenzungspolygone nennt man die *Kanten* des Polyeders. Zu jeder Kante gehören genau zwei Flächen und zwei Ecken. In jeder Ecke stoßen mindestens drei Flächen zusammen.

Das Wort Polyeder wird sowohl für den oben beschriebenen (endlichen) Körper als auch für die Gesamtheit seiner Begrenzungspolygone gebraucht. In Zweifelsfällen wird auf diesen Unterschied besonders hingewiesen werden.

Soll man ein Polyeder etwa aus stärkerem Zeichenpapier herstellen, so fertigt man von diesem Körper zunächst ein *Netz* an. Ein solches entsteht aus dem fertigen Polyeder, indem man so oft Kanten aufschneidet, daß man schließlich sämtliche Begrenzungspolygone in die Ebene ausbreiten kann, ohne eine oder mehrere Seitenflächen des Körpers herausgelöst zu haben. Für jedes Polyeder können mehrere verschiedene Netze angegeben werden.

Das *Bild eines Polyeders* — bei Zentral- oder Parallelprojektion — besteht aus der Gesamtheit der Bilder seiner Kanten und Ecken. (Figuren 98a, 98b.) Trifft ein durch eine Kante gelegter Projektionsstrahl in einer Umgebung dieser Kante den Körper in keinem weiteren Punkt, dann gehört der Riß dieser Kante zur Begrenzung des Risses des Körpers. Man nennt die Gesamtheit solcher Kanten den *wahren Umriß u*, die Projektion von *u* den *scheinbaren Umriß* des Polyeders. Liegt eine Körperkante auf einem Projektionsstrahl (*projizierende Kante*), dann gehört sie dem wahren Umriß an und erscheint im Bild als ein Eckpunkt des scheinbaren Umrisses. Die in einer projizierenden Kante zusammenstoßenden Seitenflächen sind ebenfalls projizierend, gehören daher vollständig dem wahren Umriß an und erscheinen im Bild als Teilstrecken des scheinbaren Umrisses. Es können natürlich auch *projizierende Seitenflächen* auftreten, die dann zum wahren Umriß gehören, ohne daß eine zugehörige Kante projizierend ist. Bei zugeordneten Normalrissen wird ein erster und zweiter (evtl. dritter usw.) wahrer und scheinbarer Umriß auftreten. Man beachte, daß ein wahrer Umriß stets auf dem Körper, der scheinbare Umriß immer in der Bildebene liegt.

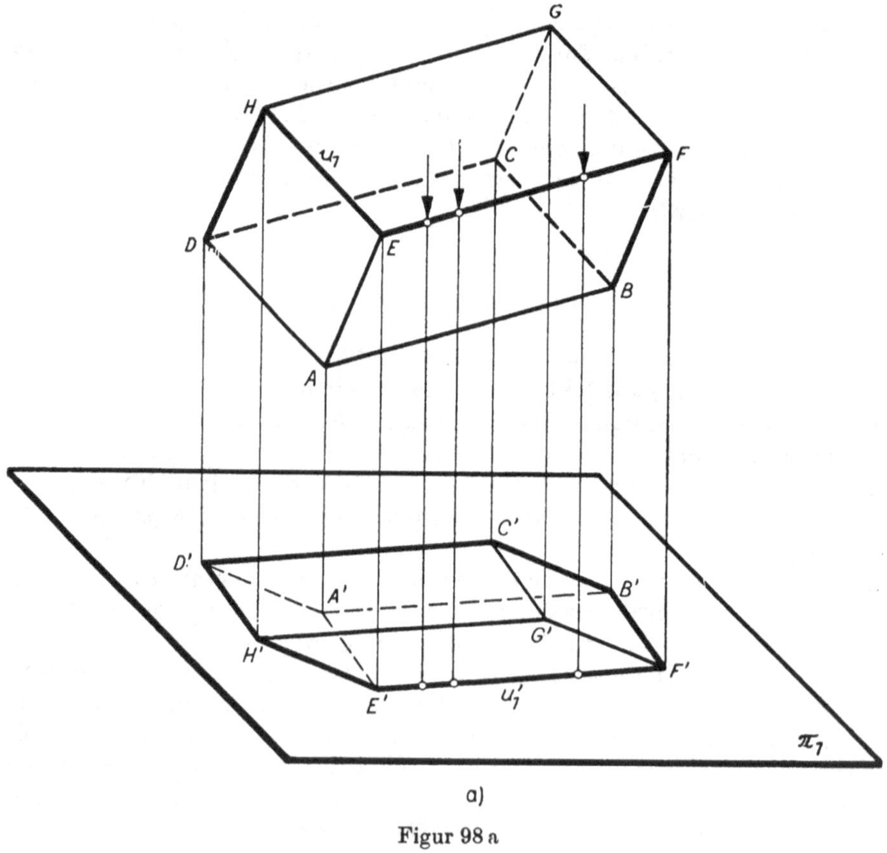

a)

Figur 98 a

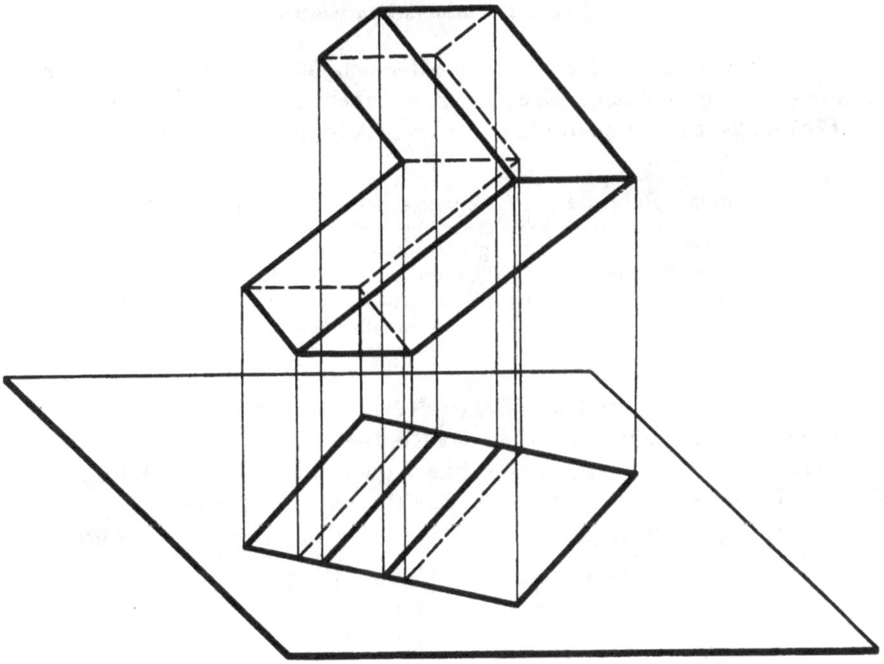

b)

Figur 98 b

§ 45. Konvexe Polyeder

Von besonderem Interesse sind die *konvexen Polyeder*. Ein Polyeder heißt *konvex*, wenn es ganz auf einer Seite jeder durch ein Begrenzungspolygon festgelegten Ebene liegt. Ein konvexes Polyeder heißt *regulär* oder *regelmäßig*, wenn es von regulären kongruenten Polygonen begrenzt wird und in jeder Ecke dieselbe Anzahl von Kanten zusammenstoßen.

Bei jedem konvexen Polyeder besteht eine einfache Beziehung zwischen der Anzahl e seiner Ecken, der Flächenanzahl f und der Anzahl k der Kanten, die nach Euler benannt wird:

Eulerscher Polyedersatz. *Die Summe der Ecken- und Flächenanzahlen eines konvexen Polyeders stimmt mit der um zwei vermehrten Kantenanzahl überein.* Oder in eine Formel gekleidet:

$$e + f = k + 2.$$

(Ein Beweis dieser Formel soll hier nicht gebracht werden.)

§ 46. Die Platonischen Körper

Aus der Eulerschen Polyederformel läßt sich folgern, daß nur *fünf reguläre Polyeder* existieren können. Nachfolgende Tabelle gibt eine Übersicht über die auch *Platonische Körper* genannten regulären Polyeder:

Reguläre Polyeder	Seitenflächen	e	f	k
Tetraeder	gls. Dreiecke	4	6	6
Hexaeder (Würfel)	Quadrate	8	6	12
Oktaeder	gls. Dreiecke	6	8	12
Dodekaeder	reg. Fünfecke	20	12	30
Ikosaeder	gls. Dreiecke	12	20	30

Umschreibt man einem Platonischen Körper eine Kugel, so begrenzen die Kugeltangentialebenen in den Ecken des Körpers wieder einen Platonischen Körper. Diese beiden regulären Polyeder haben gleiche Kantenanzahl, hingegen sind Ecken- und Flächenanzahl vertauscht. Die Platonischen Körper lassen sich daher paarweise dual gegenüberstellen, bis auf das Tetraeder, das zu sich selbst dual ist:

Tetraeder — Tetraeder
Hexaeder — Oktaeder
Dodekaeder — Ikosaeder.

Die folgenden Paragraphen sind der Besprechung der fünf Platonischen Körper und ihrem Zusammenhang untereinander gewidmet.

§ 47. Das Tetraeder

Das (reguläre) Tetraeder wird von vier kongruenten gleichseitigen Dreiecken begrenzt. Sein Netz kann auf zwei Weisen gezeichnet werden, wie Figur 99 zeigt.

(Figur 100.) Bei Anfertigung eines Schrägrisses eines Tetraeders legt man vorteilhafterweise das Basisdreieck ABC in π_1 und wählt eine Seite, etwa BC, zweitprojizierend. Die Bildachse gehe durch den Fußpunkt H_1 der im Basisdreieck

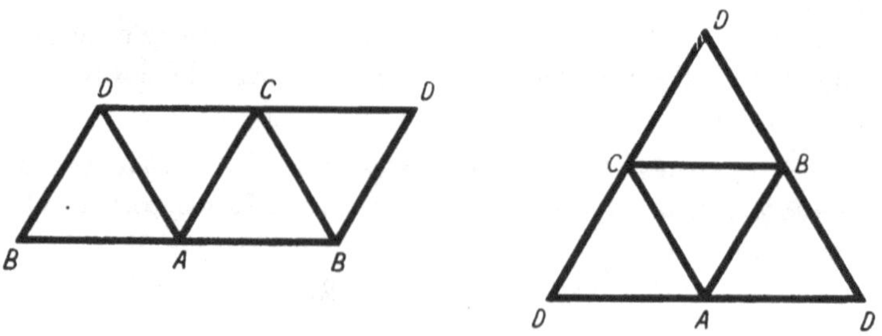

Figur 99

durch A gelegten Höhe. Dadurch wird der Mittelschnitt AH_1D des Tetraeders nach π_2 gelegt und bleibt beim Verschrägen fest. Nun lassen sich die Bilder von B und C einfach zeichnen, wenn Verzerrungswinkel und Verzerrungsverhältnis bekannt sind. Den Fußpunkt H der Körperhöhe durch D schneidet die durch C' normal zu $A'B'$ gelegte Gerade aus AH_1 aus. Die hier in π_2 liegende, daher im Schrägriß in wahrer Größe erscheinende Körperhöhe von D liegt auf dem in H auf AH errichteten Lot n. Das noch fehlende Bild der vierten Ecke D erhält man auf n

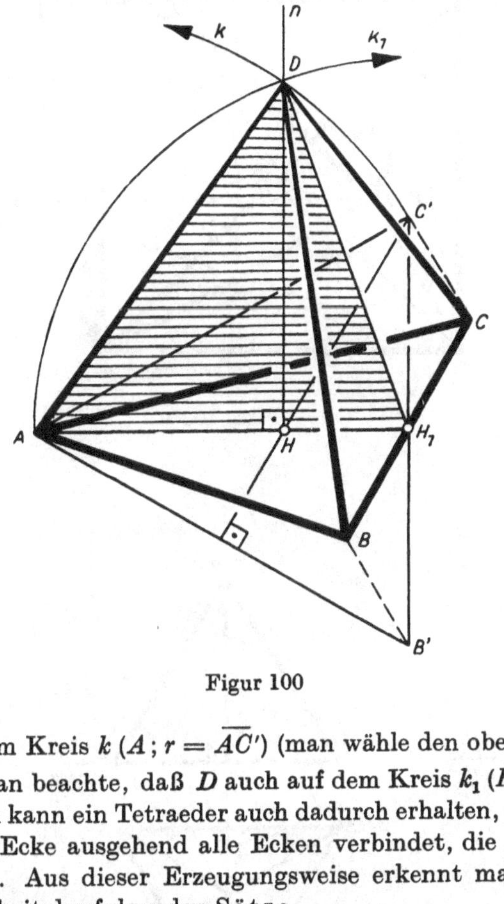

Figur 100

als Schnitt mit dem Kreis k $(A; r = \overline{AC'})$ (man wähle den oberhalb π_1 gelegenen Schnittpunkt). Man beachte, daß D auch auf dem Kreis k_1 $(H_1; r_1 = \overline{H_1A})$ liegt.

(Figur 101.) Man kann ein Tetraeder auch dadurch erhalten, daß man auf einem Würfel von einer Ecke ausgehend alle Ecken verbindet, die keine Würfelkante gemeinsam haben. Aus dieser Erzeugungsweise erkennt man ohne Schwierigkeiten die Richtigkeit der folgenden Sätze.

1. *Die Mitten zweier Gegenseiten eines Tetraeders sind die Lotfußpunkte ihres Gemeinlotes.*

$\overline{BI} = \overline{IC} = \overline{C\,II} = \cdots = \frac{1}{2} b\sqrt{2}$ (b = *Würfelkantenlänge*).

$\overline{I\text{-}V} = \overline{II\text{-}IV} = \overline{III\text{-}VI} = b$, *ferner*

$I\text{-}V \perp BC$, $I\text{-}V \perp AD, \ldots$.

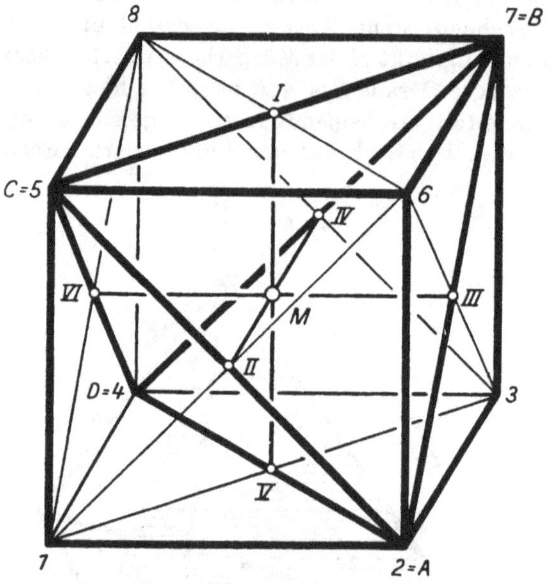

Figur 101

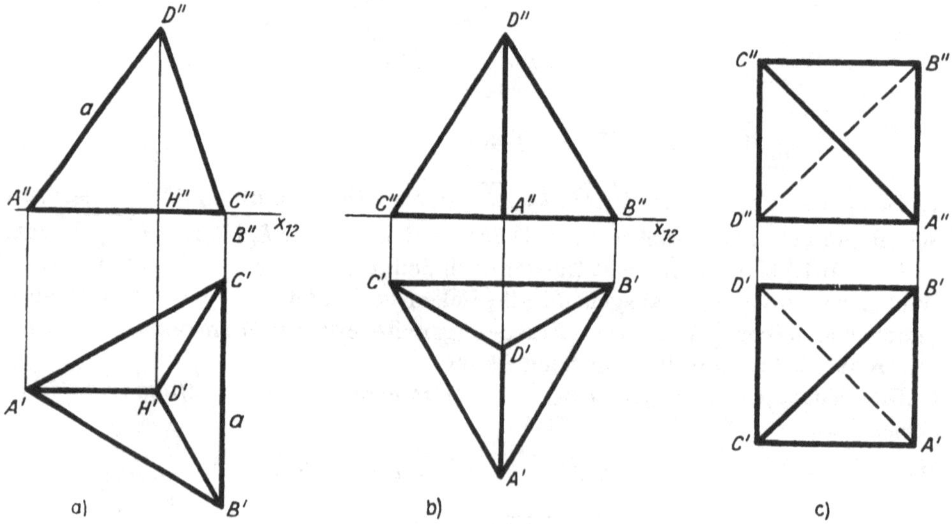

a) b) c)

Figur 102

2. *Die drei Gemeinlote der Gegenkanten eines Tetraeders schneiden einander in einem Punkt M, der Tetraedermitte* (zugleich Würfelmitte).

3. *Die vier Körperhöhen eines Tetraeders schneiden einander in der Tetraedermitte M.*

In Figur 102 sind zugeordnete Normalrisse dreier Tetraeder mit besonderer Lage zu den Bildebenen gezeichnet worden, die wohl keiner weiteren Erläuterung bedürfen.

Aufgabe 56 (für den Leser). Man zeichne diese Figuren nach und ergänze jedes Bild zu dem Normalriß des zugehörigen Würfels (vgl. Figur 101). Man beachte besonders bei Figur 102c, daß beide scheinbaren Umrisse kongruente Quadrate sind.

Zusammenstellung von Formeln für das (reguläre) *Tetraeder* (mit der Kantenlänge a):

Mantelhöhe $h_1 = \frac{a}{2}\sqrt{3}$, Körperhöhe $h = \frac{a}{3}\sqrt{6}$,

Gemeinlot zweier Gegenkanten $l = \frac{a}{2}\sqrt{2}$,

Inkugelradius $\varrho = \frac{a}{12}\sqrt{6}$, Umkugelradius $r = \frac{a}{4}\sqrt{6}$.

§ 48. Das Hexaeder (Der Würfel)

Der Würfel wird von sechs kongruenten Quadraten begrenzt. Sein Netz kann auf elf wesentlich verschiedene Arten (d. h., keine zwei Netzentwürfe können durch Bewegung oder Spiegelung ineinander übergeführt werden) gezeichnet werden (Figur 103).

Der scheinbare Umriß eines Würfels ist bei Normalprojektion im allgemeinen ein Sechseck mit parallelen und gleichlangen Gegenseiten, er kann aber auch als Rechteck bzw. Quadrat auftreten. Die Figuren 104a, 104b zeigen verschiedene Ansichten eines Würfels in zugeordneten Normalrissen, Figur 104c einen Schrägriß. Man beachte besonders bei Figur 104b: Wenn eine Körperdiagonale des Würfels erstprojizierend angenommen wird, dann ist der erste scheinbare Umriß ein regelmäßiges Sechseck. Der eingezeichnete Kreuzriß läßt den Konstruktionsvorgang erkennen: Man wähle zunächst F''' auf dem Seitenrißordner ($\perp A'G'$ durch F') beliebig. Sodann schneide man mit $a\sqrt{2} = \overline{A'C'}$ von F''' aus auf dem Seitenrißordner durch A' in A''' ab. Die Normale in A''' zu $A'''F'''$ trifft $F'F'''$ in D''' (man beachte, daß $\overline{A'''D'''} = a$ ist).

Einige *Formeln* für den *Würfel* (Kante a):

Seitendiagonale $d = a\sqrt{2}$, Körperdiagonale $d_1 = a\sqrt{3}$,

Inkugelradius $\varrho = \frac{a}{2}$, Umkugelradius $r = \frac{a}{2}\sqrt{3}$.

Figur 103

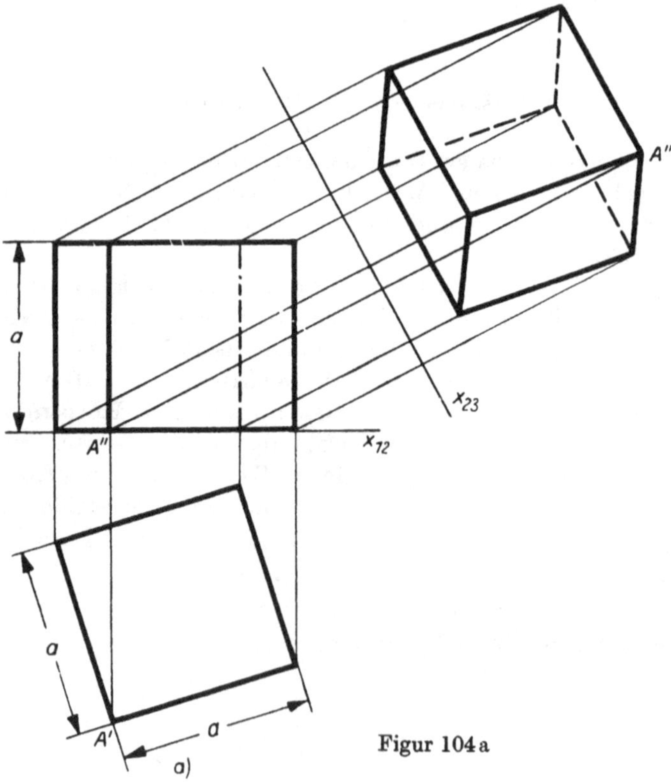

Figur 104 a

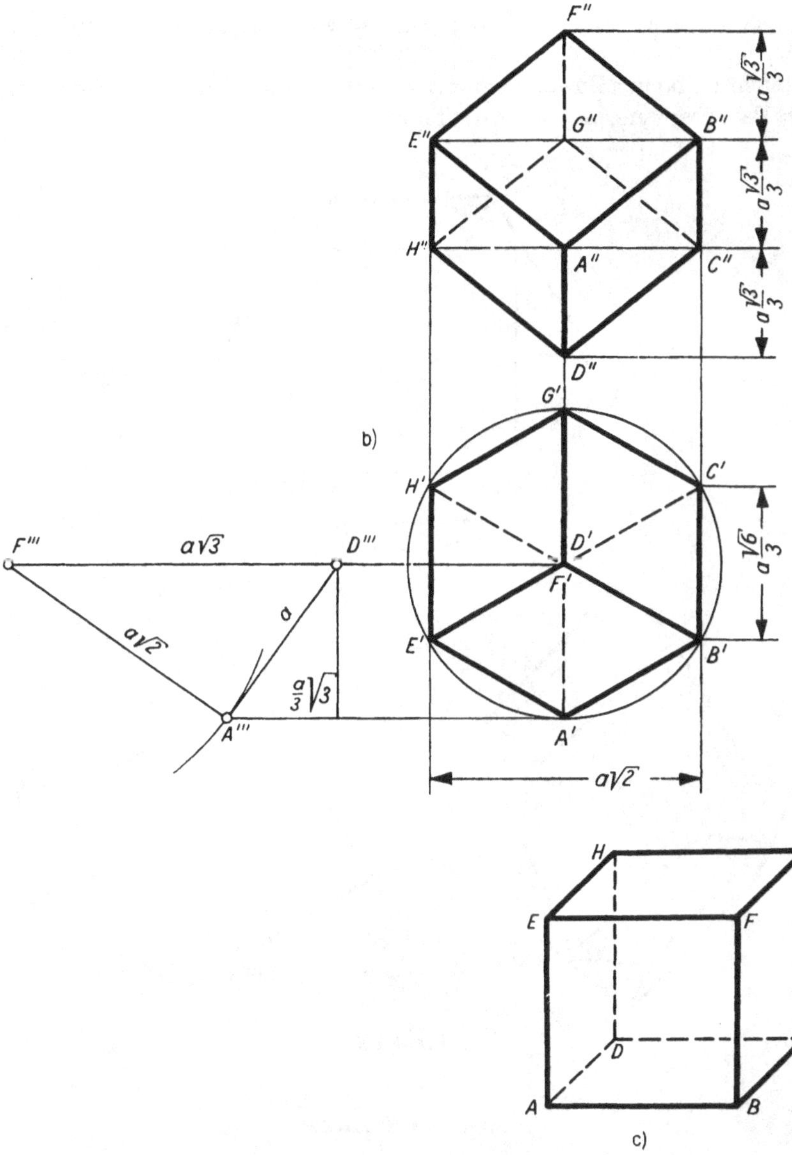

Figur 104 b—c

(Figur 104b.) Der Inkreisradius des regelmäßigen Sechsecks beträgt $\varrho = \frac{1}{2}a\sqrt{2}$. Danach lassen sich Quadrate von der Kantenlänge a vollständig in das Innere dieses Sechseckes legen, deren Ecken z. B. auf dem Inkreisumfang liegen. Man kann somit einen Würfel (auf unendlich viele Arten) derart prismatisch durchbohren, daß ein kongruenter Würfel hindurchgeschoben werden kann, ohne daß der

Restkörper zerfällt. Figur 105 zeigt eine spezielle derartige Bohrung bzw. den Restkörper.

Auf einen einfachen Zusammenhang zwischen Würfel und Tetraeder wurde im vorigen Paragraphen hingewiesen. (Figur 101.)

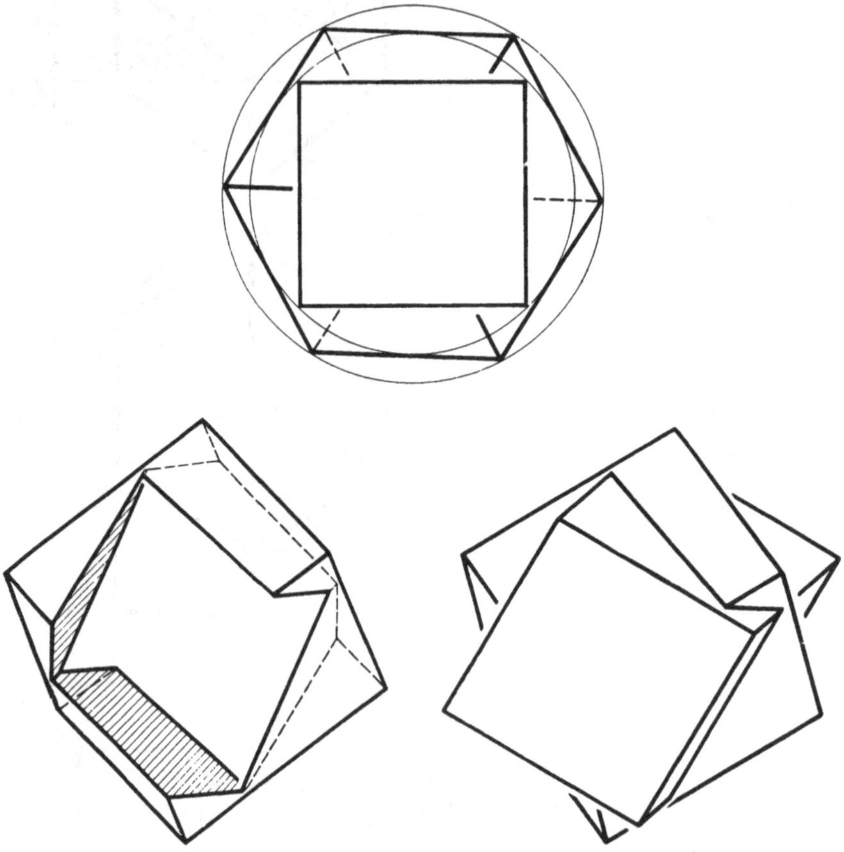

Figur 105

§ 49. Das Oktaeder

Das Oktaeder wird von acht kongruenten gleichseitigen Dreiecken begrenzt. Sein Netz kann auf elf wesentlich verschiedene Arten gezeichnet werden (Figur 106).

Der scheinbare Umriß eines Oktaeders ist bei Normalprojektion im allgemeinen ein Sechseck mit parallelen und gleichlangen Gegenseiten. Er kann aber auch als Parallelogramm, Rhombus, Rechteck oder Quadrat auftreten. Figur 107 zeigt verschiedene Ansichten eines Oktaeders in zugeordneten Normalrissen, Figur 107c

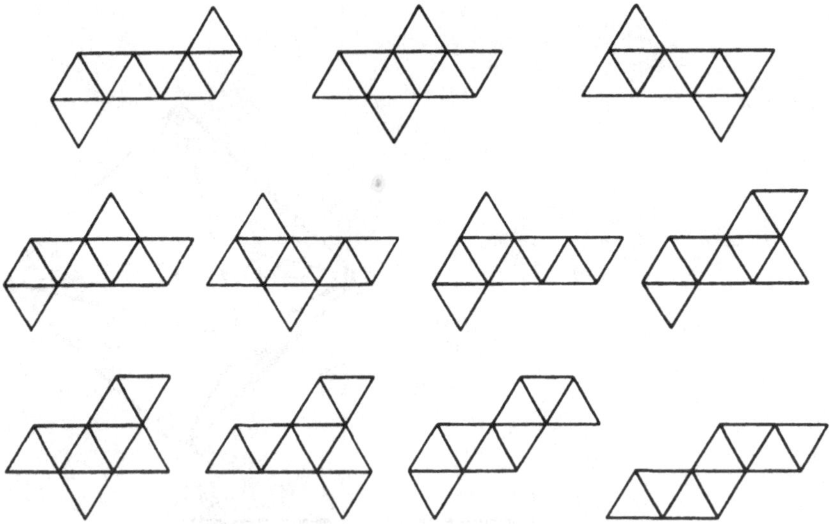

Figur 106

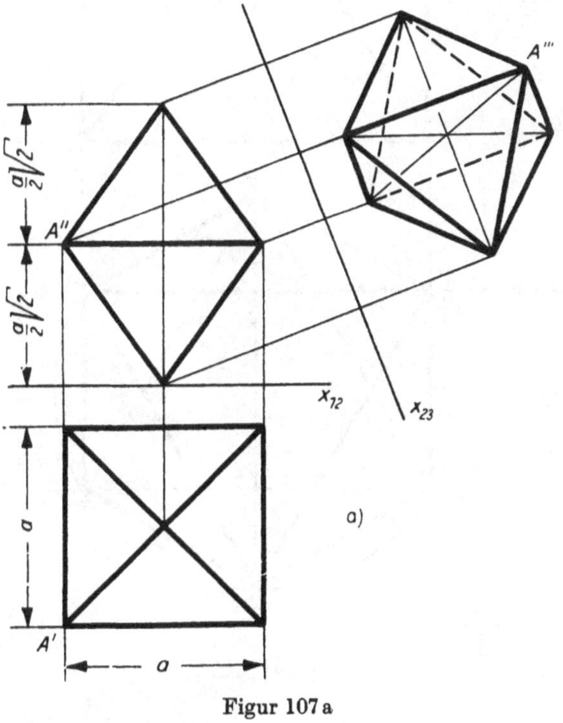

Figur 107 a

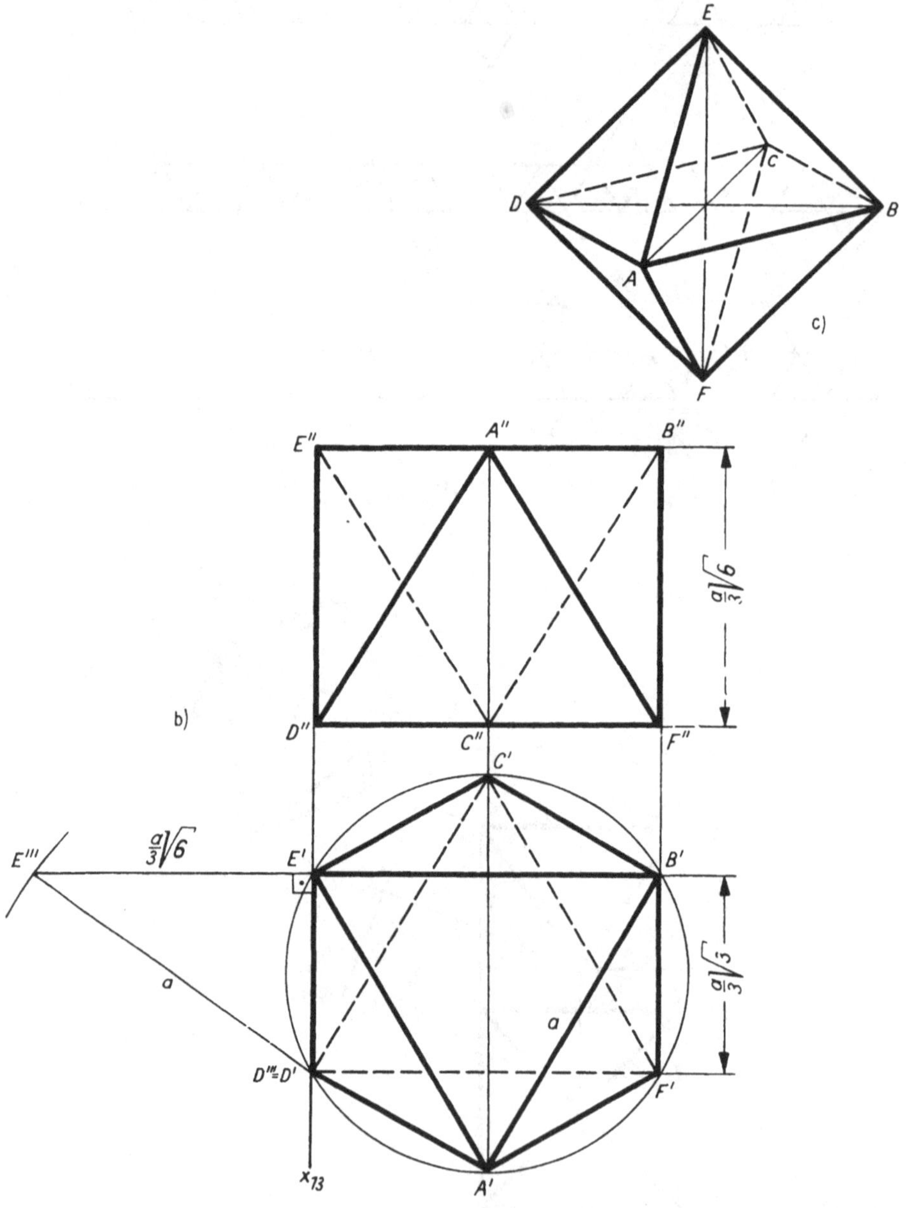

Figur 107 b—c

einen Schrägriß dieses Körpers. Man beachte insbesondere bei Figur 107b, daß der erste scheinbare Umriß ein regelmäßiges Sechseck ist, da eine Seitenfläche des Oktaeders nach π_1 gelegt wurde. Zur Konstruktion des Aufrisses legt man vorteilhafterweise etwa durch die Kante DE einen Kreuzriß. * Der Leser überprüfe die Richtigkeit der eingetragenen Maße der im Bild auftretenden Strecken (a = Länge einer Oktaederkante). *

Bei der Anfertigung eines Schrägrisses denkt man sich das Oktaeder etwa in Diagonalstellung gebracht, so daß ein Diagonalschnitt in wahrer Gestalt, also als Quadrat erscheint.

Einige *Formeln* für das *Oktaeder* (Kante a):

Diagonale (= Körperachse) $d = a\sqrt{2}$,

Gegenkantenabstand $= a$, Gegenflächenabstand $= \frac{a}{3}\sqrt{6}$,

Inkugelradius $\varrho = \frac{a}{6}\sqrt{6}$, Umkugelradius $r = \frac{a}{2}\sqrt{2}$.

Jeder Diagonalschnitt ist ein Quadrat mit der Seite a, jeder Mittelschnitt ein Rhombus mit der Seite $\frac{a}{2}\sqrt{3}$ und den Diagonalen von der Länge a und $a\sqrt{2}$. — Einen einfachen Zusammenhang zwischen Oktaeder und Würfel erkennt man in Figur 108.

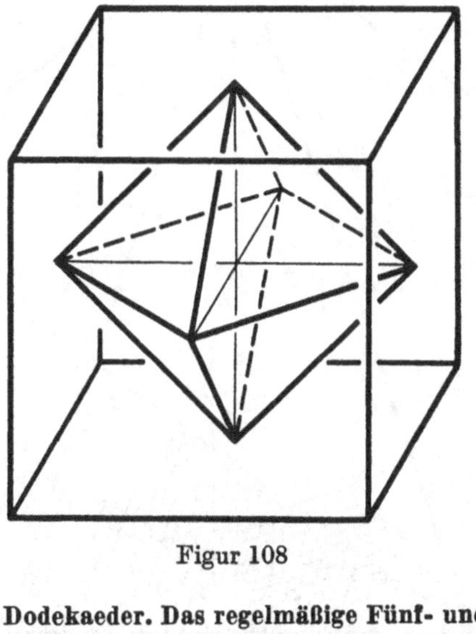

Figur 108

§ 50. Das Dodekaeder. Das regelmäßige Fünf- und Zehneck

Das Dodekaeder, auch Pentagondodekaeder genannt, wird von zwölf kongruenten regelmäßigen Fünfecken begrenzt. Von der Vielzahl der möglichen Netze zeigt Figur 109 einen besonders symmetrischen Entwurf.

Vor der Besprechung der Abbildung eines Dodekaeders soll kurz auf einige wichtige Eigenschaften des regelmäßigen Fünf- und Zehnecks hingewiesen werden. Figur 110 zeigt einen Kreis vom Radius r mit eingeschriebenem regelmäßigem Fünfeck. Ein eingeschriebenes regelmäßiges Zehneck wurde durch die Angabe einer Seite $\overline{AG} = s_{10}$ angedeutet. Zufolge der in der Figur 110 eingetragenen Winkel erkennt man die Ähnlichkeit der Dreiecke

$$\triangle\, ABD \sim \triangle\, BFA \sim \triangle\, AGO.$$

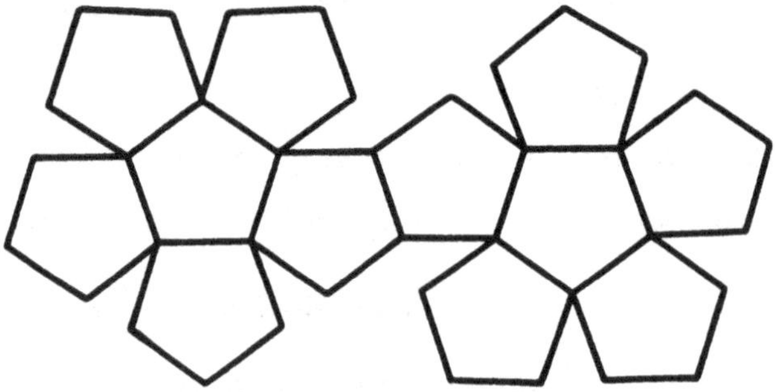

Figur 109

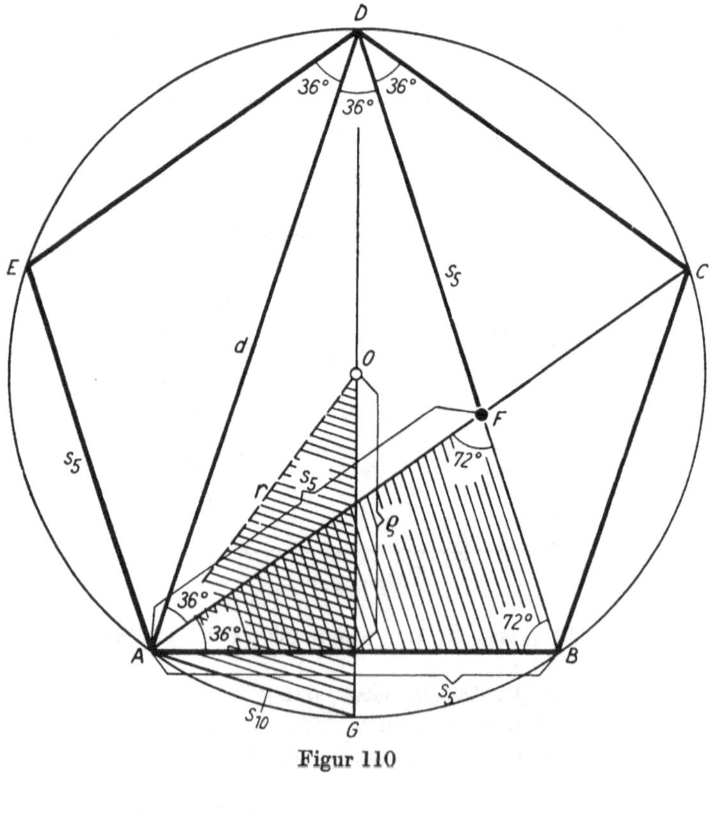

Figur 110

Demzufolge gilt

$$s_5 : (d - s_5) = d : s_5 \quad \text{oder}$$

$$s_5^2 + ds_5 - d^2 = 0 \quad \text{und} \quad s_5 = \frac{d}{2}(\sqrt{5} - 1)\,.$$

Man sagt, der Punkt F teilt die Strecke BD im *Goldenen Schnitt*. Mithin ergeben sich folgende

Sätze.

1. *Zwei Diagonalen eines regelmäßigen Fünfecks (die nicht von einem Eckpunkt ausgehen) teilen einander im Goldenen Schnitt.*
2. *Die Fünfeckseite s_5 ist der größere Abschnitt der im Goldenen Schnitt geteilten Diagonalen d des regelmäßigen Fünfecks.*
3. *Die Zehneckseite s_{10} ist der größere Abschnitt des im Goldenen Schnitt geteilten Umkreisradius r.*

* Der Leser leite aus Figur 110 folgende Formeln ab (dabei bedeuten: r = Umkreisradius des Fünf- bzw. Zehnecks, ϱ = Inkreisradius des Fünfecks, d = Diagonale des Fünfecks, s_5 = Seite des Fünfecks, s_{10} = Seite des Zehnecks):

$$s_5^2 + ds_5 - d^2 = 0,$$

$$s_{10}^2 + rs_{10} - r^2 = 0, \qquad s_{10} = \frac{r}{2}(\sqrt{5} - 1),$$

$$s_5^2 = s_{10}^2 + r^2 = 5r^2 - d^2, \qquad s_5 = \frac{r}{2}\sqrt{2(5 - \sqrt{5})}\,,$$

$$4\varrho^2 = d^2 - r^2\,,$$

$$r^2 + 2r\varrho - 4\varrho^2 = 0\,, \qquad \varrho = \frac{r}{4}(\sqrt{5} + 1)\,,$$

$$s_{10} + r = 2\varrho\,, \qquad d = \frac{r}{2}\sqrt{2(5 + \sqrt{5})}.$$

In Figur 111 sind diese Formeln konstruktiv verwertet worden. Es sind die nötigen Konstruktionslinien eingezeichnet, um bei gegebenem Umkreisradius r die übrigen genannten Größen s_5, s_{10}, ϱ und d graphisch zu finden, ohne das Fünf- oder Zehneck selbst zu zeichnen. *

Auf- und Grundriß eines Dodekaeders:

(Figur 112.) Das darzustellende Dodekaeder stehe mit einer Seitenfläche auf π_1. Ein Ordner liege in einer Symmetralen des Basisfünfecks *1-2-3-4-5*. Die Gegenfläche der Basis, das Fünfeck *16-17-18-19-20* erscheint im Grundriß um die Mitte O' gegen das Basisfünfeck um 180° gedreht, so daß die Grundrisse der Ecken dieser beiden Fünfecke ein regelmäßiges Zehneck (mit der Seite s_{10}) bilden.

Das Fünfeck *2-3-10-9-8* kann durch Drehung um die Seite *2-3* mit der Basisfläche zur Deckung gebracht werden. Dann inzidiert z. B. *10* mit *4*. Daher liegen im Grundriß die Punkte *10, 16* und *4* in einer Geraden normal zur Kante *2-3*.

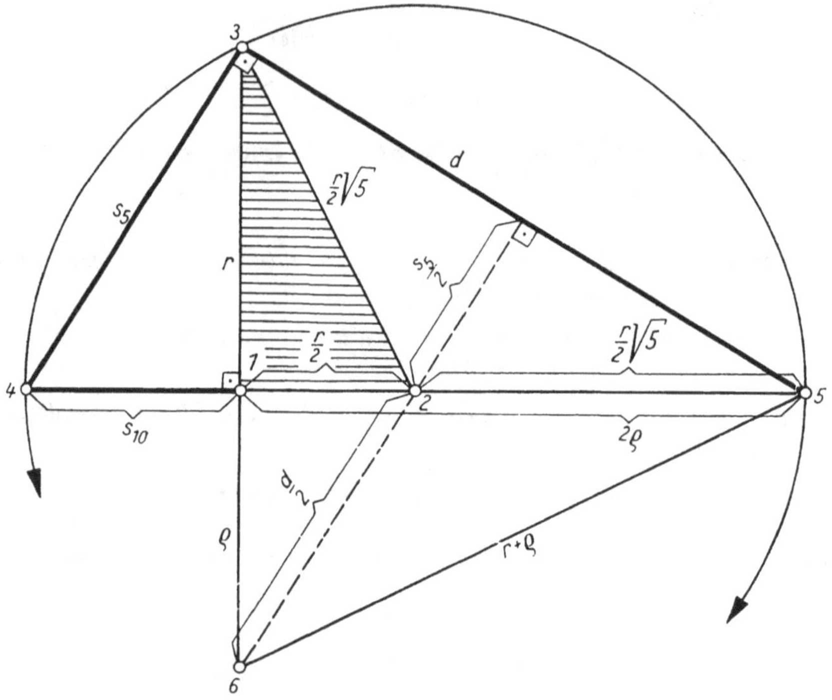

Figur 111

Analoges gilt für die Grundrisse der Punkte *2*, *20* und *10* (Trägergerade normal zur Kante *3-4*).

Die Winkel $\sphericalangle$ *3-10-16* und $\sphericalangle$ *10-16-3* sind beide 36°, wie aus der Figur 112 unschwer zu entnehmen ist. Das Dreieck *10-3-16* ist also gleichschenklig, mithin die Strecke $\overline{3\text{-}10} = \overline{3\text{-}16} = s_{10}$ und die Entfernung $\overline{10\text{-}0} = s_{10} + r = 2\varrho$. Da alle Kanten des Dodekaeders, die von Ecken der Basis- oder Deckfläche ausgehen, ohne selbst Seiten dieser Fünfecke zu sein, gegen π_1 gleich geneigt sind, im Grundriß also gleich lang erscheinen, gilt der

Satz. *Der erste scheinbare Umriß eines Dodekaeders ist bei der gewählten Sonderlage des Körpers ein regelmäßiges Zehneck mit dem Umkreisradius* 2ϱ $(= r + s_{10})$ *und der Seite r.*

Die zweite Aussage dieses Satzes folgt daraus, daß der Punkt *3* die Strecke $\overline{0\text{-}10}$ im Goldenen Schnitt teilt, wie aus den eingetragenen Winkeln in Figur 112 ersichtlich ist (man beachte, daß zwei Seiten des Umrißzehnecks in Ordnerrichtung liegen).

Die Eckpunkte des Dodekaeders lassen sich in vier Gruppen zu je fünf Punkten so zusammenfassen, daß die Punkte jeder Gruppe gleichen ersten Tafelabstand haben. Ihre Aufrisse liegen daher auf vier Parallelen zur x_{12}-Achse und sind bez. des Aufrisses O'' der Körpermitte O (wie die Punkte auf ihnen) symmetrisch an-

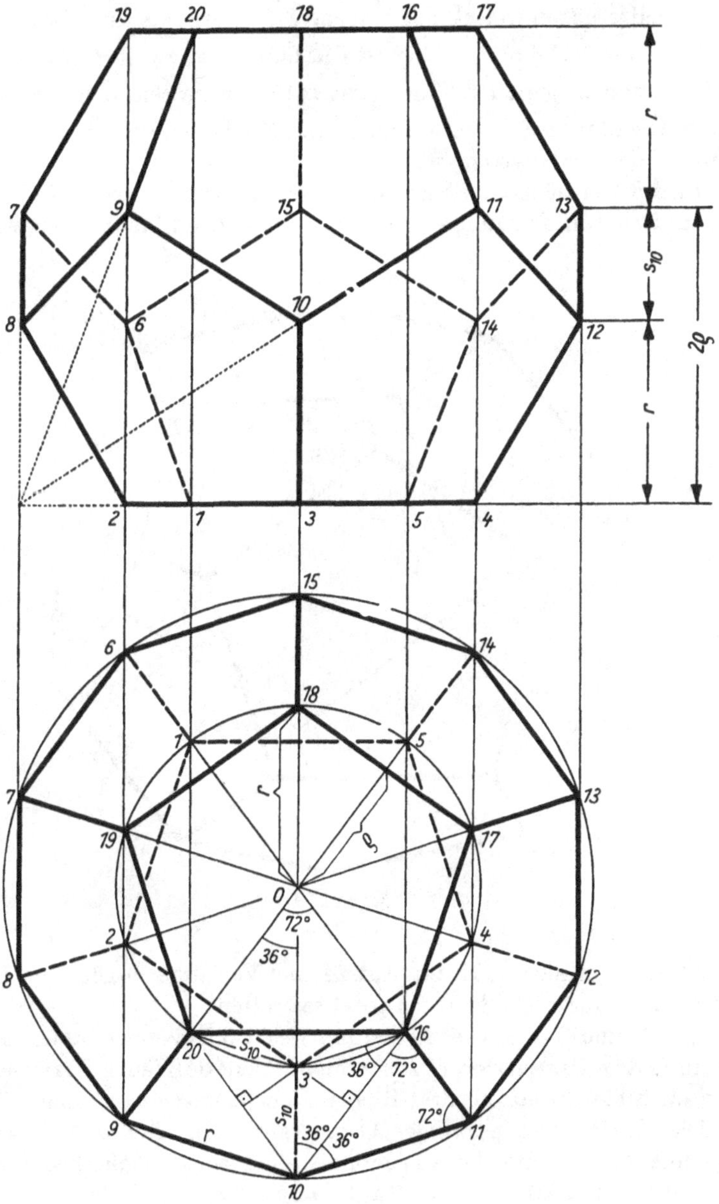
19
20
18
16
17
7
9
15
11
13
8
6
10
14
12
2
1
3
5
4
15
6
14
18
1
5
7
13
19
17
0
72°
2
4
36°
8
12
16
20
s_{10}
3
36°
72°
72°
9
r
11
36°
36°
10

Figur 112

geordnet. Es genügt daher, die ersten Tafelabstände etwa der Punkte *8* und *9* zu finden.

Das erste Differenzendreieck der Strecke $\overline{2\text{-}8}$ besitzt als eine Kathete $\overline{2'\text{-}8'} = s_{10}$ und als Hypotenuse $\overline{2\text{-}8} = s_5$, daher ist die Länge der zweiten Kathete (= erster Tafelabstand von *8*) gleich r. Das erste Differenzendreieck der Strecke $\overline{8\text{-}9}$ hat die Hypotenusenlänge $\overline{8\text{-}9} = s_5$ und die eine Kathetenlänge $\overline{8''\text{-}9''} = s_{10}$. Damit ist der Aufriß des Dodekaeders festgelegt.

Da die fünf Seitenflächen, die an eine Seitenfläche angrenzen, Teile einer regelmäßigen fünfseitigen Pyramide sind, ergeben sich einfache Konstruktionskon-

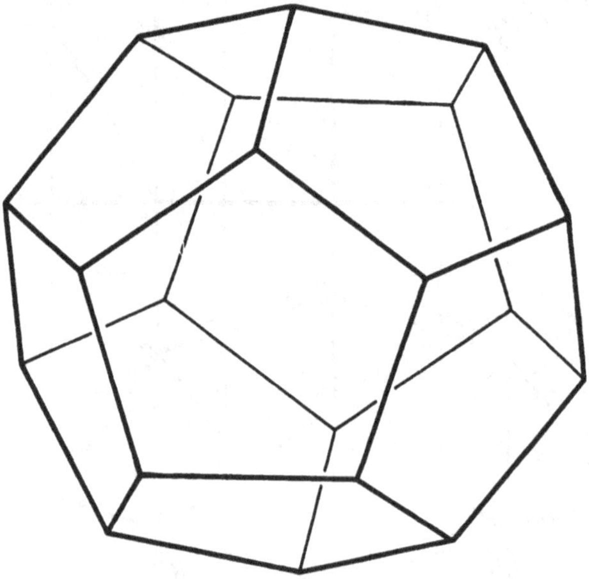

Figur 113

trollen. So müssen sich z. B. im Aufriß die Verlängerungen der Kanten *8-9* *7-19* und *6-15* in einem Punkt der x_{12}-Achse treffen.

(Figuren 113 und 114.) Die 30 Kanten des Dodekaeders lassen sich in fünf Gruppen zu je drei Paaren derart zusammenfassen, daß jedes Paar aus parallelen Gegenkanten besteht und die drei Richtungen paarweise aufeinander senkrecht stehen. Die Entfernung paralleler Gegenkanten beträgt $a + d$, wenn $a = s_5$ (= Dodekaederkante) und d die Diagonale einer Seitenfläche bedeuten. Es existieren mithin fünf Würfel von der Kantenlänge $b = a + d$, die man einem Dodekaeder umschreiben kann. In jeder Seitenfläche eines Umwürfels liegt eine Dodekaederkante. Diese ist gleich dem kleineren Abschnitt der im Goldenen Schnitt geteilten Würfelkante b.

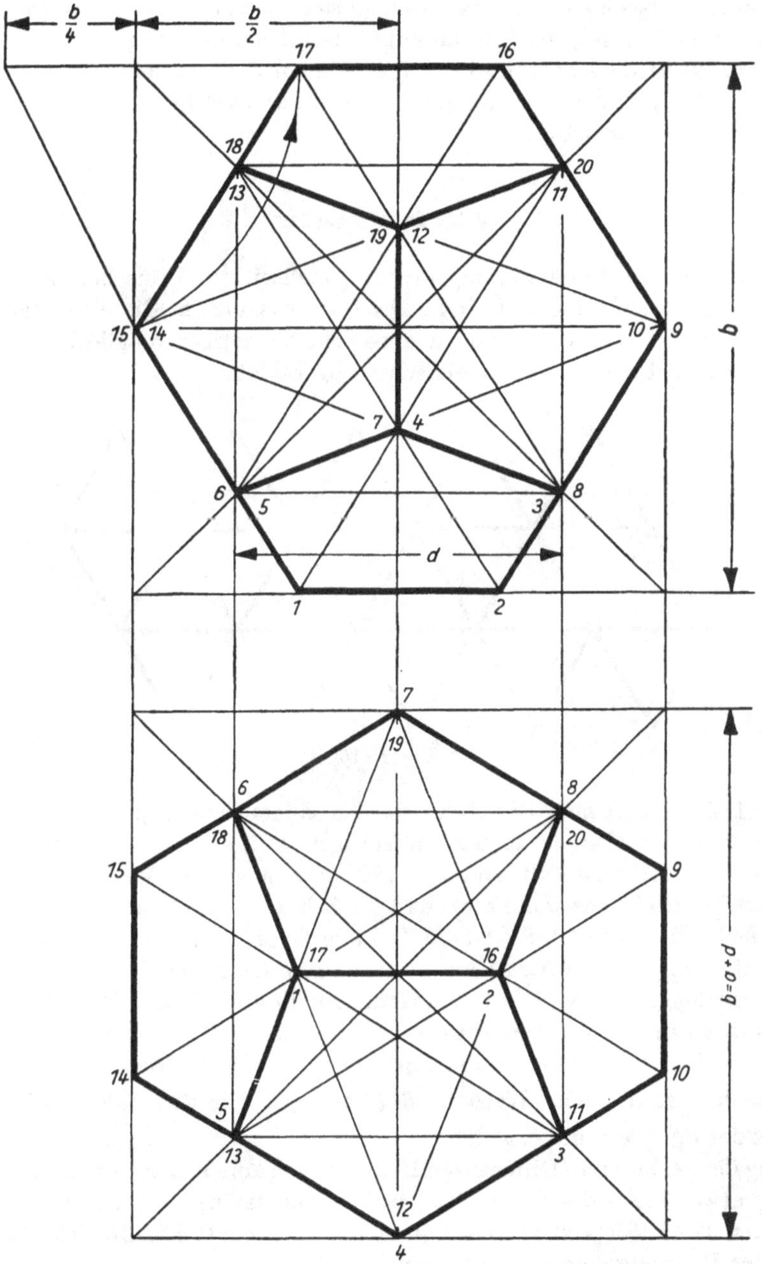

b/4
b/2
17
16
18
20
13
11
19
12
15
14
10
9
b
7
4
6
8
5
3
d
1
2
7
19
6
8
18
20
15
9
17
16
1
2
b=a+d
14
10
5
11
13
3
12
4

Figur 114

Die 60 Seitendiagonalen eines Dodekaeders lassen sich in fünf Gruppen zu je zwölf anordnen, die einen Würfel begrenzen. Es gibt demnach fünf dem Dodekaeder eingeschriebene Würfel; die Kantenlänge c ist gleich der Diagonale d und somit gleich dem größeren Abschnitt der im Goldenen Schnitt geteilten Kante eines Umwürfels. Zu jedem Umwürfel gibt es einen zur Dodekaedermitte O zentrisch symmetrisch gelegenen Inwürfel.

§ 51. Das Ikosaeder

Das Ikosaeder wird von 20 kongruenten gleichseitigen Dreiecken begrenzt. In jeder Ecke stoßen fünf gleichseitige Dreiecke zusammen, die eine regelmäßige fünfseitige Pyramide bilden. Von den verschiedenartigen möglichen Netzen ist in Figur 115 ein besonders symmetrisches abgebildet.

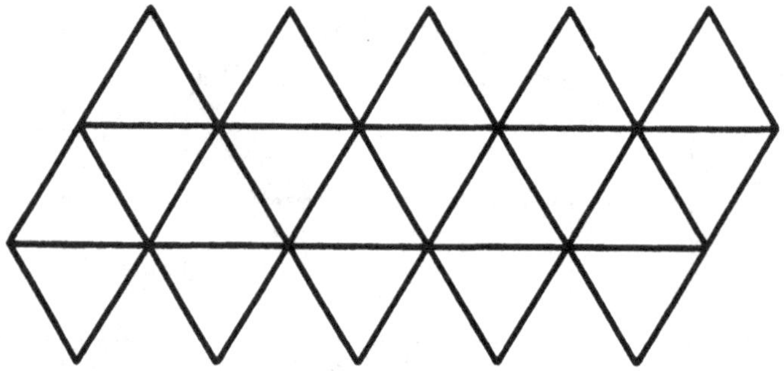

Figur 115

(Figur 116.) Wählt man eine Achse des Ikosaeders erstprojizierend, so erscheinen von zwei der oben erklärten fünfseitigen Pyramiden die Basisflächen im Grundriß in wahrer Gestalt und um 180° gegeneinander verdreht. Der erste scheinbare Umriß ist daher ein regelmäßiges Zehneck. Im Aufriß liegen die Ecken der Fünfecke *2-3-4-5-6* und *7-8-9-10-11* in je einer waagerechten Geraden. Der Abstand dieser x_{12}-Achsenparallelen ist gleich dem Umkreisradius r der auftretenden regelmäßigen Fünfecke und dem Grundriß zu entnehmen. Dies erkennt man durch Betrachtung des ersten Differenzendreiecks, das zu einer Seite des ersten wahren Umrisses gehört, etwa der Seite *6-8*. Die Hypotenuse dieses Dreiecks ist $\overline{6\text{-}8} = s_5 = a$, die eine Kathete $\overline{6'\text{-}8'} = s_{10}$, daher die andere, die Kotendifferenz der Punkte *6* und *8*, gleich r.

Analog liefert das erste Differenzendreieck durch eine Kante, die von der Ecke *1* ausgeht, etwa durch die Kante *1-3*, die Kotendifferenz der Punkte *1* und *3* mit s_{10}. Unter Berücksichtigung der Symmetrieeigenschaften läßt sich damit der Aufriß des Ikosaeders vervollständigen.

Aufgabe 56 (für den Leser). Der Leser überlege, daß man einem Würfel ein Ikosaeder einbeschreiben kann, wobei ähnlich wie bei einem eingeschriebenen

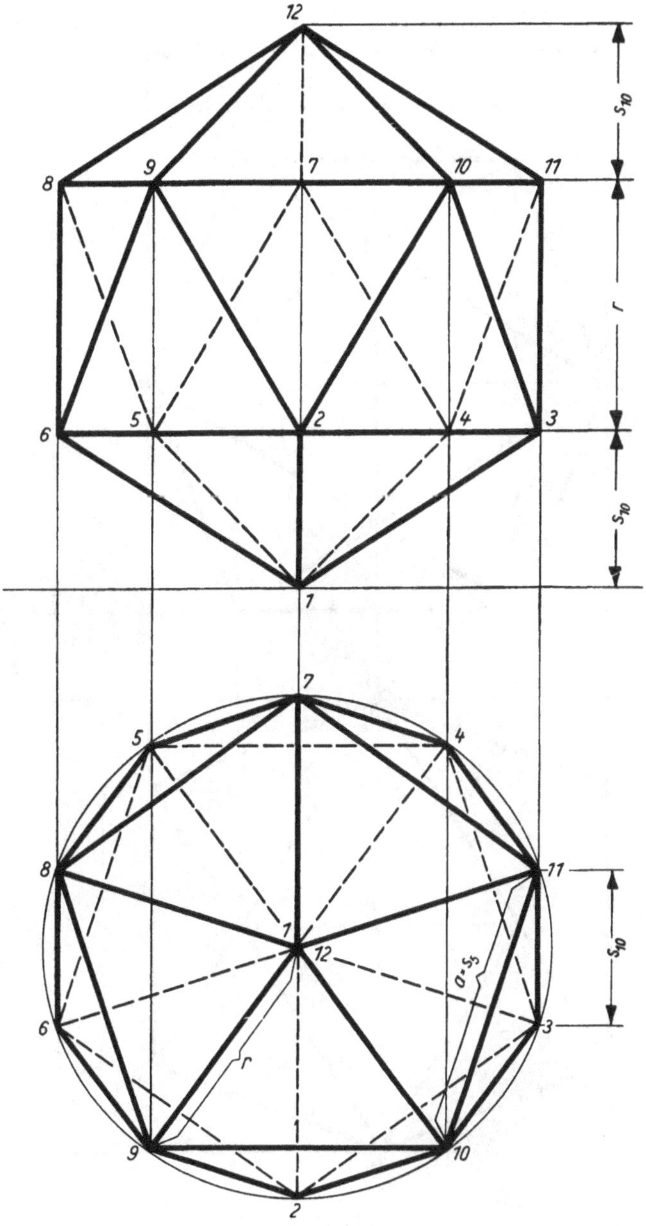

Figur 116

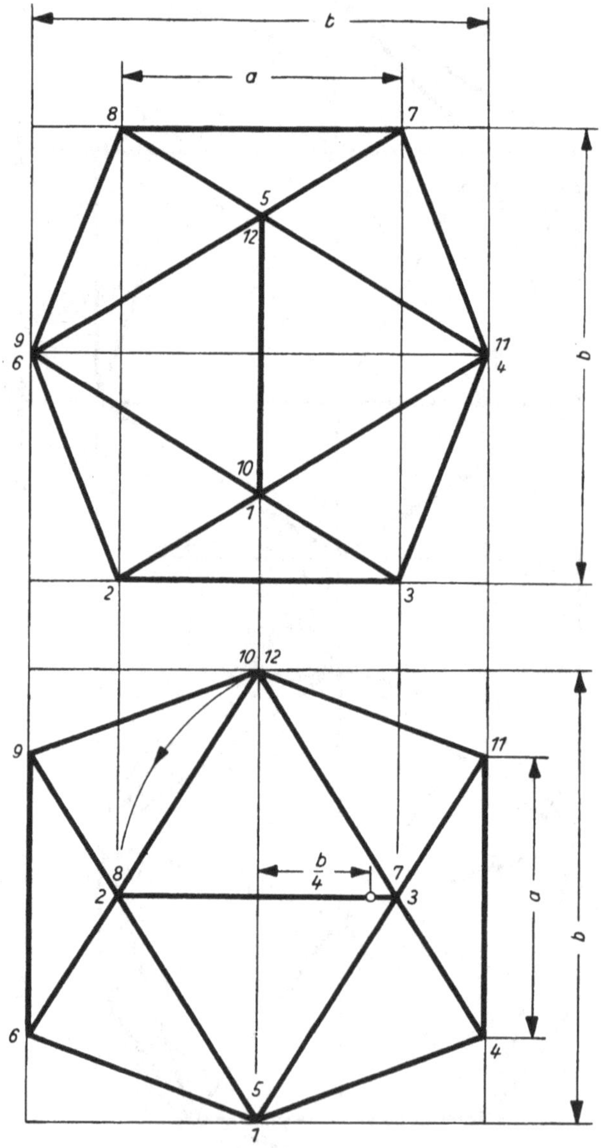

a)

Figur 117 a

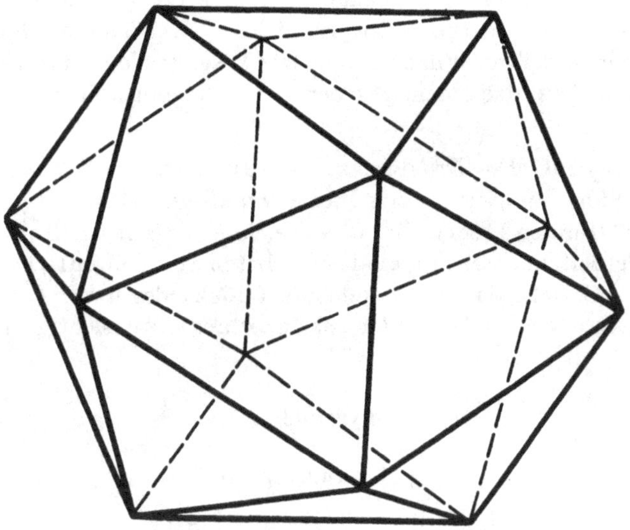

Figur 117 b

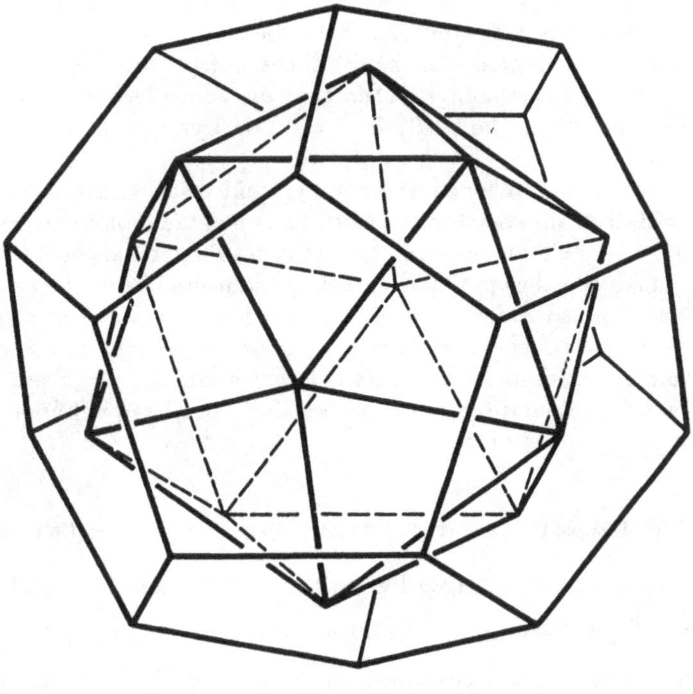

Figur 118

Dodekaeder in jeder Würfelfläche eine Kante des Ikosaeders zu liegen kommt. Die Kantenlänge eines In-Ikosaeders ist gleich dem größeren Abschnitt der im Goldenen Schnitt geteilten Würfelkante. Der Leser zeichne zugeordnete Normalrisse eines Ikosaeders, das einem gegebenen Würfel eingeschrieben ist. (Figuren 117a, 117b.)

Zusammenhang zwischen Dodekaeder und Ikosaeder. Die Flächenmitten eines Dodekaeders bilden die Ecken eines Ikosaeders (Figur 118).

Aufgabe 57 (für den Leser). Der Leser zeichne den Schrägriß eines Ikosaeders, konstruiere die Seitenmitten, verbinde die Mitten von Seitenflächen mit gemeinsamer Kante und ziehe das so entstehende Dodekaeder unter Berücksichtigung der Sichtbarkeit aus (das Ikosaeder sei dabei aus durchsichtigem Material gedacht).

Pyramiden

§ 52. Grundbegriffe

Eine Gerade e sei in einem (endlichen) Punkt S drehbar gelagert und werde längs eines geschlossenen Polygons, das S nicht enthält, geführt (ist das Polygon eben, so liege S nicht in seiner Ebene). e überstreicht dabei eine *Pyramidenfläche*. Der feste Punkt S heißt die *Spitze* oder der *Scheitel*, jede Lage von e eine *Erzeugende* der Pyramidenfläche. Geht eine Erzeugende durch eine Ecke oder eine Seite des zugrunde gelegten Polygons, so heißt sie eine *Pyramidenkante*, wenn die beiden angrenzenden Polygonseiten keine Ebene aufspannen, die durch S geht. Die einzelnen ebenen Begrenzungsflächen sind die *Seitenflächen* der Pyramidenfläche. Die Gesamtheit der Seitenflächen, also die Pyramidenfläche, wird auch *Mantel* genannt.

Meist betrachtet man nur jenen Teil der Pyramidenfläche, der von einem von S ausgehenden Halbstrahl überstrichen wird. Schneidet man solch eine Pyramidenfläche mit einer Ebene derart, daß ein geschlossenes Polygon als Schnittfigur entsteht, so nennt man den abgegrenzten endlichen Raum eine *Pyramide* und versteht darunter neben dem so definierten Körper auch die Gesamtheit der ihn begrenzenden Polygone. Das Schnittpolygon heißt die *Basis*, der Abstand des Scheitels S von der Basisebene die *Höhe* der Pyramide. Ist die Basis ein regelmäßiges Polygon und steht die Körperhöhe im Umkreismittelpunkt der Basis auf, so nennt man die Pyramide *regelmäßig*.

§ 53. Ebener Schnitt einer Pyramide. Perspektive Kollineation

Die Basis einer etwa sechsseitigen Pyramide mit der Spitze S, bezeichnet durch das Symbol $\begin{pmatrix} S \\ A_1 \cdots A_6 \end{pmatrix}$, liege in der Grundrißebene π_1. (Figur 119.) Die Pyramide werde mit einer Ebene ε geschnitten, die durch ihre erste Spur e_1 und den Schnittpunkt B_5 von ε mit der Seitenkante SA_5 der Pyramide festgelegt ist. Einfachheitshalber möge die Spur e_1 das Basissechseck $A_1 \cdots A_6$ nicht schneiden. Unter diesen Voraussetzungen entsteht ein Schnittsechseck $B_1 \cdots B_6$, dessen fehlende Ecken in einer Schrägrißskizze konstruiert werden sollen.

Um den Schnittpunkt B_4 der Kante SA_4 mit ε zu finden, verbindet man SA_4 mit SA_5 durch eine Ebene (= Seitenfläche A_4A_5S) und schneidet diese mit ε. Von der Schnittgeraden b_4 kennt man bereits den Punkt B_5. Ein weiterer Punkt C_4 ergibt sich im Schnitt von $a_4 = A_4A_5$ mit e_1. Die Verbindungsgerade $b_4 = B_5C_4$ trifft die Kante SA_4 in B_4. Die übrigen Ecken der Schnittfigur sind nach demselben Verfahren zu konstruieren, wobei stets eine Kante mit bekanntem Schnittpunkt B_i mit

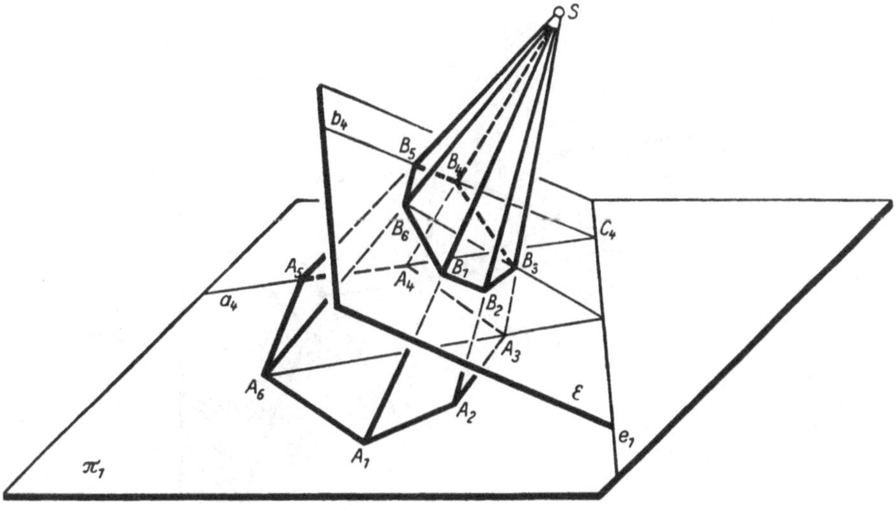

Figur 119

einer Kante, deren Schnittpunkt noch fehlt, zu kombinieren ist. Die beiden verwendeten Kanten müssen dabei nicht in einer Seitenfläche der Pyramide liegen. Zur Erreichung größerer Zeichengenauigkeit empfiehlt es sich, von einer Kante mit größerem Spurabstand ($= \overline{A_i\, e_1}$) zu einer Kante mit kleinerem Spurabstand fortzuschreiten.

Zwischen der Schnittebene ε und der Basisebene π_1 ist damit eine eineindeutige Punktverwandtschaft erklärt, die man *perspektive Kollineation* nennt. Aus Figur 119 entnimmt man folgende Grundeigenschaften der perspektiven Kollineation:

1. Entsprechende Punkte liegen auf einer Geraden (= *Kollineationsstrahl*) durch die Pyramidenspitze S (= *Kollineationszentrum*).
2. Punkte der Spur e_1 (= *Kollineationsachse*) entsprechen sich selber.
3. Einer Geraden entspricht wieder eine Gerade (*lineare* Punktverwandtschaft).
4. Entsprechende Geraden schneiden einander in der Kollineationsachse (der Schnittpunkt kann auch der Fernpunkt der Kollineationsachse sein).

5. Inzidenz von Punkt und Gerade entspricht wieder Inzidenz von Punkt und Gerade.

Ein Vergleich mit der perspektiven Affinität läßt diese als einen Grenzfall der perspektiven Kollineation erkennen, bei dem das Kollineationszentrum in das Unendliche gerückt ist. Es werden daher bei der perspektiven Kollineation nicht mehr alle Eigenschaften der perspektiven Affinität auftreten können. Nur tiefer liegende geometrische Eigenschaften bleiben bei einer kollinearen Transformation erhalten. So geht z. B. die Invarianz des Teilverhältnisses dreier Punkte einer

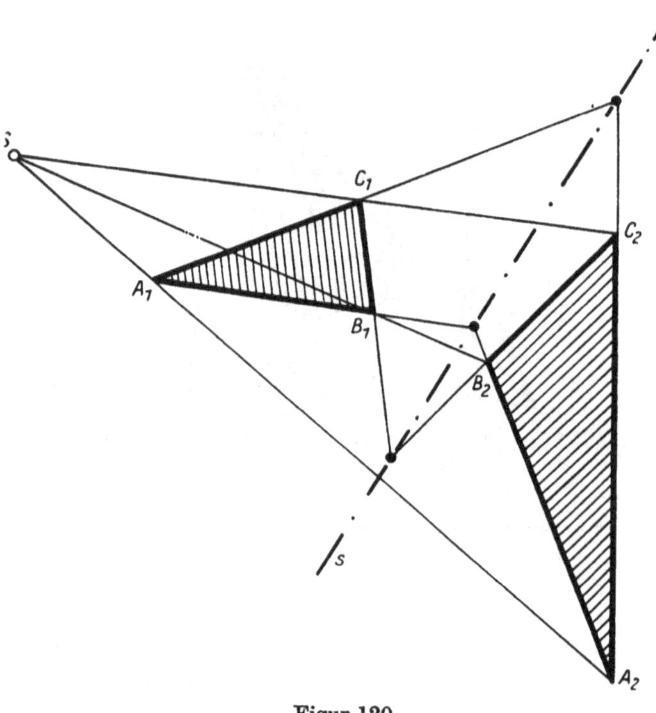

Figur 120

Geraden verloren. Auch gehen Fernpunkte im allgemeinen nicht wieder in Fernpunkte über. Die Invarianten einer Kollineation sollen erst später, bei genauerer Untersuchung der Zentralprojektion, besprochen werden.

Figur 119 läßt noch eine andere Deutung zu. Faßt man nämlich die Pyramidenspitze S als *Augpunkt*, die Pyramidenkanten als *Sehstrahlen* auf, so kann man das Basispolygon $A_1 \cdots A_6$ als *Zentralriß* des Schnittsechsecks $B_1 \cdots B_6$ deuten und umgekehrt. Das gibt den

Satz. *Durch Zentralprojektion einer Ebene auf eine andere entsteht zwischen den beiden Ebenen eine perspektive Kollineation mit dem Sehzentrum als Kollineationszentrum und der Schnittgeraden der beiden Ebenen als Kollineationsachse.* Ist die

Schnittgerade der beiden Ebenen ihre (gemeinsame) Ferngerade, so ist die perspektive Kollineation eine *zentrische Ähnlichkeit.*

Durch Zentral- oder Parallelprojektion dieser *räumlichen* perspektiven Kollineation auf eine Bildebene entsteht in dieser eine *ebene* perspektive Kollineation, bei der das Bild des Auges in das Kollineationszentrum, das Bild der Schnittgeraden in die Kollineationsachse und die Bilder der Sehstrahlen in die Kollineationsstrahlen übergehen.

Dabei hat man sich die Bildebene als in zwei Exemplaren vorhanden vorzustellen. Zwischen diesen beiden vereinigt liegenden ebenen Feldern besteht eine ebene perspektive Kollineation, die dieselben Eigenschaften besitzt wie die geschilderte räumliche perspektive Kollineation. Damit allerdings die oben angeführten Eigenschaften ausnahmslos gelten, hat man alle Ebenen als projektive Ebenen anzusehen, also auch die Fernpunkte zu betrachten, die bei einer kollinearen Transformation i. a. in eigentliche Punkte übergehen. Auch darüber wird erst an späterer Stelle genauer berichtet werden.

Nach der Konstruktion in Figur 120 gilt für die ebene Kollineation — analog wie bei einer perspektiven Affinität — der

Satz. *Durch Angabe der Kollineationsachse, des Kollineationszentrums und eines Paares entsprechender Punkte ist eine ebene perspektive Kollineation bestimmt* (d. h., man kann zu jedem weiteren Punkt des einen Feldes den entsprechenden Punkt des anderen Feldes konstruieren).

* Betrachtet man in Figur 119 irgend drei Punkte der Schnittfigur und die entsprechenden Punkte der Basis, so erkennt man die Richtigkeit des Satzes von Desargues (1636):

Gehen die Verbindungsgeraden entsprechender Punkte zweier Dreiecke durch einen Punkt, so liegen die Schnittpunkte entsprechender Dreiecksseiten auf einer Geraden (= Desargues*sche Gerade* oder *Achse* der beiden zentralperspektiv gelegenen Dreiecke). — Diese Aussage gilt sowohl für die zwei Dreiecke im Raum als auch für ihre Bilder (Figur 120). *

§ 54. Pyramidenstumpf. Netz, Abwicklung des Mantels einer Pyramide

Aufgabe 58. (Figur 121.) Gegeben seien eine vierseitige Pyramide $\left(\begin{matrix} S \\ A_1A_2A_3A_4 \end{matrix}\right)$, die auf π_1 steht, und eine Ebene $\varepsilon = e_1e_2$. Man schneide die Pyramide mit ε, zeichne den entstehenden Pyramidenstumpf (ε ist dabei durchsichtig zu denken) und entwerfe ein Netz des Stumpfes.

Lösung. Zur Vereinfachung der Konstruktion führt man eine an π_1 angehängte Seitenrißebene π_3 normal zu ε ein, wählt mithin x_{13} normal zu e_1. Da ε in bezug auf π_3 projizierend ist, erscheint im Seitenriß das Schnittviereck $B_1 \cdots B_4$ als eine Strecke in $e_3 = \varepsilon'''$. Man kann daher nach Konstruktion der dritten Spur e_3 dem Seitenriß die Schnittpunkte $B_1 \cdots B_4$ der Seitenkanten mit ε entnehmen und führt diese mittels Ordner zunächst in den Grundriß und anschließend in den Aufriß. (Figur 121a.) Sollten hierbei schleifende Schnitte auftreten, so lassen sich diese bei der Konstruktion des Grundrisses $B_1' \cdots B_4'$ z. B. durch Ausnützung der perspektiven Kollineation, die zwischen den Ebenen der Vierecke $B_1 \cdots B_4$ und $A_1 \cdots A_4$ besteht, vermeiden. Man könnte auch die Invarianz des Teilverhältnisses dreier Punkte einer Geraden bei Parallelprojektion verwenden. Es gilt ja $(SA_i \cdot B_i) = (S'''A_i''' \cdot B_i''') = (S'A_i' \cdot B_i')$. Zur Konstruktion des Aufrisses $B_1'' \cdots B_4''$ über-

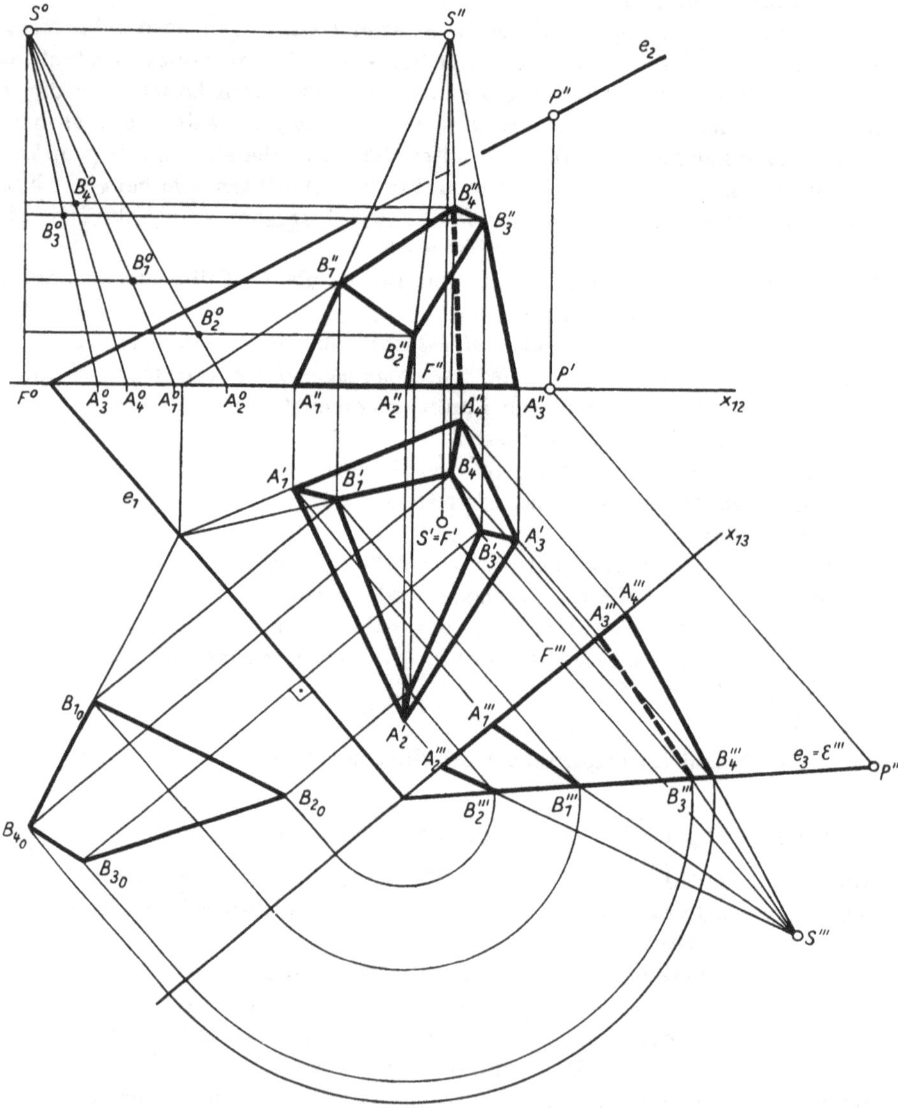

a)

Figur 121 a

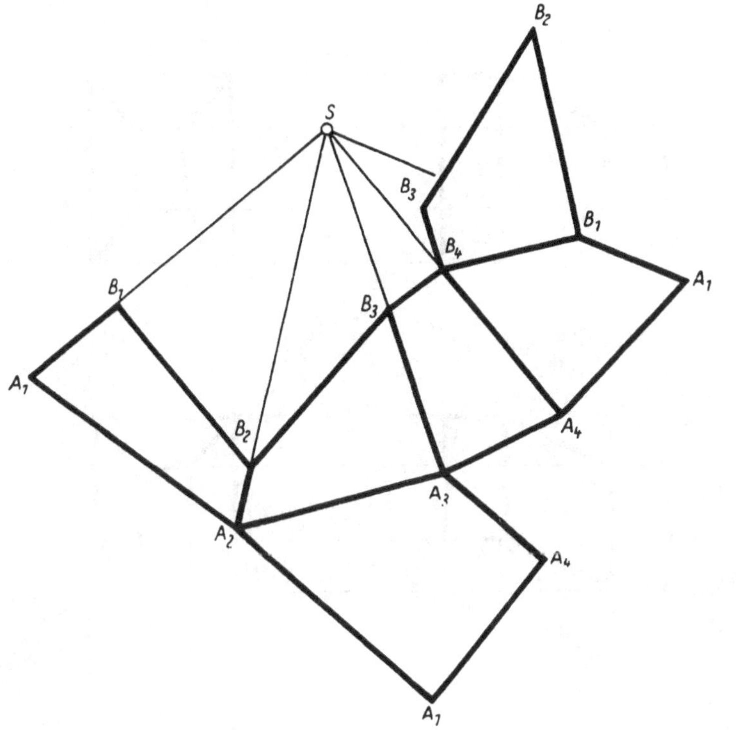

b)

Figur 121 b

trägt man mit Vorteil die aus dem Seitenriß zu entnehmenden ersten Tafelabstände der Ecken B_i. Auch Angittern dieser Punkte in ε würde ungünstige Ordnerschnitte vermeiden. Schließlich könnte man noch die perspektive Affinität ausnützen, die zwischen Auf- und Grundriß einer ebenen Figur besteht (Affinitätsachse = Bild der Koinzidenzgeraden von ε).

Die wahre Gestalt der Schnittfigur findet man etwa, wie Figur 121 zeigt, durch Umlegen der Ebene ε um ihre erste Spur. Auch hierbei ist die Verwendung der perspektiven Affinität, die zwischen dem Grundriß einer ebenen Figur und ihrer Umlegung besteht, vorteilhaft auszunützen und liefert ausgezeichnete Konstruktionskontrollen.

Zum Entwurf eines Netzes des Pyramidenstumpfes zeichnet man zweckmäßig zunächst eine Abwicklung des Pyramidenmantels. Die dazu erforderlichen Längen der einzelnen Pyramidenseitenkanten findet man etwa durch Paralleldrehen im Aufriß. Dabei kann man zur Entlastung der Zeichnung an Konstruktionslinien diese Konstruktion durch waagerechte Ordner aus der Figur herausziehen. Es ist hierbei stets $\overline{F^0A^0_i} = \overline{S'A'_i}$ zu machen. Waagerechte Ordner durch die Punkte B_1'' liefern in dieser Nebenfigur die Punkte B_i^0, wodurch die wahren Entfernungen

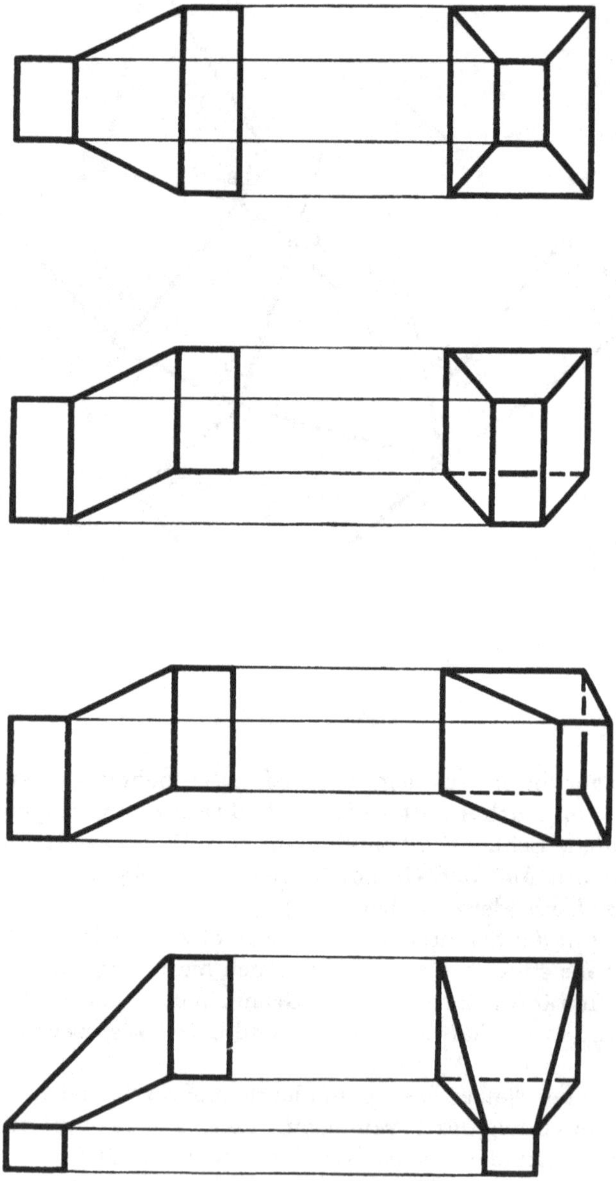

Figur 122

$\overline{SB_i} = \overline{S^0 B_i^0}$ erscheinen. Da die Grundkanten der Pyramide im Grundriß in wahrer Größe zu sehen sind, läßt sich nun der Mantel der Pyramide durch Aneinanderfügen der Seitenflächen (Dreiecke) in entsprechender Reihenfolge und sodann der Mantel des Pyramidenstumpfes zeichnen. Basis- und Schnittfigur werden an geeigneten Seiten des abgewickelten Mantels des Pyramidenstumpfes angefügt (in Figur 121b wurde der Pyramidenmantel als längs der Kante A_1B_1 aufgeschnitten gedacht).

Aufgabe 59 (für den Leser). Man zeichne eine regelmäßige quadratische Pyramide, die auf π_1 steht; eine Basiskante sei unter 30° gegen die x_{12}-Achse geneigt. Sodann konstruiere man Auf- und Grundriß jenes Linienzuges, der von der Basisecke A ausgehend über den Mantel hinweg auf dem kürzesten Wege nach A zurückführt. (Anleitung: Der Leser beachte, daß der kürzeste Weg zwischen zwei Punkten einer Ebene die Verbindungsstrecke derselben ist. Man benütze daher eine Verebnung des Pyramidenmantels, den man sich längs der Seitenkante durch A aufgeschnitten denke.)

Aufgabe 60 (für den Leser). In Figur 122 sind Übergangsstücke abgebildet, die zur Reduzierung einer Leitung mit rechteckigem Querschnitt dienen. Man zeichne Verebnungen dieser Übergangsstücke.

Prismen

§ 55. Grundbegriffe

Eine Gerade e werde längs eines Polygons parallel zu sich verschoben (ist das Polygon eben, so soll e nicht in seiner Ebene liegen). e überstreicht dabei eine *Prismenfläche*. Man kann sich eine Prismenfläche aus einer Pyramidenfläche entstanden denken, wenn der Scheitel S der Pyramidenfläche ins Unendliche rückt. Jede Lage von e nennt man eine *Erzeugende* der Prismenfläche. Geht eine Erzeugende e durch eine Ecke oder enthält eine Seite des zugrunde gelegten Polygons, so heißt sie *Prismenkante*, wenn die von den beiden angrenzenden Polygonseiten aufgespannte Ebene die Erzeugende e nicht enthält bzw. diese beiden Polygonseiten keine Ebene festlegen. Die einzelnen ebenen Begrenzungsflächen (Parallelstreifen) sind die *Seitenflächen* der Prismenfläche. Die Gesamtheit der Seitenflächen wird auch *Mantel* genannt.

Schneidet man eine Prismenfläche mit zwei Parallelebenen (*Basis-* und *Deckebene*, nicht parallel zu den Kanten), so nennt man den dadurch abgegrenzten endlichen Raum ein *Prisma* und versteht darunter neben dem so definierten Körper auch die Gesamtheit der ihn begrenzenden Polygone. Stehen die Kanten eines Prismas auf der Basisebene normal, so nennt man das Prisma *gerade*, sonst *schief*. Ist die Basis eines geraden Prismas und seine (kongruente) Deckfläche ein regelmäßiges Polygon, so heißt das Prisma *regelmäßig* oder *regulär*.

§ 56. Ebener Schnitt eines Prismas. Perspektive Affinität

Da man eine Prismenfläche, wie bereits erwähnt, als eine Pyramidenfläche mit unendlich fernem Scheitel auffassen kann, wird auch die Punktverwandtschaft, die zwischen zwei ebenen Schnitten eines Prismas besteht, aus einer perspektiven Kollineation hervorgehen, wenn das Kollineationszentrum ins Unendliche rückt. Das heißt aber, daß zwischen zwei ebenen Schnitten eines Prismas (keine Schnittebene parallel zu den Kanten) eine *perspektive Affinität* besteht, bei der die Pris-

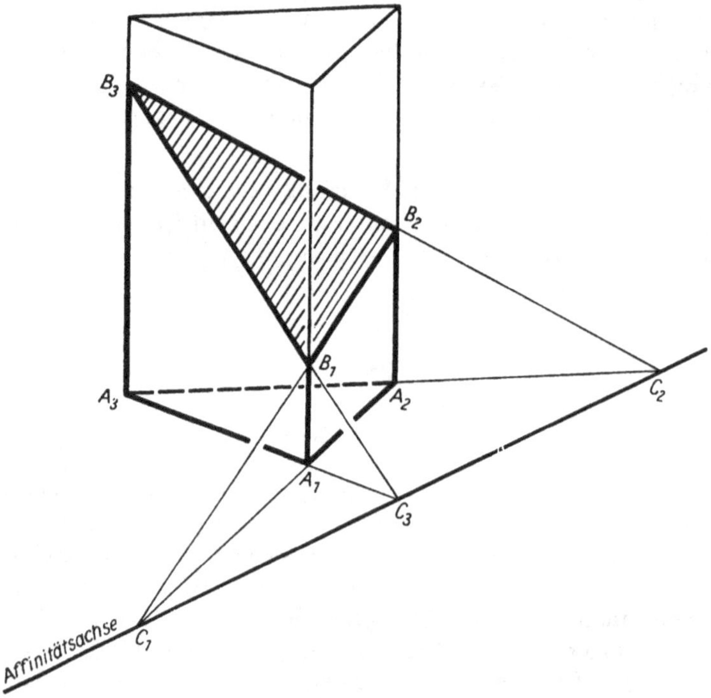

Figur 123

menerzeugenden Affinitätsstrahlen sind und die Schnittgerade der beiden Ebenen die Affinitätsachse vorstellt. Diese *räumliche* perspektive Affinität geht i. a. durch Parallelprojektion auf eine Bildebene in eine *ebene* perspektive Affinität über.

Figur 123 zeigt diese Verhältnisse in einer Schrägrißskizze an einem dreiseitigen Prisma. Diese Figur läßt noch zwei weitere Deutungen zu:

a) Faßt man die Prismenerzeugenden als Sehstrahlen auf, so kann man das Basispolygon $A_1A_2A_3$ als Parallelprojektion des Schnittpolygons $B_1B_2B_3$ deuten, und umgekehrt. *Durch Parallelprojektion einer Ebene auf eine andere entsteht also i. a.*

zwischen den beiden Ebenen eine perspektive Affinität. Sind die beiden Ebenen parallel, so ist die perspektive Affinität eine *Kongruenz.*

b) Faßt man die Prismenerzeugenden als Lichtstrahlen auf, so läßt sich das eine Dreieck als Schlagschatten des anderen bei Parallelbeleuchtung deuten.

Aufgabe 61 (Figur 124.) Gegeben sei ein gerades quadratisches Prisma mit der Basisebene in π_2. Man schneide das Prisma mit einer erstprojizierenden Ebene, die gegen π_2 unter 45° geneigt ist und konstruiere das Netz des so entstandenen Körpers.

Lösung. Da die wahren Längen aller auftretenden Kanten aus Auf- und Grundriß direkt zu entnehmen sind, läßt sich das Netz, wie Figur 124 zeigt, ohne weitere Nebenkonstruktionen zeichnen.

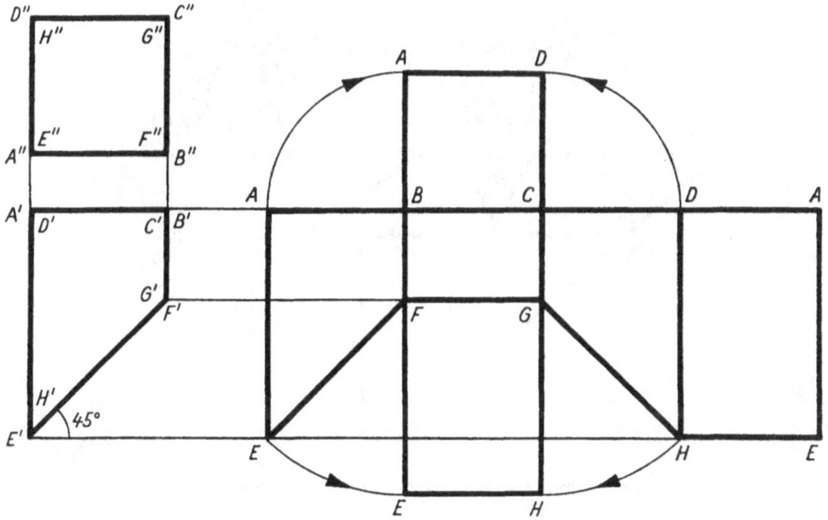

Figur 124

§ 57. Verebnung des Mantels eines schiefen Prismas

Aufgabe 62. (Figur 125.) Man verebne den Mantel eines schiefen Prismas, das durch zwei parallele Ebenen begrenzt ist.

Lösung. Bei Verebnung des Mantels eines schiefen Prismas gehen Basis- und Deckpolygon in Streckenzüge über, die nicht auf Geraden liegen. Man verwendet daher zweckmäßig einen Normalschnitt des Prismas, d. h. den Schnitt mit einer Ebene ν, die zu den Prismenkanten normal steht. Bei Verebnung des Mantels kommen nämlich die zum Normalschnitt gehörigen Strecken $\overline{B_1^0 B_2^0}$, $\overline{B_2^0 B_3^0}, \ldots$ auf eine Gerade zu liegen.

Zur Vereinfachung der Konstruktion wurden in Figur 125 die Prismenkanten parallel zu π_2 angenommen, so daß eine Normalschnittebene ν zweitprojizierend

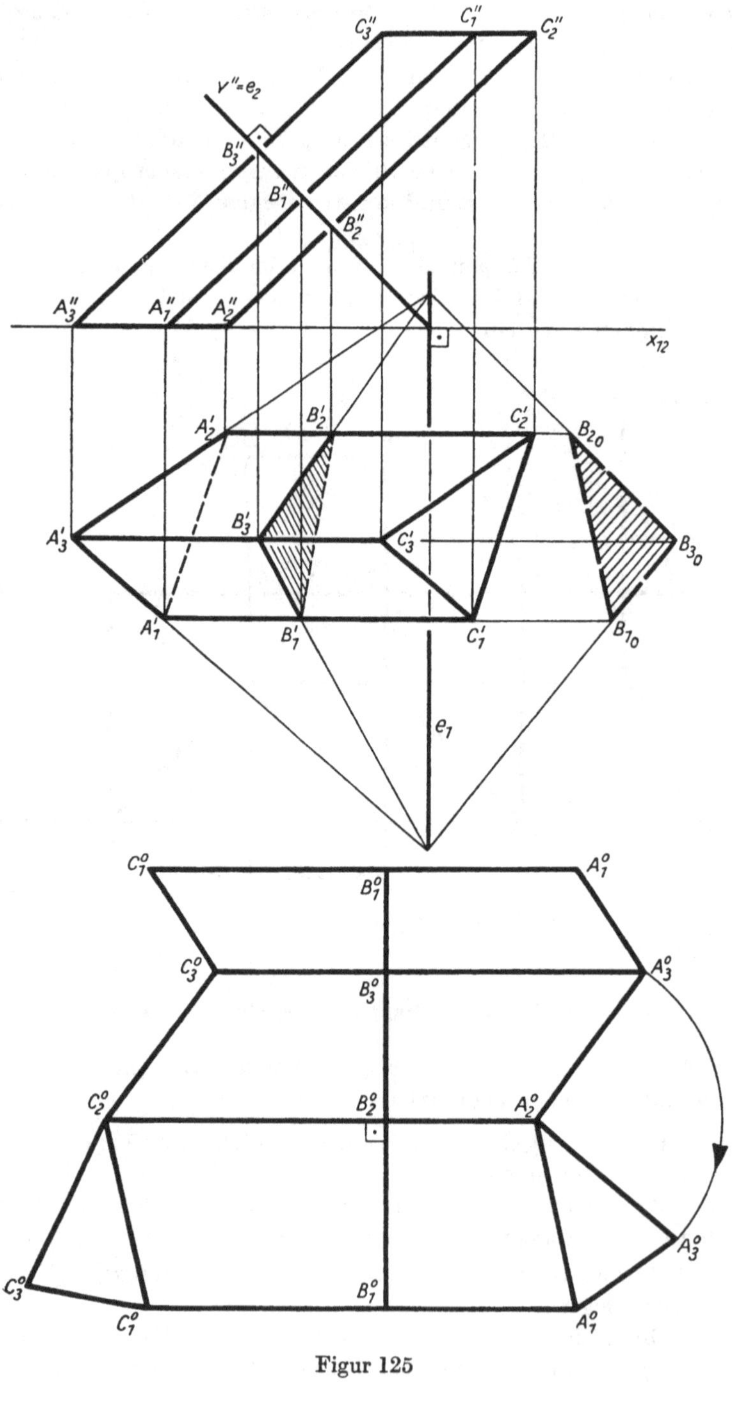

C_3''
C_1''
C_2''
$v''=e_2$
B_3''
B_1''
B_2''
A_3''
A_1''
A_2''
x_{12}
A_2'
B_2'
C_2'
B_{2_0}
A_3'
B_3'
C_3'
B_{3_0}
A_1'
B_1'
C_1'
B_{1_0}
e_1
C_1^0
B_1^0
A_1^0
C_3^0
B_3^0
A_3^0
C_2^0
B_2^0
A_2^0
A_3^0
C_3^0
B_1^0
C_1^0
A_1^0

Figur 125

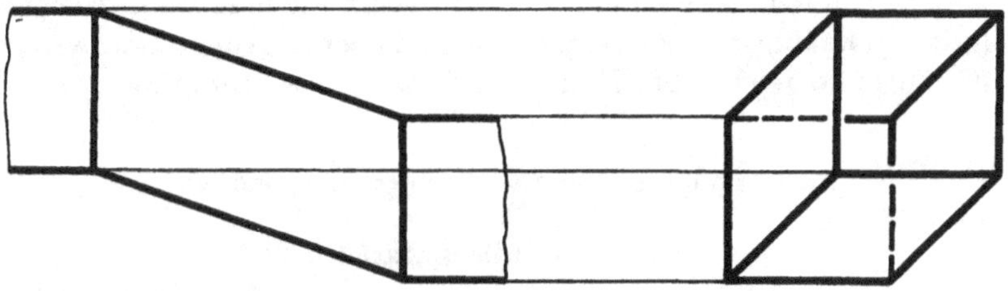

Figur 126

wird. Zur Konstruktion des Netzes benötigt man die wahre Gestalt des Normalschnittes B_i. Diese kann man etwa durch Umlegen von ν um ihre erste Spur finden. Nun kann man im Netz auf einer Geraden die Punkte B_i^0 zeichnen ($\overline{B_k^0 B_{k+1}^0} = \overline{B_k B_{k+1}} = \overline{B_{k,0} B_{k+1,0}}$). In der Verebnung erscheinen die Prismenkanten zur Geraden B_1^0, B_2^0, ... normal und in wahrer Länge. Diese benötigten Strecken sind dem Aufriß zu entnehmen, also $\overline{A_1^0 B_1^0} = \overline{A_1 B_1} = \overline{A_1'' B_1''}$ usw.

Aufgabe 63 (für den Leser). In Figur 126 ist ein prismatisches Übergangsstück zwischen zwei versetzten quadratischen Querschnitten einer Leitung dargestellt. Man zeichne eine Verebnung des Übergangsstückes.

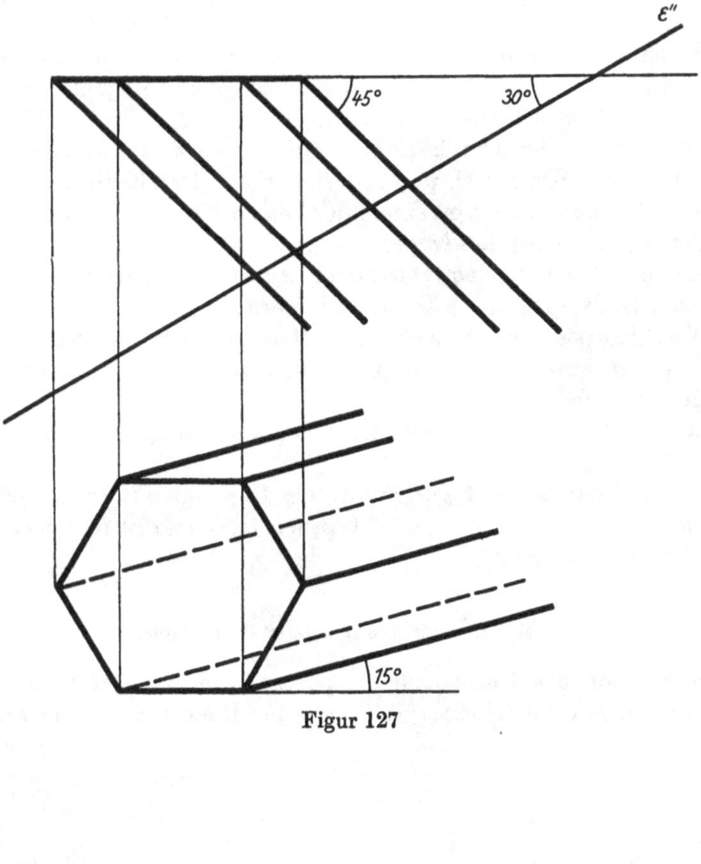

Figur 127

Aufgabe 64 (für den Leser). Man schneide das in Figur 127 angegebene schiefe Prisma (mit regelmäßiger sechseckiger Basis) mit der angedeuteten zweitprojizierenden Ebene ε und zeichne ein Netz des prismatischen Stumpfes.

Durchdringung ebenflächig begrenzter Körper

§ 58. Konstruktionsprinzipien

Zwei Polyeder haben (reelle Schnitte vorausgesetzt) i. a. ein *räumliches Durchdringungspolygon* gemeinsam, wobei wir den oben eingeführten Begriff eines Polygons dahingehend erweitern, daß ein Polygon auch aus zwei oder mehreren Teilen bestehen kann. Das Durchdringungspolygon wird gewöhnlich nach folgenden zwei Methoden bestimmt:

1. *Kantenmethode.* Man schneidet sämtliche Kanten des ersten Körpers $\mathfrak{K}_1$ mit dem anderen Körper $\mathfrak{K}_2$ und umgekehrt die Kanten von $\mathfrak{K}_2$ mit $\mathfrak{K}_1$. Damit sind die Ecken des Durchdringungspolygons konstruiert.
2. *Ebenenmethode.* Man schneidet sämtliche Seitenflächen des ersten Körpers $\mathfrak{K}_1$ mit dem anderen Körper $\mathfrak{K}_2$ und umgekehrt die Seitenflächen von $\mathfrak{K}_2$ mit $\mathfrak{K}_1$. Dadurch erhält man die Seiten des Durchdringungspolygons.

Bei der Ebenenmethode liefert jeder der auszuführenden ebenen Schnitte mit dem einen der beiden Körper ein ebenes Schnittpolygon, von dem erst jene Seiten auszusuchen sind, die dem Durchdringungspolygon von $\mathfrak{K}_1$ mit $\mathfrak{K}_2$ angehören. Es erweist sich daher die Kantenmethode als vorteilhafter. Die Ebenenmethode verwendet man meist nur zur Kontrolle des gefundenen Polygons oder an Stellen, wo die Kantenmethode schleifende Schnitte ergibt.

Nach Konstruktion des Durchdringungspolygons ist der *Kernkörper*, das gemeinsame Stück der Körper $\mathfrak{K}_1$ und $\mathfrak{K}_2$ erkennbar. Der Kernkörper wird auch *Stoß* genannt. Entfernt man von einem der beiden Körper das Kernstück, so erhält man den sogenannten *Restkörper*.

Im folgenden sollen vor allem Durchdringungen von Prismen und Pyramiden (mit konvexen Basispolygonen) besprochen werden.

Zwei solche Körper können sich in vielfältiger Weise durchdringen. Man pflegt drei Fälle als wesentlich zu unterscheiden. Je nach ihrer gegenseitigen Lage durchdringen sie sich

a) in einem einfach zusammenhängenden Polygon (*Ausreißung* oder *Eindringung*) (Figur 128),
b) in einem geschlossenen Polygon mit einem Doppelpunkt (Figur 130),
c) in zwei getrennten geschlossenen Polygonen (*vollständige Durchdringung* oder *Durchbohrung*) (Figur 132).

§ 59. Durchdringung zweier Pyramiden

Die Konstruktion des Durchdringungspolygons zweier Pyramiden mit Hilfe der Kantenmethode erfolgt derart, daß man durch die Kanten der ersten Pyramide $\mathfrak{K}_1$ Ebenen legt, die die zweite Pyramide $\mathfrak{K}_2$ möglichst einfach schneiden. Dies erreicht man dadurch, daß die Hilfsebenen auch durch die Spitze S_2 von $\mathfrak{K}_2$ gelegt werden. Jede derartige Ebene ε, der also die *Scheitelgerade* S_1S_2 angehört, schneidet $\mathfrak{K}_2$ nach einer Erzeugenden, auf der die Durchstoßpunkte der gewählten Pyramidenkante von $\mathfrak{K}_1$ mit $\mathfrak{K}_2$ liegen. Schneidet ε die Pyramide $\mathfrak{K}_2$ nicht reell,

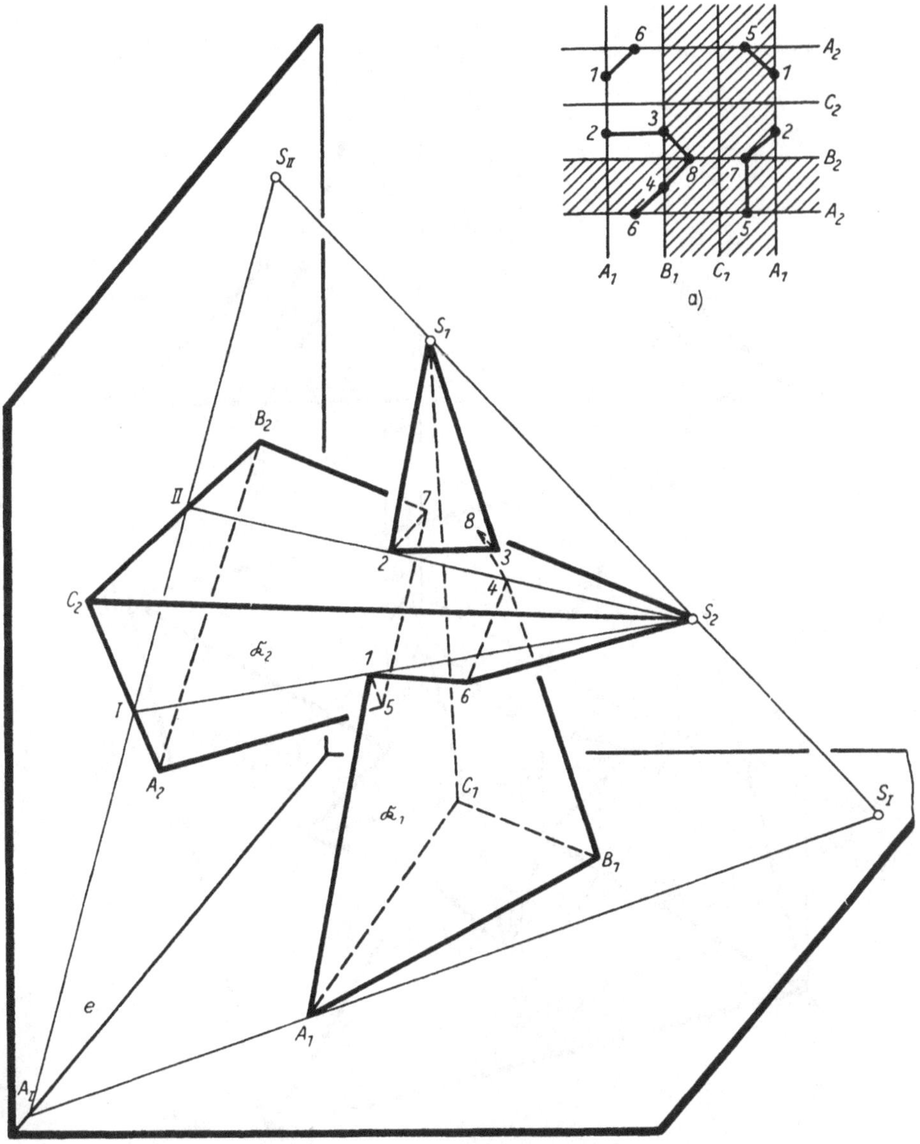

Figur 128

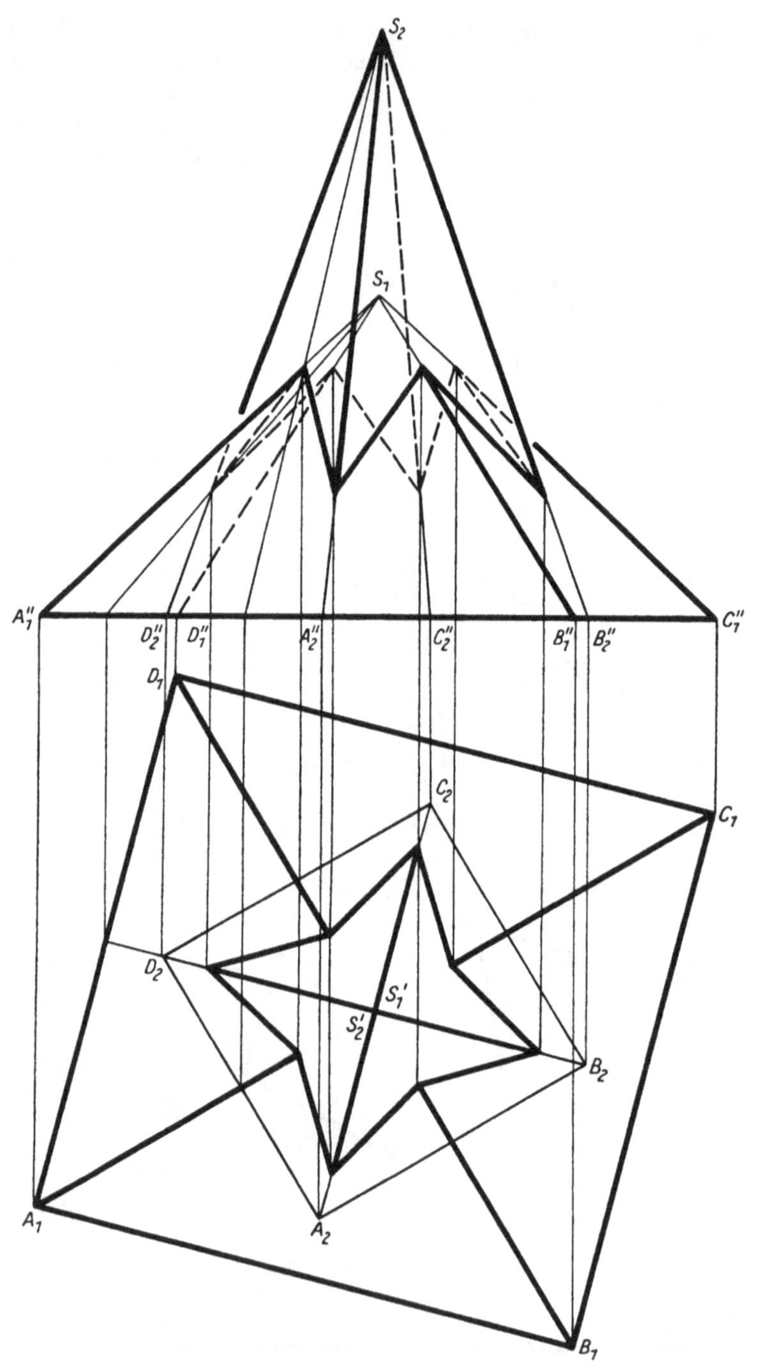

Figur 129

dann liegen auf der betreffenden Kante von $\mathfrak{K}_1$ keine (reellen) Durchstoßpunkte mit $\mathfrak{K}_2$. Hat man alle Kanten von $\mathfrak{K}_1$ zur Konstruktion herangezogen, so dehnt man das Verfahren auf die Kanten von $\mathfrak{K}_2$ in analoger Weise aus. Die verwendeten Hilfsebenen gehören abermals dem Büschel der Scheitelgeraden S_1S_2 an.

In Figur 128 liege ein durch Zentral- oder Parallelprojektion erhaltenes Bild zweier dreiseitiger Pyramiden $\left(\begin{matrix} S_1 \\ A_1 \cdots C_1 \end{matrix}\right)$ und $\left(\begin{matrix} S_2 \\ A_2 \cdots C_2 \end{matrix}\right)$ vor. Ferner sei das Bild der Schnittgeraden e der beiden Basisebenen sowie die Bilder der Durchstoßpunkte S_I und S_{II} der Scheitelgeraden $s = S_1S_2$ mit den Basisebenen gegeben. Die zur Konstruktion der Durchstoßpunkte der Kante A_1S_1 mit $\mathfrak{K}_2$ nötigen Hilfslinien wurden eingezeichnet:

1. $S_I A_1 \cdot e = A_I$,
2. $S_{II} A_I \cdot A_2 C_2 = I$; $\quad S_{II} A_I \cdot C_2 B_2 = II$,
3. $I\, S_2 \cdot A_1 S_1 = 1$; $\quad II\, S_2 \cdot A_1 S_1 = 2$.

Nach Konstruktion sämtlicher Durchstoßpunkte hat man diese in richtiger Reihenfolge zum Durchdringungspolygon zu verbinden. Man kann die häufig ziemlich schwer vorstellbaren Linienzüge des Durchdringungspolygons leichter erkennen, wenn man sich eines *Schemas* bedient, das die Kanten der beiden Pyramiden vorstellt, wie es Figur 128a zeigt. Jeder konstruierte Punkt erhält ein Bild auf der entsprechenden Kante in dem zugeordneten Feld des Schemas. Punkte auf Grenzlinien (das sind in Figur 128a die Punkte *1*, *2*, *5*, *6*) treten zweimal auf. Sodann sind die Punkte des Schemas (also die Bildpunkte der Ecken des Durchdringungspolygons) derart zu verbinden, daß keine Verbindungsstrecke eine Linie des (rechteckigen) Schemas schneidet, es sei denn in einem der Bildpunkte. Kennzeichnet man im Schema noch die im Bild unsichtbaren Flächen der beiden Pyramiden etwa durch Schraffen, so kann man aus dem Schema auch ablesen, welche Seiten des Durchdringungspolygons in der Zeichnung sichtbar erscheinen; deren Bilder dürfen im Schema in keinem schraffierten Gebiet liegen.

In Figur 129 wurde das Durchdringungspolygon zweier Pyramiden im Auf- und Grundriß dargestellt. Da beide Basisebenen in π_1 liegen, verläuft hier die Konstruktion so einfach, daß eine weitere Erläuterung sich ebenso erübrigt wie die Verwendung eines Schemas der Durchdringung.

§ 60. Durchdringung von Pyramide und Prisma

Die Scheitelgerade, der Träger des Hilfsebenenbüschels, geht durch die Spitze S_2 der Pyramide $\mathfrak{K}_2$ parallel zu den Kanten des Prismas $\mathfrak{K}_1$ (durch die unendlich ferne Spitze des Prismas). Alle weiteren Überlegungen sind völlig die gleichen wie bei der Durchdringung zweier Pyramiden. Figur 130 zeigt die Durchdringung einer dreiseitigen Pyramide mit einem vierseitigen Prisma, 130a die beiden Restkörper und das Kernstück.

Besonders einfach gestaltet sich die Konstruktion in zugeordneten Normalrissen, wenn die Kanten des Prismas projizierend sind. Dies ist in Figur 131 ersichtlich.

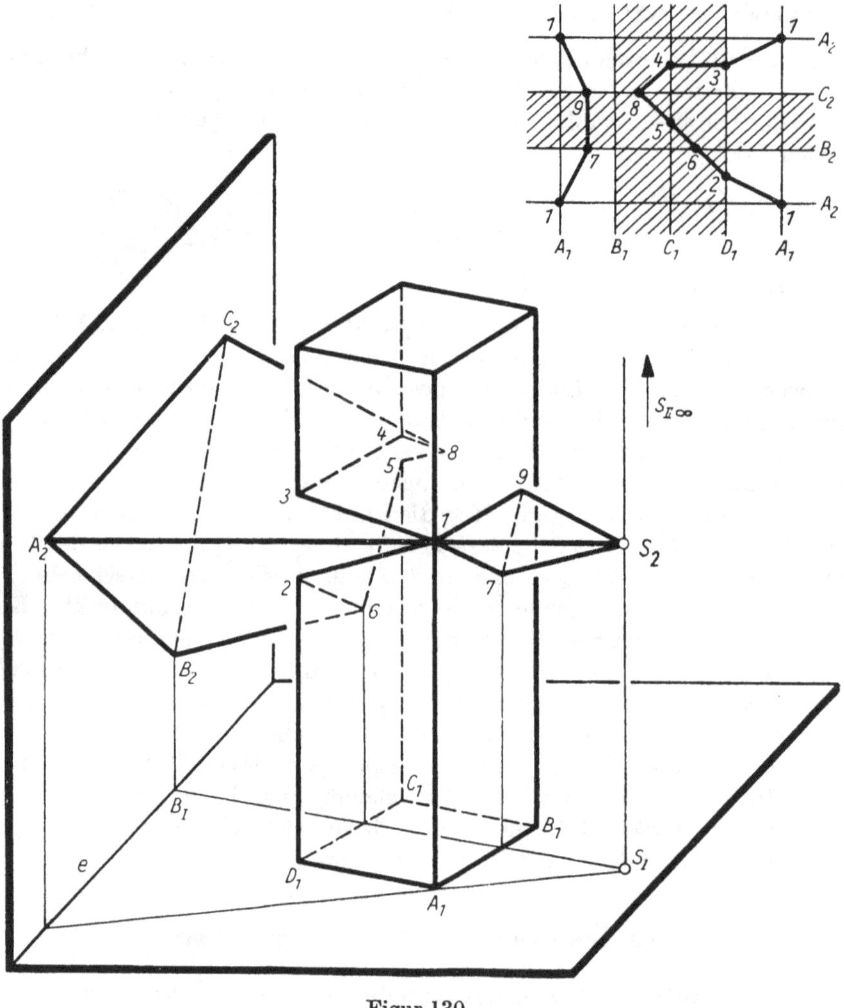
1
1
A2
4
3
C2
9
8
5
B2
7
6
2
1
1
A2
A1
B1
C1
D1
A1
C2
SII∞
4
8
5
3
9
A2
1
S2
2
7
6
B2
C1
B1
B1
e
D1
S1
A1

Figur 130

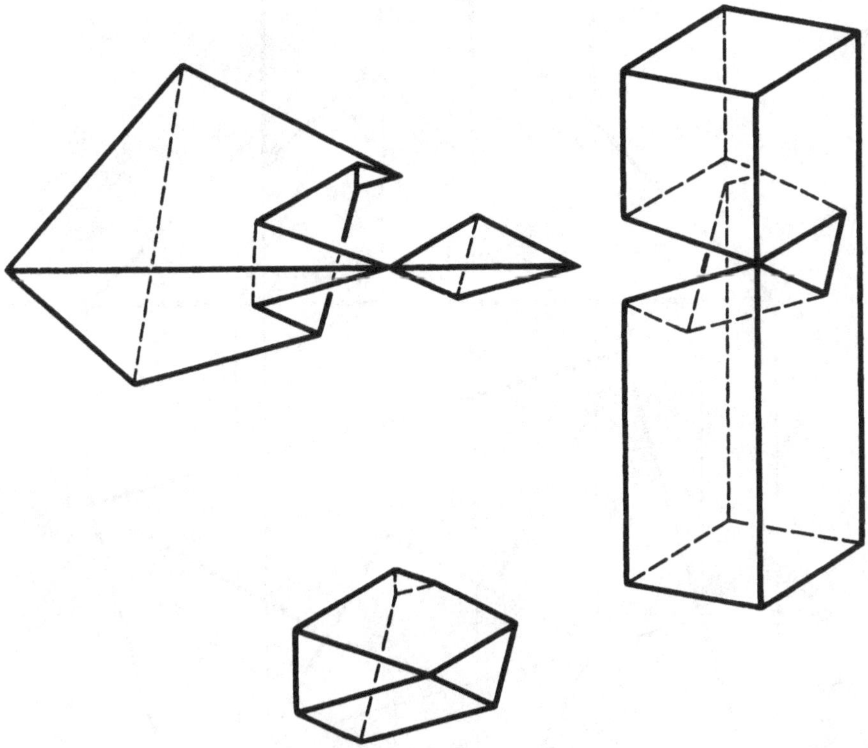

Figur 130a

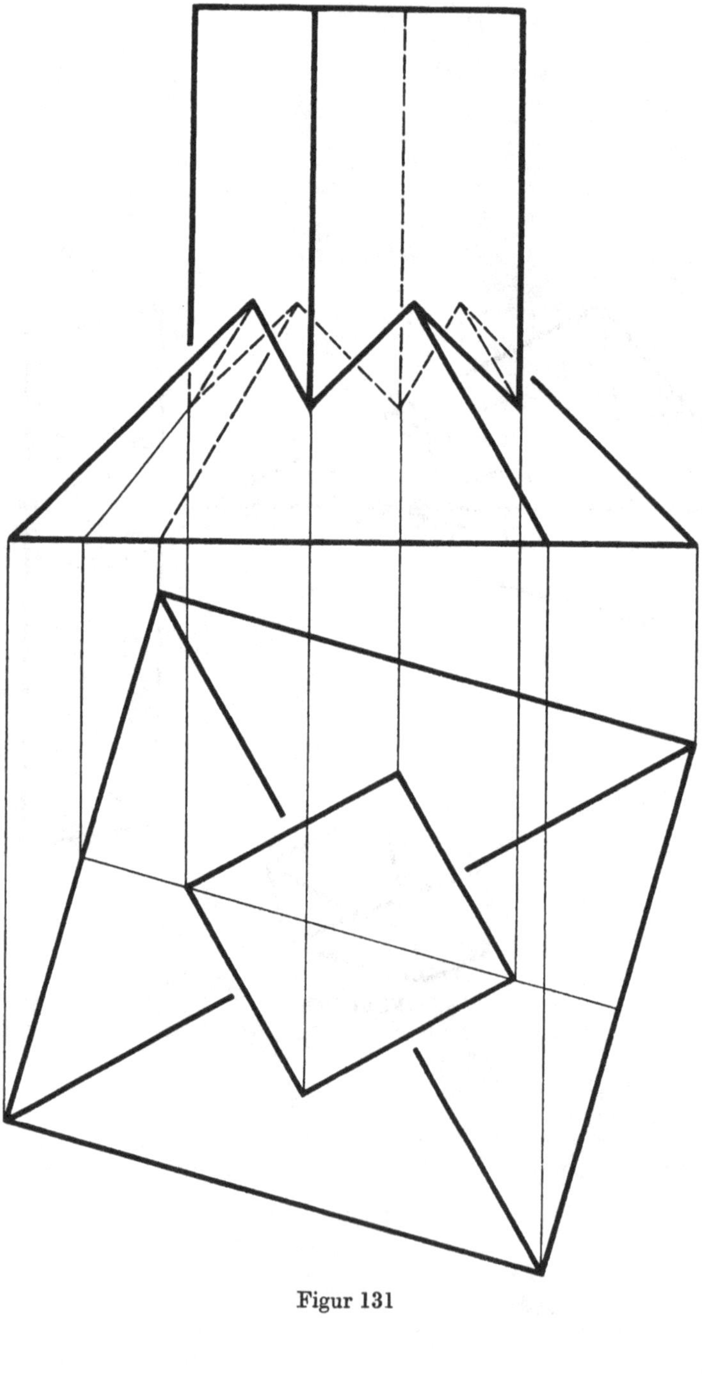

Figur 131

§ 61. Durchdringung zweier Prismen

Sollen zwei Prismen zur Durchdringung gebracht werden, so wählt man die Hilfsebenen parallel zu den Kanten beider Prismen. Die Hilfsebenen gehören dem Parallelebenenbüschel an, dessen Träger die unendlich ferne Scheitelgerade ist. Figur 132 zeigt die zur Konstruktion der Durchstoßpunkte nötigen Linien für die Kante durch A_2.

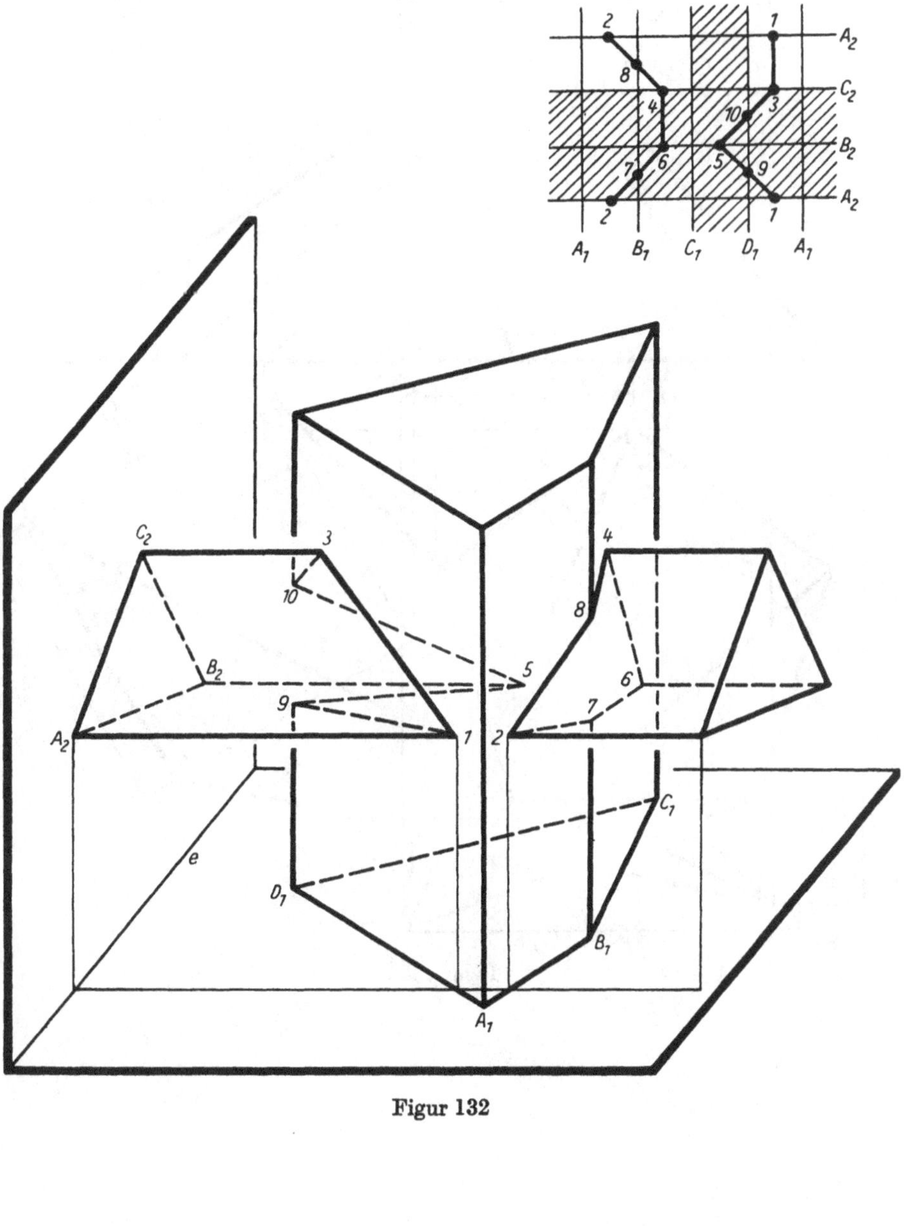

Figur 132

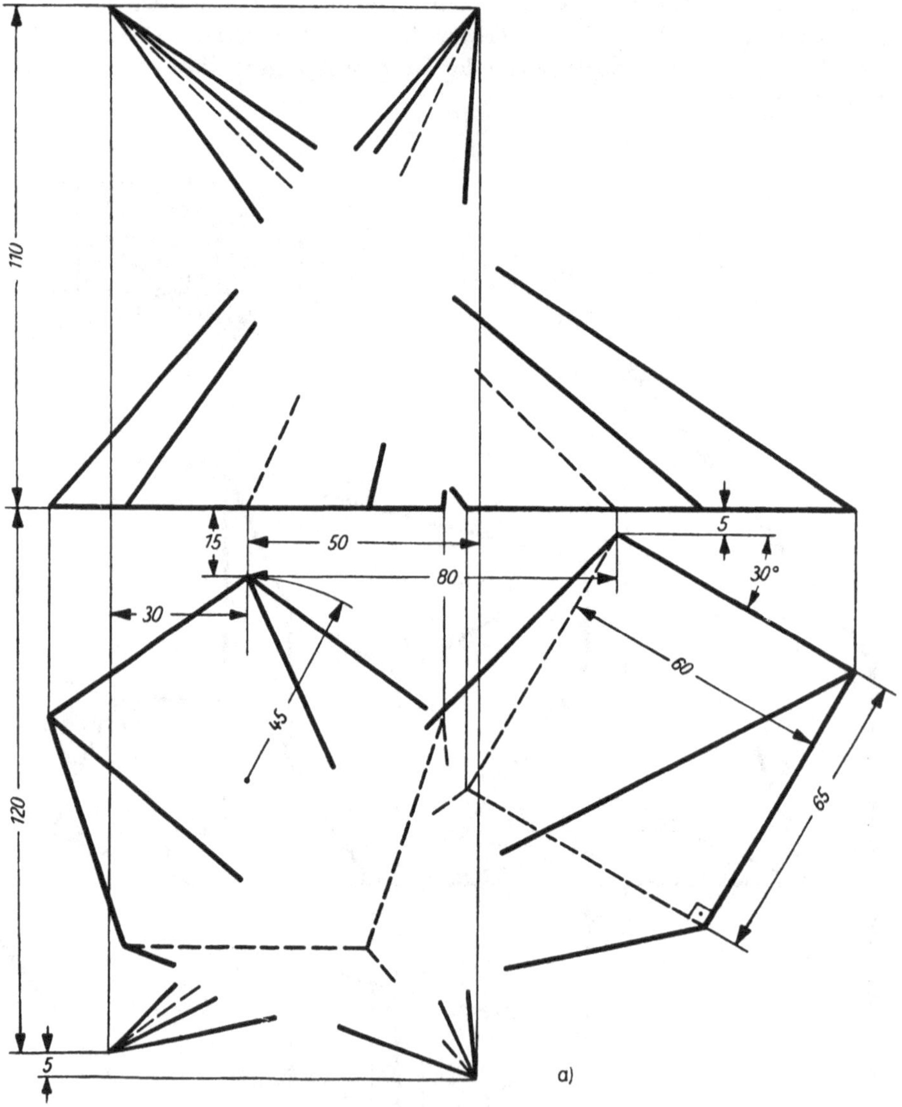

Figur 133 a

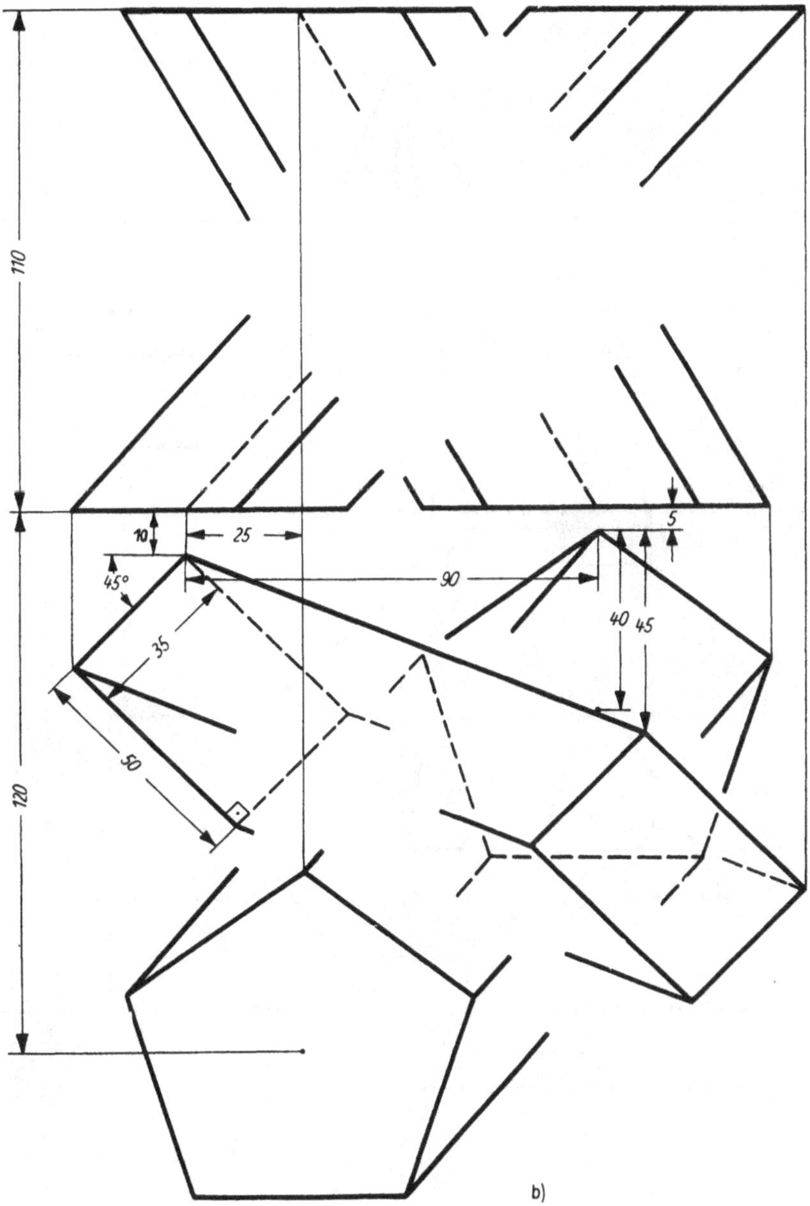

Figur 133 b

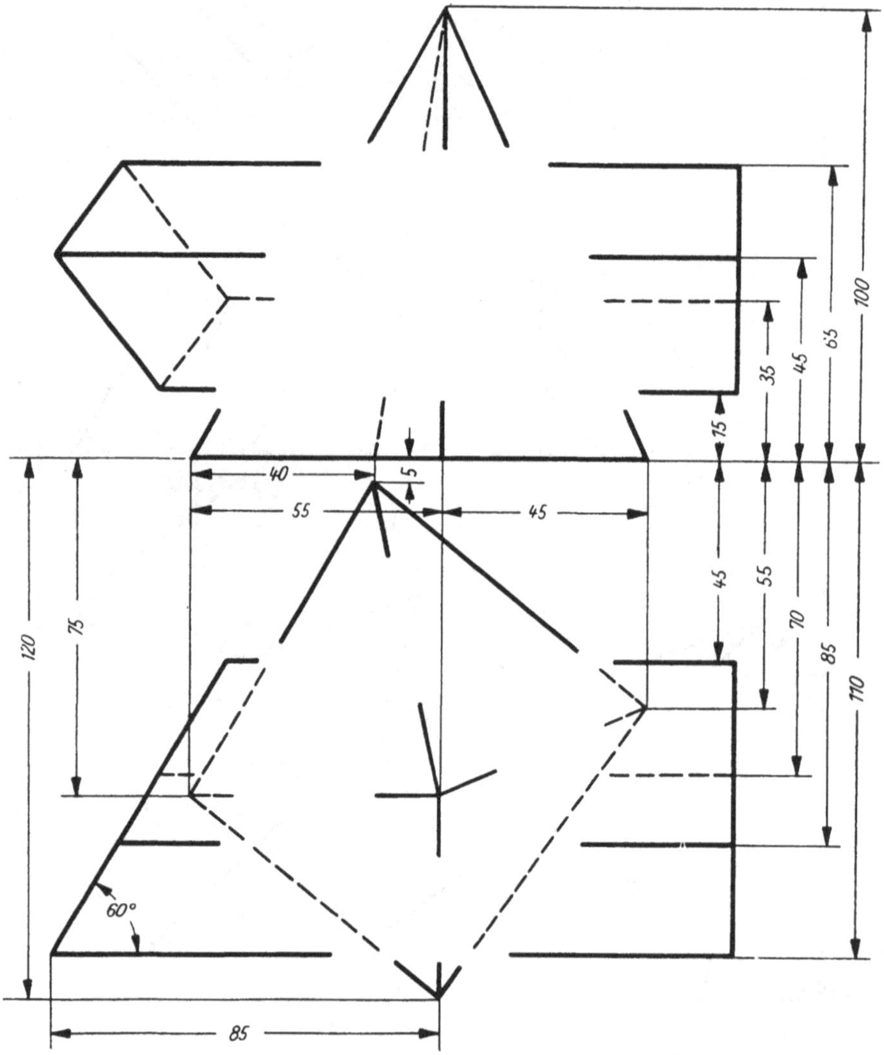

c)

Figur 133 c

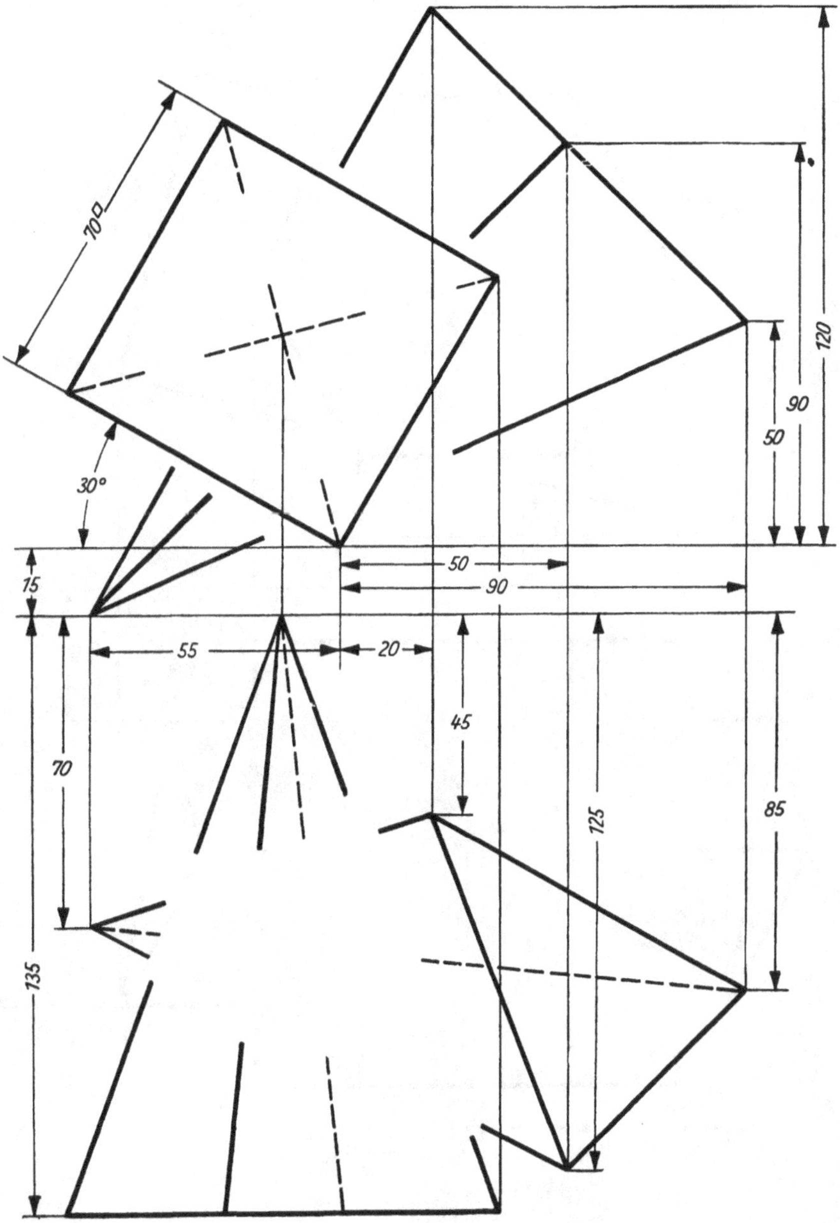

d)

Figur 133 d

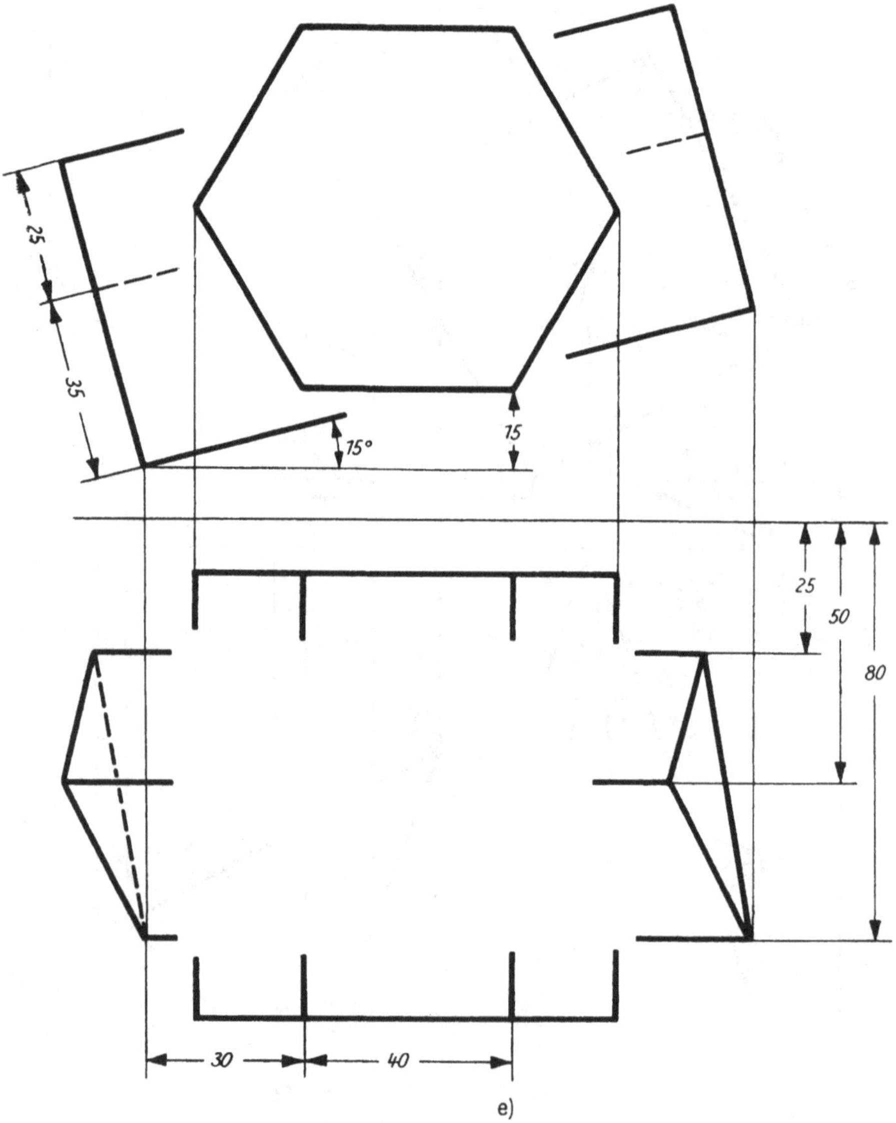

Figur 133e

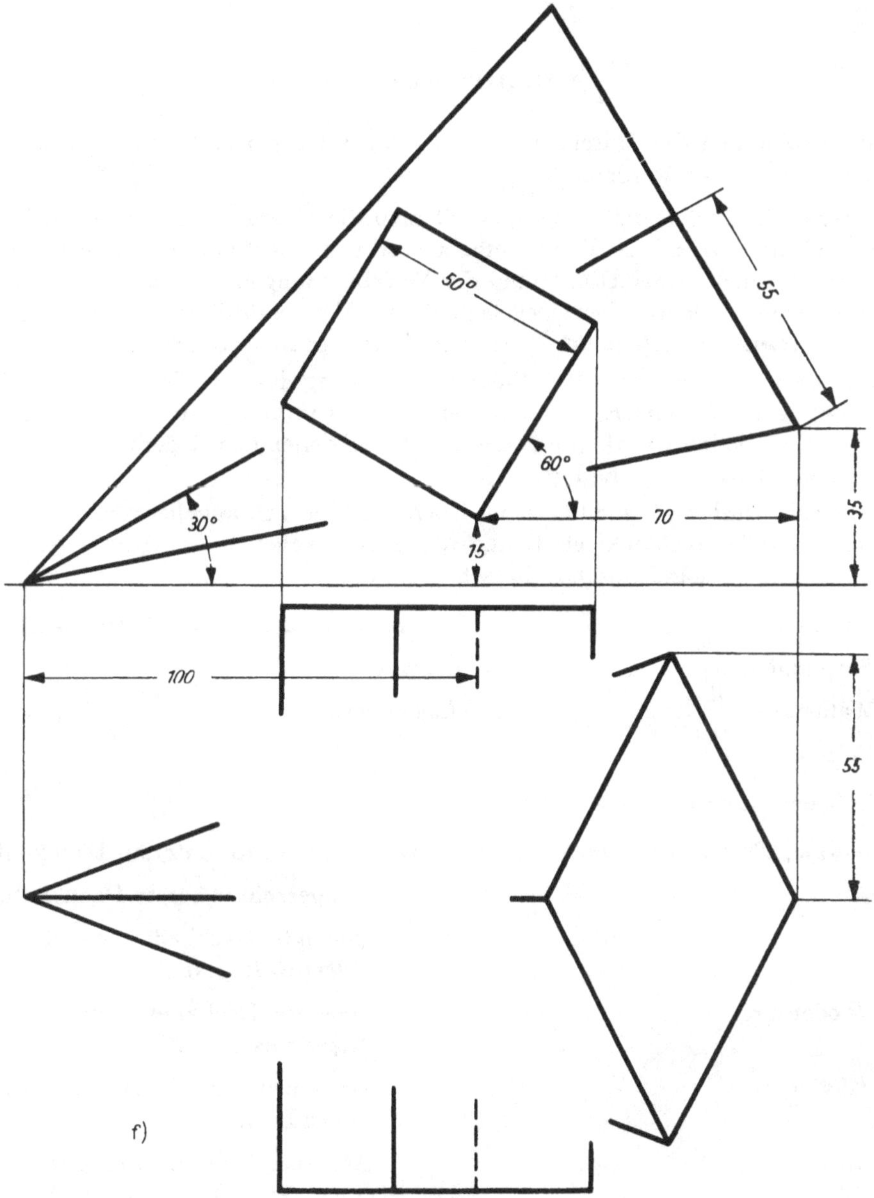

Figur 133f

Aufgabe 65 (für den Leser). Der Leser konstruiere das Durchdringungspolygon für jedes der in Figur 133 durch Grund- und Aufriß gegebenen Körperpaare.

§ 62. Dachausmittlungen

Als Anwendung der Durchdringungen eckiger Körper soll nun die *Dachausmittlung* besprochen werden.

Unter einer Dachausmittlung versteht man die Überdachung eines Gebäudes von gegebenem Grundriß. Diese Aufgabe wird meist nur im Grundriß gelöst und besteht vor allem in der Ermittlung der Verschneidungen der Dachflächen nach vorgegebenen geometrischen Gegebenheiten. Materialbedingte, bautechnische und ästhetische Gesichtspunkte werden im folgenden nicht beachtet.

Zur besseren Übersicht sollen Pfeile die Richtung des vom Dach abrinnenden Regenwassers anzeigen. Es ist nötig, den Weg des abfließenden Regenwassers zu verfolgen, um keine Dachbauten zu erhalten, bei denen das Regenwasser ein angrenzendes Gebäude beschädigt.

Zunächst wird in Figur 134 eine Übersicht der gebräuchlichsten einfachen Dachformen über rechteckigem Grundriß gegeben, wobei in den Figuren von dem meist üblichen Dachüberstand abgesehen wurde.

a) Pultdach,

b) Satteldach,

c) Walmdach,

d) Zeltdach,

e) Krüppelwalmdach (halbes Walmdach),

f) Mansardendach,

g) Mansardenwalmdach.

Einige wichtige Fachausdrücke sind:

Trauflinie, Traufe, Dachsaum oder *Dachrand*	waagerechte unterste Dachkante,
First	waagerechte oberste Dachkante,
Grat	geneigte Dachkante, von der das Regenwasser wegfließt,
Kehle oder *Ixe*	geneigte Dachkante, zu der das Regenwasser hinfließt,
Verfallung	Grat zwischen Firsten verschiedener Höhen,
Dachüberstand	Abstand des Grundrisses der Trauflinie von dem entsprechenden Gebäudegrundriß,
Anfallpunkt	Schnittpunkt eines Grates mit einem First,

Dachsparren — in Fallinien angebrachte Balken, die die Dachlatten tragen,

Dachlatten — waagerechte Balken, die die Dachdeckung tragen,

Giebel — lotrechter dreieckiger Mauerteil oberhalb der Traufebene, wie er etwa bei Satteldächern auftritt.

Bei einer Dachausmittlung gelten folgende *Grundsätze*:

1. Abfließendes Regenwasser darf keine angrenzenden Gebäudeteile schädigen.
2. Es ist allen Dachebenen die gleiche Horizontalneigung zu geben.
3. Alle Trauflinien werden in gleicher Höhe angenommen.

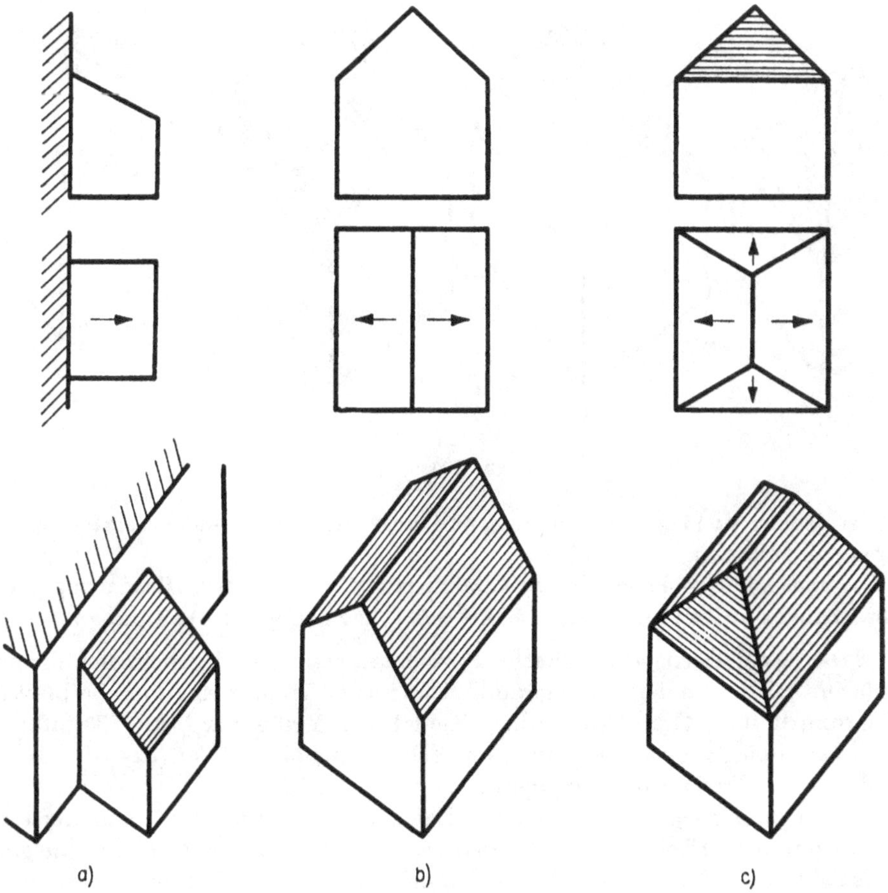

Figur 134a—c

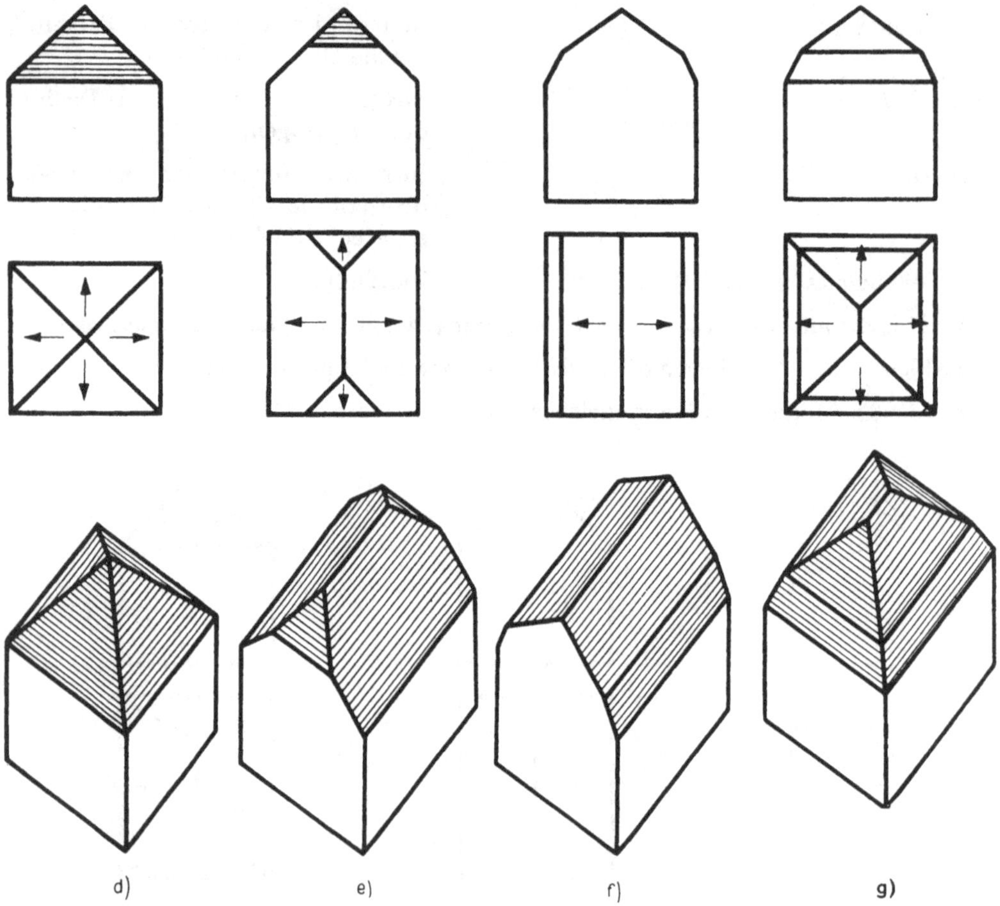

F:gur 134d–g

Es ist jedoch nicht immer möglich und notwendig, die beiden letzten Regeln streng einzuhalten.

Die meisten Probleme, die bei Dachausmittlungen unter Beachtung dieser Forderungen auftreten, lassen sich mit den folgenden vier Sätzen lösen:

1. Haben zwei Dachebenen gleiche Horizontalneigung und gleichhohe einander (eventuell erst in der Verlängerung) schneidende Trauflinien, dann halbiert der Grundriß ihres Grates (bzw. ihrer Kehle) den Winkel der beiden Trauflinien, da eine Spiegelung an der lotrechten Ebene durch ihren Grat (bzw. ihre Kehle) die beiden Dachebenen vertauscht.
2. Haben zwei einander schneidende Dachebenen, deren Traufen in derselben waagerechten Ebene parallel zueinander verlaufen, gleiche Horizontalneigung, so fällt der Grundriß ihres (waagerechten) Firstes in die Mittellinie ihrer (parallelen) Traufen.

3. Von jedem Schnittpunkt zweier Dachkanten geht noch mindestens eine weitere Dachkante aus. (Drei Ebenen schneiden sich in einem Punkt.)
4. Die Schnittgerade zweier Dachebenen geht durch den Schnittpunkt ihrer (nötigenfalls verlängerten) in gleicher Höhe liegenden Traufen.

Aus diesen Sätzen ergeben sich auch eine Reihe von Zeichenkontrollen. Nach diesen Gesichtspunkten wurde die Dachausmittlung in Figur 135 durchgeführt.

In Figur 136 sind drei verschiedenartige Dachausmittlungen über demselben Gebäudegrundriß eingezeichnet. Bei Figur 136a liegt im wesentlichen ein Satteldach vor, bei 136b wurden gleichhohe Firste gefordert und bei 136c gleichhohe Traufen vorausgesetzt.

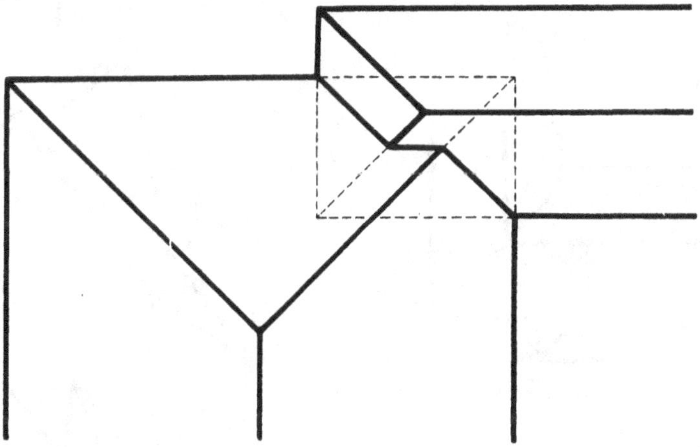

Figur 135

Figur 137 zeigt an einem Beispiel, wie die Forderung 1 verwirklicht werden kann. In Figur 137a erkennt man, daß die Mauer des Nachbargebäudes von A bis G unter dem abfließenden Regenwasser leiden würde. In Figur 137b ist eine Korrektur dieses Übelstandes durch Einschaltung des (ebenen) Dreiecks AFK erreicht, da jetzt das Wasser parallel zur Mauer AD abfließen kann. Das Dreieck AFK gehört einer fiktiv angenommenen Dachebene an, deren Traufe normal zur Mauer AD durch A geht und die die gleiche Horizontalneigung wie die übrigen Dachebenen besitzt. Daher erscheint der Grundriß der entstandenen Kehle AF als eine Winkelsymmetrale von t und t_1. Der Grundriß des entstandenen Grates FK ist auf der Winkelsymmetralen von t und t_2 gelegen (beachte auch Satz 4). Die Dachfläche $DGHC$ ist durch das in der Ebene dieses Vierecks gelegene Dreieck FGK zu ergänzen. (Beachte, daß der Punkt K höher als der Grat FH liegt.)

(Figur 138.) Soll ein trapezförmiger Gebäudegrundriß mit gleichgeneigten Dachebenen überdacht werden, so ist ein (waagrechter) First nur bei genügend langen Parallelseiten der Traufen möglich.

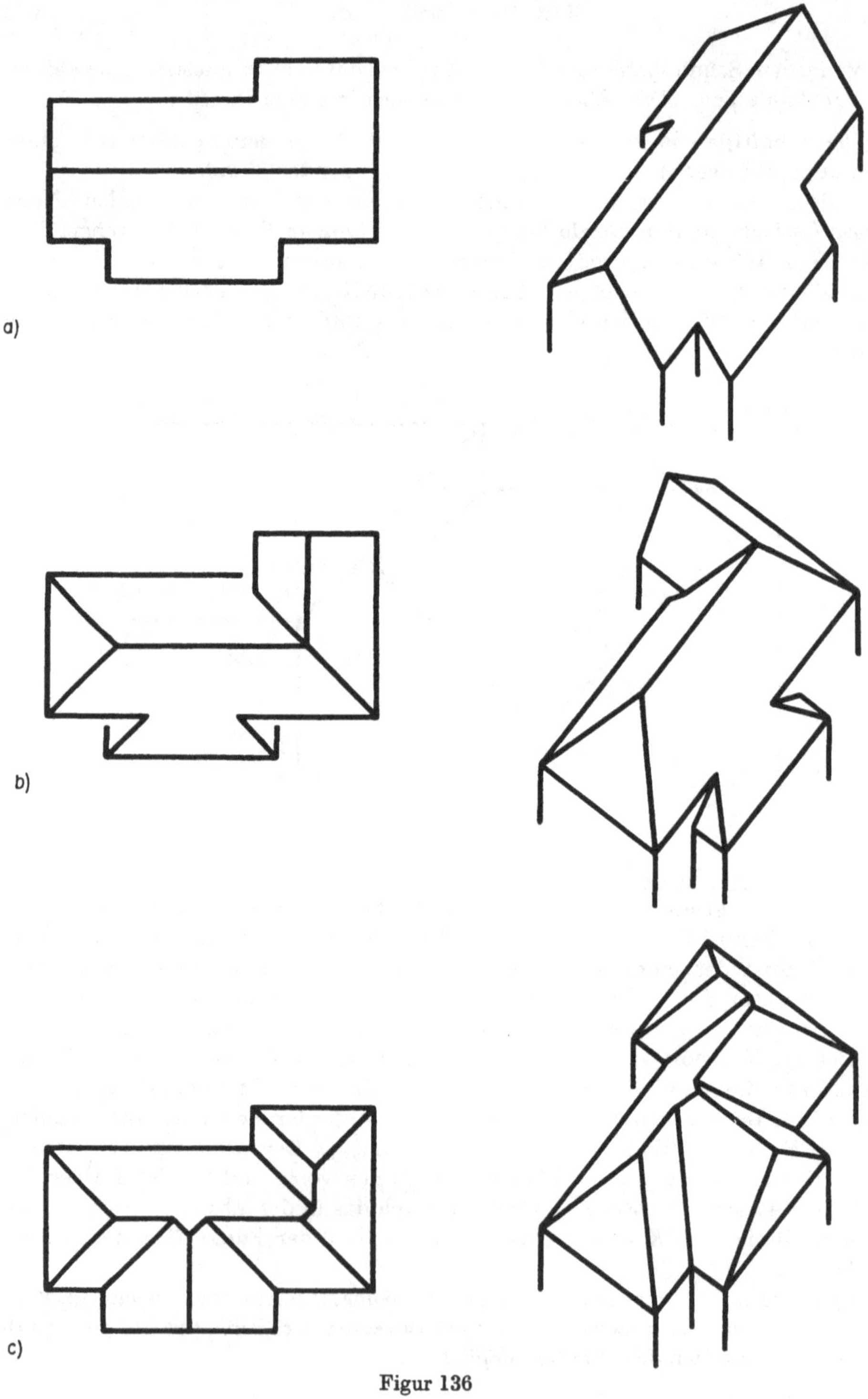

Figur 136

(Figur 138a.) Die Grundrisse der Grate halbieren nach Satz 1 die Winkel des Trapezes bei A, B, C, D. Der Grundriß des Firstes EF liegt nach Satz 2 in der Mittellinie der Parallelseiten AB und CD. Ferner stehen $AE' \perp E'D$ und $BF' \perp F'C$.

Die so erhaltene Dachausmittlung gilt für jede Horizontalneigung ($\neq 0°$ und $90°$). Wählt man eine bestimmte Horizontalneigung α, so findet man durch einen

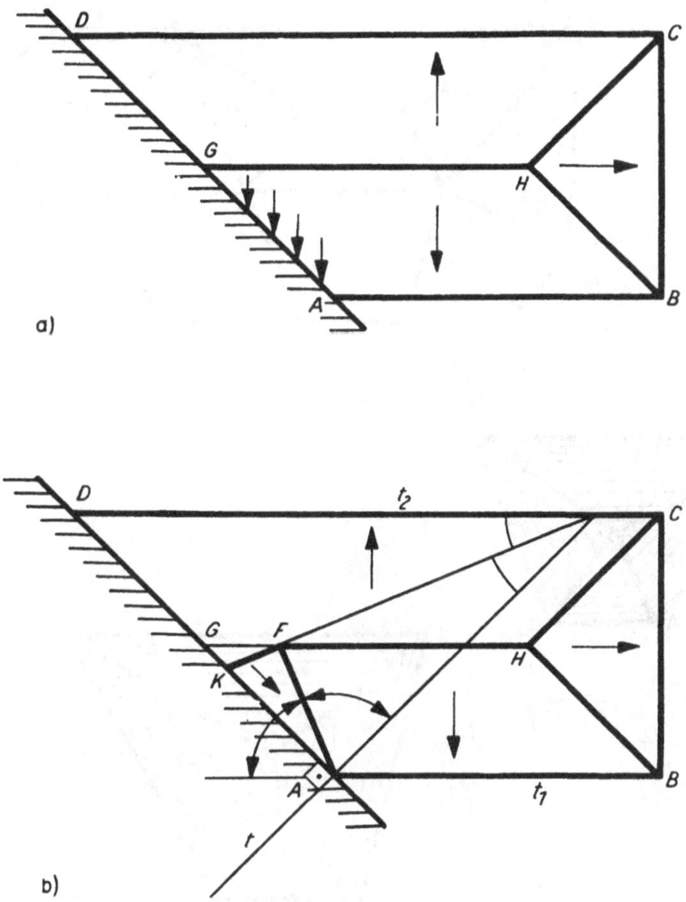

Figur 137

Seitenriß die Dachhöhe h und die Länge l der Dachsparren. Nun ist es ein leichtes, die Formen der Dachflächen durch Umklappen der Dachebenen zu konstruieren.

(Figur 138b.) Bei kürzeren Parallelseiten des Trapezes ist es möglich, daß die beiden Anfallpunkte E und F zusammenfallen. Es entsteht ein Zeltdach mit trapezförmiger Basis.

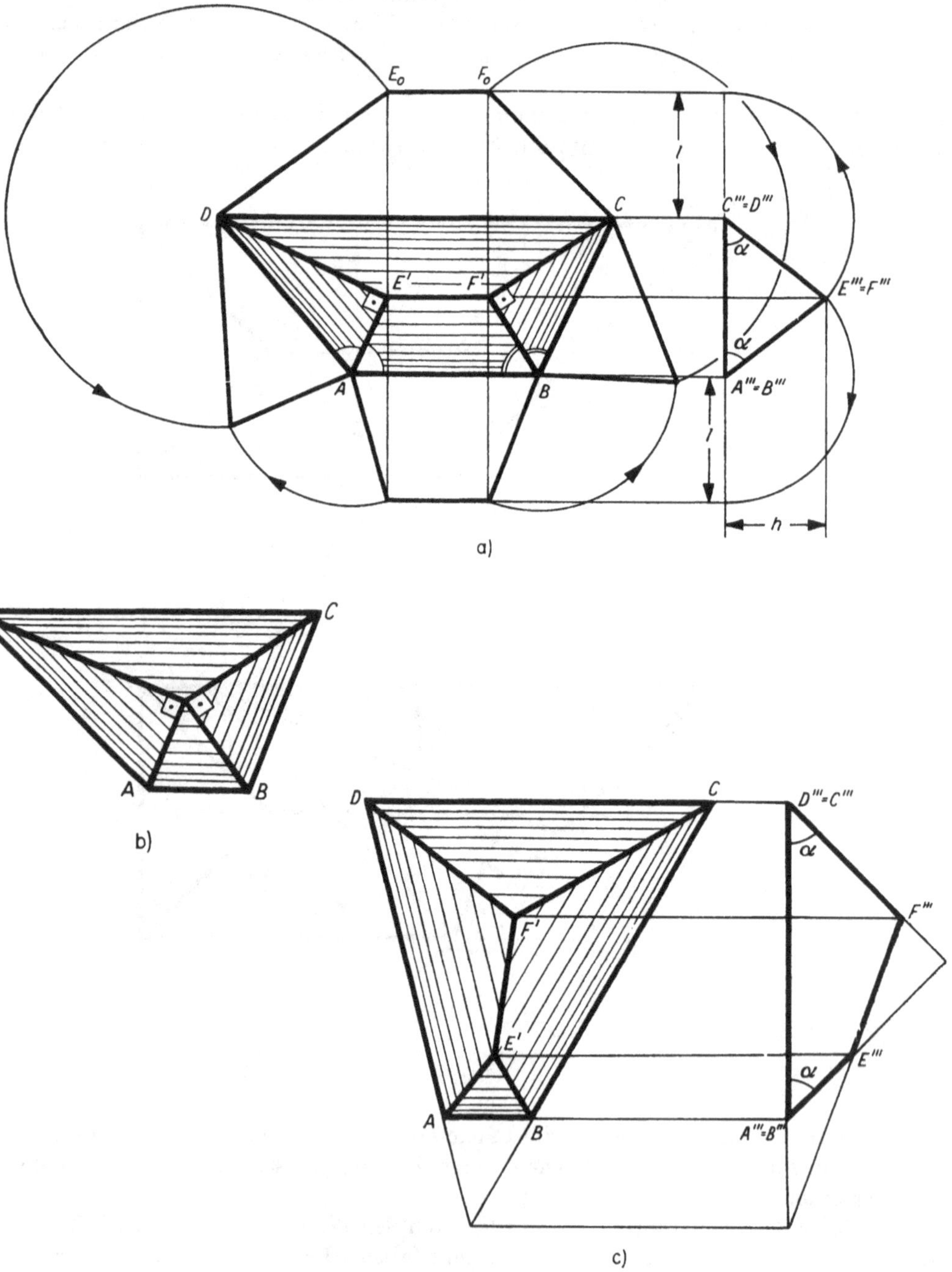

Figur 138 a – c

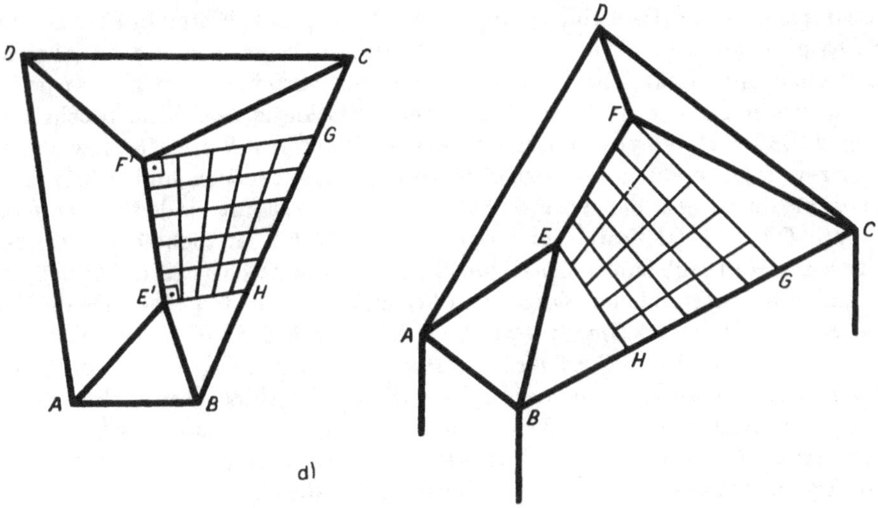

d)

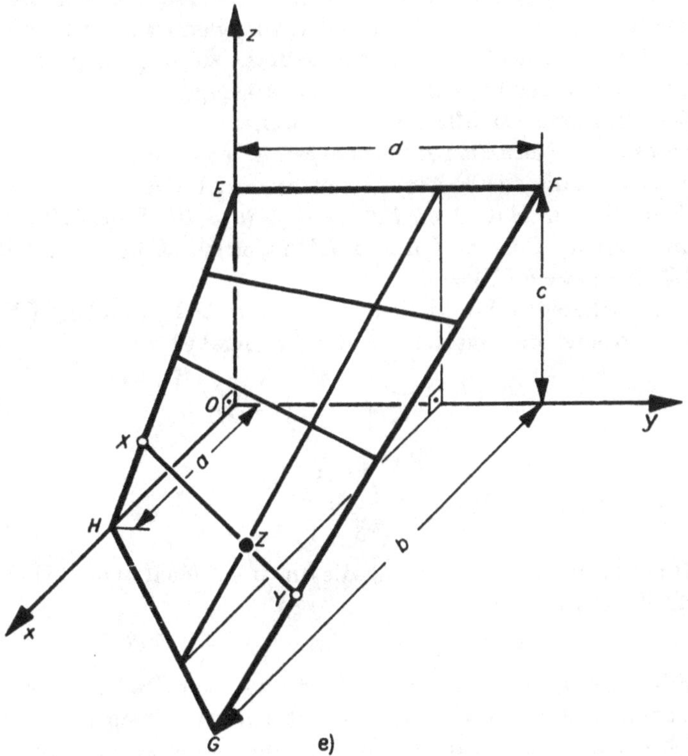

e)

Figur 138 d–e

(Figur 138c.) Rücken die Nichtparallelseiten noch mehr zusammen, so tritt die Schnittgerade der Dachebenen durch diese Nichtparallelseiten in Erscheinung, d. h., es gibt keinen First, sondern nur Grate. Dies vermeidet man aber aus ästhetischen und praktischen Gründen. Von den verschiedenartigen Ausweichkonstruktionen sei hier die Anwendung einer *windschiefen Dachfläche* beschrieben.

(Figur 138d.) Man legt durch die parallelen Traufen AB und DC sowie durch die kürzere Nichtparallelseite AD gleichgeneigte Dachebenen und wählt in der Dachebene durch AD den waagrechten First EF. Damit sind die vier Grate AE, BE, CF und DF festgelegt. Das Viereck $BCFE$ ist nicht eben, sondern windschief. Nun legt man normal zum First EF die Dachsparren FG und EH. Die beiden so entstandenen Dreiecke FGC und EBH bieten einer Eindeckung keine Schwierigkeiten. Um das windschiefe Viereck $EFGH$ einzudecken, legt man Sparren normal zum First EF, also Balken, die den First EF und die Traufe HG verbinden. Man erkennt, daß eine gewölbte Dachfläche entsteht. Sie ist, geometrisch ausgedrückt, ein Teil einer *Strahlfläche*, die man *Sattelfläche* oder *hyperbolisches Paraboloid* nennt. Diese krumme Strahlfläche hat die bemerkenswerte Eigenschaft, daß sie außer den Geraden, die durch die Sparren angedeutet sind, noch eine zweite Schar von geradlinigen Erzeugenden besitzt. In dem vorliegenden Fall verlaufen diese waagrecht. Man braucht nur die Strecken EH und FG in eine gleiche Anzahl von Teilen zu teilen (was im Grundriß geschehen kann) und Punkte mit gleichen Teilungsziffern zu verbinden. So ist es möglich waagrechte Dachlatten an den Sparren anzubringen.

Um diese krumme Dachfläche rechnerisch zu erfassen, wählt man ein räumliches kartesisches Normalkoordinatensystem, etwa so, wie es Figur 138e zeigt Dadurch erhalten die vier Ecken mit den aus der Figur ersichtlichen Bezeichnungen die Koordinaten $E\,(0, 0, c)$, $F\,(0, d, c)$, $G\,(b, d, 0)$, $H\,(a, 0, 0)$. Sind X und Y je ein Punkt auf den Sparren HE und GF in gleicher Höhe, so sind die Teilverhältnisse $(HE \cdot X) = (GF \cdot Y) = \delta$.

Für einen beliebigen Punkt Z der Dachlatte XY bestehe $(XY \cdot Z) = \varepsilon$. Die Koordinaten von Z ergeben sich aus diesen Angaben zu

$$x = \frac{a - \varepsilon b}{(\varepsilon - 1)(\delta - 1)},$$

$$y = \frac{\varepsilon d}{\varepsilon - 1},$$

$$z = \frac{\delta c}{\delta - 1}.$$

Durch Elimination von δ und ε aus diesen drei Gleichungen erhält man für das hyperbolische Paraboloid:

$$c\,d\,x - (z - c)\,[(a - b)\,y - a\,d] = 0\,.$$

Es handelt sich also um eine Strahlfläche zweiten Grades. Für jede der beiden Geradenscharen gilt: Ihre Geraden sind zu einer gewissen Ebene parallel. Diese heißt Richtebene. Das Paraboloid besitzt somit zwei Richtebenen. In vorliegendem Fall sind dies die Ebenen $y = \text{const}$ und $z = \text{const}$.

V. SCHATTENKONSTRUKTIONEN

§ 63. Allgemeines über Schattenkonstruktionen

Will man das Bild eines Objektes besonders anschaulich gestalten, so berücksichtigt man die Beleuchtungsverhältnisse, nimmt also die am Objekt und an den Bildebenen auftretenden Schatten mit in die Zeichnung auf (bei technischen Konstruktionszeichnungen wird kein Schatten eingezeichnet).

Naturgemäß können nicht komplizierte Beleuchtungsgegebenheiten der Wirklichkeit berücksichtigt werden, sondern man hat für die Konstruktion vereinfachende Annahmen zu treffen, die die Realität hinreichend approximieren.

So setzen wir voraus:

1. Es soll nur eine punktförmige Lichtquelle L vorhanden sein. Ist L ein endlicher Punkt, so liegt eine *Zentralbeleuchtung* vor; ist L ein Fernpunkt, so spricht man von *Parallelbeleuchtung*.

Es liegen demnach völlig analoge Verhältnisse wie bei Zentral- und Parallelprojektion vor, wenn man dort statt *Augpunkt* → *Lichtquelle*, statt *Sehstrahl*→ *Lichtstrahl* und statt *Bildebene* → *schattenempfangende Ebene* (*Schirmebene*) setzt. Aus Zentral- bzw. Parallelriß eines Objektes wird sein *Schlagschatten* bei Zentral- bzw. Parallelbeleuchtung, sofern auf eine Ebene Schatten geworfen wird. Die hierzu nötigen Konstruktionen brauchen daher nicht weiter angeführt zu werden.

2. Die Oberfläche des betrachteten Objektes sowie die Bildebenen seien vollkommen matt und zerstreuen das auffallende Licht gleichmäßig. Glanz- und Reflexerscheinungen sollen hier nicht betrachtet werden. Ebenso soll von einer Einschätzung der Lichthelligkeit — bedingt durch den Einfallwinkel der Licht- und Sehstrahlen — abgesehen werden.

§ 64. Schlagschatten von Punkten und Geraden bei Parallelbeleuchtung

Unter der Voraussetzung, daß die Lichtquelle ein Fernpunkt ist, können wir rückgreifend auf die bereits besprochenen Eigenschaften der Parallelprojektion folgende Sätze über Schattenkonstruktionen anführen:

1. Der Schlagschatten P_s eines Punktes $P \neq L$ auf eine ebene oder krumme Schirmfläche σ ist der (im Sinne des fortschreitenden Lichtstrahls jeweils erste) Schnittpunkt des durch P gelegten Lichtstrahls mit σ. Insbesondere ist der Schlagschatten eines Punktes auf eine Bildebene der Spurpunkt des durch ihn gehenden Lichtstrahls.

2. Der Schlagschatten g_s einer Geraden g auf einen ebenen Schirm σ ist der Schnitt der durch g gelegten Lichtebene ($= L\,g$) mit σ und trägt den Durchstoß-

punkt $S = g\,\sigma$, der sein eigener Schlagschatten ist (die Lichtstrahlen sind stets als nicht parallel zu σ vorausgesetzt). Insbesondere ist der Schlagschatten einer Geraden auf eine Bildebene die Spur der durch sie gelegten Lichtebene.

2.1. Ist g ein Lichtstrahl, so ist der Schlagschatten der Geraden ein Punkt (ihr Spurpunkt in σ).

2.2. Liegt g parallel zur Schirmebene, so ist ihr Schlagschatten g_s zu g parallel. Insbesondere hat eine Strecke parallel zur Schirmebene einen parallelen und gleichlangen Schlagschatten.

2.3. Sind a und b zwei sich in einem Punkt P schneidende Geraden, so treffen sich i. a. ihre Schlagschatten a_s, b_s in einem Punkt P_s, dem Schlagschatten von P.

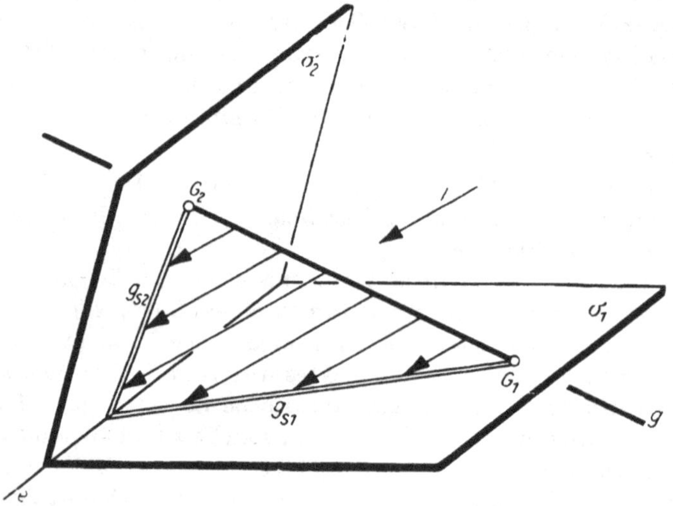

Figur 139

2.4. Sind a und b zwei parallele Geraden, die nicht zur Lichtrichtung parallel sind, so sind ihre Schlagschatten a_s, b_s auf einen ebenen Schirm ein paralleles Geradenpaar.

2.5. (Figur 139.) Die Schlagschatten g_{s1}, g_{s2} einer Geraden g auf zwei verschiedene Ebenen σ_1, σ_2 schneiden einander („brechen sich") in der Schnittgeraden e der beiden Ebenen.

In Figur 140 wurde der Schlagschatten einer Strecke auf die beiden Bildebenen π_1, π_2 bei Parallelbeleuchtung konstruiert, wobei für diese Art von Schattenkonstruktionen die beiden Bildebenen als undurchsichtig betrachtet werden.

2.6. Die Schlagschatten g_{s1}, g_{s2} einer Geraden g auf zwei parallele Ebenen σ_1, σ_2 sind untereinander parallel.

2.7. (Figur 141.) Den Schlagschatten P_{sb} einer Geraden a auf eine zu ihr windschiefe Gerade b findet man mit Hilfe der *Methode der Doppelschattenpunkte*, auch *Methode der Schattendeckpunkte* oder *Methode der Zurückführung* genannt. Sie benützt die Tatsache, daß nur ein Lichtstrahl die zueinander windschiefen Geraden

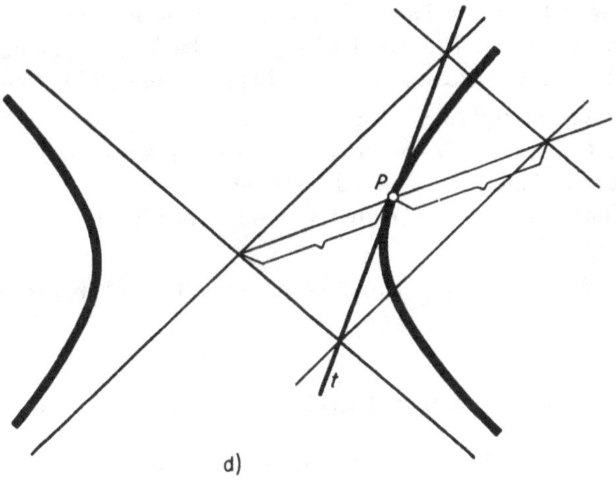

Figur 194d

Aufgabe 116. Von einer Hyperbel k sind die Asymptoten und ein Punkt P gegeben. Man konstruiere a) weitere Punkte von k, b) die Tangente t von k in P.

Lösung. (Figuren 194c, d.) Nach Satz 2 ist auf jeder Geraden durch P leicht der weitere Hyperbelpunkt einzuzeichnen (Figur 194c). Die Tangente t von k in P ist jene Gerade durch P, deren zwischen den beiden Asymptoten gelegenes Stück von P halbiert wird (Satz 1). Eine Konstruktionsmöglichkeit von t zeigt Figur 194d.

Aufgabe 117. Von einer Hyperbel k sind die Asymptoten e, f und ein Punkt P gegeben. Die Halbachsen a, b von k sollen konstruiert werden.

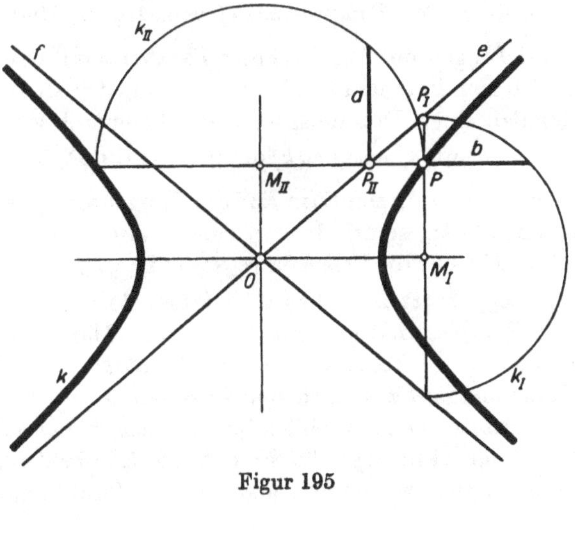

Figur 195

Lösung. (Figur 195.) Die Normale zur Hauptachse durch P schneidet diese in M_I, die Asymptote e in P_I. Die halbe Sehne des Kreises k_I um M_I durch P_I, die durch P geht und zur Hauptachse parallel liegt, hat die Länge b.

Die Parallele zur Hauptachse durch P schneidet die Nebenachse in M_{II}, die Asymptote e in P_{II}. Die halbe Sehne des Kreises k_{II} um M_{II} durch P, die durch P_{II} geht und zur Nebenachse parallel liegt, hat die Länge a. (Eine anschaulich geometrische Herleitung dieser Konstruktionen erfolgt in einem späteren Abschnitt.)

* Aufgabe 118 (für den Leser). Man beweise vorstehende Konstruktionen durch Rechnung. *

§ 83. Ergänzende Betrachtungen über die Parabel

(Figur 196.) Eine Parabel k_1 werde durch eine perspektive Affinität $\mathfrak{A}$, deren Achse s zur Parabelachse normal steht, in die Parabel k_2 transformiert. Der dem Parabelscheitel A_1 von k_1 entsprechende Punkt A_2 ist auf k_2 in keiner Weise ausgezeichnet. Die Tangenten t_{P_1} in P_1 und t_{Q_1} in Q_1 an k_1 schneiden einander in S_1. Durch $\mathfrak{A}$ gehen diese Tangenten von k_1 in die Tangenten t_{P_2} und t_{Q_2} von k_2 in P_2 $(= P_1)$ bzw. Q_2 $(= Q_1)$ über. Der Schnittpunkt $S_2 = t_{P_2}\, t_{Q_2}$ entspricht daher in $\mathfrak{A}$ dem Punkt S_1. Da A_1 die Mitte der Strecke $\overline{H_1S_1}$ (H_1 = Mitte der Parabelsehne $\overline{P_1Q_1}$; $H_1 = H_2$) ist, halbiert auch A_2 die Strecke $\overline{H_2S_2}$. Die Tangente in A_2 ist zur Affinitätsachse s parallel. Man nennt sie die zum Durchmesser A_2S_2 *konjugierte Tangente*. Zusammenfassend kann man sagen:

Satz 1. *Jeder Parabeldurchmesser halbiert die zu seiner konjugierten Tangente (konjugierte Richtung) parallelen Sehnen.* Oder:

Satz 2. (Figur 197.) *Die Parabel ist in bezug auf jeden ihrer Durchmesser in der Richtung der dazu konjugierten Tangente schiefsymmetrisch.* Und:

(Figur 198.) Zwei Tangenten t_1 und t_2 einer Parabel k mit den Berührpunkten P_1 bzw. P_2 schneiden sich in einem Punkt S_{12}, der mit der Mitte H_{12} der Berührsehne $\overline{P_1P_2}$ verbunden einen Durchmesser von k liefert. Die zu diesem Durchmesser konjugierte Tangente t_3 berührt k im Mittelpunkt P_3 der Strecke $\overline{H_{12}S_{12}}$.

(Figur 198.) Wendet man diesen Satz auf die Tangenten t_1 (mit dem Berührpunkt P_1) und t_3 (mit P_3) an, so erhält man einen weiteren Parabelpunkt P_4 mit der Tangente t_4, die nicht nur die Strecken $\overline{S_{13}P_1}$ und $\overline{S_{13}P_3}$ halbiert, sondern auch die Strecke $\overline{S_{12}S_{23}}$ in S_{24}. Setzt man dieses Verfahren fort, so erhält man eine beliebige Anzahl von Parabelpunkten samt Tangenten. Man erkennt daraus aber noch folgende *tangentenweise Konstruktion einer Parabel*:

(Figur 199.) Trägt man auf zwei sich schneidenden Geraden t_1, t_2 gleichmäßige Skalen auf (die Einheitsstrecken der beiden Skalen müssen nicht übereinstimmen), und zwar derart, daß dem Schnittpunkt S von t_1 und t_2 in beiden Skalen verschiedene Werte zugeteilt werden, verbindet sodann je zwei Punkte mit gleicher Nume-

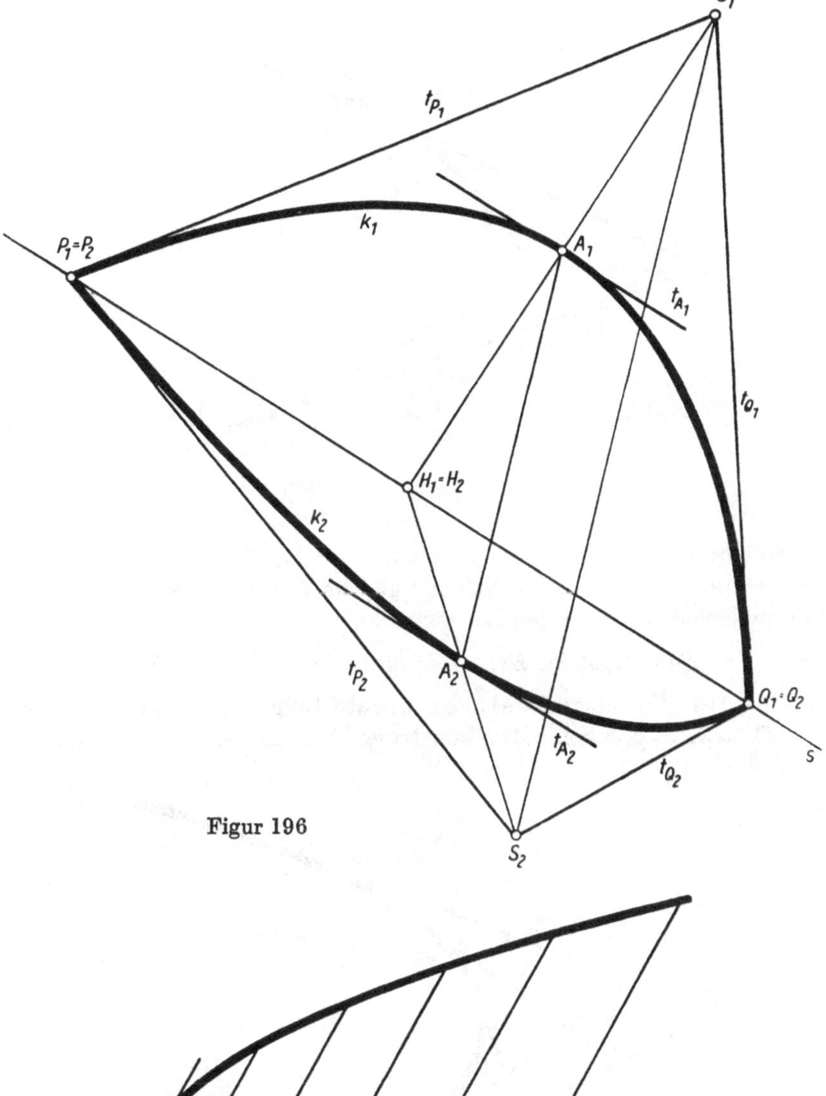

Figur 196

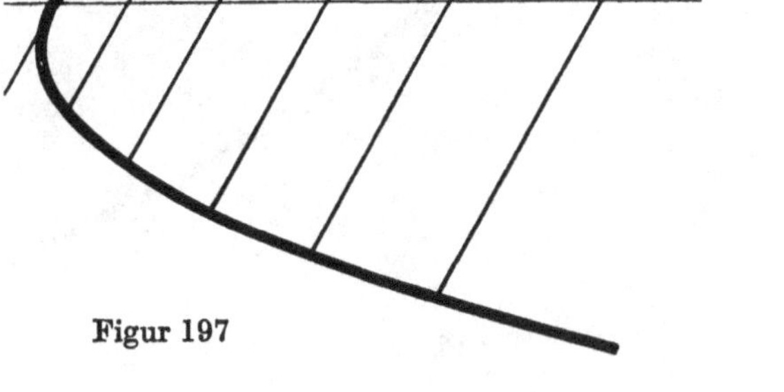
Figur 197

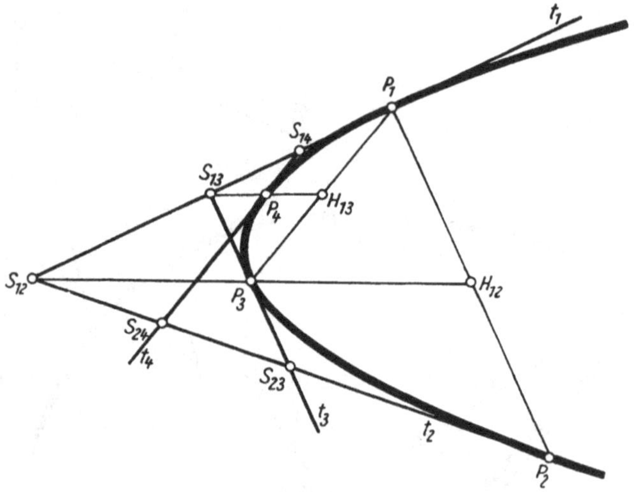

Figur 198

rierung, so umhüllen die Verbindungsgeraden eine Parabel. Diese Parabel berührt t_1 in jenem Punkt, der in der t_1-Skala die gleiche Zahl trägt wie S in der t_2-Skala, und Entsprechendes gilt für den Berührpunkt mit t_2. Man sagt:

Satz 3. *Die Parabel ist das Erzeugnis zweier ähnlicher Punktreihen.*

Aufgabe 119. Von einer Parabel k sind zwei Tangenten t_1, t_2 mit ihren Berührpunkten P_1 bzw. P_2 gegeben. Man konstruiere Scheitel und Achse von k.

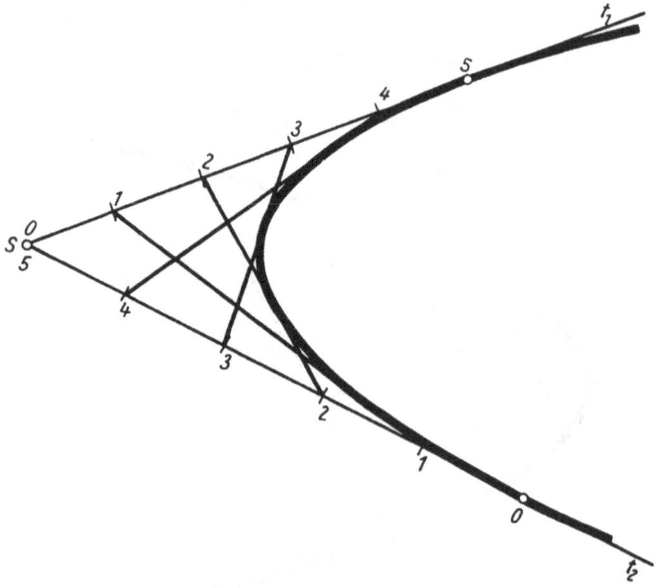

Figur 199

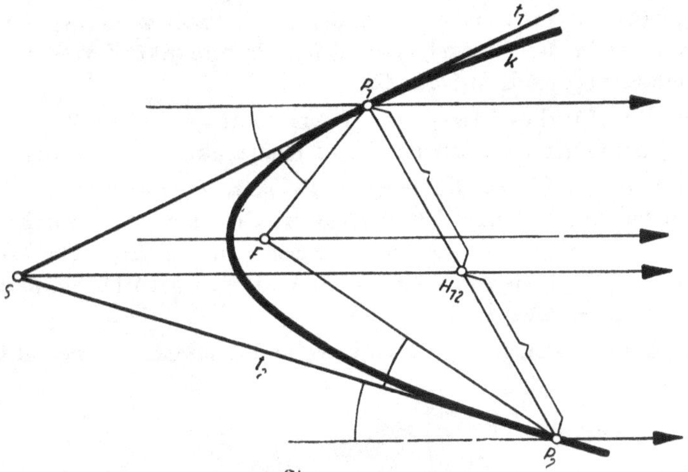

a)

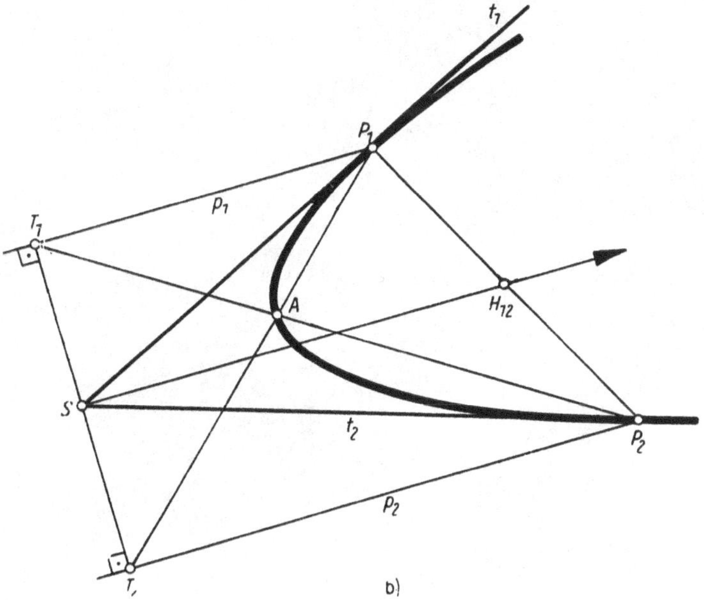

b)

Figur 200

1. Lösung. (Figur 200a.) Man bestimme die Mitte H_{12} von $\overline{P_1P_2}$ und verbinde H_{12} mit $S = t_1t_2$. Damit ist ein Durchmesser von k gewonnen. Sodann spiegle man den zu P_1 gehörigen Durchmesser an t_1, den zu P_2 gehörigen an t_2. Man erhält im Schnittpunkt der beiden Spiegelgeraden den Brennpunkt F von k. Die weitere Konstruktion erfolgt nach **Aufgabe 92**.

Aufgabe 120 (für den Leser). Der Leser überlege, welche Eigenschaften der Parabel bei jedem einzelnen Schritt obiger Konstruktion verwendet wurden.

2. Lösung. (Figur 200b.) Man zeichne die Mitte H_{12} der Sehne $\overline{P_1P_2}$, verbinde H_{12} mit $S = t_1t_2$ und lege parallel zu $H_{12}S$ die Geraden p_1, p_2 durch P_1 bzw. P_2. Sodann zeichne man aus S das Lot zur Achsenrichtung SH_{12}. Die Lotfußpunkte T_1, T_2 auf p_1 bzw. p_2 bilden mit P_1, P_2 ein Trapez, dessen Diagonalschnittpunkt der Scheitel A der Parabel k ist.

Aufgabe 121 (für den Leser). Man beweise diese Scheitelkonstruktion

a) synthetisch.

* b) durch Rechnung. *

VII. KEGELFLÄCHEN

§ 84. Grundbegriffe

Eine Gerade e, die in einem im Endlichen gelegenen Punkt S drehbar gelagert sei, werde längs einer Raumkurve c geführt; ist c eine ebene Kurve, so möge S nicht in der Ebene von c liegen. e überstreicht dabei eine *Kegelfläche*. S heißt die *Spitze* oder der *Scheitel*, die Gerade e in jeder Lage eine *Erzeugende* der Kegelfläche. Man vergleiche hiermit die Definition einer Pyramidenfläche und überlege, welcher Grenzprozeß eine Pyramidenfläche in eine Kegelfläche überführt.

Oft betrachtet man nur jenen Teil einer Kegelfläche, der von einem von S ausgehenden Halbstrahl überstrichen wird. Schneidet man solch eine Kegelfläche mit einer Ebene derart, daß eine geschlossene Kurve als Schnittfigur entsteht, so pflegt man den so abgegrenzten endlichen Raum einen *Kegel* zu nennen und bezeichnet damit neben dem so definierten Körper auch die ihn begrenzenden Flächen. Insbesondere ist der zur Ausgangsfläche gehörende Teil des Kegels der sogenannte *Mantel* des Kegels. Die Schnittkurve heißt die *Basis* (-kurve), der Abstand des Scheitels S von der Basisebene die *Höhe* des Kegels.

§ 85. Kegel zweiter Ordnung

Wird die Gerade e durch S insbesondere längs einer Kurve 2. Ordnung geführt, so entsteht eine *Kegelfläche 2. Ordnung*[1]); in einem räumlichen kartesischen Normalkoordinatensystem wird sie — wie die analytische Geometrie lehrt — durch eine Gleichung 2. Grades beschrieben. Jede Gerade schneidet die Kegelfläche 2. Ordnung in genau zwei Punkten (im Sinne der algebraischen Wurzelzählung, d. h., die beiden Schnittpunkte können reell getrennt, zusammenfallend oder konjugiert komplex sein). Jede Ebene ε schneidet die Kegelfläche in einer Kurve 2. Ordnung. Deshalb nennt man die Kurven 2. Ordnung auch *Kegelschnitte*. Die Schnittkurve zerfällt genau dann, wenn ε durch die Kegelspitze geht.

---

[1]) Eine Fläche Φ heißt *algebraisch von der Ordnung n*, wenn sie in einem kartesischen Normalkoordinatensystem durch eine algebraische Gleichung n-ten Grades beschrieben wird. Wie die algebraische Geometrie lehrt, schneidet jede Gerade die Fläche *in genau n Punkten* (im Sinne der algebraischen Wurzelzählung).

Sind die Koeffizienten der algebraischen Gleichung, die die Fläche Φ beschreibt, alle reell, so heißt auch Φ *reell*. Dann gehört zu jedem komplexen Punkt von Φ auch der konjugiert komplexe zur Fläche.

Drehkegel

§ 86. Drehkegel

(Figur 201.) Es sei c ein Kreis mit der Mitte M. Die Normale a zur Kreisebene durch M heißt die *Kreisachse* von c. Wählt man auf der Kreisachse a einen Punkt $S \neq M$ und führt eine Gerade e durch S längs des Kreises c, so ist das ein Drehen der Geraden e um die Achse a, und es entsteht eine besondere Kegelfläche 2. Ordnung. Man nennt sie *Rotations-* oder *Drehkegelfläche*. Da Drehkegel häufig an technischen Objekten auftreten, sollen sie ausführlich behandelt werden.

Von einem Drehkegel $\mathfrak{K}$ heißt die Drehachse a auch *Kegelachse*. Der Schnittpunkt $S = ea$ ist die *Kegelspitze* (der *Kegelscheitel*). Die Gerade e ist in jeder Phase der Bewegung eine *Erzeugende* oder *Mantellinie* von $\mathfrak{K}$. Der Winkel zwischen einer Erzeugenden und der Kegelachse hat einen konstanten Wert. Es ist dies der *halbe Öffnungswinkel* von $\mathfrak{K}$. Sein Komplement α heißt *Neigungs-* oder *Böschungswinkel* von $\mathfrak{K}$ gegen die Ebene von c.

Die Bahnen der Punkte von e sind zufolge der Drehung von e um a achsennormale Kreise, die *Parallelkreise* der Kegelfläche. Bei lotrechter Lage der Kegelachse a sind diese Parallelkreise zugleich *Schichtenlinien* von $\mathfrak{K}$ (das sind die Schnitte von $\mathfrak{K}$ mit waagerechten Ebenen). Die Erzeugenden sind dann Fallinien von $\mathfrak{K}$. Diese beiden (einparametrigen) Kurvenscharen bilden auf der Kegelfläche ein *orthogonales Netz*, d. h., irgendeine Kurve der einen Schar schneidet jede beliebige Kurve der anderen Schar unter einem rechten Winkel (außer in S). Da durch jeden Flächenpunkt T von $\mathfrak{K}$ eine Erzeugende und ein Parallelkreis gehen, können die beiden Kurvenscharen als *Gitterkurven* (vgl. S. **36**) benützt werden. (Figur 202.) Ist z. B. der Aufriß T'' eines Flächenpunktes T gegeben, so findet man für die zwei möglichen Lagen von T die Grundrisse entweder unter Verwendung der Erzeugenden oder des Parallelkreises durch T. Analoges gilt bei gegebenem Grundriß T'.

* (Figur 203.) Für eine analytische Erfassung der Drehkegelfläche wählen wir vorteilhafterweise ihren Scheitel als Ursprung eines kartesischen Normalkoordinatensystems, dessen z-Achse in die Kegelachse fällt. Die Gerade e wählen wir in der Ausgangslage in einer ϱz-Ebene. In dieser Ebene sei sie festgelegt durch

$$z = \varrho \cdot \tan \alpha \,.$$

Für einen beliebigen Punkt $P(x, y, z)$ von e gilt außerdem

$$x^2 + y^2 = \varrho^2 \,.$$

Eliminiert man ϱ aus diesen beiden Gleichungen, so erhält man als Gleichung der Drehkegelfläche

$$k^2(x^2 + y^2) - z^2 = 0 \,, \tag{1}$$

wobei $k = \tan \alpha$ zu setzen ist. *

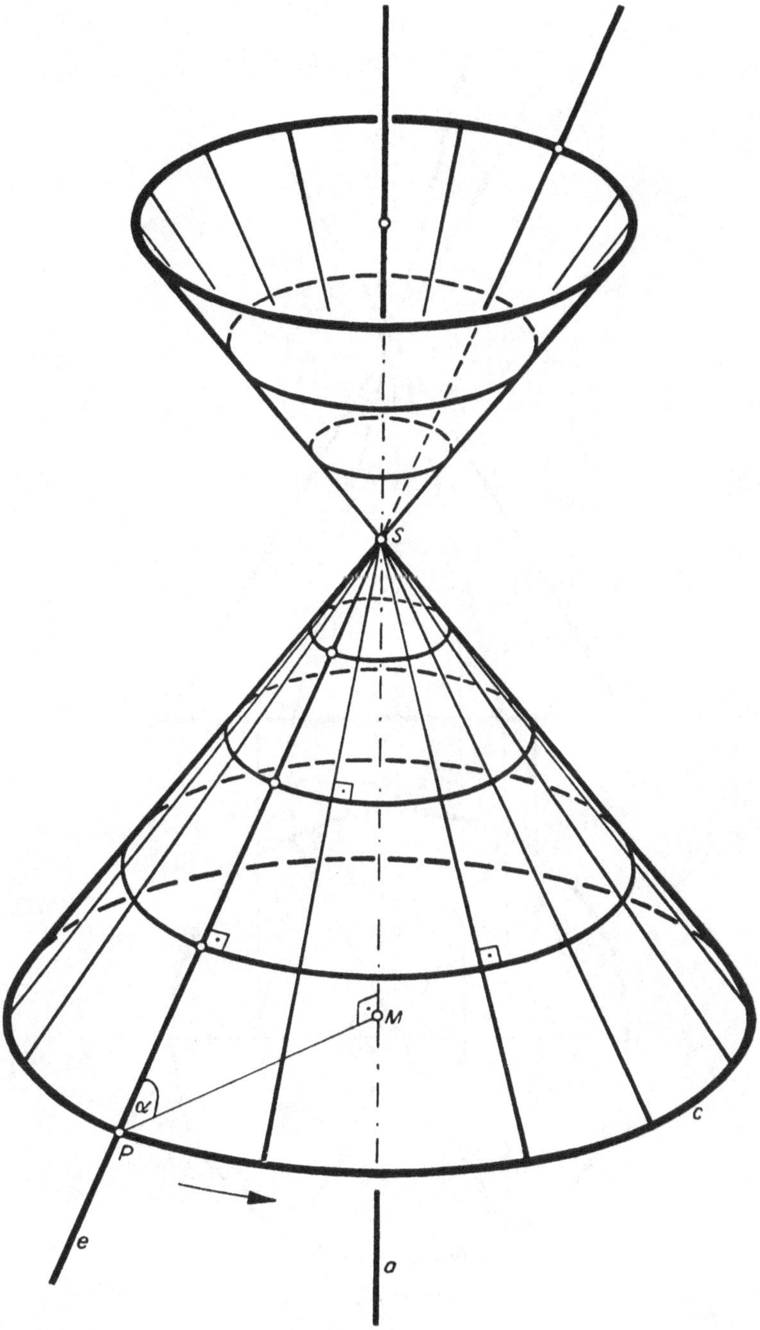

Figur 201

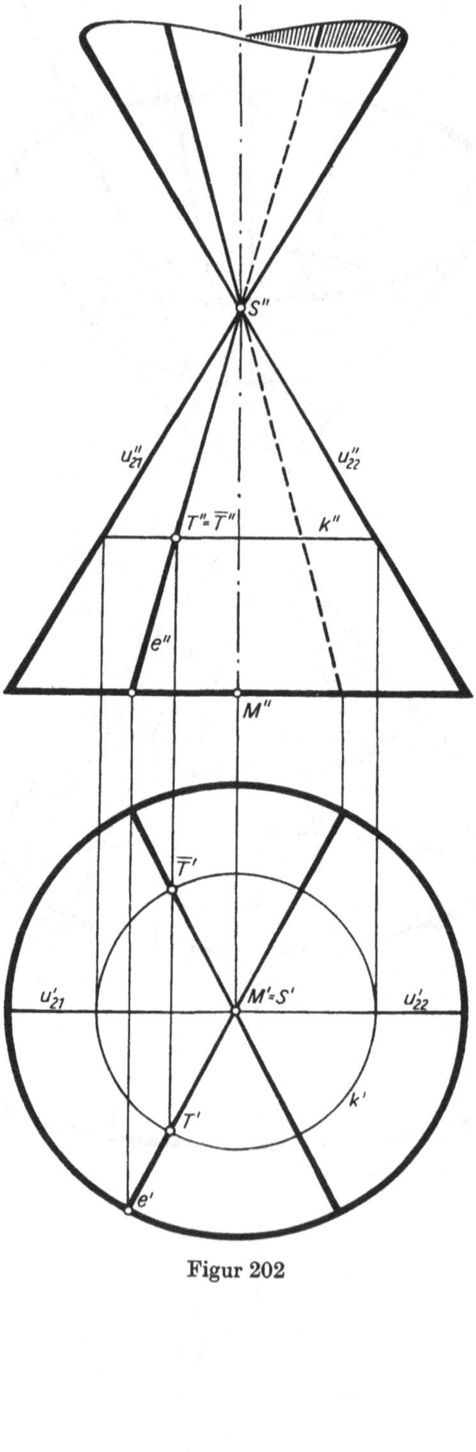

Figur 202

Jeder achsennormale Schnitt von $\mathfrak{K}$ ist nach Gesagtem ein Kreis mit der Mitte auf der Kegelachse. Der Kreis schrumpft zu einem Nullkreis (das ist ein Kreis mit dem Radius 0) zusammen, wenn die achsennormale Ebene durch den Kegelscheitel S geht.

* Setzt man in der Kegelgleichung $z = 0$, so erhält man

$$x^2 + y^2 = 0 \quad \text{oder}$$
$$x \pm iy = 0 .$$

Das sind die Gleichungen der in der achsennormalen Scheitelebene liegenden Minimalgeraden durch S. Man kann daher ergänzend sagen:

Jede achsennormale Ebene schneidet den Drehkegel $\mathfrak{K}$ nach einem Kreis, der in konjugiert komplexe Minimalgeraden zerfällt, wenn es sich um die achsennormale Scheitelebene handelt. *

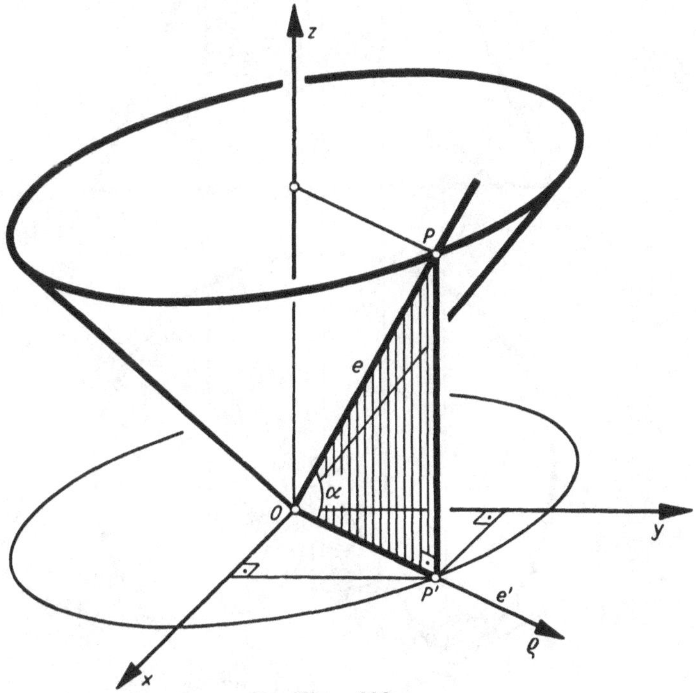

Figur 203

§ 87. Tangentialebene, Umriß und Flächennormale

Die Differentialgeometrie lehrt, daß bei einer krummen Fläche i. a. die Tangentialebene τ eines Flächenpunktes T durch die Tangenten in T zweier beliebiger sich in T schneidender Flächenkurven aufgespannt wird. Soll daher in einem Punkt $T \neq S$ einer Kegelfläche $\mathfrak{K}$ die Tangentialebene konstruiert werden, so

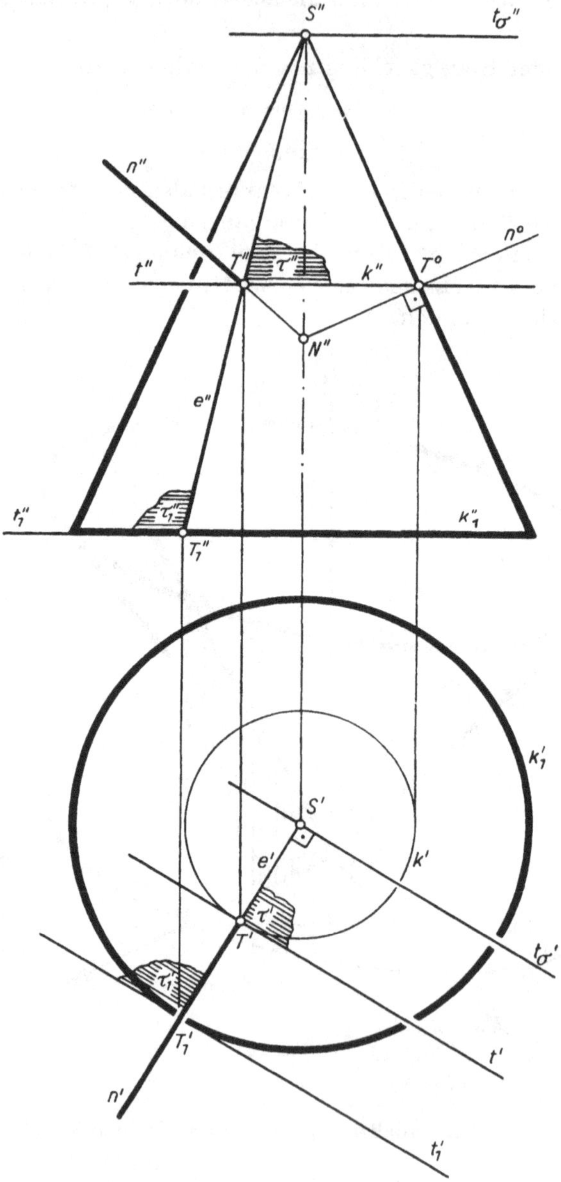

Figur 204

legt man durch T die Erzeugende e und den Parallelkreis k. (Figur 204.) Die Tangente t von k in T und die Erzeugende e spannen dann die Tangentialebene τ von $\mathfrak{K}$ in T auf. Durch zentrische Streckung von S aus geht T in irgendeinen anderen Flächenpunkt T_1 über. Dabei geht e in sich und k in den Parallelkreis k_1 durch T_1, also auch t in t_1 (= Tangente in T_1 an k_1) über. Die Tangentialebene τ_1 von $\mathfrak{K}$ in T_1 ist somit mit τ identisch. Also gilt:

Der Drehkegel $\mathfrak{K}$ wird von einer Tangentialebene τ in allen Punkten der zugehörigen Berührerzeugenden e berührt.[1])

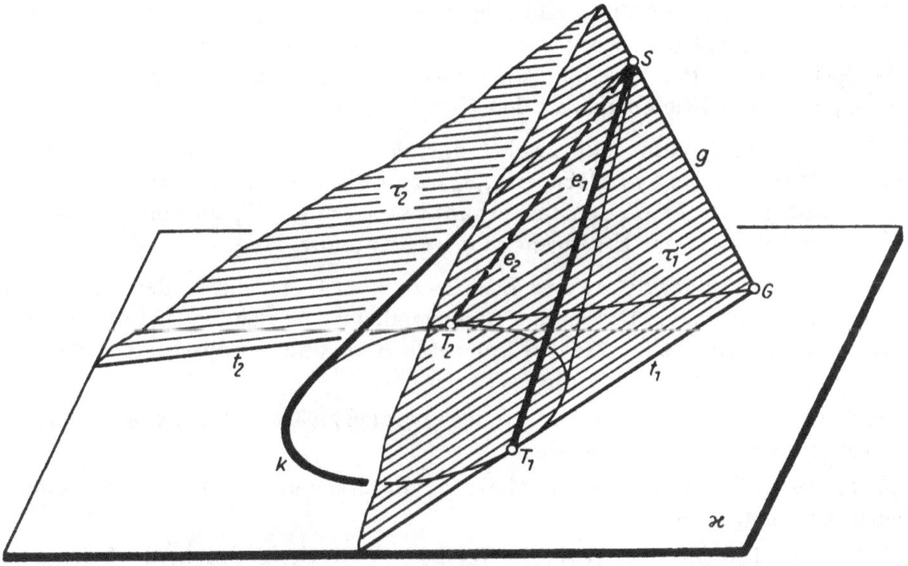

Figur 205

Die Spur t_σ der Tangentialebene τ in der achsennormalen Scheitelebene σ ist zur Berührerzeugenden e normal.

(Figur 202.) Es gibt zwei Tangentialebenen von $\mathfrak{K}$, die zur Aufrißebene normal sind. Ihre Berührerzeugenden u_{21} und u_{22} bilden den zweiten wahren Umriß, ihre Aufrisse u_{21}'', u_{22}'' den zweiten scheinbaren Umriß von $\mathfrak{K}$.

* Aufgabe 122 (für den Leser). Man beweise analytisch, daß der erste scheinbare Umriß eines Drehkegels mit lotrechter Achse aus den beiden Minimalgeraden durch den Grundriß S' der Kegelspitze S besteht. *

(Figur 204.) Die Flächennormale n in einem Flächenpunkt T ist die Normale in T zur Tangentialebene τ von T. Der Grundriß n' fällt mit dem Grundriß e' der Erzeugenden e von T zusammen, da e Fallinie ihrer Tangentialebene τ ist.

---

[1]) Durch eine analoge Schlußweise erkennt man die Richtigkeit dieses Satzes für jede Kegelfläche. Überhaupt prüfe der Leser, ob die im folgenden angeführten Konstruktionen oder Konstruktionsprinzipien außer für Drehkegel auch für Kegel 2. Ordnung oder für allgemeine Kegelflächen zutreffen.

Der Aufriß n'' von n könnte als Normale des Aufrisses einer zweiten Spurparallelen von τ gefunden werden. Da die Flächennormalen aller Punkte des Parallelkreises k durch T selbst wieder einen Drehkegel bilden, der mit dem gegebenen Kegel die Achse gemein hat (die beiden Kegel heißen daher *koaxial*), ist es zweckmäßiger, die Spitze N dieses *Normalenkegels* mit Hilfe einer Umrißerzeugenden von $\mathfrak{K}$ aufzusuchen. Man dreht zu diesem Zweck T längs seines Parallelkreises k in eine Umrißerzeugende nach T_0. Die Normale n_0 in T_0 zur Umrißerzeugenden schneidet die Kegelachse a in N. Damit ist ein zweiter Punkt von n gefunden.

Aufgabe 123. (Figur 205.) Ein Kegel $\mathfrak{K}$ sei durch den Scheitel S und durch den Basiskreis k gegeben. Ferner sei eine Scheitelgerade g durch ihren Spurpunkt G (außerhalb k) in der Ebene $\varkappa$ von k festgelegt. Man lege durch die Scheitelgerade g die Tangentialebenen an den Kegel $\mathfrak{K}$.

Lösung. Aus G kann man zwei Tangenden t_1, t_2 an den Basiskreis k legen. Daher gibt es zwei Tangentialebenen τ_1, τ_2 aus g an $\mathfrak{K}$, von denen t_1 und t_2 die Schnittgeraden mit $\varkappa$ sind. Ist T_1 der Berührpunkt von t_1 mit k, T_2 der von t_2, so berührt τ_1 den Kegel $\mathfrak{K}$ längs der Erzeugenden $e_1 = ST_1$ und τ_2 längs $e_2 = ST_2$.

Bemerkung. Rückt G in den Basiskreis k, so fallen die beiden Tangentialebenen τ_1, τ_2 zusammen: Durch eine Erzeugende gibt es also, wie bereits erwähnt, nur eine Tangentialebene. Liegt G innerhalb k, so sind die durch g ($= SG$) an $\mathfrak{K}$ legbaren Tangentialebenen konjugiert komplex.

Aufgabe 124 (für den Leser). Man lege parallel zu einer Geraden g die Tangentialebenen an einen gegebenen Kegel $\mathfrak{K}$.

Aufgabe 125 (für den Leser). Man lege durch einen Punkt P die Tangentialebenen an einen Kegel.

* Aufgabe 126 (für den Leser). Man lege (analytisch) durch die Achse eines Drehkegels $\mathfrak{K}$ die Tangentialebenen an $\mathfrak{K}$ und zeige, daß sie Minimalebenen sind. *

§ 88. Schnitt einer Geraden mit einem Kegel

Aufgabe 127. (Figur 206a.) Ein Kegel $\mathfrak{K}$, gegeben durch Basiskreis k und Spitze S, soll mit einer gegebenen Geraden g geschnitten werden.

Lösung. Man lege durch S die zu g parallele Scheitelgerade g_S. g und g_S spannen eine Scheitelebene σ_g auf, die $\mathfrak{K}$ in zwei Erzeugenden e_1, e_2 schneidet, auf denen die Durchstoßpunkte P und Q liegen müssen. Man bestimmt daher zunächst die Spurpunkte G_1 und G_{S1} von g bzw. g_S in der Ebene $\varkappa$ des Basiskreises k. Die Verbindungsgerade G_1G_{S1}, also die Spur von σ_g in $\varkappa$, schneidet k in zwei Punkten P_1 und Q_1. Dann ist $SP_1 = e_1$ und $SQ_1 = e_2$, mithin $ge_1 = P$ und $ge_2 = Q$. Die Annahmen in Figur 206a wurden so getroffen, daß die Punkte P und Q sich reell ergaben. Figur 206b zeigt die nötigen Konstruktionslinien bei der Ermittlung der Durchstoßpunkte einer Geraden mit einem Kegel in zugeordneten Normalrissen.

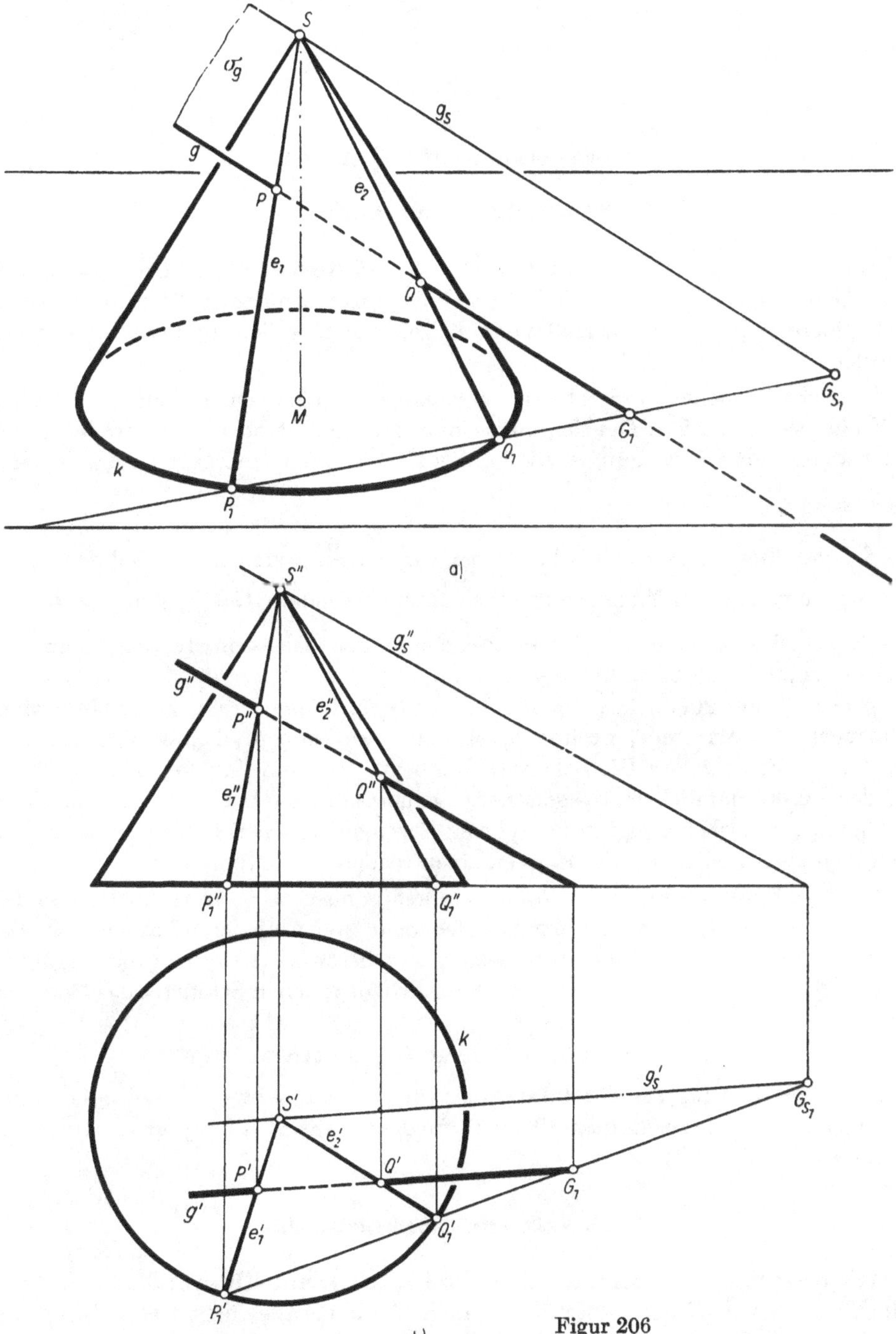
S
σ'g
g
gS
P
e2
e1
Q
M
GS1
G1
Q1
k
P1
a)
S''
g''S
g''
P''
e''2
e''1
Q''
P''1
Q''1
k
g'S
S'
GS1
e'2
P'
Q'
G1
g'
e'1
Q'1
P'1
b)

Figur 206

Ebene Schnitte eines Drehkegels

§ 89. Zerfallende Kegelschnitte

Jeder ebene Schnitt eines Drehkegels ist eine Kurve zweiter Ordnung, die in zwei Geraden zerfällt, wenn die Schnittebene durch den Scheitel S geht, also eine Scheitelebene ist. Diese zerfallenden Kegelschnitte sollen zunächst untersucht werden.

Bei Scheitelebenen sind (ebenso wie später im allgemeinen Fall) drei Unterscheidungen zu treffen: Der Neigungswinkel β der Schnittebene kann größer, gleich oder kleiner als der Neigungswinkel α der Kegelerzeugenden gegen die Basis sein $\left(0 < \alpha < \frac{\pi}{2}, \; 0 \leqq \beta \leqq \frac{\pi}{2}\right)$.

1. $\beta > \alpha$. (Figur 207a.) Die Scheitelebene σ schneidet den Drehkegel $\mathfrak{K}$ in zwei verschiedenen reellen Erzeugenden e_1, e_2. Ist insbesondere $\beta = \frac{\pi}{2}$, geht also σ durch die Kegelachse, so ist σ eine Symmetrieebene für $\mathfrak{K}$. Die Schnitterzeugenden e_1, e_2 liegen symmetrisch bezüglich der Achse a.
2. $\beta = \alpha$. (Figur 207b.) Die Scheitelebene σ berührt den Drehkegel $\mathfrak{K}$ längs einer Erzeugenden. Man sagt, σ schneidet $\mathfrak{K}$ in zwei zusammenfallenden Erzeugenden.
3. $\beta < \alpha$. (Figur 207c.) Die Scheitelebene σ hat mit dem Drehkegel $\mathfrak{K}$ nur einen reellen Punkt, nämlich den Kegelscheitel gemeinsam. σ schneidet $\mathfrak{K}$, wie die Rechnung zeigt, in zwei konjugiert komplexen Erzeugenden (zwei konjugiert komplexe Geraden einer reellen Ebene besitzen einen reellen Schnittpunkt).

* Ohne Einschränkung der Allgemeinheit können wir zur rechnerischen Bestätigung obiger Ergebnisse die Scheitelebene σ zweitprojizierend annehmen, also den Ansatz treffen: $z = y \cdot \tan\beta$. Setzen wir diesen Wert für z in die Kegelgleichung (§ 86, 1) ein, so erhalten wir als Grundriß des ebenen Schnittes das Geradenpaar

$$y \cdot \sqrt{\tan^2\beta - \tan^2\alpha} = \pm x \cdot \tan\alpha\,.$$

Dieses Geradenpaar besteht tatsächlich für $\beta > \alpha$ aus zwei reellen getrennten, für $\beta = \alpha$ aus zwei zusammenfallenden, für $\beta < \alpha$ aus zwei konjugiert komplexen Geraden.*

§ 90. Nichtzerfallende Kegelschnitte

Wir betrachten nun Schnitte eines Drehkegels $\mathfrak{K}$ mit Ebenen, die nicht durch die Spitze S von $\mathfrak{K}$ gehen. Schneidet man $\mathfrak{K}$ mit Parallelebenen $\varepsilon^1 \,||\, \varepsilon^2 \,||\, \cdots \,||\, \varepsilon^n$ (nicht durch S), so entstehen Kegelschnitte $k^1, k^2, \ldots, k^n$, die durch zentrische

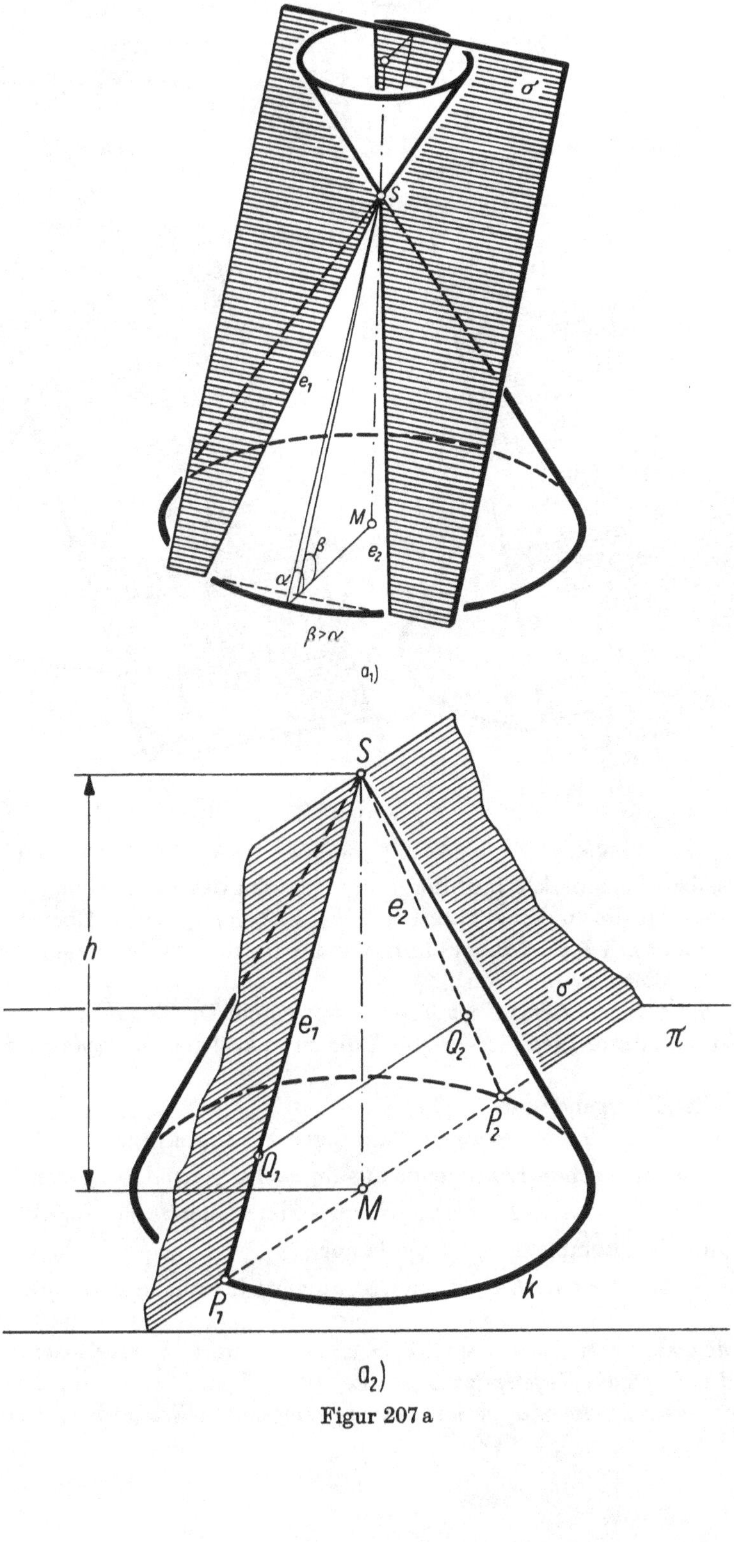

Figur 207 a

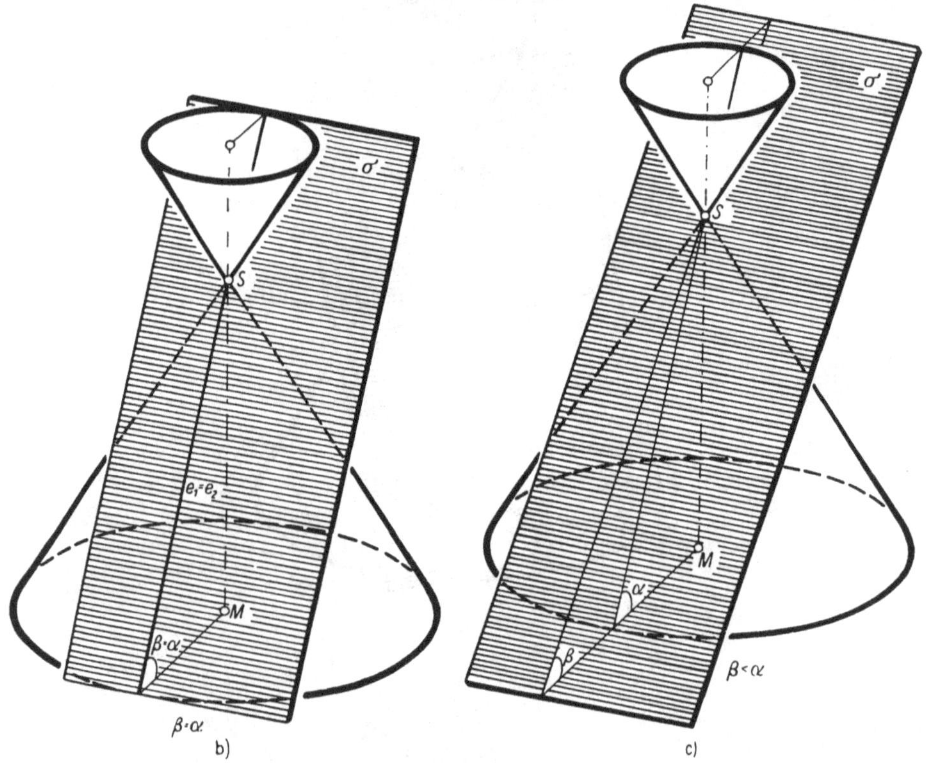

Figur 207 b – c

Ähnlichkeiten von S aus ineinander übergehen. Diese Kegelschnitte k^i besitzen daher dieselben Fernpunkte (auf der Trägergeraden des Parallelebenenbüschels). Dies gilt auch für die zu den ε^i parallele Scheitelebene σ_ε. Diese Ebene σ_ε und ihr Schnitterzeugnis mit $\mathfrak{K}$ gibt daher ein Kriterium für die Art der in den ε^i liegenden Kegelschnitte. Man kann sagen:

Soll die *Art des Schnittes* k einer Ebene ε mit einem Drehkegel $\mathfrak{K}$ bestimmt werden, so legt man durch die Spitze S von $\mathfrak{K}$ die zu ε parallele *Testebene* σ_ε. Schneidet σ_ε aus $\mathfrak{K}$

1. zwei reelle Erzeugende aus,
   so ist k eine *Hyperbel* (zwei reelle Fernpunkte).
2. zwei zusammenfallende Erzeugende aus (σ_ε = Tangentialebene von $\mathfrak{K}$),
   so ist k eine *Parabel* (zwei zusammenfallende Fernpunkte).
3. zwei konjugiert komplexe Erzeugende aus,
   so ist k eine *Ellipse* (zwei konjugiert komplexe Fernpunkte).

Oder:

Eine Ebene ε schneidet einen Kegel $\mathfrak{K}$ in einer Hyperbel, Parabel oder Ellipse, je nachdem die durch die Kegelspitze S parallel zu ε gelegte Testebene σ_ε den Kegel in reellen Erzeugenden schneidet, berührt oder in imaginären Erzeugenden trifft.

* Da die Einteilung der nicht zerfallenden Kegelschnitte in Hyperbeln, Parabeln, Ellipsen gegenüber Parallelprojektionen invariant ist, kann obiger Satz rechnerisch leicht verifiziert werden. Wählt man ε wieder zweitprojizierend mit dem Neigungswinkel β, so wird ε beschrieben durch $z = y \cdot \tan \beta + d$. Diesen Wert für z in die Kegelgleichung eingesetzt, ergibt den Grundriß des ebenen Schnittes

$$x^2 \cdot \tan^2 \beta + y^2 \cdot (\tan^2\alpha - \tan^2\beta) - 2dy \cdot \tan \beta - d^2 = 0 .$$

Dies ist tatsächlich für $\beta > \alpha$ eine Hyperbel, für $\beta = \alpha$ eine Parabel und für $\beta < \alpha$ eine Ellipse. *

Die Figuren 208a, b, c geben je einen Schrägriß für die drei Arten von nicht zerfallenden Kegelschnitten wieder.

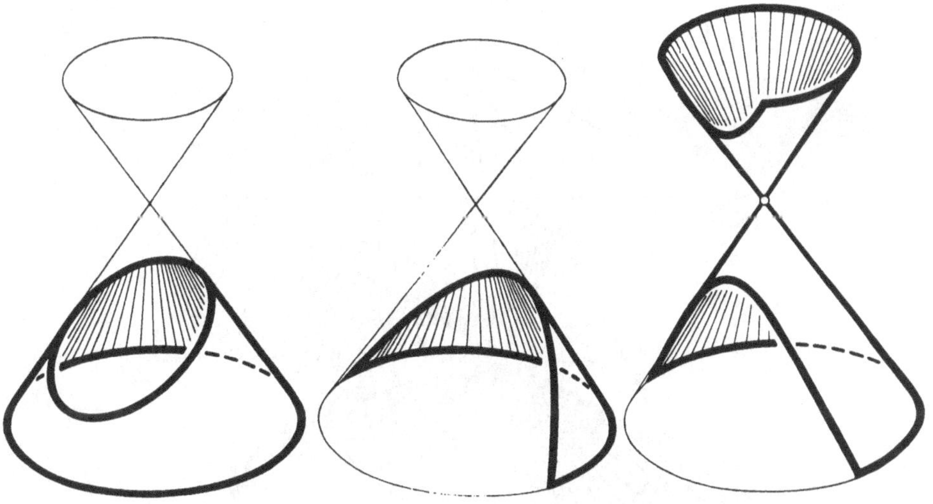

a) b) c)

Figur 208

Für den Fall eines elliptischen Schnittes eines Drehkegels soll noch nach einem von Pierre Dandelin (1794—1847) angegebenen Verfahren gezeigt werden, daß die Schnittkurve k die oben (Seite 186) angegebene Definition einer Ellipse erfüllt.

(Figur 209a.) Ein Drehkegel $\mathfrak{K}$ werde mit einer Ebene ε geschnitten, die nicht durch die Kegelspitze S geht. Die zu ε parallele Scheitelebene σ_ε habe mit $\mathfrak{K}$ keine reellen Erzeugenden gemeinsam. In Figur 209a wurden die Kegelachse a erstprojizierend, die Schnittebene ε zweitprojizierend angenommen. Die Schnittkurve k des Kegels $\mathfrak{K}$ mit ε erscheint daher — wenn man von den imaginären Punkten von k absieht — im Aufriß als doppelt überdeckte Strecke $\overline{AB}$.

Nun konstruiert man jene zwei Kugeln $\mathfrak{K}_1$, $\mathfrak{K}_2$, die dem Kegel einbeschrieben sind (d. h. $\mathfrak{K}$ nach je einem Parallelkreis k_1 bzw. k_2 berühren) und die Schnittebene ε zur Tangentialebene haben. Die Mitten M_1, M_2 dieser sogenannten Dandelin*schen Kugeln* liegen auf der Kegelachse a. Die Ebenen $\varkappa_1$, $\varkappa_2$ der Berührkreise k_1

bzw. k_2 stehen zur Kegelachse normal, sind daher bei der getroffenen Annahme zweitprojizierend. Die Berührpunkte F_1, F_2 der Kugeln $\mathfrak{K}_1$, $\mathfrak{K}_2$ mit ε sind die Lotfußpunkte aus M_1 bzw. M_2 auf ε.

Sodann wählt man einen Punkt P auf der Schnittkurve k. Die aus P an die Kugel $\mathfrak{K}_1$ legbaren Tangenten bilden einen Drehkegel, der $\mathfrak{K}_1$ längs eines gewissen Kreises berührt. Dieser Kreis geht auch durch F_1 und jenen Punkt T_1, in dem die Erzeugende e durch P den Kreis k_1 trifft. Daher ist $\overline{PF_1} = \overline{PT_1}$. In gleicher Weise folgert man, daß die Strecken $\overline{PF_2}$ und $\overline{PT_2} = \overline{P \cdot e\,k_2}$ gleich lang sind. Die wahren Längen dieser Strecken $\overline{PT_1}$, $\overline{PT_2}$ findet man durch Drehung von e

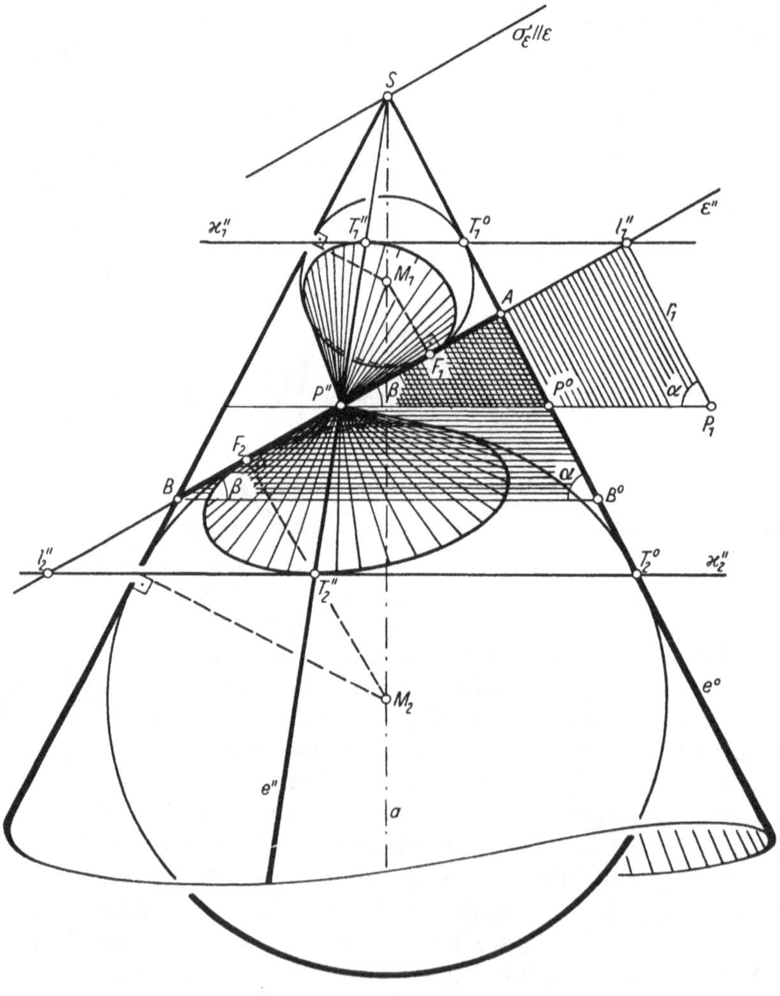

a)

Figur 209 a

um die Kegelachse in die Umrißerzeugende e^0. Dabei gehen die Punkte T_1, P, T_2 in dieser Reihenfolge in T_1^0, P^0, T_2^0 über. Somit gilt:

$$r_1 = \overline{PF_1} = \overline{PT_1} = \overline{P^0T_1^0}\,,$$

$$r_2 = \overline{PF_2} = \overline{PT_2} = \overline{P^0T_2^0}\,.$$

Addiert man diese beiden Gleichungen und berücksichtigt man, daß

$$\overline{B^0T_1^0} = \overline{BF_1} = \overline{AF_2} = \overline{AT_2^0}$$

und

$$\overline{B^0T_2^0} = \overline{BF_2} = \overline{AF_1} = \overline{AT_1^0}$$

ist, so erhält man:

$$r_1 + r_2 = \overline{T_1^0T_2^0} = \overline{AB} = 2\,a = \text{const}\,,$$

die bekannte Brennpunktsdefinition der Ellipse mit den Brennpunkten F_1, F_2 und den Hauptscheiteln A, B.

Die Ebenen $\varkappa_1$, $\varkappa_2$ der Berührkreise k_1, k_2 schneiden ε in je einer Geraden l_1 bzw. l_2, die in Figur 209a als Punkte erscheinen. Der Abstand d_1 des Punktes P von l_1 erscheint im gezeichneten Aufriß in wahrer Größe. Somit gilt

$$d_1 = \overline{Pl_1} = \overline{P''l_1''}\,.$$

Zieht man ferner durch den Punkt l_1'' die Parallele zur Umrißerzeugenden e^0 und schneidet diese mit der Achsennormalen durch P'' in P_1, so entsteht ein Dreieck $P''P_1l_1''$ mit den Basiswinkeln β (bei P'') und α (bei P_1). Da die Gegenseiten die Längen r_1 bzw. d_1 besitzen, liefert der Sinussatz

$$\overline{PF_1}:\overline{Pl_1} = r_1:d_1 = \overline{P^0T_1^0}:\overline{P''l_1''} = \sin\beta:\sin\alpha = \text{const} < 1\,.$$

Damit ist l_1 als die zum Brennpunkt F_1 gehörige Leitgerade (*Direktrix*) erkannt (vgl. Seite 197).

Für das konstante Verhältnis $r_1:d_1$ läßt sich noch ein anderer Ausdruck gewinnen. In dem zum Dreieck $P''P_1l_1''$ ähnlichen Dreieck BB^0A liegen nämlich die Seiten $\overline{AB} = 2\,a$ und

$$\overline{B^0A} = \overline{T_2^0T_1^0} - \overline{T^0B^0} - \overline{AT_1^0} = \overline{AB} - \overline{AF_1} - \overline{F_2B} = 2\,e$$

den Winkeln α bzw. β gegenüber. Somit erhält man

$$r_1:d_1 = \sin\beta:\sin\alpha = e:a = \varepsilon\,. \tag{1}$$

Da beide Brennpunkte gleichwertig sind, erhält man den schon früher erwähnten Satz (siehe Seite 197):

Für jeden Ellipsenpunkt ist das Verhältnis seiner Abstände von einem Brennpunkt und von der zugehörigen Leitgeraden konstant, und zwar gleich der numerischen Exzentrizität

$$\varepsilon = e:a\,.$$

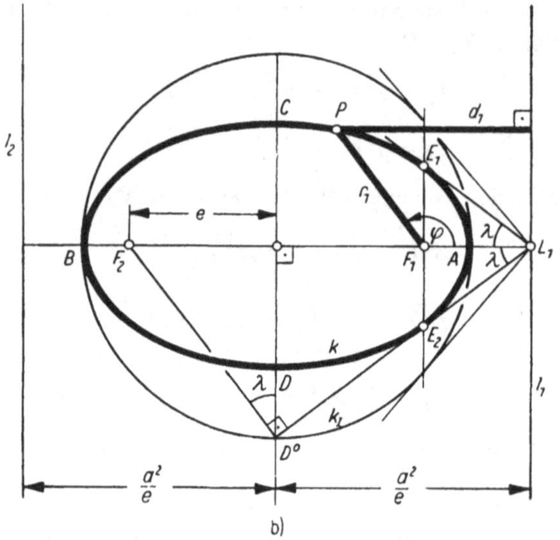

Figur 209 b

* (Figur 209 b.) Wendet man Formel (1) auf einen Nebenscheitel, z. B. auf D an, so ergibt sich

$$\varepsilon = r_1 : d_1 = a : \overline{Dl_1} = e : a$$

oder, wenn L_1 der Schnittpunkt der Leitgeraden l_1 mit der Hauptachse AB ist:

$$\overline{Dl_1} = \overline{Ol_1} = \overline{OL_1} = \frac{a^2}{e} . \tag{2}$$

Hieraus erkennt man, daß die Leitgerade l_1 die Polare des Brennpunktes F_1 in bezug auf den Hauptscheitelkreis k_I und (zufolge der perspektiven Affinität zwischen diesem und der Ellipse k) auch bezüglich k ist.

Dies sieht man auch ein, wenn man folgende Teilverhältnisse bildet:

$$(AB \cdot F_1) = \overline{AF_1} : \overline{BF_1} = (e - a) : (a + e) ,$$

$$(AB \cdot L_1) = \overline{AL_1} : \overline{BL_1} = \left(\frac{a^2}{e} - a\right) : \left(\frac{a^2}{e} + a\right) = (a - e) : (a + e) = -(AB \cdot F_1) .$$

Daraus folgt für das Doppelverhältnis

$$(ABF_1L_1) = (AB \cdot F_1) : (AB \cdot L_1) = -1 .$$

Die Punktepaare A, B und F_1, L_1 liegen mithin harmonisch. Also ist tatsächlich l_1 die Polare von F_1 bezüglich der Ellipse k.

Zufolge (2) (Höhensatz) erhält man den Punkt L_1 auch als Schnittpunkt des Lotes in D^0 auf die Gerade F_2D^0 mit der Hauptachse AB. Bezeichnet man

$$\sphericalangle OD^0F_2 = \sphericalangle OL_1D^0 = \lambda ,$$

so erhält man eine weitere Deutung der numerischen Exzentrizität:

$$\tan\lambda = \frac{\overline{F_2O}}{\overline{D^0O}} = \frac{e}{a} = \varepsilon\,. \qquad (3)$$

Die Gerade D^0L_1 ist ferner Tangente der Ellipse im Endpunkt E_2 der symmetrischen Sehne durch den Brennpunkt F_1. Zum Beweis dieser Behauptung genügt es zu zeigen, daß der Winkel $\sphericalangle\, E_2L_1F_1$ gleich λ ist. Wendet man aber Formel (1) auf den Ellipsenpunkt E_2 an, so erhält man zufolge (3):

$$\varepsilon = \overline{E_2F_1} : \overline{E_2l_1} = e : a = \overline{E_2F_1} : \overline{F_1L_1} = \tan\lambda\,,$$

d. h. $\sphericalangle\, E_2L_1F_1 = \lambda$. *

Aufgabe 128 (für den Leser). Der Leser zeige durch analoge Betrachtungen, daß eine Ebene ε einen Drehkegel $\mathfrak{K}$ in einer Hyperbel (Parabel) entsprechend

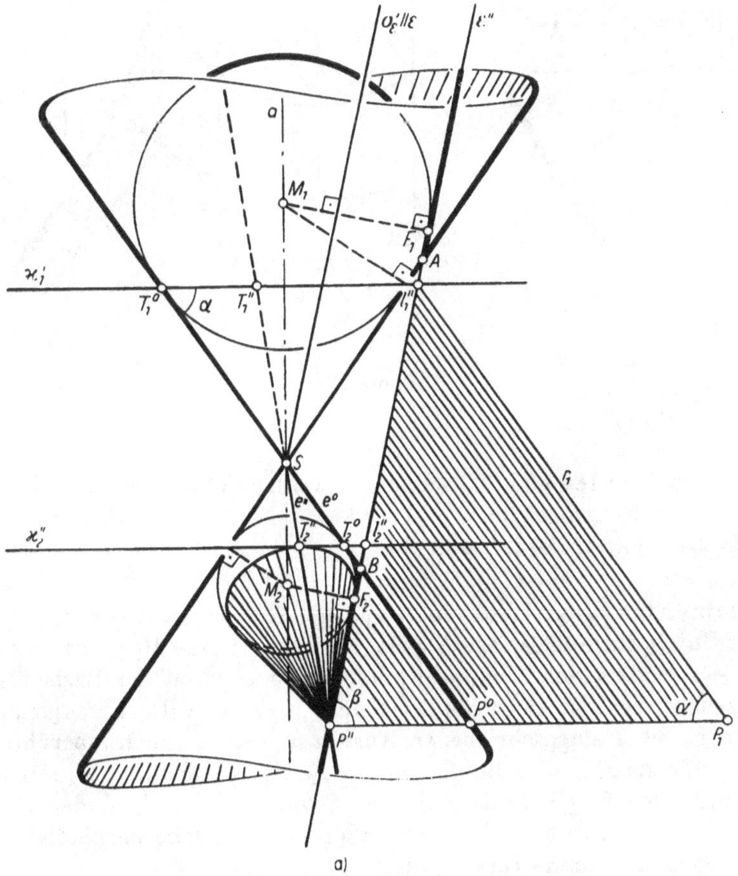

a)

Figur 210 a

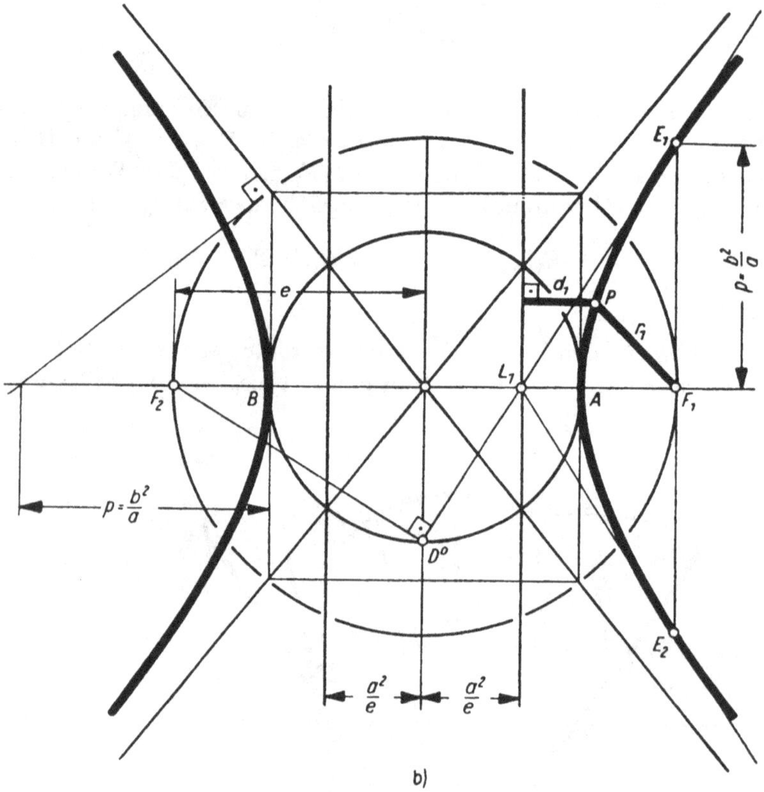

Figur 210 b

der Definition Seite **186** und **203** schneidet, wenn ε nicht durch den Kegelscheitel S geht und einen Neigungswinkel $\beta > \alpha$ ($\beta = \alpha$) besitzt. Die dazu nötigen Bilder enthalten die Figuren 210a, b und 211.

Zusammenfassung. Wird ein Drehkegel $\mathfrak{K}$ mit einer Ebene ε geschnitten, die nicht durch die Kegelspitze S geht, so entsteht eine Hyperbel, Parabel oder Ellipse, je nachdem der Neigungswinkel β von ε gegen die Basisebene von $\mathfrak{K}$ größer, gleich oder kleiner ist als der Neigungswinkel α der Erzeugenden von $\mathfrak{K}$. Jene dem Kegel $\mathfrak{K}$ eingeschriebenen Kugeln $\mathfrak{K}_1$, $\mathfrak{K}_2$, die auch ε berühren, heißen DANDELIN*sche Kugeln*. Die Berührpunkte F_1, F_2 von $\mathfrak{K}_1$ bzw. $\mathfrak{K}_2$ mit ε sind die Brennpunkte des Kegelschnittes k. Die Schnittgeraden l_1, l_2 der Berührkreisebenen $\varkappa_1$ bzw. $\varkappa_2$ mit ε sind die Leitgeraden von k. (Beim parabolischen Schnitt tritt naturgemäß nur eine DANDELINsche Kugel auf.)

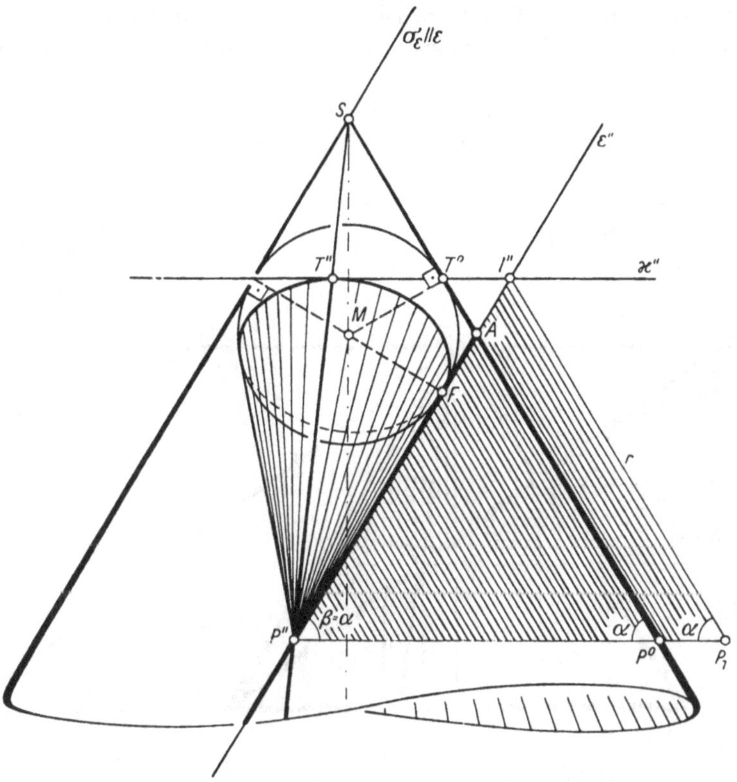

Figur 211

§ 91. Konstruktive Durchführung eines elliptischen Schnittes eines Drehkegels

(Figur 212). Ein Drehkegel $\mathfrak{K}$ stehe mit seinem Basiskreis k_1 auf der ersten Bildebene π_1. Die Schnittebene $\varepsilon = e_1 e_2$ sei zweitprojizierend. Dadurch erscheint der Aufriß k'' der Schnittellipse k, sofern man nur relle Punkte projiziert, als doppelt überdeckte Strecke $\overline{A''B''}$. B wurde auf k_1 angenommen, was keine Einschränkung der Allgemeinheit bedeutet. Jene erste Fallinie f_1, die die Kegelachse a schneidet, trägt aus Gründen der Symmetrie die Hauptscheitel A, B von k. Ihre Grundrisse A' und B' sind die Hauptscheitel der Grundrißellipse k'. Der Aufriß M'' der Ellipsenmitte M halbiert die Strecke $\overline{A''B''}$. M' ist der Mittelpunkt von k'. Die Nebenachse CD von k ist zweitprojizierend, d. h., es ist $M'' = C'' = D''$. Die Grundrisse C', D' der Nebenscheitel C, D, also die Nebenscheitel der Grundrißellipse k', können durch Angittern entweder mittels eines Parallelkreises oder einer Erzeugenden konstruiert werden.

In Figur 212 wurde ferner ein Punkt P von k konstruiert. Um die Tangente t in P an k zu finden, schneidet man die Tangentialebene τ von P an $\mathfrak{K}$ mit ε. Die

Erzeugende e durch P treffe den Basiskreis k_1 in P_1. Die Tangente t_1 in P_1 an k_1 ist die erste Spur von τ. Daher liefert der Schnittpunkt $T_1 = t_1 e_1$ den ersten Spurpunkt der Tangente t von k in P.

Es ist zweckmäßig, auch den Durchstoßpunkt T_σ von t mit der achsennormalen (waagrechten) Scheitelebene σ zu verwenden. T_σ ist der Schnittpunkt der Spuren

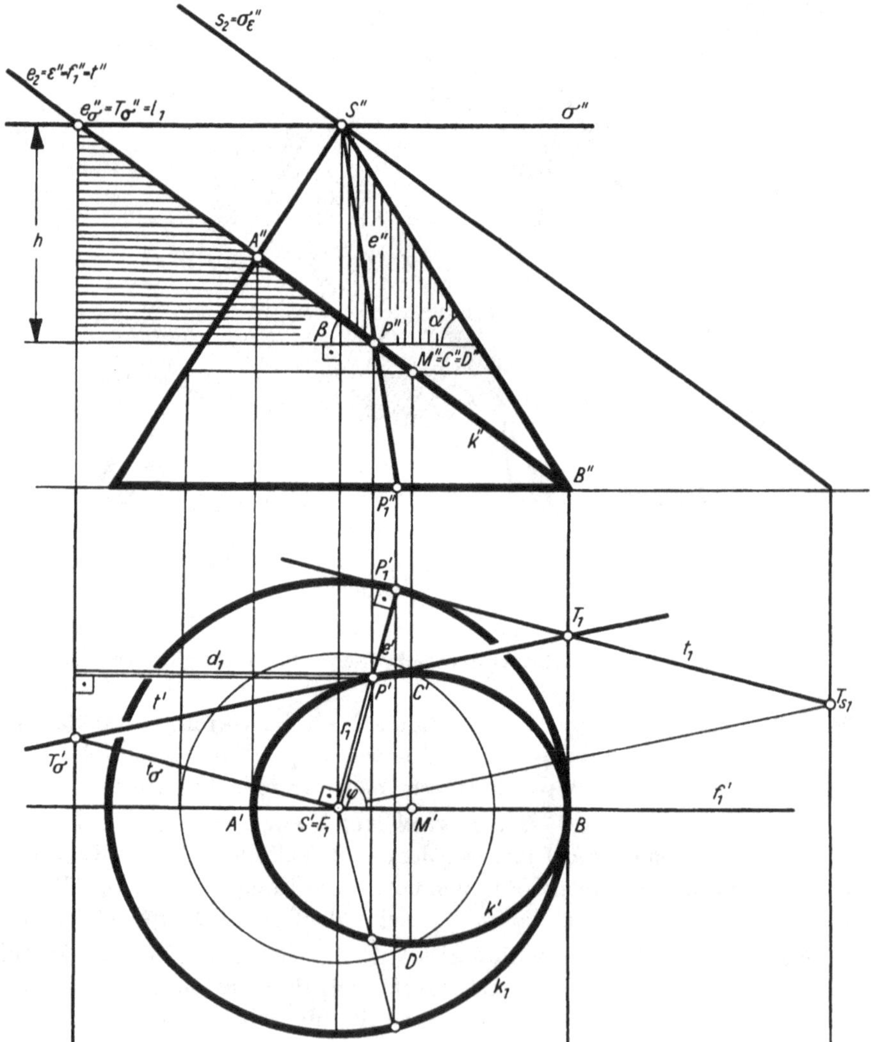

Figur 212

e_σ und t_σ der Ebenen ε bzw. τ in σ (beachte, daß $e_\sigma \parallel e_1$, $t_\sigma \parallel t_1$). Die Strecke $\overline{S'T_\sigma'}$ ist die Polarsubtangente[1]) von k' in P' bezüglich S'.

Es soll nun bewiesen werden, daß der Grundriß S' der Kegelspitze S ein Brennpunkt der Grundrißellipse k' ist. Der Grundriß e_σ' der Schnittgeraden $\varepsilon_\sigma = \varepsilon\,\sigma$ wird sich als zugehörige Leitgerade l_1 herausstellen.

Zu dem Zweck wird das Verhältnis der Abstände $r_1 = \overline{P'S'}$ und $d_1 = \overline{P'e_\sigma'} = \overline{P'l_1}$ berechnet. Legt man durch P'' die Normale zur Kegelachse, so entstehen zwei in Figur 212 schraffierte rechtwinklige Dreiecke mit den Basiswinkeln α bzw. β. Bezeichnet h den Höhenunterschied zwischen P und S, so gilt:

$$\tan\alpha = \frac{h}{r_1} \quad \text{und} \quad \tan\beta = \frac{h}{d_1},$$

somit

$$r_1 : d_1 = \tan\beta : \tan\alpha = \text{const} < 1\,,$$

womit die Behauptung bewiesen ist.

* Aufgabe 129 (für den Leser). Ein Drehkegel 𝔎 mit lotrechter Achse werde von einer Ebene ε in einer Ellipse k geschnitten. Schreibt man 𝔎 jenes koaxiale Drehparaboloid 𝔓 ein, das auch ε berührt, so fällt der Grundriß des Berührpunktes von 𝔓 mit ε in den zweiten, oben nicht erhaltenen Brennpunkt von k'. *

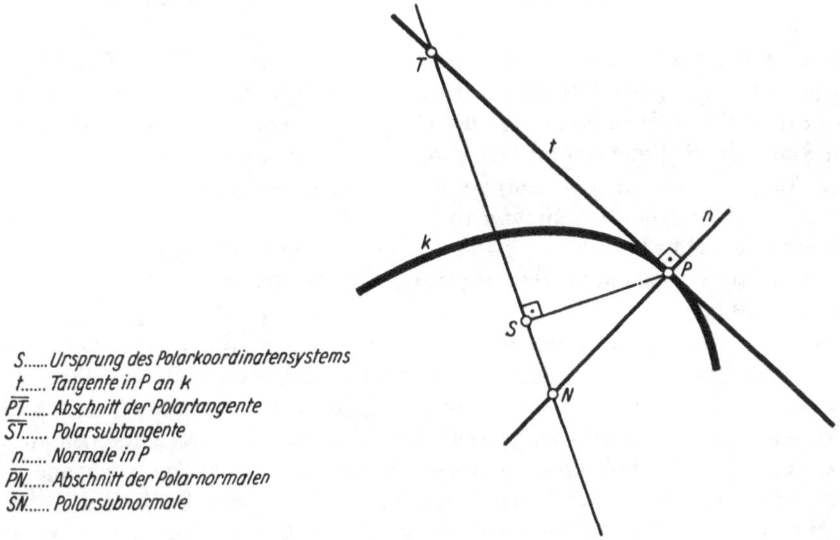

Figur 213

[1]) Mit Figur 213 werde der Leser an die vier Berührungsgrößen einer ebenen Kurve bezüglich eines Poles S erinnert: Polartangente, Polarsubtangente, Polarnormale, Polarsubnormale.

Aufgabe 130 (für den Leser; Figur 212). Bezeichnet r den Radius des durch B gehenden Parallelkreises von $\mathfrak{K}$ und wählt man f_1' als Achse eines Polarkoordinatensystems, so lautet die Gleichung von k' bezüglich S':

$$r_1 = \frac{(1-\varepsilon_1)\,r}{1-\varepsilon_1 \cos\varphi}.$$

Dabei bedeutet $\varepsilon_1 = \frac{\tan\beta}{\tan\alpha}$ die numerische Exzentrizität von k'.

* Aufgabe 131 (für den Leser). Ein Drehkegel $\mathfrak{K}$ werde von einer Ebene ε in einer Ellipse k geschnitten. Die zu den Hauptscheiteln A und B gehörenden Parallelkreise von $\mathfrak{K}$ haben die Radien r_A bzw. r_B. Man zeige, daß für die Grundrißellipse k' die Beziehungen bestehen:

$$a_1 = \frac{1}{2}(r_A + r_B), \qquad e_1 = \frac{1}{2}(r_A - r_B),$$

$$b_1 = \sqrt{r_A r_B}, \qquad p_1 = \frac{2 r_A r_B}{r_A + r_B}. \; *$$

Aufgabe 132 (für den Leser). Gegeben sei ein Drehkegel $\mathfrak{K}$ und eine Ellipse $k(a, b)$. Man suche eine Ebene ε, deren Schnitt mit $\mathfrak{K}$ eine zu k kongruente Ellipse ergibt.

§ 92. Ebener Schnitt eines Drehkegels und perspektive Kollineation

Da die Schnittkurve k (in ε) und der Basiskreis k_1 (in π_1) durch Zentralprojektion aus der Kegelspitze S ineinander übergehen, besteht zwischen diesen beiden Kurven (und ihren Ebenen) eine räumliche perspektive Kollineation. Die Geraden durch S sind die Kollineationsstrahlen, die erste Spur e_1 von ε ist die Kollineationsachse. Es gelten die in § 53 festgestellten Gesetzmäßigkeiten. Für spätere Anwendungen ist folgende Ergänzung wichtig:

(Figuren 212, 214.) Den Punkten von s_1, der ersten Spur der zu ε parallelen Scheitelebene σ_ε, entsprechen umkehrbar eindeutig die Fernpunkte von ε. Man nennt s_1 die *Verschwindungsgerade* der Ebene π_1, wenn man π_1 auf ε projiziert. Zugleich ist s_1 die *Fluchtgerade* von ε, wenn ε auf π_1 abgebildet wird (Fluchtgerade von ε = Bild der Ferngeraden von ε in π_1). In analoger Weise kann e_σ als Verschwindungsgerade von ε oder als Fluchtgerade von π_1 aufgefaßt werden. Man nennt s_1 und e_σ die *Gegenachsen* der räumlichen perspektiven Kollineation. Es zeigt sich auf neue Weise, daß die Verbindungsgerade von S mit $T_{s1} = t_1 s_1$ die Richtung von t angibt, während die Gerade durch S und $T_\sigma = t e_\sigma$ zu t_1 parallel ist.

(Figur 212.) Der Leser überzeuge sich wieder, daß diese räumliche perspektive Kollineation durch Zentral- oder Parallelprojektion in eine ebene perspektive Kollineation übergeht. Insbesondere entsteht im Grundriß eine ebene perspektive Kollineation mit dem Zentrum S', der Achse e_1 und den Gegenachsen s_1 und e_σ'. Wegen $\sigma \parallel \pi_1$ und $\sigma_\varepsilon \parallel \varepsilon$ ist $\overline{Se_\sigma} = \overline{s_1 e_1} = \overline{S' e_\sigma'}$ oder in Worten: *Der*

Abstand des Zentrums S' von einer der Gegenachsen ist so groß wie der Abstand der Kollineationsachse e_1 von der anderen Gegenachse.

Die zur Konstruktion von Punkten und Tangenten des Grundrisses k' der Schnittkurve k nötigen Linien lassen sich stets auf zwei verschiedene Weisen interpretieren: einerseits durch den räumlichen Zusammenhang, andererseits durch die erwähnte ebene perspektive Kollineation.

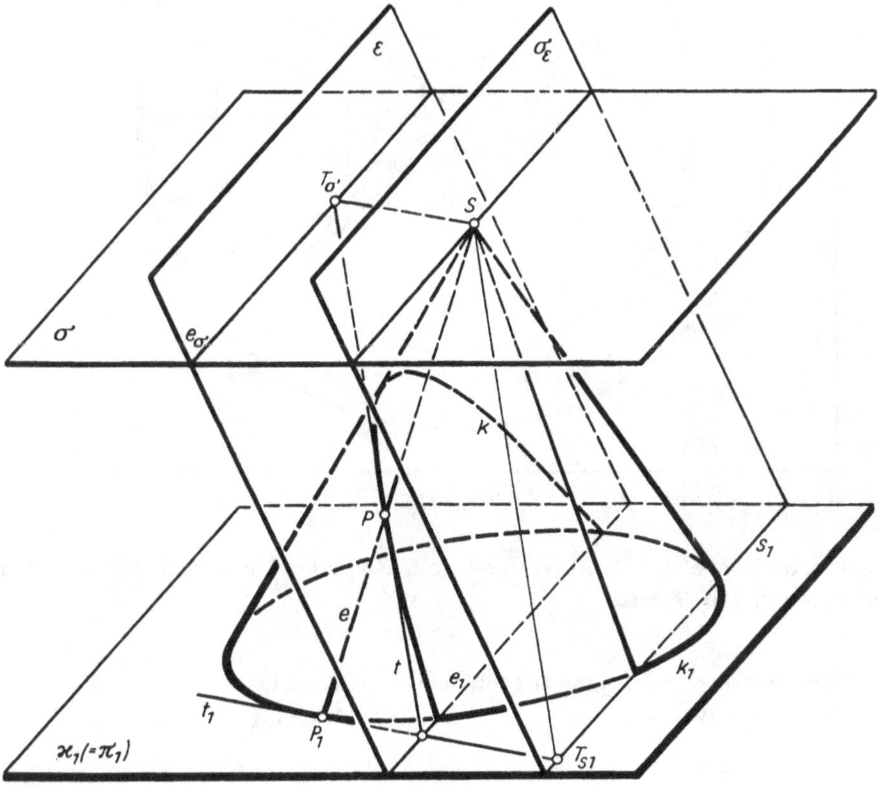

Figur 214

§ 93. Verebnung des Mantels eines Drehkegels

(Figur 215.) Legt man einen durch einen Parallelkreis k_1 $(M; r)$ (Basiskreis) begrenzten Drehkegel $\mathfrak{K}$ mit einer Erzeugenden SE auf eine (rauhe) Ebene π_1, so bleibt beim Rollen (ohne zu gleiten) des Kegels $\mathfrak{K}$ auf π_1 der Scheitel S in π_1 fest, während k_1 in π_1 einen Kreis k_1^* mit der Mitte S und dem Radius $s = \overline{SE}$ markiert. Der Punkt E komme nach Beginn der Rollung das erste Mal in E_1

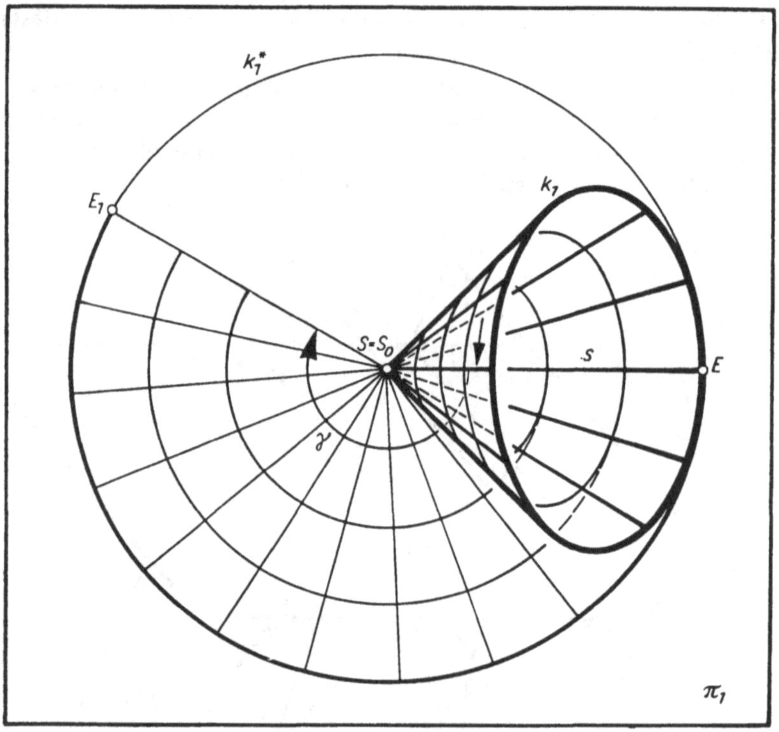

Figur 215

wieder in die Ebene π_1. Dann ist der Bogen $\widehat{EE_1}$ auf k_1^* gleich dem Umfang des Basiskreises k_1 von $\mathfrak{K}$, also

$$\widehat{EE_1} = 2\,r\,\pi\,.$$

Der Öffnungswinkel γ des überstrichenen Kreissektors ist demnach

im Bogenmaß	im Gradmaß	
$\gamma = 2\,\pi\,\frac{r}{s} = 2\,\pi\cos\alpha$	$\gamma^\circ = 360^\circ\cdot\frac{r}{s} = 360^\circ\cdot\cos\alpha$	(1)

$$(0 < \alpha < 90^\circ)\,.$$

Bestünde der Mantel von $\mathfrak{K}$ aus einem dünnen Häutchen, das man längs SE aufgeschnitten hat, so könnte man dasselbe durch die oben beschriebene Rollung mit dem Kreissektor $(S;\,s,\gamma)$ zur Deckung bringen. Man sagt, man habe den Mantel von $\mathfrak{K}$ *verebnet* oder *abgewickelt*. Die Verebnung von Kegel- und Zylindermänteln haben insbesondere bei Blechkonstruktionen eine Bedeutung. Im folgenden werden bei den Verebnungen der Einfluß von Blechstärke und die Zuschläge für Falzverbindungen nicht berücksichtigt.

(Figur 216.) Den Winkel γ berechnet man gemäß der Formel (1) oder man entnimmt ihn einem Nomogramm.

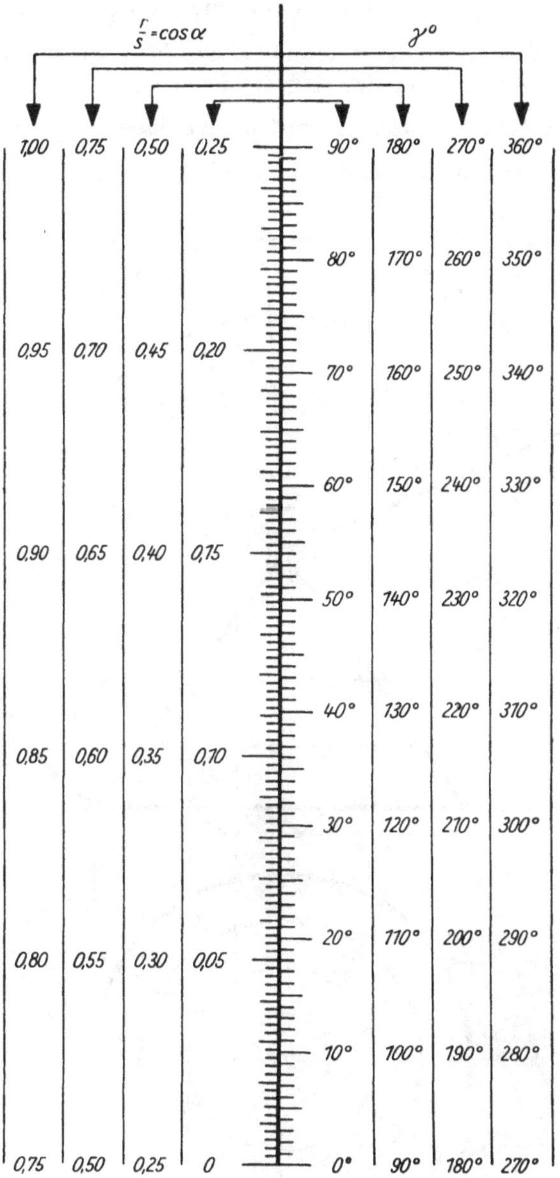

$\frac{r}{s} = \cos\alpha$
γ^0
1,00 0,75 0,50 0,25
0,95 0,70 0,45 0,20
0,90 0,65 0,40 0,15
0,85 0,60 0,35 0,10
0,80 0,55 0,30 0,05
0,75 0,50 0,25 0
90° 180° 270° 360°
80° 170° 260° 350°
70° 160° 250° 340°
60° 150° 240° 330°
50° 140° 230° 320°
40° 130° 220° 310°
30° 120° 210° 300°
20° 110° 200° 290°
10° 100° 190° 280°
0° 90° 180° 270°

Figur 216

Bemerkung. (Figur 215.) Läßt man den Kegel $\mathfrak{K}$ mehr als einmal auf π_1 abrollen, so gelangt jeder Punkt des Mantels, z. B. der Punkt E des Basiskreises k_1, immer wieder nach π_1. Ist $\cos\alpha = \frac{r}{s}$ rational und gilt $r = d \cdot r_0$, $s = d \cdot s_0$ mit teilerfremden Zahlen r_0 und s_0, so kommt E aus der Lage E^0 nach endlich vielen, und zwar nach s_0 Abrollungen des Kegels wieder nach E^0; der Kreis k_1^* ist dann von k_1 insgesamt r_0-mal überdeckt worden. Ist dagegen $\frac{r}{s}$ irrational, so wird E nicht wieder mit E^0 zur Deckung kommen. Dehnt man diese Aussage auf die

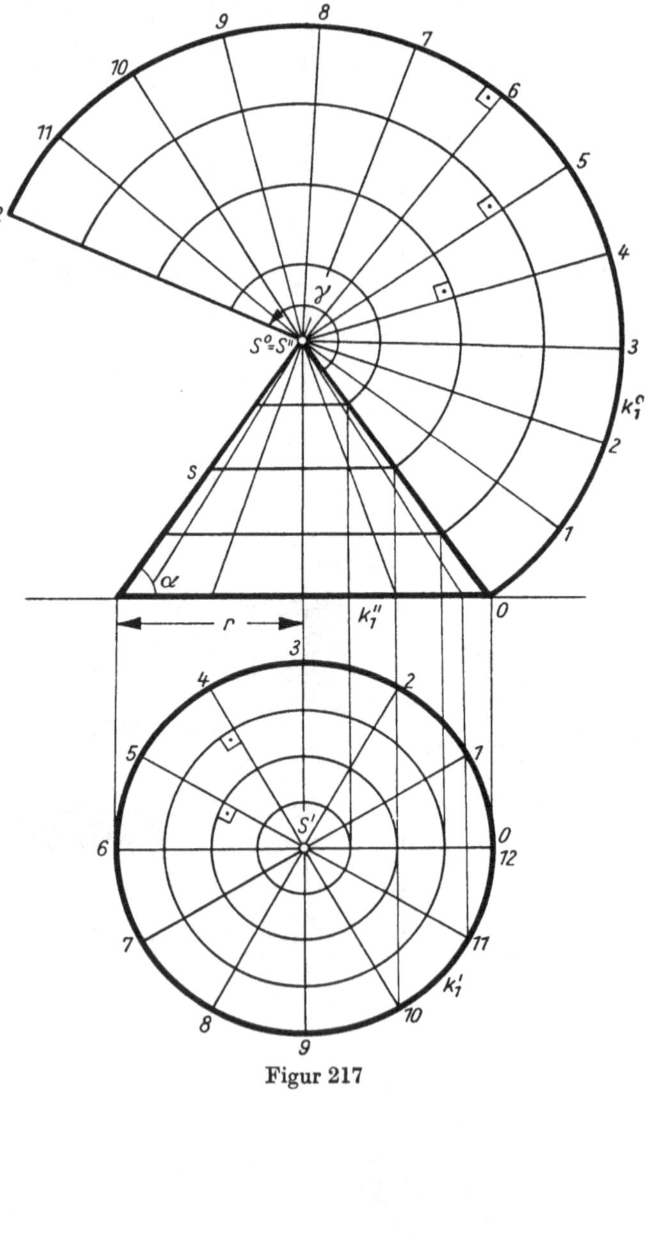

Figur 217

Punkte einer auf dem Mantel von $\mathfrak{K}$ liegenden Kurve k aus, die kein Parallelkreis ist (k sei etwa eine Schnittellipse), so markiert k bei diesem ständigen Rollen des Kegels eine Kurve k^* in π_1, von der gilt: Ist $\frac{r}{s}$ rational, so schließt sich k^* nach s_0 Abrollungen. Ist dagegen $\frac{r}{s}$ irrational, so tritt kein Schließen nach endlich vielen Abrollungen ein.

(Figuren 215, 217.) Bei der Verebnung des Drehkegelmantels gehen Parallelkreise in konzentrische Kreisbögen um S^0 und die Erzeugenden in Gerade durch S^0 über. Die Parallelkreise und die Erzeugenden, die auf dem Kegel ein orthogonales Netz (siehe S. 238) bilden, schneiden sich auch nach Verebnung rechtwinklig. — Allgemeiner gilt:

Schneiden sich zwei Flächenkurven c_1, c_2 des Kegels $\mathfrak{K}$ in einem Punkt T, so legen die Tangenten t_1, t_2 von c_1 bzw. c_2 im Punkt T die Tangentialebene τ in T an $\mathfrak{K}$ fest, wenn diese Tangenten verschieden sind. Der Winkel, den t_1 und t_2 miteinander bilden, wird als *Winkel der Flächenkurven* c_1 und c_2 im Schnittpunkt T bezeichnet. Nun denke man sich den Mantel des Kegels $\mathfrak{K}$ mit der Erzeugenden e durch T an die Tangentialebene τ angeheftet, längs einer von e verschiedenen Erzeugenden aufgeschnitten und in die Ebene τ verebnet. Die Kurven c_1 und c_2 gehen dabei in Kurven $c_1{}^0$ und $c_2{}^0$ durch $T = T^0$ über, und es ist plausibel, da die Tangenten t_1, t_2 ungeändert bleiben, daß sich $c_1{}^0$ und $c_2{}^0$ in T^0 unter demselben Winkel schneiden wie c_1 und c_2: *Der Schnittwinkel zweier Flächenkurven eines Kegels bleibt bei Verebnung erhalten.* (Eine genaue Darstellung dieses Sachverhaltes bringt die Differentialgeometrie.)

§ 94. Verebnung eines Kegels mit elliptischem Schnitt

Aufgabe 133. Ein durch einen Parallelkreis k_1 begrenzter Drehkegel $\mathfrak{K}$, der von einer Ebene ε in einer Ellipse k geschnitten wird, soll verebnet und die Kurve k^0, in die die Schnittellipse k dabei übergeht, punkt- und tangentenweise konstruiert werden.

1. Lösung. (Figur 218.) *Vom Aufriß ausgehend.* In Figur 218 wurde ein *gleichseitiger Kegel* (d. i. ein Drehkegel, bei dem jeder ebene Schnitt durch die Achse ein gleichseitiges Dreieck ist, für den also $\alpha = 60°$ beträgt) mit einer Ebene ε in einer Ellipse k geschnitten. Der Basiskreis k_1 von $\mathfrak{K}$ wird z. B. in 12 gleiche Teile geteilt. Die Teilungspunkte seien *0* ($= A_1$), *1*, *2*, . . . , *6* ($= B_1$), *7*, . . . , *12* ($= A_1$). Die zugehörigen Erzeugenden werden sodann im Grund- und Aufriß eingezeichnet. Der Grundriß k' der Schnittellipse k braucht nicht konstruiert werden. Nun denkt man sich den Kegelmantel längs der Erzeugenden $S0$ aufgeschnitten und in die durch die Kegelachse gelegte Aufrißebene ausgebreitet. Es entsteht ein Kreissektor, der die Umrißerzeugende $S0$ von $\mathfrak{K}$ als einen Begrenzungsradius besitzt. Sein Öffnungswinkel γ beträgt in dem vorliegenden speziellen Fall 180°. Der Mantel eines gleichseitigen Kegels geht durch Verebnung mithin in einen Halbkreis über.

Nun überträgt man die 12 ausgezeichneten Erzeugenden *S1, S2, ..., S-12* von $\mathfrak{K}$ in den verebneten Mantel, indem man den Halbkreis (im allgemeinen Fall den Kreissektor), in den der Mantel übergegangen ist, in 12 gleiche Sektoren teilt. Die Teilungspunkte auf k_1^0 seien $0^0, 1^0, \ldots, 12^0$. Der letzte Teilungspunkt 12^0 ist auch mit 0^0 zu bezeichnen. Sodann legt man durch die Schnittpunkte von ε mit den herausgegriffenen Erzeugenden die Parallelkreise (im Aufriß erscheinen diese als Parallelen zur x_{12}-Achse) und überträgt diese Parallelkreise in die Abwicklung. Man erhält konzentrische Kreisbögen um $S^0 = S$, die von den Umrißpunkten der Parallelkreise auf *S0* ausgehen, kann man doch auf der Umrißerzeugenden von $\mathfrak{K}$ die wahre Entfernung der Punkte eines Parallelkreises von der Kegelspitze entnehmen. In Figur 218 wurde der Ellipsenpunkt auf der Erzeugenden *S4* hervorgehoben und mit P bezeichnet. In der Abwicklung ergibt er sich als Schnittpunkt P^0 der soeben verebneten Gitterkurven durch P. Es genügt, diese punktweise Konstruktion von k^0 bis zur Erzeugenden $S^0 6^0$ durchzuführen, da diese Erzeugende eine Symmetrieachse von k^0 ist.

Es soll nun in dem Punkt P^0 von k^0 die Tangente t^0 an k^0 konstruiert werden. Zu dem Zweck hat man die in der Tangentialebene τ von P an $\mathfrak{K}$ liegende Tangente t in P an k in das Netz zu übertragen. Denkt man sich die Abwicklung des Kegelmantels auf die Tangentialebene τ vorgenommen, dann bleibt folgende in τ liegende Konfiguration ungeändert: Die Berührerzeugende $S4 = SP_1$ durch P, die Tangente t in P an k und die Tangente t_1 in P_1 an k_1. Von dem durch diese Geraden bestimmten rechtwinkligen Dreieck PP_1T_1 ($T_1 = tt_1$) ist die Kathete $\overline{PP_1} = \overline{P^0P_1^0}$ in der Abwicklung vorliegend, während die zweite Kathete $\overline{P_1T_1}$ im Grundriß in wahrer Größe erscheint. Man trägt daher auf der Tangente t_1^0 in $4^0 = P_1^0$ an k_1^0 die Strecke $\overline{P_1T_1} = \overline{P_1^0T_1^0}$ in sinngemäßer Richtung ab. Die Verbindungsgerade $P^0T_1^0$ ergibt die Tangente t^0 von k^0 in P^0. Zur größeren Genauigkeit oder bei zu großem Abstand $\overline{P_1T_1}$ verwendet man auch den Spurpunkt T_σ von t in der achsennormalen (waagrechten) Scheitelebene σ, wie Figur 218 zeigt, indem man $\overline{S^0T_\sigma^0} = \overline{S'T_\sigma'}$ macht, oder man nimmt statt des Basiskreises k_1 irgendeinen anderen Parallelkreis des Kegels zu Hilfe.

Für den Scheitel B^0 von k^0 läßt sich, wie ohne Beweis angeführt werde, auf folgende Weise der Radius ϱ_{B^0} des Schmiegkreises finden. Man errichtet in $B'' = B$ das Lot auf die Umrißerzeugende SB. Diese Normale schneide die Kegelachse in N. Sodann legt man durch N die Normale n zu k''. Der Schnittpunkt von n mit der Umrißerzeugenden SB liegt in der Entfernung ϱ_{B^0} von B. Analog verläuft die Konstruktion von ϱ_{A^0}.

Aus der angegebenen Konstruktion eines Scheitelkrümmungskreises von k^0 folgt unmittelbar, daß k^0 in einem Scheitel A^0 genau dann einen Flachpunkt besitzt, wenn die Schnittebene ε auf der Umrißerzeugenden SA normal steht.

* Aufgabe 134 (für den Leser). Man benütze folgende drei Sätze der Differentialgeometrie zur Herleitung der angeführten Konstruktion des Scheitelschmiegkreises von k^0 in B^0:

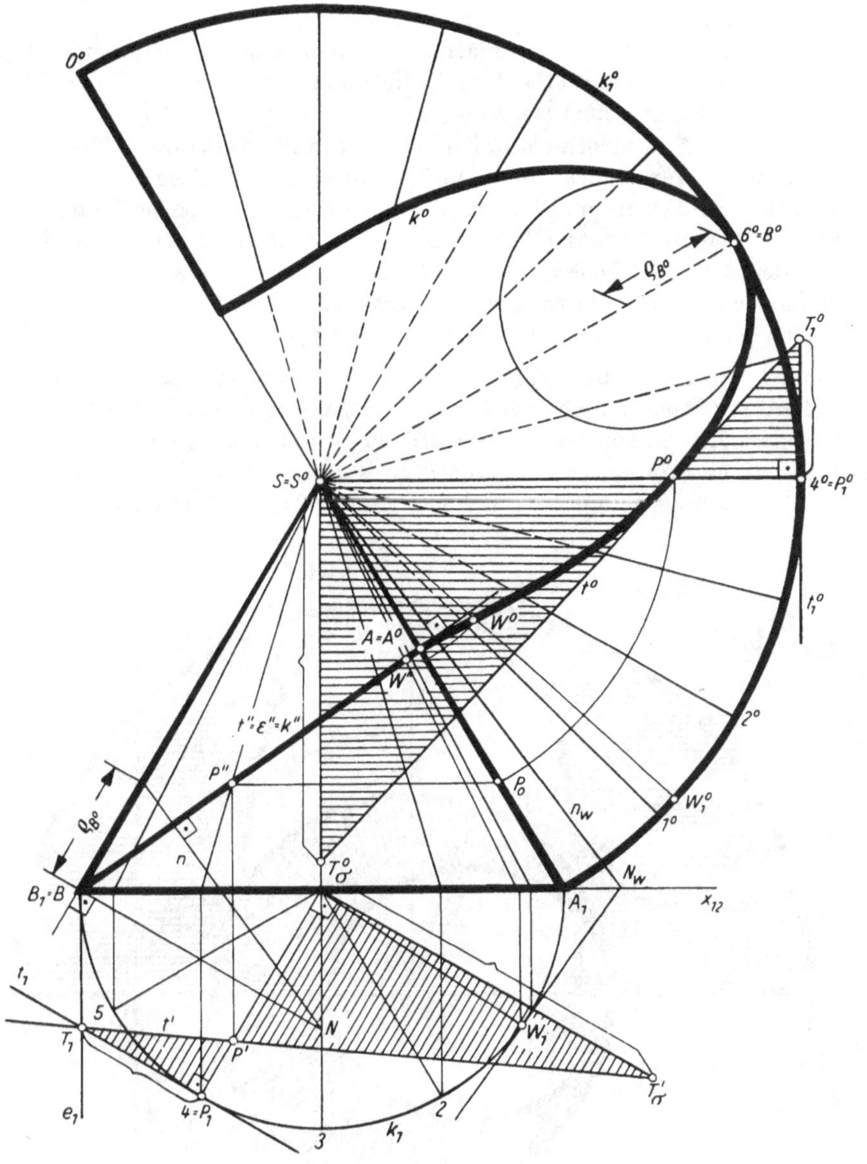
0°
k_1^0
k^0
$6^0=B^0$
ϱ_{B^0}
T_1^0
P^0
$S=S^0$
$4^0=P_1^0$
t^0
t_1^0
W^0
$A=A^0$
W''
$t''=\varepsilon''=k''$
P''
P_0
2^0
W_1^0
7^0
n_W
N_W
ϱ_{B^0}
n
T_σ^0
$B_1=B$
A_1
x_{12}
t_1
5
t'
N
W_1
T_1
P'
T_σ'
e_1
$4=P_1$
2
3
k_1

Figur 218

1a. Die Krümmungsmitten aller Flächenkurven einer Fläche Φ in einem gemeinsamen Linienelement (P, t) liegen auf dem Kreis über dem Durchmesser $\overline{PN}$ in der zu t normalen Ebene durch P, wobei N die Krümmungsmitte des Normalschnittes durch t in P ist.

1b. Die Krümmungskreise aller Flächenkurven in einem gemeinsamen Linienelement (P, t) erfüllen eine Kugel, die die gegebene Fläche in P berührt. Die Mitte dieser MEUSNIER-*Kugel des Linienelementes* (P, t) ist die Krümmungsmitte N des Normalschnittes durch t in P (MEUSNIER, 1776).

2. Geht durch Verebnung einer abwickelbaren Fläche (Kegel, Zylinder oder Torse) eine Flächenkurve k in die ebene Kurve k^0 über, so ist die Krümmung von k^0 in einem Punkte P^0 gleich der Krümmung des Normalrisses k_n von k auf die Tangentialebene τ von P in P. Der Krümmungsradius ϱ_0 von k^0 in P^0 heißt auch der *geodätische Krümmungsradius* von k in P. Er bleibt bei Verbiegen der Fläche ungeändert (MINDING, 1830). *

2. Lösung von Aufgabe 133. (Figur 219.) *Vom Grundriß ausgehend.* Der Drehkegel $\mathfrak{K}$ mit der Basis k_1 stehe wieder auf π_1. $\mathfrak{K}$ werde von einer Ebene ε in einer Ellipse k geschnitten, von der in Figur 219 der Grundriß k' wie folgt angenommen wurde: Der eine Hauptscheitel B' von k' liegt auf k_1; $B' = B$. Der Grundriß A' des zweiten Hauptscheitels A von k ist dann auf dem Durchmesser von B so

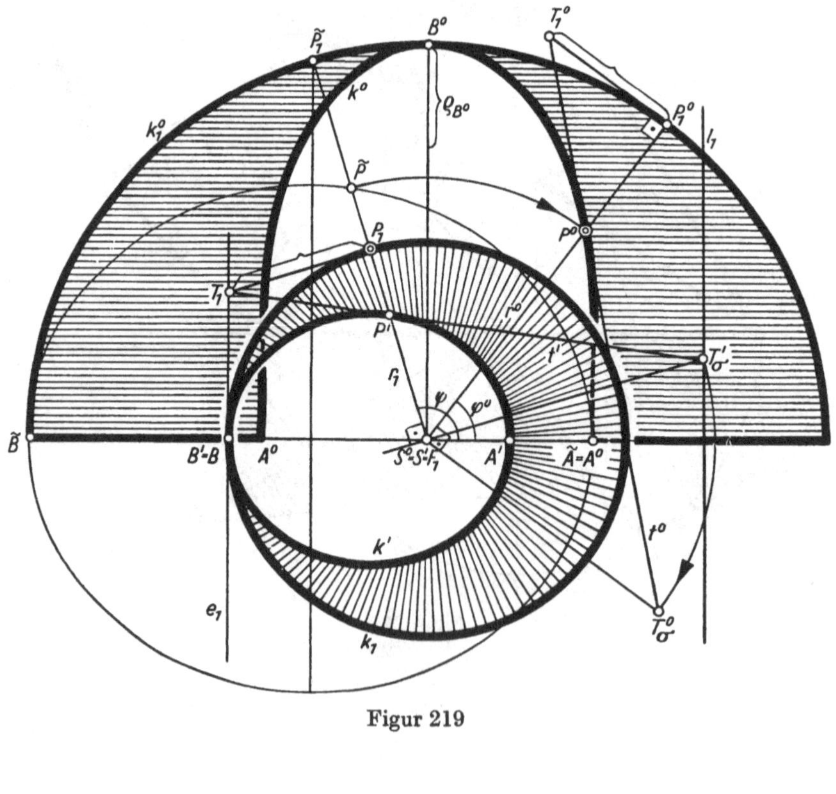

Figur 219

zu wählen, daß S' die Punkte A' und B' trennt. Der eine Brennpunkt F_1 von k' ist S'.

Der Drehkegel geht bei Verebnung, wie bereits erwähnt, in einen Kreissektor über, dessen Radius die Länge s der Mantellinie von $\mathfrak{K}$ hat und dessen Öffnungswinkel gemäß Formel (§ 93, 1) berechnet wird. Bei Annahme eines gleichseitigen Kegels erhält man, wie erwähnt, einen Halbkreis.

Nun wählen wir auf k' einen beliebigen Punkt P'. Sein Abstand von S' sei r_1. Legt man den abgewickelten Kegelmantel, den man sich längs der Erzeugenden SA aufgeschnitten denkt, so auf die Grundrißebene, daß S^0 nach S' kommt und die Strecke $\overline{S^0A^0}$ auf $\overline{S'A'}$ fällt, so geht P' in einen Punkt P^0 über, der von S^0 den Abstand

$$r_0 = \frac{s}{r} \cdot r_1 = \frac{1}{\cos\alpha} \cdot r_1 \tag{1}$$

besitzt. Sein Polarwinkel $\varphi_0 = \sphericalangle P^0S^0A^0$ geht aus dem Polarwinkel $\varphi = \sphericalangle P'S'A'$ von P' durch Multiplikation mit $\cos\alpha$ hervor:

$$\varphi_0 = \frac{r}{s} \cdot \varphi = \varphi \cos\alpha\,. \tag{2}$$

Da bei der Ableitung der Formeln (1) und (2) von der Tatsache kein Gebrauch gemacht wurde, daß k' der Grundriß einer Ellipse ist, gilt allgemein für Drehkegelflächen: *Man erhält von einer Flächenkurve k die verebnete Kurve k^0, indem man auf k' zunächst die zentrische Streckung* $1:\cos\alpha$ *von S' aus ausübt und die erhaltene, zu k' ähnliche Kurve $\tilde{k}$ der Winkelstauchung* $\cos\alpha:1$ *unterwirft.* Die Reihenfolge „zentrische Ähnlichkeit — Winkelstauchung" kann auch umgekehrt werden.

Im vorliegenden Fall ($\alpha = 60°$) erhält man k^0 aus k', indem man k' von S' aus 2:1 streckt und die (linear) doppelt so große Ellipse $\tilde{k}$ der Winkelstauchung 1:2 von S aus unterwirft:

$$\overline{S'\tilde{P}} = 2 \cdot \overline{S'P'}$$

$$\sphericalangle P^0S^0A^0 = \frac{1}{2} \sphericalangle \tilde{P}S'A'\,.$$

* Um k^0 rechnerisch zu erfassen, stellt man die Gleichung von k' in Polarkoordinaten auf (§ 77):

$$r_1 = \frac{p_1}{1 - \varepsilon_1 \cdot \cos\varphi} \quad \text{mit} \quad p_1 = \frac{2\,r_A\,r_B}{r_A + r_B} \quad \text{und} \quad \varepsilon_1 = \frac{e_1}{a_1} = \frac{r_A - r_B}{r_A + r_B}$$

und führt die Substitutionen (1) und (2) aus:

$$r_0 = \frac{p_1}{\cos\alpha\left(1 - \varepsilon_1 \cos\dfrac{\varphi_0}{\cos\alpha}\right)}\,.$$

In vorliegendem Beispiel ($\alpha = 60°$) hat k^0 in Polarkoordinaten die Gleichung

$$r_0 = \frac{2\,p_1}{1 - \varepsilon_1 \cdot \cos 2\,\varphi_0}\,.$$

Nach Transformation in kartesische Normalkoordinaten erkennt man k^0 als eine Kurve 4. Ordnung mit einem isolierten Punkt in S^0

$$[(x^2 + y^2) - \varepsilon_1 (x^2 - y^2)]^2 = 4\, p_1^2\, (x^2 + y^2)\,. \, *$$

Die Tangentenkonstruktion in einem Punkt P^0 von k^0 erfolgt in gleicher Weise, wie bei der 1. Lösung beschrieben wurde, ebenso die Konstruktion der Scheitelschmiegkreise von k^0.

Verwendet man zur Konstruktion der Tangente t^0 in P^0 an k^0 den Spurpunkt T_σ der Tangente t mit der waagrechten Scheitelebene σ, so hat man, wie bereits erwähnt, $\overline{S^0 T_\sigma{}^0} = \overline{S' T_\sigma{}'}$ zu machen. Das bedeutet, *daß k^0 in jedem ihrer Punkte P^0 dieselbe Polarsubtangente besitzt wie der Grundriß k' von k in dem entsprechenden Punkt P'.*

Aufgabe 135 (für den Leser). Man zeige, daß die Eigenschaft von der Invarianz der Polarsubtangente zwischen k' und k^0 bei der Verebnung eines Drehkegelmantels für jede Flächenkurve k von $\mathfrak{K}$ besteht.

Bei der Verebnung einer abwickelbaren Fläche Φ geht jeder Punkt W einer Flächenkurve c, dessen Schmiegebene zur Tangentialebene von Φ in W normal steht, in einen *Wendepunkt* von c^0 über. (Folgt aus 1a, 1b und 2.)

Aufgabe 136 (für den Leser). Man benütze den vorstehenden Satz zur Konstruktion der Wendepunkte von k^0 in Figur 218.

Anleitung. Man lege durch die Kegelspitze S das Lot n auf die Schnittebene ε. Aus dem Spurpunkt N von n in der Basisebene des Kegels $\mathfrak{K}$ legt man Tangenten an den Basiskreis k_1 von $\mathfrak{K}$. Die Kegelerzeugenden durch die Berührpunkte W_1, $\overline{W}_1$ schneiden ε in den gesuchten Punkten W, $\overline{W}$.

Bemerkung. Bei der angegebenen Konstruktion der Wendepunkte von k^0 erkennt man, daß k^0 nur dann reelle Wendepunkte besitzt, wenn $\beta > \frac{\pi}{2} - \alpha$ ist.

§ 95. Verebnung eines Kegels mit hyperbolischem Schnitt

Aufgabe 137. Ein durch einen Parallelkreis k_1 begrenzter Drehkegel $\mathfrak{K}$, der von einer Ebene ε in einer Hyperbel k geschnitten wird, soll verebnet und die Kurve k^0, in die die Schnitthyperbel k dabei übergeht, punkt- und tangentenweise konstruiert werden.

Lösung. (Figur 220.) Wieder stehe der Drehkegel mit seinem Basiskreis k_1 auf der ersten Bildebene π_1 und die Schnittebene ε sei zweitprojizierend. Der Aufriß k'' der Schnitthyperbel k erscheint als doppelt überdeckte Gerade ε'' (die Strecke $\overline{A''B''}$ rührt von den konjugiert komplexen Punkten von k her). Die Konstruktion von Punkten und Tangenten der Grundrißhyperbel k' und der Abwicklung k^0 erfolgt in gleicher Weise wie beim elliptischen Schnitt und braucht daher nicht wiederholt zu werden. Die Figuren 220a und 220b zeigen die nötigen Konstruktionslinien für den Punkt P und seine Tangente t.

Die Fernpunkte U und V der Hyperbel k liegen auf jenen Erzeugenden, die die zu ε parallele Scheitelebene σ_ε aus $\mathfrak{K}$ ausschneidet. Die Spurpunkte dieser zu ε parallelen Erzeugenden seien U_1, V_1. Die Tangentialebene τ_U an $\mathfrak{K}$ im Fernpunkt U ist auch Tangentialebene an $\mathfrak{K}$ in U_1. Daher berührt die erste Spur t_U von τ_U den Basiskreis k_1 in U_1. Der Schnittpunkt $E_1 = t_U e_1$ ist demnach der erste Spurpunkt der Tangente e in U an k, also der erste Spurpunkt jener Asym-

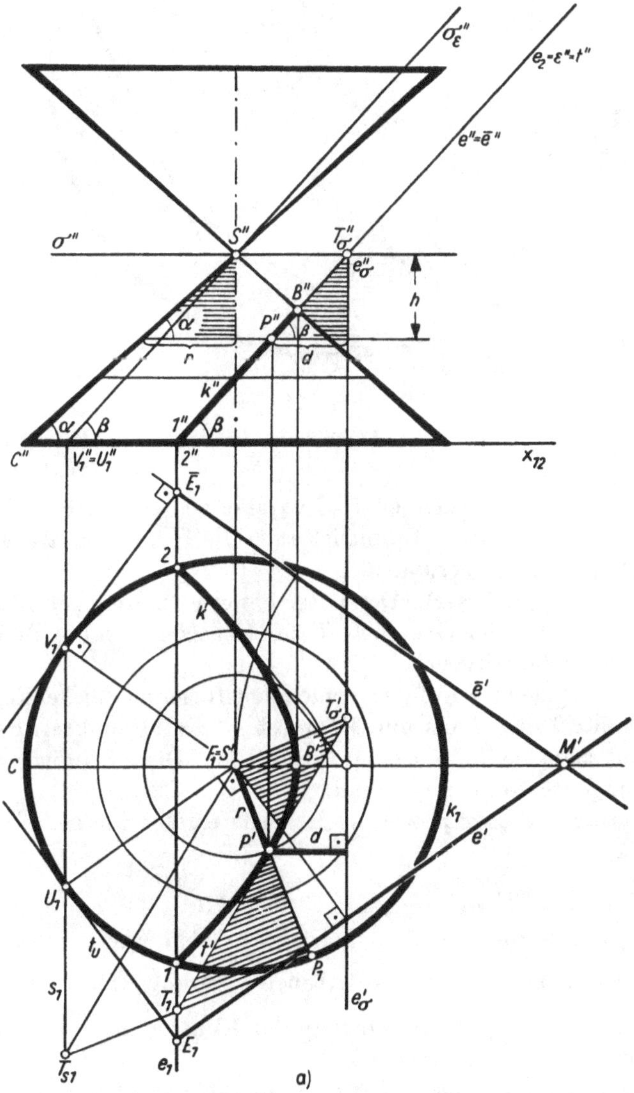

Figur 220a

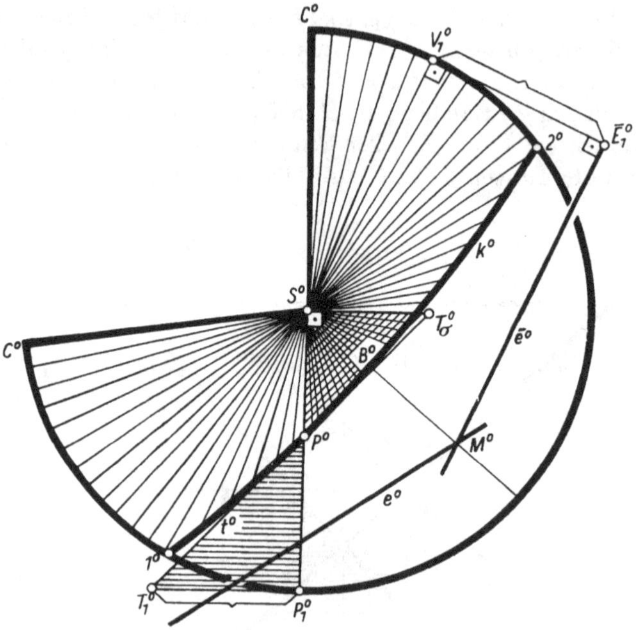

b)
Figur 220 b

ptote e von k, die zur Erzeugenden U_1S parallel ist. In gleicher Weise wird die zweite Asymptote konstruiert. Damit ist auch die Hyperbelmitte M als Schnitt der beiden Asymptoten $e, \bar{e}$ gefunden.

Aufgabe 138 (für den Leser). Der Leser beweise in analoger Weise wie beim elliptischen Schnitt, daß der Grundriß S' der Kegelspitze S ein Brennpunkt des Grundrisses k' der Schnitthyperbel k ist.

Die Aussage vorstehender Aufgabe ermöglicht folgende Zeichenkontrolle: Man zeichne im Grundriß den Kreis um M' durch S' (= Brennkreis der Grundrißhyperbel k') und schneide ihn mit einer Asymptote. Diese Schnittpunkte müssen einer Scheiteltangente von k' angehören.

Die Übertragung der Asymptoten in das Netz erfolgt wie bei einer beliebigen Tangente von k.

Sonderfall. (Figur 221a.)

Ein Drehkegel $\mathfrak{K}$ werde mit einer achsenparallelen Ebene ε geschnitten. In Figur 221a wurde ε parallel zur Aufrißebene gewählt, ferner $\cos\alpha = \frac{3}{4}$ und $\overline{O'\varepsilon'} = b$ angenommen. Zur Durchführung der Konstruktion verwendet man in diesem Fall mit Vorteil einen Kreuzriß.

Die punktweise Konstruktion der Schnitthyperbel k erfolgt wieder durch Angittern. Die Tangentenkonstruktion in einem Punkt der Aufrißhyperbel k'', etwa in *1''* (der Punkt *1* möge dem Basiskreis k_1 angehören), kann auf folgende Arten durchgeführt werden:

1. Die Kegelnormalen in den Punkten eines Parallelkreises (hier k_1) bilden selbst einen Drehkegel. Zeichnet man daher im Umrißpunkt $5'' = 1_0$ die Normale n_0 zur Umrißerzeugenden $S''5''$, so trifft n_0 die Kegelachse in demselben Punkt N wie die Kegelnormale n des Punktes *1*. Damit kann man den Aufriß $n'' = 1''N$ zeichnen. Die Tangentialebene τ von *1* an $\mathfrak{K}$ steht auf n normal und wird

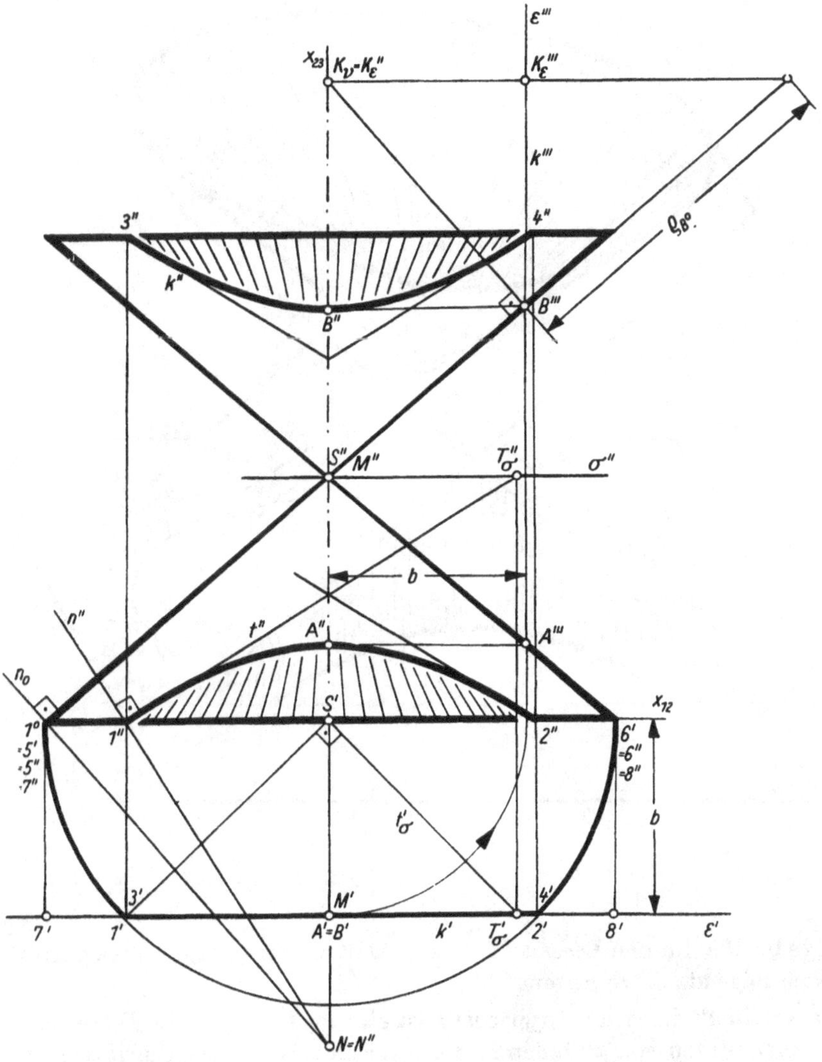

a)

Figur 221 a

von ε in der Tangente t von *1* an k geschnitten. Somit ist t eine 2. Hauptlinie der Tangentialebene τ und der Aufriß t'' von t steht zu n'' normal.

2. Der Schnittpunkt T_σ von t mit der waagrechten Scheitelebene σ liegt in der Schnittgeraden $t_\sigma = \tau\,\sigma$. Daher wird T_σ' von der in S' errichteten Normalen zu $1'S'$ auf ε' ausgeschnitten. Der Aufriß T_σ'' von T_σ liegt auf σ''. Die gesuchte Tangente t'' an k'' in $1''$ ist die Verbindungsgerade $1''T_\sigma''$.

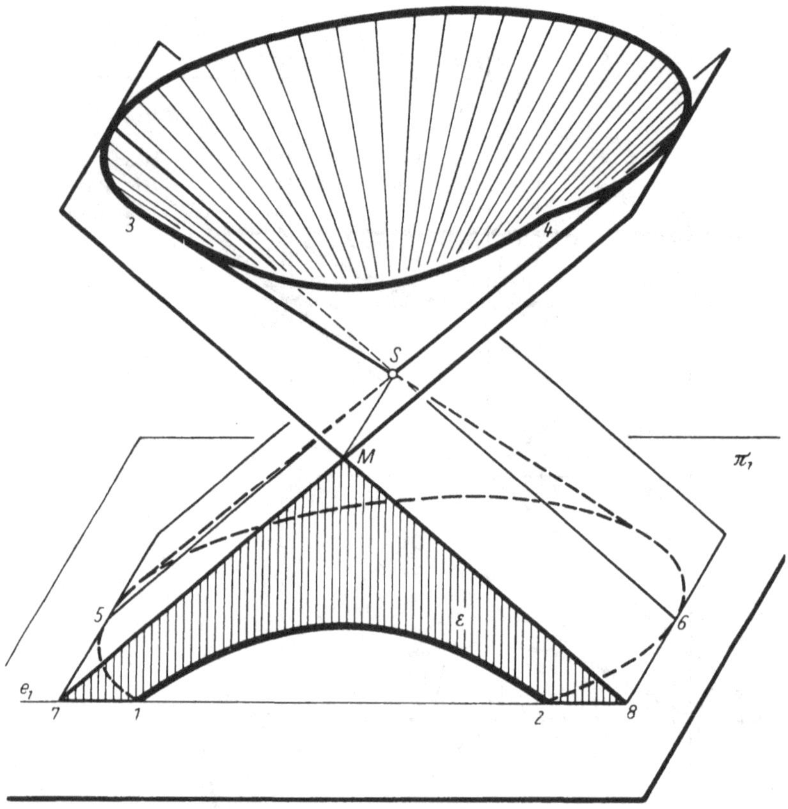

b)

Figur 221 b

Aufgabe 139 (für den Leser). Man zeige, daß bei der in Figur 221a getroffenen Annahme folgende Sätze gelten:

a) Der Aufriß k'' der Schnitthyperbel k ist eine zu k kongruente Hyperbel.
b) Die Asymptoten von k'' fallen in den zweiten scheinbaren Umriß von $\mathfrak{K}$.
c) Die halbe Nebenachse von k (und von k'') stimmt mit dem Abstand b der Ebene ε von der Kegelachse überein.

Bemerkung. Damit ist die auf Seite 231 gebrachte Konstruktion der halben Nebenachse b einer Hyperbel aus den Asymptoten und einem Hyperbelpunkt bewiesen.

Figur 221 b zeigt den Drehkegel $\mathfrak{K}$ mit dem achsenparallelen Schnitt k in einem Schrägriß. Zur Erhöhung der Anschaulichkeit wurde ein Teil der Schnittebene ε undurchsichtig gedacht und durch Schraffen gekennzeichnet.

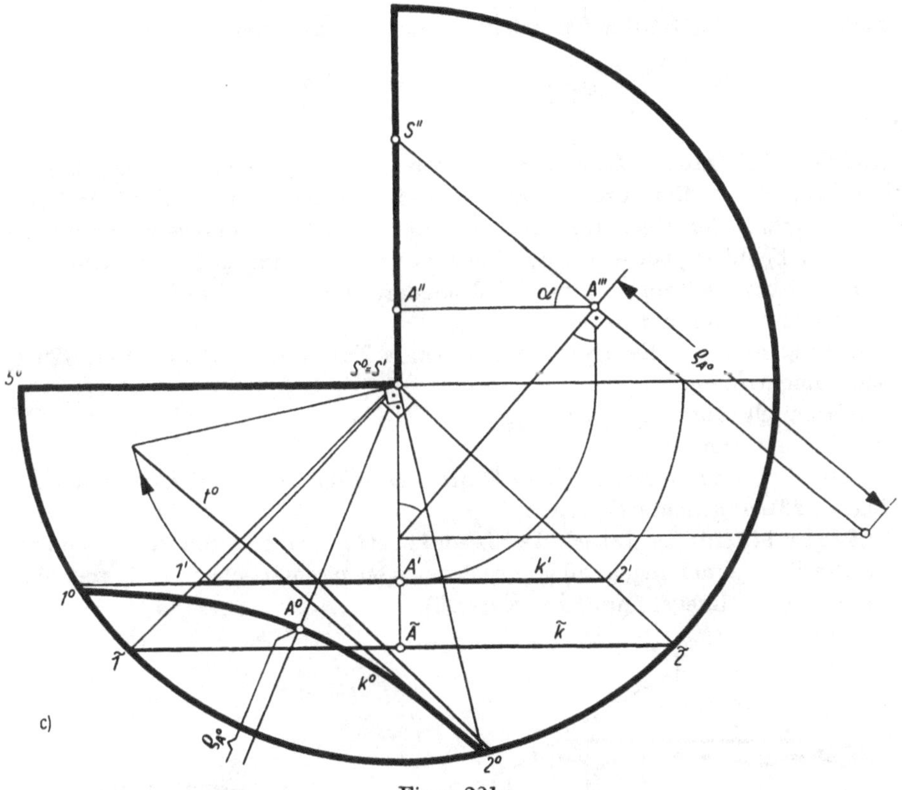

Figur 221 c

(Figur 221 c.) Verebnet man den „unteren" Teil des Drehkegelmantels mit dem auf ihm liegenden Ast der Hyperbel k, so ist k^0 eine Kurve, die aus der Geraden k' durch die Winkelstauchung $\cos\alpha : 1$ um $S' = S^0$ und die zentrische Ähnlichkeit $1 : \cos\alpha$ von S' aus hervorgeht. k^0 ist ein Teil einer sogenannten *Ährenkurve.*

Aufgabe 140 (für den Leser). Der Leser führe die in Figur 221 c angedeutete Konstruktion der Verebnung des Kegelmantels samt der Schnitthyperbel k durch. Die Tangente t^0 in 2^0 wurde auf Grund der Gleichheit der Polarsubtangenten in entsprechenden Punkten von k' und k^0 konstruiert. Mit Hilfe desselben Satzes erkennt man, daß k^0 die Gerade k' als eine Asymptote besitzt, wenn der Kegelmantel längs der Erzeugenden $S5$ aufgeschnitten wird.

Wird die Abwicklung mehrmals hintereinander ausgeführt, so entsteht eine aus mehreren hyperbelähnlichen Ästen bestehende Kurve (Ährenkurve).

* **Aufgabe 141** (für den Leser). Man zeige, daß k^0 in Polarkoordinaten mit S^0A^0 als Polarachse die Gleichung

$$r_0 = \frac{b}{\cos\alpha \cdot \cos\dfrac{\varphi_0}{\cos\alpha}} = \frac{4\,b}{3\cos\dfrac{4\,\varphi_0}{3}}$$

besitzt und daß der Radius des Scheitelschmiegkreises von k^0 in A^0

$$\varrho_{A^0} = -\frac{b\cos\alpha}{\sin^2\alpha} = -\frac{12}{7}\,b$$

ist. *

Aufgabe 142 (für den Leser). Figur 222a zeigt den Aufriß einer sechskantigen Schraubenmutter. Die auftretenden Kurven sind als Schnitte eines Drehkegels mit achsenparallelen Ebenen Hyperbeln. Der Leser führe eine genaue Konstruktion dieser Schnitthyperbeln unter Verwendung eines zugeordneten Grund- und Kreuzrisses bzw. Seitenrisses durch. Besonders zu achten ist auf

a) die Konstruktion der Scheitel,
b) die Tangenten an die Hyperbeln in jenen Punkten, in denen zwei Kurven zusammentreffen,
c) die Scheitelkrümmungskreise,
d) die Asymptoten.

Der Leser konstruiere ferner einen Schrägriß dieser Schraubenmutter nach der in Figur 222b angedeuteten Weise.

Aufgabe 143 (für den Leser). Der Leser konstruiere die Durchdringungskurven

a) (Figur 223a) einer regelmäßigen sechsseitigen prismatischen Säule mit einem koaxialen Drehkegel (*konisches Kapitell*).

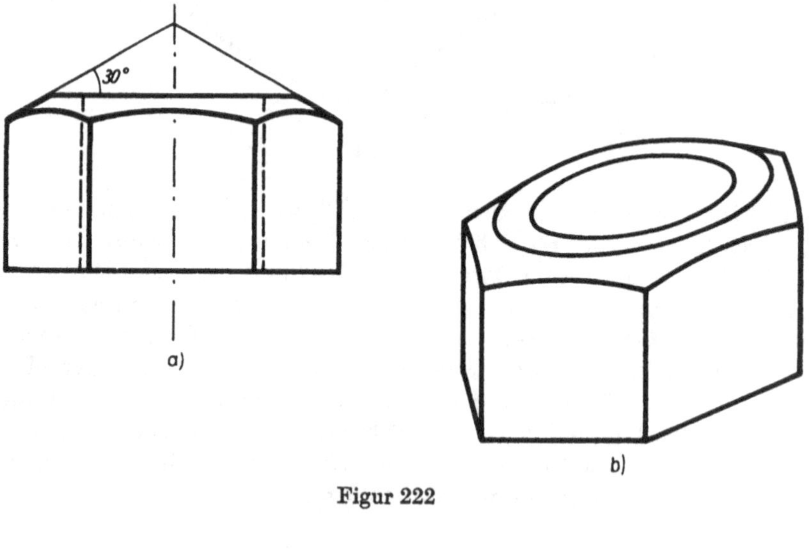

Figur 222

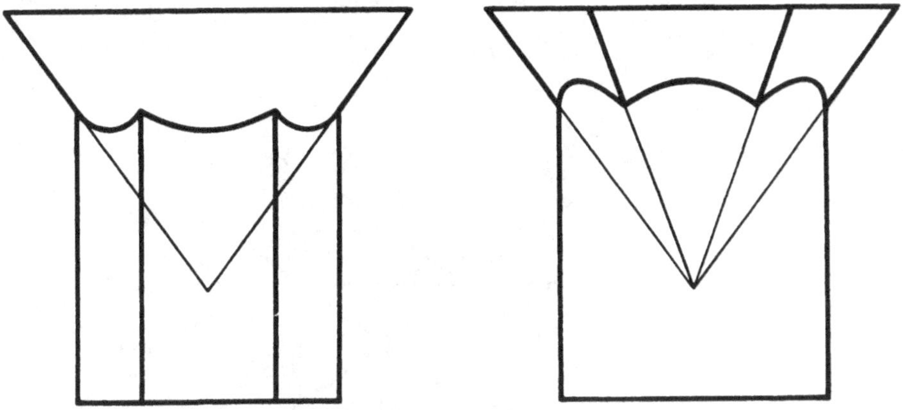

Figur 223

b) (Figur 223b) einer zylindrischen Säule mit einer regelmäßigen sechsseitigen Pyramide.

Außerdem fertige man von beiden Körpern je einen Schrägriß an.

§ 96. Verebnung eines Kegels mit parabolischem Schnitt

Aufgabe 144. Ein durch einen Parallelkreis k_1 begrenzter Drehkegel $\mathfrak{K}$, der von einer Ebene ε in einer Parabel k geschnitten wird, soll verebnet und die Kurve k^0, in die die Schnittparabel k dabei übergeht, punkt- und tangentenweise gezeichnet werden.

Lösung. (Figur 224.) Der Drehkegel $\mathfrak{K}$ stehe mit seinem Basiskreis k_1 wieder auf der ersten Bildebene π_1. Die Schnittebene ε sei zweitprojizierend; sie ist parallel zu einer Umrißerzeugenden von $\mathfrak{K}$ ($\alpha = \beta$). Die Schnittparabel k erscheint im Aufriß als die doppelt überdeckte Gerade ε'' (der Halbstrahl außerhalb des Aufrisses der reellen Kegelfläche rührt von den konjugiert komplexen Punkten von k her).

Da die Konstruktion von Punkten und Tangenten der Grundrißparabel k' (Figur 224a) und der Abwicklung k^0 (Figur 224b) völlig analog verläuft wie auf Seite 263ff. geschildert wurde, sei der Leser nur auf Figur 224 verwiesen, in der die nötigen Konstruktionslinien für die Punkte *1*, *2* des Basiskreises k_1, den Scheitel A und einen allgemein liegenden Punkt P eingezeichnet sind. Auch die Konstruktion des Scheitelschmiegkreises der verebneten Kurve k^0 ist dort zu ersehen.

Aufgabe 145 (für den Leser). Man zeige, daß für den Grundriß k' in Figur 224a gilt:

a) Die Spur s_1 von σ_ε (= Verschwindungsgerade der Kreisebene) berührt den Basiskreis k_1.

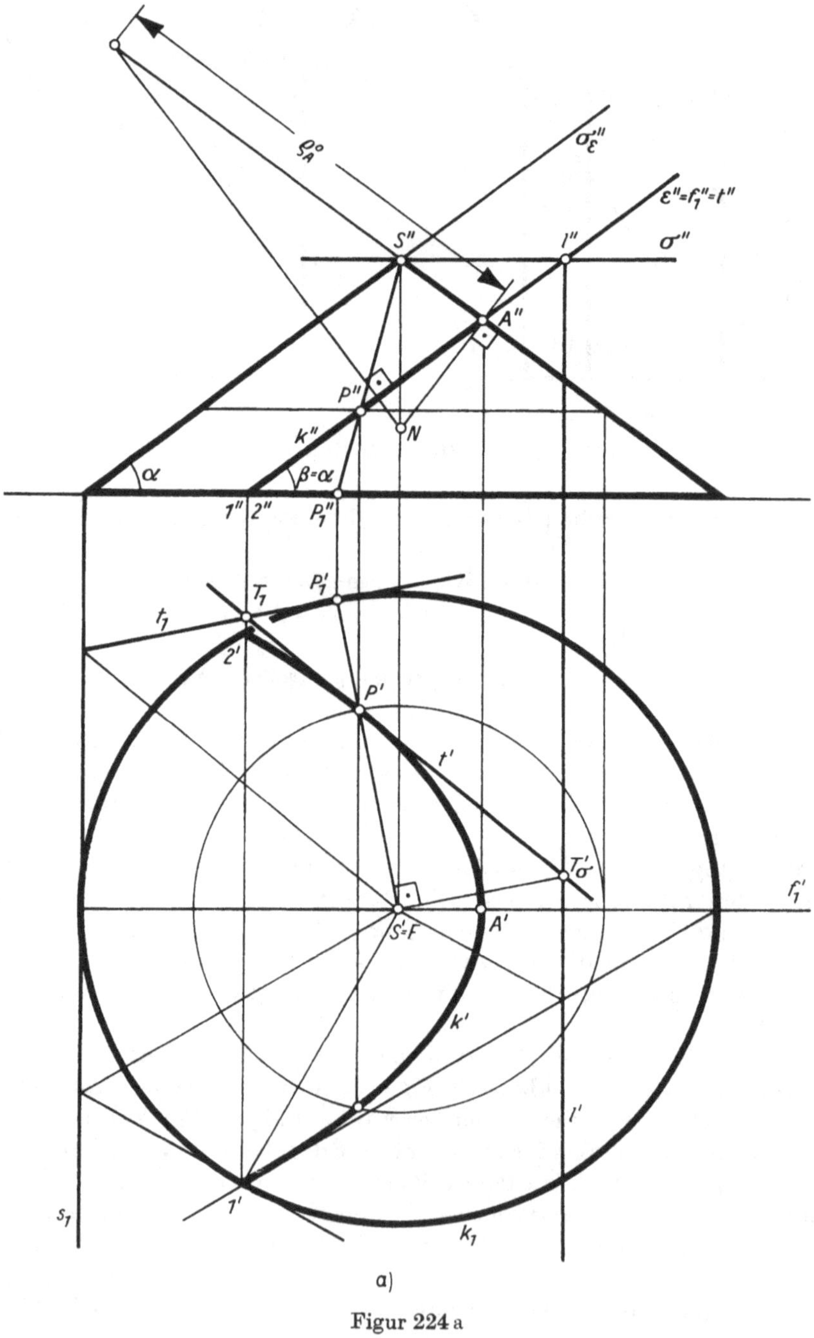

ϱ_A^o
σ_ε''
$\varepsilon''=f_1''=t''$
S''
l''
σ''
A''
P''
k''
N
α
β=α
1''
2''
P_1''
T_1
P_1'
t_1
2'
P'
t'
T_σ'
f_1'
S'=F
A'
k'
l'
s_1
1'
k_1
a)

Figur 224 a

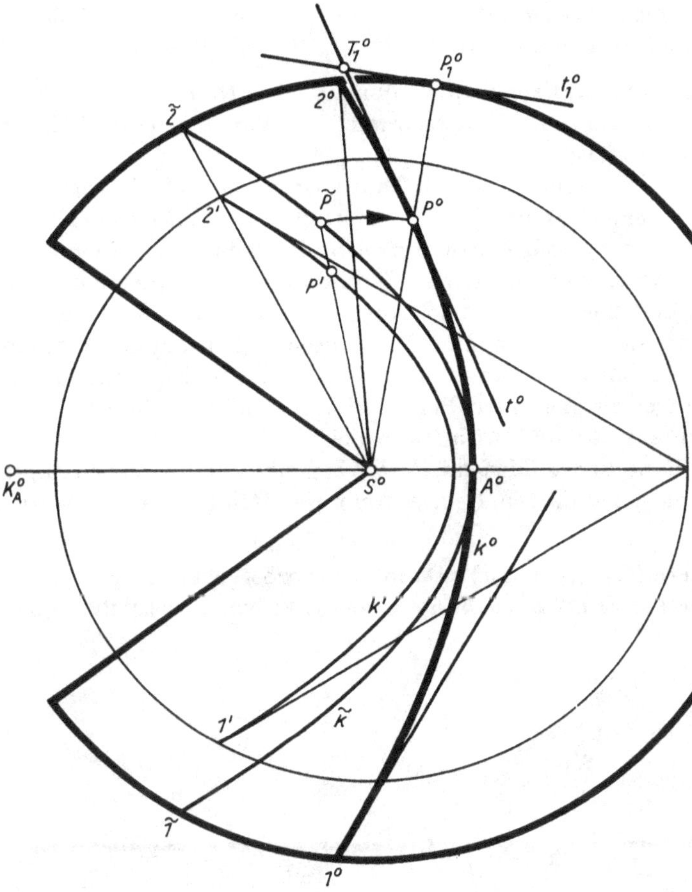

b)

Figur 224 b

b) Die Parabeltangenten in den Punkten $1'$, $2'$ gehen durch den rechten Schnittpunkt von f_1' und k_1 hindurch.

c) Der Grundriß S' der Kegelspitze S ist der Brennpunkt der Grundrißparabel k'.

* Aufgabe 146 (für den Leser). Man zeige, daß bei der Verebnung des Mantels eines gleichseitigen Kegels jeder Parabelschnitt in eine *Kampyla* übergeht (das ist eine Kurve 4. Ordnung, die unter anderem bei einer Schleifschieberbewegung als Gangpolkurve auftritt). *

§ 97. Besondere Kurven auf Drehkegelmänteln

Aufgabe 147. Ein Kreissektor werde zu dem Mantel eines Drehkegels $\mathfrak{K}$ zusammengerollt. Eine Kurve c^0 dieses Sektors geht dabei in eine Flächenkurve c

des Drehkegels über. Sie ist bei einfachster Lage von $\mathfrak{K}$ zu den Bildebenen in Grund- und Aufriß zu konstruieren.

Lösung. Man braucht die bei der Verebnung eines Drehkegelmantels beschriebene Konstruktion nur rückläufig anzuwenden. Von Interesse sind vor allem folgende zwei Sonderfälle:

1. *c^0 ist ein Kreis.* (Figur 225.) Man kann mit dieser Aufgabe die Vorstellung verbinden, daß in dem etwa aus Blech angefertigten Kreissektor ein kreisförmiges Loch eingestanzt ist. Durch Zusammenrollen des Sektors zu einem Drehkegelmantel geht der Kreis c^0 in eine gewisse Raumkurve c über, die man nach Gesagtem (Seite 263 und 266) punkt- und tangentenweise leicht konstruieren kann. In Figur 225a wurde von einem Halbkreis ausgegangen und der Kreis c^0 so gewählt, daß S^0 auf den Rand des Loches fällt. Der Drehkegel wird gleichseitig. Die für einen allgemein liegenden Punkt P^0 von c^0 nötigen Konstruktionslinien sind in den Figuren 225a und 225b ersichtlich.

Zur gleichen Raumkurve führt das Aufkleben eines kreisförmigen Etiketts auf den Mantel eines gleichseitigen Kegels, wenn der Rand des Etiketts die Kegelspitze enthält.

* Aufgabe 148 (für den Leser). Da in dem vorhergehenden Beispiel (Figuren 225a, b) $\cos \alpha = r:s = 1:2$ ist, geht der Grundriß c' von c aus c^0 durch zentrische

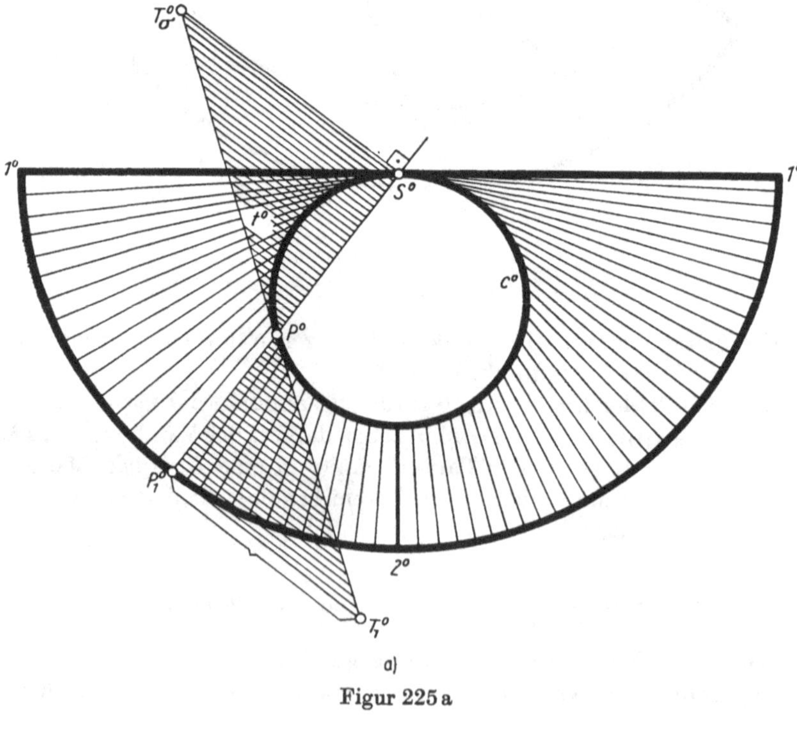

Figur 225a

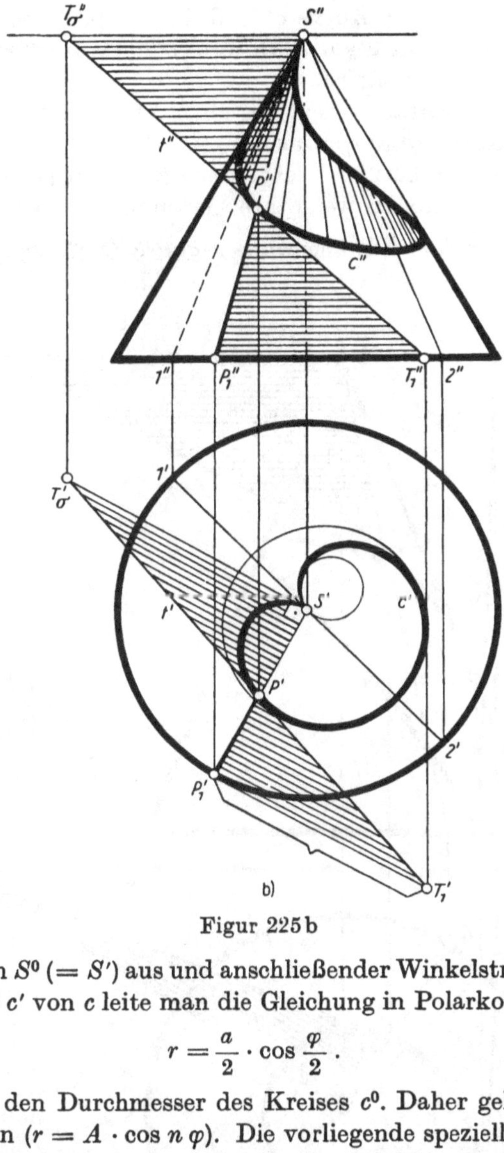

Figur 225 b

Stauchung 1 : 2 von S^0 (= S') aus und anschließender Winkelstreckung 2 : 1 hervor. Für den Grundriß c' von c leite man die Gleichung in Polarkoordinaten ab:

$$r = \frac{a}{2} \cdot \cos \frac{\varphi}{2} .$$

Dabei bedeutet a den Durchmesser des Kreises c^0. Daher gehört c' der Familie der *Rosenkurven* an ($r = A \cdot \cos n\,\varphi$). Die vorliegende spezielle Rosenkurve c' ist von 6. Ordnung, besitzt eine zweizählige *Drehsymmetrie*, geht durch die absoluten Kreispunkte und hat dort die Minimalgeraden durch S' zu Tangenten (zwei *Minimalasymptoten*). Außer den absoluten Kreispunkten treten keine weiteren Fernpunkte auf. Die Kurve besitzt ferner in S' Scheitel, deren Schmiegkreise den Radius $\varrho_{S'} = \frac{a}{8}$ besitzen. In den von S' verschiedenen Scheiteln beträgt der Schmiegkreisradius $\varrho_A = \frac{2}{5}\, a$.

Der Leser beachte, daß die Kurve c' in S' keine Spitze, sondern einen *Selbstberührungspunkt* besitzt. (In Figur 225b wäre c' noch an S' zu spiegeln, um die ganze Rosenkurve zu erhalten.) *

2. c^0 *ist eine Gerade* (*Strecke*) (nicht auf einer Erzeugenden). Durch Aufrollen des Kreissektors, dessen Öffnungswinkel γ sei, geht die Gerade c^0 in eine Raumkurve c über. c stellt die kürzeste Verbindung zwischen je zwei ihrer Punkte P und Q auf der Kegelfläche dar, wenn ihre Verbindungsstrecke in der Verebnung einem Kreissektor mit dem Öffnungswinkel $\sphericalangle P^0S^0Q^0 \leqq \frac{\gamma}{2}$ angehört (im Fall des

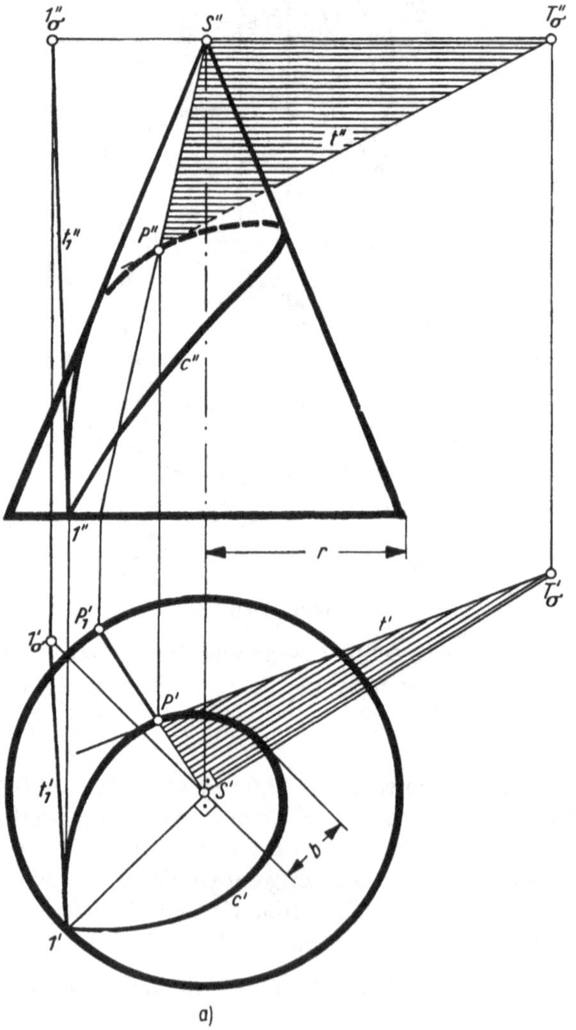

a)

Figur 226 a

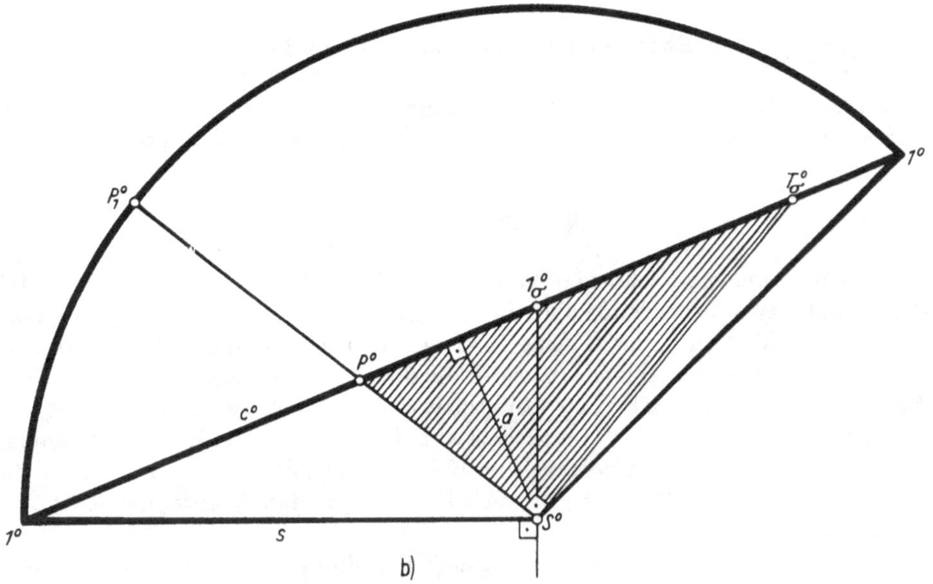

Figur 226 b

Gleichheitszeichens ist sie eine von zwei möglichen kürzesten Verbindungen). Man sagt, c ist auf $\mathfrak{K}$ eine *geodätische Linie.* — Mit den gleichen Mitteln, wie unter 1. angedeutet, findet man c' und c''.

Aufgabe 149. Auf dem Mantel eines Drehkegels soll ein Weg gefunden werden, der von einem Punkt, etwa *1* (Figur 226a), auf dem kürzesten Weg um den Kegel herum wieder zum Ausgangspunkt zurückführt.

Lösung. (Figur 226.) Man denkt sich den Kegelmantel längs der Erzeugenden durch *1* aufgeschnitten und in der Abwicklung die beiden Punkte 1^0 durch eine Gerade verbunden. Dies ist innerhalb des verebneten Kegelmantels nur dann möglich, wenn der Öffnungswinkel γ des entstehenden Kreissektors $< 180°$ ist. Sodann führt man die Gerade c^0 wieder in Grund- und Aufriß zurück. Die Figuren 226a, b zeigen die hierzu nötigen Konstruktionslinien für einen allgemein liegenden Punkt P^0 von c^0.

* Aufgabe 150 (für den Leser). Die Gerade c^0 (Figur 226) geht in c', den Grundriß von c, durch zentrische Stauchung $r:s$ von S^0 (= S') aus und anschließender Winkelstreckung $s:r$ hervor. c' wird daher in Polarkoordinaten beschrieben durch

$$r = \frac{b}{\cos \frac{r}{s} \varphi},$$

wobei $bs = ar$ zu setzen ist. Die Kurve c' gehört demnach der Familie der Ährenkurven an, die bekanntlich zu den Rosenkurven invers sind. *

Ebene Schnitte eines schiefen Kreiskegels

Ein Kegel $\mathfrak{K}$ habe als Basiskurve einen Kreis k_1. Liegt die Kegelspitze S nicht auf der Achse des Kreises k_1, so nennt man $\mathfrak{K}$ einen schiefen Kreiskegel.[1])

§ 98. Schnittkriterien

Wie beim Drehkegel schneidet auch beim schiefen Kreiskegel jede Ebene durch den Scheitel zwei Erzeugende aus, die reell getrennt, zusammenfallend oder konjugiert komplex sein können. Eine Ebene ε, die nicht durch den Scheitel S geht, schneidet den Kegel $\mathfrak{K}$ in einer Kurve k, die durch Zentralprojektion aus S in den Basiskreis k_1 übergeht, also zu k_1 perspektiv-kollinear ist. Jeder nicht zerfallende ebene Schnitt eines schiefen Kreiskegels ist daher eine reguläre Kurve 2. Ordnung.

Das beim Drehkegel ausgesprochene Kriterium für die Art des Kegelschnittes mit einer gegebenen Ebene ε gilt auch für den schiefen Kreiskegel. Es soll in etwas anderer Form wiederholt werden.

Es sei $\mathfrak{K}$ ein schiefer Kreiskegel mit dem Basiskreis k_1 und der Spitze S und ε eine nicht durch den Scheitel S gehende Ebene. e_1 sei die Spur von ε in der Ebene $\varkappa_1$ des Basiskreises k_1 und s_1 die Spur der zu ε parallelen Scheitelebene σ_ε in $\varkappa_1$. Bei gegebener Kegelhöhe h ist mit s_1 die Stellung und mit e_1 dann auch die Lage der Schnittebene ε festgelegt ($\varepsilon \,||\, \sigma_\varepsilon$, $\sigma_\varepsilon = s_1 S$). Dann gilt:

Schneidet s_1 den Basiskreis k_1 in

a) *reell getrennten Punkten*, dann ist $k = \varepsilon\, \mathfrak{K}$ eine *Hyperbel*.

b) *zusammenfallenden Punkten*, dann ist k eine *Parabel*.

c) *konjugiert komplexen Punkten*, dann ist k eine *Ellipse*.

Ist von dem Kegelschnitt $k = \varepsilon\, \mathfrak{K}$ nur der Grundriß (Basisebene $\varkappa_1$ = Grundrißebene π_1) zu konstruieren, so ist dies ohne Kenntnis der Kegelhöhe zufolge der perspektiven Kollineation, die zwischen k' und k_1 besteht, durchführbar (S' = Zentrum, e_1 = Achse, s_1 = Verschwindungsgerade der Kreisebene). Man beachte, daß die Gegenachse e_σ' von S' die gleiche Entfernung besitzt wie e_1 von s_1 (vgl. § 92). In den Figuren 227, 228, 229 sind auf diese Weise ein elliptischer, parabolischer und hyperbolischer Schnitt eines schiefen Kreiskegels konstruiert worden. Zu den einzelnen Abbildungen sollen noch einige Bemerkungen folgen, wobei sowohl auf die räumliche Deutung (Zentralprojektion) als auch auf die ebene perspektive Kollineation hingewiesen wird.

§ 99. Elliptischer Schnitt eines schiefen Kreiskegels

(Figur 227.) Der Punkt P_1 auf k_1 sei beliebig gewählt. Der entsprechende Punkt P' auf k' liegt auf dem Kollineationsstrahl P_1S' (= Grundriß e' der Kegel-

[1]) Man kann zeigen, daß jeder Kegel 2. Ordnung ein gerader oder schiefer Kreiskegel ist.

erzeugenden e durch P_1). Die Tangente t_1 in P_1 an k_1 (= Spur der Tangentialebene τ in P an $\mathfrak{K}$) schneidet e_1 in T_1 (= Spurpunkt der Tangente t in P an k) und s_1 in T_{s1} (= Verschwindungspunkt von t_1 = Spurpunkt der zu t parallelen Scheitelgeraden). Die t_1 entsprechende Gerade t' (= Grundriß der Tangente t in P an k) verläuft daher parallel zu $S'T_{s1}$ durch T_1. Die Gerade t' schneidet e' in P'.

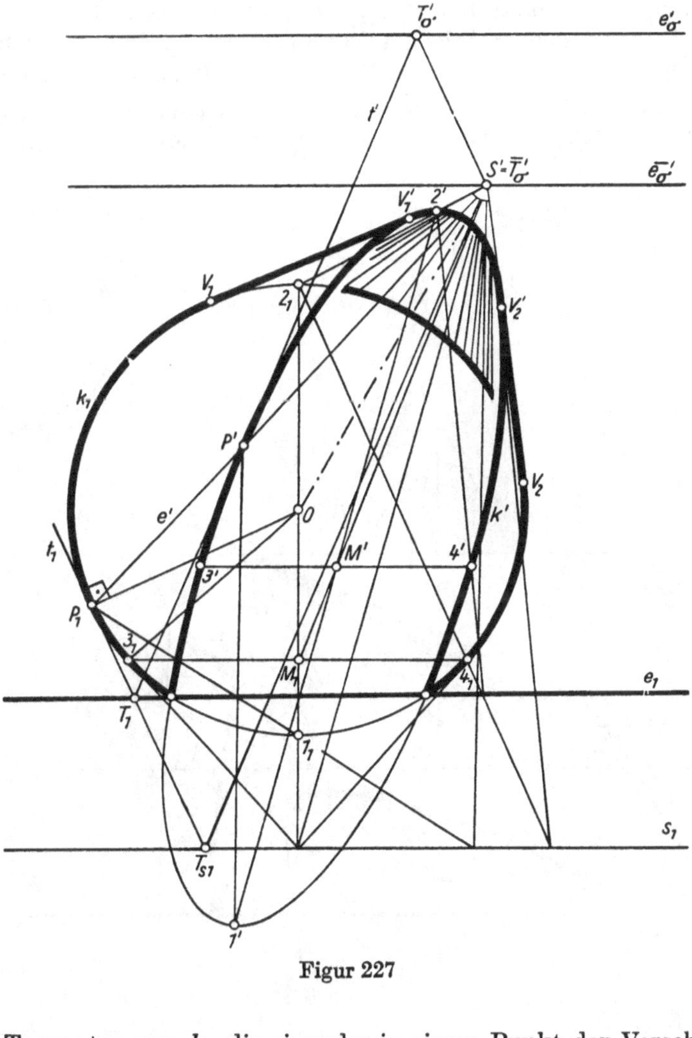

Figur 227

Je zwei Tangenten von k_1, die einander in einem Punkt der Verschwindungsgeraden s_1 schneiden, gehen in ein Paar paralleler Tangenten der Ellipse k' über. Ist daher M_1 der Pol von s_1 bzgl. k_1, so geht jede Sehne des Kreises k_1 durch M_1 in einen Durchmesser der Ellipse k' über. M_1 und die Ellipsenmitte M' entsprechen einander daher in der vorliegenden ebenen perspektiven Kollineation. Somit liegt M' auf dem Kollineationsstrahl durch M_1. Der zu e_1 normale Durchmesser $1_1 2_1$ von k_1 geht durch M_1. $1_1 2_1$ ist der einzige Durchmesser von k_1, dem wieder ein Ellipsendurchmesser entspricht. Konstruiert man nun die 1_1, 2_1 entsprechenden Ellipsenpunkte $1'$, $2'$ (indem man sie etwa mit P_1 verbindet und den konstruierten Ellipsenpunkt P' verwendet), so schneidet der Ellipsendurchmesser $1'2'$ die Gerade $M_1 S'$ in M', dem Mittelpunkt von k'. Die zu e_1 parallele Sehne von k_1 durch M_1 habe die Endpunkte 3_1, 4_1. Die Tangenten in 3_1 und 4_1 an k_1 schneiden sich in dem Verschwindungspunkt des Durchmessers $1_1 2_1$. Daher sind die Ellipsentangenten in den entsprechenden Punkten $3'$, $4'$ zum Ellipsendurchmesser $1'2'$ parallel. Somit sind $\overline{1'2'}$ und $\overline{3'4'}$ konjugierte Durchmesser von k'. Die weitere Konstruktion von k' ist nun leicht durchführbar (etwa RYTZsche Achsenkonstruktion).

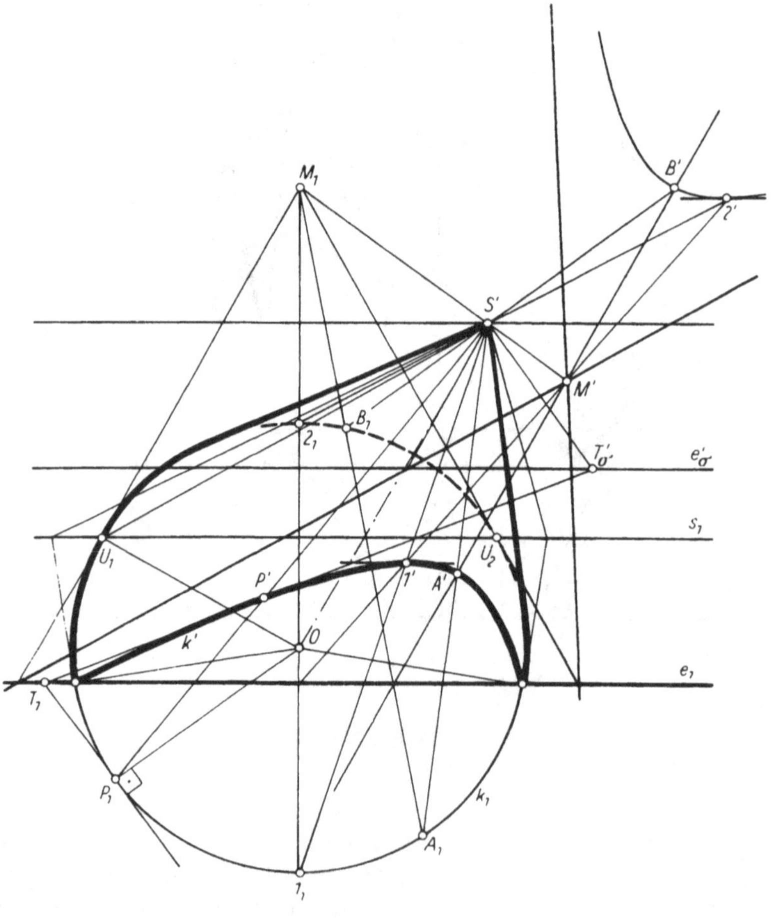

Figur 228

Die Umrißpunkte V_1', V_2' von k' konstruiert man als kollinear entsprechende Punkte zu den Spurpunkten V_1, V_2 der Umrißerzeugenden von $\mathfrak{K}$.

§ 100. Hyperbolischer Schnitt eines schiefen Kreiskegels

(Figur 228.) Die punkt- und tangentenweise Konstruktion der Grundrißhyperbel k' von k erfolgt in gleicherWeise wie beim elliptischen Schnitt und braucht deshalb nicht wiederholt zu werden. Neu hinzu kommt die Konstruktion der Asymptoten von k'.

Die Spur s_1 der zu ε parallelen Scheitelebene σ_ε schneidet k_1 in den (reellen) Punkten U_1, U_2. Die Asymptoten von k' sind daher parallel zu den Kollineationsstrahlen von U_1, U_2 und entsprechen den Tangenten in diesen Punkten an k_1.

Aufgabe 151 (für den Leser). Man suche eine direkte Konstruktion der Scheiteltangente von k' in A' auf Grund der perspektiven Kollineation zwischen k_1 und k'.

§ 101. Parabolischer Schnitt eines schiefen Kreiskegels

(Figur 229.) Die Spur s_1 von σ_ε berührt hier den Basiskreis k_1 in einem Punkt U_1. Der Kollineationsstrahl $S'U_1$ gibt somit die Achsenrichtung der Parabel k' an. Auf die Konstruktion allgemein liegender Punkte und Tangenten wird nicht eingegangen, sondern wieder auf den Fall des elliptischen Schnittes hingewiesen. Zur Zeichnung der Parabel ist es vorteilhaft, zwei Punkte samt ihren Tangenten zu ermitteln (vgl. Aufgabe 119). Man nimmt hierzu zweckmäßig die Schnittpunkte der ersten Spur e_1 mit dem Basiskreis k_1, da diese Punkte in der perspektiven Kollineation festbleiben.

Die Scheiteltangente bzw. der Scheitel von k' kann auch direkt konstruiert werden. Man zieht durch S' die Normale zur Achsenrichtung von k'. Diese Normale schneide die Verschwindungsgerade s_1 in dem Punkt C_1. Die von s_1 verschiedene Tangente aus C_1 an k_1 berührt k_1 in jenem Punkt A_1, der dem Parabelscheitel entspricht.

Aufgabe 152 (für den Leser). Man gebe mit Hilfe der perspektiven Kollineation, die zwischen k_1 und k' besteht, eine genaue Begründung der eben dargelegten direkten Scheitelkonstruktion.

§ 102. Verebnung des Mantels eines schiefen Kreiskegels

Aufgabe 153. (Figur 230.) Ein schiefer Kreiskegel $\mathfrak{K}$ (k_1, S) soll auf die zur Umrißerzeugenden SA gehörenden Tangentialebene τ_A abgewickelt werden. Die Tangentialebene τ_A werde um die Erzeugende SA in die durch beide Umrißerzeugenden SA und SB gelegte Aufrißebene umgelegt.

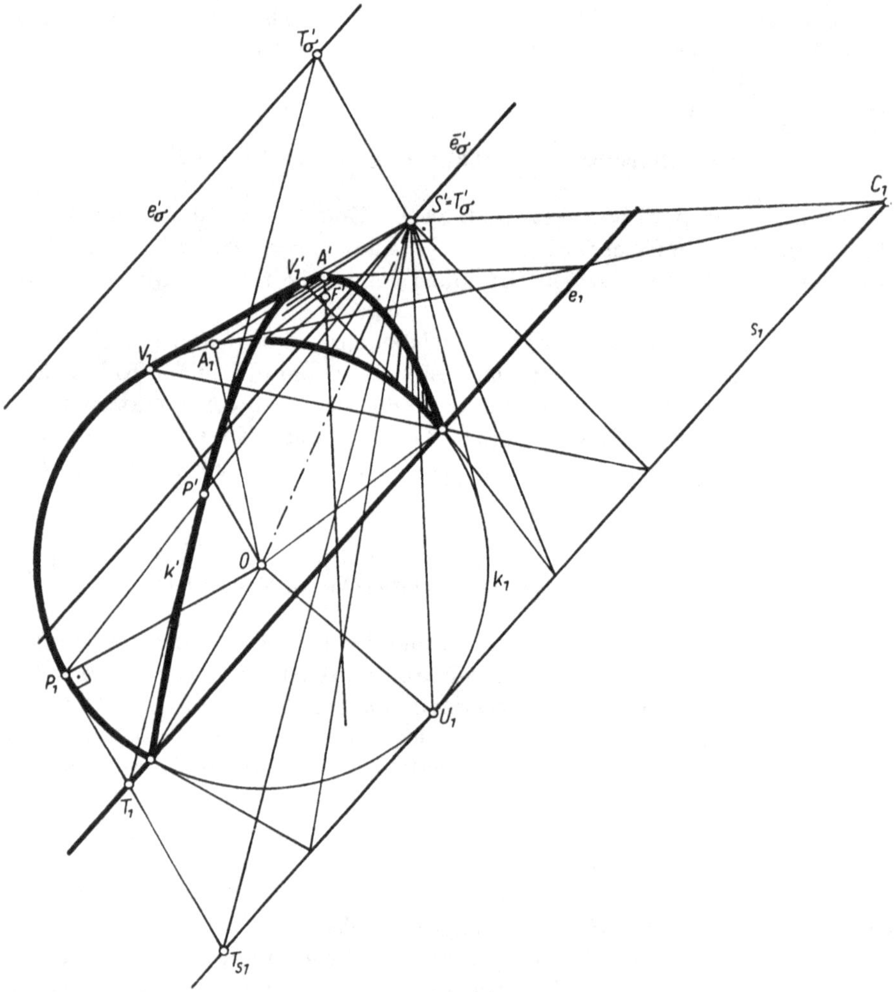

Figur 229

Lösung. Um die Verebnung des Mantels von $\mathfrak{K}$ durchzuführen, wählt man auf dem Basiskreis k_1 in gleichmäßigen Abständen eine Reihe von Punkten $0(= A)$, $1, 2, \ldots, n\ (=A)$ und nähert k_1 durch den Streckenzug $\overline{0\text{-}1}, \overline{1\text{-}2}, \overline{2\text{-}3}, \ldots$ an. Sodann fügt man die Dreiecke $0S1$, $1S2$, ... aneinander. Die Punkte $0, 1, 2, \ldots$ des k_1 approximierenden Streckenzuges dürfen weder zu weit noch zu eng gewählt sein, da sonst im ersten Fall k_1 zu schlecht approximiert wird, im zweiten Fall die gute Annäherung von k_1 durch die sich häufenden Zeichenungenauigkeiten nicht zur Geltung kommt.[1])

[1]) Vergleiche W. Wunderlich: Formeln und Rechenbehelfe zur Abwicklung des Kegels 2. Ordnung. Österr. Ing. Archiv 10 (1956), 107–114; Seite 109, Fußnote 4.

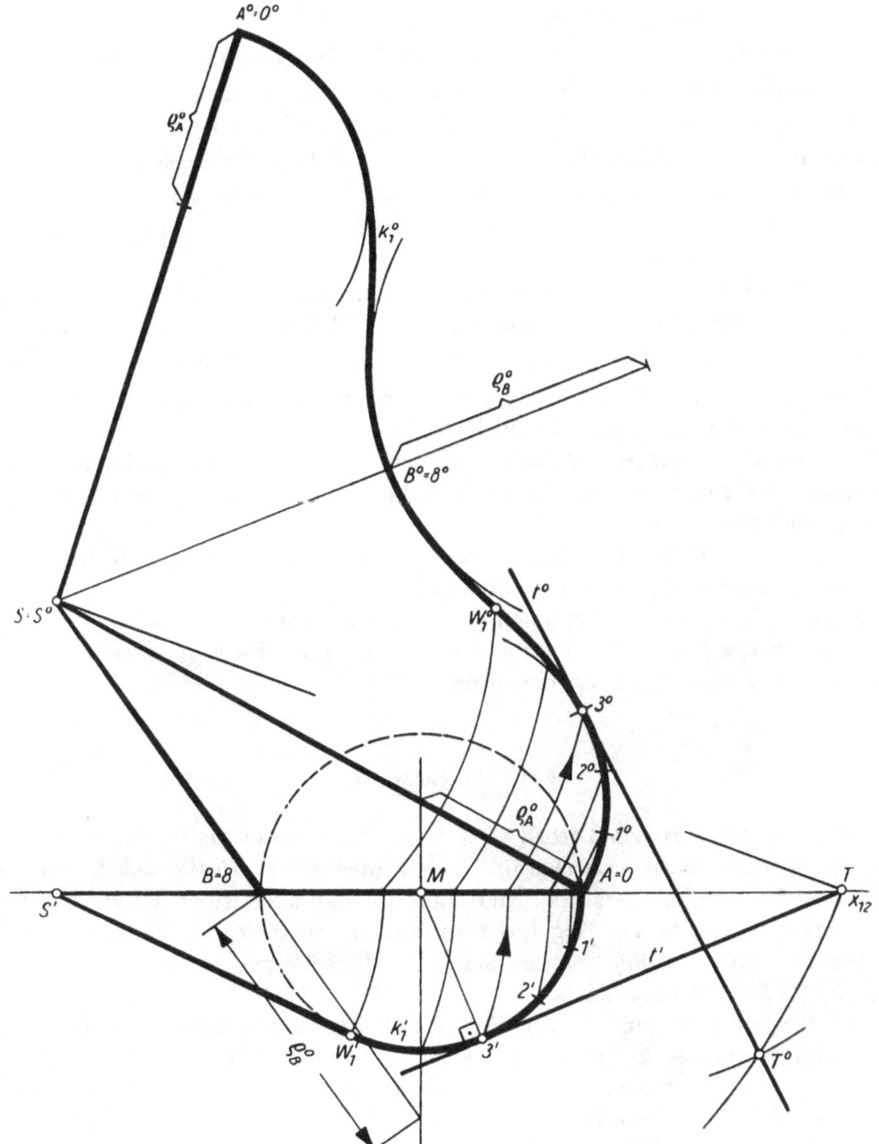

Figur 230

In Figur 230 wurde der Halbkreis in acht gleiche Teile geteilt. Die Entfernungen der Teilungspunkte *0* (= A) und *8* (= B) von der Kegelspitze S sind dem Aufriß direkt zu entnehmen. Die Entfernungen der übrigen Teilungspunkte von S konstruiert man durch Drehung der entsprechenden Erzeugenden um die erstprojizierende Gerade durch S nach π_2. Es geht z. B. $S3$ in $S\bar{3}$ über. Der Punkt 3^0 der verebneten Kurve $k_1{}^0$ liegt dann auf dem Kreis um S^0 durch $\bar{3}$. Führt man dies für alle Teilungspunkte durch, so erhält man eine Schar konzentrischer Kreisbögen um S^0. Nun schneidet man mit der Sehne $\overline{0\text{–}1}$ von *0* ausgehend auf den aufeinanderfolgenden konzentrischen Kreisbögen sinngemäß ab und erhält die Punkte 0^0 (= *0*), 1^0, 2^0, ... Der Streckenzug $\overline{0^0 1^0}$, $\overline{1^0 2^0}$, ... approximiert die verebnete Kurve k^0 von k_1.

In der Tangentialebene von $\mathfrak{K}$ längs der Erzeugenden $S3$ liegt das Dreieck $S3T$, wobei T den Schnittpunkt der Tangente t in *3* an k_1 mit der Aufrißebene bedeutet. Von diesem Dreieck sind die wahren Längen der drei Seiten bekannt: $\overline{S3} = \overline{S^0 3^0}$, $\overline{ST}$ liegt im Aufriß, $\overline{T3}$ im Grundriß in wahrer Größe vor. Man kann daher das Dreieck an $S^0 3^0$ anfügen und erhält die Tangente t^0 in 3^0 an k^0.

Die Normale zu π_1 durch M (= Mitte des Kreises k_1) schneidet auf den Scheitelerzeugenden SA und SB zwei Punkte aus, die von A bzw. B die Entfernungen ϱ_{A^0} bzw. ϱ_{B^0} besitzen.

* Aufgabe 154 (für den Leser). Man beweise die angegebene Konstruktion der Scheitelkrümmungsradien ϱ_{A^0} und ϱ_{B^0}. *

Es seien W_1, W_2 die Berührpunkte der Tangenten aus S' an k_1. Diese Punkte W_1 und W_2 von k_1 gehen in Wendepunkte von $k_1{}^0$ über, da die Tangentialebene in W_1 bzw. W_2 zur Ebene von k_1 normal steht.

§ 103. Anwendungen

Aufgabe 155 (für den Leser). Der Leser konstruiere die in Figur 231 angedeutete spezielle Rohrverzweigung. Dieses sogenannte *Hosenstück* besteht aus Teilen zweier schiefer Kreiskegel. Man beachte, daß jener Teil k der gegenseitigen Verschneidung der beiden Kegel, der an dem Hosenstück auftritt, ein Teil einer Ellipse ist. Anschließend verebne man den Mantel eines der beiden Kegelteile. Das Ergebnis zeigt Figur 231b.

Aufgabe 156 (für den Leser). (Figur 232.) In zwei parallelen Ebenen liegen Öffnungen mit rechteckigem bzw. kreisförmigem Rand. Man verbinde sie durch ein Übergangsstück, das sich aus ebenen Teilen (Dreiecksgestalt) und Teilen von schiefen Kreiskegeln (mit den Scheiteln A, B, C, D) zusammensetzt. Man zeichne die Verebnung einer Hälfte des Übergangsstückes. In den Endpunkten der krummen Begrenzungen sind die Tangenten zu konstruieren. (Der Leser entwerfe die Figuren im Maßstab 1 : 5.)

Aufgabe 157 (für den Leser). (Figur 233.) Ein rechtwinklig-gleichschenkliges Dreieck ABC liege in π_1, die Hypotenuse AB verlaufe parallel zur Bildachse. Man

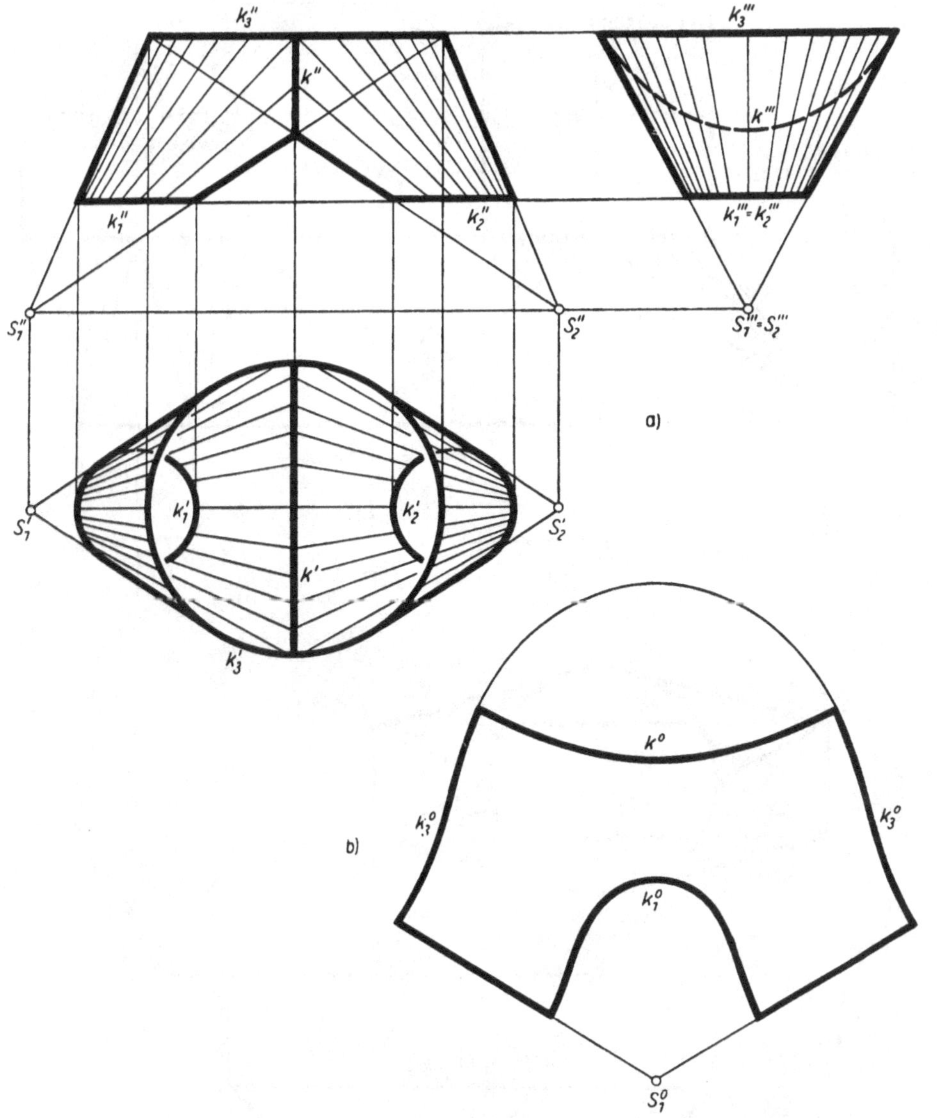

Figur 231

rolle das Dreieck so zusammen, daß es Teil eines Drehkegelmantels wird. Dabei werde der Scheitel C des rechten Winkels zur Kegelspitze. Die durch C gehende Dreieckshöhe bleibe in π_1 fest, und es sollen sich die beiden Katheten AC und BC in einer Mantellinie des Drehkegels treffen. Man zeichne Auf- und Grundriß dieser Tütenform und konstruiere die Bilder der Raumkurve, in die die Hypotenuse AB übergeht (Punkte, Tangenten und Scheitelschmiegkreise).

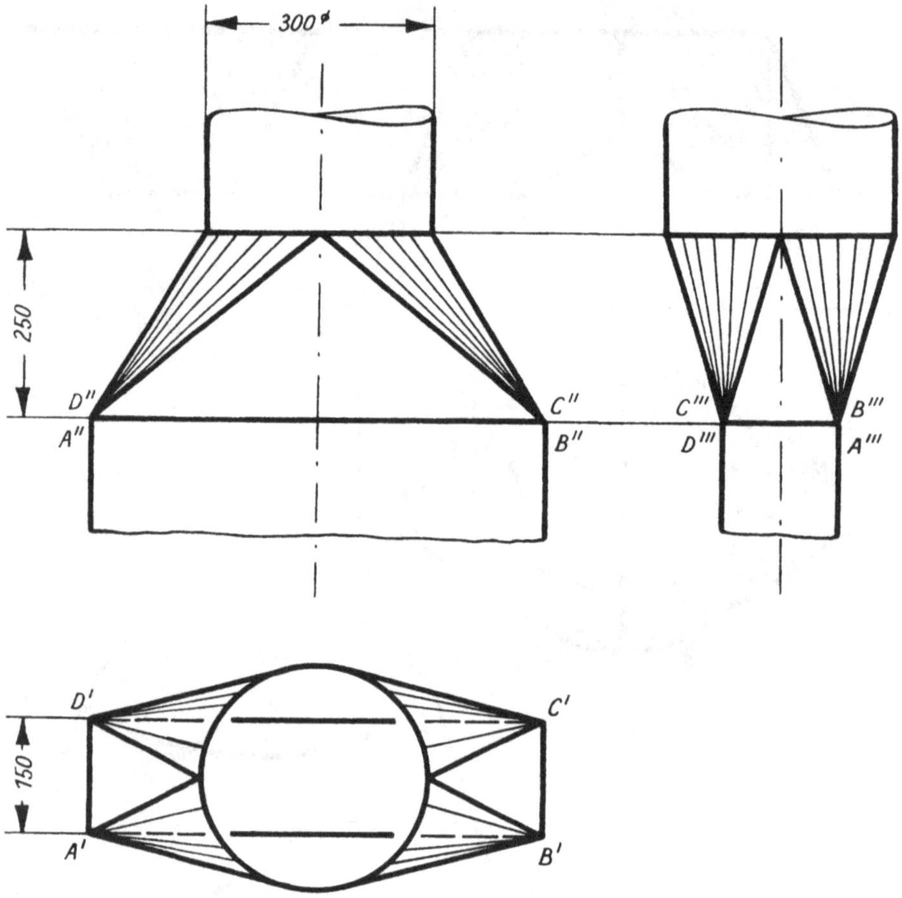

Figur 232

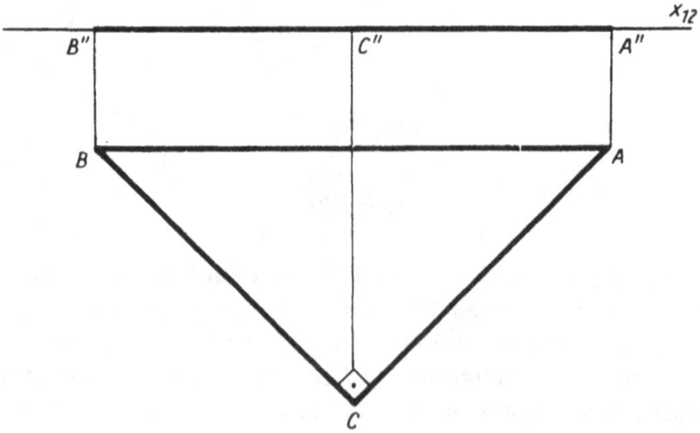

Figur 233

VIII. ZYLINDERFLÄCHEN

§ 104. Grundbegriffe

Eine Gerade *e* werde längs einer Raumkurve *c* parallel zu sich verschoben; ist *c* eine ebene Kurve, so möge *e* nicht in der Ebene von *c* liegen. *e* überstreicht dabei eine *Zylinderfläche*. Man kann sich eine Zylinderfläche aus einer Kegelfläche entstanden denken, indem man den Scheitel *S* der Kegelfläche ins Unendliche rückt. Jede Lage von *e* nennt man eine *Erzeugende* der Zylinderfläche. Vergleiche hiermit die Definition einer Prismenfläche. Welcher Grenzprozeß führt eine *n*-seitige Prismenfläche in eine vorgegebene, ihr umschriebene Zylinderfläche über?

Schneidet man eine Zylinderfläche mit zwei parallelen Ebenen, so daß zwei geschlossene Kurven entstehen, so nennt man den dadurch abgegrenzten Raum einen Zylinder und versteht darunter neben dem so definierten Körper auch die ihn begrenzenden Flächen. Insbesondere ist der zur Ausgangszylinderfläche gehörige Teil der sogenannte *Mantel* des Zylinders.

§ 105. Zylinder zweiter Ordnung

Wird eine Gerade *e* insbesondere längs eines regulären Kegelschnittes parallel verschoben, so überstreicht *e* eine *Zylinderfläche 2. Ordnung* $\mathfrak{Z}$. In einem räumlichen kartesischen Normalkoordinatensystem wird sie durch eine Gleichung zweiten Grades beschrieben. Jede Gerade, die keine Erzeugende ist, schneidet die Zylinderfläche 2. Ordnung in genau zwei Punkten (im Sinne der algebraischen Wurzelzählung). Jede Ebene schneidet $\mathfrak{Z}$ in einer Kurve *k* von 2. Ordnung. Figur 234 zeigt je einen Ausschnitt einer hyperbolischen, parabolischen und elliptischen Zylinderfläche. Die ebene Schnittkurve *k* zerfällt genau dann in zwei parallele Geraden, wenn die schneidende Ebene ε zu den Erzeugenden parallel ist. Diese (parallelen) Schnitterzeugenden können wieder reell getrennt, zusammenfallend (ε ist dann eine Tangentialebene von $\mathfrak{Z}$) oder konjugiert komplex sein.

Drehzylinder

§ 106. Drehzylinder

Es sei *c* ein Kreis mit der Mitte *M* (Basiskreis von $\mathfrak{Z}$). Die Zylindererzeugenden seien zur Kreisachse *a* parallel, also zur Ebene des Basiskreises normal. Diese besondere Zylinderfläche 2. Ordnung kann auch durch Rotation einer Erzeugen-

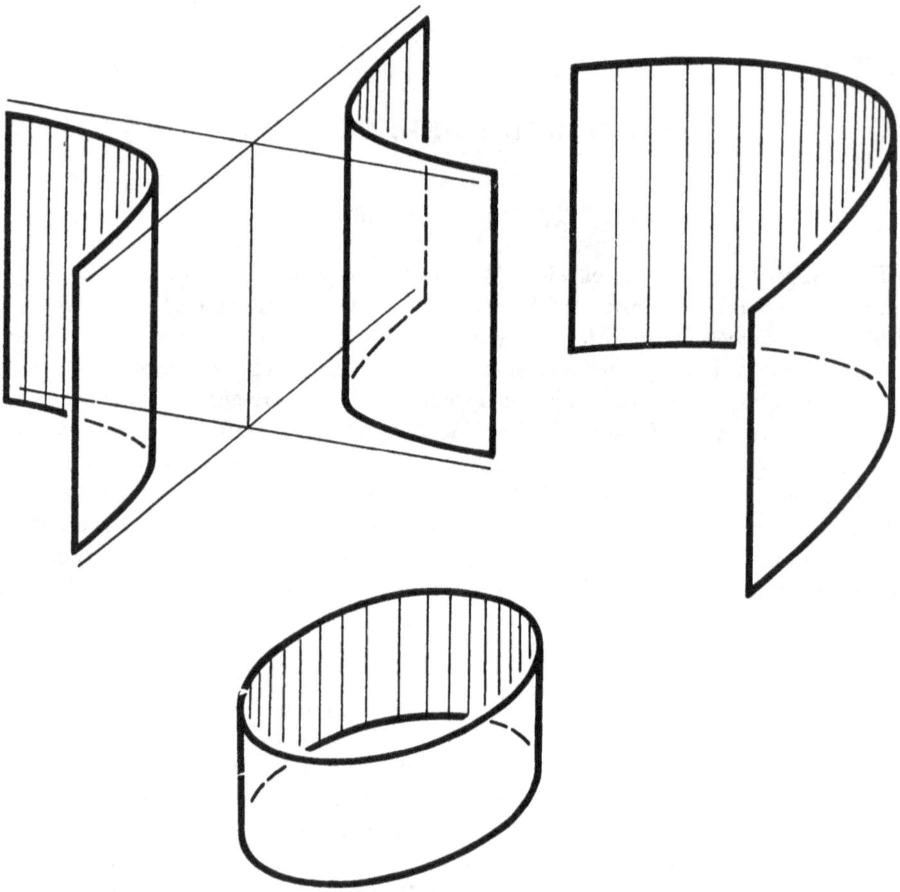

Figur 234

den e um die zu e parallele (Kreis-)Achse a erzeugt werden. Man spricht daher von einem *Rotations-* oder *Drehzylinder*. Da ein Drehzylinder als Drehkegel mit unendlich ferner Spitze aufgefaßt werden kann, sind eine Reihe seiner Eigenschaften aus denen eines Drehkegels herzuleiten.

Ist die Drehachse (Zylinderachse) a lotrecht, so sind die Bahnen der Punkte von e, die achsennormalen Kreise oder Parallelkreise der Zylinderfläche, zugleich Schichtenlinien auf dem Zylinder $\mathfrak{Z}$. Die Erzeugenden sind dann die Fallinien von $\mathfrak{Z}$. Diese beiden (einparametrigen) Kurvenscharen bilden auf der Zylinderfläche ein orthogonales Netz und können zum Angittern eines Flächenpunktes benützt werden.

* Legt man die Zylinderachse a in die z-Achse eines räumlichen kartesischen Normalkoordinatensystems und hat der Basiskreis c den Radius r, so lautet sowohl die Gleichung von c (in der xy-Ebene) als auch die des Drehzylinders $\mathfrak{Z}$:

$$x^2 + y^2 = r^2 . \; * \qquad (1)$$

Jeder achsennormale Schnitt von $\mathfrak{Z}$ ist, wie erwähnt, ein Kreis mit der Mitte auf der Zylinderachse, jeder Schnitt parallel zur Achse ein (paralleles) Geradenpaar (im Sinne der algebraischen Wurzelzählung).

* Führt man in (1) homogene Punktkoordinaten ein:

$$r^2x_0^2 - x_1^2 - x_2^2 = 0 ,$$

und setzt $x_0 = 0$, schneidet also $\mathfrak{Z}$ mit der Fernebene ω, so erhält man das Minimalgeradenpaar

$$x_1 + ix_2 = 0, \quad x_1 - ix_2 = 0; \quad x_0 = 0 .$$

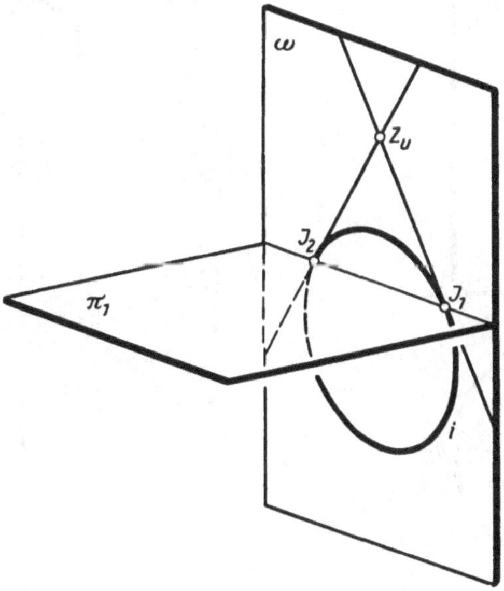

Figur 235

Diese Geraden sind die Tangenten aus dem Fernpunkt der Zylinderachse (hier identisch mit dem Fernpunkt Z_u der z-Achse) an den absoluten Kugelkreis i (siehe Seite 324). Ein Drehzylinder besitzt mithin zwei *Fernminimalerzeugende*. Figur 235 gibt diesen Sachverhalt in einer projektiven Skizze wieder. *

§ 107. Tangentialebene, Umriß und Flächennormale

(Figur 236.) Soll in einem Flächenpunkt T des Drehzylinders $\mathfrak{Z}$ die Tangentialebene τ konstruiert werden, so legt man durch T die Erzeugende e und den Parallelkreis k. Die Tangente t in T an k und die Erzeugende e spannen die Tangentialebene τ von T auf. τ berührt $\mathfrak{Z}$ in allen Punkten von e. (Vergleiche die analoge Eigenschaft einer Tangentialebene eines Kegels.)

(Figur 236.) Es gibt zwei Tangentialebenen von $\mathfrak{Z}$, die zur Aufrißebene normal stehen. Die zugehörigen Berührerzeugenden u_{21}, u_{22} bilden den zweiten wahren Umriß, ihre Aufrisse u_{21}'', u_{22}'' den zweiten scheinbaren Umriß von $\mathfrak{Z}$.

* Die Tangentialebenen durch die Zylinderachse a von $\mathfrak{Z}$ an $\mathfrak{Z}$ sind die zwei Minimalebenen, die man durch Verbinden von a mit den Fernerzeugenden erhält. Der erste scheinbare Umriß von $\mathfrak{Z}$ besteht daher aus dem Minimalgeradenpaar durch den Punkt a'. *

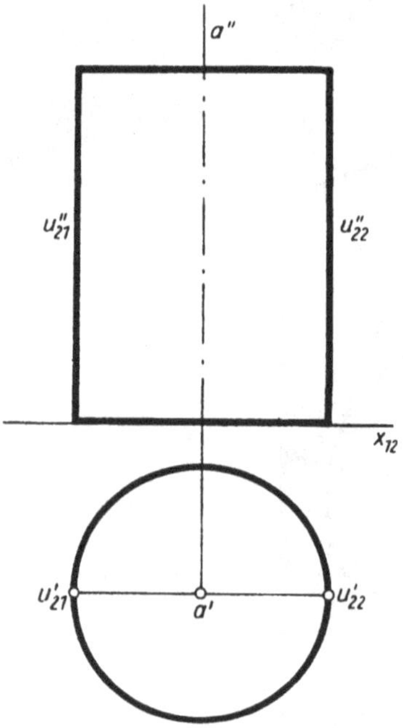

Figur 236

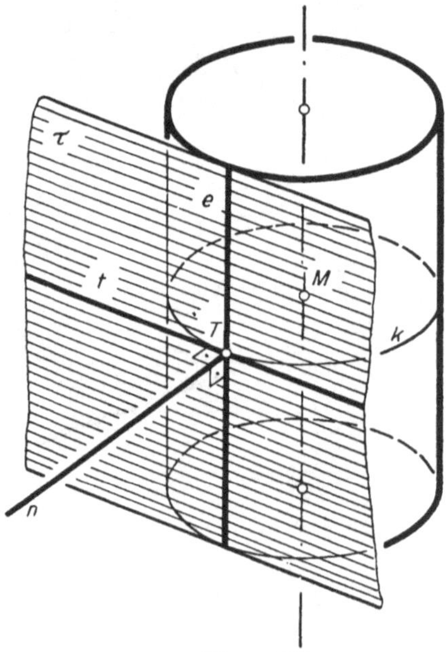

Figur 237

Die Flächennormale n in einem Flächenpunkt T von $\mathfrak{Z}$ ist die Normale in T zur Tangentialebene τ von T. Die Normale n geht daher durch die Mitte M des durch T gehenden Parallelkreises. (Figur 237.)

§ 108. Schnitt einer Geraden mit einem Drehzylinder

Aufgabe 158. Ein Drehzylinder $\mathfrak{Z}$ mit dem Basiskreis k und eine Gerade g seien gegeben. Man schneide g mit $\mathfrak{Z}$.

Lösung. (Figur 238.) Man lege durch g die Ebene σ_g parallel zu den Erzeugenden von $\mathfrak{Z}$. σ_g schneidet $\mathfrak{Z}$ in zwei Erzeugenden e_1, e_2, auf denen die Durchstoßpunkte P und Q liegen. (e_1 und e_2 und damit P und Q können reell oder komplex sein!) Die Spur von σ_g in der Basisebene $\varkappa$ schneidet k in den Spurpunkten P_1 und Q_1 von e_1 bzw. e_2.

Aufgabe 159 (für den Leser). Man konstruiere die Schnittpunkte einer Geraden g mit einem Drehzylinder $\mathfrak{Z}$ in Grund- und Aufriß, wenn die Zylinderachse a 1. erstprojizierend, 2. parallel zur Bildachse x_{12} ist.

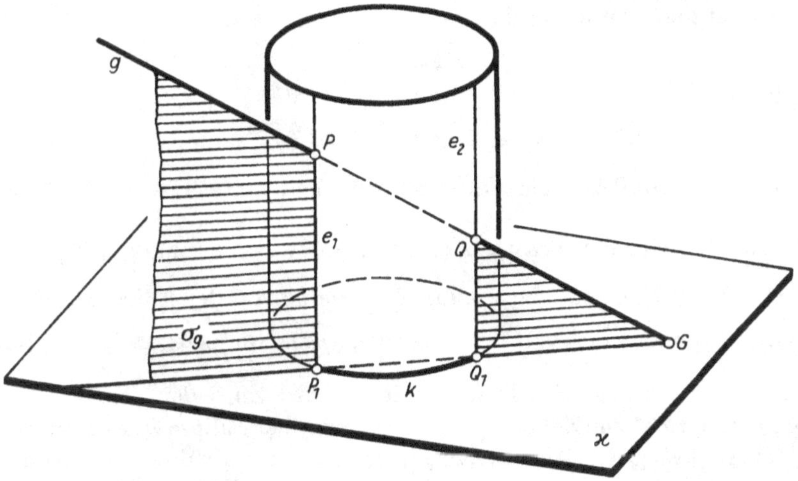

Figur 238

§ 109. Ebener Schnitt eines Drehzylinders und perspektive Affinität

(Figur 239.) Jeder Schnitt k eines Drehzylinders $\mathfrak{Z}$ mit einer Ebene ε, die nicht parallel oder normal zur Zylinderachse a liegt, ist eine Kurve zweiter Ordnung, die aus jedem Parallelkreis k_1 von $\mathfrak{Z}$ durch Parallelprojektion in Richtung der Erzeugenden hervorgeht. Zwischen k und (einem solchen Kreis) k_1 besteht daher eine (räumliche) perspektive Affinität $\mathfrak{A}$, für die die Erzeugenden von $\mathfrak{Z}$ Affinitätsstrahlen sind und die Schnittgerade der Ebenen von k und k_1 die Affinitätsachse bedeutet. Damit ist die Schnittkurve als Ellipse erkannt.

Bevor die erwähnte perspektive Affinität $\mathfrak{A}$ zur Konstruktion von k ausgewertet wird, soll — ebenso wie oben beim Drehkegel — zusätzlich noch nach DANDELIN nachgewiesen werden, daß die Schnittkurve k eine Ellipse entsprechend der Definition aus § 67 ist.

Es seien $\mathfrak{K}_1$, $\mathfrak{K}_2$ jene zwei dem Zylinder $\mathfrak{Z}$ eingeschriebenen Kugeln, die die Schnittebene ε berühren. Die Berührpunkte mit ε seien F_1 und F_2. In Figur 240 wurde ε zweitprojizierend angenommen. Die Mitten M_1, M_2 der beiden Dandelinschen Kugeln $\mathfrak{K}_1$, $\mathfrak{K}_2$ liegen auf der Zylinderachse a. Die Ebenen $\varkappa_1$, $\varkappa_2$ der Berührkreise k_1, k_2 der Kugeln $\mathfrak{K}_1$, $\mathfrak{K}_2$ mit $\mathfrak{Z}$ sind die waagrechten Ebenen durch die Kugelmitten M_1 bzw. M_2 (man vergleiche die entsprechende Anordnung beim Drehkegel, Seite 250).

Die Zylindererzeugende e durch einen Punkt P von k berührt $\mathfrak{K}_1$ in einem Punkt T_1 auf k_1. Da die Gerade PF_1 ebenfalls eine Tangente aus P an $\mathfrak{K}_1$ ist (der Berührpunkt ist F_1), so gilt

$$\overline{PF_1} = \overline{T_1P}.$$

Analog findet man mit $ek_2 = T_2$

$$\overline{PF_2} = \overline{PT_2}.$$

Mithin ist

$$\overline{PF_1} + \overline{PF_2} = \overline{T_1P} + \overline{PT_2} = \overline{T_1T_2} = \text{const.}$$

Damit ist gezeigt, daß die Schnittkurve tatsächlich eine Ellipse nach § 67 ist.

Aufgabe 160 (für den Leser). Man zeige unter Benützung von Figur 240:

1. Die Strecke $\overline{T_1T_2}$ ist so lang wie die Entfernung $\overline{AB}$ der Ellipsenscheitel.
2. Die Schnittgeraden l_1, l_2 von ε mit $\varkappa_1$ bzw. $\varkappa_2$ sind die Leitgeraden der Ellipse k.

Zusammenfassung. Ein Drehzylinder $\mathfrak{Z}$ wird von jeder Ebene ε, die weder parallel noch normal zur Zylinderachse steht, in einer Ellipse k geschnitten. Jene dem Zylinder $\mathfrak{Z}$ eingeschriebenen Kugeln $\mathfrak{K}_1$, $\mathfrak{K}_2$, die ε berühren, heißen die zugehörigen Dandelinschen Kugeln. Ihre Berührpunkte F_1 bzw. F_2 mit ε sind die Brennpunkte von k. Die Schnittgeraden l_1, l_2 der Berührkreisebenen $\varkappa_1$, $\varkappa_2$ mit ε sind die Leitgeraden von k.

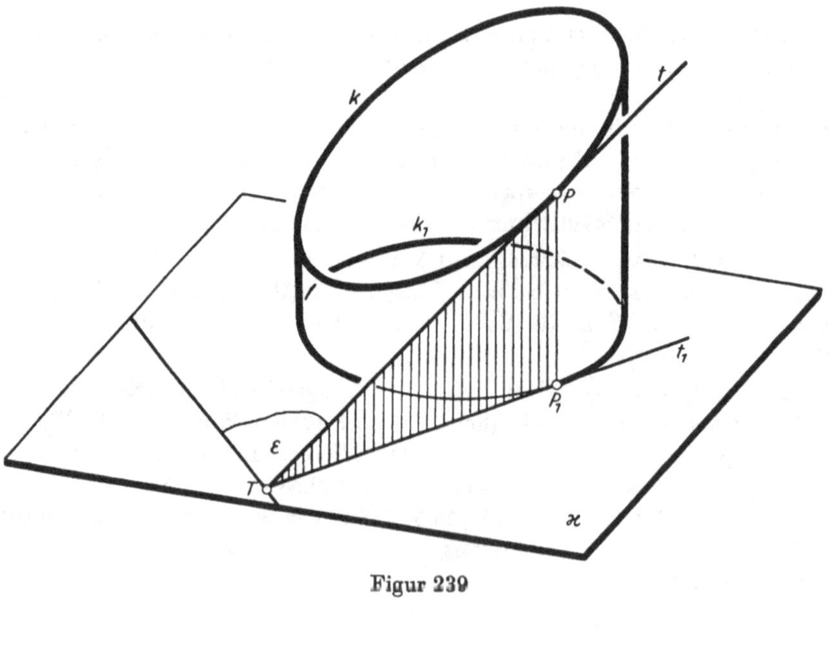

Figur 239

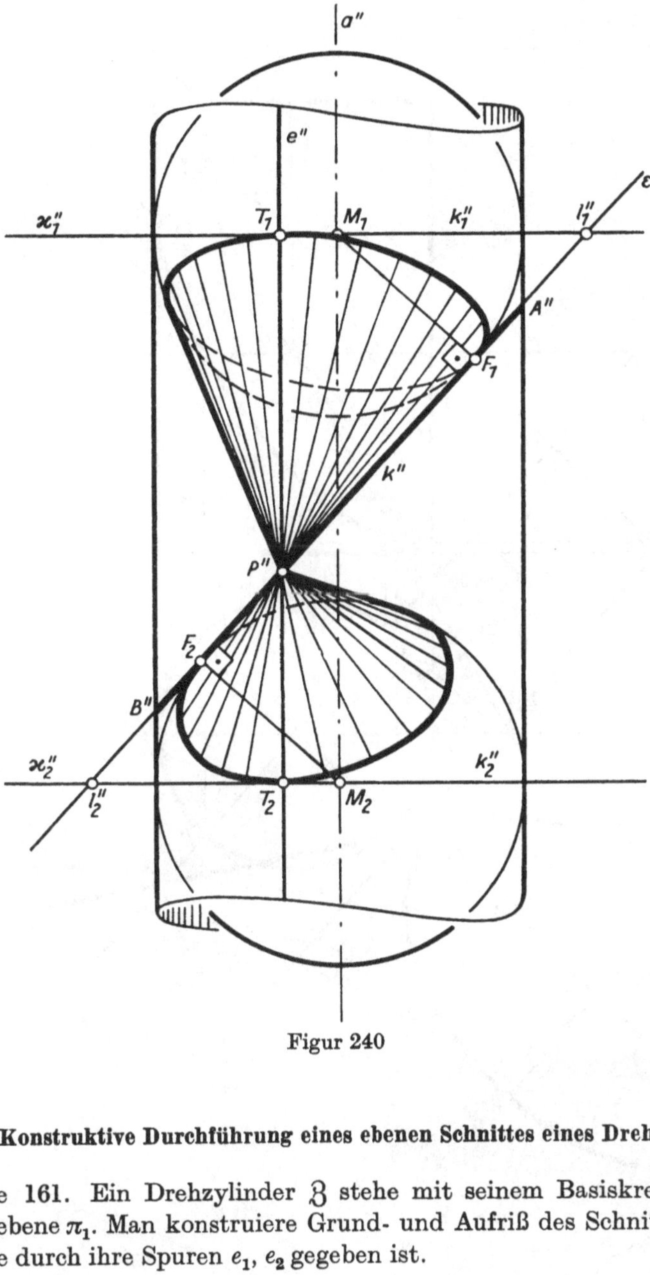

Figur 240

§ 110. Konstruktive Durchführung eines ebenen Schnittes eines Drehzylinders

Aufgabe 161. Ein Drehzylinder $\mathfrak{Z}$ stehe mit seinem Basiskreis k_1 auf der ersten Bildebene π_1. Man konstruiere Grund- und Aufriß des Schnittes mit einer Ebene ε, die durch ihre Spuren e_1, e_2 gegeben ist.

Lösung. (Figur 241.) Der Grundriß k' der Schnittellipse $k = \varepsilon\mathfrak{Z}$ fällt in den Basiskreis k_1. Der Aufriß k'' von k ist eine Ellipse, die den zweiten scheinbaren Umriß u_{21}'', u_{22}'' berührt.

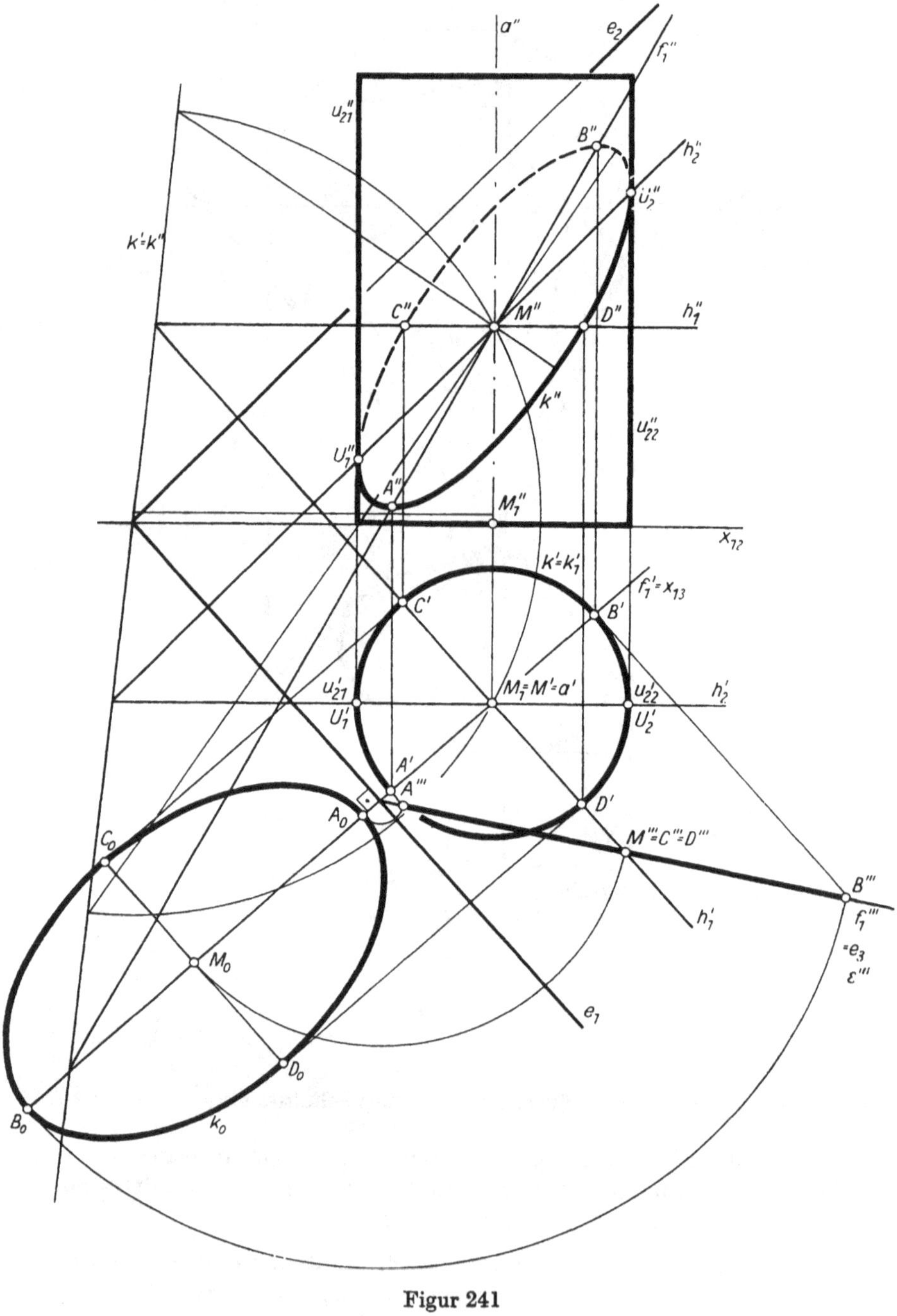
a''
e₂
f₁''
u₂₁''
B''
h₂''
u₂''
k'=k''
C''
M''
D''
h₁''
k''
u₂₂''
U₁''
A''
M₁''
x₁₂
k'=k₁'
f₁'=x₁₃
C'
B'
u₂₁'
M₁=M'=a'
u₂₂'
h₂'
U₁'
U₂'
A'
A'''
A₀
D'
M'''=C'''=D'''
C₀
B'''
h₁'
f₁'''
=e₃
ε'''
M₀
e₁
D₀
B₀
k₀

Figur 241

Die erstprojizierende Ebene durch jene erste Fallinie f_1 von ε, die die Zylinderachse schneidet, ist Symmetrieebene für den Zylinder wie auch für die Ebene ε. Die Hauptachse AB der Ellipse k liegt daher auf f_1. Die Grundrisse A', B' der Hauptscheitel werden auf $k_1 = k'$ durch das durch M_1 gelegte Lot auf e_1 ausgeschnitten. Ihre Aufrisse A'', B'' können durch Angittern oder durch Verwendung der perspektiven Affinität, die zwischen Auf- und Grundriß einer ebenen Figur besteht (die Koinzidenzgerade von ε ist bekanntlich die Affinitätsachse, die Ordner sind die Affinitätsstrahlen), gefunden werden. Die Ellipsenmitte M halbiert die Strecke $\overline{AB}$. Ihr Grundriß M' fällt daher in die Mitte M_1 des Basiskreises k_1.

Die Nebenachse CD von k liegt auf der ersten Hauptlinie h_1 von ε durch M und ist so lang wie ein Durchmesser von k_1. Die Aufrisse $A''B''$, $C''D''$ der Achsen von k sind für die Aufrißellipse k'' ein Paar konjugierter Durchmesser, so daß — etwa mit Hilfe der RYTZschen Konstruktion — k'' gezeichnet werden kann. (In Figur 241 wurde zusätzlich die direkte Achsenkonstruktion durchgeführt.)

Die Umrißpunkte U_1'', U_2'' von k'', also jene Punkte, in denen k'' den zweiten scheinbaren Umriß von $\mathfrak{Z}$ berührt, liegen auf dem Aufriß h_2'' jener zweiten Hauptlinie h_2 von ε, die die Achse des Zylinders schneidet. In Figur 241 wurde ferner die wahre Gestalt von k durch Umklappen der Ebene ε um ihre erste Spur e_1 nach π_1 konstruiert.

Aufgabe 162 (für den Leser). Der Leser konstruiere den ebenen Schnitt eines Drehzylinders und ermittle die wahre Gestalt der Schnittellipse unter Verwendung eines an π_1 angehängten Seitenrisses, für den ε projizierend ist (Figur 241).

* Aufgabe 163 (für den Leser). Gegeben sei ein auf π_1 stehender Drehzylinder $\mathfrak{Z}$ und eine unter dem Winkel α gegen π_1 geneigte zweitprojizierende Ebene ε. Man lege ein kartesisches Normalkoordinatensystem so in die Ebene ε, daß die Abszissenachse in die Hauptachse, die Ordinatenachse in die Nebenachse der Schnittellipse k fällt. Dreht man die Schnittellipse k um ihre Hauptachse nach π_2 und ist P_0 die Umlegung eines beliebigen Punktes P von k, so erhält man für die Koordinaten von P_0 (Figur 242):

$$x = r \cdot \frac{\cos\varphi}{\cos\alpha}, \qquad y = r \cdot \sin\varphi,$$

woraus durch Elimination von φ die Gleichung von k_0 folgt:

$$(x \cdot \cos\alpha)^2 + y^2 = r^2.$$

Die Schnittellipse k besitzt somit die Halbachsen

$$a = \frac{r}{\cos\alpha}, \qquad b = r.$$

Der Leser überprüfe die angedeutete Rechnung. *

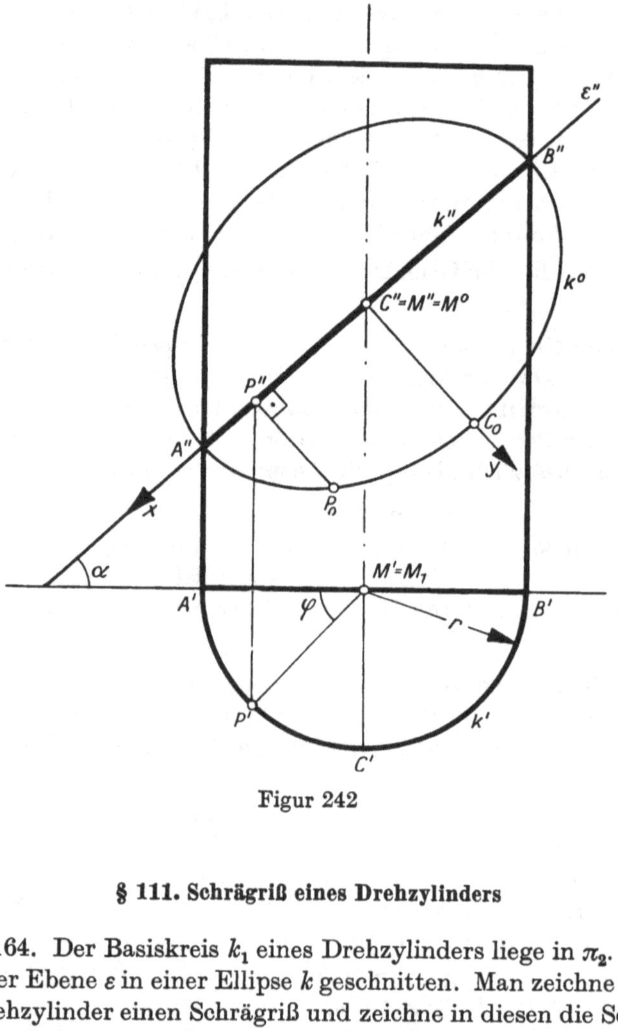

Figur 242

§ 111. Schrägriß eines Drehzylinders

Aufgabe 164. Der Basiskreis k_1 eines Drehzylinders liege in π_2. Der Zylinder werde mit einer Ebene ε in einer Ellipse k geschnitten. Man zeichne von dem hohl gedachten Drehzylinder einen Schrägriß und zeichne in diesen die Schnittellipse k ein, wenn ε durch ihre zweite Spur e_2 und das Schrägbild M^s ihres Schnittpunktes M mit der Zylinderachse a gegeben ist.

Lösung. (Figur 243.) Zwischen dem Basiskreis k_1 des Drehzylinders und dem Schrägriß k^s der Schnittellipse k besteht eine perspektive Affinität $\mathfrak{A}$, für die die zweite Spur e_2 von ε die Affinitätsachse ist und der Schrägriß der Zylinderachse ($= M_1M^s$) die Affinitätsrichtung angibt. Der Durchmesser *1–2* von k_1, der zur Affinitätsrichtung normal steht, geht durch die perspektive Affinität $\mathfrak{A}$ in jenen Durchmesser von k^s über, dessen Endpunkte 1^s, 2^s die Umrißpunkte von k^s sind. Aus jedem Paar normaler Durchmesser von k_1 wird durch $\mathfrak{A}$ ein Paar konjugierter Durchmesser der Bildellipse k^s von k. Daher wird man noch die Punkte *3* und *4* von k_1, deren Verbindung der zu *1–2* normale Durchmesser ist, der Affinität $\mathfrak{A}$

unterwerfen. Mit Hilfe der RYTZschen Achsenkonstruktion kann dann k^s gezeichnet werden. Auch die Anwendung der direkten Achsenkonstruktion oder der Konstruktion von JAKOBI wäre vorteilhaft. (Seite 217 und 223.)

Bemerkung. Man könnte Figur 243 auch als den Normalriß eines schiefen Kreiszylinders $\mathfrak{Z}$ auffassen, dessen Deckkreis zur Bildebene parallel liegt. Die Konstruktionslinien zur Ermittlung des ebenen Schnittes $k = \varepsilon\mathfrak{Z}$ wären die gleichen.

Rohrknie. (Figur 244.) Einen Drehzylinder $\mathfrak{Z}$ schneide man mit einer Ebene ε in zwei Teile $\mathfrak{Z}_1$ und $\mathfrak{Z}_2$. Den einen Teil drehe man um die Gerade, die senkrecht zu ε durch den Mittelpunkt M der Schnittellipse k geht, um 180°. Die Schnittellipse des gedrehten Zylinderteiles kommt mit der Schnittellipse des festgebliebenen Teiles wieder zur Deckung. Die beiden Zylinderteile bilden jetzt ein *Rohr-*

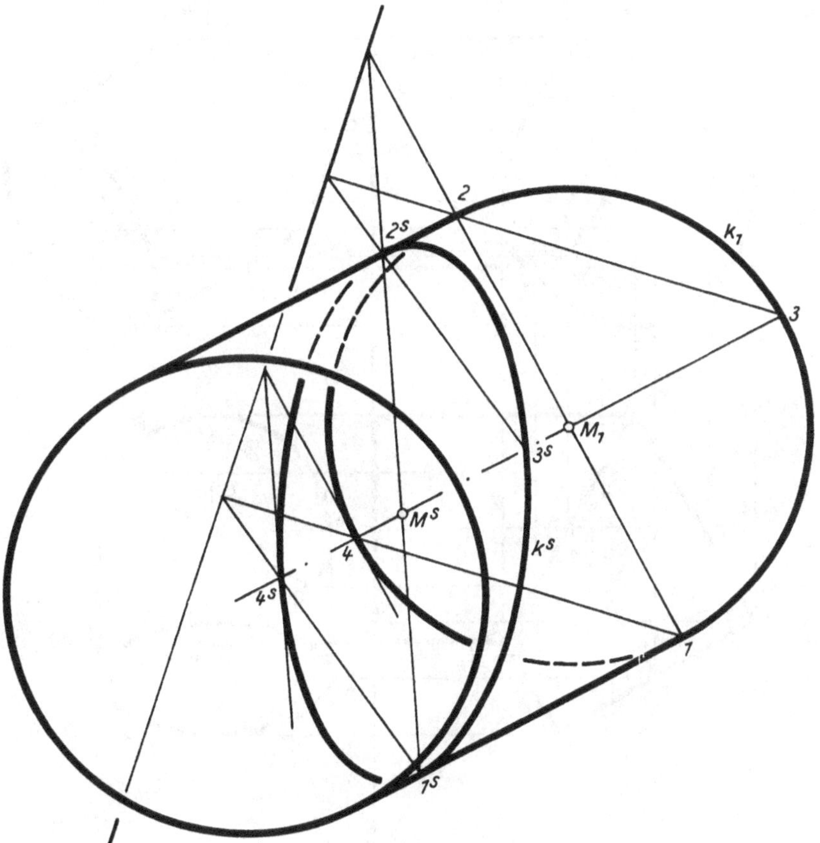

Figur 243

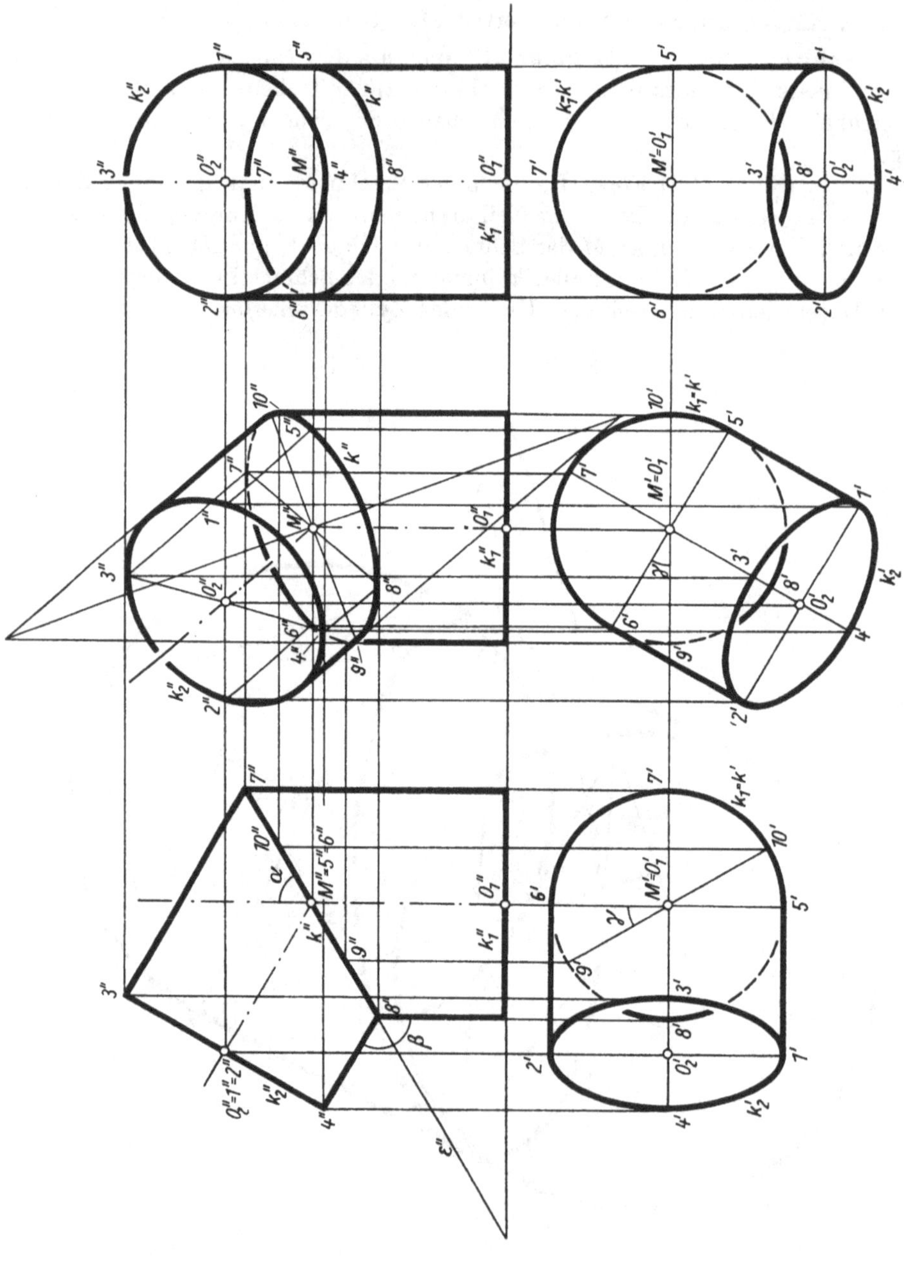

Figur 244

knie. Ist α der Winkel, den ε mit der Achse des Zylinders einschließt, dann ist der Rohrkniewinkel $\beta = 2\alpha$.

Aufgabe 165 (für den Leser). Das Rohrknie aus Figur 244a werde um die Achse des auf π_1 stehenden Zylinderteils a) durch 60°, b) durch 90° gedreht. Man konstruiere Auf- und Grundriß des Rohrknies in der neuen Stellung.

Anleitung zu a): Die auf einer ersten Haupt- bzw. Fallinie liegenden Durchmesser *1–2* und *3–4* des Deckkreises k_2 ergeben im Aufriß ein Paar konjugierter Durchmesser von k_2''. Die Hauptachse von k_2'' steht zum Aufriß $O_2''M''$ der Zylinderachse normal. Die Erzeugenden (dieses gedrehten Zylinderteils) durch die Punkte *1, 2, 3, 4* treffen die Schnittellipse k in den Endpunkten *5, 6, 7, 8* zweier konjugierter Durchmesser von k. Die zum zweiten wahren Umriß gehörenden Erzeugenden beider Zylinderteile bilden im Aufriß einen k'' umschriebenen Rhombus. Dessen Diagonalen tragen die Achsen von k''. Die Berührpunkte *9''*, *10''* des zweiten scheinbaren Umrisses des lotrechten Zylinderteiles mit k'' kann man dadurch finden, daß man die Grundrißpunkte *9'*, *10'* in die Ausgangsstellung (Figur 244a) überträgt und dort die ersten Tafelabstände entnimmt. Die Umrißpunkte *11''*, *12''* des zweiten scheinbaren Umrisses des gedrehten Zylinderteiles mit k'' liegen zu *9''* und *10''* bezüglich der Hauptachse von k'' symmetrisch.

§ 112. Verebnung des Mantels eines Drehzylinders

Legt man einen durch zwei Parallelkreise k_a, k_b begrenzten Drehzylinder $\mathfrak{Z}$ mit einer Erzeugenden AB auf eine (rauhe) Ebene π_1 (Figur 245), so werden die Punkte jedes Parallelkreises bei einem (gleitlosen) Rollen von $\mathfrak{Z}$ auf π_1 eine Gerade senkrecht zu AB in π_1 markieren. Beendet man die Rollbewegung in dem Augenblick, in dem A und damit alle Punkte der Erzeugenden durch A das erste Mal wieder in die Ebene π_1 kommen, so erfüllen alle Punkte von π_1, die mit Punkten von $\mathfrak{Z}$ in Berührung gekommen sind, ein Rechteck ABB_1A_1. Dessen Seite $\overline{AA_1} = \overline{BB_1}$ ist gleich dem Umfang eines Parallelkreises, während $\overline{AB} = \overline{A_1B_1}$ mit der Höhe des Zylinders $\mathfrak{Z}$ übereinstimmt. Bestünde der Mantel von $\mathfrak{Z}$ aus einem dünnen Häutchen, das man sich längs AB aufgeschnitten denkt, so könnte man durch die geschilderte Rollung das Häutchen mit dem Rechteck ABB_1A_1 zur Deckung bringen. Man sagt, man habe den Mantel von $\mathfrak{Z}$ *verebnet* oder *abgewickelt*. Läßt man den Drehzylinder $\mathfrak{Z}$ öfter als einmal auf π_1 abrollen, so erhält man in π_1 einen Parallelstreifen, der sich aus zu dem Rechteck ABB_1A_1 kongruenten Rechtecken zusammensetzt. Man kann diesen Parallelstreifen nach beiden Seiten beliebig verlängern. (Man vergleiche damit die Verwendung einer Malerwalze.)

Da die beschriebene Verebnung eines Drehzylindermantels als Grenzfall der Verebnung eines Drehkegelmantels aufgefaßt werden kann, gelten die dort angeführten Eigenschaften mit geringen Veränderungen auch hier:

1. Die Parallelkreise und Erzeugenden eines Drehzylinders $\mathfrak{Z}$ bilden nach Verebnung ein orthogonales Netz von Geraden.

2. Der Winkel zweier Flächenkurven bleibt bei Verebnung des Zylindermantels ungeändert.

Bei der Verebnung eines Drehzylindermantels, bei dem wir uns auf eine einzige Drehung der oben geschilderten Rollung beschränken, ergibt sich ein Rechteck, dessen Basis gleich dem Umfang eines Parallelkreises von $\mathfrak{Z}$ ist. Man hat daher eine Strecke zu konstruieren, die so lang wie der Umfang eines gegebenen Kreises ist. Diese Aufgabe, die sogenannte Rektifikation des Kreises, soll daher etwas genauer besprochen werden.

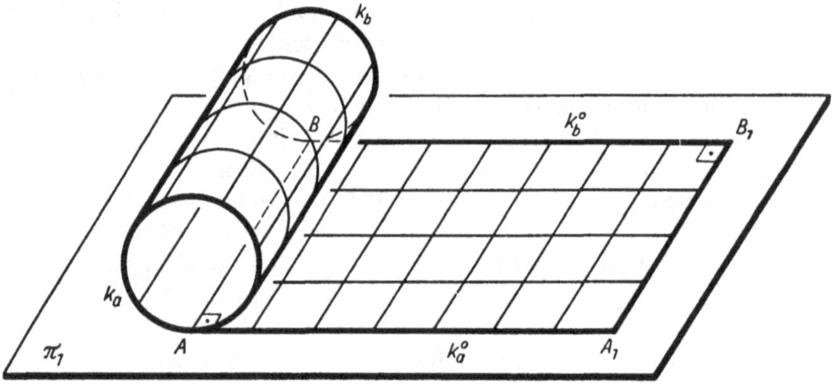

Figur 245

§ 113. Rektifikation des Kreises

Um einen Kreis vom Radius r zu *rektifizieren*, müßte man eine Strecke $\overline{AB} = 2\pi\, r$ konstruieren. Wie F. LINDEMANN 1882 bewiesen hat, ist dies *mit Zirkel und Lineal allein in endlich vielen Schritten nicht möglich.*

* LINDEMANN wies nach, daß die Zahl $\pi = 3{,}14159265\ldots$ transzendent ist, d. h., daß es keine algebraische Gleichung mit rationalen Koeffizienten gibt, von der π eine Wurzel ist. Daraus folgt nach Sätzen der analytischen Geometrie und der Algebra, daß die Rektifikation des Kreises in oben geforderter Weise unmöglich ist. Aus dem gleichen Grunde läßt sich mit Zirkel und Lineal allein in endlich vielen Schritten kein Quadrat konstruieren, dessen Fläche mit der eines gegebenen Kreises übereinstimmt (*Quadratur des Kreises*). *

Da also exakte Lösungen der Rektifikation eines Kreises mit Zirkel und Lineal nicht existieren, ist man beim praktischen Zeichnen auf *Näherungskonstruktionen* angewiesen. Unter den zahlreichen Näherungskonstruktionen gibt es eine ganze Reihe, deren theoretische Fehler so gering sind, daß sie gegenüber den unvermeidlichen Zeichenungenauigkeiten nicht oder fast nicht ins Gewicht fallen. Es seien zwei dieser Methoden erwähnt:

1. *Rektifikation nach* KOCHANSKI (1685). (Figur 246a.) Es sei $\overline{AB}$ ein Durchmesser eines Kreises k vom Radius r. Man trägt in der Kreismitte O einen Winkel von 30°

an AB an. Der konstruierte Schenkel schneide die Kreistangente t in A an k in einem Punkte C. Von diesem Schnittpunkt C trägt man auf der Tangente t über A hinaus die Strecke $3r$ bis D auf. Dann gibt die Entfernung $\overline{BD}$ den halben Kreisumfang mit einer ausgezeichneten Näherung, beträgt doch der theoretische Fehler bei einem Kreis von 1 m Radius nur etwa 0,06 mm.

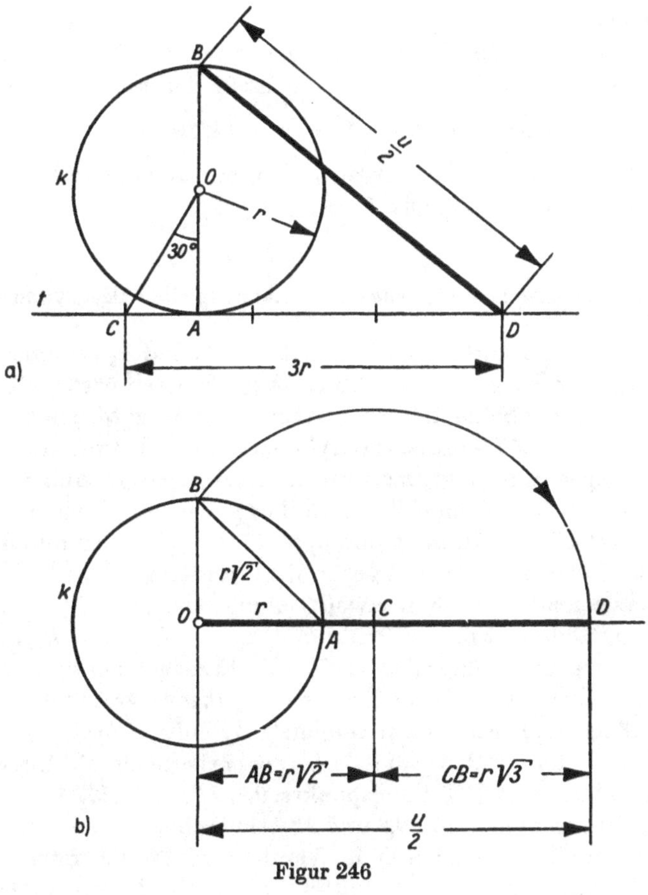

Figur 246

* Aufgabe 166 (für den Leser). Der Leser überprüfe die angegebene Genauigkeit der Kochanski-Konstruktion, indem er die Strecke $\overline{BD}$ berechne. Den erhaltenen Wert

$$\overline{BD} = \frac{1}{3} r \sqrt{3\,(40 - 6\sqrt{3})} = r \cdot 3{,}14153336\ldots$$

vergleiche man mit

$$\frac{u}{2} = r\pi = r \cdot 3{,}14159265\ldots.$$

Ferner ermittle man das Intervall $0 < r < R$ der Kreisradien r, für die der theoretische Fehler unter 1/20 mm bleibt.*

2. (Figur 246b.) Es seien $\overline{OA}$ und $\overline{OB}$ zwei zueinander normale Radien eines Kreises k vom Radius r. Man trage von der Kreismitte O aus auf der Geraden OA über A hinaus die Strecke $\overline{AB}$ bis C auf. Dann fügt man an $\overline{OC}$ die Strecke $\overline{CB}$ an. Es ist der Endpunkt D von O angenähert so weit entfernt wie der halbe Kreisumfang ausmacht.

* Aufgabe 167 (für den Leser). Bei dieser zweiten Näherungskonstruktion für die Rektifikation des Kreises ist die an Stelle von $u/2$ verwendete Strecke

$$\overline{OD} = r(\sqrt{2} + \sqrt{3}) = r \cdot 3{,}14626\ldots.$$

Wie groß kann man den Radius eines Kreises wählen, damit der theoretische Fehler 0,05 mm nicht übersteigt? *

§ 114. Konstruktive Durchführung der Verebnung eines Drehzylindermantels

Aufgabe 168. Ein durch zwei Parallelkreise k_1 und k_2 begrenzter Drehzylinder $\mathfrak{Z}$, der von einer Ebene in einer Ellipse k geschnitten wird, soll verebnet und die Kurve k^0, in die die Schnittellipse k dabei übergeht, gezeichnet werden.

Lösung. In Figur 247 wurden die Zylinderachse erst- und die Ebene ε (unter dem Winkel α gegen π_1 geneigt) zweitprojizierend gewählt. Außerdem wurde die Ebene ε, was ebenfalls keine Einschränkung der Allgemeinheit bedeutet, so angenommen, daß sie die Kreise k_1 und k_2 berührt. Wir teilen nun den Basiskreis k_1 etwa in zwölf gleiche Teile und geben dem vordersten Punkt die Nummer 0_1. Die Zylindererzeugenden durch die zwölf Teilungspunkte $0_1, 1_1, \ldots, 11_1, 12_1 = 0_1$ treffen die Schnittellipse k in den Punkten $0, 1, \ldots, 11, 12 = 0$. Man denke sich den Zylindermantel etwa längs der vordersten Erzeugenden $0_1\ 0$ aufgeschnitten, in die Tangentialebene längs dieser Erzeugenden abgewickelt und in gleicher Höhe so in die Aufrißebene gelegt, daß der verebnete Zylindermantel nicht in den Aufriß von $\mathfrak{Z}$ fällt. Man teilt sodann die Basis des erhaltenen Rechtecks in zwölf gleiche Teile, zieht durch die Teilungspunkte $0_1^0, 1_1^0, \ldots, 12_1^0$ Geraden senkrecht zur Basis (die Senkrechten durch 0_1^0 und 12_1^0 sind schon vorhanden) und erhält so die ausgezeichneten Erzeugenden in der Verebnung. Da die ersten Tafelabstände (Koten) der Ellipsenpunkte im Aufriß in wahrer Größe erscheinen, genügt es, durch die Aufrisse dieser Punkte Waagrechte zu ziehen und diese mit den entsprechenden Erzeugenden in der Verebnung zum Schnitt zu bringen. In Figur 247 wurde der Ellipsenpunkt 2 mit P bezeichnet und auch in der Verebnung ($P^0 = 2^0$) hervorgehoben.

Da die Schnittellipse k bezüglich der ersten Fallinie und bezüglich der ersten Hauptlinie von ε durch die Zylinderachse symmetrisch ist, muß die verebnete Kurve k^0 (und ihre Fortsetzung nach links und rechts) zur verebneten Erzeugenden durch 3^0 axial- und bezüglich der Punkte $0^0, 6^0, 12^0$ zentrisch symmetrisch sein.

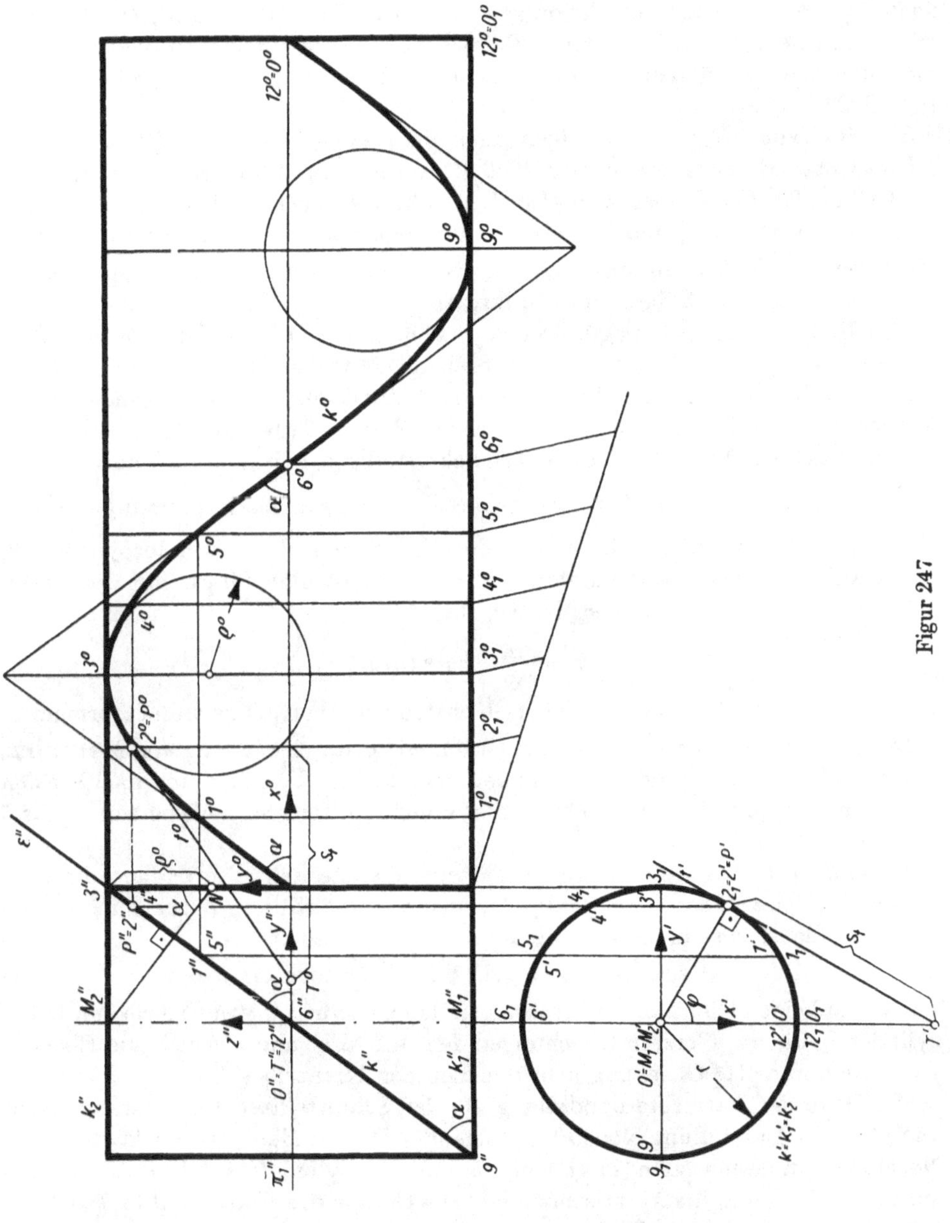
ε''
k''
k°
x°
y°
z''
x'
y'
r
φ
ρ°
α
s₄
T'
9''
9°
6°
5°
4°
3°
1°
3''
M''₂
M''₁
k''₂
k''₁
π''₁
0''=T''=12''
P''=2''
2°=P°
12°=0°
12°₁=0°₁
0'=M'₁=M'₂
k'=k'₁=k'₂
2₁=2'=P'

Figur 247

Die Tangenten an k^0 in dem tiefsten Punkt 9^0 und im höchsten Punkt 3^0 (den verebneten Hauptscheiteln von k) sind waagrecht. Im Punkt 0^0 wie im Punkt 12^0 verläuft die Tangente an k^0 parallel zu ε'', also unter α gegen die Waagrechte geneigt; im Punkt 6^0 ist der Neigungswinkel $-\alpha$. Diese Punkte 0^0, 6^0, 12^0 sind Wendepunkte von k^0, da in den entsprechenden Ellipsenpunkten $0 = 12$ und 6 die Kurvenebene ε zu den Tangentialebenen in diesen Punkten an $\mathfrak{Z}$ normal steht (vgl. S. 268).

Um die Tangente in einem allgemeinen Punkt von k^0, etwa in P^0, zu finden, zeichnet man die Tangente im Grundriß P' von P an k_1. Diese Gerade ist zugleich der Grundriß t' der Tangente in P an k. Denkt man sich durch den Punkt O eine waagerechte Ebene $\overline{\pi_1}$ und in dieser den Spurpunkt T von t bestimmt, so gibt die Strecke $\overline{P'T'}$ die Subtangente s_t der verebneten Kurve k^0 in P^0 bezogen auf die Waagrechte durch die Wendepunkte an.

Den Radius ϱ_0 des Schmiegkreises von k^0 im Scheitel 3^0 findet man, wie ohne Beweis angeführt wird, indem man durch die Mitte M_2 des Deckkreises k_2 im Aufriß das Lot auf ε'' fällt und dieses mit dem Aufriß der Umrißerzeugenden durch 3 schneidet. Die Entfernung dieses Punktes N'' von $3''$ beträgt ϱ_0.

* Aufgabe 169 (für den Leser). Die Schnittellipse k besitzt im Hauptscheitel 3 einen Schmiegkreis mit dem Radius $\varrho = \frac{b^2}{a} = r \cos \alpha$. Die Krümmung der verebneten Kurve k^0 in 3^0 stimmt mit der Krümmung der Normalprojektion k_n von k auf die Tangentialebene von 3 überein. k_n ist eine Ellipse mit den Halbachsen r und $r \tan \alpha$. Daher ergibt sich für

$$\varrho_0 = \frac{r^2}{r \tan \alpha} = r \cot \alpha \, .$$

Der Leser erkläre die oben angeführte Konstruktion von ϱ_0 aus dieser Formel.

Der Leser erkläre ferner die Konstruktion von ϱ_0 durch den Satz von Meusnier, indem man k zunächst als einen schiefen Schnitt von $\mathfrak{Z}$ auffaßt und nachher den elliptischen Zylinder $\mathfrak{Z}_1$ betrachtet, der k auf die Tangentialebene von $\mathfrak{Z}$ in 3 projiziert. *

* Um k^0 rechnerisch zu erfassen, legen wir ein kartesisches Normalkoordinatensystem mit der x-Achse durch die Punkte 0 und 6, so daß die y-Achse nach rechts zeigt und die z-Achse in die Zylinderachse fällt. Dann gilt

$$x = r \cos \varphi \, , \quad y = r \sin \varphi \, , \quad z = r \sin \varphi \tan \alpha \, . \tag{1}$$

Die ersten beiden Gleichungen beschreiben den Grundriß k' von k sowie den Drehzylinder $\mathfrak{Z}$, die zwei letzten Gleichungen den Aufriß k'' und zugleich die Ebene ε. Die erste und dritte Gleichung kennzeichnen den Kreuzriß k'''.

Mit Hilfe der Parameterdarstellung (1) der Schnittellipse k gelangt man zur analytischen Darstellung von k^0 in folgender Weise: Man legt ein kartesisches Normalkoordinatensystem so in den verebneten Zylindermantel, daß der Ursprung nach 0^0 und die Abszissenachse in die Gerade der Wendepunkte $0^0, 6^0, \ldots$ fällt. Man erhält für die Punkte von k^0

$$x^0 = r\varphi \, , \quad y^0 = r \tan \alpha \sin \varphi$$

und nach Elimination des Parameters φ

$$y^0 = r \tan\alpha \sin\frac{x^0}{r}.$$

Zusammenfassend kann man sagen: *Verebnet man den Mantel eines Drehzylinders und nimmt dabei einen ebenen Schnitt k mit, so erhält man eine Sinuslinie.* Die Amplitude dieser Sinuslinie k^0 beträgt $r \tan\alpha$, ihre Wellenlänge $2\pi r$, und die Wendetangenten besitzen die Steigungen $\pm \tan\alpha$. *

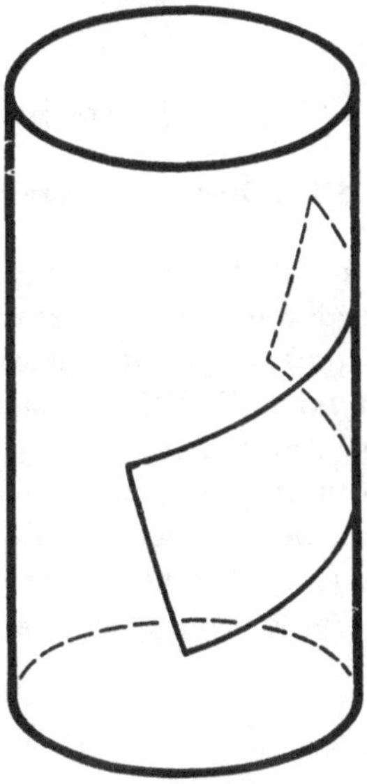

Figur 248

Aufgabe 170 (für den Leser). (Figur 248.) Auf einen zylindrischen Behälter wurde ein rechteckiges Etikett schief aufgeklebt. Zeichne davon Auf- und Grundriß, wenn der Radius des Behälters und der Winkel α, unter dem die Basis des Etiketts gegen die Erzeugenden des Drehzylinders geneigt ist, gegeben sind.

Anleitung. Man verebne den Zylindermantel, zeichne dort das Etikett in der vorgegebenen Lage und übertrage diese Figur auf den Zylinder.

* Zeige, daß die Begrenzungen des schief aufgeklebten Etiketts *Schraublinien* sind, also Raumkurven, die die Parameterdarstellung

$$x = r\cos\frac{t}{r}, \qquad y = r\sin\frac{t}{r}, \qquad z = k\,t$$

gestatten, wenn k ihren (konstanten) Anstieg bedeutet. *

Aufgabe 171 (für den Leser). P und Q seien zwei Punkte eines Drehzylinders $\mathfrak{Z}$, die nicht auf einer Erzeugenden von $\mathfrak{Z}$ liegen. Die beiden Punkte sind auf dem Zylindermantel durch den kürzesten Weg (*geodätische Linie*) zu verbinden.

Anleitung. Man beachte, daß der kürzeste Weg von P nach Q auf $\mathfrak{Z}$ nach geeigneter Verebnung des Zylindermantels in den kürzesten Weg von P^0 nach Q^0, d. h. in die Gerade P^0Q^0 übergeht.

* Zeige, daß auf einem Drehzylinder die kürzesten Wege i. a. Schraublinien sind. In besonders gelagerten Fällen können auch Erzeugende oder Parallelkreise auftreten. *

Aufgabe 172 (für den Leser). Ein kreisförmiges Etikett mit einem eingeschriebenen Quadrat wird so auf den Drehzylinder geklebt, daß eine Diagonale des Quadrates auf eine Erzeugende zu liegen kommt. Zeichne den Aufriß des Drehzylinders mit dem Etikett, wenn der Radius des Zylinders mit dem des Etiketts übereinstimmt und die Zylinderachse zur Bildachse x_{12} parallel liegt.

Der schiefe Kreiszylinder

§ 115. Der schiefe Kreiszylinder

Wird ein Kreis k derart parallel verschoben, daß sein Mittelpunkt O eine Gerade a durchläuft, die weder der Kreisebene $\varkappa$ angehört, noch auf $\varkappa$ senkrecht steht, so entsteht ein *schiefer Kreiszylinder* $\mathfrak{Z}$. Man nennt die Gerade a die *Achse* von $\mathfrak{Z}$. Bei dieser *geraden Schiebung* sind die Bahnen aller Punkte von k Geraden parallel a. Man nennt sie die *Erzeugenden* von $\mathfrak{Z}$.

Man könnte $\mathfrak{Z}$ auch dadurch erzeugen, daß man eine Gerade e, die weder in der Ebene $\varkappa$ von k liegt, noch zu dieser normal steht, parallel zu sich längs k verschiebt. Man nennt daher den Kreis k auch einen *Leitkreis* von $\mathfrak{Z}$. Wenn bei dieser *krummen Schiebung* ein fester Punkt von e längs k gleitet, so sind die Bahnen aller

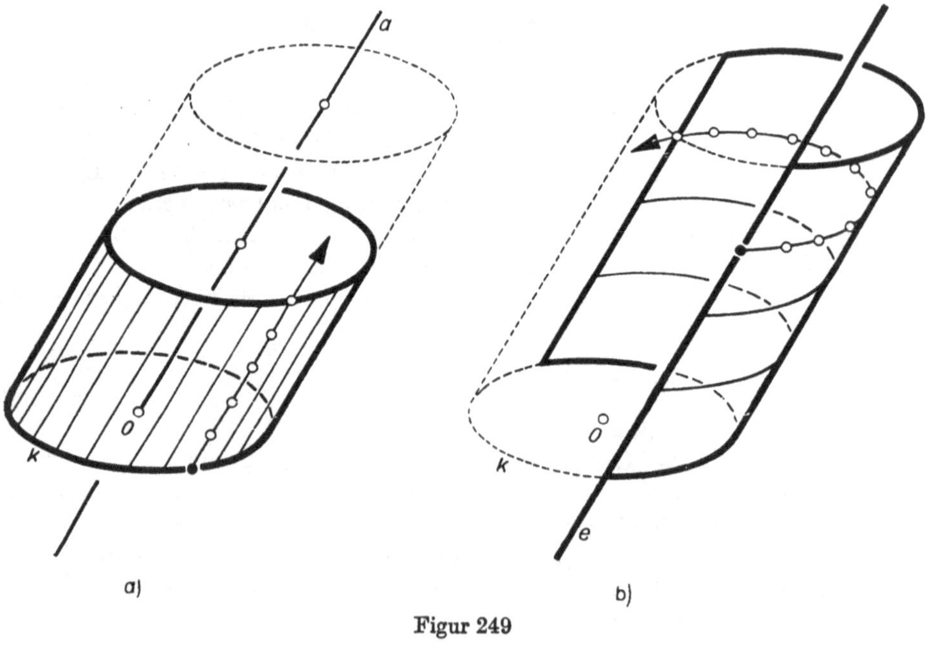

Figur 249

Punkte von e kongruente Kreise zu k. Man sagt daher auch, der schiefe Kreiszylinder ist, wie jede Zylinderfläche, (auf zweifache Art) eine *Schiebfläche*. Es gibt auf $\mathfrak{Z}$ – wie auf jeder Schiebfläche – zwei Scharen von *Schiebkurven*. Zylinder sind, abgesehen von dem trivialen Fall der Ebene, die einfachsten Schiebflächen.

Die Schar der Parallelkreise sowie die Erzeugenden von $\mathfrak{Z}$ können als Gitterkurven verwendet werden.

Man kann sich einen schiefen Kreiszylinder aus einem schiefen Kreiskegel ableiten, wenn man den Scheitel S der Kegelfläche längs der Kegelachse ins Un-

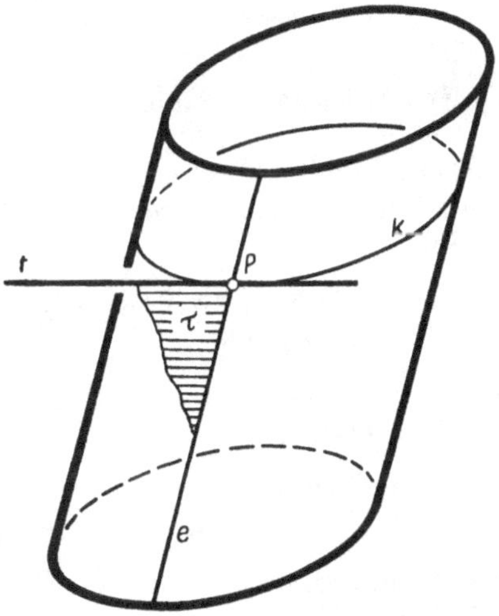

Figur 250

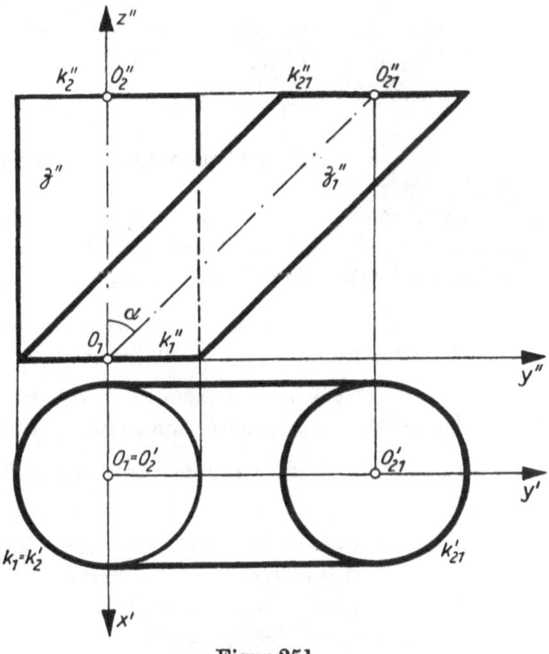

Figur 251

endliche rücken läßt. Infolgedessen kann man eine Reihe von Kegeleigenschaften unmittelbar auf den Zylinder übertragen. So wird die Tangentialebene τ in einem Punkt P eines schiefen Kreiszylinders $\mathfrak{Z}$ durch die zu P gehörende Erzeugende e sowie durch die Tangente t des durch P gehenden Leitkreises k in P aufgespannt. (Figur 250.) τ berührt $\mathfrak{Z}$ längs der ganzen Erzeugenden e.

* Eine weitere Erzeugungsmöglichkeit eines schiefen Kreiszylinders besteht darin, daß man auf einen Drehzylinder eine räumliche perspektive Affinität ausübt, von der die Ebene π eines Parallelkreises die Affinitätsebene ist, während die Affinitätsstrahlen zu π parallel verlaufen (*räumliche Scherung*).

(Figur 251.) Legen wir – zur rechnerischen Behandlung dieser Scherung – den Ursprung eines räumlichen kartesischen Normalkoordinatensystems in die Mitte

O_1 des Basiskreises k_1 eines Drehzylinders $\mathfrak{Z}$ — die z-Achse möge sich mit der Zylinderachse decken — so wird $\mathfrak{Z}$ beschrieben durch

$$x^2 + y^2 = r^2 .$$

Nun üben wir auf $\mathfrak{Z}$ die perspektive Affinität

$$x = x_1 , \quad y = y_1 - k z_1 , \quad z = z_1$$

aus, von der die xy-Ebene die Affinitätsebene ist und die Affinitätsstrahlen in die Richtung der y-Achse weisen, so geht der Drehzylinder $\mathfrak{Z}$ in den schiefen Kreiszylinder $\mathfrak{Z}_1$

$$x_1^2 + (y_1 - kz_1)^2 = r^2$$

über. Die Achse von $\mathfrak{Z}_1$ liegt in der yz-Ebene und schließt mit der z-Achse den Winkel α ein, wobei $\tan \alpha = k$ ist. *

§ 116. Ebene Schnitte eines schiefen Kreiszylinders

Da der schiefe Kreiszylinder $\mathfrak{Z}$ zu den (singulären) Flächen zweiten Grades gehört, muß der Schnitt k von $\mathfrak{Z}$ mit jeder Ebene ε ein Kegelschnitt sein. Wir treffen folgende Fallunterscheidungen:

1. ε parallel zur Achse von $\mathfrak{Z}$: Der ebene Schnitt k zerfällt in zwei Geraden (Erzeugende von $\mathfrak{Z}$) im Sinne der algebraischen Wurzelzählung.

1.1. Der Schnitt mit einer Ebene ε durch die Achse von $\mathfrak{Z}$ senkrecht zur Ebene $\varkappa_1$ des Leitkreises k_1 nennt man den *charakteristischen Achsenschnitt*.

2. ε parallel zur Ebene $\varkappa$ des Leitkreises k_1: Der ebene Schnitt k ist ein zu k_1 kongruenter Kreis.

3. ε besitzt allgemeine Lage: Der ebene Schnitt k ist eine zum Leitkreis k_1 perspektiv affine Kurve (Affinitätsstrahlen sind die Zylindererzeugenden, Affinitätsachse ist die Schnittgerade von ε mit $\varkappa_1$). k ist demnach eine Ellipse (vergleiche Figur 252).

3.1. ε normal zur Achse von $\mathfrak{Z}$: In diesem Fall spricht man von einem *Normalschnitt* des schiefen Kreiszylinders $\mathfrak{Z}$. Wir bezeichnen diese Schnittebene mit ε_ν und die Schnittellipse mit k_ν.

Da der Zylinder $\mathfrak{Z}$ durch Spiegelung an ε_ν in sich übergeht, muß auf $\mathfrak{Z}$ noch eine *zweite Schar von Kreisen* liegen. Die Kreise k^* dieser zweiten Schar gehen durch Spiegelung der ersten Kreisschar an einer Normalschnittebene ε_ν hervor. In Figur 252 wurde der Leitkreis k_1 an einer Normalschnittebene ε_ν gespiegelt und der schiefe Kreiszylinder $\mathfrak{Z}$ durch den gespiegelten Kreis k^* abgeschlossen. Ferner wurden die Tangenten an die drei Kurven k_1, k_ν, k^* in Punkten einer Erzeugenden eingezeichnet.

Die Halbachsen eines Normalschnittes k_ν haben die Länge r bzw. $r \sin \alpha$, wenn r der Radius eines Kreisschnittes von $\mathfrak{Z}$ und α der Neigungswinkel der Zylinder-

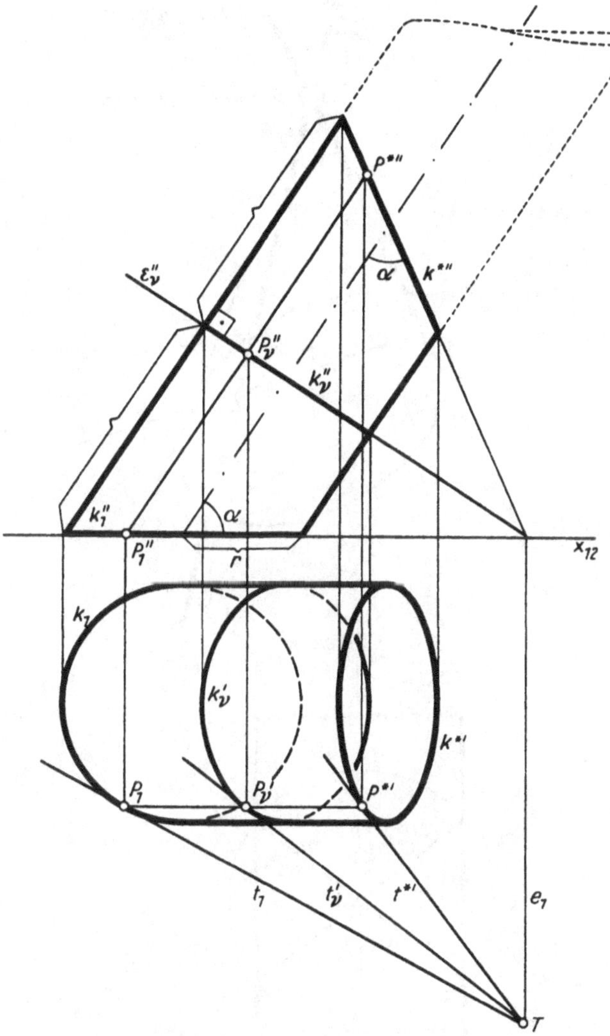

Figur 252

achse gegen eine Kreisschnittebene sind. Die lineare Exzentrizität eines Normalschnittes k_ν beträgt daher $r \cos \alpha$.

* 4. $\varepsilon =$ Fernebene ω: Die Zylindergleichung (§ 115, 1) lautet homogen geschrieben

$$x_1^2 + (x_2 - k\,x_3)^2 = r^2 x_0^2 .$$

Setzt man anschließend $x_0 = 0$, so erhält man das Geradenpaar

$$x_1 = \pm\, i\,(x_2 - k\,x_3) .$$

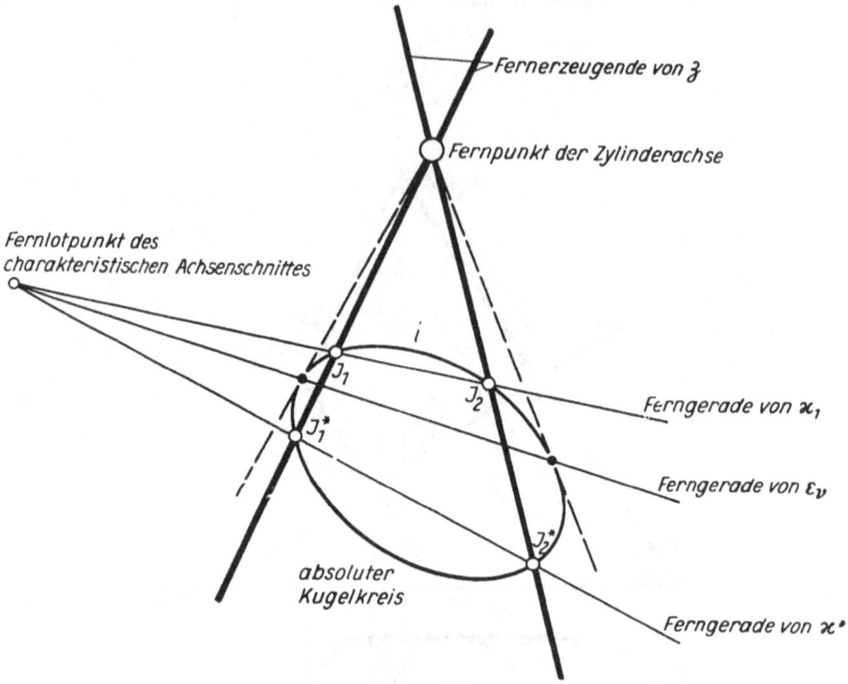

Figur 253

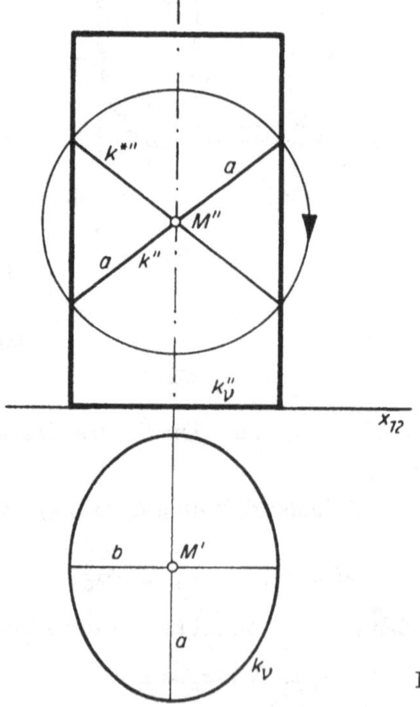

Figur 254

Die Fernebene schneidet mithin einen schiefen Kreiszylinder $\mathfrak{Z}$ in einem Paar konjugiert komplexer Geraden, die den (reellen) Fernpunkt der Zylinderachse gemein haben und durch die absoluten Kreispunkte J_1, J_2 bzw. J_1^*, J_2^* der beiden Kreisscharen auf $\mathfrak{Z}$ gehen. Figur 253 gibt in einer projektiven Skizze diesen Sachverhalt in der Fernebene ω wieder. *

Wählt man einen Normalschnitt k_ν eines schiefen Kreiszylinders als Basis, so spricht man von einem *geraden elliptischen Zylinder*. In Figur 254 wurde k_ν in π_1 so angenommen, daß die Nebenachse dieser Ellipse parallel zur x_{12}-Achse verläuft. Die halben Achsen von k_ν haben die Längen a und b. Soll nun umgekehrt die Stellung der beiden Kreisschnittscharen gefunden werden, so beachte man, daß bei der getroffenen Annahme jeder Kreisschnitt von $\mathfrak{Z}$ im Aufriß als eine doppelt überdeckte Strecke von der Länge $2a$ erscheint. Die sich daraus ergebende Konstruktion zeigt Figur 254.

§ 117. Verebnung des Mantels eines schiefen Kreiszylinders

Verebnet man einen schiefen Kreiszylinder $\mathfrak{Z}$, so werden die Erzeugenden und die Normalschnitte von $\mathfrak{Z}$ in ein orthogonales Netz von Geraden, jeder Kreisschnitt von $\mathfrak{Z}$ hingegen in eine gewisse transzendente Kurve übergehen. Diese transzendenten Kurven weisen eine entfernte Ähnlichkeit mit einer Sinuslinie auf, lassen sich aber, wie noch gezeigt werden wird, nicht durch elementare Funktionen darstellen.

Soll ein durch zwei Kreisschnitte k_1, k_2 derselben Schar begrenzter Zylinder verebnet werden, so könnte man analog zur Verebnung eines schiefen Prismas einen Normalschnitt k_ν einführen (da dieser in eine Strecke übergeht) und diesen näherungsweise rektifizieren. Konstruktiv einfacher ist die Verebnung von $\mathfrak{Z}$ unter Benützung eines Kreisschnittes.

(Figur 255.) Man teilt zu diesem Zweck etwa den Deckkreis k_2 in 12 gleiche Teile und beginnt mit der Zählung bei der vorderen Erzeugenden e_0, die auf Grund der getroffenen Annahme parallel zu π_2 liegt. Anschließend wird der Mantel von $\mathfrak{Z}$ längs e_0 aufgeschnitten und auf die Tangentialebene τ_0 an $\mathfrak{Z}$ von e_0 abgewickelt. Nun bringen wir den abgewickelten Zylindermantel durch Parallelverschiebung von τ_0 derart in die Aufrißebene π_2, daß die Gerade $0''0^0$ senkrecht zum Aufriß der Zylinderachse a liegt. Dann sind auch die Verbindungsgeraden $1''1^0$, $2''2^0$, $3''3^0$, ... parallel zu $0''0^0$ (und senkrecht zu a''). In diese Geraden gehen die Normalschnitte von $\mathfrak{Z}$ durch die ausgezeichneten Punkte $1, 2, \ldots$ über. Nun findet man die Punkte $1^0, 2^0, \ldots$ näherungsweise, indem man die zu einem Zwölftel des Kreisumfanges von k_2 gehörende Sehne, von 0^0 ausgehend, auf den aufeinanderfolgenden verebneten Normalschnitten abträgt. Der Streckenzug $1^0 2^0 \ldots 12^0$ approximiert die Kurve k_2^0. Die Annäherung läßt sich verbessern, indem man die Teilung verfeinert. Man darf aber, wie bereits erwähnt, die Teilung nicht zu fein machen, da dann die auftretenden Zeichenungenauigkeiten die theoretischen Fehler überwiegen. In den Punkten 0^0, 6^0, 12^0 besitzt k_2^0 Wende-

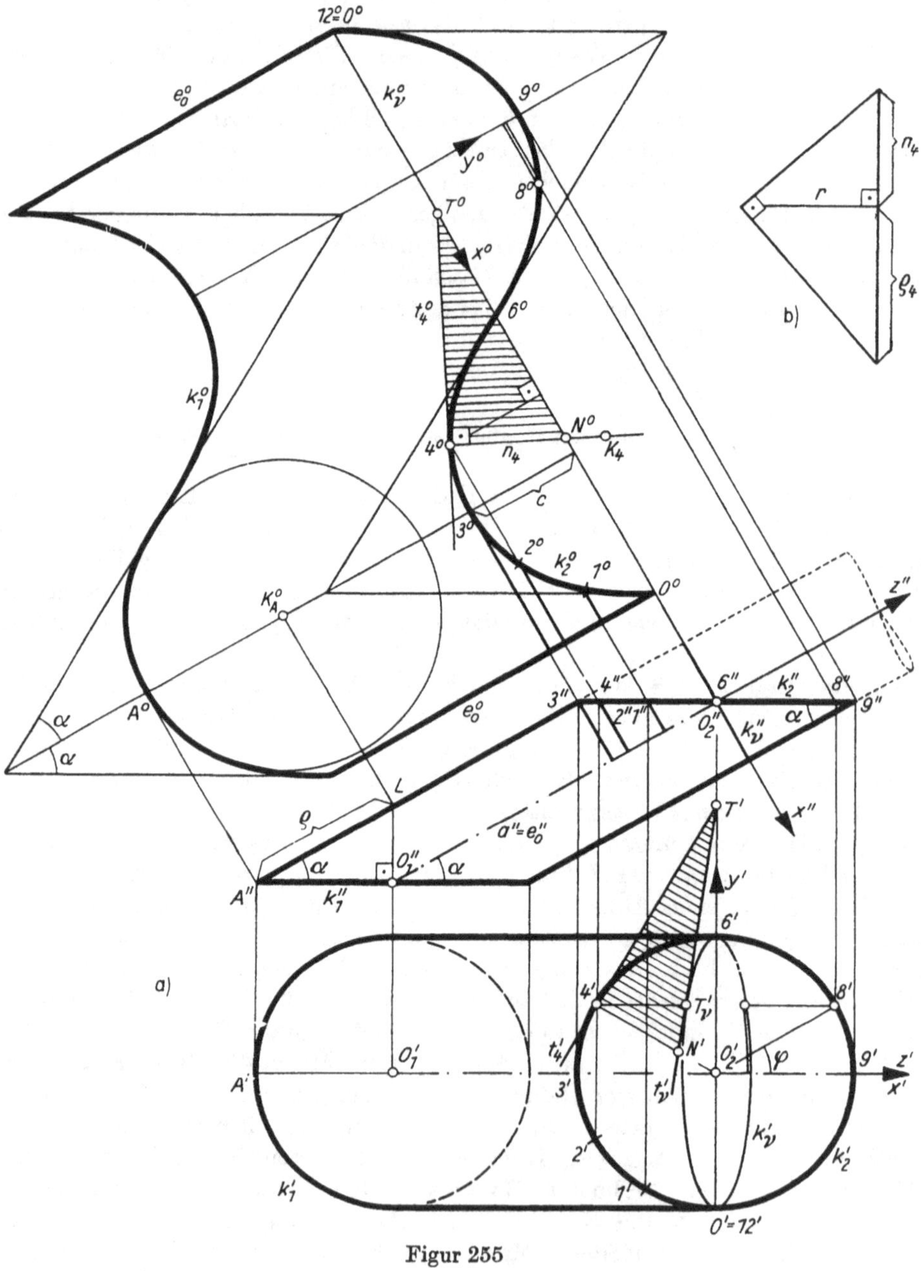

Figur 255

punkte. Die zugehörigen Wendetangenten sind zu den Aufrissen der Kreisschnittebenen parallel. In die Gerade der Wendepunkte $0^0 6^0 12^0 \ldots$ geht jener Normalschnitt k_ν über, dessen Ebene ν durch die Mitte O_2 des Deckkreises k_2 geht.

Die Tangentenkonstruktion für einen allgemeinen Punkt von k_2^0 sei für den Punkt 4^0 erklärt. Die Tangente t_4 an k_2 in 4 schneidet ν in T. Dieser Punkt T liegt auf der Hauptachse von k_ν. T^0 liegt in der Abwicklung auf k_ν^0, und es gilt $\overline{4'T'} = \overline{4^0T^0}$. Hierbei ist die Strecke $\overline{4'T'}$ von 4^0 aus in sinngemäßer Richtung abzutragen. Die Verbindungsgerade 4^0T^0 gibt t_4^0.

Der Schmiegkreisradius ϱ von k^0 in A^0 wird in folgender Weise gefunden: Man errichte in O_1'' das Lot auf k_1'' (Ordnerrichtung) und schneide dieses mit der Umrißerzeugenden von A'' in L. Die Strecke $\overline{A''L}$ gibt bereits den gesuchten Radius ϱ.

Aufgabe 173 (für den Leser).

1. Der Leser überlege, warum k_2^0 die Punkte 0^0, 6^0, 12^0 zu Wendepunkten hat (vergleiche Seite 268).
2. Der Leser erkläre die oben geschilderte Konstruktion der Wendetangenten.
3. Der Leser erkläre die Konstruktion der Tangente t_4^0 in 4^0 an k_2^0 (vergleiche Seite 265).

* 4. Der Leser begründe die Konstruktion des Schmiegkreisradius ϱ von k_1^0 in A^0 (vergleiche Seite 266). *

* Aufgabe 174 (für den Leser). Errichtet man in 4^0 das Lot auf die Tangente t_4^0 und schneidet dieses in N^0 mit der Geraden k_ν^0, so gibt die Strecke $\overline{4^0N^0}$ die Normalenlänge n_4 der Kurve k_2^0 im Punkte 4^0. Bezeichnet man den Krümmungsradius von k_2^0 in 4^0 mit ϱ_4 $(= \overline{4^0K_4})$, so gilt

$$n_4 \varrho_4 = r^2 . \qquad (1)$$

Dies gestattet nach Figur 255b eine einfache Konstruktion von ϱ_4. Der Leser beweise die angegebene Formel (1).

Anleitung. Bei einer geometrischen Herleitung von (1) beachte man folgende Sätze.

1. Die Normalprojektion k_n eines Kreises k auf eine k berührende Ebene τ ist eine Ellipse. Der Berührpunkt T von τ und k ist ein Nebenscheitel von k_n.
2. Der Kreis k sei Leitkreis eines schiefen Kreiszylinders $\mathfrak{Z}$, T ein Punkt von k. Ferner sei k_ν jener bereits erklärte Normalschnitt von $\mathfrak{Z}$, der mit k die Mitte O gemeinsam hat. Die Erzeugende e durch T schneide k_ν in einem Punkt T_ν. Die Tangente t_ν an k_ν in T_ν ist der Schnitt der Tangentialebene τ von $\mathfrak{Z}$ längs e mit der Ebene ν von k_ν.

Fällt man das Lot aus O auf τ, so schneidet dieses die Ebene τ in einem Punkt N von t_ν. Durch N geht auch das in der Tangentialebene τ durch T auf die Kreistangente t in T gefällte Lot. Die Strecke $\overline{TN}$ gibt daher einerseits die Normalenlänge der verebneten Kurve k^0 im Punkte T^0 wieder, andererseits ist $\overline{TN}$ die halbe Nebenachse jener Ellipse k_n, die man als Normalprojektion von k auf τ erhält.*

* Um k_2^0 rechnerisch zu erfassen, legen wir den Ursprung eines räumlichen kartesischen Normalkoordinatensystems in die Mitte O_2 von k_2. Die x-Achse möge in die erste Fallinie der durch O_2 gehenden Normalebene ν, die z-Achse in die Zylinderachse fallen. Dann gilt für die Punkte der Normalschnittellipse k_ν

$$x = r \sin\alpha \cos\varphi = b \cos\varphi \quad (b = r \sin\alpha)\,,$$
$$y = r \sin\varphi\,,$$
$$z = 0$$

und für den Deckkreis k_2

$$x = r \sin\alpha \cos\varphi = b \cos\varphi\,,$$
$$y = r \sin\varphi\,,$$
$$z = r \cos\alpha \cos\varphi = c \cos\varphi \quad (c = r \cos\alpha)\,.$$

Da die Normalschnittellipse k_ν durch die Verebnung in eine Gerade transformiert wird, benötigt man das Bogenelement ds auf k_ν. Aus

$$dx = -\, r \sin\alpha \sin\varphi \, d\varphi\,,$$
$$dy = r \cos\varphi \, d\varphi$$

folgt

$$ds = \sqrt{dx^2 + dy^2} = r\sqrt{\sin^2\alpha \sin^2\varphi + \cos^2\varphi}\, d\varphi$$
$$= r\sqrt{1 - \cos^2\alpha \sin^2\varphi}\, d\varphi = r\sqrt{1 - \left(\frac{c}{r}\right)^2 \sin^2\varphi}\, d\varphi\,.$$

Nun legt man ein ebenes kartesisches Normalkoordinatensystem (x^0, y^0) so in den verebneten Zylindermantel, daß die Abszissenachse nach k_ν^0 fällt, während die Ordinatenachse durch den Punkt 9^0 geht. Dann wird k_ν^0 beschrieben durch

$$x_0 = r \int\limits_0^{\varphi} \sqrt{1 - \left(\frac{c}{r}\right)^2 \sin^2\varphi}\, d\varphi = r\, E\!\left(\frac{c}{r}, \varphi\right),$$
$$y_0 = c \cos\varphi\,,$$

wobei für $c = r\cos\alpha$ zu setzen ist. Die Kurve k_ν^0 läßt sich also tatsächlich nicht durch elementare Funktionen darstellen, bedeutet doch das Symbol $E(c/r, \varphi)$ ein *elliptisches Integral II. Gattung.* *

Abbildung von Kegel und Zylinder

§ 118. Normal- und Schrägrisse von Kegeln und Zylindern allgemeiner Lage

(Figur 256.) Ist ein Drehkegel oder schiefer Kreiskegel allgemeiner Lage in einem Normalriß, etwa im Grundriß darzustellen, so zeichnet man das Bild S' der Kegelspitze S sowie den Grundriß k' des Basiskreises k. Die aus S' an k'

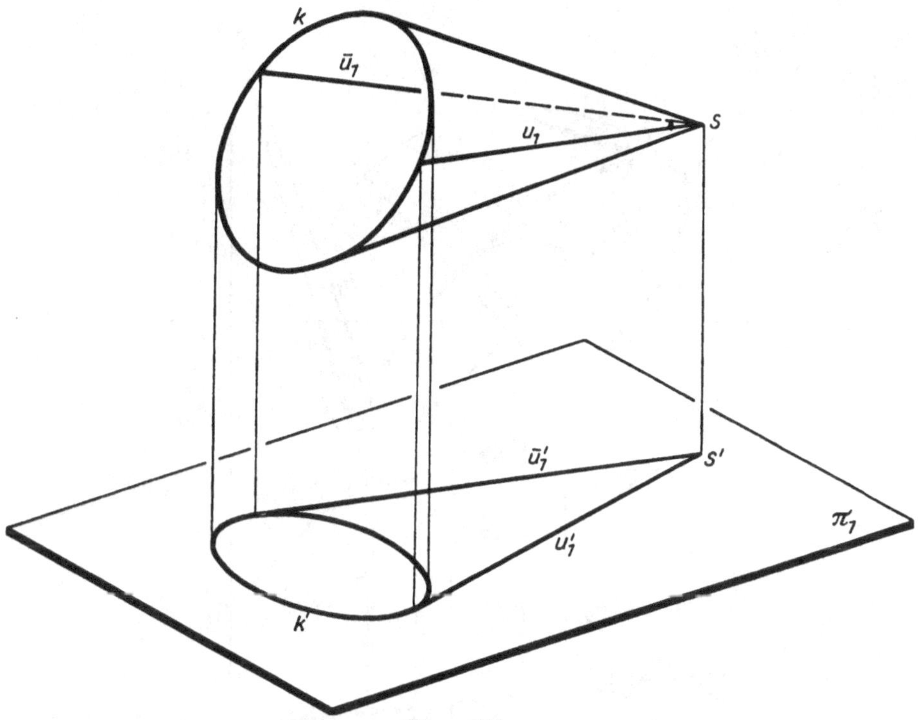

Figur 256

gelegten Tangenten u_1', $\bar{u}_1'$ bilden den *ersten scheinbaren Kegelumriß*. Die Kegelerzeugenden u_1, $\bar{u}_1$, von denen diese Tangenten den Grundriß darstellen, sind der *erste wahre Umriß des Kegels*. Man beachte, daß bei einem Drehkegel die Nebenachse von k' mit dem Grundriß der Kegelachse in einer Geraden liegt (folgt unmittelbar aus der Orthogonalität von Kegelachse und Basisebene).

Den Normalriß eines Zylinders findet man, indem man an die (kongruenten) Bilder des Deck- und Basiskreises die Tangenten parallel zum Bild der Zylinderachse legt. Im Normalriß eines Drehzylinders liegen die Nebenachsen der Bilder von Deck- und Basiskreis mit dem Bild der Zylinderachse in einer Geraden.

Bei der Darstellung eines Kegels oder Zylinders im Schrägriß sind dieselben Gesichtspunkte zu beachten, wie eben angeführt, nur daß die Sonderstellung von Drehkegel und Drehzylinder wegfällt.

Aufgabe 175. Von einem Drehkegel $\mathfrak{K}$ kennt man die Spitze S, die Basismitte O und den Radius r des Basiskreises k. Man stelle den Kegel in Auf- und Grundriß dar.

Lösung. (Figur 257.) Die Ebene ε des Basiskreises k steht auf der Kegelachse normal. Man kennt damit die Richtungen der Hauptlinien von ε und kann nach § 81 die Bilder k' und k'' zeichnen. Der erste wahre Umriß von $\mathfrak{K}$ besteht, wie bereits erwähnt, aus jenen Erzeugenden u_1, $\bar{u}_1$, deren Grundrisse u_1', $\bar{u}_1'$ (= erster

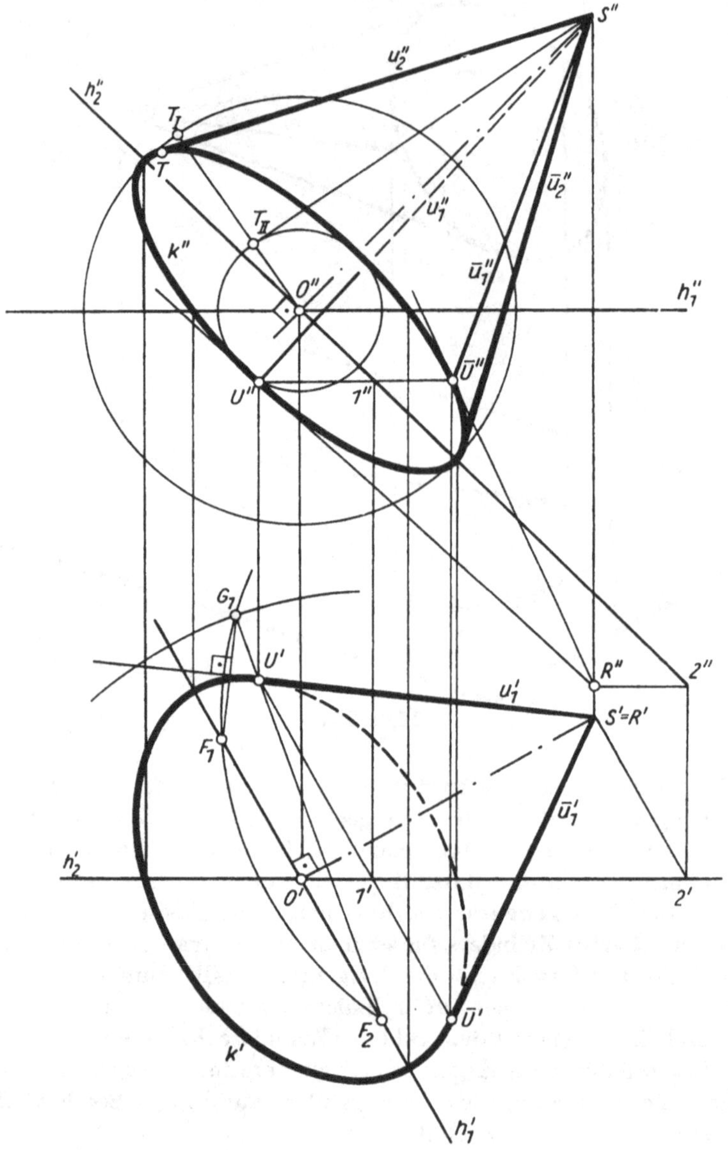

Figur 257

scheinbarer Umriß von $\mathfrak{K}$) die aus S' an k' gelegten Tangenten sind. In Figur 257 wurden diese Tangenten mit Hilfe von Gegenpunkten konstruiert. Sodann wurden die Berührpunkte U', $\bar{U}'$ mittels einer ersten Hauptlinie als Gitterstab in den Aufriß geführt (U'', $\bar{U}''$). Dadurch kann man den Aufriß u_1'', $\bar{u}_1''$ des ersten wahren Umrisses von $\mathfrak{K}$ zeichnen, der allerdings nur theoretisches Interesse besitzt.

Da man den ersten wahren Umriß von $\mathfrak{K}$ auch als die Berührerzeugenden des Kegels mit jenen zwei Tangentialebenen deuten kann, die man aus dem erstprojizierenden Strahl durch S an $\mathfrak{K}$ legen kann, ergibt sich folgende Zeichenkontrolle: Man führe jenen Punkt R von ε, der sich im Grundriß mit S' deckt, in den Aufriß. Die Tangenten an k'' aus R'' berühren k'' in den erwähnten Punkten U'', $\overline{U}''$.

Der zweite scheinbare Umriß u_2'', $\overline{u}_2''$ von $\mathfrak{K}$ wurde in Figur 257 mit Hilfe der perspektiven Affinität konstruiert, die die Ellipse k'' in ihren Nebenscheitelkreis überführt. Der Grundriß des zweiten wahren Umrisses wurde nicht eingezeichnet.

Bemerkung. Liegt S' innerhalb k', so ist der erste scheinbare Umriß imaginär.

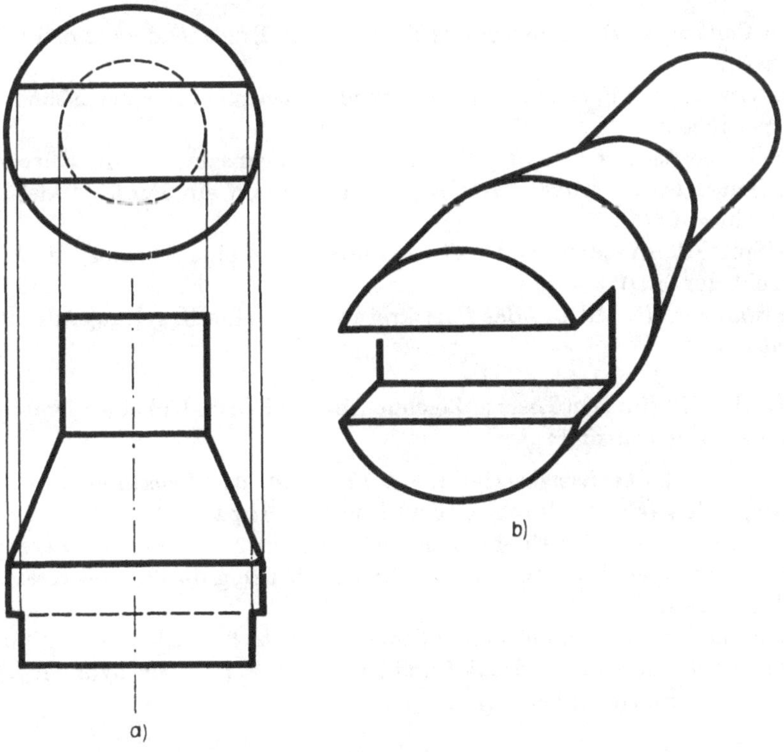

Figur 258

Aufgabe 176 (für den Leser). Ein Maschinenteil bestehe aus zwei koaxialen Drehzylindern von verschiedenen Radien, die durch einen Drehkegel mit derselben Achse verbunden sind. Der Zylinder mit größerem Radius weist eine prismatische Nut auf (Figur 258a). Der Körper ist in Kavalierperspektive darzustellen (Figur 258b).

§ 119. Konstruktionen von Drehkegeln und Drehzylindern aus gegebenen Stücken

Aufgabe 177. Die Punkte A, B, C gehören dem Basiskreis k eines Drehkegels $\mathfrak{K}$ an. $\mathfrak{K}$ ist in Auf- und Grundriß zu zeichnen, wenn außerdem ein Punkt P seines Mantels bekannt ist (P liege nicht in der Ebene von k).

Lösung. Man konstruiere zunächst die Bilder des Basiskreises k und errichte in dessen Mitte O das Lot a auf die Basisebene (a = Kegelachse). Nun verbinde man P mit a durch eine Ebene ε, die k in E bzw. F schneiden möge. Die Verbindungsgerade EP trifft die Kegelachse a in der Kegelspitze S ($FP \cdot a = S_1$ ergibt eine 2. Lösung), usw.

Aufgabe 178 (für den Leser). Zeichne Auf- und Grundriß eines Drehkegels $\mathfrak{K}$, von dem gegeben sind:

1. Zwei Punkte A, B des Basiskreises k und eine Erzeugende e (e nicht durch A oder B).
2. Drei Erzeugende a, b, c (durch einen Punkt, aber nicht in einer Ebene) und die Körperhöhe h.
3. Drei Tangentialebenen α, β, γ (keine Gerade gemeinsam) und die Körperhöhe h.
4. Die Spitze S, die Mitte O des Basiskreises k und ein Punkt P des Mantels (P nicht auf OS).
5. Die Spitze S, die Mitte O des Basiskreises k und eine Ebene ε, die k berührt (ε nicht durch O).
6. Die Spitze S, die Mitte O des Basiskreises k und eine Kegeltangente t (t zu OS windschief).

Aufgabe 179 (für den Leser). Zeichne Auf- und Grundriß eines Drehzylinders $\mathfrak{Z}$, von dem gegeben sind:

1. Ein Punkt A des Basiskreises k, ein Punkt A_1 des Deckkreises k_1 und eine Erzeugende e (e nicht durch A oder A_1 und nicht parallel zu AA_1).
2. Zwei zueinander windschiefe Zylindertangenten a, b und eine Erzeugende e (e zu a und b windschief). Der Zylinder ist beliebig durch zwei Kreisschnitte zu begrenzen.
3. Ein Punkt P des Mantels, eine Zylindertangente t (t nicht durch P) und eine Erzeugende e (e zu t windschief und nicht durch P). Der Zylinder ist durch zwei Kreisschnitte zu begrenzen.

IX. DIE KUGEL

§ 120. Grundbegriffe

Alle Punkte des Raumes, die von einem Punkt O einen festen Abstand r besitzen, liegen auf einer Kugel $\mathfrak{K}$ mit der Mitte O und dem Radius r.

(Figur 259.) Alle Punkte einer Ebene ε, die von einem Punkt O den festen Abstand r besitzen, liegen auf jenem Kreis k, den ε aus der Kugel $\mathfrak{K}$ um O mit dem Radius r ausschneidet.

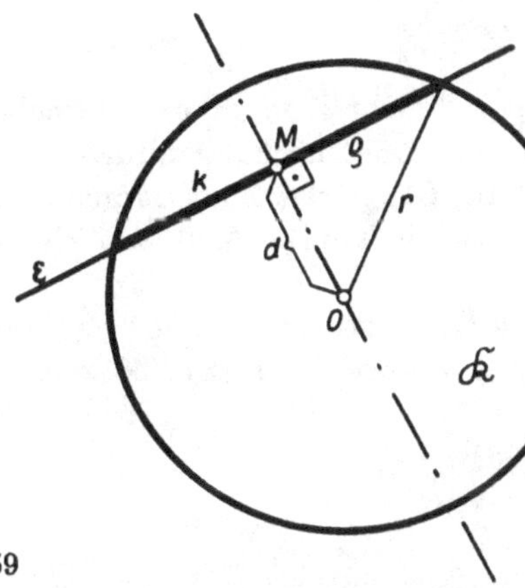

Figur 259

Geht ε durch die Kugelmitte, dann ist k ein *Großkreis* der Kugel. Seine Mitte M fällt mit der Kugelmitte O zusammen, sein Radius ist der Kugelradius. Gilt für den Abstand d der Kugelmitte O von ε: $0 < d < r$, dann ist k ein ***Kleinkreis***. Sein Mittelpunkt M ist der Lotfußpunkt von O auf ε, für seinen Radius gilt $\varrho = \sqrt{r^2 - d^2}$. Für $d = r$ schrumpft k auf einen Punkt zusammen, ε berührt die Kugel $\mathfrak{K}$, ist also eine Tangentialebene von $\mathfrak{K}$. Ist $d > r$, so hat ε mit $\mathfrak{K}$ keinen reellen Punkt gemeinsam.

* Legt man in die Mitte O einer Kugel $\mathfrak{K}$ vom Radius r ein räumliches kartesisches Normalkoordinatensystem, so liefert die Distanzformel als Gleichung von $\mathfrak{K}$:

$$x^2 + y^2 + z^2 = r^2 .$$

Wählen wir eine Ebene ε parallel zur xy-Ebene, was keine Einschränkung der Allgemeinheit bedeutet, setzen also für $\varepsilon \ldots z = d$, so gilt für den Schnittkreis $k = \varepsilon\,\mathfrak{K}$

$$x^2 + y^2 = r^2 - d^2 , \; z = d .$$

Dies bedeutet für

$$\begin{aligned} z &= 0 \ldots \text{den Großkreis } x^2 + y^2 = r^2 , \\ 0 < |z| &< r \ldots \text{den Kleinkreis } x^2 + y^2 = r^2 - d^2 , \\ |z| &= r \ldots \text{das Minimalgeradenpaar } (x + iy)(x - iy) = 0 , \qquad (1) \\ |z| &> r \ldots \text{den nullteiligen Kreis } x^2 + y^2 = -(d^2 - r^2) . \end{aligned}$$

Aus Gleichung (1) folgt, *daß die Kugel in jedem reellen Punkt ein Paar (konjugiert komplexe) isotrope Erzeugende besitzt.*

Schneidet man schließlich die Kugel $\mathfrak{K}$ mit der Fernebene ω, setzt also in der homogen geschriebenen Kugelgleichung

$$(o_0x_1 - o_1x_0)^2 + (o_0x_2 - o_2x_0)^2 + (o_0x_3 - o_3x_0)^2 = r^2o_0^2x_0^2 ,$$

wobei $(o_0 : o_1 : o_2 : o_3)$ den Mittelpunkt O von $\mathfrak{K}$ festlegt, $x_0 = 0$, so erhält man

$$x_1^2 + x_2^2 + x_3^2 = 0 , \quad x_0 = 0 .$$

Diese beiden Gleichungen beschreiben in der Fernebene ω eine nullteilige Kurve i von 2. Ordnung. Da in den Gleichungen für i weder die Koordinaten des Kugelmittelpunktes noch die Länge des Kugelradius eingehen, ist i eine allen Kugeln des Raumes gemeinsame Kurve. Man bezeichnet sie als den *absoluten Kugelkreis.*

Man kann daher eine Kugel auch als eine Fläche 2. Ordnung definieren, die durch den absoluten Kugelkreis i hindurchgeht. Figur 260 zeigt eine projektive Skizze dieser Auffassung. *

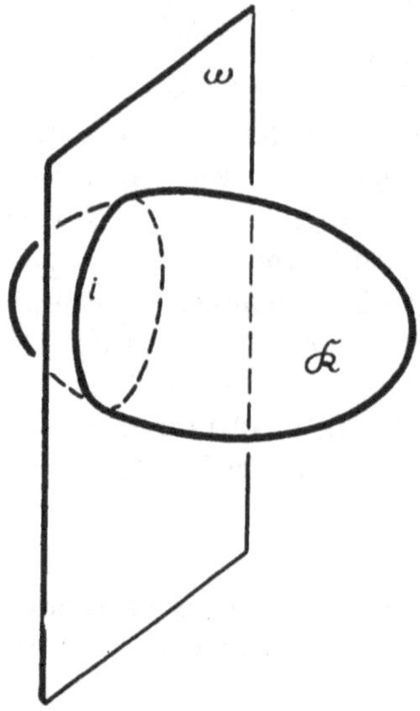

Figur 260

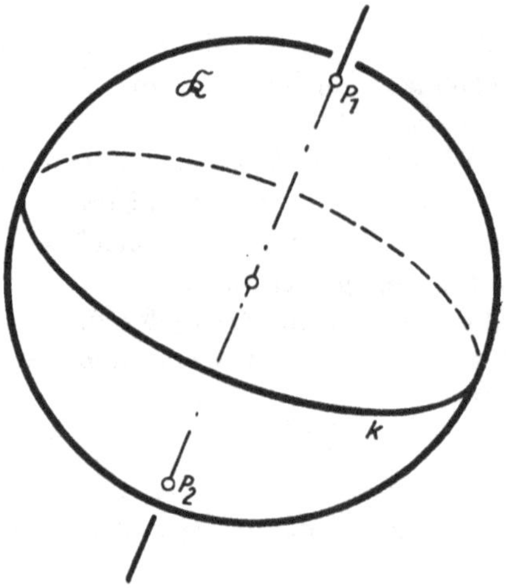

Figur 261

§ 121. Potenz an der Kugel

Es sei $O(m, n, o)$ die Mitte einer Kugel $\mathfrak{K}$ vom Radius r. Mit inhomogenen kartesischen Normalkoordinaten wird $\mathfrak{K}$ beschrieben durch

$$(x - m)^2 + (y - n)^2 + (z - o)^2 - r^2 = 0 .$$

Setzt man für die laufenden Koordinaten x, y, z die Koordinaten x_1, y_1, z_1 eines Punktes P ein, der nicht auf der Kugel liegt, so ist der Ausdruck auf der linken Seite von Null verschieden. Es gilt

$$(x_1 - m)^2 + (y_1 - n)^2 + (z_1 - o)^2 - r^2 = p^2 ,$$

und zwar ist

$$p^2 > 0 \ldots \text{für } P \text{ außerhalb } \mathfrak{K},$$
$$p^2 = 0 \ldots \text{für } P \text{ auf } \mathfrak{K},$$
$$p^2 < 0 \ldots \text{für } P \text{ innerhalb } \mathfrak{K}.$$

Man nennt p^2 die *Potenz des Punktes P in bezug auf die Kugel $\mathfrak{K}$*. Die Potenz p^2 hat folgende geometrische Bedeutung: Legt man durch einen Punkt P eine beliebige Gerade g und sind A, B die Schnittpunkte $g\,\mathfrak{K}$, so gilt unabhängig von der Wahl von g

$$\overline{PA} \cdot \overline{PB} = \text{const} = p^2 .$$

Befindet sich P außerhalb $\mathfrak{K}$, so gibt p die Länge einer aus P an $\mathfrak{K}$ legbaren Tangente an. Für einen Punkt P innerhalb $\mathfrak{K}$ ist $|p|$ der Radius jenes Kugelkreises, dessen Mitte in P liegt.

Aufgabe 180 (für den Leser). Der Leser beweise die geometrische Aussage über die Potenz eines Punktes in bezug auf die Kugel.

Man kann zum Begriff einer Kugel auch auf kinematischem Wege kommen. Dreht man nämlich einen Kreis m um einen seiner Durchmesser a, so überstreicht m eine Kugelfläche $\mathfrak{K}$. Jeder Punkt von m durchläuft dabei einen Kreis. Die so definierten Kreise von $\mathfrak{K}$ liegen in parallelen (zur Drehachse a normalen) Ebenen. Man nennt sie *Parallelkreise*. Jener Großkreis von $\mathfrak{K}$, der dieser Schar von Parallelkreisen angehört, heißt *Äquatorkreis*. Dieser Schar von Parallelkreisen gehören auch *zwei Nullkreise* an, die die Durchstoßpunkte P_1, P_2 der Drehachse a mit $\mathfrak{K}$ sind. Man nennt P_1, P_2 die *Pole des Äquatorkreises*.

Da man jeden Durchmesser einer Kugel als Drehachse auffassen kann, gehören zu jedem Großkreis einer Kugel zwei Pole, nämlich jene beiden Punkte, die die Achse des Großkreises aus $\mathfrak{K}$ ausschneidet. (Figur 261.)

Den erzeugenden Kreis m und jede seiner Lagen während der Drehung um a nennt man einen *Meridian* von $\mathfrak{K}$. Die beiden (einparametrigen) Scharen der Parallel- und Meridiankreise bilden auf $\mathfrak{K}$ — abgesehen von den Polen (* und den absoluten Kreispunkten der Äquatorebene *) — ein orthogonales Netz, das zum Angittern von Punkten verwendet werden kann (Figur 262).

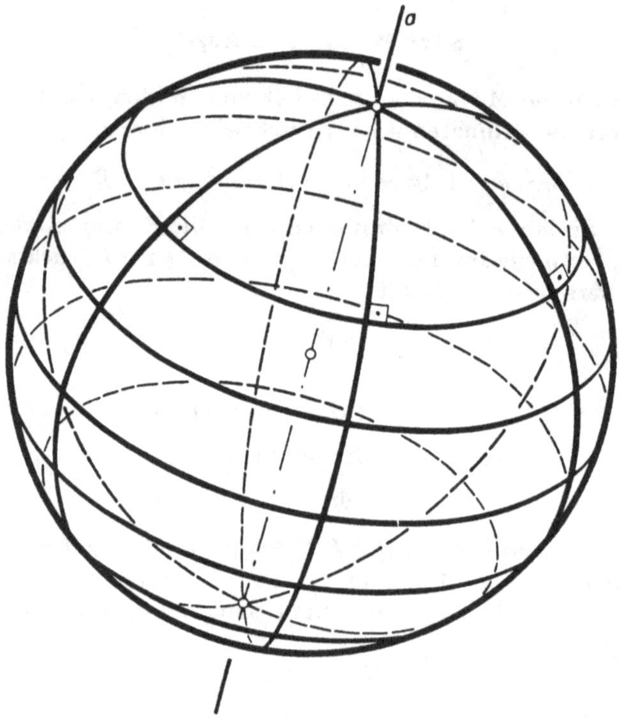

Figur 262

§ 122. Die Kugel in zugeordneten Normalrissen

Projiziert man die reellen Punkte einer Kugel normal auf eine Bildebene, etwa auf die Grundrißebene π_1, so erfüllen die Grundrißpunkte das Innere und die Peripherie eines gewissen Kreises. Dieser ist Grundriß jenes Großkreises u_1, der in einer waagrechten Ebene liegt. Man erhält diesen Großkreis u_1 auch als Berührkreis mit einem $\mathfrak{K}$ umgeschriebenen Drehzylinder, der aus ersten Sehstrahlen besteht. Der zur Grundrißebene parallele Großkreis u_1 ist daher der erste wahre Umriß, sein Grundriß u_1' der erste scheinbare Umriß von $\mathfrak{K}$. Analog ist der zweite scheinbare Umriß u_2'' der Aufriß jenes Großkreises u_2, der in einer Ebene parallel zur Aufrißebene π_2 liegt. (Figur 263.) Der Aufriß u_1'' des ersten wahren Umrisses u_1 ist der waagrechte Durchmesser des zweiten scheinbaren Umrisses u_2'' von $\mathfrak{K}$. Entsprechend ist der Grundriß u_2' von u_2 der waagrechte Durchmesser von u_1'.

Wählt man im Inneren von u_1' einen Punkt P', so kann P' als Grundriß zweier Kugelpunkte P und $\overset{1}{P}$ gedeutet werden. Die zugehörigen Aufrißpunkte kann man etwa so finden: Man denkt sich durch P den waagrechten Kleinkreis $\overset{1}{k}$ gelegt, dessen Grundriß k_1' sich in wahrer Gestalt abbildet, also der Kreis um O'

durch P' ist. Sein Aufriß k_1'' erscheint als (doppelt überdeckte) waagrechte Sehne von u_2''. Man findet diese, indem man einen Schnittpunkt von k_1 und u_2, etwa den Punkt *1*, der im Grundriß vorliegt, mittels Ordner in den Aufriß auf den Kreis u_2'' führt. Dies ergibt aber zwei Lösungen $1''$, $\overline{1}''$. In gleicher Weise kann man, wie Figur 263 zeigt, einen Kleinkreis k_2 verwenden, dessen Ebene parallel π_2 ist. Das Aufsuchen eines Kugelpunktes, dessen Aufriß gegeben ist, verläuft

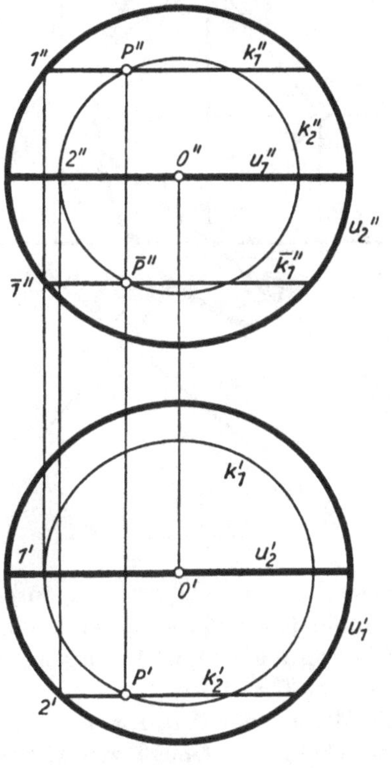

Figur 263

völlig analog. Als Gitterkurve wurde bei der gezeigten Art ein Kreis in einer zu π_1 bzw. zu π_2 parallelen Ebene verwendet.

Aufgabe 181. Man konstruiere in einem Kugelpunkt P die Tangentialebene τ.

Lösung. (Figur 264.) Die Tangenten t_1, t_2 in P an die Kreise k_1 (in π_1-paralleler Ebene durch P) bzw. k_2 (in π_2-paralleler Ebene durch P) spannen die gesuchte Tangentialebene τ auf und sind von τ eine 1. bzw. 2. Hauptlinie. Der Berührradius $\overline{OP}$ steht auf τ normal. Dies folgt unmittelbar aus der Tatsache, daß t_1' auf $O'P'$ (als Tangente an k_1' in P') und t_2'' auf $O''P''$ (als Tangente an k_2'' in P'') normal steht.

Daß der Berührradius $\overline{OP}$ zur Tangentialebene τ der Kugel $\mathfrak{K}$ in P normal steht, kann man auch so einsehen: Man lege durch die Gerade OP eine Ebene ε. Die Kugel $\mathfrak{K}$ wird von ε in einem Großkreis k geschnitten. Die Tangente an k

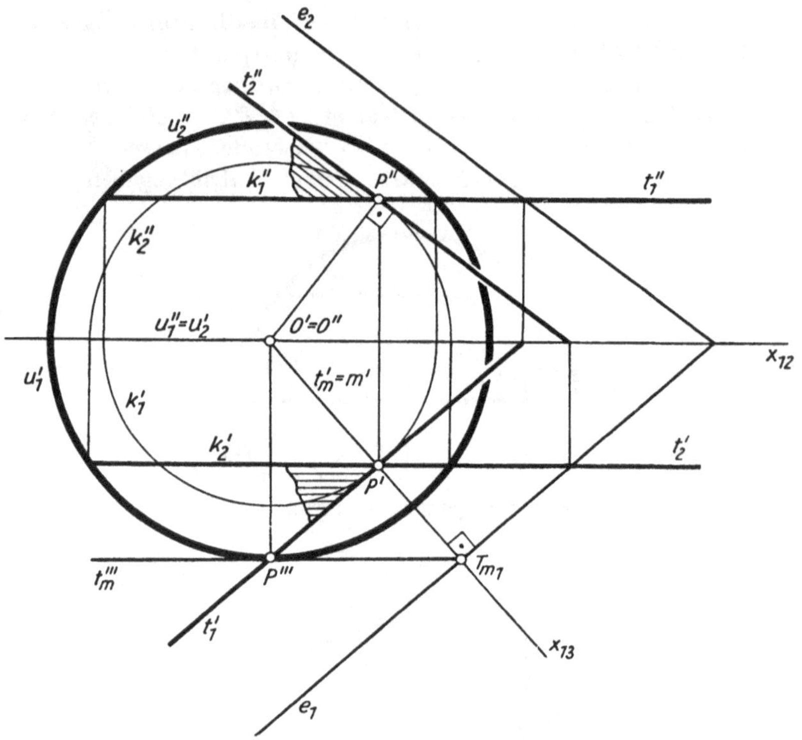

Figur 264

in P sei t. Läßt man diese Figur um OP rotieren, so beschreibt k die Kugel $\mathfrak{K}$. Die Kreistangente t bleibt in jeder Phase dieser Drehung Tangente an $\mathfrak{K}$ und steht normal zu OP. Die von t überstrichene Ebene ist daher die Tangentialebene von $\mathfrak{K}$ in P und steht zu OP senkrecht.

In Figur 264 wurde die Mitte O der Kugel $\mathfrak{K}$ in die Bildachse gelegt. Dadurch fallen erster und zweiter scheinbarer Umriß von $\mathfrak{K}$ zusammen ($u_2'' = u_1'$). Die Strecken u_1'', u_2' liegen in der Bildachse. Nun zeichnen wir die Hauptlinien t_1, t_2 der Tangentialebene τ von $\mathfrak{K}$ in P und konstruieren die beiden Spuren e_1, e_2 von τ. Es sei t_m die Tangente des durch P gehenden Meridians m in P. Da t_m der Tangentialebene τ in P angehört, liegt der 1. Spurpunkt T_{m1} von t_m in der 1. Spur e_1 von τ. Konstruiert man T_{m1} mit Hilfe eines durch OP gelegten und an π_1 angehängten Seitenrisses, so erkennt man aus den Konstruktionslinien, daß e_1 die Polare von P' bezüglich u_1' ist. Somit gilt:

Die 1. Spur der Tangentialebene τ eines Kugelpunktes P in der Äquatorkreisebene (= Ebene des ersten wahren Umrisses u_1) *der Kugel ist die Polare von P' bezüglich des Äquators* ($= u_1 = u_1'$).

Entsprechend gilt: *Die 2. Spur der Tangentialebene τ eines Kugelpunktes P in der zu π_2 parallelen Durchmesserebene* (= Ebene des zweiten wahren Umrisses u_2) *ist die Polare von P'' bezüglich des zweiten wahren Umrisses* ($= u_2 = u_2''$).

§ 123. Polarsystem einer Kugel

Aufgabe 182. Aus einem Punkt P sind an eine Kugel $\mathfrak{K}$ $(O; r)$ Tangenten zu legen.

Lösung. (Figur 265.) Man lege durch die Zentrale OP eine Ebene ε. Die Kugel $\mathfrak{K}$ wird von ε in einem Großkreis k geschnitten. Aus P kann man (in ε) zwei Tangenten t_1, t_2 an k legen. Deren Berührpunkte mit k seien T_1 bzw. T_2. Läßt man diese Figur um OP rotieren, so erzeugt k die Kugel $\mathfrak{K}$. Die Kreistangenten t_1, t_2 bleiben in jeder Phase dieser Drehung Tangenten an $\mathfrak{K}$ und überstreichen einen Drehkegel $\mathfrak{K}_t$, den *Tangentenkegel* an $\mathfrak{K}$ aus P. Die Erzeugenden von $\mathfrak{K}_t$ sind somit die gesuchten Tangenten aus P an $\mathfrak{K}$.

Die erwähnten Berührpunkte T_1, T_2 durchlaufen einen Kreis k_P, den Berührkreis des Tangentenkegels mit $\mathfrak{K}$.

Jede Tangentialebene von $\mathfrak{K}_t$ berührt zugleich die Kugel $\mathfrak{K}$ (in einem Punkt des Berührkreises k_P).

Die Kugelnormalen in den Punkten von k_P bilden ebenfalls einen Drehkegel, den *Normalenkegel* $\mathfrak{K}_n$, überstreicht doch die Kreisnormale OT_1 (oder OT_2) bei der geschilderten Drehung den Kegel $\mathfrak{K}_n$.

Durch die Kugel $\mathfrak{K}$ ist dem Raumpunkt P die Ebene π des Berührkreises k_P eineindeutig zugeordnet, d. h., bei gegebenem Punkt P kann die Ebene π in eindeutiger Weise gefunden werden und umgekehrt läßt sich zu jeder Ebene π der zugehörige Punkt P eindeutig konstruieren. Man nennt π die *Polarebene* von P und P den *Pol* von π in bezug auf die Kugel $\mathfrak{K}$. Beachte, daß die Polarebene π

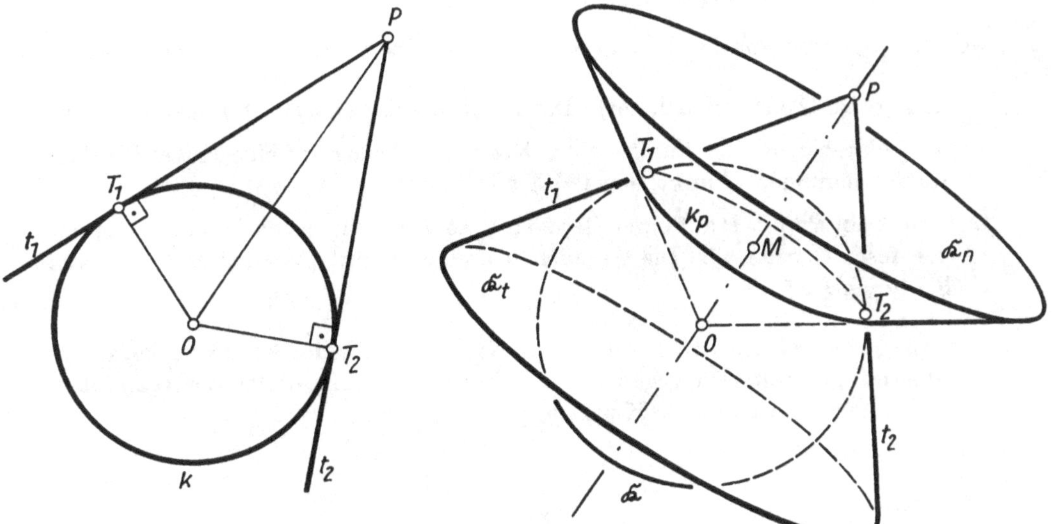

Figur 265

eines Punktes P stets auf der Zentralen OP normal steht und die Beziehung besteht

$$\overline{OP} \cdot \overline{O\pi} = r^2 . \tag{1}$$

Diese *eineindeutige Punkt-Ebenen-Verwandtschaft*, die durch die Kugel $\mathfrak{K}$ hervorgerufen wird, nennt man das *Polarsystem* oder die *Polarität* von $\mathfrak{K}$.

Liegt P außerhalb der Kugel $\mathfrak{K}$, so schneidet seine Polarebene π die Kugel $\mathfrak{K}$ reell.

Liegt P auf der Kugel $\mathfrak{K}$, dann artet der Berührkegel in die Tangentialebene von $\mathfrak{K}$ in P aus. Die Polarebene von P ist mit dessen Tangentialebene identisch.

Ist P ein Punkt des Kugelinneren, dann ist der aus P an $\mathfrak{K}$ legbare Tangentenkegel sowie dessen Berührkreis k mit $\mathfrak{K}$ imaginär, die Polarebene π von P ist hingegen stets reell. Rotiert nämlich ein Kreis m samt eines im Inneren von m gelegenen Punktes P und dessen Polare p um den Durchmesser OP, so beschreibt m eine Kugel $\mathfrak{K}$ und p die Polarebene von P in bezug auf $\mathfrak{K}$, da diese Ebene auf der Zentralen OP normal steht und der Abstandsrelation (1) genügt. *Insbesondere ist die Polarebene der Kugelmitte die Fernebene ω. Umgekehrt ist die Polarebene eines Fernpunktes eine Durchmesserebene* (= Ebene durch die Kugelmitte) und zwar jene, die zu der durch den Fernpunkt gegebenen Richtung normal steht.

* Liegt der Ursprung eines räumlichen kartesischen Normalkoordinatensystems im Mittelpunkt O einer Kugel $\mathfrak{K}$ vom Radius r, so wird das Polarsystem an $\mathfrak{K}$ beschrieben durch

$$u_0 : u_1 : u_2 : u_3 = - r^2 x_0 : x_1 : x_2 : x_3$$

oder

$$x_0 : x_1 : x_2 : x_3 = - u_0 : r^2 u_1 : r^2 u_2 : r^2 u_3 ,$$

wenn die x_i homogene Punkt-, die u_i homogene Ebenenkoordinaten bedeuten. *

* Aufgabe 183 (für den Leser). Der Leser beweise analytisch folgende Sätze:

1. Die Polarebenen aller Punkte einer Ebene ε in bezug auf eine Kugel $\mathfrak{K}$ gehen durch einen festen Punkt, den Pol E von ε bezüglich $\mathfrak{K}$.
2. Gleitet ein Punkt P auf einer Geraden g, so dreht sich seine Polarebene π um eine feste Gerade g^*. Die Geraden g und g^* nennt man *reziproke Polaren* bezüglich $\mathfrak{K}$. *

* Aufgabe 184 (für den Leser). Eine Kugel $\mathfrak{K}$ und eine Gerade g seien in zugeordneten Normalrissen gegeben. Man konstruiere die Bilder der reziproken Polaren g^* von g, wenn g die Kugel $\mathfrak{K}$

a) nicht reell schneidet,

b) berührt,

c) reell schneidet. *

§ 124. Ebener Schnitt einer Kugel

Jeder (reelle) ebene Schnitt einer Kugel ist nach § 120 ein Kreis k, dessen Mitte M der Fußpunkt des aus der Kugelmitte O auf die Schnittebene ε gefällten Lotes ist. Sein Radius ergibt sich aus der Formel $\varrho^2 = r^2 - d^2$, wenn d die Entfernung $O\varepsilon$ bedeutet.

Bei der Darstellung eines ebenen Schnittes einer Kugel in zugeordneten Normalrissen treten keine neuen Schwierigkeiten auf, da es sich dabei im wesentlichen um die Darstellung eines Kreises in Normalrissen handelt und die zu dieser Darstellung nötigen Stücke (Ebene, Mittelpunkt und Radius) leicht gefunden werden können. Beim Zeichnen der Bilder k', k'' des Schnittkreises k, etwa von k', hat man darauf zu achten, daß k' stets den ersten scheinbaren Umriß u_1' der Kugel $\mathfrak{K}$ berührt. Die Berührung von k' mit u_1' erfolgt in zwei reellen getrennten Punkten, in zwei zusammenfallenden Punkten (vierpunktige Berührung) oder in zwei konjugiert komplexen Punkten, je nachdem der Schnittkreis k den ersten wahren Umriß u_1 von $\mathfrak{K}$ in zwei reell getrennten, zusammenfallenden oder konjugiert komplexen Punkten schneidet. (Allgemein gilt: Trifft eine sphärische, d. h. auf der Kugel $\mathfrak{K}$ liegende Kurve c den ersten wahren Umriß u_1 in einem Punkt U, so berührt ihr Grundriß c' i. a. den ersten scheinbaren Umriß u_1' im Grundriß U' von U. Ist die Tangente in U an c ein Sehstrahl, so tritt keine Berührung ein. Analoges gilt für irgendeine andere Normalprojektion und sinngemäß abgewandelt auch für Parallel- und Zentralprojektion.)

Aufgabe 185. Eine in Auf- und Grundriß gegebene Kugel $\mathfrak{K}(O; r)$ ist mit einer zweitprojizierenden Durchmesserebene ε vom 1. Neigungswinkel α zu schneiden.

Lösung. (Figur 266.) Der Schnittkreis $k = \varepsilon\,\mathfrak{K}$ erscheint im Aufriß als jener doppelt überdeckte Durchmesser des zweiten scheinbaren Umrisses u_2'' von $\mathfrak{K}$ (sofern man sich auf die reellen Punkte von k beschränkt), der gegen die Waagrechte unter α geneigt ist. Für die Grundrißellipse k' gilt demnach

$a = r$ ... halbe Hauptachse,

$b = r\cos\alpha$ ... halbe Nebenachse,

$e = r\sin\alpha$ ... lineare Exzentrizität,

$$\left.\begin{aligned} \varrho_{A'} &= r\cos^2\alpha \\ \varrho_{D'} &= \frac{r}{\cos\alpha} \end{aligned}\right\} \varrho_{A'}, \varrho_{D'}, \ldots \text{ Radien der Scheitelschmiegkreise.}$$

Da ferner $\overline{O'P_1'} = r\sin\alpha$ ist, wie Figur 266 zeigt, gehen die Grundrisse P_1', P_2' der beiden Pole P_1, P_2 von k aus den Brennpunkten F_1, F_2 von k durch eine Viertelschwenkung um O' hervor. Man nennt zwei solche Punkte die *Antibrennpunkte* der Ellipse k'. Somit gilt:

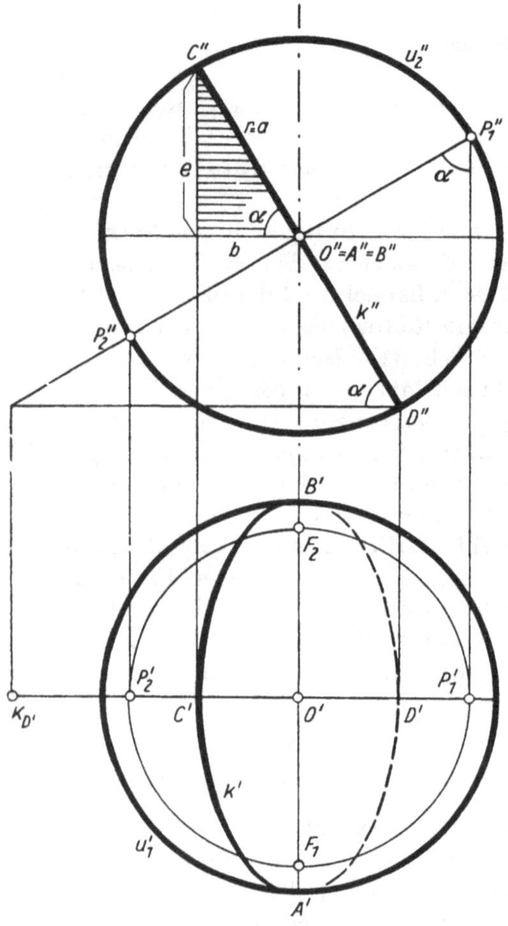

Figur 266

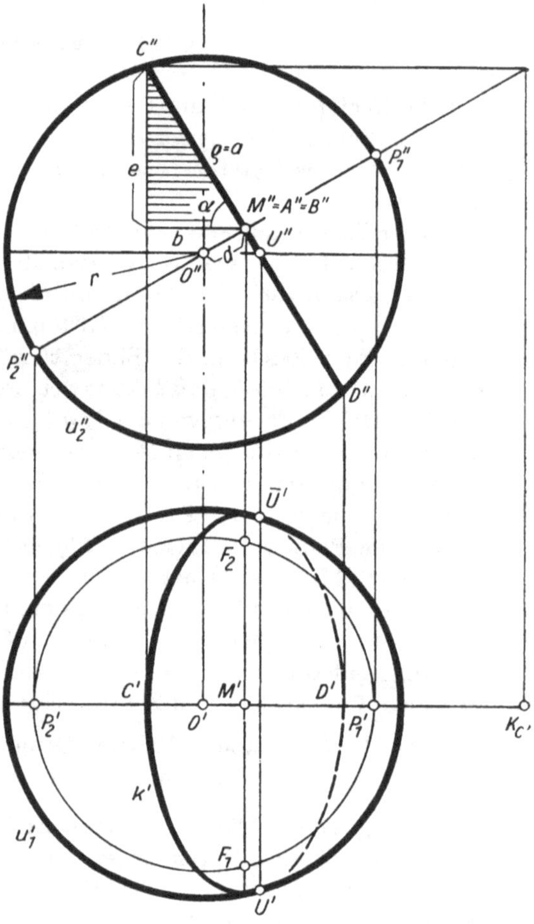

Figur 267

Die Grundrisse der beiden Pole eines Großkreises k einer Kugel $\mathfrak{K}$ sind die beiden Antibrennpunkte der Grundrißellipse k'.

Bemerkung. Die waagrechte Ebene durch den tiefsten Kreispunkt D schneidet die Kreisachse in einem Punkt, dessen Grundriß in die Krümmungsmitte $K_{D'}$ von k' fällt. (Folgt unmittelbar aus den obenstehenden Formeln für den Scheitelkrümmungsradius $\varrho_{D'}$.)

Aufgabe 186. Eine in Auf- und Grundriß gegebene Kugel $\mathfrak{K}$ $(O; r)$ ist mit einer zweitprojizierenden Ebene ε (ε nicht durch die Kugelmitte O) vom 1. Neigungswinkel α zu schneiden.

Lösung. (Figur 267.) Bezeichnet d den Abstand der Kugelmitte O von der Ebene ε, so gilt für den Radius ϱ des Schnittkreises $k = \varepsilon\, \mathfrak{K}$, wie bereits erwähnt, $\varrho = \sqrt{r^2 - d^2}$. Der Aufriß k'' von k ist jene doppelt überdeckte Sehne von u_2''

(bei Beschränkung auf reelle Punkte von k), die von O'' den Abstand d besitzt und gegen die Waagrechte unter α geneigt ist. Für die Grundrißellipse k' gilt:

$$a = \varrho = \sqrt{r^2 - d^2},$$
$$b = \varrho \cos\alpha = \cos\alpha \sqrt{r^2 - d^2},$$
$$e = \varrho \sin\alpha = \sin\alpha \sqrt{r^2 - d^2},$$
$$\varrho_{A'} = \varrho_{B'} = \varrho \cos^2\alpha = \cos^2\alpha \sqrt{r^2 - d^2},$$
$$\varrho_{C'} = \varrho_{D'} = \frac{\varrho}{\cos\alpha} = \frac{\sqrt{r^2 - d^2}}{\cos\alpha}.$$

Da ferner $\overline{O'M'} = d \sin\alpha$ ist, gilt für die Entfernung eines Brennpunktes der Grundrißellipse k' von O'

$$\overline{O'F_1} = \overline{O'F_2} = \sqrt{d^2 \sin^2\alpha + e^2} = r \sin\alpha.$$

Die Entfernung $\overline{O'F_1}$ ist also unabhängig von d. Damit ist gezeigt, daß die Brennpunkte von k' auf einem Kreis um O' durch die Grundrisse von P_1, P_2 liegen. Somit gilt:

Die Brennpunkte der Grundrißellipsen aller Kreise, die aus einer Kugel von parallelen Ebenen ausgeschnitten werden, liegen auf einem Kreis um den Grundriß O' der Kugelmitte O durch die Grundrisse der beiden Pole, die zu diesen parallelen Kreisschnitten gehören.

In Figur 267 ist ferner die Konstruktion der Umrißpunkte U', $\bar{U}'$ von k' durchgeführt. In diesen Punkten ändert sich die Sichtbarkeit von k.

Bemerkung. Die Waagrechte durch C'' trifft den Aufriß der Achse von k in einem Punkt, der von C'' die Entfernung $\varrho_{C'}$ besitzt.

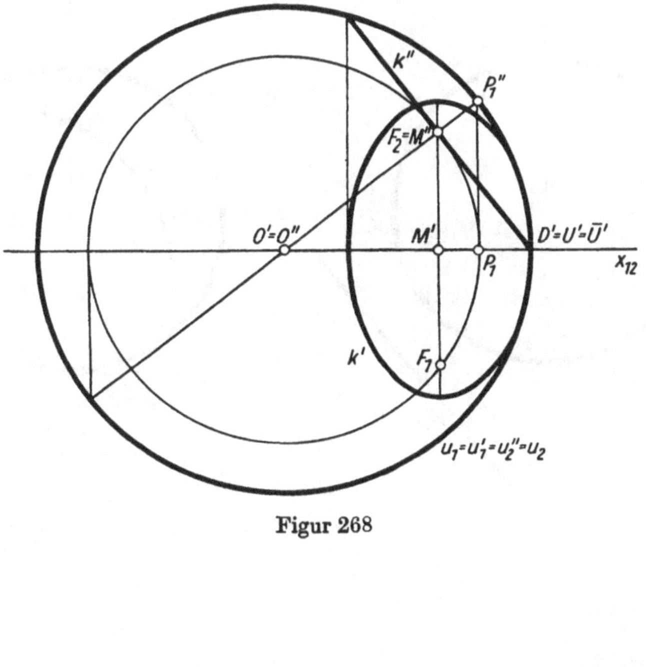

Figur 268

Berührt die Ebene ε den ersten wahren Umriß u_1 der Kugel $\mathfrak{K}$, dann rücken die beiden Umrißpunkte U', $\overline{U}'$ in einen Nebenscheitel von k' zusammen. Der erste scheinbare Umriß u_1' von $\mathfrak{K}$ berührt daher die Ellipse k' *vierpunktig*, ist mithin *Nebenscheitelschmiegkreis* von k'. Legt man außerdem die Kugelmitte O in die Bildachse, dann fällt der Aufriß M'' der Kreismitte M in einen Brennpunkt der Grundrißellipse k'. (Figur 268.)

Aufgabe 187 (für den Leser). Schneidet man eine Kugel $\mathfrak{K}$ mit einer Schar paralleler Ebenen, so sind die Grundrisse der Schnittkreise eine einparametrige Schar von Ellipsen, über die folgende Aussagen zu beweisen sind:

1. Die Nebenachsen der Ellipsen (k') liegen auf dem Grundriß der gemeinsamen Achse P_1P_2.
2. Die Ellipsen k' sind untereinander ähnlich.

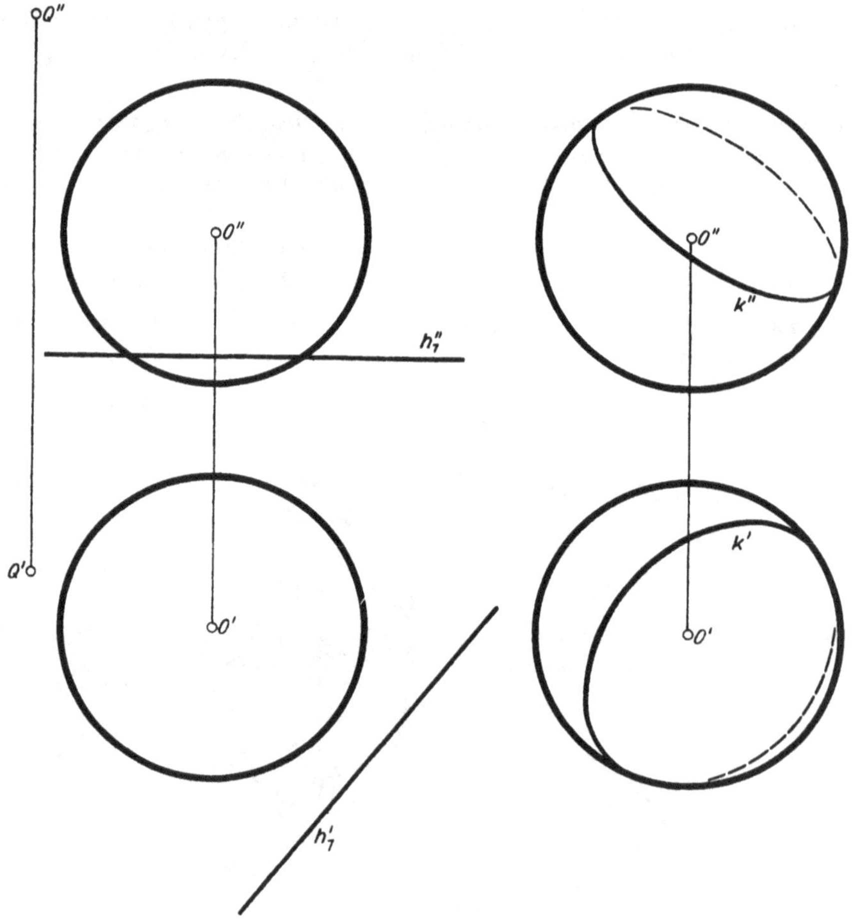

Figur 269

3. Die Krümmungsmitten aller Hauptscheitel liegen auf einer Ellipse mit der Mitte O' und den Halbachsen $r \sin \alpha$ bzw. $r \sin^2 \alpha$. Die Punkte P_1', P_2' sind die Hauptscheitel dieser Ortsellipse.
4. Die Sätze 1—3 gelten sinngemäß abgewandelt auch für den Aufriß.

Aufgabe 188 (für den Leser). Gegeben sei eine Kugel $\mathfrak{K}(O; r)$ in Auf- und Grundriß, ferner eine Ebene ε durch eine 1. Hauptlinie h_1 und einen Punkt Q (nicht auf h_1). Man zeichne Auf- und Grundriß des Schnittkreises $k = \varepsilon\mathfrak{K}$. Figur 269a zeigt die Angabe, Figur 269b das Ergebnis.

Wird ein Gewölbe von rechteckigem Grundriß mit einer kugelförmigen Decke (*Wölbfläche*) abgeschlossen und ist der Kugeldurchmesser größer als eine Rechtecksdiagonale, so nennt man ein derartiges Gewölbe eine *böhmische Kappe* oder ein *preußisches Platzel.* Ist der Grundriß quadratisch und fallen die Mitten von Quadrat und Kugel zusammen, so spricht man von einer *Hängekuppel* oder von einem *böhmischen Platzel.*

Aufgabe 189. Über einem waagrecht liegenden Rechteck $ABCD$ in einfachster Lage zur Aufrißebene ist eine böhmische Kappe mit der *Stichhöhe* h anzubringen (Stichhöhe = Kote des höchsten Kugelpunktes H bezogen auf die waagrechte Ebene durch die tiefsten Punkte — Spitzen — der Wölbfläche).

Lösung. (Figur 270.) M sei die Mitte des gegebenen Rechtecks. Auf dem Ordner $M'M''$ trägt man von M'' nach oben h ab. Der so erhaltene Punkt ist der Aufriß H'' des *Gewölbescheitels* H (= höchster Punkt der Kugelfläche). Der Grundriß H' von H fällt nach M'. Nun dreht man den Meridian durch die Punkte A und H um den lotrechten Durchmesser in den zweiten wahren Umriß u_2 der Kugel $\mathfrak{K}$. Dabei beschreibt der Eckpunkt A einen waagrecht liegenden Kleinkreis k, dem auch die Punkte B, C, D angehören. A' gelangt so nach A_0' auf u_2'. Die Symmetrale der Strecke $\overline{A_0''H''}$ schneidet auf dem Aufriß der Drehachse den Aufriß O'' der Kugelmitte O aus. O' fällt naturgemäß nach M'. Die Schnittkreise der Kugel $\mathfrak{K}$ mit den erstprojizierenden Ebenen (*Mauerbögen*) decken sich im Grundriß mit den Rechteckseiten. Im Aufriß bilden sich die beiden seitlichen Schnittkreise als doppelt überdeckte Strecken in Ordnerrichtung durch $A'' = D''$ bzw. $B'' = C''$ ab. Die beiden frontalen Schnittkreise erscheinen im Aufriß als Kreis mit der Mitte O'' durch $A'' = D''$ und $B'' = C''$. In Figur 270 wurde noch der waagrechte Kugelkreis durch den höchsten Punkt E des vorderen frontalen Kugelkreises zur Zeichenkontrolle herangezogen.

Aufgabe 190 (für den Leser). Der Leser konstruiere Auf- und Grundriß einer böhmischen Kappe von gegebener Stichhöhe h über einem waagrecht liegenden Rechteck, das aus der Parallellage um 30° herausgedreht wurde.

Aufgabe 191 (für den Leser). Der Leser konstruiere Auf- und Grundriß einer Hängekuppel über einem aus der Parallellage herausgedrehten waagrechten Quadrat (Figur 271).

Aufgabe 192 (für den Leser). Der Leser zeichne ein anschauliches Bild des in Figur 272 dargestellten Niets mit Hilfe zweier Seitenrisse.

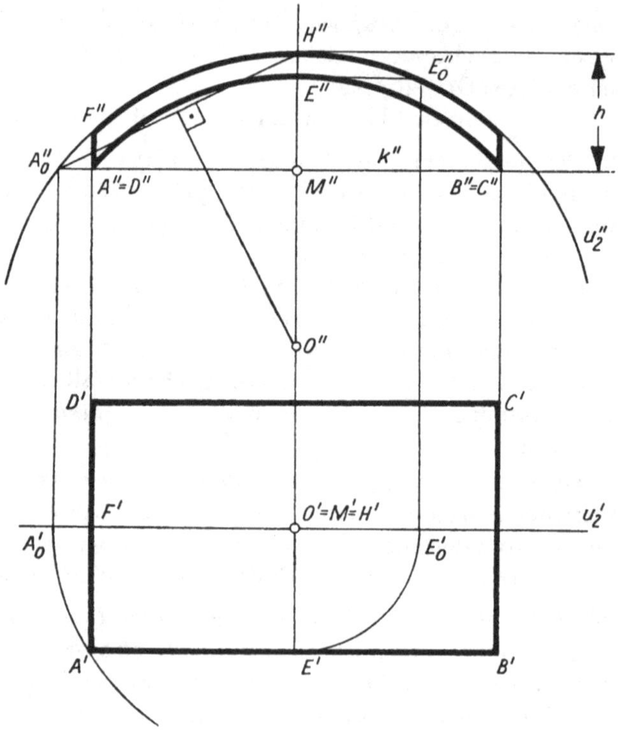

Figur 270

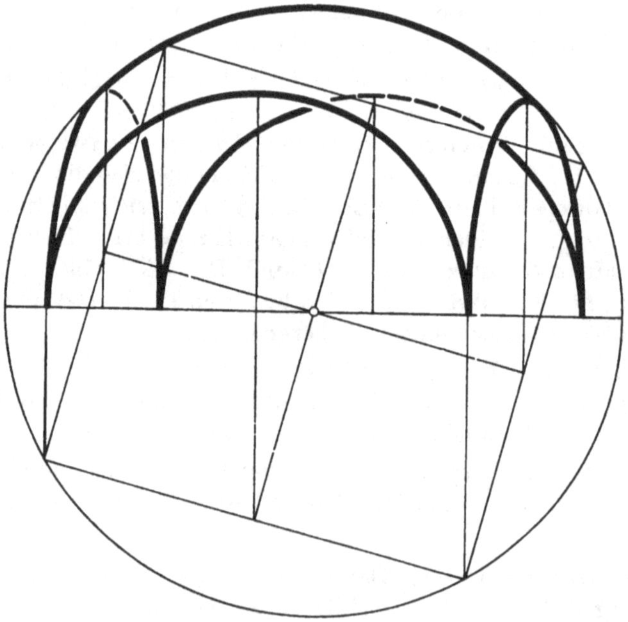

Figur 271

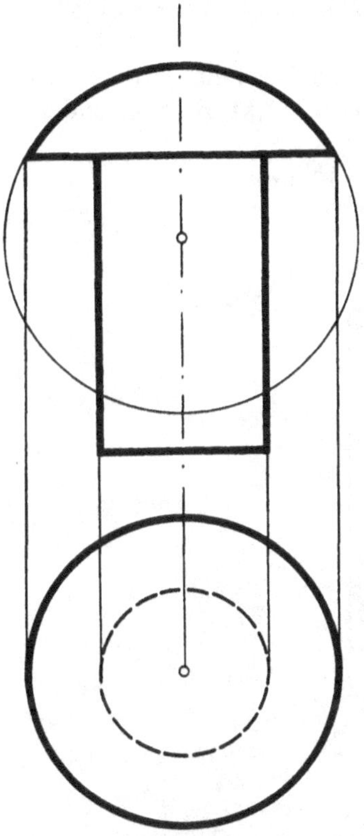

Figur 272

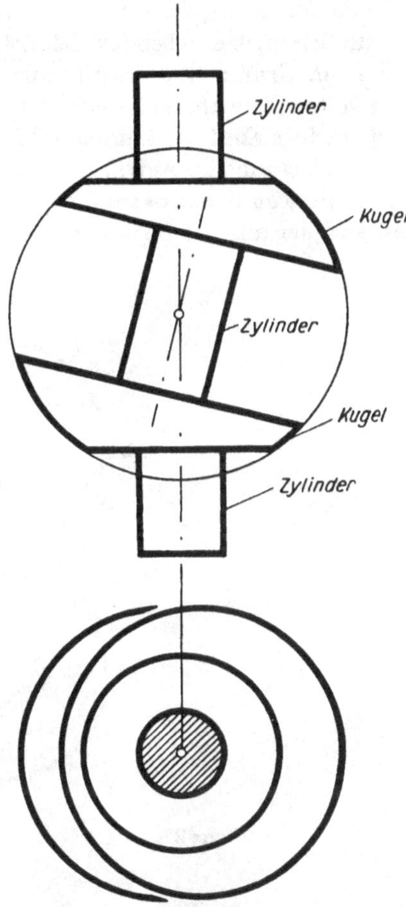

Figur 273

Aufgabe 193 (für den Leser). Der Leser verfertige einen an π_2 angehängten Seitenriß der in Figur 273 abgebildeten Kurbelwelle einer Kapselpumpe.

§ 125. Schnitt einer Geraden mit einer Kugel

Um die Schnittpunkte einer Geraden g mit einer Kugel $\mathfrak{K}$ zu finden, legt man durch g eine Hilfsebene ε und schneidet diese mit $\mathfrak{K}$. Die Schnittpunkte A, B der Geraden g mit dem Kreis $k = \varepsilon\mathfrak{K}$ sind die gesuchten Durchstoßpunkte. Zur Vereinfachung der Konstruktion wird man die Hilfsebene ε projizierend wählen. So wurde in Figur 274 eine zweitprojizierende Ebene ε durch g gelegt. Die gleiche Ebene ε verwendet man als Seitenrißebene und legt vorteilhafter Weise die zweite Bildebene durch die Kugelmitte O. Den Seitenriß g''' von g erhält man dadurch, daß man auf g zwei Punkte 1, 2 annimmt und diese in den 3. Riß überträgt. Die sich im Seitenriß ergebenden Schnittpunkte A''', $B''' = g''' k'''$ führt man mittels Ordner in Grund- und Aufriß zurück. (Man kontrolliere die Übereinstimmung der zweiten Tafelabstände von A bzw. B im 1. und 3. Riß.)

Die Sichtbarkeit der Durchstoßpunkte A, B kann für den Grundriß sowohl im Seitenriß als auch im Aufriß entschieden werden. Bei der in Figur 274 getroffenen Annahme liegt A auf der unteren Halbkugel, ist daher im Grundriß unsichtbar, während der auf der oberen Halbkugel liegende Punkt B im Grundriß sichtbar

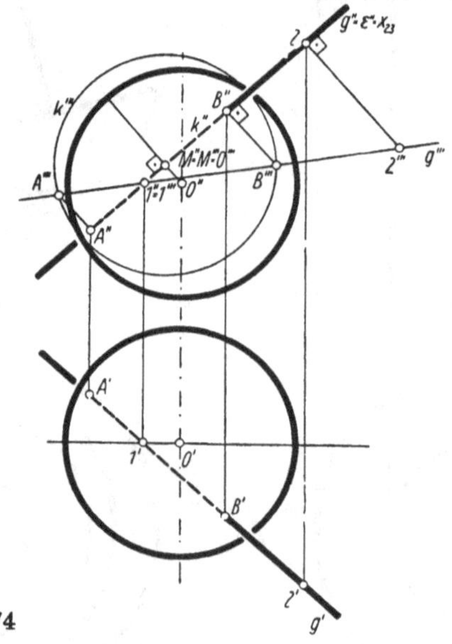

Figur 274

ist. Die Sichtbarkeit von A, B im Aufriß ist aus dem Grundriß zu entnehmen. In vorliegendem Beispiel befindet sich A auf der hinteren, B auf der vorderen Halbkugel. A ist somit im Aufriß unsichtbar, B sichtbar.

§ 126. Konstruktion einer Kugel aus gegebenen Stücken

Sind die Normalrisse einer Kugel aus gegebenen Bestimmungsstücken zu zeichnen, so hat man aus diesen die Kugelmitte und den Kugelradius zu ermitteln. Dem Leser wird nachstehend an Hand einiger Aufgaben Übungsmaterial zu diesem Aufgabenbereich geboten. Bei einigen Aufgaben wurden in der eingeführten Kurzschrift Anleitungen beigefügt.

Aufgabe 194 (für den Leser). Der Leser zeichne Auf- und Grundriß einer Kugel $\mathfrak{K}$, von der gewisse Bestimmungsstücke gegeben sind, und überlege, welche im Text nicht angegebenen Einschränkungen der Angaben jeweils gemacht werden müssen, damit die betreffende Aufgabe tatsächlich gelöst werden kann. So seien gegeben:

1. Der Mittelpunkt O und eine Tangentialebene τ.

   Anleitung. a) $O \perp \tau = n$,

   b) $n\tau = T$ (Berührpunkt),

   c) $\overline{OT} = r$.

2. Der Mittelpunkt O und eine Tangente t.

   Anleitung. a) $O \perp t = \nu$ (Normalebene),

   b) $t\nu = T$ (Berührpunkt),

   c) $\overline{OT} = r$.

3. Vier Punkte A, B, C, D (nicht in einer Ebene).
4. Vier Tangentialebenen α, β, γ, δ (nicht durch einen Punkt).
5. Drei Punkte A, B, C und eine Tangentialebene.
6. Drei Tangentialebenen α, β, γ und ein Punkt P.
7. Zwei Punkte A, B und zwei Tangentialebenen α, β (keine Inzidenz).
8. Drei Punkte A, B, C und eine Tangente t (t nicht in der Ebene ABC und nicht durch A, B, C).
9. Drei Tangentialebenen α, β, γ und eine Tangente t (t nicht durch den Punkt $\alpha\beta\gamma$ und nicht in α, β, γ).
10. Eine Tangentialebene α mit Berührpunkt A und eine Tangente t (t nicht in α und nicht durch A).
11. Eine Tangentialebene α mit Berührpunkt A und ein weiterer Punkt B (B nicht in α).
12. Eine Tangentialebene mit Berührpunkt und eine weitere Tangentialebene.
13. Zwei windschiefe Tangenten, davon jede mit Berührpunkt.
14. Zwei einander schneidende Tangenten, davon eine mit Berührpunkt, und eine Tangentialebene.
15. Drei Tangenten t_1, t_2, t_3 in einer Ebene ε und eine vierte Tangente t_4 nicht in ε.
16. Drei Tangenten t_1, t_2, t_3 durch einen Punkt E und eine vierte Tangente t_4 nicht durch E.

§ 127. Schrägriß einer Kugel

Das Bild einer Kugel $\mathfrak{K}$ bei Parallelprojektion ist der Schnitt des berührenden Sehzylinders mit der Bildebene, also i. a. eine Ellipse, deren halbe Nebenachse die Länge des Kugelradius besitzt. Der berührende Sehzylinder ist ein Drehzylinder, somit der wahre Umriß der Kugel $\mathfrak{K}$ jener Großkreis u von $\mathfrak{K}$, dessen Ebene durch die Kugelmitte O geht und zur Sehrichtung (= Zylinderachse) normal steht. Zwischen dem wahren Umriß u und dem *Schrägumriß* u^s (= scheinbarer Umriß für die gegebene Sehrichtung) besteht eine perspektive Affinität, für die die Sehstrahlen die Affinitätsstrahlen bedeuten. Die schiefe Projektion O^s

der Kugelmitte O ist die Mitte der Schrägumrißellipse u^s. In Figur 275 wurde die Sehrichtung parallel zu π_2 angenommen und der Schrägriß auf π_1 konstruiert. Dabei wurde die Figur so ausgezogen, als wären die Sehstrahlen Lichtstrahlen. Bei dieser Auffassung ist u die *Eigenschattengrenze* und u^s der *Umriß des Schlagschattens* von $\mathfrak{K}$ auf π_1.

Hätte man den Schrägriß der Kugel in der Tangentialebene des tiefsten Kugelpunktes T konstruiert, dann wäre T nach dem Satz von Dandelin ein Brenn-

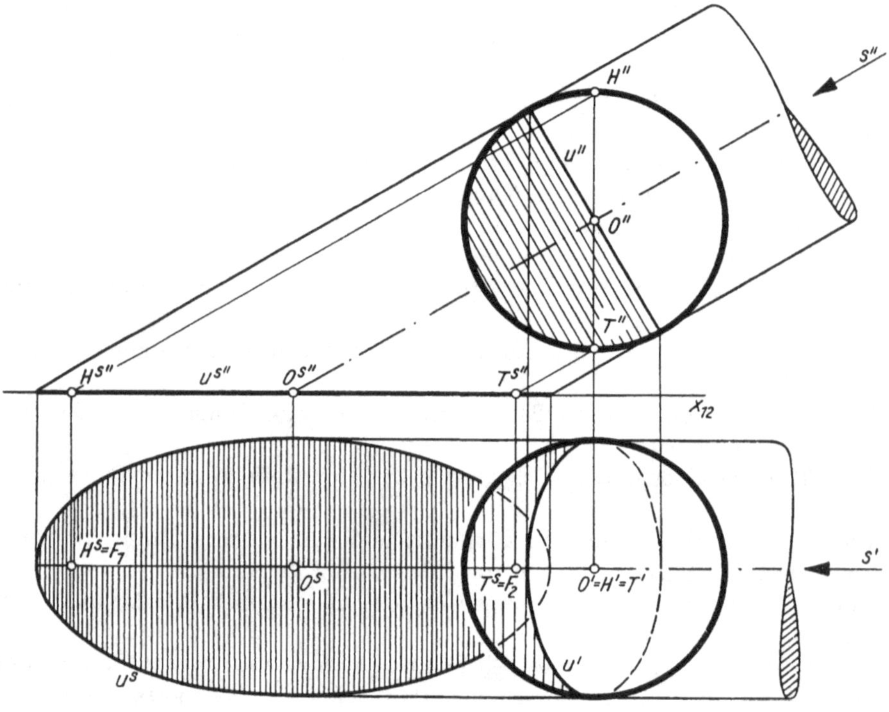

Figur 275

punkt der Umrißellipse. Folglich ist der Schrägriß T^s von T auf π_1 ebenfalls ein Brennpunkt von u^s, gehen doch diese beiden Schrägbilder von $\mathfrak{K}$ durch Parallelverschiebung in Sehstrahlenrichtung auseinander hervor.

Zusammenfassend kann man sagen: *Der Schrägriß (Schlagschatten) u^s einer Kugel $\mathfrak{K}$ auf eine Bildebene π ist eine Ellipse. Die halbe Nebenachse von u^s ist so lang wie der Kugelradius, ihre Brennpunkte sind die Schrägrisse (Schlagschatten) der Endpunkte des zu π normalen Durchmessers von $\mathfrak{K}$.*

Aufgabe 195. Eine Kugel $\mathfrak{K}$ ist in Auf- und Grundriß gegeben, ferner das Verzerrungsdreieck einer Schrägabbildung. Man zeichne den Schrägriß von $\mathfrak{K}$.

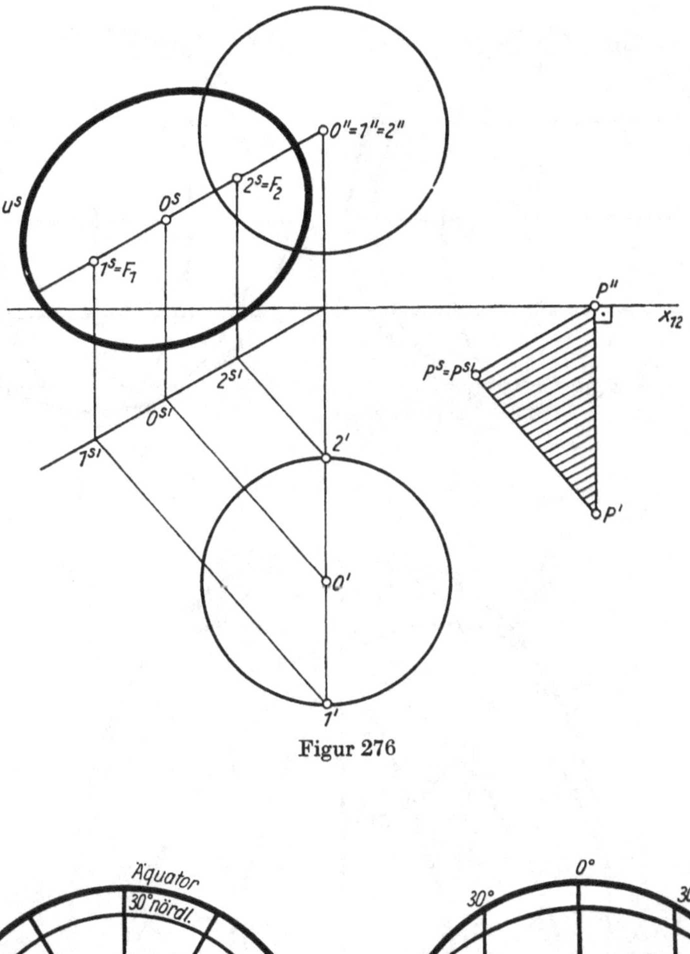

Figur 276

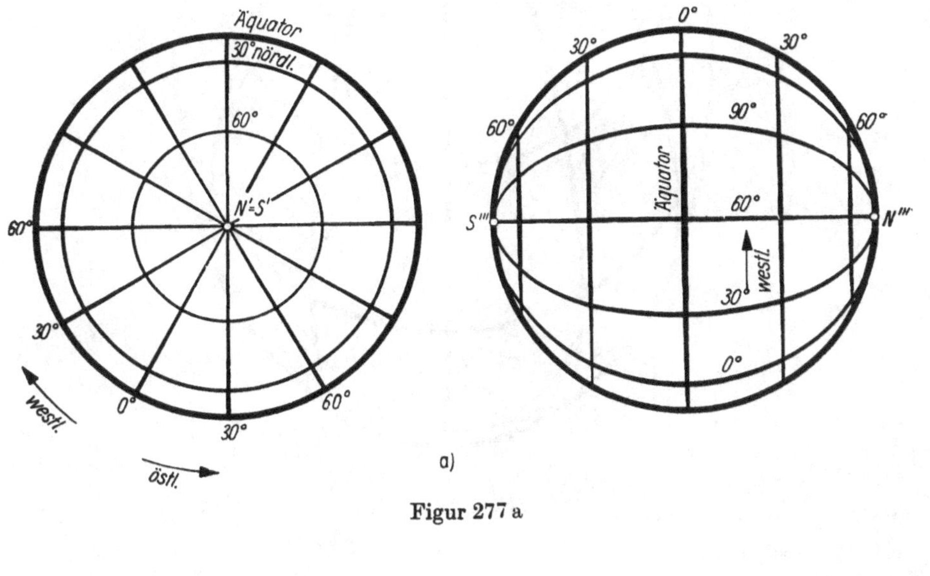

Figur 277 a

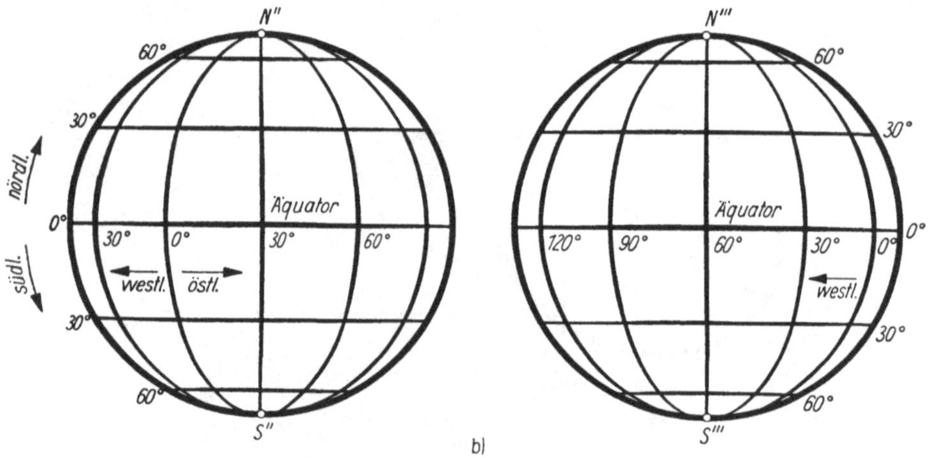

b)

c)

Figur 277 b — c

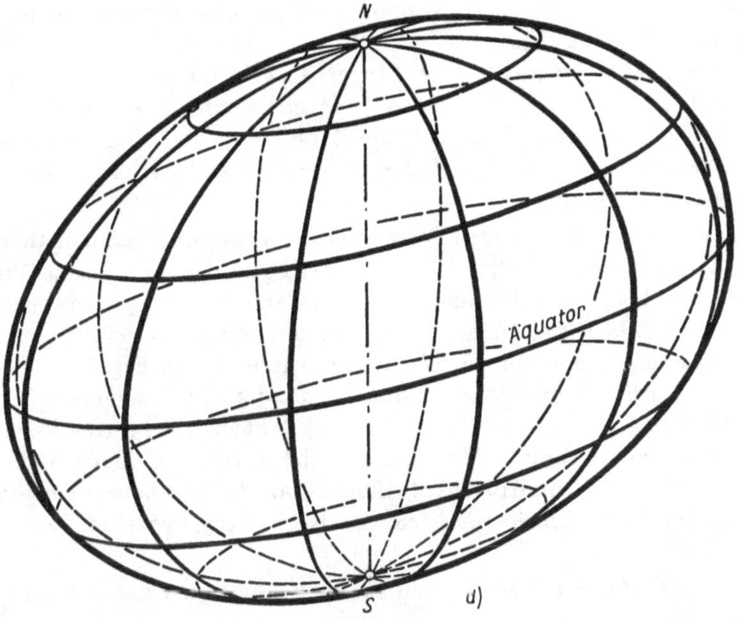

Figur 277 d

Lösung. (Figur 276.) Das Schrägbild O^s der Kugelmitte O ist bereits die Mitte der Schrägumrißellipse u^s. Die Endpunkte 1, 2 des zur Aufrißebene normalen Kugeldurchmessers gehen bei der Abbildung in die Brennpunkte von u^s über, also $1^s = F_1$, $2^s = F_2$. Da die halbe Nebenachse von u^s mit dem Kugelradius übereinstimmt, ist die Ellipse u^s festgelegt und kann gezeichnet werden.

Aufgabe 196 (für den Leser). Der Leser zeichne einen Globus, auf dem Meridiane und Breitenkreise von 30° zu 30° eingezeichnet sind,

a) in Grund- und Kreuzriß (Figur 277a),

b) in Auf- und Kreuzriß (Figur 277b),

c) in Militärperspektive (Figur 277c),

d) in Kavalierperspektive (Figur 277d).

§ 128. Konstruktion von Kegelschnitten aus gegebenen Bestimmungsstücken mittels räumlicher Betrachtungen

Sind von einem Kegelschnitt k gewisse Bestimmungsstücke gegeben, so läßt sich k häufig dadurch zeichnen, daß man den Kegelschnitt k als Normalprojektion eines ebenen Schnittes eines Kegels (Drehkegel oder schiefer Kreiskegel), eines Zylinders (Drehzylinder oder schiefer Kreiszylinder) oder einer Kugel auffaßt. Nachstehende Aufgaben über Kegelschnitte sind in dieser Weise zu lösen.

Aufgabe 197 (für den Leser). Von einer Ellipse kennt man ein umschriebenes Rechteck und einen Punkt.

Anleitung. Man betrachte das Tangentenrechteck als Aufriß eines auf π_1 stehenden Drehzylinders $\mathfrak{Z}$. Der gegebene Punkt werde als Aufriß eines Flächenpunktes P von $\mathfrak{Z}$ gedeutet. Man schneide $\mathfrak{Z}$ mit einer Ebene ε durch P, die Deck- und Basiskreis berührt. Der Aufriß dieses ebenen Schnittes von $\mathfrak{Z}$ ist die gesuchte Ellipse (zwei Lösungen).

Aufgabe 198 (für den Leser). Von einem Kegelschnitt kennt man zwei Tangenten t_1, t_2 mit ihren Berührpunkten T_1 bzw. T_2 und einen weiteren Punkt.

Anleitung. Man betrachte die gegebenen Tangenten t_1, t_2 als zweiten wahren Umriß eines Drehkegels $\mathfrak{K}$ (Achse in π_2), der mit seinem Basiskreis auf π_1 steht. (Die x_{12}-Achse ist normal zur Kegelachse zu wählen.) Der gegebene Punkt wird als Aufriß eines Flächenpunktes P von $\mathfrak{K}$ gedeutet. Man schneide $\mathfrak{K}$ mit einer Ebene ε durch T_1, T_2 und P. Der Aufriß dieses ebenen Schnittes $k = \varepsilon\mathfrak{K}$ ergibt den gesuchten Kegelschnitt. Man könnte die gestellte Aufgabe auch in einer Projektion, etwa im Grundriß, lösen, indem man die gegebenen Tangenten t_1, t_2 als ersten scheinbaren Umriß eines schiefen Kreiskegels deutet, dessen Basiskreis in π_1 liegt, usw.

Aufgabe 199 (für den Leser). Von einem Kegelschnitt kennt man zwei Tangenten und drei Punkte.

Aufgabe 200 (für den Leser). Von einem Kegelschnitt kennt man zwei Tangenten, davon eine mit Berührpunkt, und zwei weitere Punkte.

Aufgabe 201 (für den Leser). Von einer Ellipse kennt man einen Nebenscheitelschmiegkreis und zwei Punkte innerhalb dieses Kreises.

Anleitung. Man betrachte den gegebenen Nebenscheitelschmiegkreis als den in π_1 liegenden Äquatorkreis einer Kugel $\mathfrak{K}$. Die beiden gegebenen Punkte werden als Grundrisse zweier Flächenpunkte P_1, P_2 von $\mathfrak{K}$ gedeutet. Man bringe $\mathfrak{K}$ mit einer Ebene ε durch P_1 und P_2 zum Schnitt, deren 1. Spur den Äquatorkreis von $\mathfrak{K}$ berührt. Der Grundriß dieses ebenen Schnittes ist die gesuchte Ellipse (zwei Lösungen).

Aufgabe 202 (für den Leser). Von einer Ellipse kennt man einen Nebenscheitelschmiegkreis und einen Punkt innerhalb dieses Kreises mit Tangente.

Aufgabe 203 (für den Leser). Von einer Ellipse kennt man einen Nebenscheitel samt seinem Schmiegkreis und einen Punkt innerhalb dieses Kreises.

Anleitung. Man betrachte den Nebenscheitelschmiegkreis als den in π_1 liegenden Äquatorkreis einer Kugel $\mathfrak{K}$, den Nebenscheitel als Berührpunkt der 1. Spur e_1 einer Ebene ε durch einen Punkt P von $\mathfrak{K}$, dessen Grundriß P' mit dem vorgegebenen Punkt der Ellipse identisch ist, usw.

Aufgabe 204 (für den Leser). Von einer Ellipse kennt man einen Nebenscheitel samt seinem Schmiegkreis und eine Tangente, die diesen Kreis reell schneidet.

Aufgabe 205 (für den Leser). Von einer Hyperbel kennt man die Asymptoten und einen Punkt.

Anleitung. Man betrachte die Asymptoten der gesuchten Hyperbel als zweiten wahren Umriß eines Drehkegels $\mathfrak{K}$. Der gegebene Punkt wird als Aufriß eines Flächenpunktes P von $\mathfrak{K}$ gedeutet. Man lege durch P eine Ebene ε parallel π_2. ε schneidet $\mathfrak{K}$ nach einer Hyperbel, deren Aufriß mit der gesuchten Hyperbel übereinstimmt.

Aufgabe 206 (für den Leser). Von einer Parabel kennt man den Scheitel und die Scheiteltangente sowie eine weitere Tangente.

Aufgabe 207 (für den Leser). Von einer Parabel kennt man die Achse und eine Tangente mit Berührpunkt.

X. DREHFLÄCHEN

§ 129. Grundbegriffe

Dreht man eine Kurve c um eine Achse a, so überstreicht c eine Fläche Φ, die man *Drehfläche* nennt. Sollte c eine ebene Kurve sein, so wird der Fall, daß die Ebene von c auf a normal steht, ausgeschlossen. Jeder Punkt P von c beschreibt bei dieser Drehung einen Kreis k_P, dessen Mitte M_P auf der Achse a liegt, dessen Ebene σ_P normal a steht und dessen Radius gleich dem Abstand $\overline{Pa}$ ist. Man nennt k_P einen *Parallelkreis* von Φ. Ein (relativ) größter Parallelkreis heißt *Äquatorkreis*, ein (relativ) kleinster ein *Kehlkreis* von Φ.

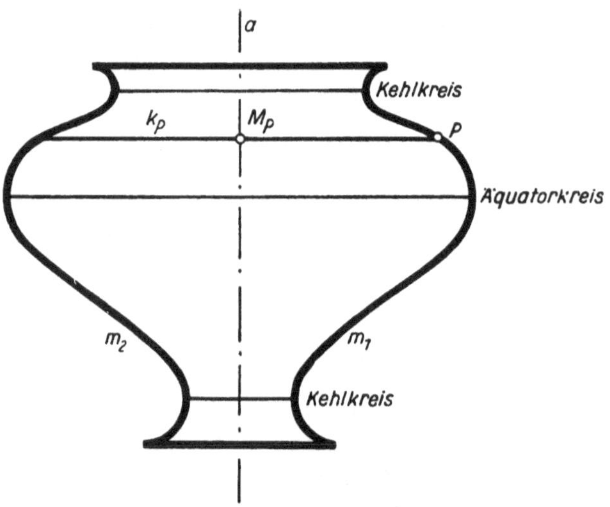

Figur 278

Jede Drehfläche Φ wird durch Drehung um ihre Achse a in sich verschoben. Daher kann Φ auch durch Drehung irgendeiner ihrer Flächenkurven erzeugt werden, wenn diese nur alle Parallelkreise schneidet. So kann Φ insbesondere durch Drehung einer Kurve m entstehen, die von einer Ebene μ durch die Achse a aus Φ ausgeschnitten wird. Die untereinander kongruenten Schnitte einer Drehfläche mit Ebenen durch ihre Achse nennt man *Meridiane*. Ist die Drehachse a zu einer Bildebene parallel, so heißt der Meridian, dessen Ebene μ_0 zur Bildebene parallel liegt, der *Hauptmeridian* m_0 von Φ.

Jeder Meridian von Φ besteht aus zwei zur Achse a symmetrischen *Halbmeridianen* m_1 und m_2. Ein Parallelkreis von Φ liegt symmetrisch zu jeder Meridianebene. Somit ist jede Meridianebene eine Symmetrieebene von Φ.

* Ist der Halbmeridian m_1 eine (ebene) algebraische Kurve von der Ordnung n, so erzeugt m_1 bei einer Drehung um eine Gerade a der gleichen Ebene i. a. eine algebraische Fläche von der Ordnung $2n$.

Eine Reduktion der Ordnung der Drehfläche tritt dann ein, wenn der Meridian, eine Kurve n-ter Ordnung, symmetrisch zur Drehachse liegt. In diesem Sonderfall hat die Drehfläche Φ die Ordnung n. Dies sieht man leicht ein, denn im allgemeinen Fall bilden die beiden Halbmeridiane m_1 und m_2 zusammen eine ebene Kurve $2n$-ter Ordnung ihrer Meridianebene μ. Eine Testgerade g von μ trifft den Meridian m $(= m_1 + m_2)$ und damit auch die Drehfläche Φ in genau $2n$ Punkten. Also hat Φ die Ordnung $2n$. Ist hingegen m eine zur z-Achse symmetrische Kurve n-ter Ordnung, dann trifft eine Testgerade g ihrer Ebene μ den Meridian m und damit auch Φ nur in n Punkten. Φ ist also tatsächlich von der Ordnung n.

Zur rechnerischen Erfassung einer Drehfläche Φ legen wir die z-Achse eines räumlichen Normalkoordinatensystems in die Achse a von Φ. Wird der Halbmeridian m_1 einer Meridianebene μ in einem μ aufgeprägten (ebenen) kartesischen Normalkoordinatensystem (ϱ, z) beschrieben durch

$$f(\varrho, z) = 0 ,$$

so erhält man durch die Substitution

$$\varrho = \sqrt{x^2 + y^2}$$

die Gleichung der Drehfläche

$$f\left(\sqrt{x^2 + y^2}, z\right) = 0 . \; *$$

§ 130. Beispiele von Drehflächen

(Die Drehachse a möge stets in der z-Achse des verwendeten kartesischen Normalkoordinatensystems liegen.)

1. *Drehzylinder* (Figur 279)
Halbmeridian $m_1 \ldots \varrho = r$,
Drehfläche $\Phi \ldots x^2 + y^2 = r^2$.

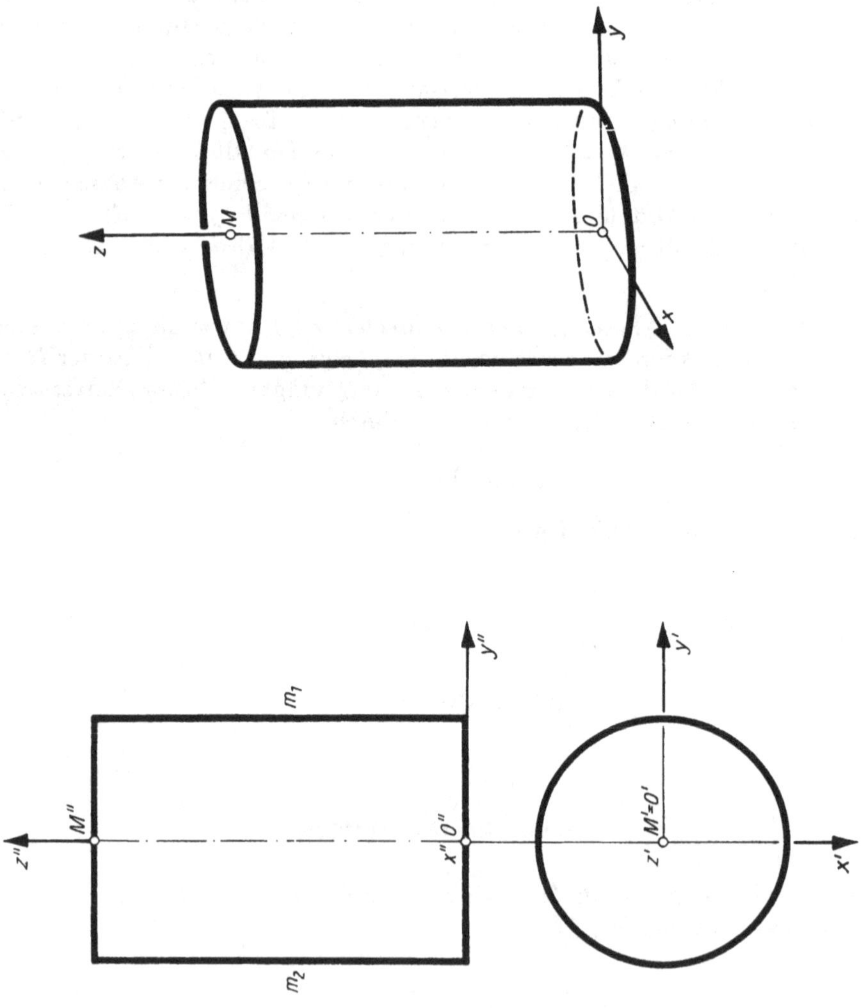

Figur 279

2. *Drehkegel* (Figur 280)

$m_1 \ldots z = k\varrho\,,\; k = \tan\alpha\,,$

$\Phi \ldots z^2 = k^2\,(x^2 + y^2)\,.$

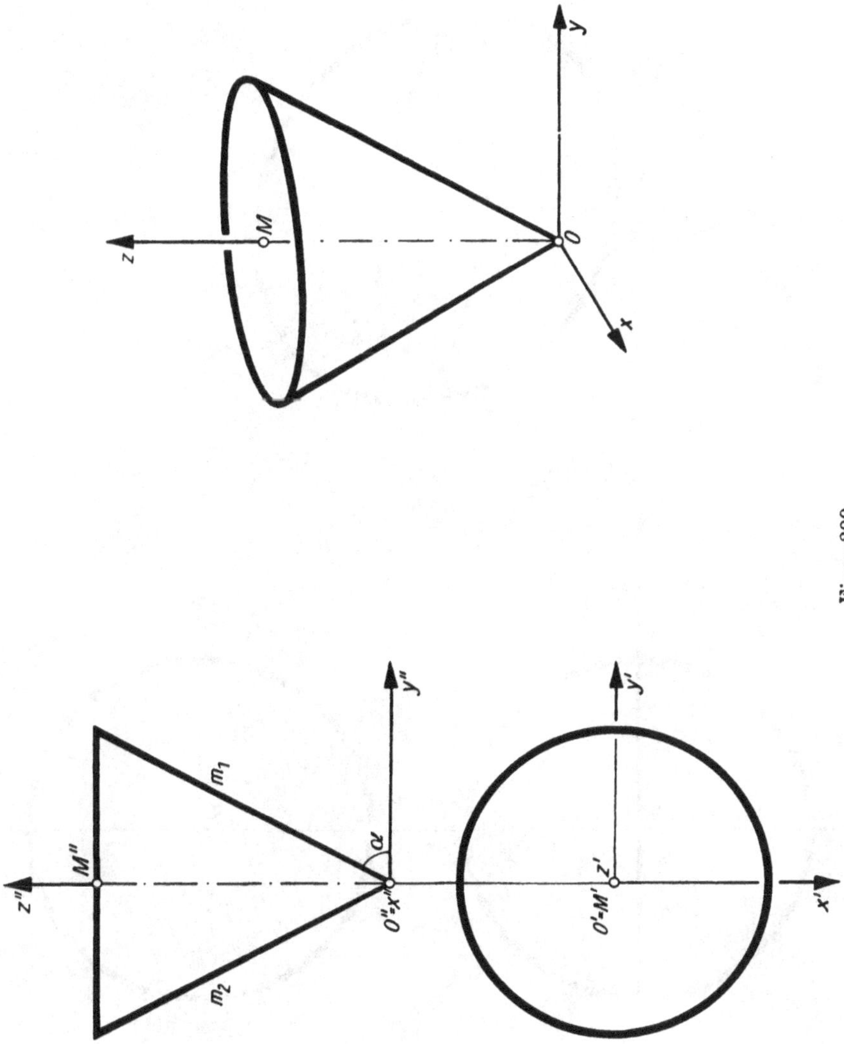

Figur 280

3. *Kugel* (Figur 281)
Meridian $m \ldots \varrho^2 + z^2 = r^2$,
$\Phi \ldots x^2 + y^2 + z^2 = r^2$.

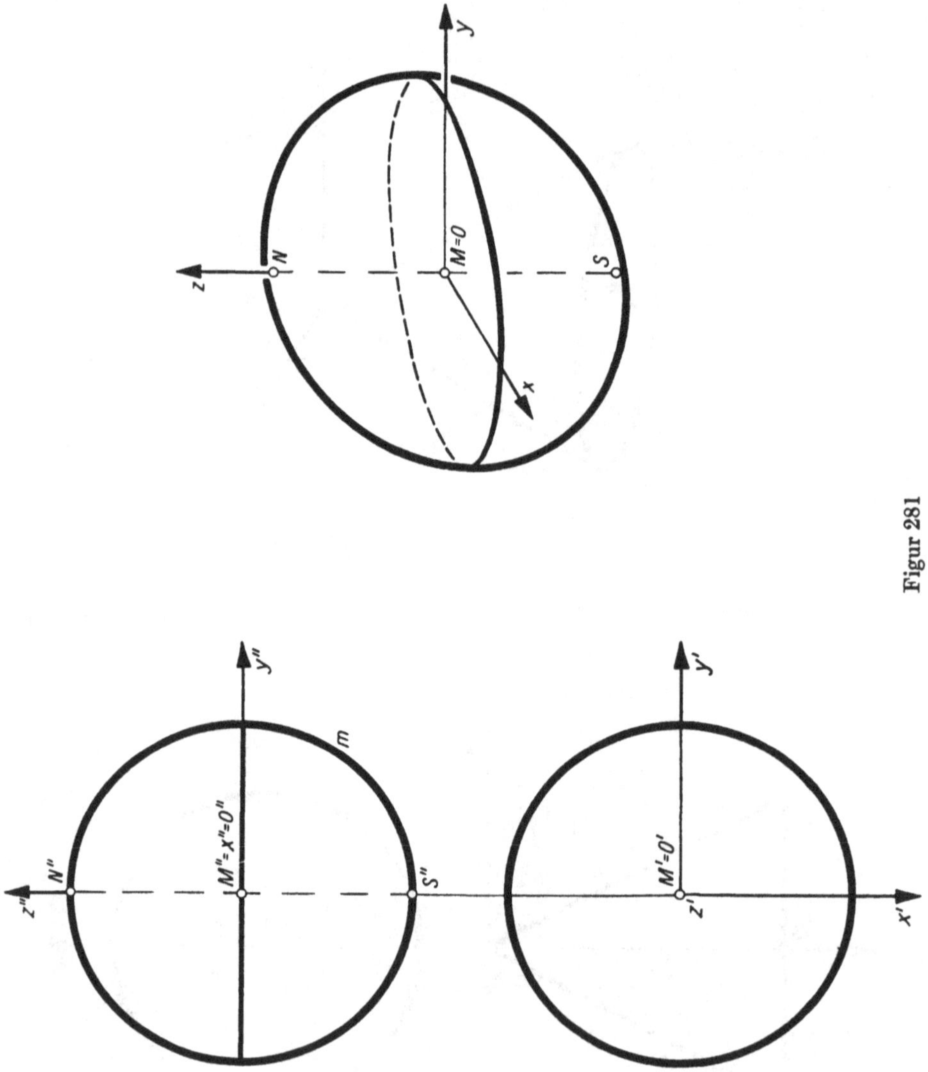

Figur 281

4. *Drehellipsoid*

$m \ldots b^2 \varrho^2 + a^2 z^2 = a^2 b^2$,

$\Phi \ldots b^2 (x^2 + y^2) + a^2 z^2 = a^2 b^2$.

a) *Eiförmiges* oder *verlängertes Drehellipsoid* für $a < b$ (Figur 282a).

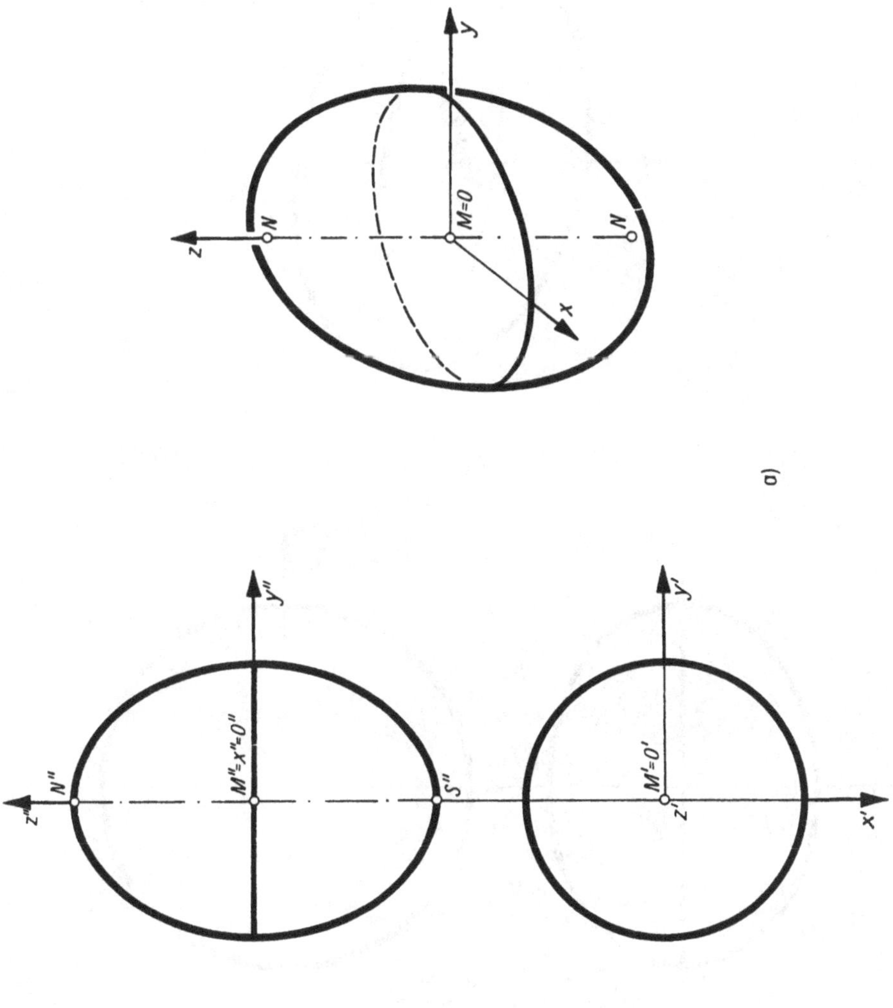

a)

Figur 282a

b) *Linsenförmiges* oder *abgeplattetes Drehellipsoid* für $a > b$ (Figur 282 b).

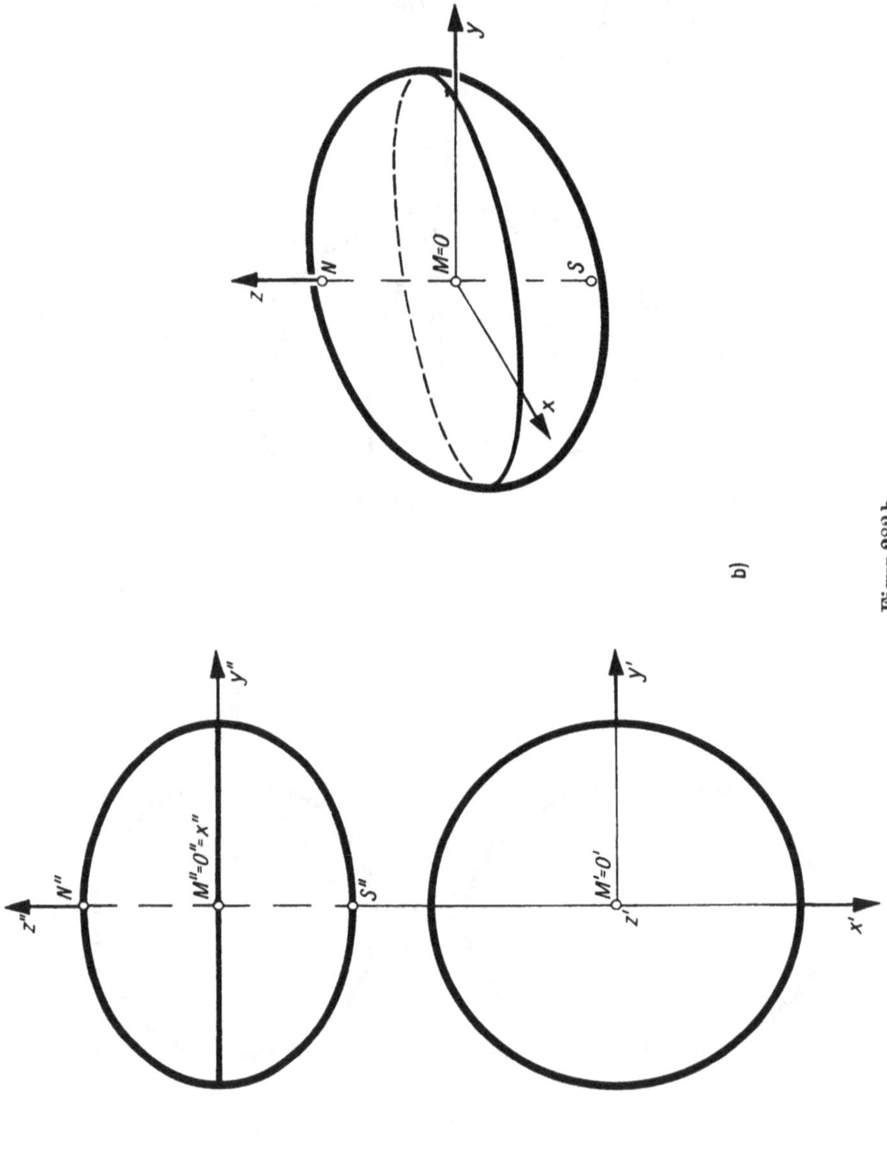

Figur 282 b

5. *Drehhyperboloid*

a) *Einschaliges Drehhyperboloid* (Figur 283 a)

$m \ldots b^2 \varrho^2 - a^2 z^2 = a^2 b^2$,

$\Phi \ldots b^2 (x^2 + y^2) - a^2 z^2 = a^2 b^2$.

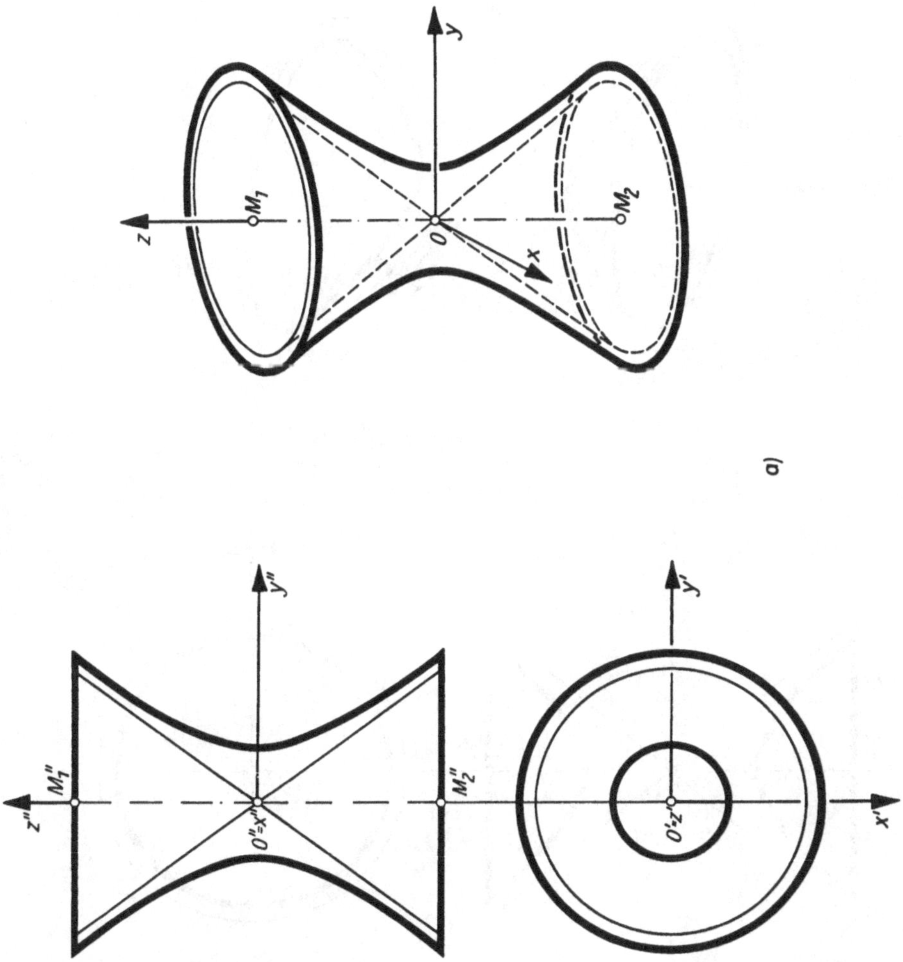

Figur 283 a

b) *Zweischaliges Drehhyperboloid* (Figur 283 b)

$$m \ldots b^2 z^2 - a^2 \varrho^2 = a^2 b^2 ,$$

$$\Phi \ldots b^2 z^2 - a^2 (x^2 + y^2) = a^2 b^2 .$$

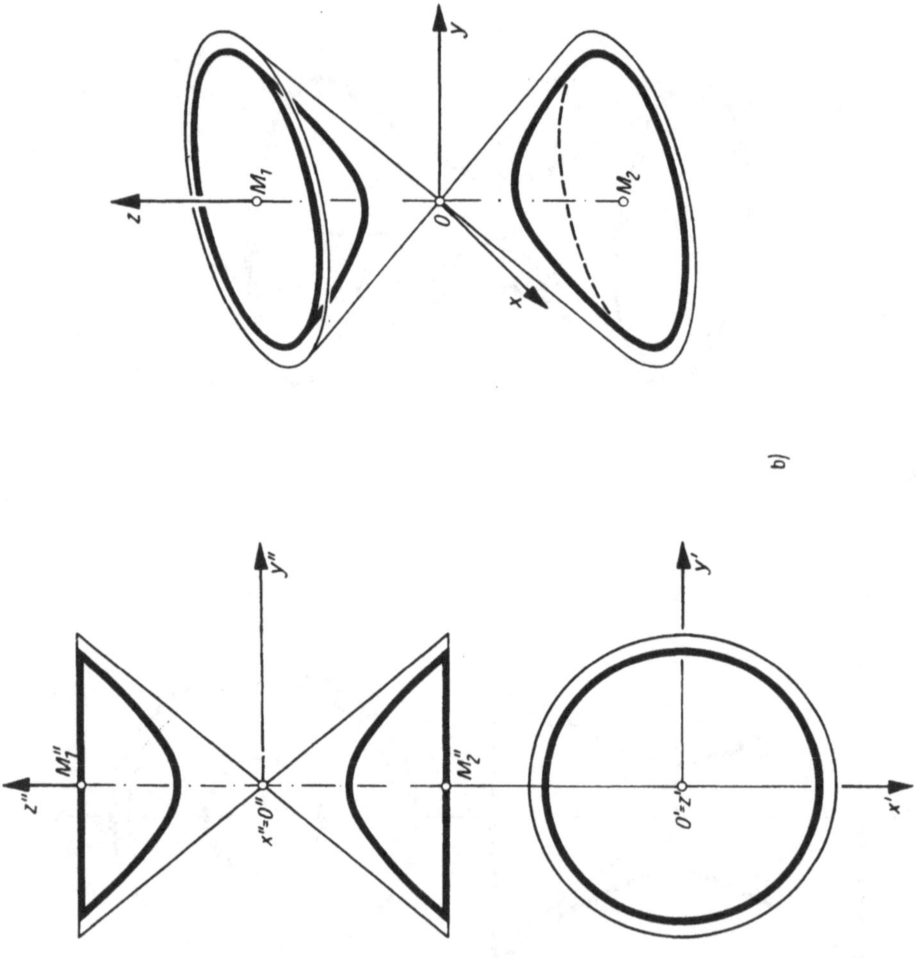

Figur 283 b

6. *Drehparaboloid* (Figur 284)

$m \ldots \varrho^2 = 2\,p\,z\,,$

$\Phi \ldots x^2 + y^2 = 2\,p\,z\,.$

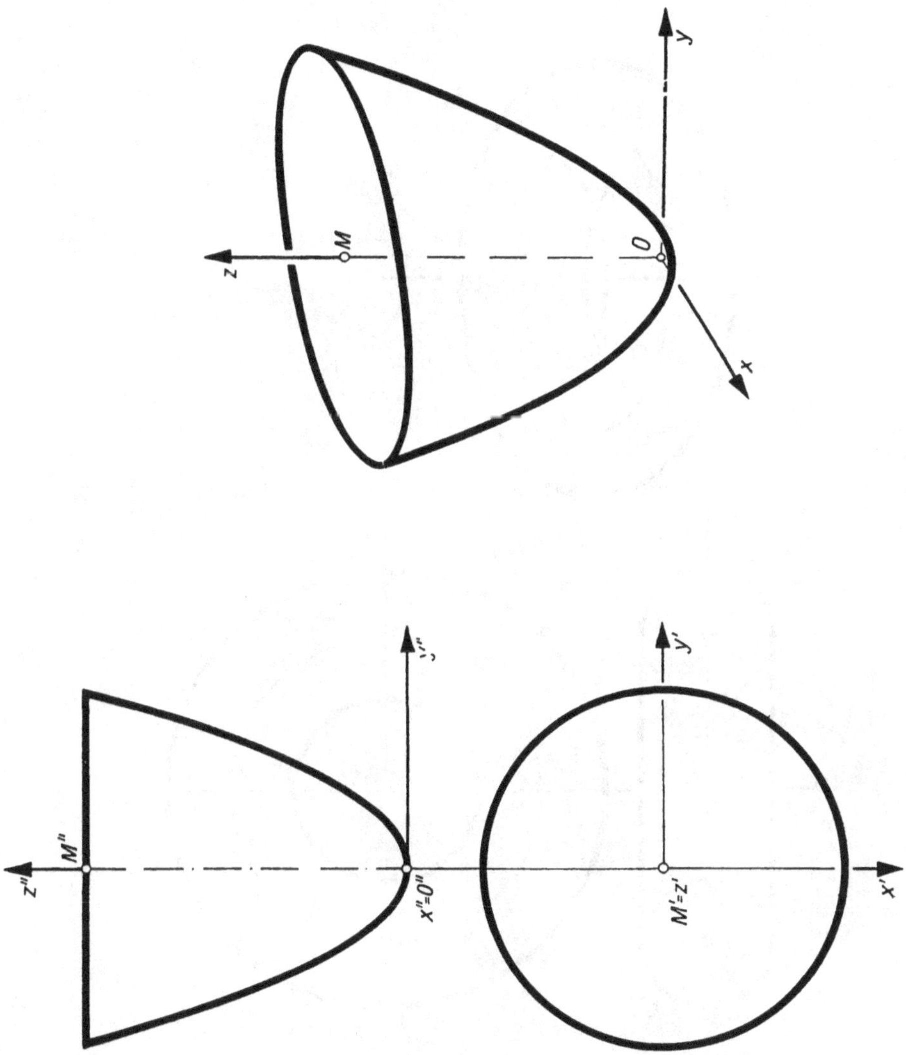

Figur 284

7. *Torus* oder *Wulstfläche* (Figur 285)

$m_1 \ldots (\varrho - a)^2 + z^2 = b^2,$

$\Phi \ldots (x^2 + y^2 + z^2 + a^2 - b^2)^2 = 4\,a^2\,(x^2 + y^2)\,.$

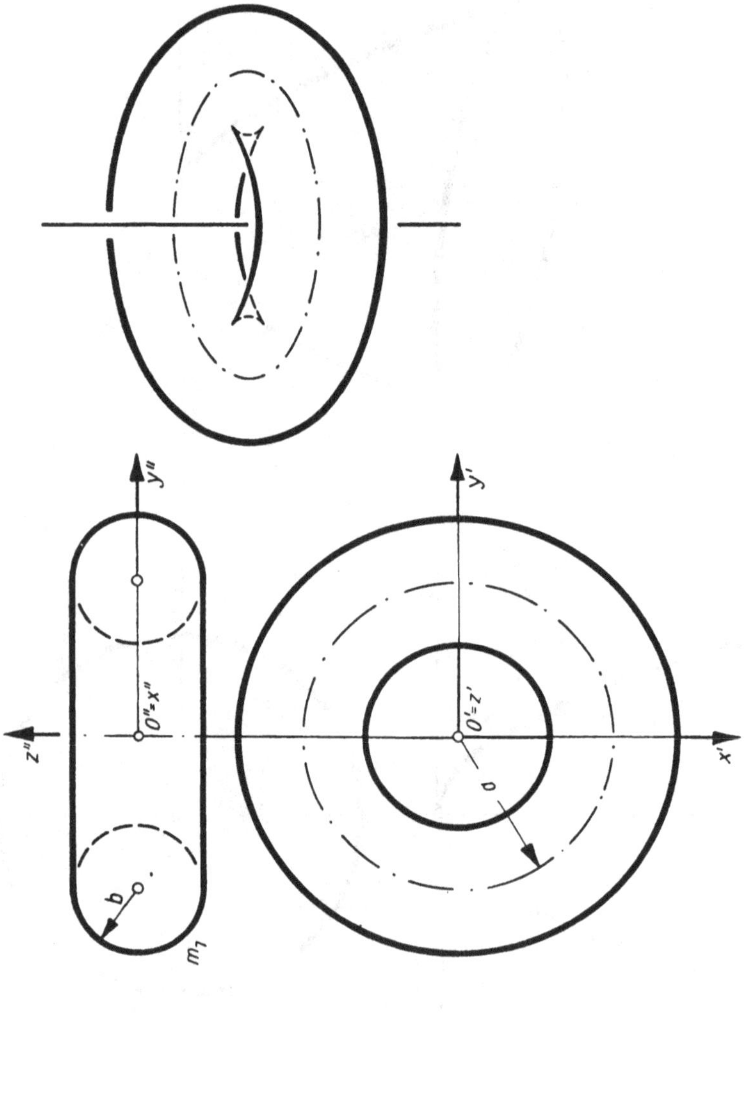

Figur 285

8. *Verallgemeinerter Torus*

$m_1 \ldots A\,\varrho^2 + 2B\varrho z + C\,z^2 + 2\,D\varrho + 2Ez + F = 0\,,$

$\Phi \ldots [A\,(x^2 + y^2) + C\,z^2 + 2\,E\,z + F]^2 = 4\,(B\,z + D)^2\,(x^2 + y^2);$

a) *elliptisch* für $B^2 - AC < 0 \ldots$ (Figur 286a);

b) *hyperbolisch* für $B^2 - AC > 0 \ldots$ (Figur 286b);

c) *parabolisch* für $B^2 - AC = 0 \ldots$ (Figur 286c).

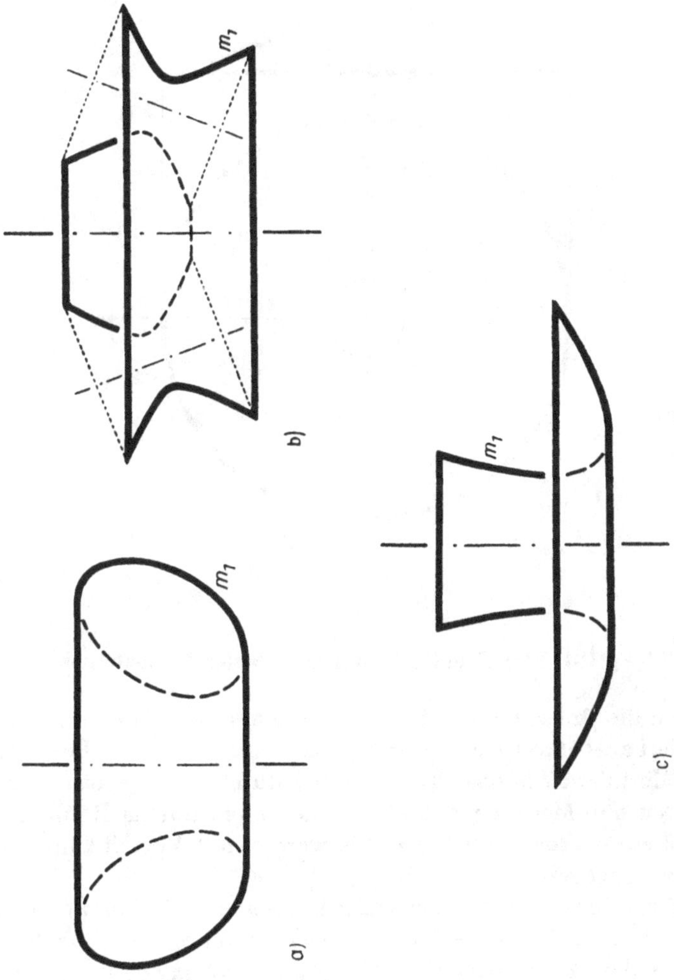

Figur 286

9. *Katenoid* (Figur 287)

$m_1 \ldots \varrho = \cosh z$,

$\Phi \ldots x^2 + y^2 = \cosh^2 z$.

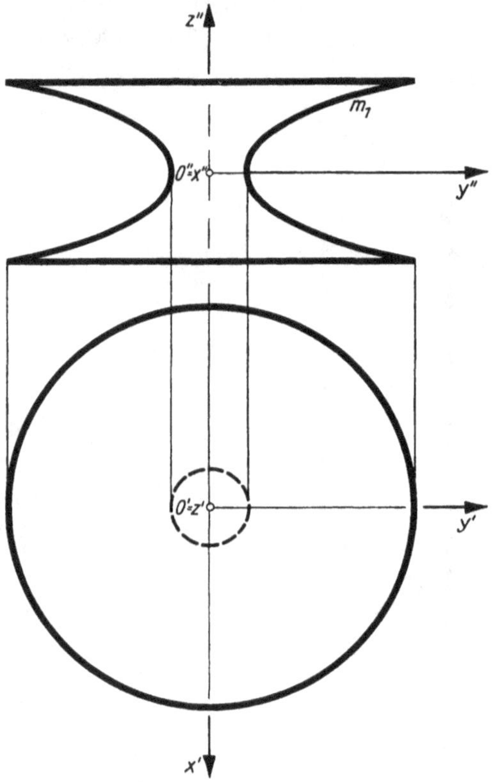

Figur 287

§ 131. Eine Drehfläche in zugeordneten Normalrissen

Wählt man die Achse a einer Drehfläche Φ erstprojizierend, so erscheinen im Grundriß die Parallelkreise als konzentrische Kreise um den Punkt a' in wahrer Größe, die Meridiane als das Strahlbüschel durch a'. Die beiden Scharen von Parallelkreisen und Meridianen bilden daher nicht nur im Raum, sondern auch im Grundriß ein orthogonales Netz. Sie werden mit Vorteil zum Angittern von Punkten herangezogen.

Im Aufriß bilden sich die Parallelkreise (sofern man sich auf ihre reellen Punkte beschränkt) als doppelt überdeckte waagrechte Strecken ab. Von den Meridianen erscheint nur der (zu π_2 parallele) Hauptmeridian m_0 in wahrer Gestalt. *Die Aufrisse der übrigen Meridiane sind zu m_0'' orthogonal perspektiv affin mit a'' als Affinitätsachse.* Nur der in einer doppeltprojizierenden Ebene μ_d liegende Meridian m_d bildet sich im Aufriß als mindestens doppelt überdeckte Strecke ab.

In Figur 288 wurde ein Flächenpunkt P im Grundriß angenommen und mittels des durch ihn gehenden Parallelkreises k_P in den Aufriß geführt (im allgemeinen mehrere Lösungen). Man erkennt aus dieser Konstruktion unmittelbar, daß der Hauptmeridian m_0 einer Drehfläche zugleich ihr zweiter wahrer Umriß u_2 ist. Der zweite scheinbare Umriß u_2'' ist daher mit dem Aufriß m_0'' des Hauptmeridians m_0 identisch.

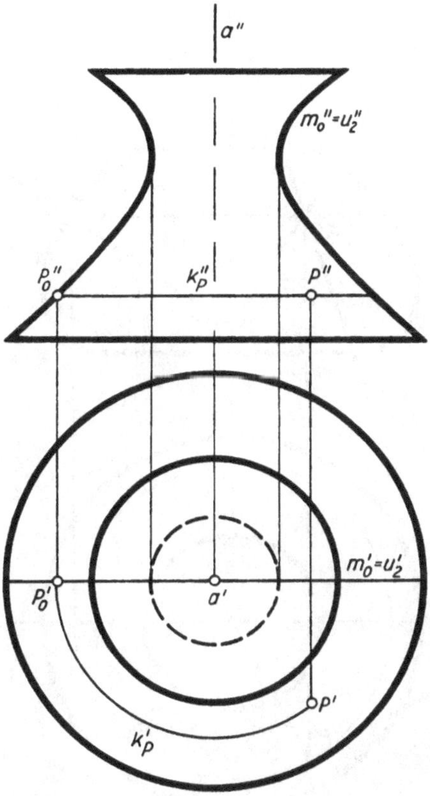

Figur 288

Der erste wahre Umriß einer Drehfläche Φ mit lotrechter Achse besteht aus den Kehl- und Äquatorkreisen sowie aus den Randkreisen von Φ. Der erste scheinbare Umriß von Φ besteht aus den Grundrissen genannter Kreise.

Aufgabe 208. Man konstruiere in einem Punkt P einer Drehfläche Φ die Tangentialebene.

Lösung. (Figur 289.) Die Tangentialebene τ eines regulären[1]) Flächenpunktes P wird durch die Tangenten t_k und t_m des durch ihn gehenden Parallelkreises k_P bzw. Meridians m_P aufgespannt. t_k ist 1. Hauptlinie, t_m 1. Fallinie von τ. Der

[1]) In einem regulären Flächenpunkt ist die Tangentialebene eindeutig bestimmt.

Grundriß t_m'' der Meridiantangente t_m fällt in die Verbindungsgerade $a'P'$, deckt sich also mit dem Grundriß m_P' des Meridians m_P. Zur Konstruktion des Aufrisses t_m'' von t_m dreht man die Meridianebene μ_P in die Hauptmeridianebene μ_0. Bei

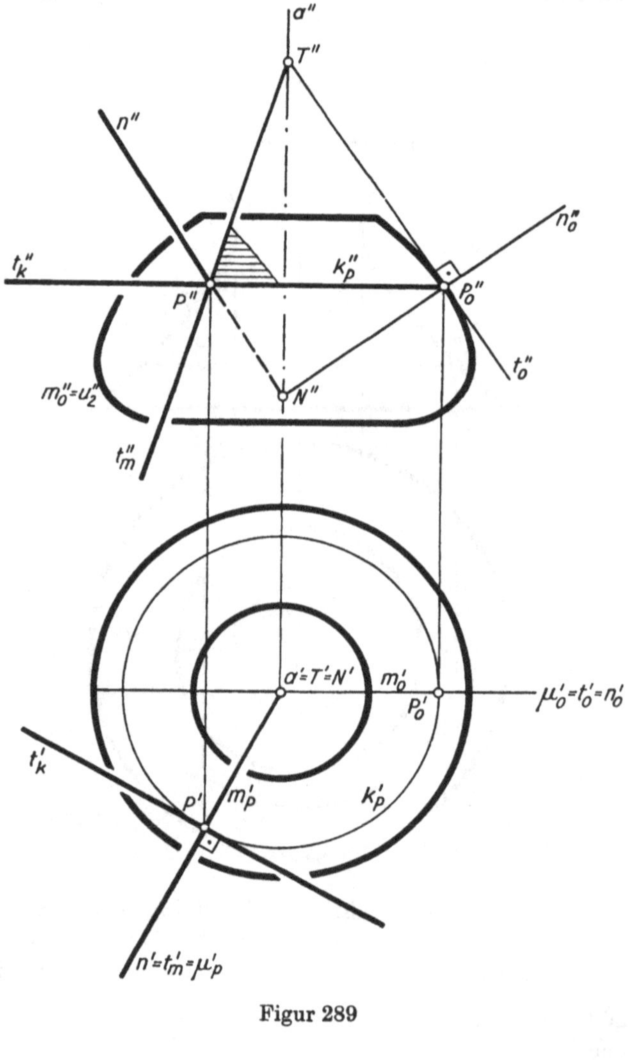

Figur 289

dieser Drehung beschreibt P einen Teil des durch ihn gehenden Parallelkreises k_P und kommt nach P_0 auf m_0. Nun zeichnet man die Tangente t_0'' an m_0'' in P_0'' und dreht die Hauptmeridianebene wieder nach μ_P zurück. Dabei überstreicht die Meridiantangente i. a. einen Drehkegel mit der Spitze $T = a\,t_0$. Die Gerade $P''T''$ ist der gesuchte Aufriß t_m'' von t_m.

Aus der angeführten Konstruktion von t_m folgt: *Die Meridiantangenten in den Punkten eines Parallelkreises k einer Drehfläche Φ bilden i. a. einen Drehkegel, den zu k gehörenden Tangentenkegel von Φ.*

Oder: *Die Tangentialebenen in den Punkten eines Parallelkreises k einer Drehfläche Φ umhüllen i. a. einen Drehkegel mit der Spitze auf der Achse von Φ. Die Erzeugenden dieses Tangentenkegels sind die Meridiantangenten in den entsprechenden Punkten von k.*

Sonderfälle.

1. Die Meridiantangente t_m des Meridians m_P in P liegt zur Achse a von Φ parallel. In einem solchen Fall wird aus dem zugehörigen Tangentenkegel ein Drehzylinder.

2. Die Meridiantangente t_m des Meridians m_P in P steht zur Drehachse a normal. In einem solchen Fall wird aus dem Tangentenkegel längs des zugehörigen Parallelkreises k_P eine Ebene, die Φ in allen Punkten von k_P berührt. Man nennt einen solchen Kreis eine *Flachkurve* von Φ. (Allgemein gilt: Unter einer Flachkurve einer Fläche versteht man eine solche Flächenkurve, deren Punkte eine gemeinsame Tangentialebene besitzen.)

   Ein Parallelkreis, der eine Flachkurve von Φ ist, gehört dem zweiten wahren Umriß, sein Aufriß dem zweiten scheinbaren Umriß von Φ an.

3. P ist ein Schnittpunkt des durch ihn gehenden Halbmeridians m_{1P} mit der Achse a von Φ. In diesem Fall gehört der Punkt P sämtlichen Meridianen von Φ an. Ist ferner die Meridiantangente t_m von m_P in P zu a nicht normal, so existiert wohl ein Tangentenkegel (mit der Spitze P), hingegen wird die Tangentialebene in P an Φ unbestimmt. Φ zeigt in P ein ähnliches Verhalten wie ein Drehkegel in seiner Spitze. Man nennt daher P einen *konischen Punkt* von Φ. Besitzen hingegen die Meridiane in einem Schnittpunkt P mit der Drehachse a einen Scheitel mit einer zu a normalen Tangente, dann zeigt Φ in P ein ähnliches Verhalten wie eine Kugel in irgendeinem ihrer Punkte. Man nennt einen solchen Punkt P einen *Nabelpunkt* von Φ. Auf die mannigfachen weiteren möglichen Arten eines der Drehachse angehörenden Flächenpunktes wird in diesem Rahmen nicht weiter eingegangen.

Aufgabe 209 (für den Leser). (Figur 289.) Der Leser begründe die oben gegebene Konstruktion von t_m'' mit Hilfe der perspektiven Affinität, die zwischen m_P'' und m_0'' besteht.

Der Grundriß t_k' der Tangente t_k an den Parallelkreis k_P in P ist die Tangente an den Kreis k_P' in P', steht daher normal zur Zentralen $a'P'$. Ihr Aufriß t_k'' fällt mit dem Aufriß k_P'' von k_P zusammen.

Aus der angeführten Konstruktion der Parallelkreistangente t_k folgt:

Die Parallelkreistangenten in den Punkten eines Meridians m einer Drehfläche Φ bilden einen Zylinder $\mathfrak{Z}$, den zugehörenden Tangentenzylinder. Die Erzeugenden von $\mathfrak{Z}$ stehen zur Ebene μ von m normal.

Oder: *Die Tangentialebenen in den Punkten eines Meridians m einer Drehfläche Φ umhüllen einen Zylinder $\mathfrak{Z}$. Die Erzeugenden dieses Tangentenzylinders sind die Parallelkreistangenten in den entsprechenden Punkten von m.*

Die Normale n der Drehfläche Φ in einem Punkt P ist die Normale zur Tangentialebene τ von Φ in P. Daher ist n auch Normale des Meridians m_P in P und schneidet die Drehachse a in einem Punkt N. Daraus folgt:

Die Normalen einer Drehfläche Φ in den Punkten eines Parallelkreises k von Φ bilden i. a. einen Drehkegel, den zu k gehörenden Normalenkegel, dessen Achse in die Drehachse a fällt.

Der Grundriß n' von n fällt mit dem Grundriß t_m' der zugehörenden Meridiantangente zusammen, sein Aufriß n'' geht durch N'', den Aufriß der Spitze des zugehörenden Normalenkegels. Den Punkt N'' findet man als Schnittpunkt der Normalen n_0'' von m_0'' in P_0'' mit a''.

Die Spitze N des zum Parallelkreis k_P gehörenden Normalenkegels ist auch die Mitte jener Kugel $\mathfrak{K}_P$, die die Drehfläche Φ längs k_P berührt. Der Radius von $\mathfrak{K}_P$ beträgt $r = \overline{NP} = \overline{N''P_0''}$.

Ebene Schnitte von Drehflächen

Wird eine Drehfläche Φ mit einer Ebene ε geschnitten, so besitzt die Schnittkurve $c = \varepsilon\Phi$ stets jene Gerade s von ε zur Symmetrieachse, die von der durch die Drehachse a gelegten Normalebene ν_ε zu ε aus ε ausgeschnitten wird. Hat (bei lotrechter Achse a) die Schnittebene ε allgemeine Lage, so ist s jene 1. Fallinie von ε, die a schneidet. Ist hingegen ε erstprojizierend, dann ist auch s eine erstprojizierende Gerade von ε. Daß c tatsächlich bezüglich s symmetrisch liegt, erkennt man sofort, wenn man bedenkt, daß sowohl Φ wie auch ε durch Spiegelung an ν_ε in sich übergehen. Dies muß daher auch für $c = \varepsilon\Phi$ gelten.

Zur Festlegung der Schnittkurve c sind von c Punkte, Tangenten und in besonderen Punkten auch Krümmungskreise zu konstruieren. Dies soll zunächst an drei Sonderfällen gezeigt werden, die bereits die Grundgedanken dieser Konstruktionen erkennen lassen.

§ 132. Schnitt einer Drehfläche mit einer aufrißparallelen Ebene

Gegeben sei eine Drehfläche Φ mit lotrechter, in π_2 liegender Achse a und dem Hauptmeridian m_0, ferner eine Ebene ε parallel zur Aufrißebene π_2. Die Schnittkurve $c = \varepsilon\Phi$ soll konstruiert werden (Figur 290).

1. *Punktweise Konstruktion von c*

Um Punkte von c zu erhalten, bringt man eine Anzahl von Parallelkreisen oder Meridianen mit der Ebene ε zum Schnitt. Da ε erstprojizierend ist, fällt der Grundriß c' von c in die Gerade ε'. Da ferner jeder Parallelkreis k im Grundriß als Kreis um a' in wahrer Größe, im Aufriß als waagrechte Strecke erscheint, sind die (zwei)

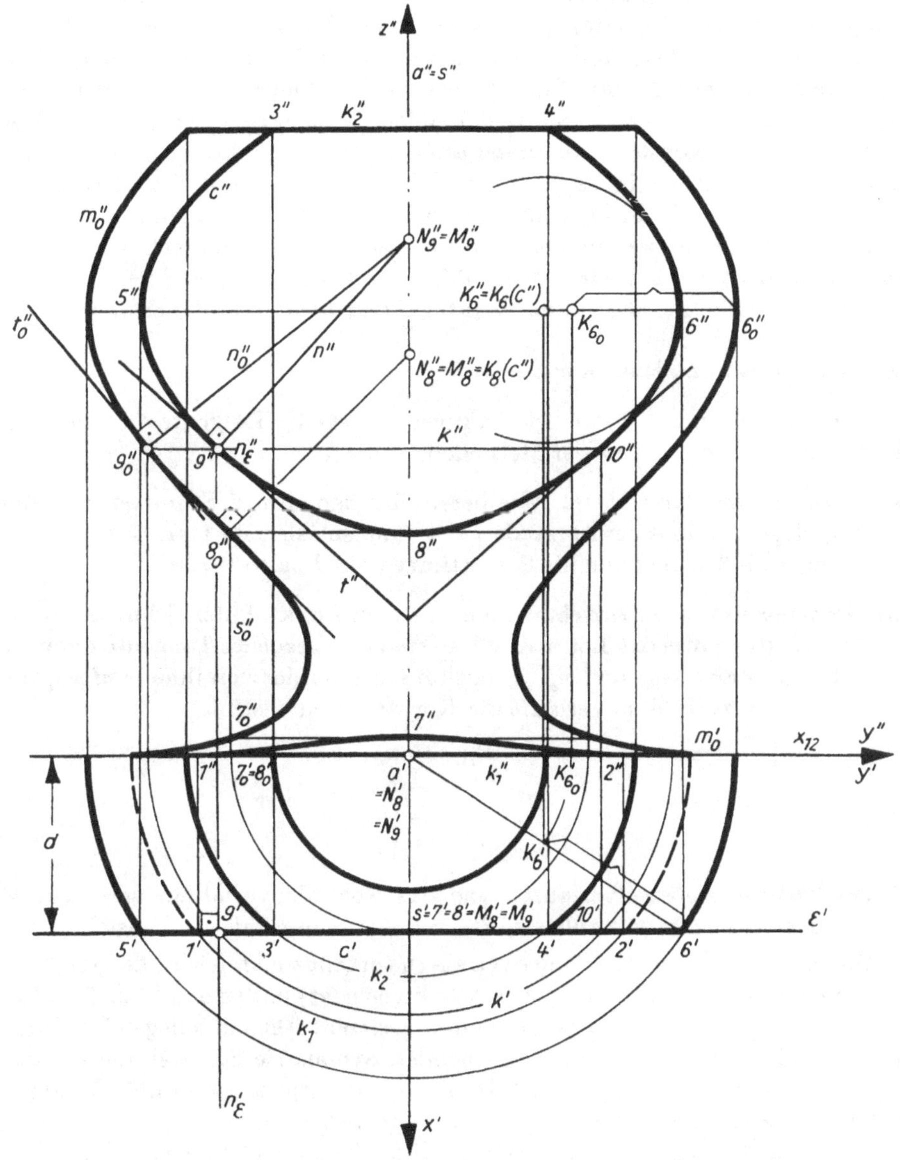
z''
a''=s''
3''
k''₂
4''
c''
m''₀
N''₉=M''₉
5''
K''₆=K₆(c'')
K₆₀
6''
6''₀
t''₀
n''₀
n''
N''₈=M''₈=K₈(c'')
k''
9''₀
9''
n''ε
10''
8''₀
8''
t''
s''₀
7''₀
7''
m'₀
x₁₂
y''
y'
1''
7'₀=8'₀
a'
=N'₈
=N'₉
k''₁
K'₆₀
2''
d
K'₆
9'
s'=7'=8'=M'₈=M'₉
10'
ε'
5'
1'
3'
c'
4'
2'
6'
k'₂
k'
k'₁
n'ε
x'

Figur 290

Schnittpunkte von k mit ε dem Grundriß direkt zu entnehmen und mit Ordnern in den Aufriß zu führen.

So schneiden in Figur 290 die beiden Randkreise k_1, k_2 die Ebene ε in den Punkten *1*, *2* bzw. *3*, *4*, der Äquatorkreis in den Punkten *5*, *6*, während auf dem Kehlkreis keine reellen Punkte von c liegen. Die (hier erstprojizierende) Symmetriegerade s trägt die Punkte *7* und *8*, die auch dem doppeltprojizierenden Meridian von Φ angehören. Die zu *7* und *8* gehörenden Parallelkreise berühren die Ebene ε

Man kann die Konstruktion dieser auf s liegenden Punkte auch so deuten, daß man s um die Achse a in die Hauptmeridianebene $\mu_0 = \pi_2$ dreht, diese Gerade s_0 mit dem Hauptmeridian m_0 schneidet und die so erhaltenen Punkte $7_0, 8_0$ wieder nach s zurückdreht, was im Aufriß durch Ziehen von Waagrechten (= Aufrisse der Drehkreise) erreicht wird. Schließlich wurde in Figur 290 noch ein allgemein liegender Parallelkreis k mit den Punkten *9* und *10* von c eingezeichnet.

2. *Tangentenkonstruktionen von c*

Um in einem Punkt P der Schnittkurve $c = \varepsilon\Phi$ die Tangente an c zu konstruieren, bedient man sich zweier Methoden.

a) *Tangentialebenenverfahren.* Wie bereits bei den ebenen Schnitten von Kegeln dargelegt, ist die Schnittgerade t der Tangentialebene τ an Φ in P mit der Ebene ε die Tangente an die Schnittkurve c in P, also $t = \varepsilon\tau$.

b) *Normalenverfahren.* Errichtet man in einem Punkt P der Schnittkurve c das Lot n_ε auf ε sowie das Lot n auf Φ, so steht die gesuchte Tangente t von c in P auf den beiden Geraden n_ε, n, mithin auch auf der von ihnen aufgespannten Ebene ν normal. Also verläuft die Konstruktion wie folgt:

$$P \perp \varepsilon = n_\varepsilon\,,$$
$$P \perp \Phi = n\,,$$
$$n\, n_\varepsilon = \nu\,,$$
$$P \perp \nu = t\,.$$

Das Tangentialebenenverfahren und das Normalenverfahren versagen, wenn Φ von der Ebene ε in P berührt wird, wenn also $\tau = \varepsilon$ und $n_\varepsilon = n$ ist.

Mit Hilfe des Tangentialebenenverfahrens erkennt man leicht, daß die Schnittkurve c und ihr Aufriß c'' (c'' ist ja zu c kongruent) in den Punkten *5* und *6* lotrechte, in *7* und *8* waagrechte Tangenten besitzen. Die auf s liegenden Punkte *7* und *8* sind ferner zufolge der herrschenden Symmetrie Scheitel von c. Auf der Symmetriegeraden s können auch Doppelpunkte, Spitzen und höhere Singularitäten auftreten, wie noch gezeigt werden wird.

An Hand des allgemein liegenden Punktes *9* soll nochmals das Normalenverfahren besprochen werden. Das Lot n_ε in *9* auf ε ist zweitprojizierend und erscheint im Aufriß als der Punkt $9''$. Die Normalebene ν zu t ist daher zweitprojizierend, so daß der Aufriß t'' von t als Normale auf n'' durch $9''$ zu konstruieren ist.

3. *Krümmungskreise von c bzw. c''*

a) Schmiegkreise der auf der Symmetriegeraden s liegenden Scheitel

Die Flächennormale n des Punktes *9* trifft die Drehachse a in einem Punkt N_9, der die Mitte einer Kugel $\mathfrak{K}_9$ ist, die Φ längs des zu *9* gehörenden Parallelkreises k berührt. Die Ebene ε schneidet daher die Kugel $\mathfrak{K}_9$ nach einem Kreis k_9, der die Schnittkurve in den Punkten *9* und *10* berührt. Für einen auf s gelegenen Scheitel, etwa für den Punkt *8*, rücken diese beiden Berührpunkte zusammen. Das heißt aber, daß jener Kreis k_8, den ε aus der Kugel $\mathfrak{K}_8$ ausschneidet, für c ein Scheitelschmiegkreis (vierpunktige Berührung) ist. Im Aufriß fällt die Mitte M_8 von k_8 mit der Kugelmitte N_8 zusammen ($M_8'' = K_8(c'')$).

b) Krümmungskreis für einen Punkt von c mit lotrechter Tangente

Soll in einem Punkt mit lotrechter Tangente, etwa in *6*, der Krümmungskreis von c konstruiert werden, so benötigt man hierzu die Krümmungsmitte K_{6_0} des Hauptmeridians im Punkt 6_0. Hat man diese ermittelt, so konstruiert man den Aufriß K_6'' der Krümmungsmitte K_6 des durch *6* gehenden Meridians in *6*, indem man im Grundriß den Hauptmeridian μ_0 samt K_{6_0}' in die zu *6* gehörende Meridianebene dreht und durch K_6' den Ordner zieht. Dieser schneidet die Waagrechte durch 6_0 in K_6''. Der so gefundene Punkt K_6'' ist, wie ohne Beweis mitgeteilt wird, bereits die Krümmungsmitte von c'' in $6''$, also $K_6(c'')$.

* Aufgabe 210 (für den Leser). Der Leser beweise die oben angegebene Konstruktion der Krümmungsmitte von c'' in $6''$.

Anleitung. c und der Meridian durch *6* sind zwei ebene Schnitte von Φ durch die (lotrechte) Tangente in *6* an c. Der erwähnte Meridian ist dabei ein Normalschnitt von Φ, usw. *

* Bezogen auf das in Figur 290 gezeichnete kartesische Normalkoordinatensystem habe die Drehfläche Φ die Gleichung

$$x^2 + y^2 = f^2(z)\,,$$

wobei $\varrho = f(z)$ einen Meridian m beschreibt. Hat sodann eine aufrißparallele Ebene ε von der Hauptmeridianebene μ_0 die Entfernung d, so gilt für die Schnittkurve $c = \varepsilon\Phi$

$$y^2 = f^2(z) - d^2\,,$$
$$x = d\,,$$

wobei die erste Gleichung auch den Aufriß c'' von c beschreibt. *

§ 133. Schnitt einer Drehfläche mit einer erstprojizierenden Ebene ε (ε nicht parallel zu π_2)

In Figur 291 wurde die erstprojizierende Ebene ε so angenommen, daß sie Φ in einem Punkt des Kehlkreises berührt. Die Schnittkurve c hat in diesem Berührpunkt eine singuläre Stelle, worauf noch später eingegangen werden wird.

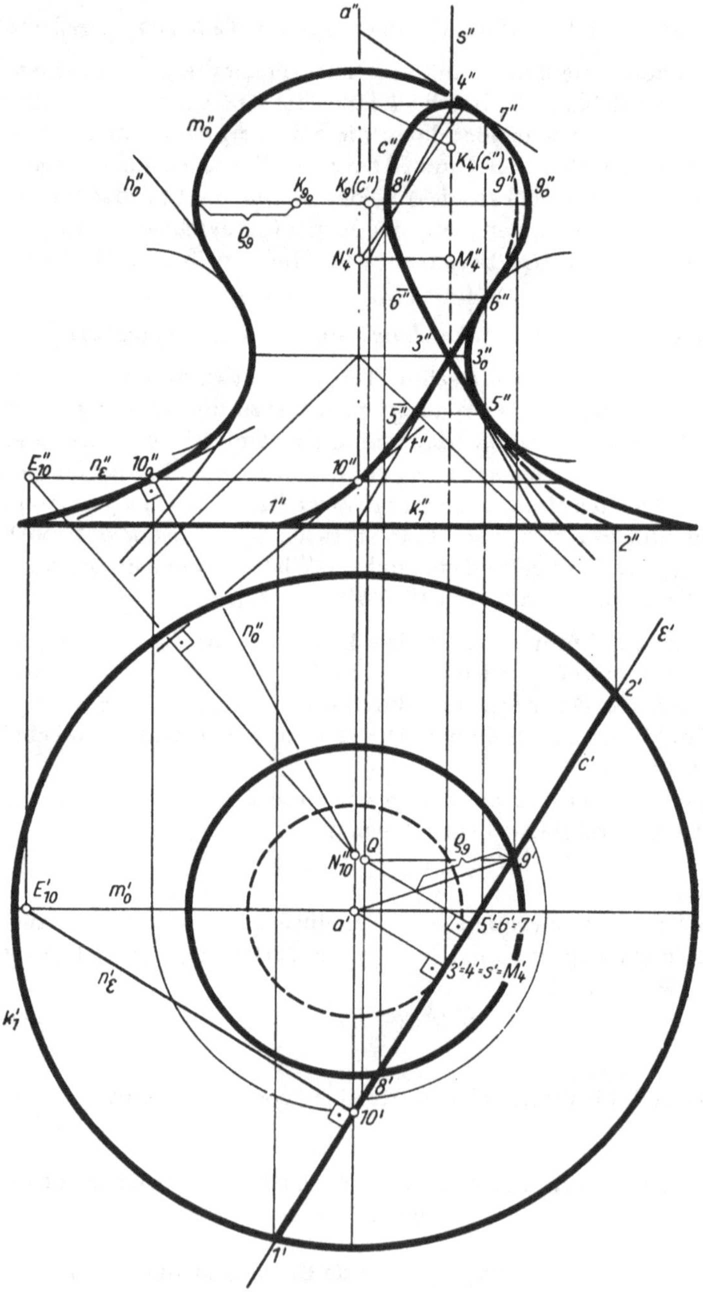
a''
s''
4''
7''
m_0''
c''
$K_4(c'')$
h_0''
K_{9_0}
$K_9(c'')$
8''
9''
$9_0''$
ϱ_9
N_4''
M_4''
$\bar{6}''$
6''
3''
$3_0''$
$\bar{5}''$
5''
t''
E_{10}''
n_ε''
$10_0''$
10''
1''
k_1''
2''
n_0''
ε'
2'
c'
Q
ϱ_9
N_{10}''
9'
E_{10}'
m_0'
a'
5'=6'=7'
3'=4'=s'=M_4'
n_ε'
k_1'
8'
10'
1'

Figur 291

1. *Punktweise Konstruktion von c*

Die Konstruktion von Punkten der Schnittkurve c erfolgt in gleicher Weise, wie unter § 132, 1 dargelegt wurde. Auf dem Randkreis k_1 liegen die Punkte *1*, *2*, auf dem Kehlkreis und zugleich auf der Symmetriegeraden s der Doppelpunkt *3*. Ferner liegen auf s der Scheitelpunkt *4*, auf dem Hauptmeridian m_0 die Punkte *5*, *6* und *7*, in deren Aufrissen c'' den zweiten scheinbaren Umriß von Φ berührt. Auf dem Äquatorkreis befinden sich die Punkte *8* und *9* und schließlich auf dem doppeltprojizierenden Meridian der Punkt *10* von c. Durch Spiegelung der Punkte $5''$, $6''$, $7''$ und $10''$ an s'' erhält man vier weitere Punkte $\bar{5}''$, $\bar{6}''$, $\bar{7}''$ und $\overline{10}''$ von c''.

2. *Tangentenkonstruktionen von c*

Mit Hilfe des Tangentialebenenverfahrens erkennt man, daß die Tangente in $4''$ waagrecht, die Tangenten in $8''$ und $9''$ lotrecht verlaufen. In $4''$ besitzt c'' zufolge der Symmetrie bezüglich s'' einen Scheitel.

Das Normalenverfahren, bei der Tangentenkonstruktion im Punkt *10* angewandt, verläuft folgendermaßen: Die Flächennormale n in *10* besitzt in der Hauptmeridianebene μ_0 den Spurpunkt N_{10}, die Normale n_ε den Spurpunkt E_{10}. Der Aufriß t'' der Tangente t an c in *10* steht auf der 2. Spur der Normalebene $\nu = n\, n_\varepsilon$, also auf der Geraden $N_{10}''E_{10}''$ senkrecht.

Die Schnittebene ε ist in dem Kehlkreispunkt *3* Tangentialebene. Φ liegt in der Umgebung von *3* auf verschiedenen Seiten von ε. Man nennt einen solchen Flächenpunkt *hyperbolisch*. Die Schnittkurve c hat in *3* einen Doppelpunkt.

Bemerkung. Schneidet die Tangentialebene τ einer Fläche Φ in einem regulären Punkt P die Fläche in der Umgebung von P nicht reell, so heißt P ein *elliptischer Flächenpunkt*. Die Schnittkurve $c = \tau\Phi$ besitzt in P einen *isolierten Punkt*. (Ein Ellipsoid oder ein zweischaliges Hyperboloid besitzen nur elliptische Punkte.)

Durchsetzt hingegen τ die Fläche Φ in P, so liegt ein *hyperbolischer Flächenpunkt* vor. Die Schnittkurve $c = \tau\Phi$ hat in P einen *Doppelpunkt*. (Ein einschaliges Hyperboloid oder ein hyperbolisches Paraboloid haben nur hyperbolische Punkte.)

Besitzt die Schnittkurve $c = \tau\Phi$ in P nur eine Tangente, so nennt man P einen *parabolischen Flächenpunkt*. Die Schnittkurve $c = \tau\Phi$ hat in P i. a. eine *Spitze*. (Zylinder, Kegel und Torsen haben – abgesehen von ihren singulären Stellen – nur parabolische Punkte.)

Um die *Doppelpunktstangenten* von c (in *3*) zu finden, konstruiert man jene Hyperbel h_0, deren Nebenachse in der Drehachse a liegt, die 3_0 als einen Hauptscheitel und den Krümmungskreis des Hauptmeridians in 3_0 als Scheitelschmiegkreis besitzt. Sodann läßt man die Hyperbel h_0 um a rotieren und schneidet das so entstehende einschalige Drehhyperboloid $\mathfrak{H}$ mit ε. Das Schnittergebnis sind zwei Erzeugende von $\mathfrak{H}$ und zugleich die Tangenten in *3* an c. Die hierzu nötigen Konstruktionslinien sind in Figur 291 eingezeichnet. (Die Begründung dieser Konstruktion sowie die oben geschilderte Entstehung eines Doppelpunktes, eines isolierten Punktes oder einer Spitze von c wird in der Differentialgeometrie gegeben.)

3. *Krümmungskreise von c''*

a) Schmiegkreis des Scheitels $4''$ von c''

Die Flächennormale des Punktes 4 trifft die Drehachse a in einem Punkt N_4, der auch Mittelpunkt der Kugel $\mathfrak{K}_4$ ist, die Φ längs des zu 4 gehörenden Parallelkreises berührt. Der Schnittkreis k_4 von ε mit $\mathfrak{K}_4$ hat die Mitte M_4 und erscheint im Aufriß als eine Ellipse mit der Mitte M_4'' und einem Hauptscheitel in $4''$. Der Schmiegkreis dieser Ellipse in $4''$ ist zugleich Schmiegkreis von c'' in $4''$.

b) Krümmungskreis für einen Punkt von c'' mit lotrechter Tangente

Die Konstruktion der Krümmungsmitte von c'' in $9''$ $(= K_9(c''))$ erfolgt, wie hier ohne Beweis mitgeteilt wird, folgendermaßen: Man trägt im Grundriß auf der Geraden $a'9'$ von $9'$ aus sinngemäß (hier gegen a' hin) den Krümmungsradius ϱ_9 des Hauptmeridians m_0 in 9_0 auf, fällt aus diesem Punkt K_9' (= Grundriß der Krümmungsmitte K_9 des durch 9 gehenden Meridians für den Punkt 9) das Lot auf ε und schneidet dieses mit der Waagrechten durch $9'$ in Q. Der Ordner durch Q trifft die Waagrechte durch $9''$ in $K_9(c'')$.

* Aufgabe 211 (für den Leser). Der Leser begründe die oben angegebene Konstruktion der Krümmungsmitte $K_9(c'')$ mit Hilfe des Satzes von Meusnier (Meusnier-Kugel). *

§ 134. Schnitt einer Drehfläche mit einer zweitprojizierenden Ebene ε (ε nicht parallel zu π_1)

In Figur 292 wurde die zweitprojizierende Ebene ε mit dem 1. Neigungswinkel α so angenommen, daß ihre erste, die Achse a schneidende Fallinie (= Symmetriegerade s von c) Wendetangente des Hauptmeridians m_0 in 1 ist. Die Schnittkurve $c = \varepsilon\Phi$ hat in diesem Fall in 1 eine Spitze. Ferner wurde die wahre Gestalt von c in einem an π_2 angehängten Seitenriß (x_{23} parallel zu ε'') ermittelt.

1. *Punktweise Konstruktion von c*

Die Symmetriegerade s hat mit dem Hauptmeridian außer dem Wendepunkt 1 noch den Punkt 2 gemeinsam, der ein Scheitel von c ist. Ferner wurde von c noch ein allgemein liegender Punkt 3 mittels des Parallelkreises k_3 konstruiert.

2. *Tangentenkonstruktionen von c*

Durch Anwendung des Tangentialebenenverfahrens erkennt man, daß die Scheiteltangente in 2 zweitprojizierend ist, während für den Punkt 1 sowohl diese Methode als auch das Normalenverfahren versagt. Die Differentialgeometrie lehrt, daß in dem (parabolischen) Punkt 1 die Schnittkurve c eine Spitze besitzt und die Symmetriegerade s die *Spitzentangente* ist.

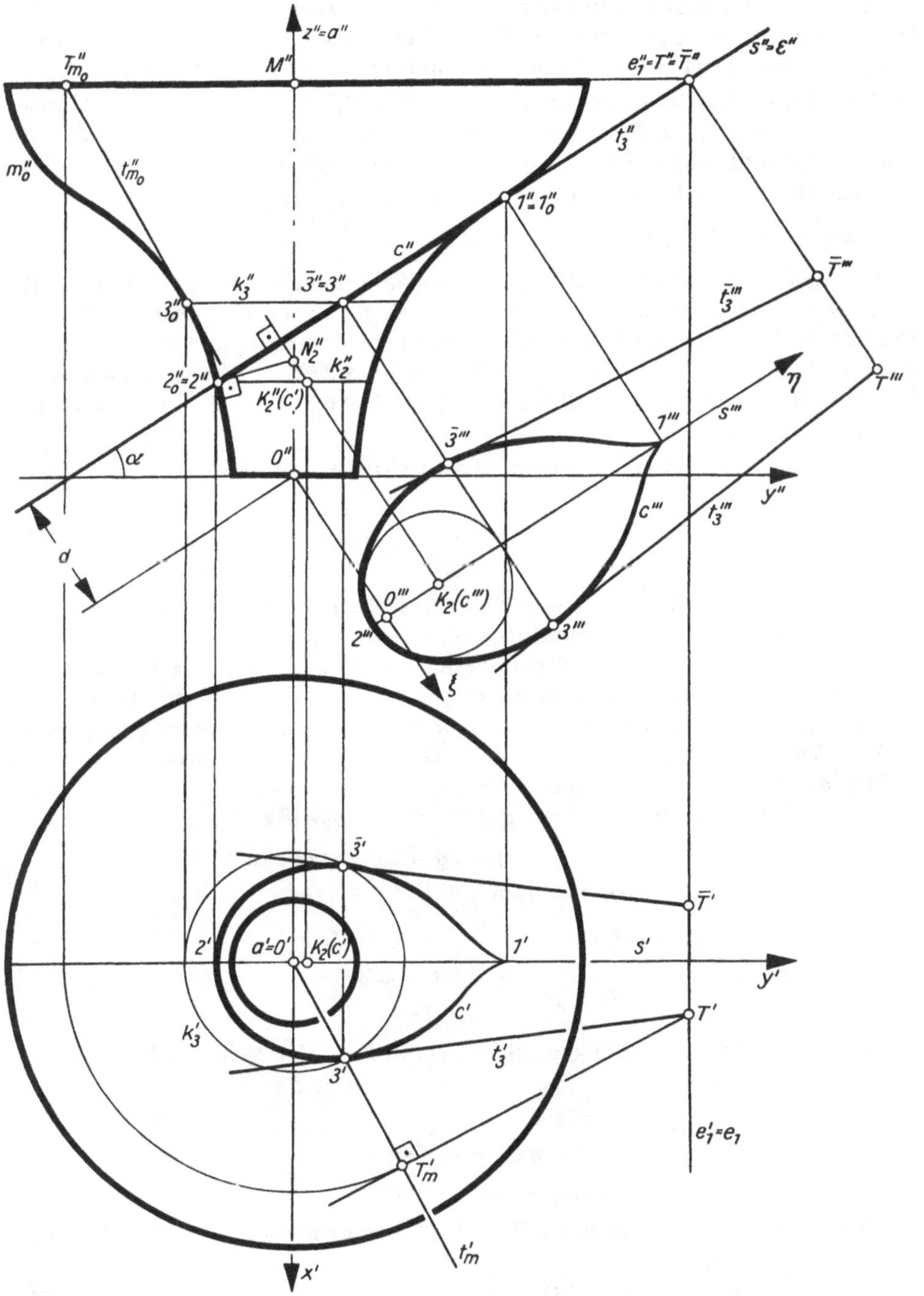
z''=a''
M''
T''m0
e''1=T''=T̄''
s''=ε''
m''0
t''m0
t''3
1''=1''0
c''
T̄'''
k''3
3̄''=3''
3''0
t̄'''3
N''2
k''2
2''0=2''
K''2(c')
η
1'''
s'''
3̄'''
T'''
α
0''
y''
c'''
t'''3
d
0'''
K2(c''')
3'''
2'''
ξ
3̄'
T̄'
2'
a'=0'
K2(c')
1'
s'
y'
c'
T'
k'3
t'3
3'
e'1=e1
T'm
t'm
x'

Figur 292

Zur Konstruktion der Tangente t_3 von c in 3 wurde das Tangentialebenenverfahren angewendet. Die Ebene des oberen Randkreises diente hierbei als Grundrißebene. Der Spurpunkt T_m der Meridiantangente t_m von 3 liegt im Grundriß auf der Geraden $O'3'$ in der Entfernung $\overline{M''T_{m_0}}$, wenn T_{m_0} den Spurpunkt der Hauptmeridiantangente t_{m_0} in 3_0 bedeutet. Die Spur der Tangentialebene τ von Φ in 3 steht in T_m' auf t_m' normal. Sie schneidet die Spur e_1 von ε in einem Punkt T', der dem gesuchten Grundriß t_3' von t_3 angehört.

3. *Krümmungskreise von c (bzw. c''') und c'*

Ohne Beweis sei die Konstruktion der Krümmungsmitte von c''' in $2'''$ $(= K_2(c'''))$ sowie der Krümmungsmitte von c' in $2'$ $(= K_2(c'))$ angegeben: Man zeichne in $2^0 = 2''$ die Normale zum Aufriß m_0'' des Hauptmeridians m_0 und schneide diese mit dem Aufriß a'' der Achse a in N_2''. Dies ist der Aufriß des Mittelpunktes jener Kugel $\mathfrak{K}_2$, die Φ längs des Parallelkreises k_2 durch 2 berührt. Die Normale zu ε'' durch N_2'' schneidet

a) die Ebene von k_2 in einem Punkt, dessen Grundriß in die Krümmungsmitte $K_2(c')$ fällt,

b) den Seitenriß s''' der Symmetriegeraden s von c in der Krümmungsmitte $K_2(c''')$.

* Aufgabe 212 (für den Leser). Der Leser begründe die oben gegebenen Konstruktionen der Krümmungsmitten $K_2(c')$ und $K_2(c''')$. *

* Um die Schnittkurve $c = \varepsilon\Phi$ sowohl im Grundriß als auch in wahrer Gestalt (im Seitenriß) rechnerisch zu erfassen, übertragen wir die angeführten Konstruktionen von c' und c''' mit Hilfe des in Figur 292 angedeuteten räumlichen kartesischen Normalkoordinatensystems $O(x, y, z)$ bzw. des ebenen kartesischen Normalkoordinatensystem $O'''(\xi, \eta)$ in Formeln.

Ist d der Ursprungsabstand $\overline{O\varepsilon}$, so gilt für den Grundriß c' von c

$$x^2 + y^2 = f^2(z) \dots \varrho = f(z) \quad \text{(siehe Seite 365)},$$
$$z \cos\alpha = y \sin\alpha + d\,.$$

Mithin ist die Gleichung von c'

$$x^2 + y^2 = f^2\left(\frac{y \sin\alpha + d}{\cos\alpha}\right).$$

Das Übertragen von c in den gewählten Seitenriß erfolgt rechnerisch durch die Formeln

$$x = \xi\,,$$
$$y = \eta\cos\alpha - d\sin\alpha\,,$$
$$z = \eta\sin\alpha + d\cos\alpha\,.$$

Der Seitenriß c''' von c und zugleich die wahre Gestalt von c wird daher beschrieben durch

$$\xi^2 + (\eta\cos\alpha - d\sin\alpha)^2 = f^2(\eta\sin\alpha + d\cos\alpha)\,. \;* \qquad (1)$$

§ 135. Schnitt einer Drehfläche mit einer allgemein liegenden Ebene

Soll eine Drehfläche Φ mit einer Ebene ε allgemeiner Lage geschnitten werden, so kann man die Aufgabe mit Hilfe eines Seitenrisses, für den ε projizierend ist, auf die vorige Aufgabe zurückführen. Konstruktiv einfacher ist es aber, die Ebene ε um die Drehachse a so zu drehen, daß die gedrehte Ebene ε_0 zweitprojizierend ist. Nun wird nach den im vorigen Abschnitt aufgezeigten Methoden die Schnittkurve $c_0 = \varepsilon_0\Phi$ konstruiert und sodann wieder samt ε_0 in die Ausgangslage zurückgedreht.

In Figur 293 wurde die schneidende Ebene ε durch jene 1. Fallinie angegeben, die die Achse a von Φ schneidet, also durch die Symmetriegerade s von c. Als Drehfläche wurde ein Torus gewählt. Ferner wurde s so angenommen, daß ε den Torus in dem hyperbolischen Punkt *9* berührt. (Die gedrehte Symmetriegerade s_0 berührt daher den Hauptmeridian m_0 in 9_0.)

Die Schnittkurve c besitzt in *9* einen Doppelpunkt. Die Konstruktion von c verläuft in der oben beschriebenen Weise. Neu kommt nur die Bestimmung der Umrißpunkte *1*, *2*, *3*, *4*, *10* und *11* von c für den Aufriß c'' hinzu. Da *1* und *2* dem untersten, *3* und *4* dem obersten Parallelkreis und *10* und *11* dem Hauptmeridian m_0 angehören, sind sämtliche Umrißpunkte dem Grundriß leicht zu entnehmen und mit Ordnern in den Aufriß zu führen. (Die Punkte *10*, *11* sind außerdem mittels der zweiten Hauptlinie h_2 von ε, die die Drehachse a schneidet, exakt zu konstruieren.)

Der erste scheinbare Umriß besteht aus den Grundrissen von Kehl- und Äquatorkreis. Da diese beiden Kreise im Aufriß in die waagrechte Symmetrieachse des Aufrisses von Φ fallen, sind die Umrißpunkte für den Grundriß, also die Punkte *5*, *6*, *7*, *8*, zunächst in ihrer gedrehten Lage auf $c_0 = \varepsilon_0\Phi$ aufzusuchen und sodann wieder zurückzudrehen, was konstruktiv hier um so leichter durchzuführen ist, als sie auf einer Geraden h_1, der Schnittgeraden von ε mit der waagrechten Symmetrieebene von Φ, liegen.

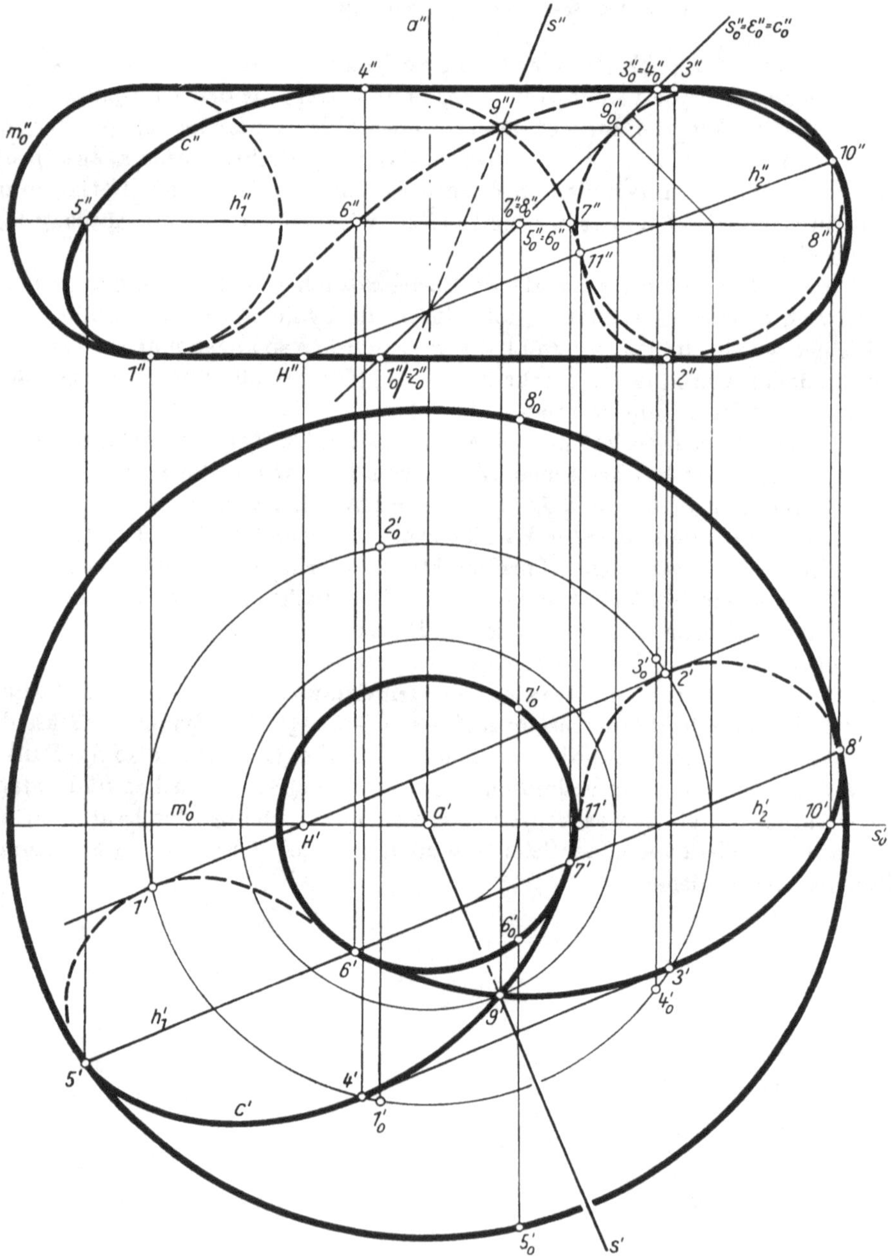
a''
s''
$s_0''=\varepsilon_0''=c_0''$
4''
$3_0''=4_0''$
3''
m_0''
c''
9''
$9_0''$
10''
h_2''
5''
h_1''
6''
$7_0''=8_0''$
7''
$5_0''=6_0''$
8''
11''
1''
H''
$1_0''=2_0''$
2''
$8_0'$
$2_0'$
$3_0'$
2'
$7_0'$
8'
m_0'
H'
a'
11'
h_2'
10'
s_0'
7'
1'
$6_0'$
6'
3'
9'
$4_0'$
h_1'
5'
4'
c'
$1_0'$
$5_0'$
s'

Figur 293

XI. DREHFLÄCHEN ZWEITER ORDNUNG

Läßt man einen reellen (einteiligen) Kegelschnitt um eine seiner Achsen rotieren, so entsteht, wie bereits erwähnt, eine reelle *Drehfläche Φ von 2. Ordnung.* Jede reelle Gerade schneidet Φ in genau zwei Punkten (im Sinne der algebraischen Wurzelzählung) oder sie gehört ganz der Fläche an (Erzeugende von Φ). Jede reelle Ebene ε schneidet Φ in einem Kegelschnitt c. Dieser Kegelschnitt $c = \varepsilon\Phi$ kann einteilig oder nullteilig sein oder in zwei Geraden zerfallen (wenn ε eine Tangentialebene von Φ ist), die wieder reell getrennt, zusammenfallend oder konjugiert komplex sein können.

§ 136. Singuläre Drehflächen zweiter Ordnung

Als singuläre Drehflächen 2. Ordnung sind die schon behandelten Flächen zu nennen wie

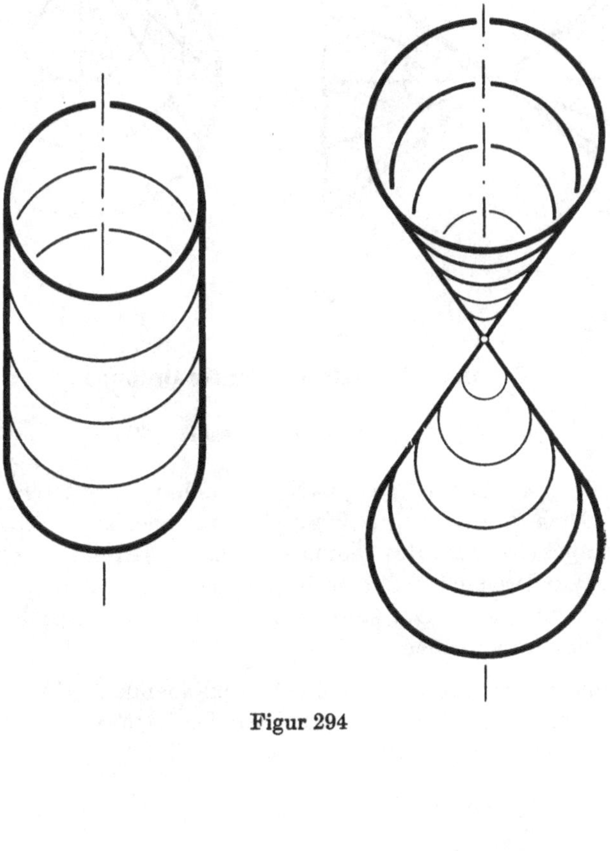

Figur 294

1. der Drehkegel,
2. der Drehzylinder.

In Figur 294 wurden diese beiden Flächen in Militärperspektive abgebildet. Die in wahrer Gestalt erscheinenden Parallelkreise (lotrechte Lage der Achse a vorausgesetzt) bilden eine (einparametrige) Kreisschar.

Läßt man die Sehstrahlen parallel zu einer Erzeugenden eines Drehkegels einfallen, so bilden die Bilder der Parallelkreise ein parabolisches Kreisbüschel (Figur 295).

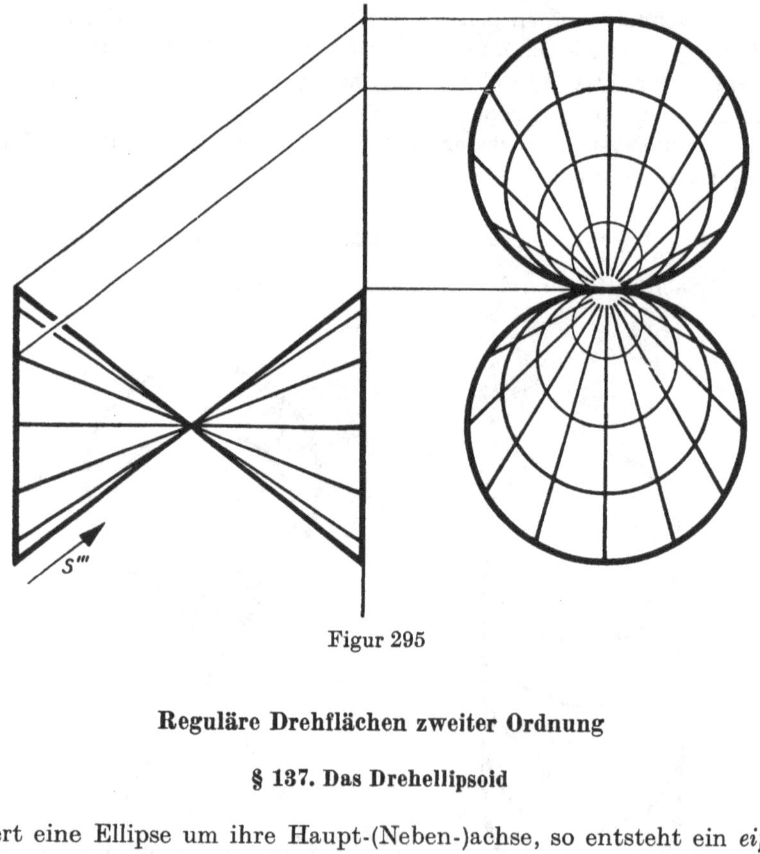

Figur 295

Reguläre Drehflächen zweiter Ordnung

§ 137. Das Drehellipsoid

Rotiert eine Ellipse um ihre Haupt-(Neben-)achse, so entsteht ein *eiförmiges* (*linsenförmiges*) *Drehellipsoid.* (Figur 296.) Da man jedes Drehellipsoid durch eine (räumliche) perspektive Affinität (Äquatorebene = Affinitätsebene, Affinitätsstrahlen parallel zur Drehachse) in eine Kugel überführen kann, die den Äquatorkreis als einen Großkreis besitzt, kann man unmittelbar folgende Eigenschaften über Drehellipsoide aussprechen:

1. Ein Drehellipsoid wird von einer (reell schneidenden) Ebene i. a. in einer Ellipse geschnitten. Die Ebenen normal zur Drehachse schneiden Kreise aus.

2. Parallele, zur Achse nicht normale Ebenen schneiden ein Drehellipsoid nach ähnlichen Ellipsen. Insbesondere schneidet eine achsenparallele Ebene das Drehellipsoid in einer Ellipse, die zu den Meridianen ähnlich ist.

3. In der Äquatorebene ist die 1. Spur der Tangentialebene eines Flächenpunktes P die Polare von P' in bezug auf den Äquator (Äquatorebene = Bildebene).

   In der Ebene des Hauptmeridians m_0 ist die 2. Spur der Tangentialebene eines Flächenpunktes P die Polare von P'' in bezug auf m_0 (Hauptmeridianebene = Bildebene).

4. Legt man aus einem Punkt P außerhalb des Drehellipsoides Φ die möglichen Tangentialebenen an Φ, so umhüllen diese einen Kegel 2. Ordnung. Die Erzeu-

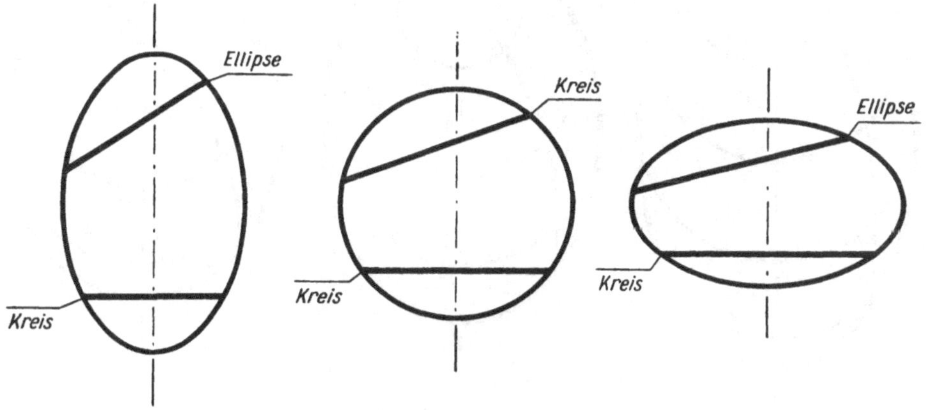

Figur 296

genden dieses Tangentenkegels sind die aus P an Φ legbaren Tangenten. Der Tangentenkegel berührt Φ i. a. längs einer Ellipse. Die Ebene π dieser Berührellipse nennt man die Polarebene von P. Umgekehrt heißt P der Pol von π. Das Drehellipsoid Φ ruft daher im Raum eine eineindeutige Punkt-Ebenen-Transformation hervor, die man das *Polarsystem* oder die *Polarität* von Φ nennt.

5. Der wahre Umriß (Eigenschatten) eines Drehellipsoides Φ ist i. a. jene Ellipse c_u, die die Polarebene des Augpunktes (der Lichtquelle) aus Φ ausschneidet. Der scheinbare Umriß (Umriß des Schlagschattens) ist die Projektion (der Schlagschatten) von c_u. Bei Parallelprojektion (Parallelbeleuchtung) fällt die Mitte von c_u in die Mitte von Φ.

6. Bei lotrechter Drehachse ist der Schrägriß eines Drehellipsoides Φ auf π_1 eine Ellipse, deren Brennpunkte die Schrägbilder des höchsten bzw. tiefsten Punktes von Φ sind.

In Figur 297 sind ein eiförmiges Drehellipsoid, eine Kugel und ein linsenförmiges Drehellipsoid in Militärperspektive abgebildet. Die Schrägbilder H^s, T^s der höchsten und tiefsten Punkte der drei Drehflächen sind — wie erwähnt — die Brennpunkte der Schrägumrißellipsen, und zwar liegen sie in Figur 297a außerhalb des Nebenscheitelkreises k_{II}, in Figur 297b auf k_{II} und in Figur 297c innerhalb von k_{II} des Schrägumrisses.

Die Bilder einiger Parallelkreise und eines Meridianes heben die Anschaulichkeit der Figuren.

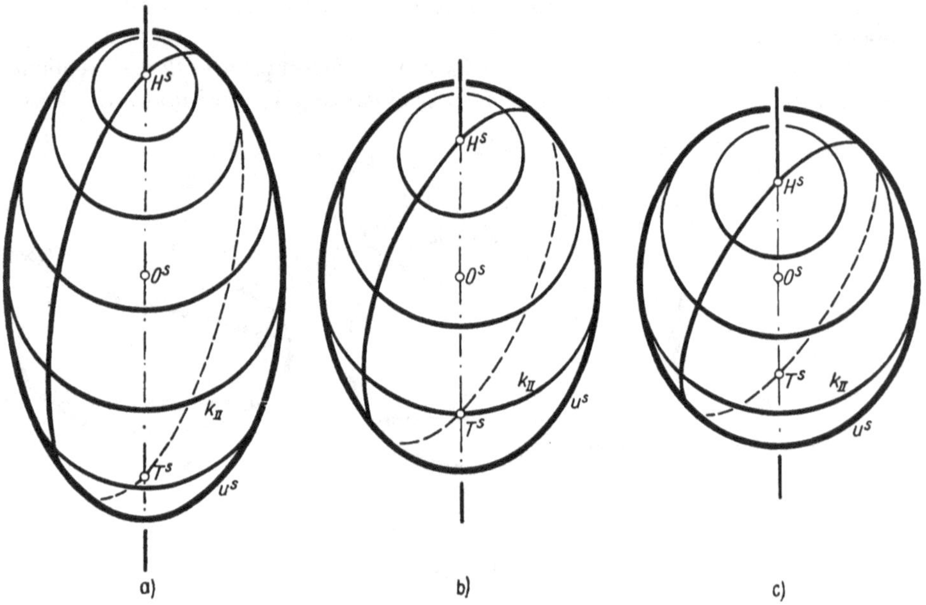

Figur 297

* Aufgabe 213 (für den Leser). Der Leser bestätigte die Richtigkeit folgender Sätze:

1. Jeder ebene Schnitt eines Drehellipsoides Φ liegt mit einem beliebigen Parallelkreis von Φ auf zwei Kegeln 2. Ordnung, deren Spitzen sich in jener Meridianebene befinden, die zur schneidenden Ebene normal steht.
2. Jeder ebene Schnitt eines Drehellipsoides Φ wird aus einem Nabelpunkt von Φ auf jede Ebene normal zur Achse als Kreis projiziert.
3. Legt man die Mitte eines Drehellipsoides Φ mit lotrechter Drehachse in die Bildachse und sind G_1, G_2 die Spurpunkte einer Geraden g, so ist der Grundriß $g^{*\prime}$ (Aufriß $g^{*\prime\prime}$) der reziproken Polaren g^* von g die Polare von G_1 (G_2) bezüglich des ersten (zweiten) scheinbaren (hier gleich dem wahren) Umriß von Φ. *

* Die perspektive Affinität, die eine Kugel $\mathfrak{K}$ bei festbleibendem Äquator in ein Drehellipsoid $\mathfrak{K}_1$ überführt, wird durch die Formeln

$$x = x_1\,,\quad y = y_1\,,\quad z = \frac{a}{b}\,z_1$$

vermittelt. Tatsächlich geht dadurch die Kugel $\mathfrak{K}$

$$x^2 + y^2 + z^2 = a^2$$

über in das Drehellipsoid $\mathfrak{K}_1$

$$b^2 (x_1^2 + y_1^2) + a^2 z_1^2 = a^2 b^2 . \;*$$

§ 138. Das Drehhyperboloid

Rotiert eine Hyperbel h um ihre Hauptachse (Nebenachse), so entsteht ein *zweischaliges* (*einschaliges*) *Drehhyperboloid* Φ. Die Asymptoten der Meridianhyperbel h überstreichen bei dieser Drehung einen Drehkegel $\mathfrak{K}$, der das Drehhyperboloid Φ längs seines Fernkegelschnittes u berührt.

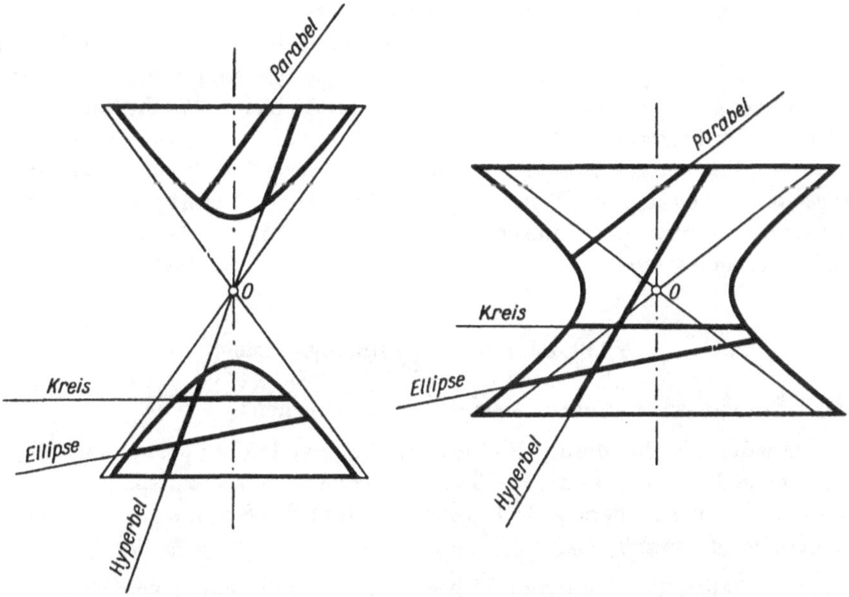

Figur 298

Schneidet daher eine Ebene ε ein Drehhyperboloid Φ (ohne Tangentialebene von Φ zu sein) nach einem Kegelschnitt c, den Asymptotenkegel $\mathfrak{K}$ nach einem Kegelschnitt c_k, so berühren c und c_k einander in ihren (gemeinsamen) Fernpunkten.

Soll daher entschieden werden, in welcher Kegelschnittsart Φ von einer Ebene ε geschnitten wird, so legt man durch die Spitze O des Asymptotenkegels (= Mitte des Drehhyperboloides) eine zu ε parallele Testebene σ_ε. Schneidet σ_ε den Asymptotenkegel $\mathfrak{K}$ in zwei reellen getrennten, zusammenfallenden oder konjugiert komplexen Geraden, so ist c_k und damit c in dieser Reihenfolge eine Hyperbel, Parabel oder Ellipse. (Figur 298.)

1. Sonderfall. Die schneidende Ebene ε ist eine Durchmesserebene des Drehhyperboloides Φ, ohne Tangentialebene des Asymptotenkegels $\mathfrak{K}$ und damit des Hyperboloides (in einem Fernpunkt) zu sein.

Da ε durch die Mitte O von Φ geht, ist sie mit der Testebene σ_ε identisch. Die von ε aus dem Asymptotenkegel $\mathfrak{K}$ ausgeschnittenen zwei Erzeugenden sind daher zugleich die Asymptoten des Schnittkegelschnittes $c = \varepsilon\Phi$.

2. Sonderfall. Die schneidende Ebene ε ist eine Tangentialebene des Drehhyperboloides Φ.

Da ε das Drehhyperboloid Φ in einem Punkt P berührt, muß die Schnittkurve $c = \varepsilon\Phi$ in P einen singulären Punkt besitzen. Da c aber eine Kurve 2. Ordnung ist, kann ein singulärer Punkt nur dann auftreten, wenn der Kegelschnitt in zwei Gerade zerfällt. Bei einem Drehhyperboloid gehen also durch jeden Punkt der Fläche zwei Erzeugende, die für Punkte eines zweischaligen Drehhyperboloides konjugiert komplex, beim einschaligen jedoch stets reell sind.

Da also bei einem einschaligen Drehhyperboloid Φ durch jeden Flächenpunkt P zwei reelle Erzeugende hindurchgehen (die die Tangentialebene von P aufspannen), Φ aber durch Drehung um seine Achse in sich übergeht, kann man ein einschaliges Drehhyperboloid auch durch Drehung einer Geraden um eine zu ihr windschiefe Achse a auf zwei verschiedene Arten erzeugen (*zwei Drehscharen von Erzeugenden*). Aus diesem Grunde ist das einschalige Drehhyperboloid eine besonders interessante und technisch wichtige Fläche. Sie soll daher etwas ausführlicher besprochen werden.

§ 139. Das einschalige Drehhyperboloid

Obige Ergebnisse zusammenfassend kann man sagen:

a) Durch jeden Flächenpunkt P eines einschaligen Drehhyperboloides Φ gehen zwei reelle Erzeugende, die die Tangentialebene von P aufspannen.
Zufolge der vorhandenen Drehsymmetrie und der Symmetrie an jeder Meridianebene gilt ferner:

b) Das einschalige Drehhyperboloid besitzt zwei Drehscharen von Erzeugenden. Je zwei Erzeugende derselben Schar sind zueinander windschief. Jede Erzeugende schneidet hingegen alle Erzeugenden der anderen Schar.

c) Eine Gerade e erzeugt bei Drehung um eine zu e windschiefe Gerade a ein einschaliges Drehhyperboloid.

Das einschalige Drehhyperboloid gehört daher zu den sogenannten *Strahl-* oder *Regelflächen.* (Unter einer Strahlfläche versteht man eine solche Fläche, die durch eine stetige Bewegung einer Geraden erzeugt werden kann.) Drehkegel, Drehzylinder und einschalige Drehhyperboloide bilden die Familie der Drehstrahlflächen.

Jeder Punkt P der Geraden e erzeugt bei der Drehung um die zu e windschiefe Achse a einen Parallelkreis des einschaligen Drehhyperboloides Φ. Der Fußpunkt E des Gemeinlotes zwischen a und e auf e durchläuft den Kehlkreis, der auf a gelegene Fußpunkt ist die Mitte O von Φ. Der Fernpunkt E_u von e gehört dem Fernkegelschnitt von Φ und damit jenem Meridian m an, dessen Ebene μ parallel zu e durch a verläuft. E_u liegt daher auch auf einer Asymptote von m, somit auf jener Erzeugenden des Asymptotenkegels, die zu e parallel ist. Da die Punkte O und E in gleicher Höhe liegen, gilt:

Legt man durch die Achse a eine Ebene μ parallel zu einer Erzeugenden e, so schneidet diese (erstprojizierende) Ebene das Drehhyperboloid nach einer Meridianhyperbel m, dessen eine Asymptote die Normalprojektion von e auf μ ist.

Insbesondere gilt: *Der zweite wahre (scheinbare) Umriß des Asymptotenkegels eines einschaligen Drehhyperboloides mit lotrechter Achse ist zugleich das Asymptotenpaar des zweiten wahren (scheinbaren) Umrisses von Φ.* (Dies gilt auch für das zweischalige Drehhyperboloid.)

Aufgabe 214. In Auf- und Grundriß seien eine lotrechte Gerade a und eine zu a windschiefe Gerade e gegeben. Man konstruiere jenes einschalige Drehhyperboloid Φ, das e bei Rotation um a überstreicht.

Lösung. (Figur 299a.) Man zeichne zunächst die Bilder des (waagrecht liegenden) Gemeinlotes zwischen a und e. Dessen Fußpunkte O und E sind Mittelpunkt O bzw. ein Punkt des Kehlkreises k von Φ. Damit kann man von k den Grundriß k' (als e' berührenden Kreis um a') als auch den Aufriß k'' (als waagrechte Strecke mit der Mitte O'') zeichnen. Die Endpunkte der Strecke k'' sind die Hauptscheitel der Umrißhyperbel $u_2'' = m_0''$. Die Gerade e ist, wie bereits erwähnt, eine Erzeugende von Φ, da sie ganz auf der Fläche liegt. Sie schneidet mithin den zweiten wahren Umriß u_2 in einem Punkt U. Ihr Aufriß e'' berührt daher den zweiten scheinbaren Umriß u_2'' in U''. Da U' auf dem Grundriß u_2' von u_2, also im Schnittpunkt von e' mit der Waagrechten durch a' liegt, kann man mit dem Ordner durch U' den Berührpunkt U'' von e'' mit u_2'' finden. Von der Umrißhyperbel kennt man nun die beiden Hauptscheitel und einen Punkt samt Tangente. (Da von der Umrißhyperbel die beiden Hauptscheitel bekannt sind, wäre sie durch die Tangente e'' bereits bestimmt.) Dreht man sodann den 1. Spurpunkt E_1 von e um die Drehachse a in die Hauptmeridianebene μ_0 nach E_{1_0}, so erhält man in dessen Aufriß E_{1_0}'' einen weiteren Punkt der Hyperbel u_2''. Der genannte Drehkreis ist der Spurkreis k_1 von Φ.

Ergänzt man im Grundriß die Punkte O', E', E_1 durch den Punkt $\overline{E}_1$ zu einem Rechteck, so hat man in $\overline{E}_1$ den 1. Spurpunkt der zu e parallelen Erzeugenden des Asymptotenkegels gefunden. Damit ist man in der Lage, die beiden Risse des Spurkreises des Asymptotenkegels einzuzeichnen und in weiterer Folge dessen zweiten scheinbaren Umriß, womit auch die Asymptoten von u_2'' konstruiert sind.

Als Zeichenkontrolle beachte man, daß der Punkt U'' die auf e'' liegende Strecke zwischen den beiden Asymptoten halbiert.

Aufgabe 215 (für den Leser). Der Leser beweise die oben als Zeichenkontrolle verwendete planimetrische Eigenschaft einer Hyperbel durch räumliche Überlegungen, indem er die beiden Asymptoten von u_2'' als Aufrisse jener Erzeugenden

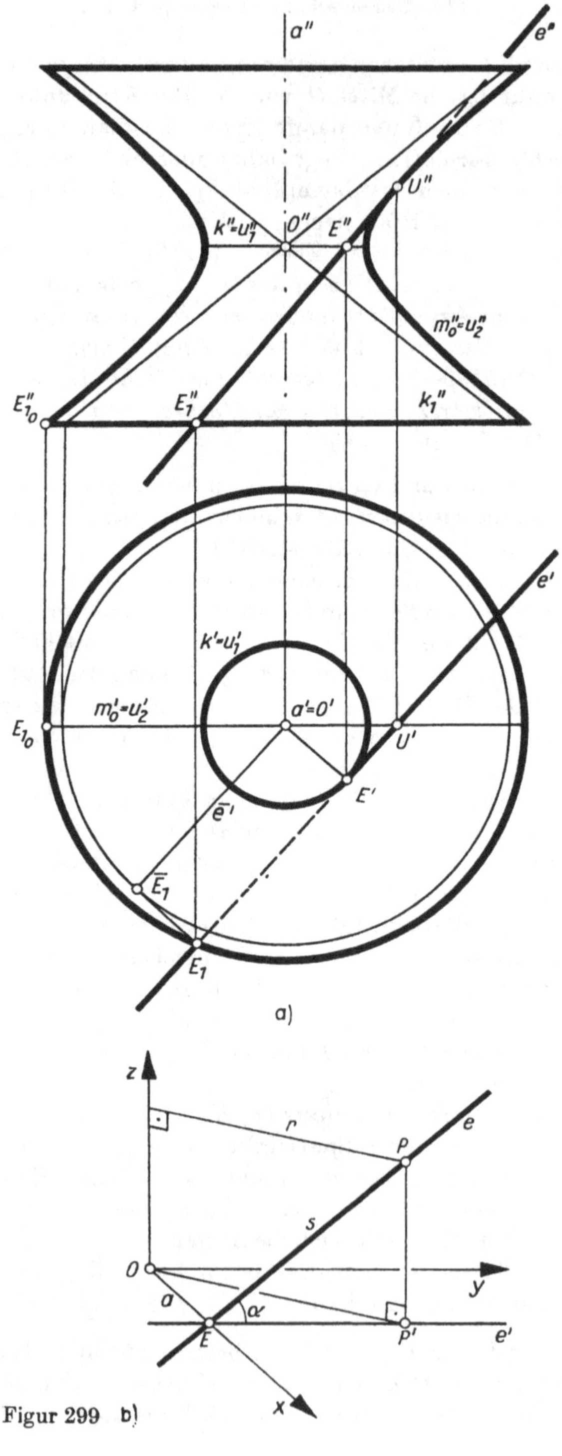
a''
e''
U''
k''=u''_1
O''
E''
m''_0=u''_2
E''_{1_0}
E''_1
k''_1
e'
k'=u'_1
m'_0=u'_2
a'=0'
E_{1_0}
U'
E'
ē'
Ē_1
E_1
a)
z
r
P
e
s
O
y
a
α
E
P'
e'
x
Figur 299 b)

im vordersten bzw. hintersten Punkt des Kehlkreises von Φ deutet, die nicht der gleichen Schar wie e angehören.

* Es soll nun durch Rechnung der Nachweis erbracht werden, daß eine Gerade e bei Rotation um eine zu ihr windschiefe Achse ein einschaliges Drehhyperboloid erzeugt. Zu diesem Zweck legen wir die Drehachse in die z-Achse, das Gemeinlot zwischen Drehachse und der Erzeugenden e in die x-Achse eines räumlichen kartesischen Normalkoordinatensystems. (Figur 299b.) Ein Punkt P von e habe vom Gemeinlot den Abstand s. Bei der Drehung um die z-Achse durchläuft P einen Kreis mit den Gleichungen

$$x^2 + y^2 = a^2 + s^2 \cos^2 \alpha$$
$$z = s \sin \alpha ,$$

wenn a die Länge des Gemeinlotes und α der 1. Neigungswinkel von e bedeuten. Nach Elimination von s erhält man die Gleichung der entstandenen Drehfläche

$$x^2 + y^2 - z^2 \cot^2 \alpha = a^2 .$$

Dies ist aber tatsächlich die Gleichung eines einschaligen Drehhyperboloides mit der Meridianhyperbel m_0

$$y^2 - z^2 \cot^2 \alpha = a^2$$
$$x = 0 .$$

Man erkennt ferner, daß die Erzeugende e die gleiche 1. Tafelneigung besitzt wie eine Asymptote von m_0. *

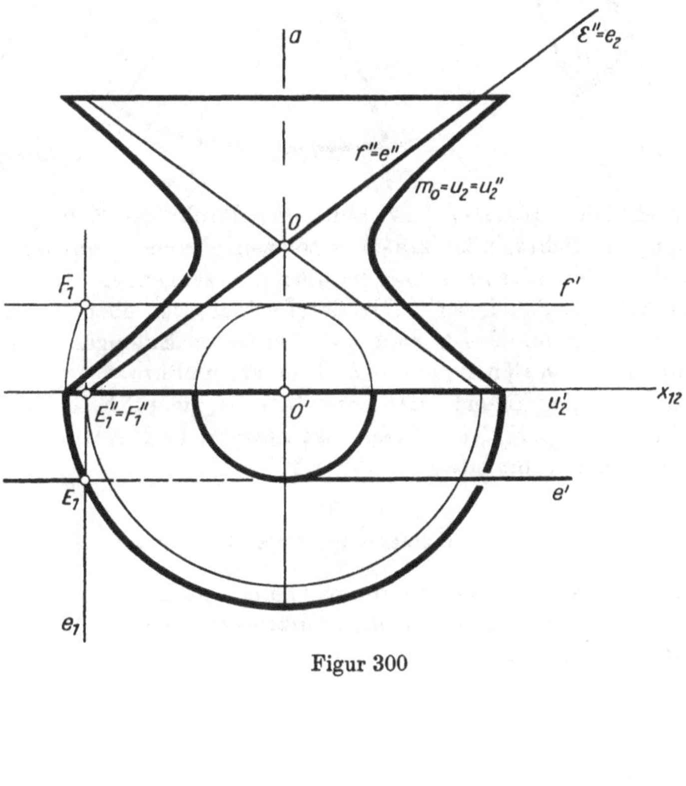

Figur 300

Bemerkung. Wir sind nun in der Lage, ein einschaliges Drehhyperboloid Φ mit einer Tangentialebene ε des Asymptotenkegels zu schneiden, also jenen ebenen Schnitt von Φ zu behandeln, den wir früher ausgeschlossen hatten.

Ohne Einschränkung der Allgemeinheit wählen wir ε außerdem zweitprojizierend (Figur 300) und legen die (lotrechte) Drehachse von Φ in die Aufrißebene π_2. In π_2 liegt demnach auch der Hauptmeridian m_0 (= u_2) von Φ. Der Aufriß ε'' von ε fällt in eine Asymptote von u_2. Somit liegen in ε zwei parallele Erzeugende e, f

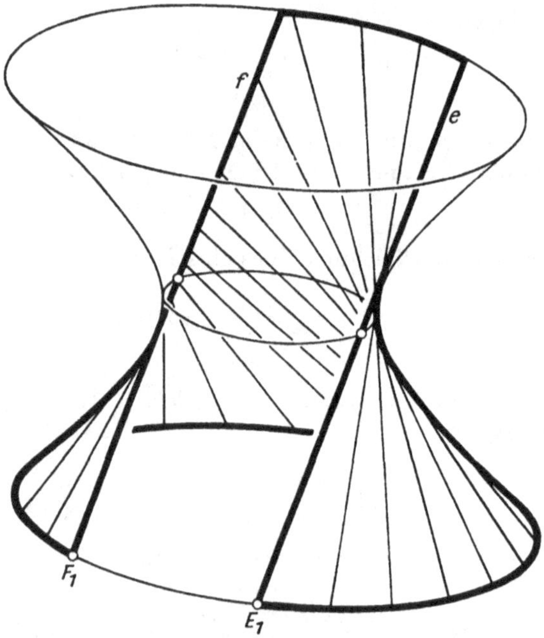

Figur 301

von Φ, die durch den vordersten bzw. hintersten Punkt des Kehlkreises gehen. Figur 301 zeigt eine Schrägrißskizze eines solchen ebenen Schnittes eines einschaligen Drehhyperboloides nach zwei parallelen Erzeugenden.

* Aufgabe 216 (für den Leser). Der Leser erkläre den ebenen Schnitt eines einschaligen Drehhyperboloides Φ nach zwei parallelen Erzeugenden als Schnitt von Φ mit einer Tangentialebene in einem ihrer Fernpunkte. *

Aufgabe 217 (für den Leser). Der Leser beweise die auf Seite 231 gegebene Konstruktion einer Hyperbel aus ihren Asymptoten und einem Punkt durch räumliche Überlegungen mit Hilfe der Figur 300.

§ 140. Das Polarsystem eines einschaligen Drehhyperboloides

Aufgabe 218. Es seien Auf- und Grundriß eines einschaligen Drehhyperboloides Φ und der Grundriß P' eines Flächenpunktes P gegeben. Man konstruiere die Tangentialebene τ von Φ in P.

Lösung. (Figur 302.) Man bringt zunächst den Punkt P durch Angittern mittels eines Parallelkreises in den Aufriß. Von beiden möglichen Lösungen wurde in Figur 302 der obere Punkt gewählt. Durch P gehen zwei Erzeugende e, f, die die gesuchte Tangentialebene τ aufspannen. Deren Grundrisse e', f' sind als Tangenten an den ersten scheinbaren Umriß u_1' (= Grundriß des Kehlkreises) leicht zu zeichnen. Sind E', F' die Berührpunkte von e' bzw. f' mit u_1', so gibt die Gerade $p_1' = E'F'$ den Grundriß der Spur p_1 von τ in der Kehlkreisebene. Die Aufrisse E'', F'' der Kehlkreispunkte E, F liegen auf u_1'', also auf der Hauptachse des zweiten scheinbaren Umrisses u_2'' von Φ. Damit sind auch die Aufrisse $e'' = P''E''$ und $f'' = P''F''$ der Erzeugenden e bzw. f gefunden. Die Berührpunkte U_e'', U_f'' von e'' bzw. f'' mit u_2'' findet man mit Hilfe des Grundrisses. So schneidet $e'(f')$ die Gerade u_2' in $U_e'(U_f')$. Der Ordner durch $U_e'(U_f')$ schneidet e'' (f'') in den Berührpunkten $U_e''(U_f'')$. Die Verbindungsgerade $p_2'' = U_e''U_f''$ ist demnach der Aufriß der Spur p_2 von τ in der Ebene des Hauptmeridians.

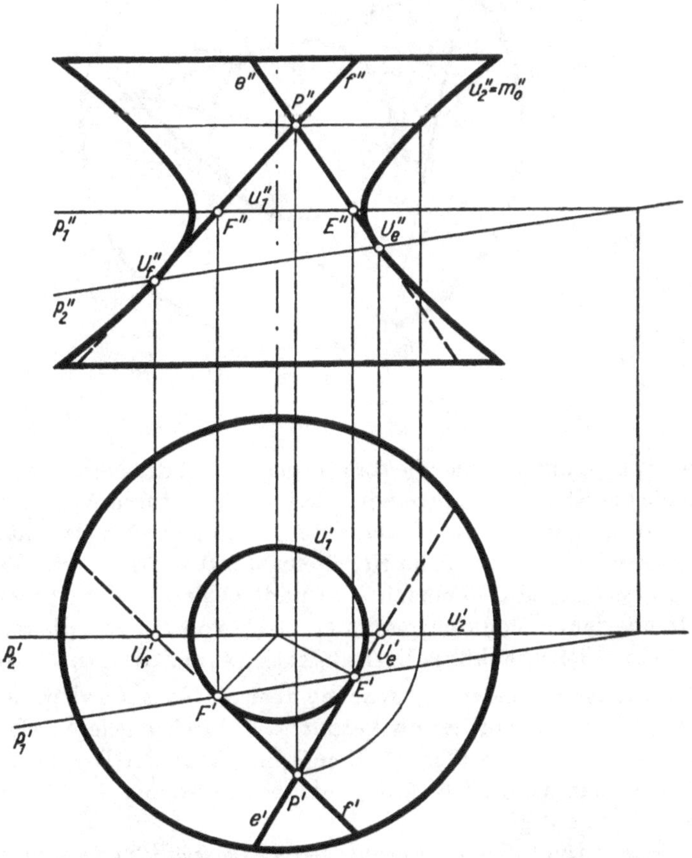

Figur 302

Legt man mithin die Mitte O eines einschaligen Drehhyperboloides mit lotrechter Achse in die Bildachse, so gilt:

Die 1. Spur der Tangentialebene τ eines Flächenpunktes P eines Drehhyperboloides Φ ist die Polare des Grundrisses P' von P in bezug auf den Kehlkreis; die 2. Spur von τ ist die Polare von P'' in bezug auf den Hauptmeridian m_0.

Aufgabe 219. Man schneide ein einschaliges Drehhyperboloid Φ mit einer Ebene π durch eine Erzeugende e von Φ.

Lösung. (Figur 303.) Ein einschaliges Drehhyperboloid Φ stehe mit dem Randkreis k_1 auf der Grundrißebene π_1 auf. Der Grundriß e' einer Erzeugenden e von Φ berührt den Grundriß u_1' des Kehlkreises u_1 ($u_1 =$ erster wahrer Umriß von Φ).

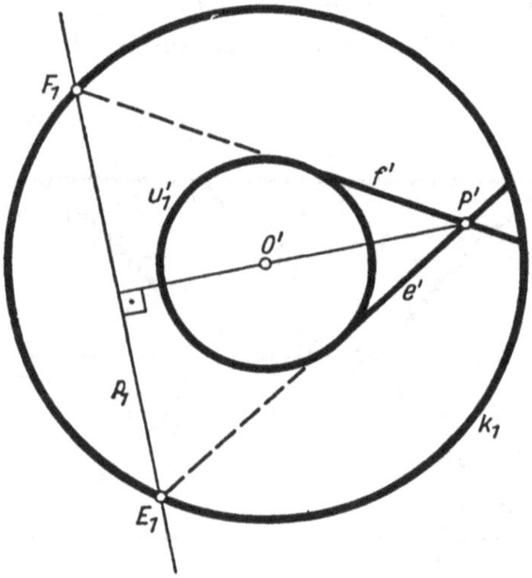

Figur 303

Der erste Spurpunkt E_1 von e liegt naturgemäß auf dem Spurkreis k_1. Nun legen wir durch e die Ebene π, indem wir eine Gerade p_1 durch E_1 als erste Spur von π erklären (die gesamte Konstruktion wird hier nur im Grundriß ausgeführt). Die Ebene π schneidet Φ nach einem Kegelschnitt c, dem auch e angehört. Der Kegelschnitt $c = \pi\Phi$ zerfällt demnach in e und in eine weitere Erzeugende f. Die Tangente aus dem ersten Spurpunkt $F_1 = p_1 k_1$ von f an u_1', die mit den Geraden e' und p_1' ein gleichschenkliges Dreieck bildet, ist der Grundriß f' von f.

Die beiden Erzeugenden e, f spannen aber die Tangentialebene an Φ in ihrem Schnittpunkt $P = ef$ auf. Somit berührt die durch e gelegte Ebene π das einschalige Drehhyperboloid Φ in P. Den Grundriß P' des Berührpunktes P von π mit Φ findet man auch im Schnittpunkt des Lotes aus O' auf die erste Spur p_1 von π mit e'. Somit gilt:

Jede Ebene π durch eine Erzeugende e eines einschaligen Drehhyperboloides Φ ist eine Tangentialebene von Φ.

Dreht man π um e, so wandert der Berührpunkt P auf e. Die Zuordnung der Punkte P von e mit den zugehörigen Tangentialebenen π durch e ist eineindeutig (projektiv).

Aufgabe 220. Gegeben seien ein einschalige sDrehhyperboloid Φ in Auf- und Grundriß und die Risse P', P'' eines nicht auf Φ liegenden Punktes P. Man konstruiere die Polarebene π von P in bezug auf Φ.

Lösung. Durch einen nicht auf Φ liegenden Punkt P lassen sich, wie eine einfache Rechnung zeigt, ∞^1 Tangenten an das Drehhyperboloid legen, die einen Kegel $\mathfrak{K}_P$ zweiter Ordnung bilden. Die Berührpunkte dieser Tangenten liegen in einer Ebene π, der Polarebene von P in bezug auf Φ, und erfüllen den Berührkegelschnitt des Tangentialkegels $\mathfrak{K}_P$ mit Φ.

Die Spuren der Polarebene π eines Punktes P bezüglich eines einschaligen Drehhyperboloides Φ in der Ebene des Kehlkreises bzw. des Meridians konstruiert man wie die Spuren einer Tangentialebene als die Polaren der Risse von P bezüglich der entsprechenden scheinbaren Umrisse. So ist p_1' die Polare von P' bezüglich u_1' und p_2'' die Polare von P'' bezüglich u_2''. Die reellen oder imaginären Tangenten aus P' (P'') an u_1' (u_2'') sind aber hier nicht als Grundrisse (Aufrisse) von Erzeugenden zu deuten.

* Aufgabe 221 (für den Leser). Der Leser beweise durch Rechnung die angegebene Konstruktion der Spuren p_1, p_2 der Polarebene π eines Punktes P bezüglich eines einschaligen Drehhyperboloides. *

Das einschalige Drehhyperboloid Φ ruft daher, ebenso wie alle anderen nichtsingulären Flächen zweiter Ordnung, im Raum eine *eineindeutige Punkt-Ebenen-Verwandtschaft* hervor, die man das *Polarsystem von* Φ nennt.

Es gilt somit für beide Arten von Drehhyperboloiden völlig analog zu den Drehellipsoiden:

Der wahre Umriß (Eigenschattengrenze) eines Drehhyperboloides Φ ist jener Kegelschnitt c_u, den die Polarebene des Augpunktes (der Lichtquelle) aus Φ ausschneidet.

Bei Parallelprojektion (-beleuchtung) kann bei den Hyperboloiden noch eine zusätzliche Aussage zufolge der Realität des Asymptotenkegels gemacht werden. Die Polarebenen eines Fernpunktes P_u bezüglich eines Drehhyperboloides Φ und des zugehörigen Asymptotenkegels $\mathfrak{K}$ sind nämlich identisch. Dies folgt daraus, daß beide Ebenen durch die Mitte O von Φ (= Spitze von $\mathfrak{K}$) gehen und dieselbe Ferngerade besitzen, nämlich die Polare von P_u bezüglich des gemeinsamen Fernkegelschnittes von Φ und $\mathfrak{K}$. Deuten wir P_u als den Fernpunkt der Sehstrahlen (Lichtstrahlen), so gilt:

a) *Der wahre Umriß (Eigenschattengrenze) eines Drehhyperboloides bei Parallelprojektion (Parallelbeleuchtung) hat den wahren Umriß des zugehörigen Asymptotenkegels zu Asymptoten.*

b) *Der scheinbare Umriß des Asymptotenkegels eines Drehhyperboloides gibt die Asymptoten des scheinbaren Umrisses des Hyperboloides.*

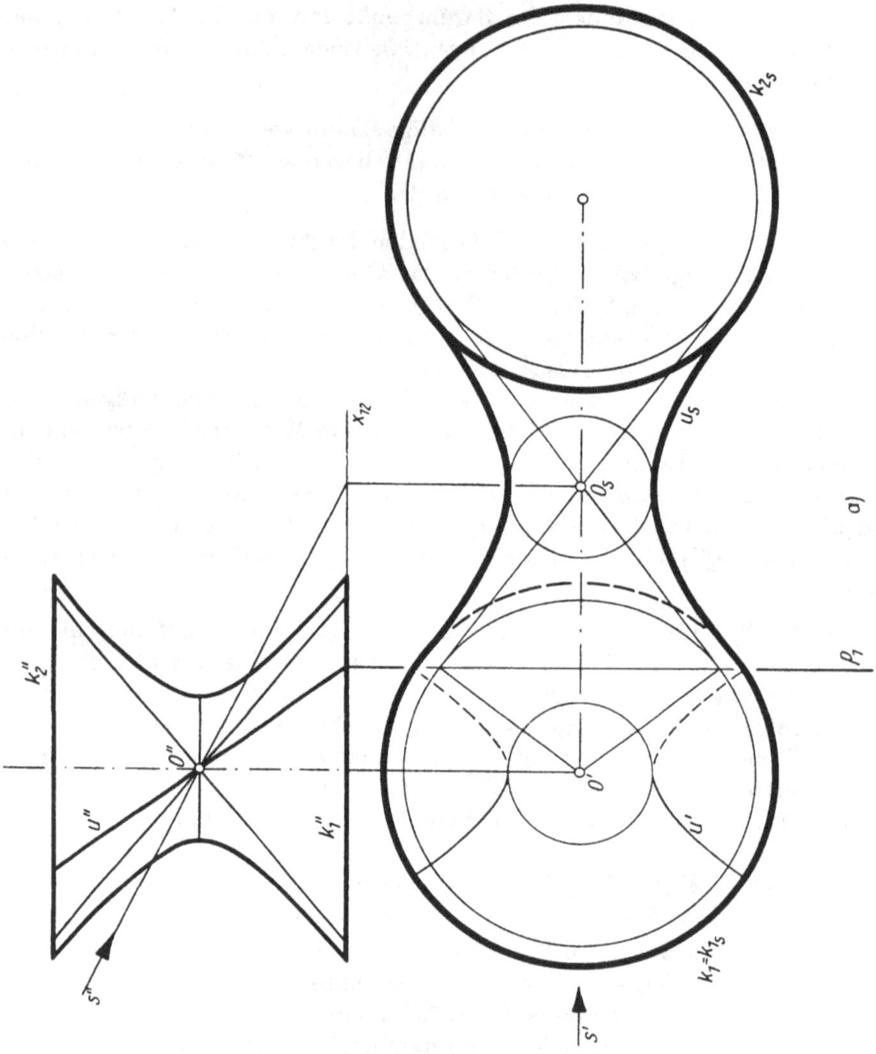

Figur 304 a

Bemerkung. Entsprechende Sätze gelten auch für die Drehellipsoide, nur haben sie fast keine praktische Bedeutung, da der Asymptotenkegel eines Ellipsoides nicht reell ist. Auch für dreiachsige Flächen 2. Ordnung kann man analoge Aussagen machen, doch sollen diese Flächen hier nicht behandelt werden.

In Figur 304 a, b, c wurde der Schrägriß eines einschaligen Drehhyperboloides auf eine Parallelkreisebene konstruiert. Die Sehstrahlen sind einmal weniger, dann gleich und schließlich mehr geneigt als die Erzeugenden des Hyperboloides.

Die erste Spur p_1 der gemeinsamen Polarebene π des Fernpunktes der Sehstrahlen bezüglich des Drehhyperboloides Φ und seines Asymptotenkegels $\mathfrak{K}$

findet man als Polare des Schrägrisses O_s der Hyperboloidmitte O bezüglich des Spurkreises k_1 von $\mathfrak{K}$. Der wahre Umriß u des Hyperboloides ist im Falle a) eine Hyperbel, für b) besteht er aus zwei Erzeugenden und bei c) ist u eine Ellipse. Der Aufriß u'' von u erscheint in allen Fällen als doppelt überdeckte Gerade, da die Sehstrahlen parallel π_2 verlaufen, die Polarebene π daher zweitprojizierend ist.

Zwischen dem Grundriß u' des wahren Umrisses u und dem Schrägumriß u_s besteht eine orthogonale perspektive Affinität mit p_1 als Affinitätsachse. Diese Affinität artet im Falle b) aus. Dort besteht der Schrägumriß aus zwei Punkten, den Trägern der beiden Strahlbüschel, die in diesem Fall die Schrägrisse der Erzeugenden sind.

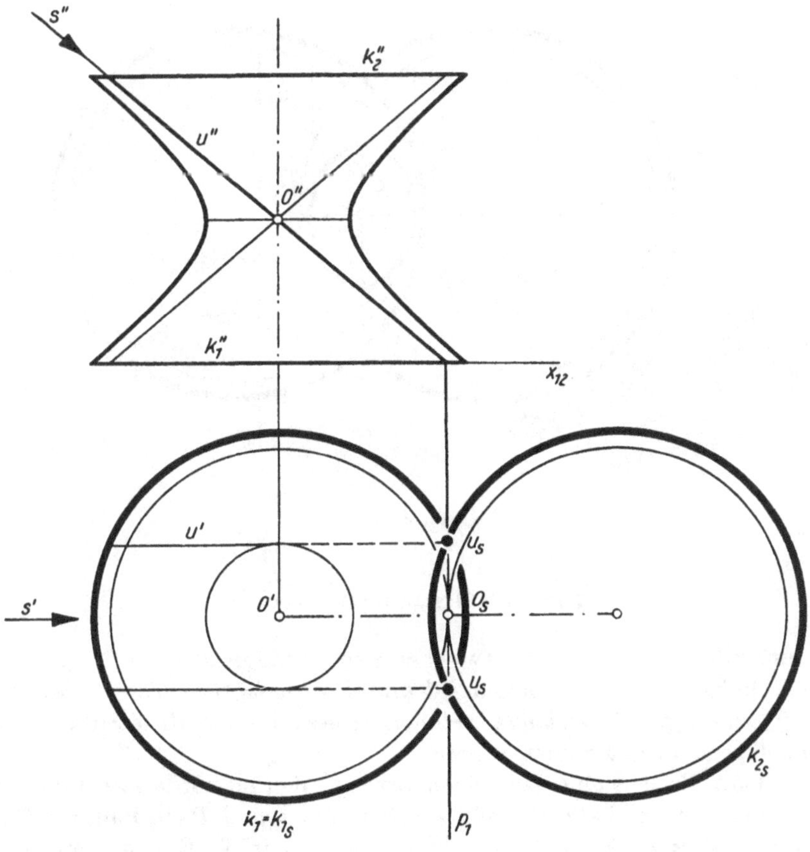

b)

Figur 304 b

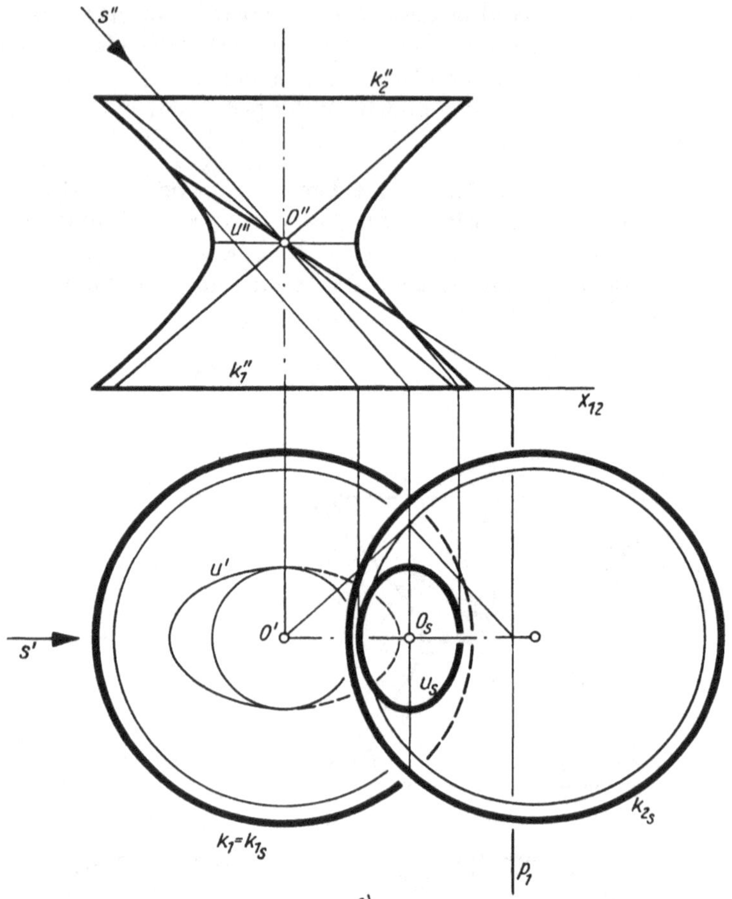

c)

Figur 304 c

§ 141. Die Berührungskorrelation

Die eineindeutige Zuordnung zwischen den Punkten P einer Erzeugenden e eines einschaligen Drehhyperboloides Φ und den zugehörigen Tangentialebenen π (durch e) nennt man *Berührungskorrelation.* Dieser gesetzmäßige Zusammenhang $P \leftrightarrow \pi$ soll genauer untersucht werden.

(Figur 305.) Es sei e eine der beiden Erzeugenden im vordersten Punkt E des Kehlkreises eines einschaligen Drehhyperboloides Φ und P ein Punkt auf e. Die Flächennormale n von Φ in P treffe die Drehachse o in N. Ein an π_2 angehängter Seitenriß mache e projizierend. Die neue Bildachse x_{23} gehe dann durch P''. Dann ist die Strecke $\overline{P''P'''} = \overline{O'''P'''} = a$ die Länge des Gemeinlotes zwischen e und der Drehachse o. Ist ferner φ der Neigungswinkel der Tangentialebene π

von Φ in P gegen die Tangentialebene π_E von Φ in E (π_E parallel π_2), so entnimmt man der Figur 305 folgende Relationen:

$$\tan\alpha = \frac{b}{a}, \qquad \overline{P''N''} = s\cot\alpha\,,$$

wenn 2α den Asymptotenwinkel des Hauptmeridians von Φ und s den Abstand $\overline{PE}$ bedeuten. Somit gilt:

$$\tan\varphi = \frac{s}{a}\cot\alpha = \frac{s}{b} \qquad \text{oder} \qquad b = s\cot\varphi\,.$$

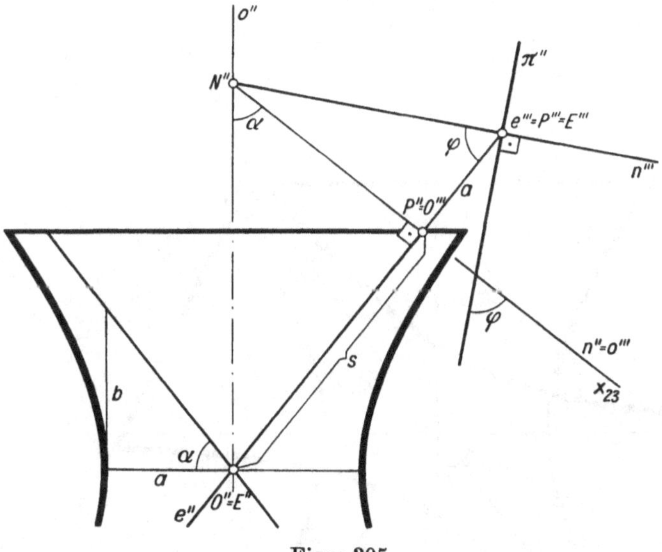

Figur 305

Die Neigung der Tangentialebene π eines Punktes P auf e gegen die Tangentialebene π_E im Kehlkreispunkt E von e hängt daher nur von der Entfernung $\overline{PS}$ und der halben Nebenachse b von Φ ab.

Es gibt daher ∞^1 einschalige Drehhyperboloide, die ein gegebenes einschaliges Drehhyperboloid Φ längs einer Erzeugenden e berühren, d. h. die in allen Punkten von e die gleiche Tangentialebene besitzen wie Φ. Diese Schar von berührenden einschaligen Drehhyperboloiden haben dieselbe Nebenachsenlänge.

§ 142. Hyperboloidräder

Obiger Satz über berührende einschalige Drehhyperboloide gestattet die Lösung folgender

Aufgabe 222. Gegeben seien zwei windschiefe Achsen o_1, o_2. Ihr Gemeinlot habe die Länge a, ihr Winkel betrage $\sphericalangle\, o_1 o_2 = \alpha$. Die Fußpunkte des Gemeinlotes seien O_1, O_2. Es soll eine Drehung um die Achse o_1 mit der Winkelgeschwindigkeit ω_1 auf eine Drehung um o_2 mit der Winkelgeschwindigkeit ω_2 übertragen werden. Das Übersetzungsverhältnis $i = \omega_1 : \omega_2$ sei konstant.

Lösung. (Figur 306.) Zur Übertragung einer Drehung um eine Achse o_1 auf eine zweite, zur ersten windschiefe Achse o_2 bei konstantem Übersetzungsverhältnis verwendet man zwei einschalige Drehhyperboloide Φ_1, Φ_2 mit den Achsen

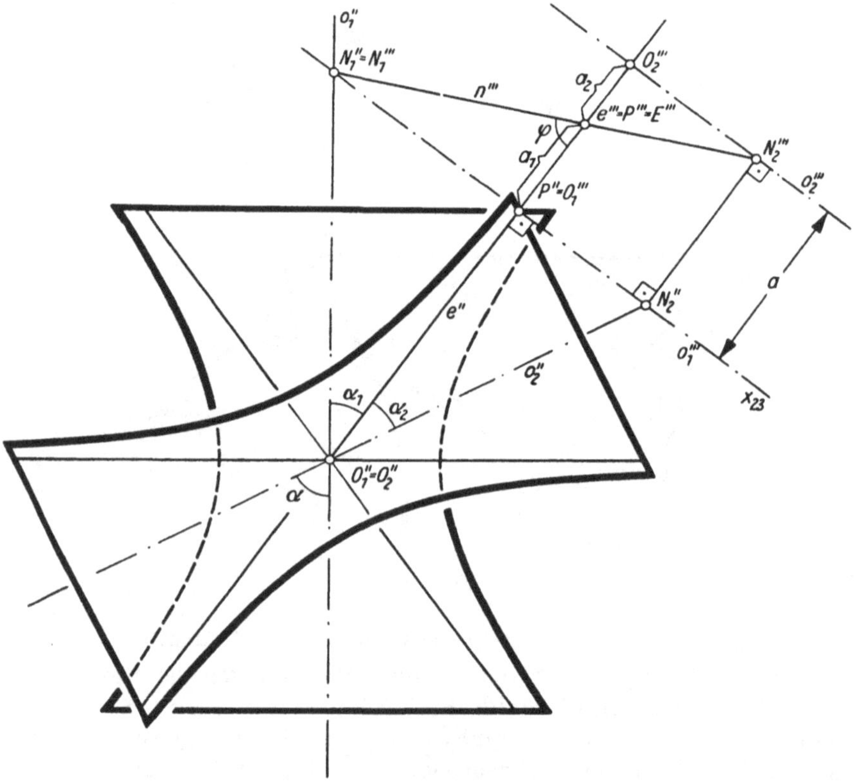

Figur 306

o_1, o_2, die einander in jedem Augenblick längs einer Erzeugenden e (*Relativmomentanachse*) berühren. Die Fußpunkte O_1, O_2 des Gemeinlotes der beiden Achsen o_1, o_2 sind die Hyperboloidmitten, die Strecke $\overline{O_1O_2} = a$ die Summe der halben Hauptachsen a_1, a_2 von Φ_1 und Φ_2.

Man denkt sich die beiden Hyperboloide Φ_1, Φ_2 bereits gefunden, wählt auf der gemeinsamen Erzeugenden e einen Punkt P und macht e durch einen Seitenriß projizierend. Nun müssen, da die Flächennormale n beiden Hyperboloiden in P gemeinsam ist, folgende Relationen bestehen:

$$a_1 + a_2 = a\,, \qquad \alpha_1 + \alpha_2 = \alpha\,,$$

$$a_1 : a_2 = \omega_2 : \omega_1 = 1 : i, \qquad \tan \alpha_1 : \tan \alpha_2 = a_1 : a_2 = 1 : i\,.$$

Aus diesen vier Gleichungen sind die gesuchten Abmessungen (a_1, α_1; a_2, α_2) von Φ_1, Φ_2 leicht zu berechnen. Auch eine graphische Auflösung bereitet keine Schwierigkeiten.

* **Bemerkung.** Die gesamte Durchdringungskurve $k = \Phi_1\Phi_2$ besteht aus der doppelt zu zählenden Berührerzeugenden und zwei weiteren konjugiert komplexen Geraden der anderen Schar. *

Bei der praktischen Ausführung von Hyperboloidrädern verwendet man nur gewisse Zonen zwischen je zwei Parallelkreisen der einschaligen Drehhyperboloide. Eine genaue Herstellung von Zahnflanken (*Hyperboloidräderverzahnung*) ist ziemlich schwierig, da die beiden Hyperboloide aufeinander nicht nur rollen, sondern auch gleiten, also aufeinander *schroten*. Darauf soll aber hier nicht näher eingegangen werden.

§ 143. Das Drehparaboloid

(Figur 307 a.) Rotiert eine Parabel um ihre Achse a, so entsteht ein Drehparaboloid. So, wie man eine Parabel durch einen gewissen ebenen Grenzprozeß aus einer Ellipse herleiten kann, ist es auch möglich, ein Drehparaboloid durch einen analogen räumlichen Grenzübergang aus einem Drehellipsoid abzuleiten. Ein Drehparaboloid darf man somit als eine Drehfläche 2. Ordnung auffassen, die die Fernebene im Fernpunkt ihrer Drehachse berührt. Die Fernebene schneidet demnach ein Drehparaboloid Φ (als Tangentialebene von Φ) nach zwei imaginären Fernerzeugenden.

Somit kann man über ebene Schnitte eines Drehparaboloides Φ folgende Aussagen machen:

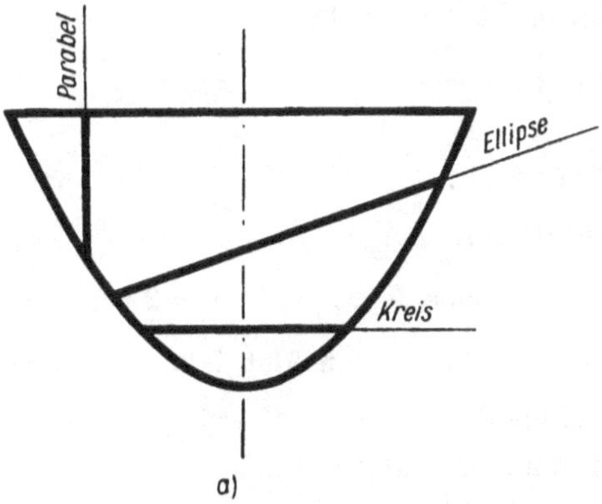

Figur 307 a

1. Eine achsennormale Ebene schneidet Φ i. a. in einem Kreis (Figur 307a).
2. Eine schräg zur Achse liegende Ebene schneidet Φ i. a. in einer Ellipse.
3. Eine achsenparallele Ebene schneidet Φ in einer Parabel. Eine einfache Rechnung zeigt, *daß alle Parabelschnitte eines Drehparaboloides untereinander kongruent sind.*

Ein Drehparaboloid kann man daher auch durch eine *krumme Schiebung* erzeugen. Man läßt zu diesem Zweck eine Parabel mit ihrem Scheitel auf einer zweiten, zu ihr kongruenten und gleichgestellten Parabel so gleiten, daß in jeder Phase der Bewegung die beiden Parabelachsen zueinander parallel, die beiden Parabelebenen zueinander normal sind. *Das Drehparaboloid ist demnach eine Schiebfläche.*

Zur rechnerischen Behandlung der ebenen Schnitte eines Drehparaboloides Φ legen wir ein kartesisches Normalkoordinatensystem so, daß der Scheitel von Φ die xy-Ebene im Ursprung O berührt. Die Gleichung von Φ lautet nach Seite 355

$$x^2 + y^2 = 2\,pz$$

oder homogen geschrieben

$$x_1^2 + x_2^2 = 2\,px_0x_3\,.$$

Wird das Drehparaboloid Φ mit einer Ebene ε geschnitten, so ergeben sich folgende Möglichkeiten:

1. $\varepsilon =$ Fernebene ω

   $\varepsilon \ldots x_0 = 0,$

   $\Phi \ldots x_1^2 + x_2^2 = 2\,px_0x_3\,.$

   Aus diesem Ansatz folgt für

   $$k = \varepsilon\,\Phi \ldots (x_1 + ix_2)\,(x_1 - ix_2) = 0\,, \quad x_0 = 0\,.$$

   Die Fernebene ω schneidet demnach Φ in den beiden Minimalferngeraden durch den Fernpunkt der z-Achse.

2. $\varepsilon \perp a$

   $\varepsilon \ldots z = c\,,$

   $\Phi \ldots x^2 + y^2 = 2\,pz\,.$

   Aus diesem Ansatz folgt für

   $$k = \varepsilon\,\Phi \ldots x^2 + y^2 = 2\,pc, \quad z = c\,.$$

   Eine achsennormale Ebene schneidet daher Φ in einem

   a) einteiligen Kreis (für $c > 0$),

   b) Minimalgeradenpaar (für $c = 0$),

   c) nullteiligen Kreis (für $c < 0$).

3. $\varepsilon \parallel a$

Ohne Einschränkung der Allgemeinheit kann man ε zweitprojizierend annehmen, also für ε setzen

$\varepsilon \ldots y = c$,

$\Phi \ldots x^2 + y^2 = 2\,pz$.

Nach Elimination von y erhält man den Kreuzriß k''' von $k = \varepsilon\,\Phi$:

$$x^2 = 2\,pz - c^2 .$$

Es ist also k''' und somit auch k eine zu den Meridianen von Φ kongruente Parabel.

4. ε besitzt allgemeine Lage

Ohne Einschränkung der Allgemeinheit kann man ε zweitprojizierend annehmen, also für ε setzen

$\varepsilon \ldots z = my + n$,

$\Phi \ldots x^2 + y^2 = 2\,pz$.

Nach Elimination von z erhält man den Grundriß k' der Ellipse $k = \varepsilon\,\Phi$:

$$x^2 + (y - mp)^2 = m^2p^2 + 2\,np ,$$

also einen Kreis, der einteilig oder nullteilig sein oder in ein Minimalgeradenpaar zerfallen kann. Somit gilt:

Jeder reelle Schnitt eines Drehparaboloides (mit lotrechter Achse) mit einer nicht achsenparallelen Ebene stellt sich im Grundriß als Kreis dar.

Diese Merkwürdigkeit des Drehparaboloides soll noch auf zwei weitere Arten bewiesen werden:

a) Elementarer Beweis

(Figur 307 b.) Es sei P ein Punkt der Schnittellipse k auf der Meridianparabel m_P. Alle Meridiane von Φ haben den gemeinsamen Brennpunkt F. Der gewählte Punkt P hat demnach von F und der *Leitebene* λ (= Ebene, die durch Rotation der Leitgeraden einer Meridianparabel um die Drehachse entsteht) gleichen Abstand. Es existiert daher eine Kugel $\mathfrak{K}$ mit der Mitte P durch F, die λ berührt. Diese Kugel $\mathfrak{K}$ geht naturgemäß auch durch den Spiegelpunkt F^* von F an ε. Wählt man die Leitebene λ als Grundrißebene, so berührt $\mathfrak{K}$ die Ebene λ in dem Grundriß P' von P. Die Gerade FF^* schneidet λ in einem Punkt N. Dann gilt nach dem Satz von der Potenz an einer Kugel

$$\overline{NP'}^2 = \overline{NF} \cdot \overline{NF^*} .$$

Variiert P auf k, so bleiben die Punkte F, F^* und N fest, daher auch die Länge der Strecke $\overline{NP'}$. Das heißt, daß alle Punkte P' einen Kreis k' mit der Mitte N erfüllen. N ist somit auch der Grundriß M' des Mittelpunktes M der Schnittellipse k.

Bemerkung. Da der Punkt N nur von der Stellung der Ebene ε abhängt, gilt:

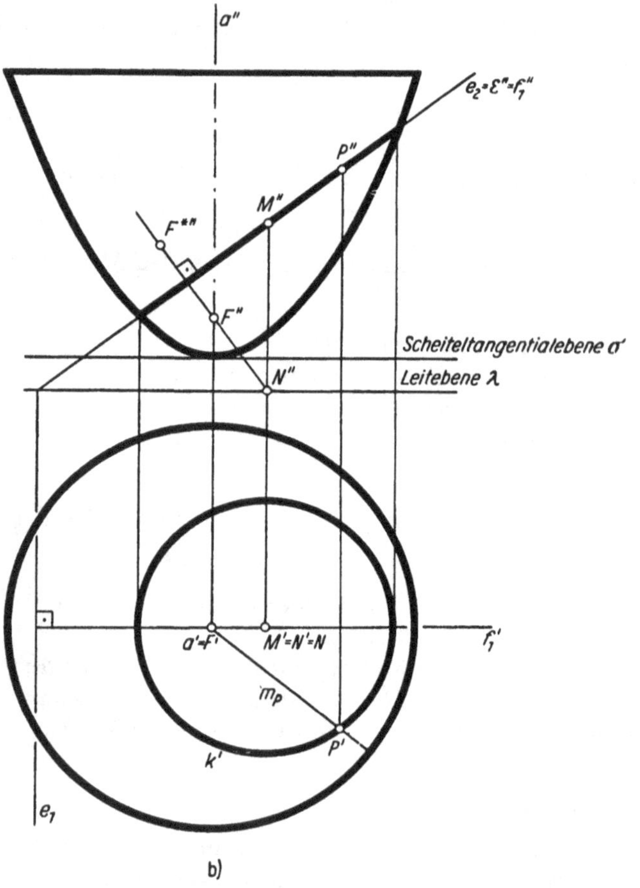

Figur 307 b

Die Grundrisse der Schnitte eines Drehparaboloides (mit lotrechter Achse) mit einem Parallelebenenbüschel (Ebenen nicht parallel zur Drehachse) bilden eine Schar konzentrischer Kreise.

Allgemeiner kann man sagen:

Schneidet man ein Drehparaboloid Φ (mit lotrechter Achse) mit den Ebenen eines Büschels mit der Trägergeraden g (g nicht parallel zur Drehachse von Φ), so erhält man Kegelschnitte, die durch die Durchstoßpunkte P, Q der Geraden g mit Φ hindurchgehen. Die Grundrisse dieser ebenen Schnitte bilden daher ein Kreisbüschel mit den Grundpunkten P' und Q' (elliptisches, parabolisches oder hyperbolisches Kreisbüschel, je nachdem g die Fläche Φ in reell getrennten, zusammenfallenden oder konjugiert komplexen Punkten schneidet).

* b) Beweis mit Hilfe der Fernminimalerzeugenden von Φ

(Figur 308.) Die Schnittellipse $k = \varepsilon\Phi$ hat die Schnittpunkte J_1, J_2 von ε mit den Fernminimalerzeugenden i_1, i_2 von Φ als Fernpunkte. Bei der Bildung des Grundrisses k' von k werden die Punkte J_1, J_2 aus Z_u auf die Ferngerade der Horizontalstellung projiziert, gehen daher in die absoluten Kreispunkte I_1, I_2 der Horizontalstellung über. k' ist demnach ein Kreis. *

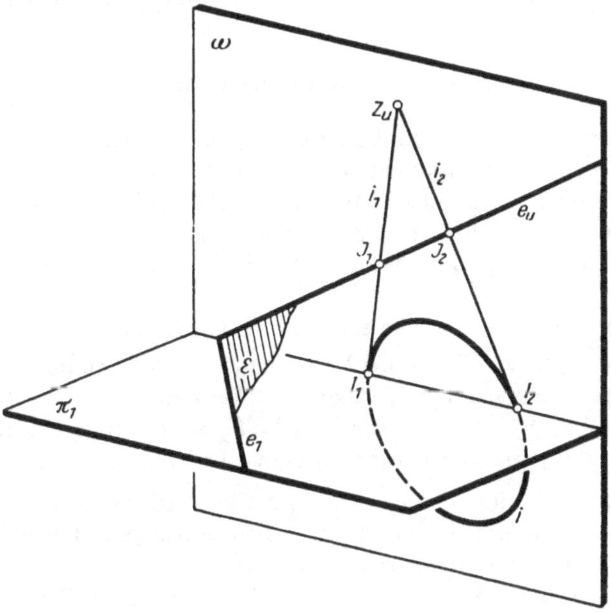

Figur 308

* Aufgabe 223 (für den Leser). Der Leser zeige, daß die Grundrisse der ebenen Schnitte eines Drehparaboloides (mit lotrechter Achse) durch zwei reziproke Polaren die Kreise zweier konjugierter Kreisbüschel sind. *

* Aufgabe 224 (für den Leser). Der Leser zeige, daß die Grundrisse zweier reziproker Polaren eines Drehparaboloides (mit lotrechter Achse) zueinander normal stehen. *

Drehflächen zweiter Ordnung mit geneigter Achse

Verläuft die Achse einer Drehfläche zweiter Ordnung Φ etwa parallel zur Aufrißebene π_2, so ist der zweite wahre Umriß der Hauptmeridian m_0, also jener Meridian von Φ, dessen Ebene zu π_2 parallel liegt. Wird die Drehachse gegen π_2 geneigt, so ist der zweite wahre Umriß kein Meridian, sondern jener Kegelschnitt u_2, den die Polarebene des Augpunktes, d. h. des Lotfernpunktes von π_2 aus Φ ausschneidet. In jedem Punkt des zweiten wahren Umrisses u_2 läßt sich ein 2. Sehstrahl s_2 berührend an die Drehfläche legen. Die Gesamtheit dieser berührenden 2. Sehstrahlen bilden einen berührenden Sehzylinder $\mathfrak{Z}$, der Φ längs u_2 berührt.

Der Aufriß u_2'' von u_2 ist, wie bereits öfter erwähnt, der zweite scheinbare Umriß von Φ. Zur Konstruktion von u_2'' führt man einen an π_2 angehängten Seitenriß so ein, daß die Drehachse a von Φ eine 3. Hauptlinie wird. Die Ebene des zweiten wahren Umrisses ist dann drittprojizierend. u_2''' ist eine doppelt überdeckte Gerade. Aus u_2''' läßt sich der zweite scheinbare Umriß u_2'', der ein gleichartiger Kegelschnitt wie der zweite wahre Umriß u_2 ist, leicht zeichnen. Dies soll nun an einzelnen Drehflächen zweiter Ordnung besprochen werden.

§ 144. Eiförmiges Drehellipsoid

(Figur 309.) Der dritte scheinbare Umriß u_3''' ist (ebenso wie der dritte wahre Umriß u_3) eine zu den Meridianen kongruente Ellipse, deren Hauptachse im Kreuzriß a''' von a liegt. Die zu s_3''' parallelen (also waagrechten) Tangenten an u_3''' berühren u_3''' in H''' und T''', den Kreuzrissen des höchsten bzw. tiefsten Punktes H bzw. T von u_2. Der Durchmesser $H'''T'''$ von u_3''' ist demnach bereits u_2'''.

Die halbe Hauptachse des zweiten scheinbaren Umrisses u_2'' ist demnach gleich der Strecke $\overline{H''O''} = \overline{O''T''}$. Die halbe Nebenachse von u_2'' stimmt mit der halben Nebenachse eines Meridians von Φ überein. Wie ohne Beweis mitgeteilt wird, sind die Aufrisse F_1'', F_2'' der Brennpunkte F_1, F_2 des eiförmigen Drehellipsoides die Brennpunkte des zweiten scheinbaren Umrisses u_2''.

* Aufgabe 225 (für den Leser). Der Leser beweise den oben angedeuteten Satz, daß die Aufrisse der Brennpunkte eines eiförmigen Drehellipsoides die Brennpunkte des zweiten scheinbaren Umrisses sind.

Anleitung. Die aus einem Brennpunkt des eiförmigen Drehellipsoides Φ, etwa aus F_1, an Φ gelegten Tangenten sind Minimalgeraden, die einen Drehkegel $\mathfrak{K}_m$ erfüllen. In der Polarebene des Lotfernpunktes von π_2 bezüglich $\mathfrak{K}_m$ liegen

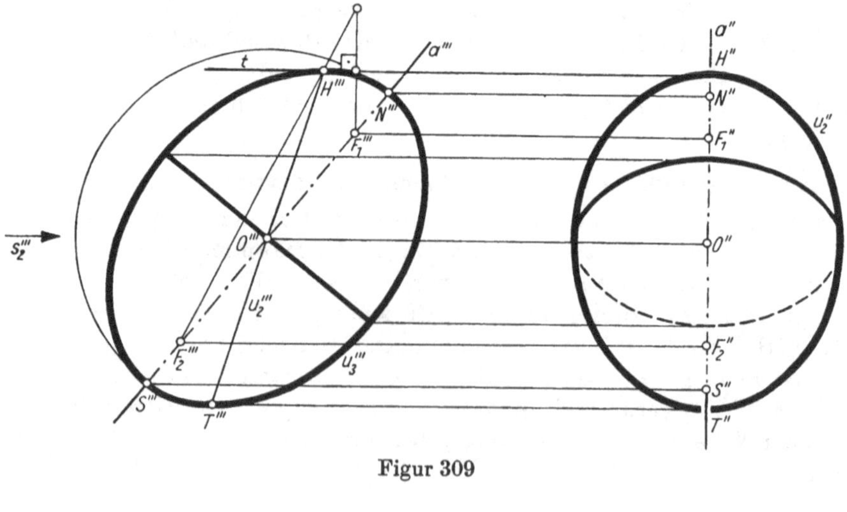

Figur 309

zwei Minimaltangenten durch F_1, die Φ in Punkten des zweiten wahren Umrisses berühren, usw. *

§ 145. Linsenförmiges Drehellipsoid

Die Konstruktion des zweiten scheinbaren Umrisses u_2'' erfolgt völlig analog wie beim eiförmigen Drehellipsoid. Die nötigen Konstruktionslinien zeigt Figur 310. Ohne Beweis werde wieder mitgeteilt:

Die Aufrisse der Antibrennpunkte des linsenförmigen Drehellipsoides sind die Antibrennpunkte des zweiten scheinbaren Umrisses.

* Aufgabe 226 (für den Leser). Der Leser beweise den oben mitgeteilten Satz über die Antibrennpunkte des zweiten scheinbaren Umrisses durch Rechnung. *

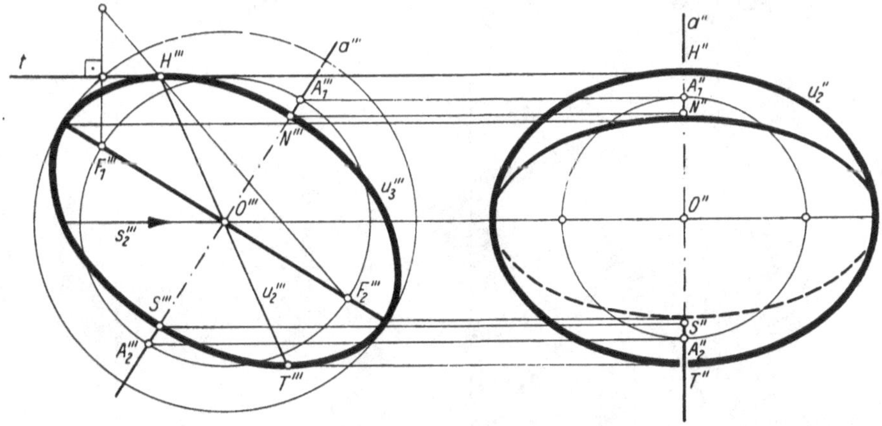

Figur 310

§ 146. Einschaliges Drehhyperboloid

Bei der Konstruktion des zweiten scheinbaren Umrisses eines einschaligen Drehhyperboloides Φ hat man drei Fallunterscheidungen zu treffen, je nachdem der 2. Sehstrahl s_2 durch die Spitze des zugehörigen Asymptotenkegels $\mathfrak{K}$ (= Mitte O von Φ) im Äußeren von $\mathfrak{K}$ liegt, eine Erzeugende von $\mathfrak{K}$ ist oder im Inneren von $\mathfrak{K}$ verläuft.

a) (Figur 311a.) Liegt der durch O gelegte zweite Sehstrahl s_2 außerhalb des Asymptotenkegels $\mathfrak{K}$ von Φ, so besitzt $\mathfrak{K}$ einen reellen zweiten wahren und scheinbaren Umriß. Das Geradenpaar, das den zweiten scheinbaren Umriß von $\mathfrak{K}$ darstellt, sind die Asymptoten des zweiten scheinbaren Umrisses u_2'' von Φ. Die halbe Hauptachse der Umrißhyperbel u_2'' stimmt mit der halben Hauptachse von Φ überein.

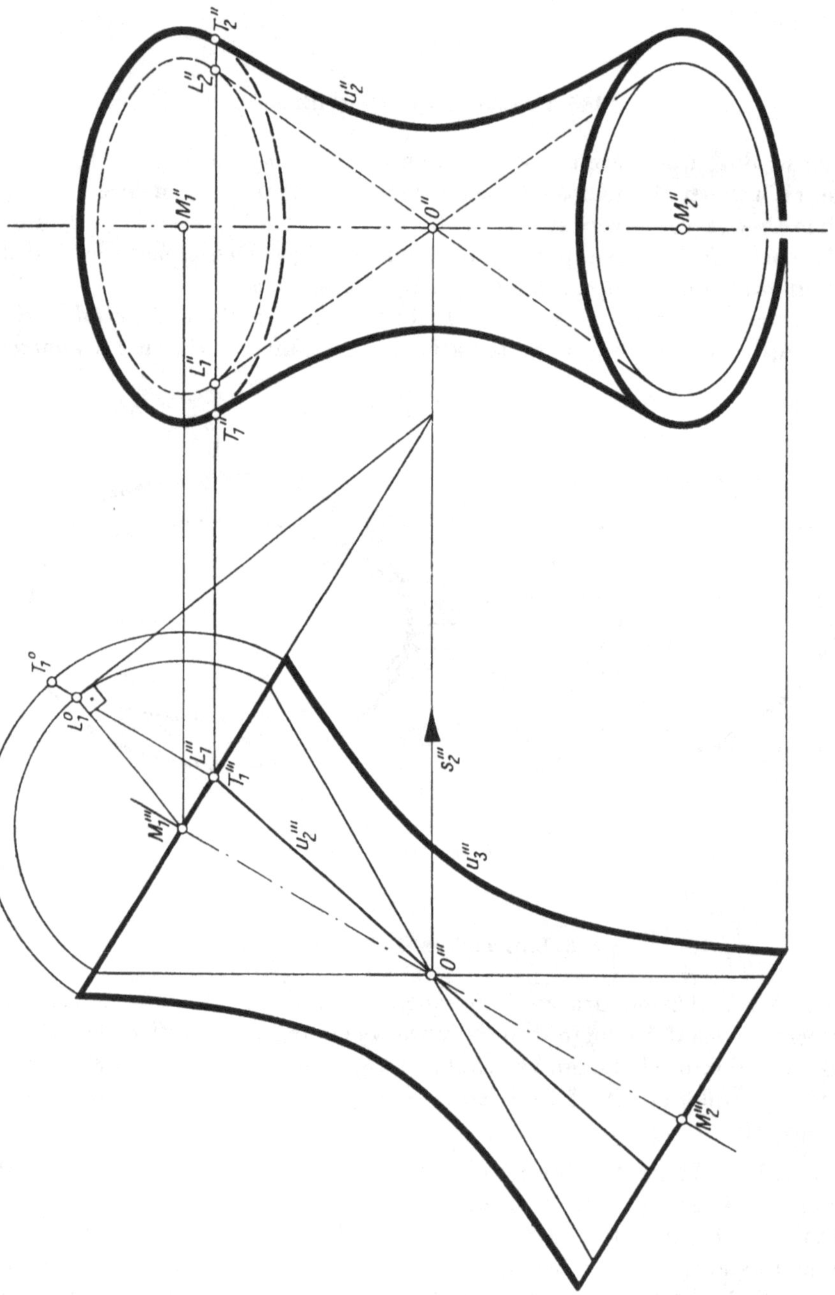

Figur 311 a

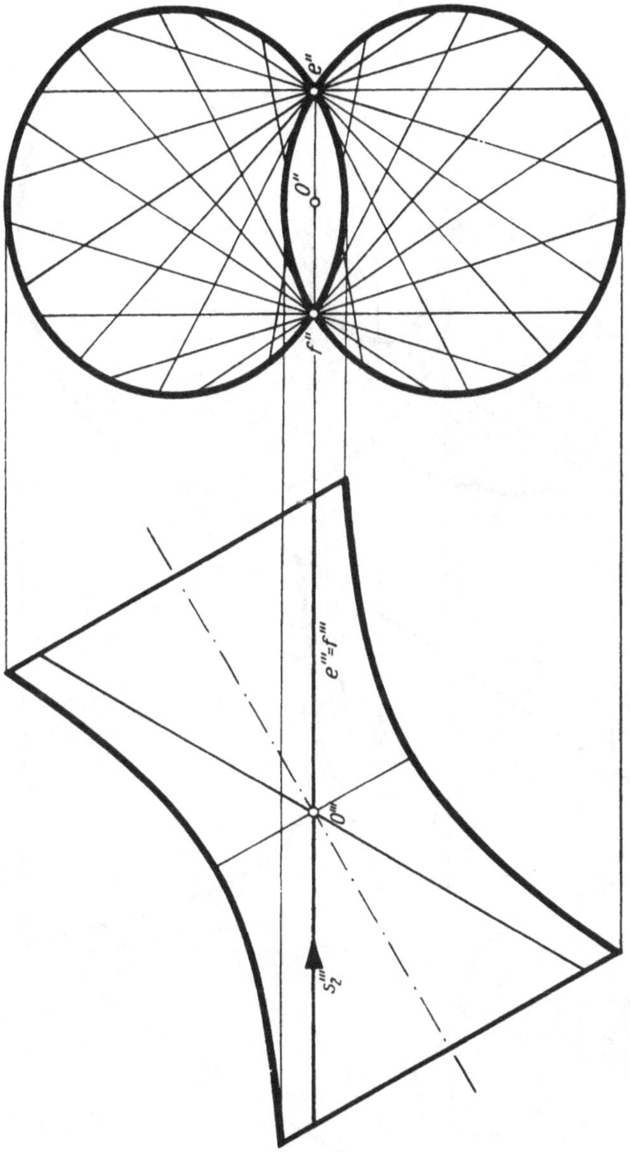

b)

Figur 311 b

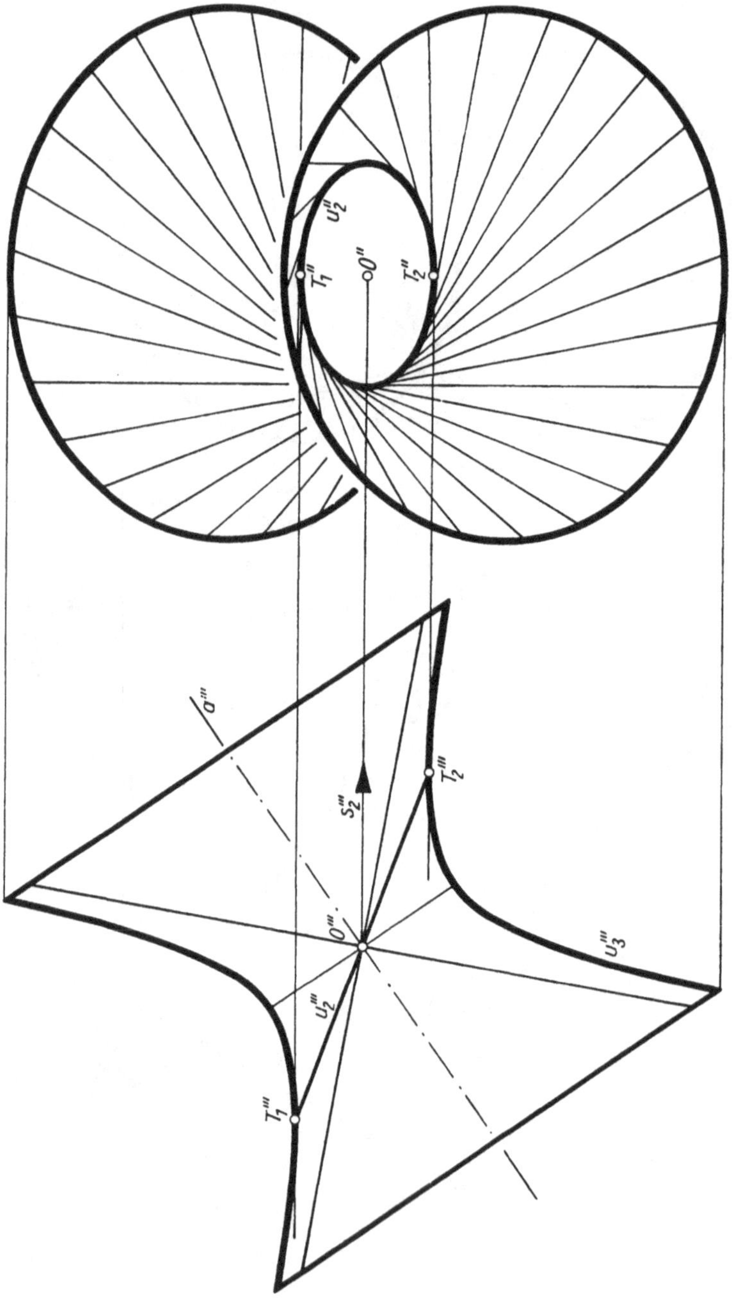

c)

Figur 311 c

Man beachte beim Zeichnen von u_2'', daß die Berührpunkte T_1'', T_2'' des zweiten scheinbaren Umrisses u_2'' von Φ mit der Bildellipse des oberen Randkreises von Φ und die Berührpunkte L_1'', L_2'' des zweiten scheinbaren Umrisses von $\mathfrak{K}$ mit der Bildellipse des oberen Randkreises von $\mathfrak{K}$ in einer Waagrechten liegen. Analoge Aussagen gelten für je zwei Parallelkreise von Φ und $\mathfrak{K}$ in gleicher Ebene. Dies folgt daraus, daß die Ebenen der zweiten wahren Umrisse von Φ und $\mathfrak{K}$ identisch sind. Die benötigten Konstruktionslinien sind in Figur 311a eingezeichnet.

b) (Figur 311b.) Der durch O gelegte zweite Sehstrahl s_2 ist eine Erzeugende des Asymptotenkegels $\mathfrak{K}$. In diesem Fall existieren zwei Erzeugende e, f, die zur Aufrißebene normal stehen. Ihre Kreuzrisse e''', f''' fallen in den waagrechten Teil des dritten scheinbaren Umrisses von $\mathfrak{K}$. Die Aufrisse aller Geraden jener Schar von Φ, der e angehört, gehen durch den Punkt f'', da diese Geraden im Raum f schneiden. Analog bilden die Aufrisse aller Geraden der anderen Schar (außer f'') das Strahlbüschel um den Punkt e''. Der zweite scheinbare Umriß von Φ reduziert sich auf die Trägerpunkte der beiden Strahlbüschel (e''), (f'').

c) (Figur 311c.) Verläuft der durch O gelegte zweite Sehstrahl s_2 im Inneren des Asymptotenkegels $\mathfrak{K}$, so hat $\mathfrak{K}$ einen imaginären zweiten wahren und scheinbaren Umriß. Der zweite scheinbare Umriß von $\mathfrak{K}$ ist daher ein konjugiert komplexes Geradenpaar. Diese zwei imaginären Geraden sind die (imaginären) Asymptoten des zweiten scheinbaren Umrisses u_2'' von Φ. Somit ist u_2'' eine Ellipse. Dies erkennt man auch, wenn man die Polarebene des Lotfernpunktes von π_2 bezüglich des einschaligen Drehhyperboloides Φ konstruiert. Sind nämlich T_1''', T_2''' die (in diesem Fall reellen) Berührpunkte der waagrechten (d. h. zu s_2''' parallelen) Tangenten an den dritten scheinbaren Umriß u_3''' von Φ, so gibt die Verbindungsgerade $T_1'''T_2'''$ den Kreuzriß der (drittprojizierenden) Ebene von u_2. Diese Ebene schneidet Φ sichtlich nach einer Ellipse, da sie (als Testebene betrachtet) den Asymptotenkegel nicht reell schneidet. Mit T_1'', T_2'' sind die Nebenscheitel der Umrißellipse u_2'' gefunden, deren halbe Hauptachse mit der halben Hauptachse von Φ übereinstimmt.

§ 147. Zweischaliges Drehhyperboloid

Auch hier sind drei Fallunterscheidungen beim Zeichnen des zweiten scheinbaren Umrisses zu treffen, gilt doch genau wie beim einschaligen Drehhyperboloid der Satz:

Das (reell getrennte, zusammenfallende oder konjugiert komplexe) Geradenpaar des zweiten scheinbaren Umrisses des Asymptotenkegels sind die Asymptoten des zweiten scheinbaren Umrisses des Drehhyperboloides.

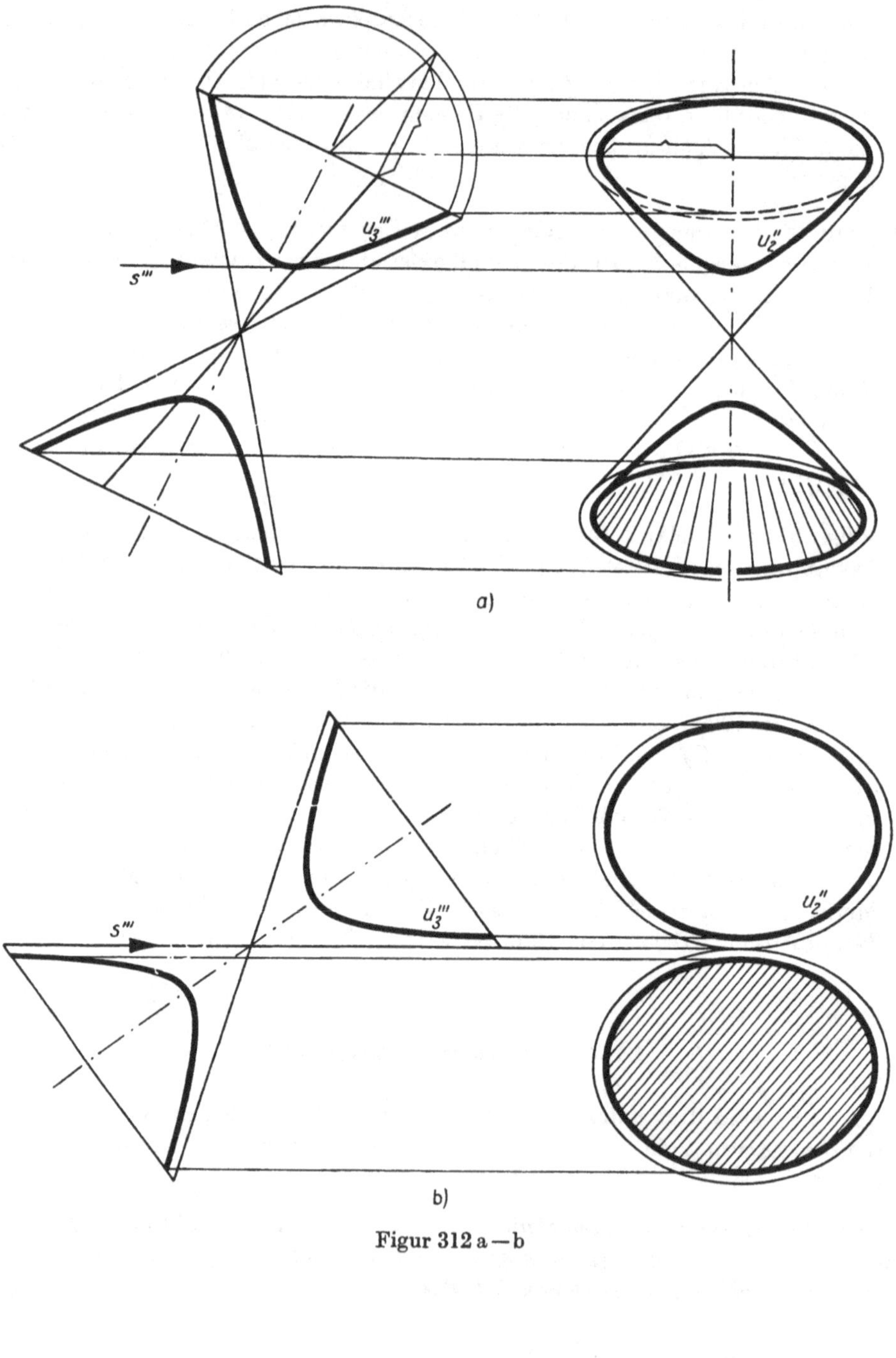

Figur 312 a—b

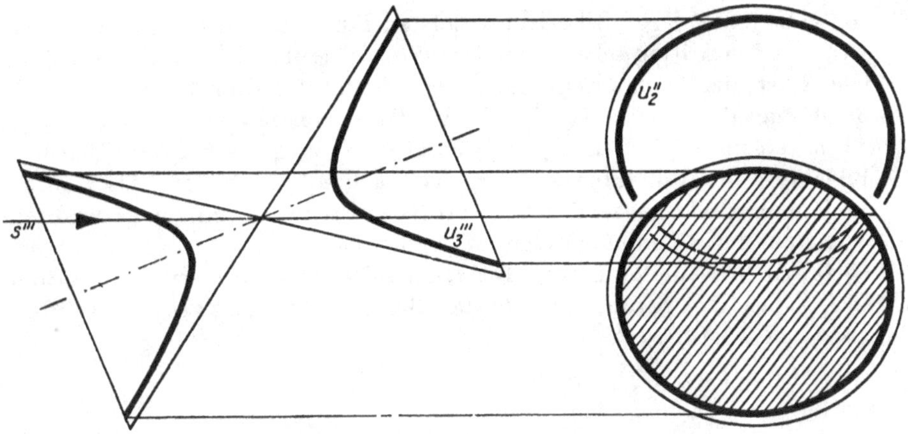

c)
Figur 312 c

Figur 312a, b, c zeigt die drei möglichen Fälle. (Der Asymptotenkegel ist aus durchscheinendem Material ausgeführt zu denken.) Man beachte, daß der zweite scheinbare Umriß von Φ im Falle c) nullteilig ist.

Aufgabe 227 (für den Leser). Der Leser zeige, daß im Falle a) die Aufrisse der Brennpunkte des zweischaligen Drehhyperboloides die Brennpunkte der Umrißhyperbel sind.

§ 148. Drehparaboloid

(Figur 313.) Der zweite wahre Umriß u_2 eines Drehparaboloides Φ mit geneigter Achse ist eine zu den Meridianen kongruente Parabel in einer achsenparallelen

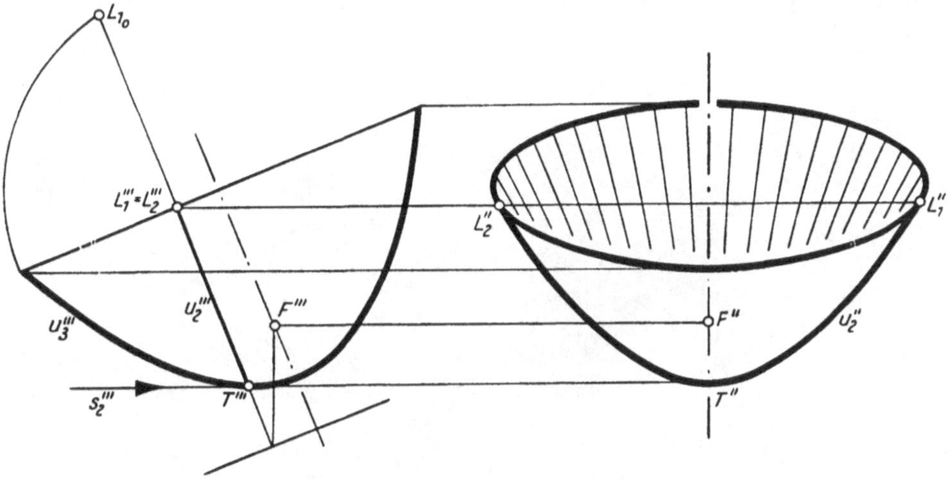

Figur 313

Ebene. Man findet ihren Scheitel als tiefsten Punkt T von Φ. Die waagrechte Tangente an den dritten scheinbaren Umriß u_3''' berührt u_3''' in T'''. Der Aufriß T'' von T ist aus Symmetriegründen der Scheitel der Umrißparabel u_2''. Nun bestimmt man die Punkte L_1, L_2, die der Randkreis mit dem zweiten wahren Umriß u_2 gemeinsam hat. In L_1'',L_2'' berührt der zweite scheinbare Umriß u_2'' die Bildellipse des Randkreises. Damit ist auch u_2'' festgelegt. Als Kontrolle verwende man die Tatsache, daß der Aufriß des Brennpunktes von Φ der Brennpunkt des zweiten scheinbaren Umrisses von Φ ist.

* Aufgabe 228 (für den Leser). Der Leser zeige, daß der Aufriß F'' des Brennpunktes F des Drehparaboloides Φ der Brennpunkt des zweiten scheinbaren Umrisses von Φ ist. *

XII. DIE KREISRINGFLÄCHE (TORUS)

§ 149. Grundbegriffe

Eine Drehfläche Φ, deren Halbmeridian ein Kreis ist, heißt *Kreisringfläche* oder *Torus*. PROKLUS (410—485) nannte diese Fläche σπεῖρα = Spire. Ein Torus entsteht also, wenn ein Kreis m um eine Gerade o seiner Ebene rotiert, die nicht durch die Mitte von m geht. (Figur 314.)

Der Mittelpunkt M des Halbmeridians m habe von der Drehachse o den Abstand a, der Radius von m sei b. Bei der Drehung um o beschreibt jeder Punkt von m einen Kreis mit der Mitte auf o (Parallelkreis). Die Mitte M von m durchläuft einen Kreis mit dem Radius a, den sogenannten *Mittenkreis* k_m. Auf k_m liegen die Mitten aller Meridiankreise. In jeder zur Drehachse normalen Ebene liegen zwei Parallelkreise von Φ.

Die Gleichung des Torus lautet nach Seite 356

$$(x^2 + y^2 + z^2 + a^2 - b^2)^2 = 4\,a^2\,(x^2 + y^2)\,.$$

Seine Ordnung beträgt demnach *vier*.

Je nachdem die Drehachse o den Halbmeridian m nicht reell schneidet ($a > b$), berührt ($a = b$) oder reell schneidet ($a < b$), entstehen drei verschiedene Formen des Torus. (Figur 314.)

Ist $a > b$, so spricht man von einem *ringförmigen* oder *offenen Torus*.

Ist $a = b$, so entsteht ein *geschlossener Torus*. In der Torusmitte befindet sich ein sogenannter *biplanarer Knotenpunkt*. * Dort existieren nur eine reelle, hingegen unendlich viele komplexe Flächentangenten, die zwei komplexe Ebenen erfüllen. *

Ist $a < b$, so treten *zwei* sogenannte *Knotenpunkte* auf. In ihnen zeigt die Fläche ein ähnliches Verhalten wie ein Kegel in seiner Spitze. Man spricht daher auch von *konischen Knotenpunkten*. In einem konischen Knotenpunkt ist keine eindeutige Tangentialebene erklärt. In den Knotenpunkten hängen zwei Teile des Torus zusammen, ein *zitronenförmiger Teil*, auch *Spindel* genannt, und ein *apfelförmiger Teil*. Dieser sich überschneidende Torus oder Spindeltorus hat zwei Äquatorkreise, aber keinen Kehlkreis.

Aufgabe 229 (für den Leser). Der Leser zeige, daß bei Rotation eines Kegelschnittes k um eine Gerade g (g soll zur Kegelschnittebene nicht normal stehen, keine Achse von k tragen und für den Fall, daß g zur Kegelschnittebene ε parallel liegt, darf ihre Normalprojektion auf ε in keine Achse von k fallen) eine algebraische Drehfläche vierter Ordnung entsteht.

Liegt ein ringförmiger Torus Φ vor ($a > b$), so beschreibt der Punkt des rotierenden Kreises m mit dem kleinsten Achsenabstand den Kehlkreis, der mit dem größten Achsenabstand den Äquatorkreis von Φ. Der höchste und tiefste Punkt von m (bei lotrechter Drehachse) durchlaufen je einen Flachkreis von Φ. Die Flachkreise, die aus parabolischen Flächenpunkten bestehen, teilen die Ringfläche in zwei Gebiete: Erstens in das innere Gebiet, auch *Kehle* genannt, das nur

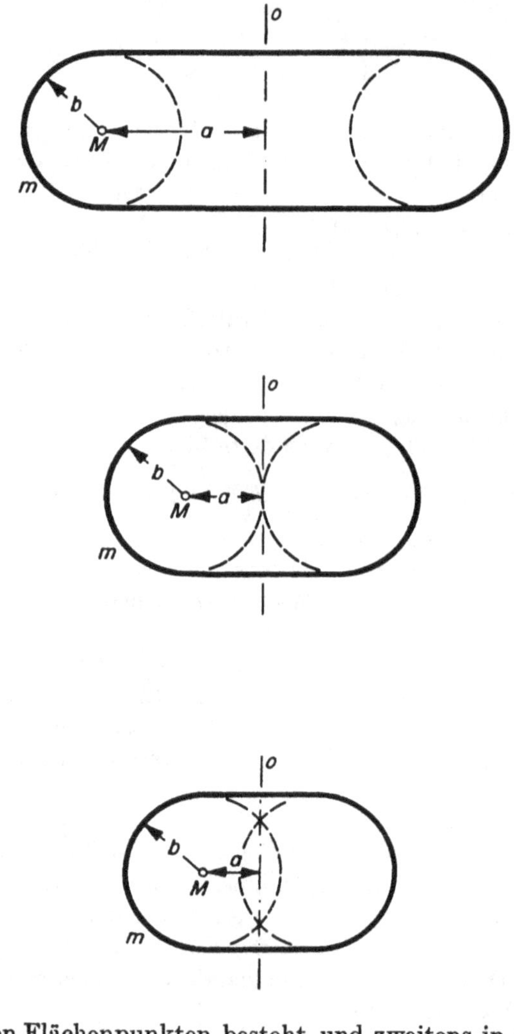

Figur 314

aus hyperbolischen Flächenpunkten besteht, und zweitens in das äußere Gebiet, den *Wulst*, das nur elliptische Flächenpunkte besitzt. In einem Punkt der Kehle kehrt der zugehörige Meridiankreis der Drehachse die konvexe Seite zu, in einem Punkt des Wulstes die konkave.

Aufgabe 230 (für den Leser). Der Leser beschreibe jene Drehfläche, die durch Rotation eines Kreises m um eine Achse o entsteht, deren Normalprojektion auf die Kreisebene ein Durchmesser von m ist.

§ 150. Ebener Schnitt eines Torus

Da der Torus Φ eine algebraische Fläche vierter Ordnung ist, wird er von jeder Ebene nach einer (ebenen) Kurve vierter Ordnung geschnitten. Interessante Sonderfälle ebener Torusschnitte sind:

1. Schnittebene ε normal zur Drehachse o

   Ist c die Kote der schneidenden Ebene ε bezogen auf die Äquatorebene von Φ (die folgenden Diskussionen werden nur für den ringförmigen Torus durchgeführt), so zerfällt die Schnittkurve $k = \varepsilon\Phi$ für

   a) $c = 0$ ... in Kehl- und Äquatorkreis,

   b) $0 < |c| < b$ ... in zwei reelle konzentrische Parallelkreise,

   c) $|c| = b$ ... in zwei zusammenfallende Parallelkreise, die Flachkreise von Φ sind,

   d) $|c| > b$ ... in zwei nullteilige konzentrische Kreise.

   Zur rechnerischen Erfassung dieser speziellen ebenen Schnitte setzt man

   $\Phi \ldots (x^2 + y^2 + z^2 + a^2 - b^2)^2 = 4\,a^2\,(x^2 + y^2)$,

   $\varepsilon \ldots z = c$

   und erhält nach Elimination von z für den Grundriß der Schnittkurve k

   $$x^2 + y^2 = a^2 + b^2 - c^2 \pm 2\,a\sqrt{b^2 - c^2}\,.$$

Aufgabe 231 (für den Leser). Der Leser diskutiere diese Gleichung.

2. ε durch die Drehachse o

   Definitionsgemäß gibt der Schnitt des Torus mit einer Ebene durch o zwei bezüglich o symmetrische Meridiankreise.

3. $\varepsilon \parallel o$ (Figur 315)

   Jene (ebenen) Kurven vierter Ordnung, die aus einem Torus Φ von Ebenen parallel zur Drehachse o ausgeschnitten werden, nennt man *spirische Kurven*. Es sind bizirkulare Quartiken mit zwei zueinander normalen Symmetrieachsen. Ihre Gestalt ändert sich mit dem Achsenabstand c der Schnittebene ε. So wird die Schnittkurve $k = \varepsilon\Phi$ (bei dem ringförmigen Typus ... $a > b$) für

   a) $c = 0$ ... ein Meridiankreispaar,

   b) $0 < |c| < a - b$ ... eine zweiteilige Quartik,

   c) $|c| = a - b$ ... eine Quartik mit Doppelpunkt (lemniskatenförmig),

   d) $(a - b) < |c| < a$ ... Quartik von Katzenzungen-Gestalt,

   e) $|c| = a$ ... Quartik mit zwei Flachpunkten,

   f) $a < |c| < a + b$ ... Quartik von ovaler Gestalt.

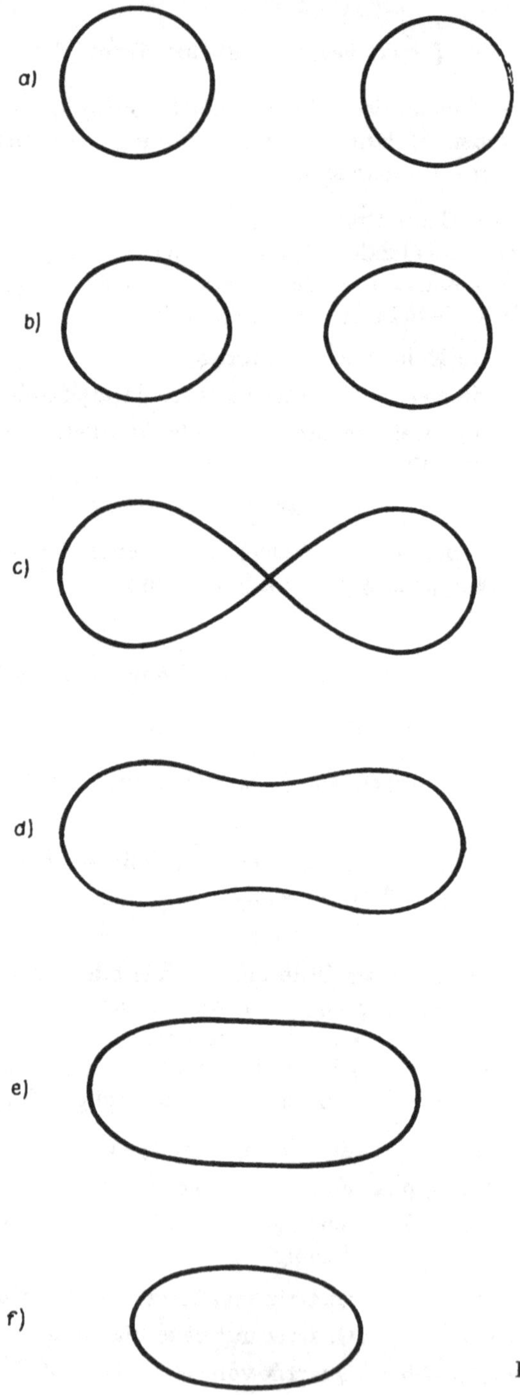

Figur 315

Für $b = c$ entstehen spezielle spirische Kurven, die man CASSINIsche *Kurven* nennt. Die CASSINIsche Kurve mit Doppelpunkt ist die BERNOULLI*sche Lemniskate.*

Aufgabe 232. Man konstruiere die Schnittkurve eines Torus Φ (mit lotrechter Achse) mit einer Ebene ε, die parallel zur Aufrißebene (daher auch parallel zur Drehachse) liegt und Φ in einer katzenzungenförmigen Quartik schneidet. In einem allgemeinen Punkt P von $k = \varepsilon\Phi$ zeichne man die Tangente an k. Ferner konstruiere man die Scheitelschmiegkreise von k.

Lösung. (Figur 316.) Da die Theorie der geforderten Konstruktionen im § 132 bereits genau erklärt wurde, soll hier der Konstruktionsvorgang nur in Kurzschrift angegeben werden:

1 . . . $k_P' =$ beliebiger Kreis um O';

2 . . . $k_P'\varepsilon' = P'$ (es wurde nur ein Schnittpunkt herausgegriffen);

3 . . . $k_P'u_2' = P_0'$;

4 . . . Ordner durch P_0' schneidet m_{2_0}'' in P_0'' (es wurde nur ein Schnittpunkt herausgegriffen);

5 . . . $P_0'' \mid o'' = k_P''$;

6 . . . k_P'' geschnitten mit dem Ordner durch P' ergibt P''. Spiegelt man P'' an den Symmetrieachsen und an O'', so erhält man drei weitere Punkte von k'';

7 . . . $P_0''M_2'' = n_0''$, $n_0''o'' = N''$;

8 . . . $P''N'' = n''$; $P'' \perp n'' = t''$ (= Tangente an k'' in P'');

9 . . . $u_1'\varepsilon' = 1', 2'$; Ordner liefern $1''$ und $2''$ auf u_1'';

10 . . . $(1'O')\, k_m' = 1_m'$; $1_m''$ (auf k_m'') $= K_1\,(k'')$ = Krümmungsmitte von k'' in $1''$,

11 . . . k_m' (= Grundriß der beiden Flachkreise) geschnitten mit ε' ergibt die Punkte $5', 6', 7', 8'$; Ordner liefern im Aufriß die höchsten und tiefsten Punkte von k'' (keine Scheitel!);

12 . . . Kreis um O', der ε' berührt; Berührpunkt $= 3'$ und $4'$; mit Hilfe des Hauptmeridians die Punkte $3''$ und $4''$ aufsuchen (= Scheitel von k'');

13 . . . $(M_2''3_0'')\, o'' = K_3(k'')$ = Krümmungsmitte von k'' in $3''$.

Aufgabe 233 (für den Leser). Der Leser schneide einen Torus Φ (mit lotrechter Achse) mit einer π_2-parallelen Ebene ε derart, daß die Schnittkurve $k = \varepsilon\Phi$ Lemniskaten-Gestalt besitzt. Die Doppelpunktstangenten von k sind zu konstruieren.

Anleitung. Um die Doppelpunktstangenten von k zu finden, zeichne man jenes einschalige Drehhyperboloid, dessen Meridiane die Meridiane von Φ zu Scheitelschmiegkreisen besitzen. Die Ebene ε schneidet dieses Φ oskulierende Hyperboloid in zwei Erzeugenden. Diese sind die gesuchten Doppelpunktstangenten von k.

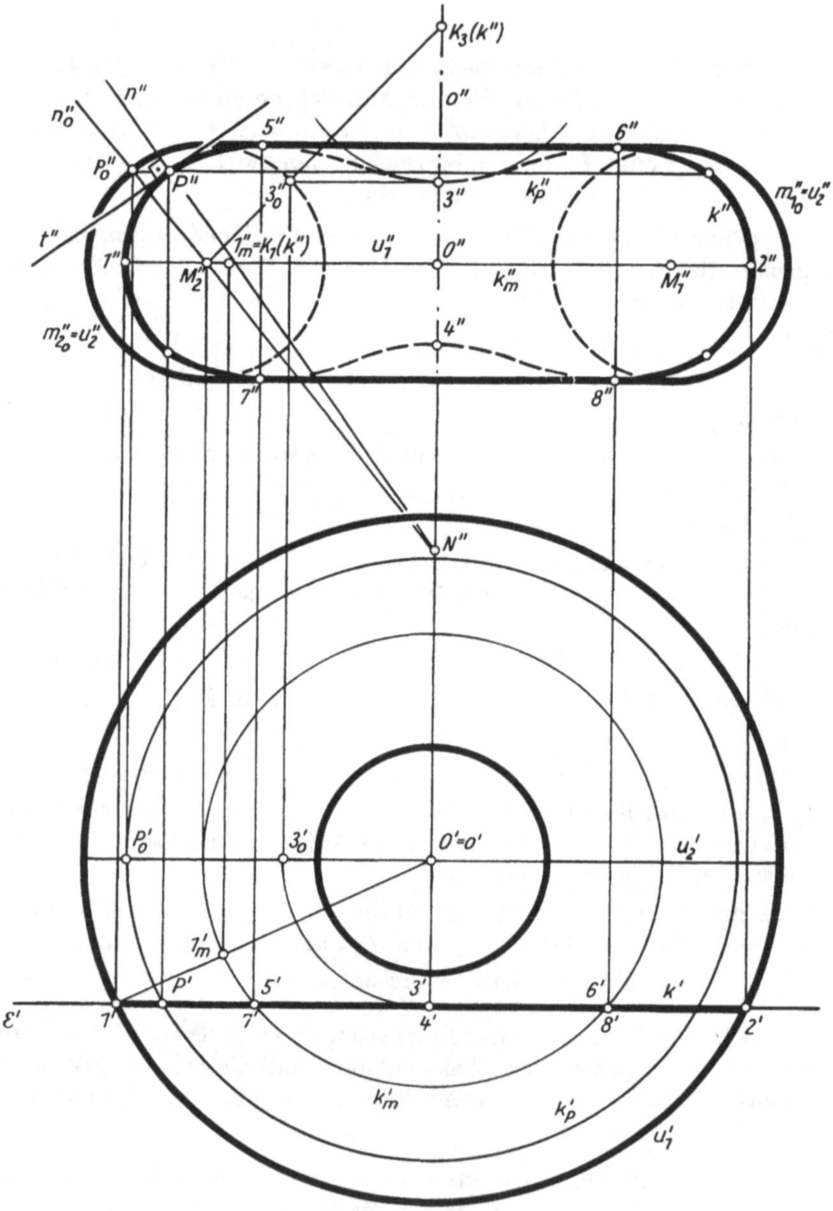

$K_3(k'')$
o''
n''
n_o''
$5''$
$6''$
P_o''
P''
$3_o''$
$3''$
k_P''
$m_{1o}''=u_2''$
k''
t''
$7''$
$1_m''=K_1(k'')$
u_1''
$0''$
$2''$
M_2''
k_m''
M_1''
$m_{2o}''=u_2''$
$4''$
$7''$
$8''$
N''
P_o'
$3_o'$
$0'=o'$
u_2'
$1_m'$
P'
$5'$
$3'$
$6'$
k'
ε'
$1'$
$7'$
$4'$
$8'$
$2'$
k_m'
k_P'
u_1'

Figur 316

4. $\varepsilon =$ Fernebene ω

Setzt man in der homogen geschriebenen Gleichung eines Torus

$$[x_1^2 + x_2^2 + x_3^2 + (a^2 - b^2)\, x_0^2]^2 = 4\, a^2 x_0^2\, (x_1^2 + x_2^2)$$

für

$$x_0 = 0\,,$$

so erhält man

$$(x_1^2 + x_2^2 + x_3^2)^2 = 0\,, \quad x_0 = 0\,.$$

Die Fernebene ω schneidet mithin einen Torus nach dem doppelt zu zählenden absoluten Kugelkreis.

Anders ausgedrückt: *Jeder Torus besitzt den absoluten Kugelkreis als Doppelkurve.*

Dies gibt eine Erklärung für die Tatsache, daß jeder ebene Torusschnitt bizirkular ist, also die absoluten Kreispunkte seiner Ebene zu Doppelpunkten hat.

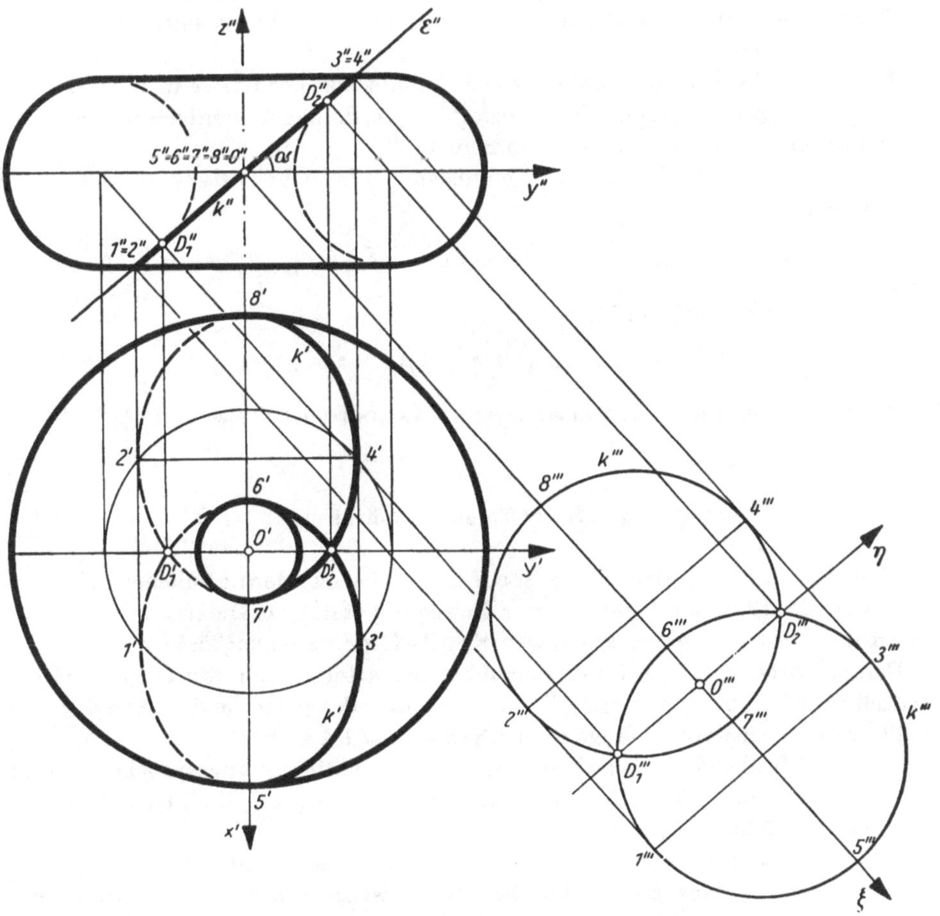

Figur 317

5. ε berührt Φ doppelt

Ist die Schnittebene ε eine Doppeltangentialebene eines Torus Φ, so besitzt die Schnittkurve $k = \varepsilon\Phi$ vier Doppelpunkte, nämlich die beiden Berührpunkte von ε mit Φ und die beiden absoluten Kreispunkte von ε. Eine ebene Quartik mit vier Doppelpunkten zerfällt aber — wie die algebraische Geometrie lehrt — entweder in zwei Kegelschnitte oder in eine rationale Kubik und eine Gerade. Im vorliegenden Fall zerfällt sie in zwei Kegelschnitte durch die absoluten Kreispunkte ihrer Ebene, also in zwei Kreise. Somit gilt:

Jede Doppeltangentialebene einer Kreisringfläche Φ schneidet Φ in zwei Kreisen, den sogenannten VILLARCEAU*schen Kreisen.*

Oder:

Auf einem Torus gibt es somit folgende Scharen von Kreisen: die Meridiankreise, die Parallelkreise und die VILLARCEAU*schen Kreise.*

Bemerkung. Man kann zeigen, daß jeder VILLARCEAUsche Kreis auf dem Torus eine *Loxodrome* ist, also alle Meridiane des Torus unter konstantem Winkel schneidet.

In Figur 317 wurde die Existenz zweier Villarceauscher Kreise in einer Doppeltangentialebene ε graphisch verifiziert. ε wurde zur Vereinfachung der Konstruktion zweitprojizierend angenommen.

* Rechnerisch läßt sich dieses Ergebnis ebenfalls leicht bestätigen. Setzt man nämlich

$$d = 0\,, \sin\alpha = \frac{b}{a}\,,\ f = a \pm \sqrt{b^2 - z^2} = a \pm \frac{b}{a}\sqrt{a^2 - \eta^2}\,,$$

so wird aus Formel (§ 134, 1)

$$[(\xi - b)^2 + \eta^2 - a^2]\,[(\xi + b)^2 + \eta^2 - a^2] = 0\,.$$

Dies sind aber die beiden in ε gelegenen Loxodromenkreise von Φ. *

§ 151. Der Torus als Rohrfläche

Gleitet die Mitte M einer Kugel $\mathfrak{K}$ auf einer (ebenen oder räumlichen) Kurve c_m und wird ihr Radius während dieser Bewegung stetig verändert, so nennt man die Hüllfläche dieser einparametrigen Kugelschar eine *Kanalfläche* Ψ.

Den Schnittkreis zweier infinitesimal benachbarter Kugeln (durch einen Grenzprozeß zu erhalten) nennt man die *Charakteristik* der betreffenden Kugel $\mathfrak{K}$. Die Hüllfläche Ψ wird von $\mathfrak{K}$ längs ihrer Charakteristik berührt.

Jede Drehfläche Φ kann in diesem Sinne als Kanalfläche angesprochen werden, deren Mittenkurve c_m eine Gerade (= Drehachse von Φ) ist. Die Charakteristiken sind die Parallelkreise von Φ.

Bleibt bei einer Bewegung der Kugel $\mathfrak{K}$ ihr Radius ungeändert, so nennt man die Hüllfläche Ψ eine *Rohrfläche*. Ein Torus ist mithin auch eine Rohrfläche, da sie von jeder Kugel berührt wird, für die ein Meridian ein Großkreis ist. Die

Mittenkurve c_m ist in diesem Fall der Mittenkreis k_m, die Charakteristiken sind die Meridiane von Φ.

Bemerkung. *Der Torus ist die einzige Drehrohrfläche.*

* Aufgabe 234 (für den Leser). Der Leser leite die Konstruktion der Scheitelschmiegkreise des ebenen Torusschnittes in Figur 316 aus den Eigenschaften von Kanal- und Rohrflächen ab. *

§ 152. Torus mit geneigter Achse

Soll ein Normalriß, etwa der Aufriß, eines Torus Φ konstruiert werden, dessen Achse gegen die Bildebene geneigt ist, so kann man zwei Wege einschlagen. Entweder faßt man Φ als Rohrfläche oder als (spezielle) Kanalfläche auf.

a) Konstruktion des Normalrisses eines Torus (mit geneigter Achse) unter Verwendung der Rohrflächeneigenschaften

Der Normalriß einer Kugel $\mathfrak{K}$ vom Radius r ist stets ein Kreis mit dem Radius r um den Normalriß der Kugelmitte. Man erhält daher etwa den zweiten scheinbaren Umriß u_2'' einer Rohrfläche Ψ, indem man um die Punkte des Aufrisses c_m'' der Mittenkurve c_m Kreise vom Radius r zeichnet und deren Hüllkurve bestimmt. Diese Hüllkurve nennt man eine *Parallelkurve* von c_m'' (im Abstand r). Zeichnet man die Kreise genügend dicht, so entsteht die Hüllkurve der Kreisschar ohne weitere Konstruktion. Dies zeigt Figur 318, wenn $c_m'' = k_m''$ eine Ellipse ist. Die Figur kann als zweiter scheinbarer Umriß eines Torus gedeutet werden. Aus diesem Grund wurden die Sichtbarkeitsverhältnisse noch besonders gekennzeichnet. Es gilt somit:

Der zweite scheinbare Umriß u_2'' eines Torus Φ ist die Parallelkurve des Aufrisses k_m'' des Mittenkreises k_m im Abstand r.

Die Rechnung zeigt, daß u_2'' eine algebraische Kurve achter Ordnung ist. Sie heißt *Toroide* und besteht aus zwei Ästen. Die verschiedenen möglichen Formen einer Toroide hängen von dem Größenverhältnis des Krümmungsradius der Ellipse k_m'' in ihren Hauptscheiteln und des Meridianradius ab. Um dies zu erkennen, müssen zuvor einige Betrachtungen über Parallelkurven angestellt werden.

§ 153. Parallelkurven

Eine Parallelkurve c^a einer ebenen Kurve c im Abstand a ist nach obiger Definition die Hüllkurve aller Kreise mit dem Radius a um die Punkte von c. Daraus folgt zunächst, daß zu jeder ebenen Kurve ∞^1 Parallelkurven existieren. Man erkennt aus dieser Definition ferner eine kinematische Erzeugung von c^a. Läßt man nämlich die Mitte M eines Kreises m vom Radius a längs c gleiten, so ist die entstehende Hüllbahn dieser Kreise die Parallelkurve c^a von c. Nach den Gesetzen der Kinematik berührt der Kreis m in irgendeiner Lage seine Hüllbahn in den

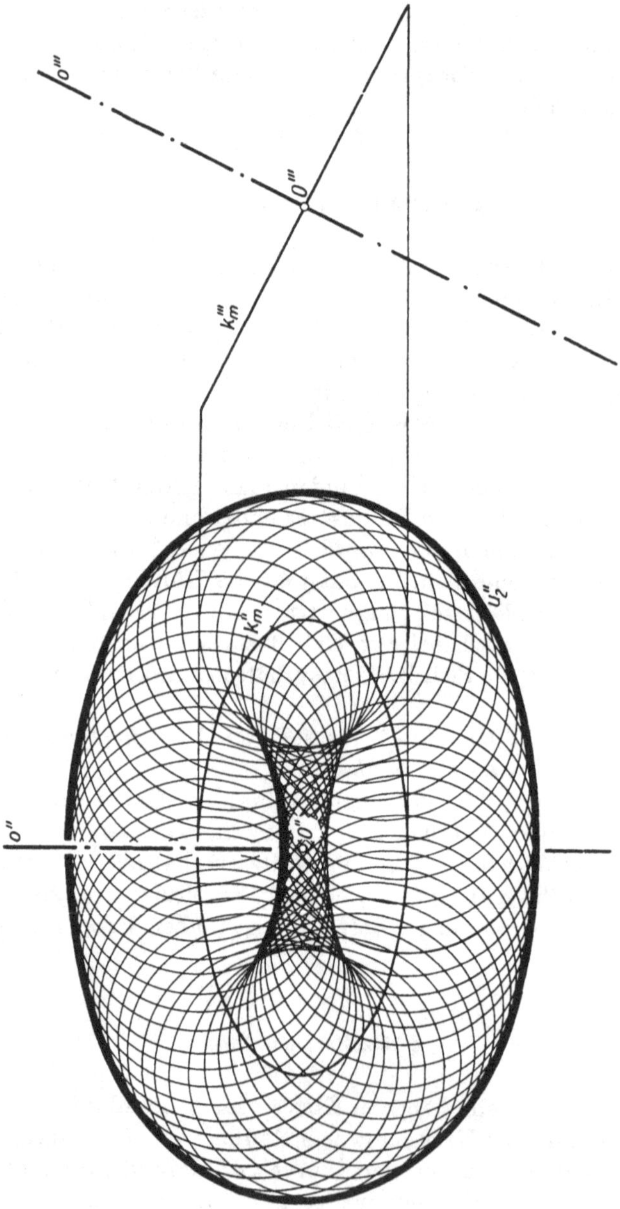

Figur 318

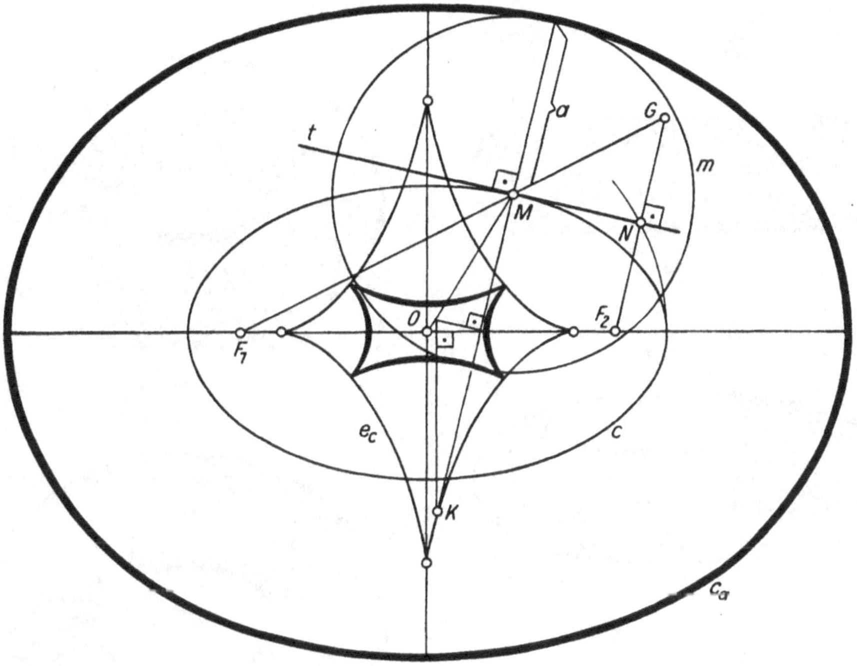

Figur 319

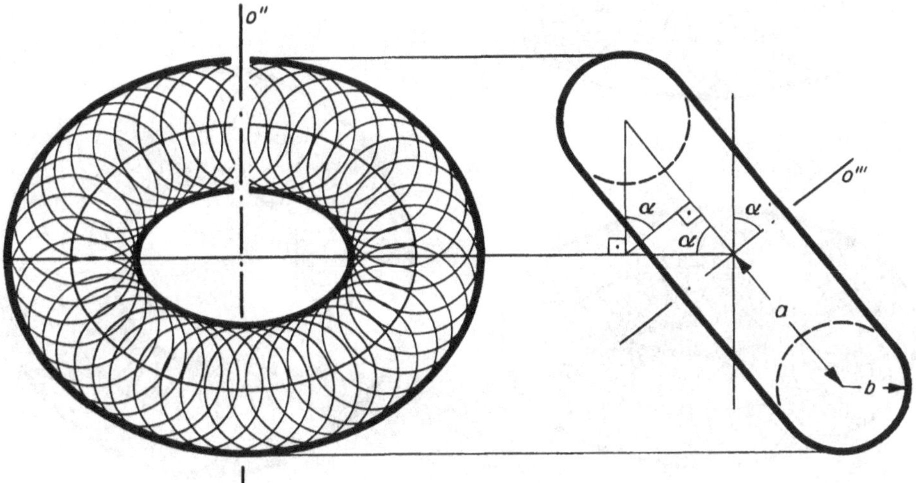

Figur 320

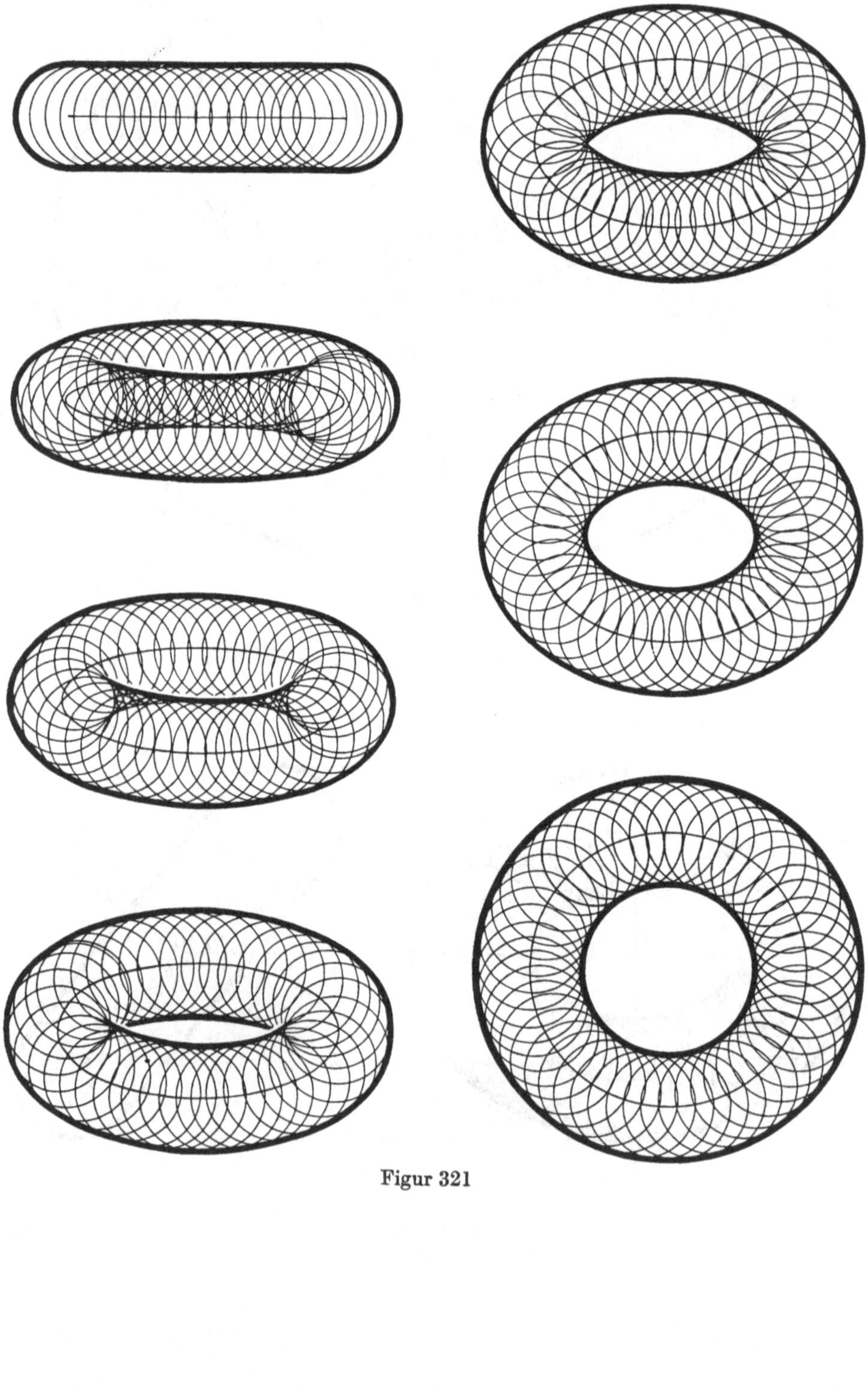

Figur 321

Endpunkten jenes Durchmessers, der zur Tangente an c in M normal steht. Kennt man daher die Tangentenkonstruktion in den Punkten von c, so kann man beliebig viele Punkte und Tangenten der Parallelkurve c^a zeichnen. Figur 319 zeigt diese Auffassung bei einer Parallelkurve einer Ellipse.

Ferner gilt: *Alle Parallelkurven einer ebenen Kurve c haben mit c dieselben Normalen und daher dieselbe Evolute gemeinsam.*

Da die Evolute e_c einer Kurve c nicht nur die Hüllkurve der Normalen von c, sondern auch der Ort der Krümmungsmitten von c ist, haben alle Parallelkurven von c in den Punkten einer gemeinsamen Normalen dieselbe Krümmungsmitte K. Kennt man daher die Konstruktion der Krümmungsmitten für die Punkte einer Kurve c, so kann man auch für eine Parallelkurve von c die Krümmungsmitten konstruieren.

Dies ist von besonderem Vorteil beim Zeichnen einer Toroide (Figur 319), sind doch die Krümmungsmitten der Ellipsenscheitel zugleich die Krümmungsmitten der entsprechenden Toroidenscheitel. Da die Scheitelschmiegkreise einer Toroide diese meist sehr gut approximieren, braucht man in dem Übergangsstück zwischen zwei benachbarten Schmiegkreisen meist nur einen weiteren Kurvenpunkt aufzusuchen, um die Toroide sauber zeichnen zu können.

Die Parallelkurven c^a einer Kurve c haben — wie erwähnt — die Evolute e_c von c zur gemeinsamen Evolute. Sie sind daher alle Evolventen von e_c. Treten somit bei einer Parallelkurve c^a von c Spitzen auf, so müssen diese auf der Evolute e_c von c liegen.

Nun kann man ein Kriterium für das Auftreten von singulären Punkten am inneren Zuge des scheinbaren Umrisses (Normalrisses) eines Torus angeben. Ist die Achse o eines ringförmigen Torus $(O; a, b)$ unter dem Winkel α gegen die Bildebene geneigt (Figur 320), so existieren, wenn mit $\varrho = a \sin^2 \alpha$ der Radius des Hauptscheitelschmiegkreises der Bildellipse k_m'' seines Mittenkreises k_m bezeichnet wird, für

1 . . . $b > \varrho = a \sin^2 \alpha$ . . . 4 *Spitzen* (auf der Evolute von k_m''),

2 . . . $b = \varrho = a \sin^2 \alpha$ . . . 2 *Spitzpunkte* (in den Spitzen der Evolute von k_m'' gelegen, die der Hauptachse von k_m'' angehören, also in den Krümmungsmitten der Hauptscheitel von k_m''),

3 . . . $b < \varrho = a \sin^2 \alpha$ . . . keine (reellen) singulären Punkte.

Figur 321 zeigt verschiedene Formen der Toroide (als Normalriß eines ringförmigen Torus).

b) Konstruktion des Normalrisses eines Torus (mit geneigter Achse) unter Verwendung der speziellen Kanalflächeneigenschaften (Verfahren bei beliebigen Drehflächen)

Soll der Normalriß, etwa der zweite scheinbare Umriß, einer Drehfläche Φ (mit geneigter Achse) konstruiert werden, so greift man einen beliebigen Parallelkreis k von Φ heraus und zeichnet jene Kugel $\mathfrak{K}$ mit der Mitte M, die Φ längs k berührt. Für $\mathfrak{K}$, aufgefaßt als eine Kugel der Schar, die Φ berühren und ihre

Mitten auf der Drehachse von Φ haben, bedeutet der Parallelkreis k die Charakteristik. Längs k haben somit Φ und $\mathfrak{K}$ dieselben Tangentialebenen.

Alle zweitprojizierenden Sehstrahlen s_2, die $\mathfrak{K}$ berühren, bilden einen zweitprojizierenden Drehzylinder, der $\mathfrak{K}$ längs jenes Großkreises k_2 berührt, dessen Ebene zu π_2 parallel verläuft. In einem Seitenriß (parallel zur Drehachse o) erscheint daher k_2''' als der zu s_2''' normale Durchmesser des dritten scheinbaren Umrisses von $\mathfrak{K}$. In den gemeinsamen Punkten U_1, U_2 von k und k_2 existiert daher je ein Φ und $\mathfrak{K}$ berührender zweiter Sehstrahl. U_1 und U_2 gehören demnach auch dem zweiten wahren Umriß u_2 von Φ an. Da der zweite scheinbare Umriß k_2'' von $\mathfrak{K}$ ein Kreis (um M'') ist, der u_2'' in U_1'' und U_2'' berührt, sind auch die Tangenten von u_2'' in U_1'' und U_2'' einfach zu zeichnen.

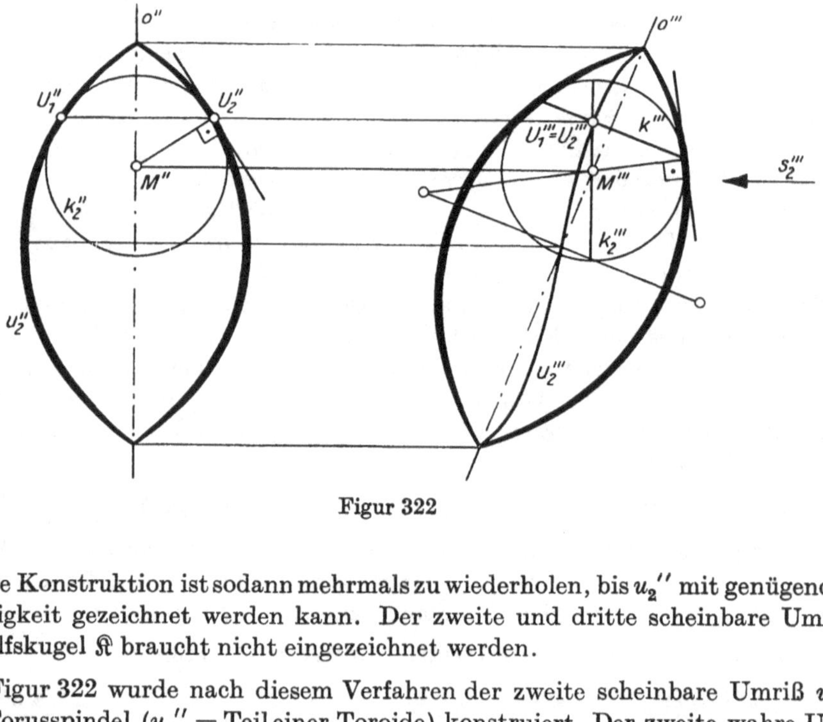

Figur 322

Diese Konstruktion ist sodann mehrmals zu wiederholen, bis u_2'' mit genügender Genauigkeit gezeichnet werden kann. Der zweite und dritte scheinbare Umriß der Hilfskugel $\mathfrak{K}$ braucht nicht eingezeichnet werden.

In Figur 322 wurde nach diesem Verfahren der zweite scheinbare Umriß u_2'' einer Torusspindel (u_2'' = Teil einer Toroide) konstruiert. Der zweite wahre Umriß kann auch als Eigenschattengrenze für eine Parallelbeleuchtung normal zu π_2 aufgefaßt werden.

* Bei einem ringförmigen Torus erscheint der Kreuzriß u_2''' von u_2 als doppelt überdeckte rationale Quartik, die aus zwei Ästen besteht. Sie besitzt in O''' einen *Inflexionsknoten* und hat zwei parallele Asymptoten. Ihre Gleichung lautet in dem in Figur 323 eingezeichneten kartesischen Normalkoordinatensystem

$$u_2''' \ldots (k\,\xi + \eta)^2\,(b^2 - \eta^2) = a^2\eta^2\,,$$

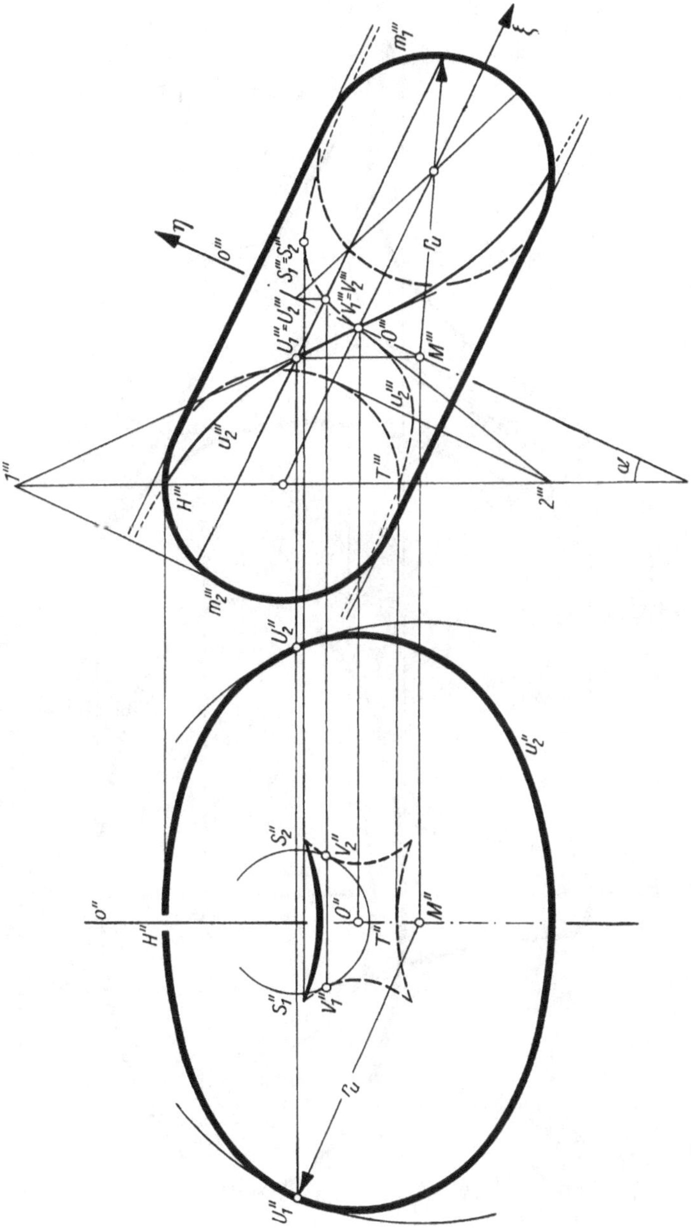

Figur 323

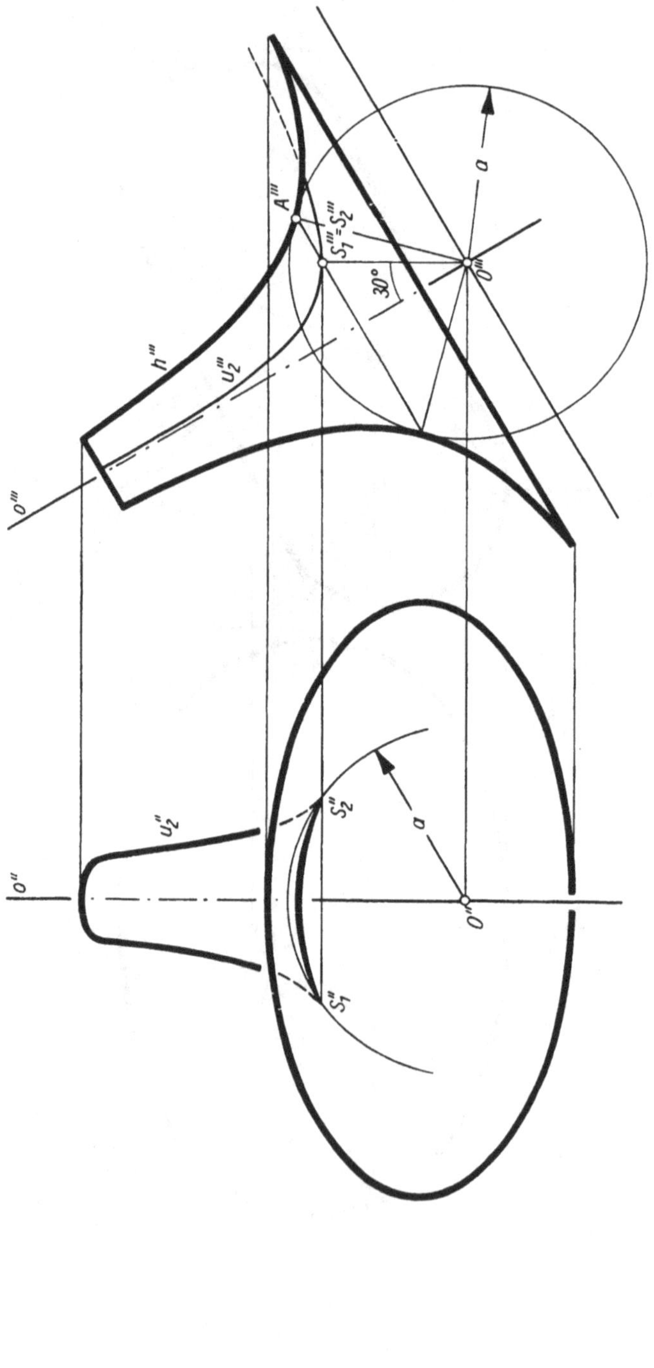

Figur 324

wenn $k = \cot \alpha$ bedeutet (α = Neigungswinkel von o gegen π_2). Aus dieser Gleichung leitet man folgende Konstruktion der Doppelpunktstangenten (in O''') ab:

Die zu o''' parallelen Tangenten an den Kreis m_2''' schneiden die Lotrechte (parallel o'') durch die Mitte von m_2''' in den Punkten $1'''$, $2'''$, durch die die gesuchten Doppelpunktstangenten (Wendetangenten) hindurchgehen.

Läßt sich an u_2''' in einem Punkt S''' eine reelle Tangente parallel zu s_2''' ziehen, so existiert in dem entsprechenden Raumpunkt S von u_2 eine zu s_2 parallele (also zu π_2 normale) Tangente. Der Aufriß S'' von S ist dann eine *Spitze des zweiten scheinbaren Umrisses u_2''*. *

* Aufgabe 235 (für den Leser). Liegt eine allgemeine Drehfläche Φ (mit geneigter Achse) vor, deren Meridian durch $\varrho = f(z)$ gegeben ist, und wird zur Konstruktion des zweiten scheinbaren Umrisses u_2'' von Φ ein Seitenriß (parallel zur Drehachse o) eingeführt, so ist der dritte Riß u_2''' des zweiten wahren Umrisses von Φ die doppelt überdeckte Kurve

$$k\,\xi = f \cdot f',$$
$$\eta = z,$$

wenn $k = \cot \alpha$ bedeutet (α = 2. Neigungswinkel der Drehachse o).

Der Leser leite diese Formel her und überprüfe mit ihr die oben angegebene Gleichung von u_2''' bei einem Torus. *

Aufgabe 236 (für den Leser). Ein Teil eines Astes einer gleichseitigen Hyperbel h, der den Hauptscheitel A enthält, rotiere um eine Asymptote von h. Von der trompetenähnlichen Drehfläche ist ein Normalriß anzufertigen, wenn die Drehachse unter 30° gegen die Bildebene geneigt ist. Figur 324 zeigt das Resultat (ohne Konstruktionslinien).

* Aufgabe 237 (für den Leser). Ist in vorangehendem Beispiel a die halbe Hauptachse der gleichseitigen Meridianhyperbel, so lautet die Gleichung des Kreuzrisses u_2''' des zweiten wahren Umrisses u_2 von Φ

$$4\,\xi\,\eta^3\sqrt{3} + a^4 = 0\,.$$

Der Leser leite diese Gleichung her und zeige, daß die Spitzen des zweiten scheinbaren Umrisses u_2'' von jenen Punkten S_1, S_2 des zweiten wahren Umrisses herrühren, die auf dem Parallelkreis des Hauptscheitels A liegen, daß also in weiterer Folge diese Spitzen einem Kreis um O'' mit dem Radius a angehören. *

XIII. DURCHDRINGUNG KRUMMER FLÄCHEN

In der technischen Praxis tritt häufig das Problem auf, die Durchdringung zweier krummer Flächen zu bestimmen, so z. B. bei dem Entwurf von Gewölben, bei der Konstruktion von Rohrabzweigungen, Maschinenteilen usw. Im Hinblick auf die große praktische Bedeutung soll dieses Kapitel etwas ausführlicher behandelt werden.

§ 154. Allgemeines Verfahren zur Konstruktion der Durchdringungskurve zweier krummer Flächen

Ist die Durchdringungskurve k zweier krummer Flächen Φ_1, Φ_2 zu konstruieren, so wird man danach trachten, eine genügende Anzahl von Punkten von $k = \Phi_1\Phi_2$, womöglich mit Tangenten, zu ermitteln. Für das Zeichnen der Projektionen von k ist es vorteilhaft, die Berührpunkte der Projektionen von k, etwa von k'', mit den beiden zweiten scheinbaren Umrissen von Φ_1 bzw. Φ_2 aufzusuchen, sowie Punkte von k'' mit ausgezeichneten Tangentenrichtungen, wie etwa höchste und tiefste Punkte zu bestimmen. Die hierbei verwendeten Verfahren sind eine sinngemäße Verallgemeinerung jener Methoden, die bei der Konstruktion von Schnitten einer krummen Fläche mit einer Ebene verwendet werden.

1. *Punktweise Konstruktion von k*

Sollen Punkte der Durchdringungskurve k zweier krummer Flächen Φ_1, Φ_2 aufgesucht werden, so schneidet man beide Flächen mit geeignet gewählten Hilfsflächen. Jede solche Hilfsfläche Ψ schneidet Φ_1 in einer Kurve k_1, Φ_2 in einer Kurve k_2. (Figur 325.) Die gemeinsamen Punkte P von k_1 und k_2 gehören der gesuchten Durchdringungskurve k an.

Naturgemäß hat dieses Verfahren nur dann einen Sinn, wenn die Kurven $k_1 = \Psi\Phi_1$ und $k_2 = \Psi\Phi_2$ leichter aufgesucht werden können als k selbst. Man wählt daher als Hilfsflächen einfache Flächen, etwa Ebenen oder Kugeln, die die gegebenen Flächen Φ_1, Φ_2 in möglichst einfachen Kurven schneiden.

2. *Tangentenkonstruktionen in Punkten von k*

a) Tangentialebenenverfahren

Die Tangente t von k in P gehört sowohl der Tangentialebene τ_1 von Φ_1 in P als auch der Tangentialebene τ_2 von Φ_2 in P an. Man bestimmt daher τ_1 und τ_2 und bringt diese Ebenen zum Schnitt ($\tau_1\tau_2 = t$).

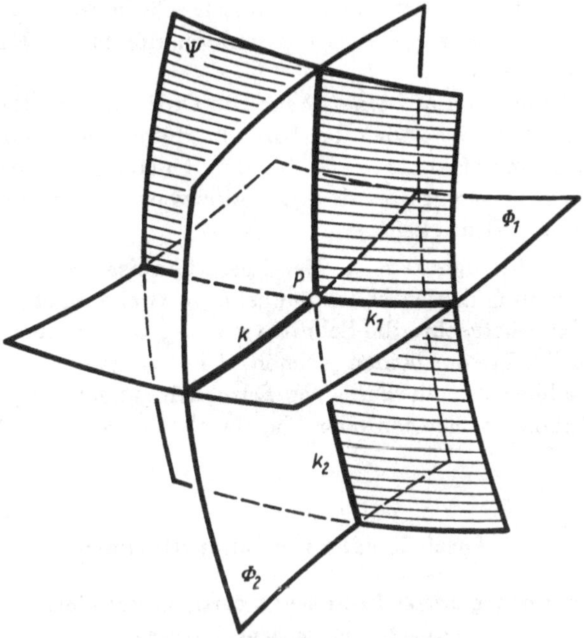

Figur 325

b) Normalenverfahren

Errichtet man in einem Punkt P von $k = \Phi_1\Phi_2$ das Lot n_1 auf Φ_1 (d. h. auf τ_1) sowie das Lot n_2 auf Φ_2 (d. h. auf τ_2), so steht die gesuchte Tangente t von k in P auf beiden Geraden n_1, n_2, mithin auf der von ihnen aufgespannten Ebene $\nu = n_1 n_2$ normal. Die Konstruktion von t verläuft somit wie folgt:

$$P \perp \Phi_1 = n_1 ,$$
$$P \perp \Phi_2 = n_2 ,$$
$$n_1 n_2 = \nu ,$$
$$P \perp \nu = t .$$

Beide Verfahren zur Bestimmung von t versagen, wenn die beiden Flächen Φ_1, Φ_2 in einem Punkt P einander berühren, dort also dieselbe Tangentialebene, mithin die gleiche Flächennormale besitzen. In einem solchen Punkt hat die Durchdringungskurve k — wie die Differentialgeometrie lehrt — i. a. einen *singulären Punkt*, also einen Doppelpunkt, eine Spitze oder einen isolierten Punkt. Bei Auftreten eines Doppelpunktes müssen die Doppelpunktstangenten meist nach Methoden der Differentialgeometrie konstruiert werden, auf die hier nicht weiter eingegangen werden soll.

Werden zwei algebraische Flächen Φ_1, Φ_2 von den Ordnungen n_1 bzw. n_2 zum Schnitt gebracht, so ist die Durchdringungskurve $k = \Phi_1\Phi_2$ algebraisch von der

Ordnung $n = n_1 \cdot n_2$. Dieser Satz der algebraischen Geometrie besagt, daß jede Ebene die Raumkurve k in genau $n_1 \cdot n_2$ Punkten (im Sinne der algebraischen Wurzelzählung) schneidet.

Da ferner bei Projektion auf eine Ebene die Ordnung von Raum- und Bildkurve übereinstimmt, ist i. a. auch der Riß von k eine Kurve von der Ordnung $n = n_1 \cdot n_2$. Die Ordnung einer Kurve ist bei der Beurteilung ihres Verlaufes und ihrer Eigenschaften — sowohl bei den Raumkurven als auch bei ihren Projektionen — von großer Wichtigkeit.

* Aufgabe 238 (für den Leser). Der Leser beweise die Richtigkeit obigen Satzes über die Ordnung der Durchdringungskurve zweier algebraischer Flächen.

Anleitung. Man betrachte die Schnitte von Φ_1, Φ_2 mit einer Testebene und die gemeinsamen Punkte der beiden (ebenen) Schnittkurven. *

Nachstehend sollen spezielle Fälle von Durchdringungen besprochen werden, bei denen es möglich ist, Ebenen oder Kugeln als zweckmäßige Hilfsflächen zu verwenden.

Spezielle Fälle von Durchdringungen

§ 155. Durchdringung zweier Drehflächen, deren Achsen einander schneiden (Kugel- und Ebenenverfahren)

1. *Allgemeines Verfahren*

Sollen zwei Drehflächen Φ_1, Φ_2 zum Schnitt gebracht werden, deren Achsen o_1, o_2 einander in einem Punkt O schneiden, so wählt man als Hilfsflächen Kugeln um den Achsenschnittpunkt O. Jede solche Kugel Ψ schneidet nämlich beide Flächen Φ_1, Φ_2 nach einem oder mehreren Parallelkreisen, die sinngemäß zum Schnitt zu bringen sind. Zur leichteren Durchführung dieser Konstruktion klappt man die Ebene der beiden Drehachsen etwa um ihre 2. Spur nach π_2 um. In dieser Lage erscheinen die Parallelkreise von Φ_1 und Φ_2 als Strecken normal zum Riß der entsprechenden Drehachse. Man hat nur Geraden miteinander zu schneiden und die erhaltenen Punkte wieder zurückzudrehen.

Nachstehend wird stets vorausgesetzt, daß die beiden Drehachsen o_1, o_2 bereits in einer Bildebene, etwa in π_2, liegen. Der Aufriß k'' der Durchdringungskurve $k = \Phi_1\Phi_2$ erscheint als doppelt überdeckte (ebene) Kurve, da die Raumkurve k zur Aufrißebene π_2 symmetrisch ist. Im Falle, daß k eine algebraische Raumkurve n-ter Ordnung ist, wird der Aufriß k'' von k eine doppelt überdeckte ebene algebraische Kurve sein, die i. a. von der Ordnung $n/2$ ist.

* Bemerkung. Eine Reduktion der Ordnung von k'' tritt ein, wenn der Lotfernpunkt $S_{2\infty}$ von π_2 der Raumkurve k angehört. Dies ist z. B. stets der Fall, wenn beide Drehflächen Φ_1, Φ_2 von ungerader Ordnung sind. Man erhält dann für die Ordnung von k'' den Wert $\frac{n-u}{2}$. Dabei bedeutet u eine ungerade Zahl, die durch die Art der Singularität von k in $S_{2\infty}$ bedingt ist. *

a) Punktweise Konstruktion von k''

Es seien o_1, o_2 die in π_2 liegenden Achsen zweier Drehflächen Φ_1, Φ_2 mit den halben Hauptmeridianen m_{1_0}, m_{2_0}. Ein beliebiger Kreis u_0 um $O = o_1 o_2$ wird aufgefaßt als der (in π_2 liegende) Hauptmeridian einer Hilfskugel Ψ.

Ist P_{1_0} ein Schnittpunkt von u_0 mit m_{1_0}, so liegt der Aufriß k_1'' eines Schnittkreises k_1 von Ψ mit Φ_1 in der durch P_{1_0} zu o_1 gezogenen Normalen. (Figur 326.) Analog erhält man den Aufriß k_2'' eines Schnittkreises k_2 von Ψ mit Φ_2. Der Punkt $P'' = k_1'' k_2''$ ist somit gemeinsamer Aufriß zweier zu π_2 symmetrisch gelegener Punkte P, $\overline{P}$ von k. Die Schnittpunkte P_m der beiden Hauptmeridiane (Figur 327) sind jene Punkte von k, die in der Aufrißebene liegen. Sie sollen die *Meridianpunkte* von k (und damit auch von k'') heißen.

Man kann in zunächst unerwarteter Weise mit dem geschilderten Kugelverfahren die Kurve k'' über die Meridianpunkte hinaus fortsetzen. Dieser durchaus reelle Teil von k'' rührt von zu π_2 symmetrisch gelegenen imaginären Punkten von k her, also von Punkten, deren Tafelabstände konjugiert komplex sind. Man nennt diese Teile von k'' *parasitisch* und kennzeichnet sie in der Figur durch strichlierte Linien.

b) Tangentenkonstruktionen von k'' (Figur 326)

Soll die Tangente t'' von k'' in P'' konstruiert werden, so ist das Normalenverfahren dem Tangentialebenenverfahren vorzuziehen. Die Normale n_{1_0} zu m_{1_0}

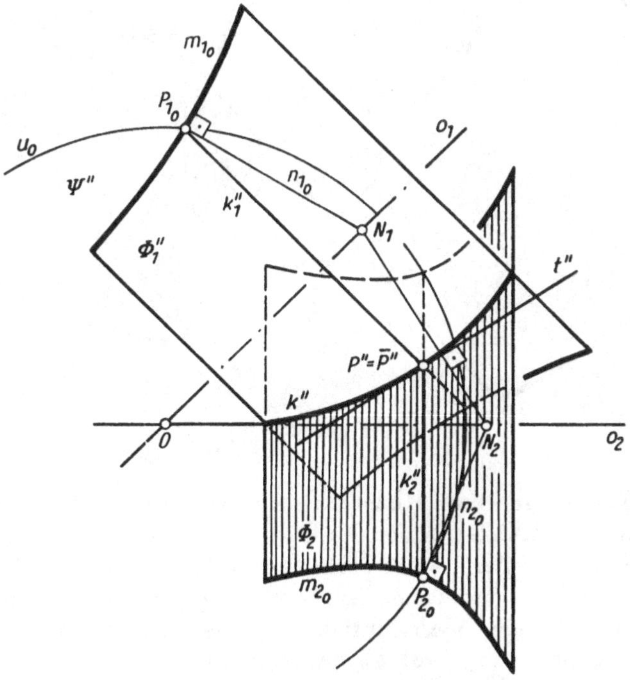

Figur 326

in P_{1_0} trifft die Drehachse o_1 in dem Spurpunkt N_1 der Flächennormalen von Φ_1 in P. Analog findet man den Spurpunkt N_2 der Flächennormalen von Φ_2 in P. Der Aufriß t'' der Tangente t von k in P steht daher zur Geraden N_1N_2 normal, ist doch N_1N_2 die Spur jener Ebene ν, die von den beiden Flächennormalen in P aufgespannt wird, auf der also t senkrecht steht.

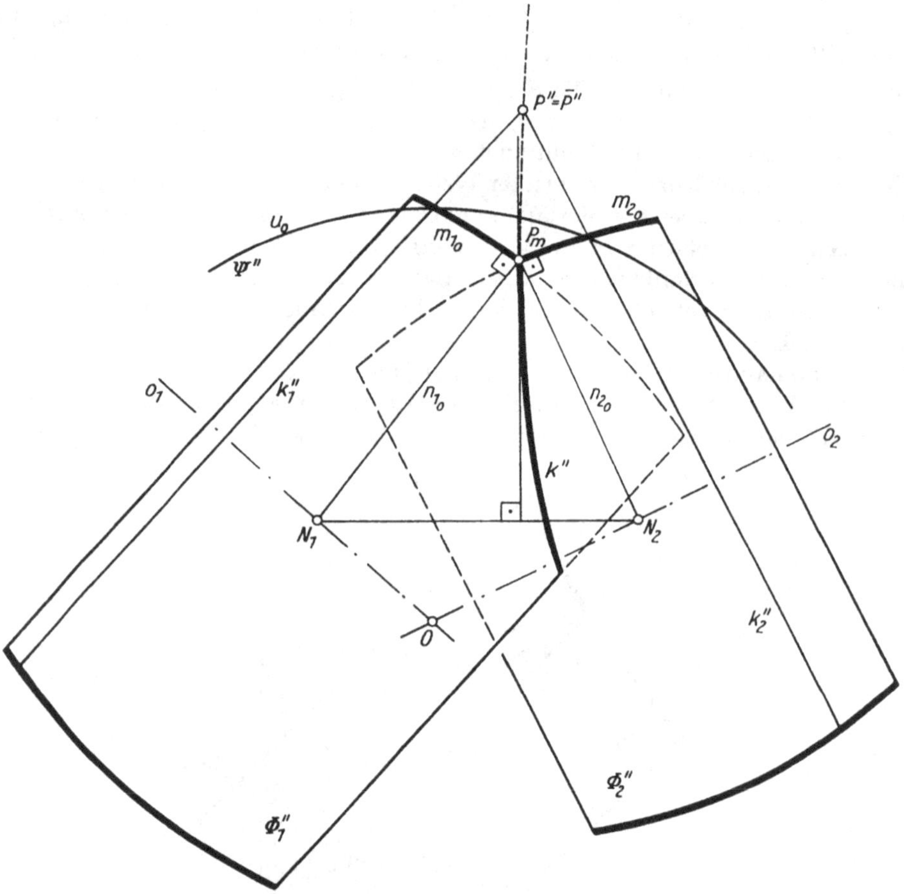

Figur 327

Betrachtet man die gegebene Konstruktionsvorschrift von Tangenten in Punkten von k'' vom rein planimetrischen Standpunkt, so gilt sie auch für die Meridianpunkte P_m und für die Punkte der parasitischen Teile von k'' (Figur 327), da ja diese Punkte als Punkte der ebenen Kurve k'' völlig gleichwertig sind. Räumlich gesehen birgt dies aber eine Merkwürdigkeit, da die Tangente an die Raumkurve k in einem Meridianpunkt P_m auf π_2 normal steht, wie man sich mit Hilfe der Tangentialebenenmethode leicht klar machen kann. Die Tangente an k'' in P_m''

($= P_m$) ist demnach nicht der Aufriß der Tangente t an k in P_m. Die Tangente an k'' in einem Punkte der parasitischen Teile von k'' ist die reelle Projektion zweier (in einer reellen Ebene gelegener) konjugiert komplexer Tangenten von k.

2. *Φ_1, Φ_2 sind Drehflächen zweiter Ordnung*

Sind die beiden Drehflächen Φ_1, Φ_2, deren Achsen o_1, o_2 in π_2 liegend vorausgesetzt werden, von zweiter Ordnung, dann ist ihre Durchdringungskurve eine zu π_2 symmetrisch liegende Raumkurve vierter Ordnung, ihr Aufriß daher ein doppelt überdeckter Kegelschnitt.

Um die Art dieses Kegelschnittes festzustellen bzw. im Falle einer Hyperbel die Asymptotenrichtungen oder im Parabelfall die Achsenrichtung zu konstruieren, gebraucht man folgende Sätze:

1. Satz. *Sind zwei Drehflächen 2. Ordnung Φ_1, Φ_2 ein und derselben Kugel $\mathfrak{K}$ umgeschrieben und sind ihre Berührkreise k_1, k_2 mit $\mathfrak{K}$ verschieden, so zerfällt ihre Durchdringungskurve $k = \Phi_1\Phi_2$ in zwei Kegelschnitte k_I, k_{II}.* (Von diesem Satz gilt, wie man sich leicht überlegen kann, auch die Umkehrung.)

Da sich die beiden Drehflächen Φ_1, Φ_2 in den Schnittpunkten D_1, D_2 der beiden Berührkreise k_1, k_2 berühren, ist der eben zitierte Satz ein Sonderfall von dem

2. Satz. *Berühren zwei Flächen 2. Ordnung einander in zwei Punkten D_1, D_2, die auf keiner gemeinsamen Erzeugenden liegen, so zerfällt die Schnittkurve vierter Ordnung $k = \Phi_1\Phi_2$ in zwei durch D_1 und D_2 gehende Kegelschnitte k_I, k_{II}.*

Beweis. Verbindet man D_1 und D_2 mit einem weiteren Punkt P von k durch eine Ebene ε_1, so liegen in ε_1 bereits fünf Punkte, nämlich die (doppelt zu zählenden) Doppelpunkte D_1, D_2 und der Punkt P. Da k aber eine Raumkurve 4. Ordnung ist, in ε_1 aber fünf Punkte von k liegen, ist dies nur möglich, wenn in ε_1 ein ebener Bestandteil k_I von k (∞^1 Punkte) liegt, der als ebener Schnitt einer Fläche zweiter Ordnung ein Kegelschnitt sein muß. Nun gibt es i. a. außerhalb ε_1, also außerhalb k_I noch weitere gemeinsame Punkte von Φ_1 und Φ_2. Die Verbindungsebene ε_2 von D_1, D_2 mit einem solchen Punkt Q enthält nach analogen Überlegungen ebenfalls eine Kurve zweiter Ordnung k_{II}, die k angehört. k zerfällt also tatsächlich in zwei Kegelschnitte k_I, k_{II} durch die beiden Doppelpunkte D_1, D_2.

Für den Aufriß k'' von k bedeutet dies ein Zerfallen in zwei doppelt überdeckte Geraden.

3. Satz. *Die Fernpunkte der Durchdringungskurve k zweier Flächen Φ_1, Φ_2 von zweiter Ordnung bleiben ungeändert, wenn eine oder beide Flächen*

a) *parallel verschoben,*

b) *zentrisch ähnlich verändert werden.*

Beweis. Bei beiden angeführten Transformationen bleibt die Fernebene punktweise fest. Es ändern sich also durch sie auch nicht die Fernkegelschnitte von Φ_1 und Φ_2, mithin auch nicht deren Schnittpunkte, die die Fernpunkte von k sind.

Sind o_1, o_2 die in π_2 liegenden Achsen zweier Drehflächen Φ_1, Φ_2 zweiter Ordnung, deren Schnittkurve k zunächst im Aufriß bestimmt werden soll, so wählt man einen in π_2 liegenden Kreis u_0 als Hauptmeridian einer Testkugel $\mathfrak{K}$. Sodann schreibt man $\mathfrak{K}$ eine Drehfläche Φ_1^* um, die aus Φ_1 durch Parallelverschiebung und zentrischer Ähnlichkeit hergeleitet werden kann. Ebenso sei Φ_2^* eine der Kugel $\mathfrak{K}$ umgeschriebene Drehfläche, die aus Φ_2 durch die genannten Transformationen entstehen kann. Die Schnittkurve $k^* = \Phi_1^*\Phi_2^*$ zerfällt nach Satz 1 in zwei Kegelschnitte. Der Aufriß $k^{*\prime\prime}$ von k^* besteht daher aus einem Geradenpaar u_1, u_2, das nach Satz 2 dieselben Fernpunkte besitzt wie der Kegelschnitt k''. Diese Methode möge an einigen Beispielen illustriert werden.

A) Φ_1, Φ_2 sind Drehzylinder (Figur 328)

Die Hauptmeridiane von Φ_1 und Φ_2 bestehen aus je einem Paar paralleler Geraden, liefern daher vier Punkte $P_{1m}, \ldots, P_{4m}$ der Durchdringungskurve $k = \Phi_1\Phi_2$ (Kurve 4. Ordnung). Da diese Meridianpunkte P_{im} ein Parallelogramm mit der Mitte $O = o_1o_2$ bilden, ist O die Mitte des Kegelschnittes k''. Man wählt die Testkugel $\mathfrak{K}$ mit Vorteil als jene Kugel um O, die dem Drehzylinder mit größerem Radius (hier Φ_1) eingeschrieben ist. Vergrößert man nun den anderen Drehzylinder Φ_2 zentrisch von O aus, bis er ebenfalls $\mathfrak{K}$ berührt, dann besteht der Aufriß $k^{*\prime\prime}$ von k^* aus dem orthogonalen Geradenpaar u_1, u_2, das die Diagonalen des Rhombus $P_{1m} \ldots P_{4m}$ trägt, also aus den beiden Winkelsymmetralen des Winkels $\sphericalangle\, o_1o_2$. Mithin ist k'' eine (doppelt überdeckte) gleichseitige Hyperbel.

Verwendet man die Kugel $\mathfrak{K}$ als eine Hilfskugel Ψ, so erhält man jene Punkte P_1'', P_2'', in denen die Tangenten an k'' zu o_2 normal stehen.

In Figur 328 wurden ferner die Tangenten an die gleichseitige Hyperbel k'' in den Meridianpunkten P_{1m}, P_{2m} nach dem Normalenverfahren konstruiert. Figur 328 zeigt einen Teil jener (transzendenten) Kurve k^0, in die k bei der Verebnung des Mantels von Φ_1 übergeht. Bemerkenswert einfach ist die Konstruktion der Schmiegkreise von k^0 in den Scheiteln $P_{1m}{}^0$, $P_{2m}{}^0$. So schneidet die Gerade N_1N_2 die Umrißerzeugende von Φ_1 durch P_{1m} in einem Punkt K_1, dessen Entfernung von P_{1m} mit dem Radius des Schmiegkreises von k^0 in $P_{1m}{}^0$ übereinstimmt. Analoges gilt für den Scheitel $P_{2m}{}^0$.

* Aufgabe 239 (für den Leser). Der Leser begründe die oben gegebene Konstruktion für die Schmiegkreise von k^0 in den Scheiteln $P_{1m}{}^0$, $P_{2m}{}^0$.

Anleitung. Man ersetze die Raumkurve k durch jene Ellipse k_e, die die zweitprojizierende Ebene durch die Hyperbeltangente in P_{1m} aus Φ_1 ausschneidet. Die Kurven k und k_e haben in P_{1m} denselben Krümmungskreis, usw. *

Bemerkung. Zur Konstruktion von Punkten der Durchdringungskurve $k = \Phi_1\Phi_2$ kann im vorliegenden Fall auch das Ebenenverfahren herangezogen werden. Man wählt Hilfsebenen parallel zur Aufrißebene (= Ebene o_1o_2). Jede solche Hilfsebene Ψ schneidet Φ_1 und Φ_2 in je zwei Erzeugenden, deren Schnittpunkte auf k liegen.

Aufgabe 240 (für den Leser). Der Leser zeichne jene Kurve, in die k bei der Verebnung des Mantels von Φ_2 übergeht.

Sonderfall. Stehen die Drehachsen o_1, o_2 der beiden Drehzylinder Φ_1, Φ_2 aufeinander normal, so liegen die Achsen der (gleichseitigen) Aufrißhyperbel k'' in den Achsen o_1, o_2. (Figur 329.)

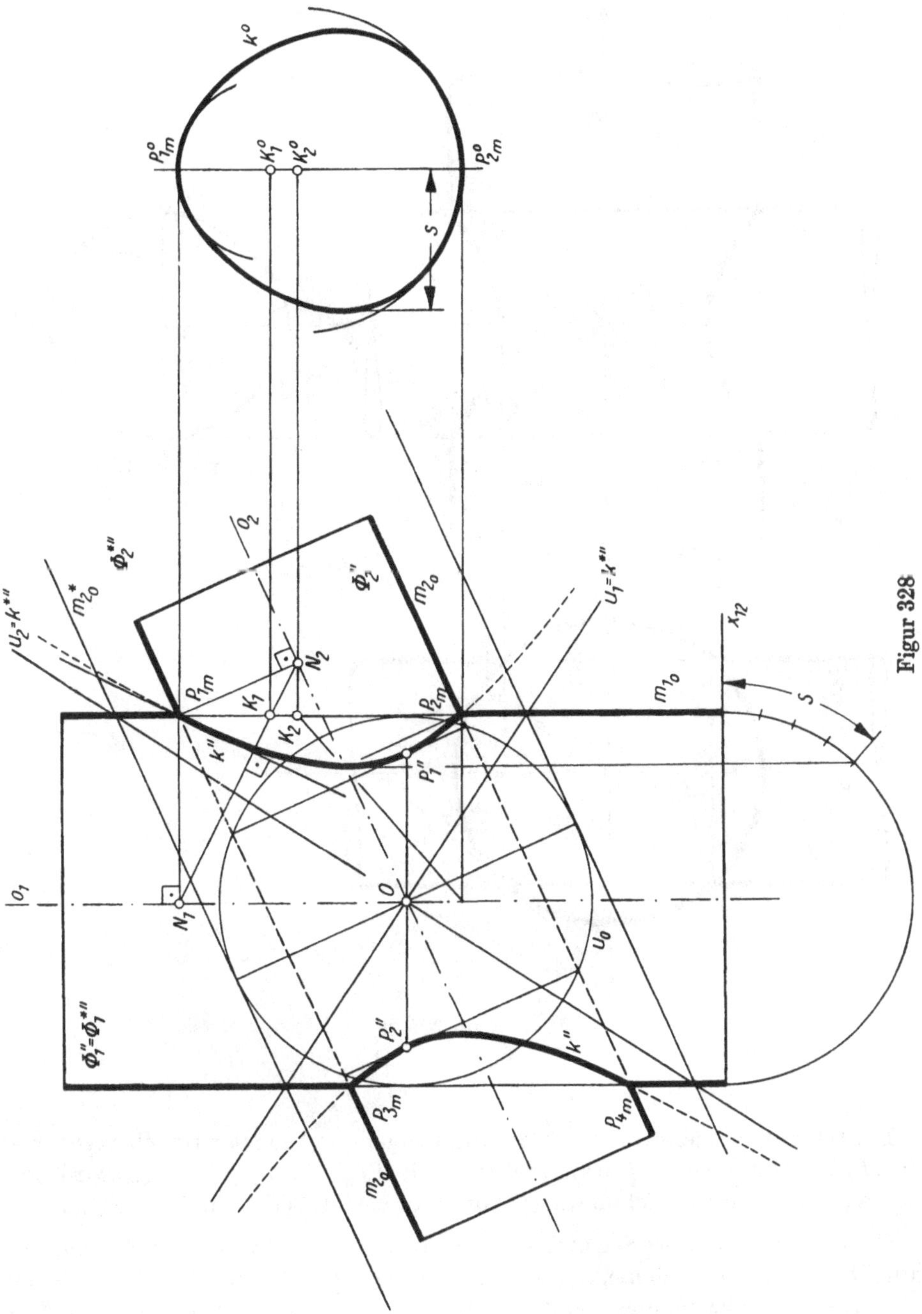

Figur 328

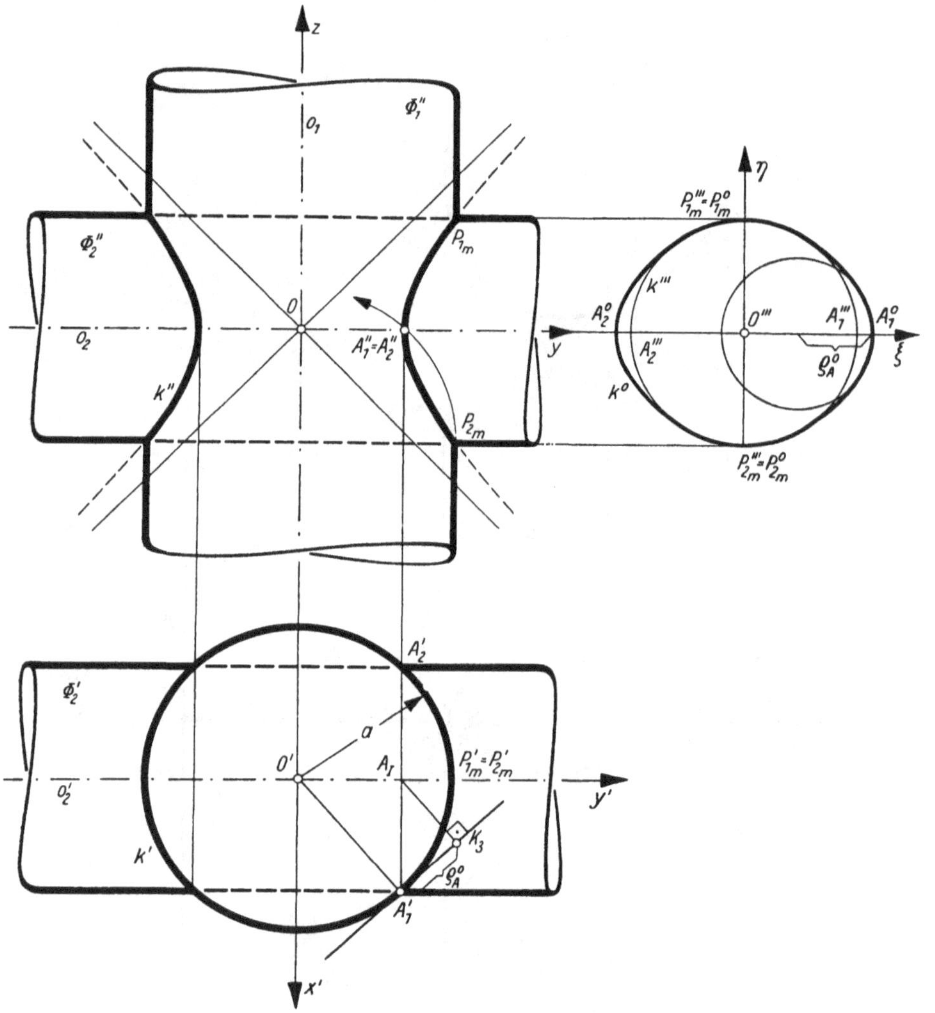

Figur 329

Breitet man den Mantel von Φ_1 auf die Tangentialebene der Umrißerzeugenden $P_{1m}P_{2m}$ aus und ordnet k^0 so an, daß $P_{1m}''' = P_{1m}^0$ und $P_{2m}''' = P_{2m}^0$ wird, so ist der Kreis k''' zugleich Schmiegkreis von k^0 in beiden Scheiteln P_{1m}^0, P_{2m}^0.

Es treten zwei weitere Scheitel A_1^0, A_2^0 von k^0 in der waagrechten Symmetralen auf. Der Radius des Schmiegkreises in A_1^0 (und in A_2^0) läßt sich leicht dem Grundriß entnehmen. Ist nämlich A_I die Mitte von $\overline{A_1'A_2'}$, so trifft das Lot aus A_I die Tangente von k' in A_1' in einem Punkt K_3, der von A_1' die Entfernung ϱ_{A^0} besitzt.

* In dem in Figur 329 eingezeichneten räumlichen kartesischen Normalkoordinatensystem $(O; x, y, z)$ sind die beiden Drehzylinder festgelegt durch

$$\Phi_1 \ldots x^2 + y^2 = a^2 ,$$

$$\Phi_2 \ldots x^2 + z^2 = b^2 .$$

Diese beiden Gleichungen bestimmen bereits die Durchdringungskurve $k = \Phi_1 \Phi_2$. Nach Elimination von x erhält man den Aufriß k'' von k

$$k'' \ldots y^2 - z^2 = a^2 - b^2 . *$$

* Aufgabe 241 (für den Leser). Der Leser zeige, daß die Kurve k bei Verebnung des Mantels von Φ_1 in die Kurve k^0 übergeht, deren Gleichung

$$\eta^2 = b^2 - a^2 \sin^2 \frac{\xi}{a}$$

lautet. *

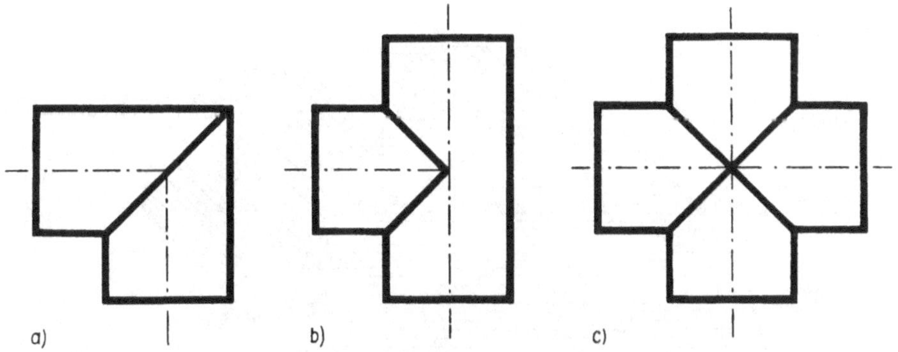

a) b) c)

Figur 330

Sind außerdem die Radien der beiden Drehzylinder Φ_1, Φ_2 gleich groß, so zerfällt die Schnittkurve $k = \Phi_1 \Phi_2$ — nach Satz 1 — in zwei Ellipsen, deren Aufrisse ein orthogonales Geradenpaar sind. Diese Art von Durchdringungen treten in der Technik häufig auf. So zeigt Figur 330 einige *Rohrabzweigungen*, und zwar

a) ein rechtwinkeliges *Rohrknie*,
b) ein *T-Stück*,
c) ein *Kreuzstück*.

In Figur 331 sind einige *Gewölbeformen* abgebildet, und zwar

a) ein *römisches Kreuzgewölbe mit vier Kappen*,
b) ein *Klostergewölbe mit vier Wangen*,
c) ein *offenes Klostergewölbe*.

B) Φ_1 = Drehzylinder, Φ_2 = Drehkegel (Figur 332)

Der Hauptmeridian von Φ_1 ist ein paralleles Geradenpaar, der von Φ_2 besteht aus zwei sich schneidenden Geraden. Es ergeben sich somit vier Meridianpunkte

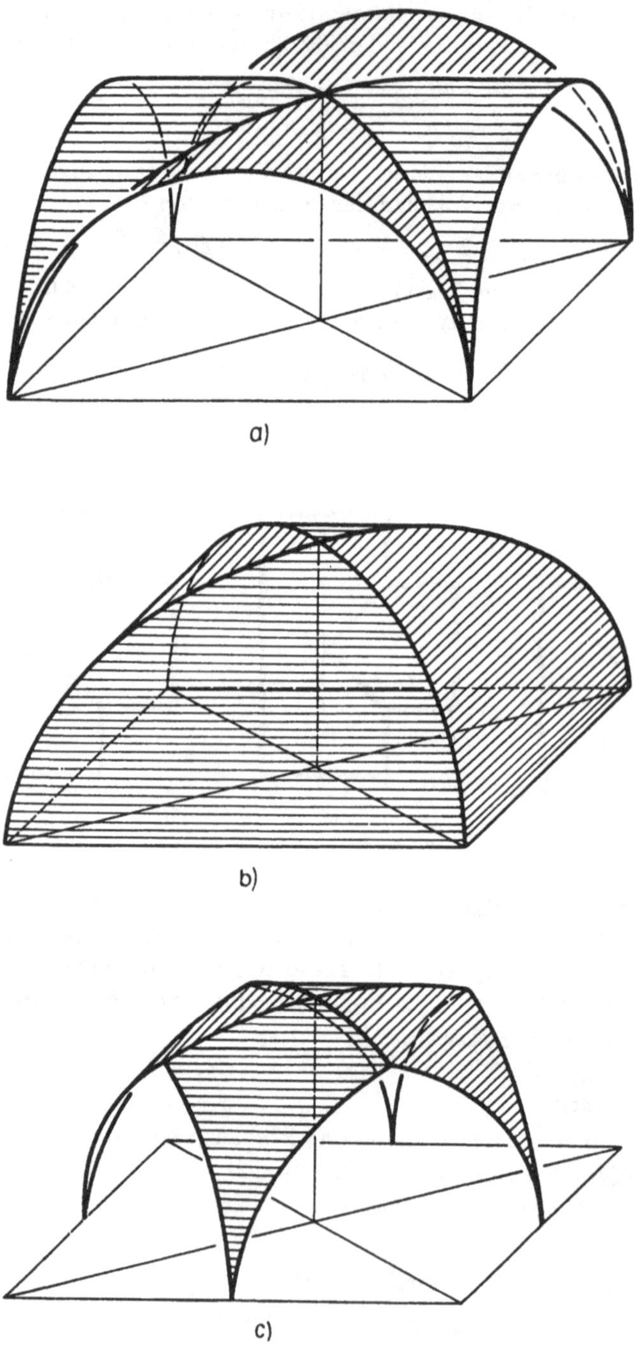

Figur 331

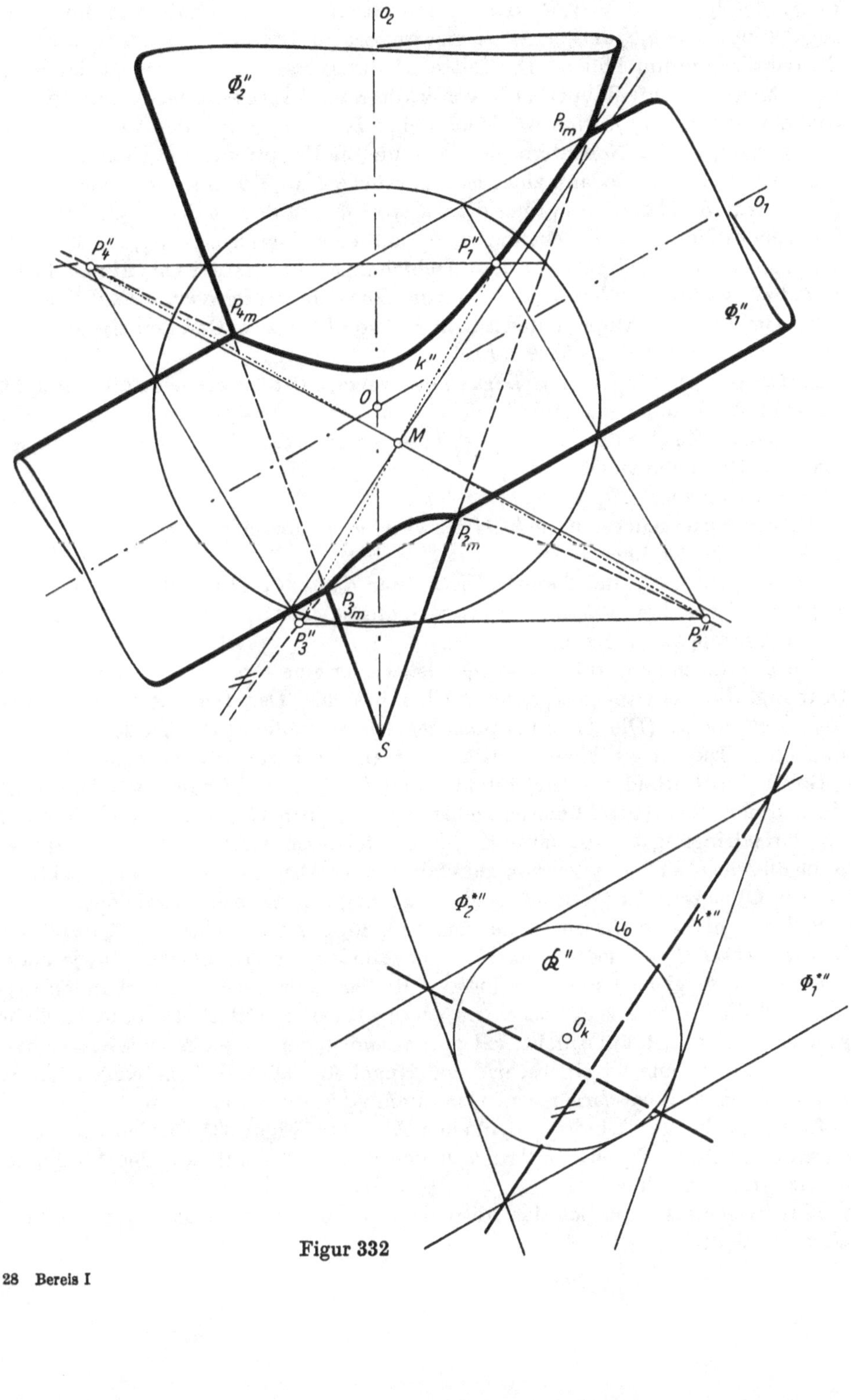

Figur 332

$P_{1m}, \ldots, P_{4m}$ von $k = \Phi_1\Phi_2$, die ein Trapez bilden. Nun wählt man eine Hilfskugel Ψ um $O = o_1o_2$ und erhält so vier weitere Punkte $P_1'', \ldots, P_4''$ von k'', die ein Parallelogramm bilden. Die Mitte M dieses Parallelogramms ist daher zugleich Mitte der Aufrißhyperbel k'' von k (die Raumkurve k ist naturgemäß wieder von vierter Ordnung). Nun wählt man eine Testkugel $\mathfrak{K}$ mit der Mitte O_k in π_2. Man wird O_k in eine Nebenfigur verlegen, um die Hauptfigur von Konstruktionslinien zu entlasten. Sodann zieht man parallel zu den Umrißgeraden von Φ_1 und Φ_2 Tangenten an den Hauptmeridian u_0 von $\mathfrak{K}$ und deutet diese Tangenten als Hauptmeridiane eines Drehzylinders Φ_1^* und eines Drehkegels Φ_2^*, die $\mathfrak{K}$ umgeschrieben sind und durch Parallelverschiebungen und zentrische Ähnlichkeiten in Φ_1 bzw. Φ_2 übergeführt werden können. Die Schnittkurve $k^* = \Phi_1^*\Phi_2^*$ zerfällt nach Satz 1 in zwei Ellipsen, der Aufriß $k^{*\prime\prime}$ von k^* in zwei Geraden, die die Richtungen der Asymptoten von k'' angeben.

Aufgabe 242 (für den Leser). Der Leser zeige, daß die Gerade OM in Figur 332 stets zur Achse o_1 normal steht.

Aufgabe 243 (für den Leser). Der Leser verebne den Mantel

a) des Drehzylinders Φ_1,

b) des Drehkegels Φ_2

und zeichne jene Kurve, in die k bei der Verebnung übergeht.

C) Φ_1, Φ_2 sind Drehkegel

Aufgabe 244 (für den Leser). Die Achsen o_1, o_2 zweier Drehkegel seien in π_2 gegeben. Ferner kennt man die Spitzen S_1 (auf o_1) und S_2 (auf o_2) sowie die beiden halben Öffnungswinkel α_1 und α_2.

Die Durchdringungskurve $k = \Phi_1\Phi_2$ ist wieder eine algebraische Kurve vierter Ordnung, die aus zwei getrennten Teilen besteht. Der Leser konstruiere den Aufriß k'' von k. (Die Konstruktionsmethode ist völlig analog zu der oben verwendeten. Die nötigen Konstruktionslinien sind in Figur 333 angedeutet.)

Sonderfall. Sind ein Drehzylinder und ein Drehkegel bzw. zwei Drehkegel ein und derselben Kugel umgeschrieben, so zerfällt in beiden Fällen nach Satz 1 die Durchdringungskurve in zwei Kegelschnitte, deren Aufriß ein Geradenpaar ist. Auch diesen speziellen Arten von Durchdringungen begegnet man häufig bei technischen Objekten. In Figur 334 sind einige mögliche Formen abgebildet.

Sollen zwei Rohre (Drehzylinderform) Φ_1, Φ_2 mit den Achsen o_1, o_2 durch ein Zwischenstück Φ_3 — dieses kann ein Drehzylinder oder Drehkegel sein, je nachdem Φ_1 und Φ_2 gleiche oder verschiedene Radien aufweisen — so verbunden werden, daß die Drehachse o_3 von einem vorgegebenen Punkt A_1 auf o_1 nach einem gegebenen Punkt A_2 auf o_2 geht, so legt man um A_1 eine Φ_1 eingeschriebene Kugel $\mathfrak{K}_1$ und um A_2 eine Φ_2 eingeschriebene Kugel $\mathfrak{K}_2$. Diese beiden Kugeln $\mathfrak{K}_1$, $\mathfrak{K}_2$ müssen auch Φ_3 eingeschrieben sein, wodurch Φ_3 bestimmt ist.

Liegen die beiden Achsen o_1, o_2 in einer Ebene (in Figur 335 wurden beide in π_2 angenommen), so ist die Konstruktion von Φ_3 und der auftretenden Stoßnähte einfach durchzuführen.

Schwieriger gestaltet sich das Aufsuchen von Φ_3, wenn o_1 und o_2 windschiefe Geraden sind.

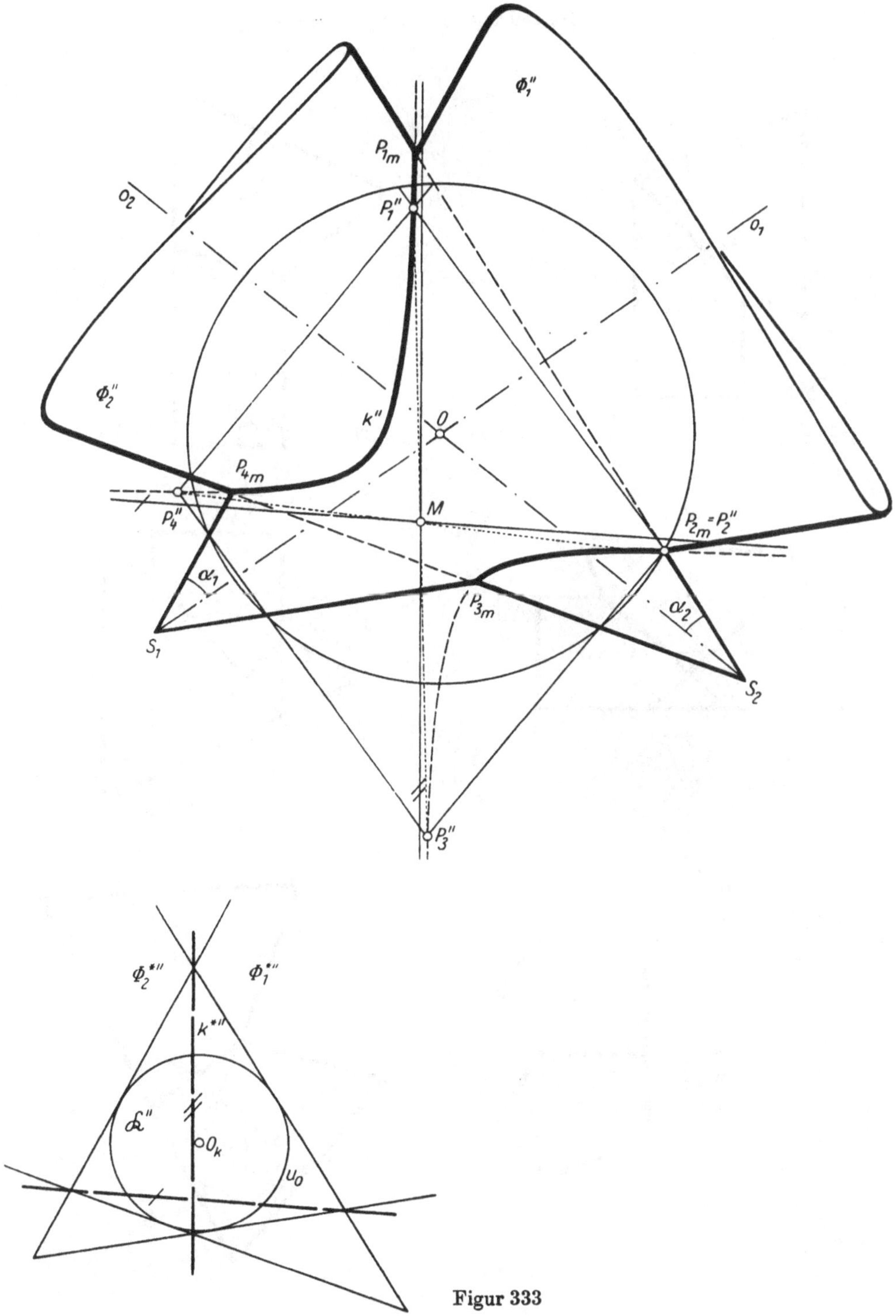

Φ_1''
P_{1m}
o_2
P_1''
o_1
Φ_2''
k''
O
P_{4m}
P_4''
M
$P_{2m} = P_2''$
α_1
P_{3m}
α_2
S_1
S_2
P_3''
$\Phi_2^{*''}$
$\Phi_1^{*''}$
$k^{*''}$
O_k
u_0

Figur 333

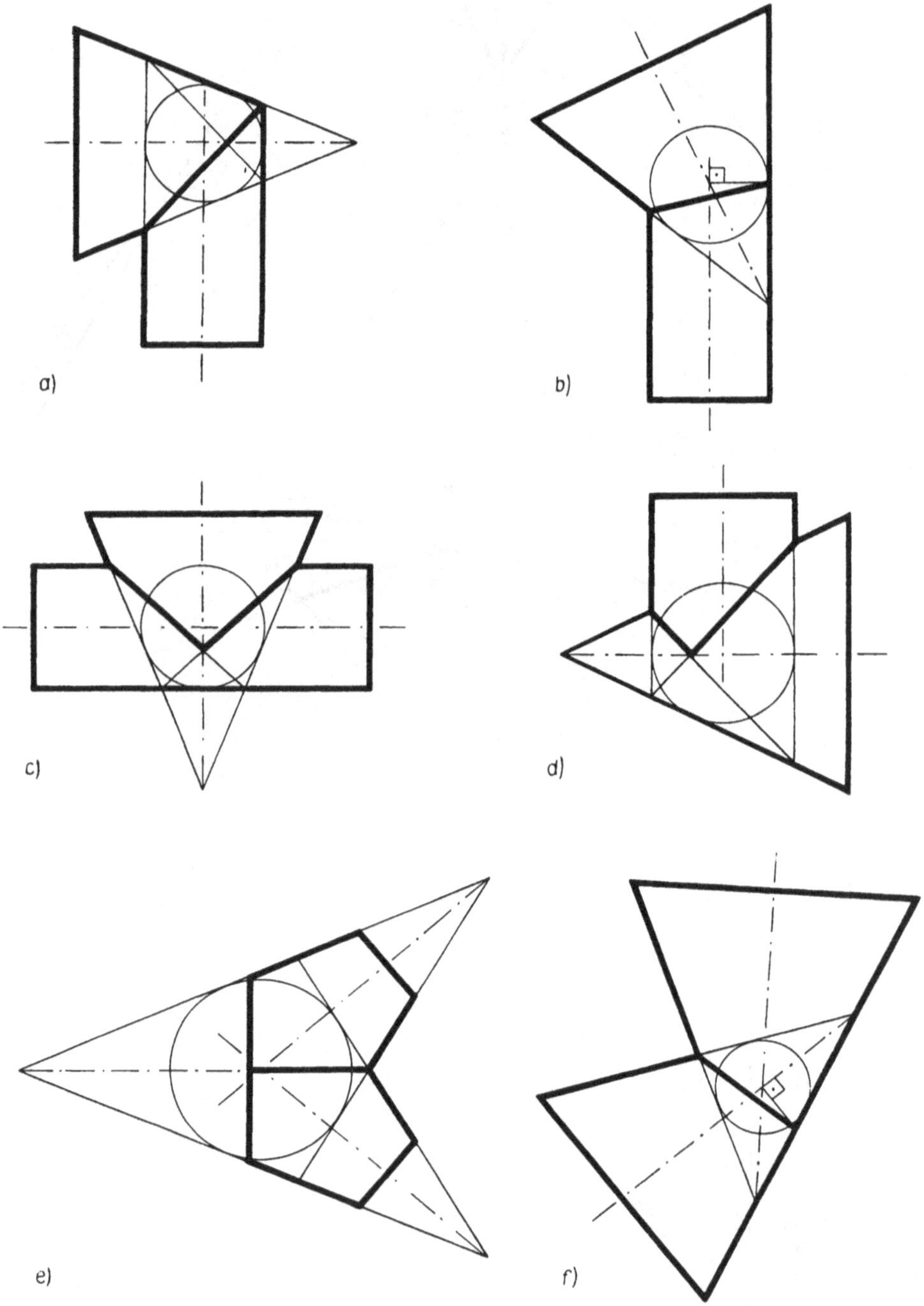

Figur 334

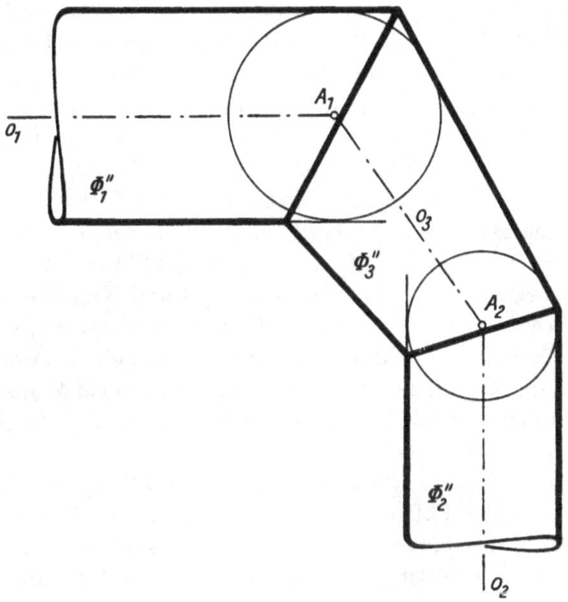

Figur 335

Aufgabe 245 (für den Leser). Zwei Rohre Φ_1, Φ_2 von gleich großen Radien mit den windschiefen, einander rechtwinkelig kreuzenden Achsen o_1, o_2 (Figur 336) sollen durch ein Zwischenstück mit der vorgegebenen Achse $A_1A_2 = o_3$ verbunden werden. Das Verbindungsstück ist samt den auftretenden Stoßnähten in Auf- und Grundriß darzustellen und anschließend zu verebnen.

Aufgabe 246 (für den Leser). Der Leser fertige Schrägrisse der in Figur 334 dargestellten Körperkombinationen an.

D) $\Phi_1 =$ Kugel, $\Phi_2 =$ Drehzylinder

Aufgabe 247. Die Mitte O_1 einer Kugel Φ_1 vom Radius r_1 sowie die Achse o_2 eines Drehzylinders Φ_2 vom Radius r_2 liegen in π_2 gegeben vor. Man konstruiere die Durchdringungskurve $k = \Phi_1\Phi_2$.

Lösung. (Figur 337.) Die Durchdringungskurve ist wieder eine Raumkurve vierter Ordnung, besitzt aber, im Gegensatz zu den oben besprochenen Kurven vierter Ordnung, stets zwei Symmetrieebenen, nämlich π_2 und die Normalebene durch O_1 auf o_2, in die wir die Grundrißebene π_1 legen wollen. Der Aufriß k'' von k ist ein doppelt überdeckter Kegelschnitt mit der x_{12}-Achse als Symmetrieachse. Die Art des Kegelschnittes k'' wird mit einer Testkugel leicht festgestellt. Wählt man etwa Φ_1 als Testkugel und schreibt Φ_1 einen Drehzylinder Φ_2^* mit zu o_2 paralleler Achse um, so ist die Durchdringungskurve $k^* = \Phi_1\Phi_2^*$ der doppelt zu zählende Äquatorkreis von Φ_1. Die Kurve $k^{*''}$ und damit k'' haben nur einen Fernpunkt (= Fernpunkt der x_{12}-Achse); k'' ist somit eine Parabel, deren Achse in die x_{12}-Achse fällt.

In Figur 337 ergeben sich im Schnitt der beiden Hauptmeridiane m_{1_0}, m_{2_0} vier reelle Meridianpunkte $P_{1m}, \ldots, P_{4m}$, die bereits die Parabel k'' festlegen (von den zwei möglichen Lösungen ist jene Parabel auszuwählen, deren Achsenrichtung mit der Richtung der x_{12}-Achse übereinstimmt). Man kann sich weitere Punkte der Parabel k'' auch durch räumliche Überlegungen verschaffen, indem man das oben beschriebene Kugelverfahren heranzieht. In diesem Fall ergibt sich eine Erweiterung des Verfahrens dadurch, daß man jeden Durchmesser der Kugel Φ_1 als Drehachse ansprechen kann. Man darf daher einen beliebigen Punkt der Zylinderachse o_2 als Mittelpunkt M einer Hilfskugel Ψ wählen. Jede solche Kugel schneidet Φ_1 nach einem Kreis k_1 (und dem absoluten Kugelkreis) und Φ_2 in zwei Parallelkreisen. Die Aufrisse dieser drei Kreise sind Geraden, so daß jede Hilfskugel Ψ zwei auf den Aufrissen der ausgeschnittenen beiden Parallelkreise von Φ_2 gelegene Punkte von k'' liefert. Legt man eine Hilfskugel Ψ insbesondere durch den Spurkreis des Zylinders Φ_2 in π_1, so erhält man den auf der x_{12}-Achse gelegenen Parabelpunkt, also den Scheitel von k''.

Auch die Tangentenkonstruktion in Punkten von k'' vereinfacht sich gegenüber den früher besprochenen Fällen, liegen doch die zweiten Spurpunkte sämtlicher Normalen von Φ_1 in der Kugelmitte O_1. Konstruiert man die Parabeltangente insbesondere in einem ihrer Schnittpunkte P'' mit o_2, so folgt aus der angegebenen Tangentenkonstruktion, daß die Entfernung $\overline{O_1 o_2}$ die zugehörige Subtangente, mithin der Parabelparameter p ist.

Zusammenfassung. Schneidet man eine Kugel $(O_1; r_1)$ mit einem Drehzylinder mit der Achse o_2, so erhält man eine Raumkurve vierter Ordnung mit zwei Symmetrieebenen. Der Normalriß dieser Durchdringungskurve k auf eine Ebene parallel zur Ebene $O_1 o_2$ ist eine Parabel, deren Parameter gleich dem Abstand $\overline{O_1 o_2}$ ist.

Die Parabelachse steht zum Normalriß der Zylinderachse o_2 senkrecht.

Bemerkung. Wie unter A) ist auch im vorliegenden Fall die Verwendung des Ebenenverfahrens möglich.

Sonderfall. Ein bemerkenswerter Sonderfall ergibt sich, wenn die Kugelmitte O_1 auf dem Drehzylinder Φ_2 liegt und die beiden Flächen einander in einem Punkt A berühren.

Diese spezielle Durchdringungskurve $k = \Phi_1 \Phi_2$ wird VIVIANIsches *Fenster* genannt. Sie besitzt in A einen Doppelpunkt und hat eine ganze Reihe bemerkenswerter Eigenschaften, auf die hier nicht weiter eingegangen werden kann.

In Figur 338 wurde auch ein Kreuzriß des Vivianischen Fensters eingezeichnet. k''' ist eine *Achterschleife*, die den dritten scheinbaren Umriß von Φ_2 in den Punkten $P_1''', \ldots, P_4'''$ berührt und den dritten scheinbaren Umriß u_3''' der Kugel Φ_1 im höchsten Punkt H''' sowie im tiefsten Punkt T''' oskuliert. Die Punkte $P_1, \ldots, P_4$ liegen auf jenem Kleinkreis k_1 von Φ_1, den die zweitprojizierende Ebene durch o_2 aus Φ_1 ausschneidet. Die Doppelpunktstangenten (in A) stehen sowohl im Raum als auch im Kreuzriß aufeinander normal.

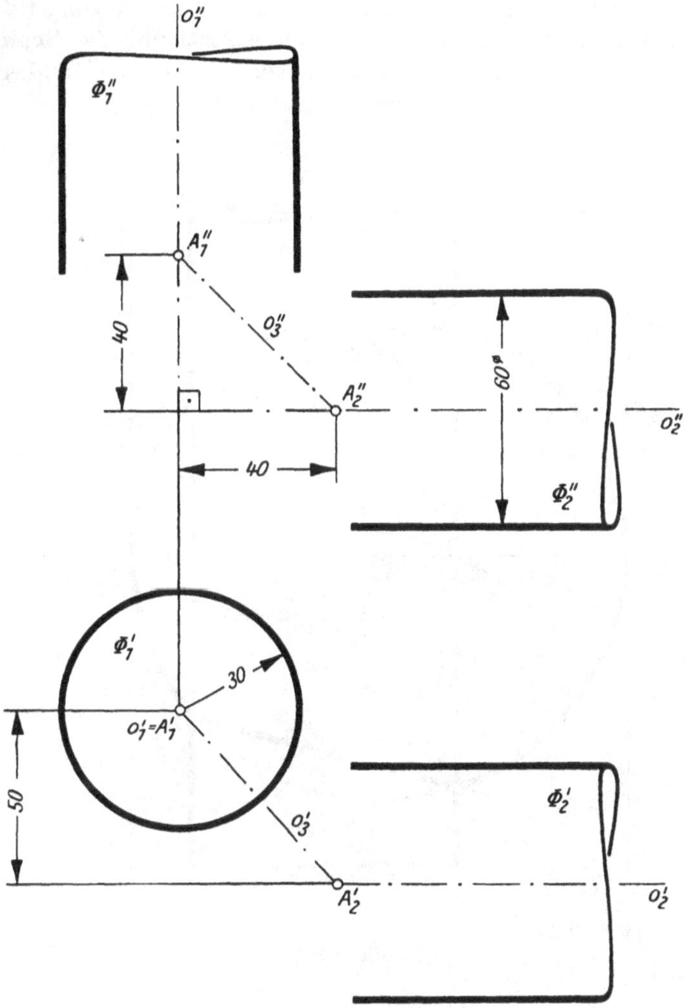

Figur 336

* Aufgabe 248 (für den Leser). Der Leser zeige, daß der Kreis u_3''' tatsächlich Schmiegkreis von k''' in H''' und T''' ist.

Anleitung. Der Leser betrachte jene Ellipse k_e, die die zweitprojizierende Ebene durch die Tangente t_h von k'' in H'' aus Φ_2 ausschneidet, da k und k_e in H denselben Krümmungskreis besitzen, usw. *

* Aufgabe 249 (für den Leser). Der Leser zeige, daß die Doppelpunktstangenten (in A) aufeinander normal stehen.

Anleitung. Projiziert man das Vivianische Fenster aus seinem Doppelpunkt A, so bilden die Projektionsstrahlen einen Drehkegel mit der Spitze in A; die

Kegelachse liegt auf einer Zylindererzeugenden. (Dies ist zunächst durch Betrachtung der Fernelemente und unter Berücksichtigung der Symmetrieeigenschaften zu beweisen.) Die Doppelpunktstangenten sind jene Drehkegelerzeugenden, die in der Zylindertangentialebene von A liegen, usw. *

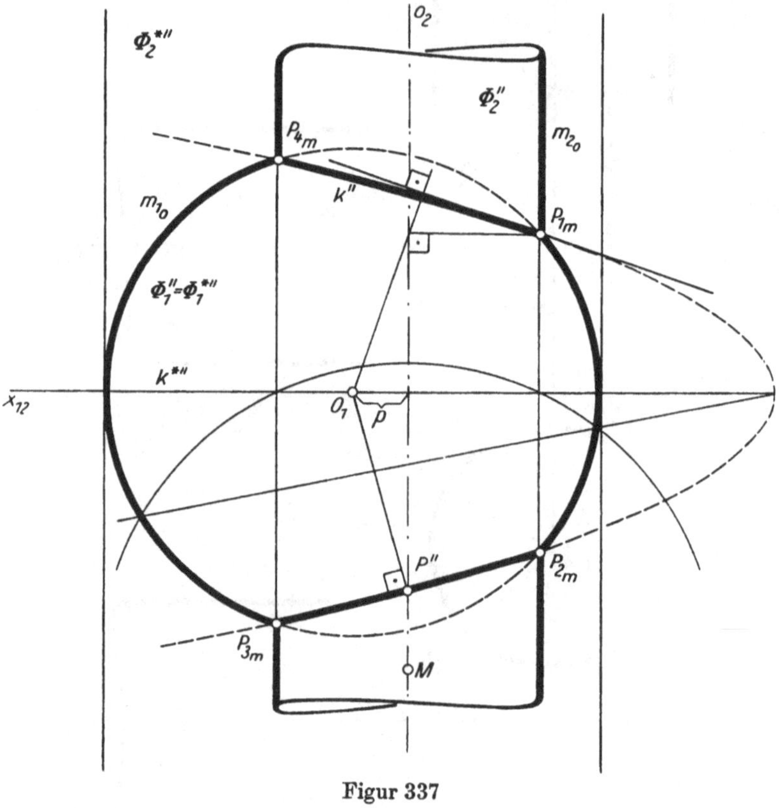

Figur 337

* In dem in Figur 338 eingezeichneten kartesischen Normalkoordinatensystem besitzen Φ_1 und Φ_2 die Gleichungen

$$\Phi_1 \ldots x^2 + y^2 + z^2 = 4\,r^2$$

$$\Phi_2 \ldots x^2 + y^2 + 2ry = 0\,.$$

Durch Elimination von x erhält man den Aufriß

$$k'' \ldots z^2 = 2r(y + 2r)\,,$$

durch Elimination von y den Kreuzriß

$$k''' \ldots z^4 = 4r^2(z^2 - x^2)$$

von k. *

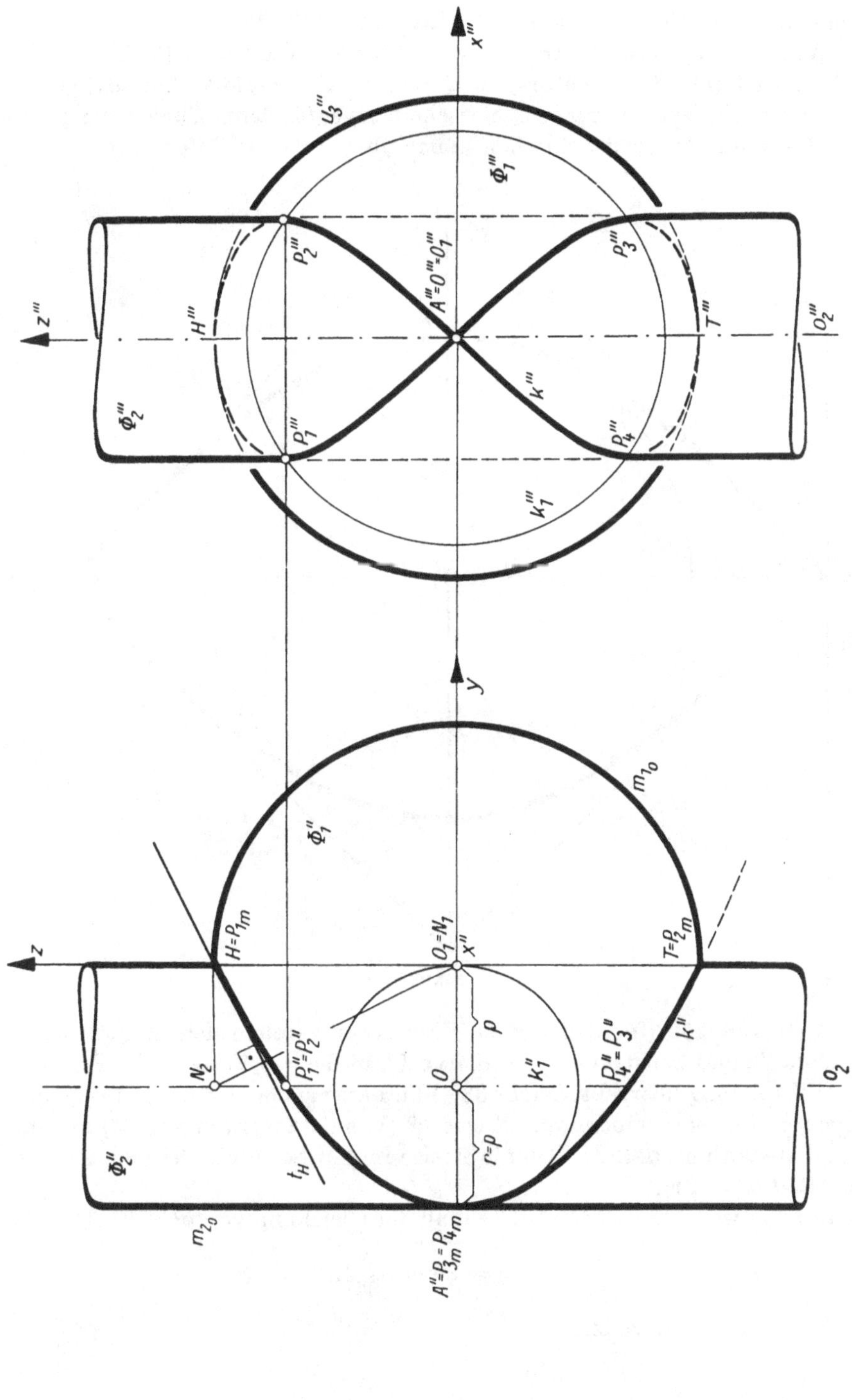

Figur 338

* Aufgabe 250 (für den Leser). Der Leser überprüfe durch Rechnung die oben erwähnten Eigenschaften der Achterkurve k'''. *

* Aufgabe 251 (für den Leser). Betrachtet man die Kugel Φ_1 als einen Globus, A als jenen Punkt des Äquators, durch den der Nullmeridian hindurchgeht, so ist das Vivianische Fenster k jene sphärische Kurve, für deren Punkte die geographische Breite mit der geographischen Länge übereinstimmt. (Beweis!) *

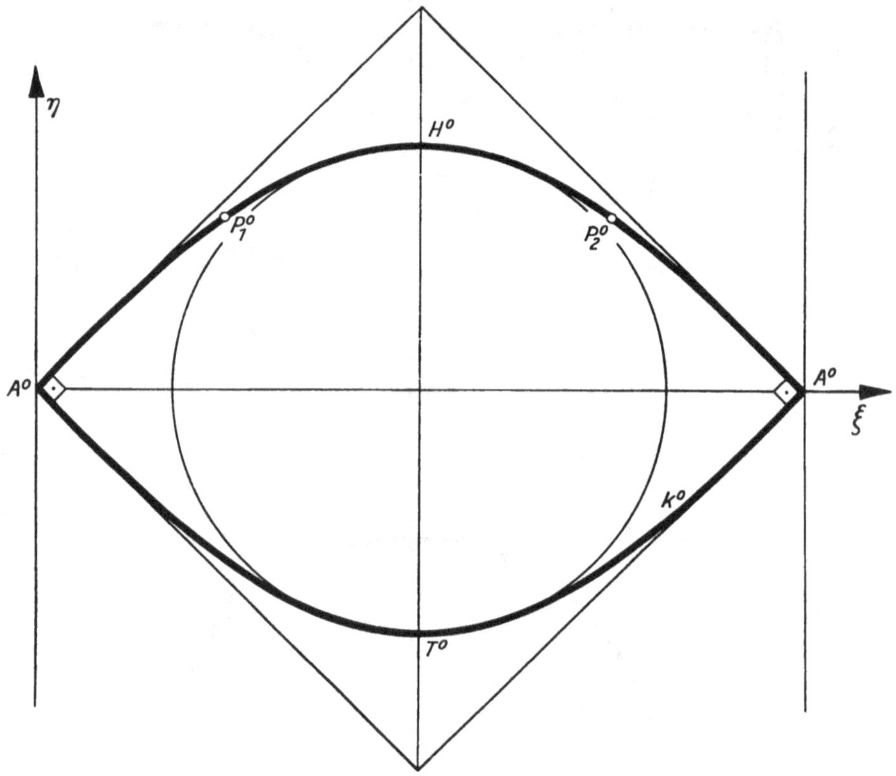

Figur 339

* Aufgabe 252 (für den Leser). Der Leser verebne den Mantel des Drehzylinders Φ_2 und konstruiere jene Kurve k^0, in die das VIVIANIsche Fenster k bei dieser Verebnung übergeht. (Figur 339.) Ferner zeige man, daß die Doppelpunktstangenten der (transzendenten) Kurve k^0 (Wendetangenten von k^0) aufeinander normal stehen und daß die Schmiegkreise in den Scheiteln H^0 und T^0 identisch sind (Radius $= 2r$).

Man zeige weiterhin durch Aufstellung der Gleichung von k^0

$$\eta = 2r \sin \frac{\xi}{2r},$$

daß k^0 eine Sinuskurve ist. *

* Aufgabe 253 (für den Leser). Ein Drehzylinder Φ werde von einer Ebene ε nach einer Ellipse k geschnitten. Verbiegt man den Zylindermantel derart, daß ein neuer Drehzylinder Φ^* entsteht, dessen Radius r^* halb so groß wie der Radius r von Φ ist, und wird die Verbiegung so vorgenommen, daß die Erzeugenden von Φ in die Erzeugenden von Φ^* übergehen, so geht dabei die Ellipse k in eine Raumkurve k^* von vierter Ordnung mit einem Doppelpunkt über. Schließt insbesondere ε mit der Drehachse von Φ einen Winkel α ein, für den $\tan \alpha = \frac{1}{2}$ gilt, so ist k^* ein VIVIANIches Fenster. *

E) Φ_1 = Kugel, Φ_2 = Drehkegel

Aufgabe 254. Die Mitte O_1 einer Kugel Φ_1 vom Radius r_1 sowie die Achse o_2 eines Drehkegels Φ_2 (samt der Spitze S) liegen in π_2 gegeben vor. Der Drehkegel habe den halben Öffnungswinkel α. Man konstruiere die Durchdringungskurve $k = \Phi_1\Phi_2$.

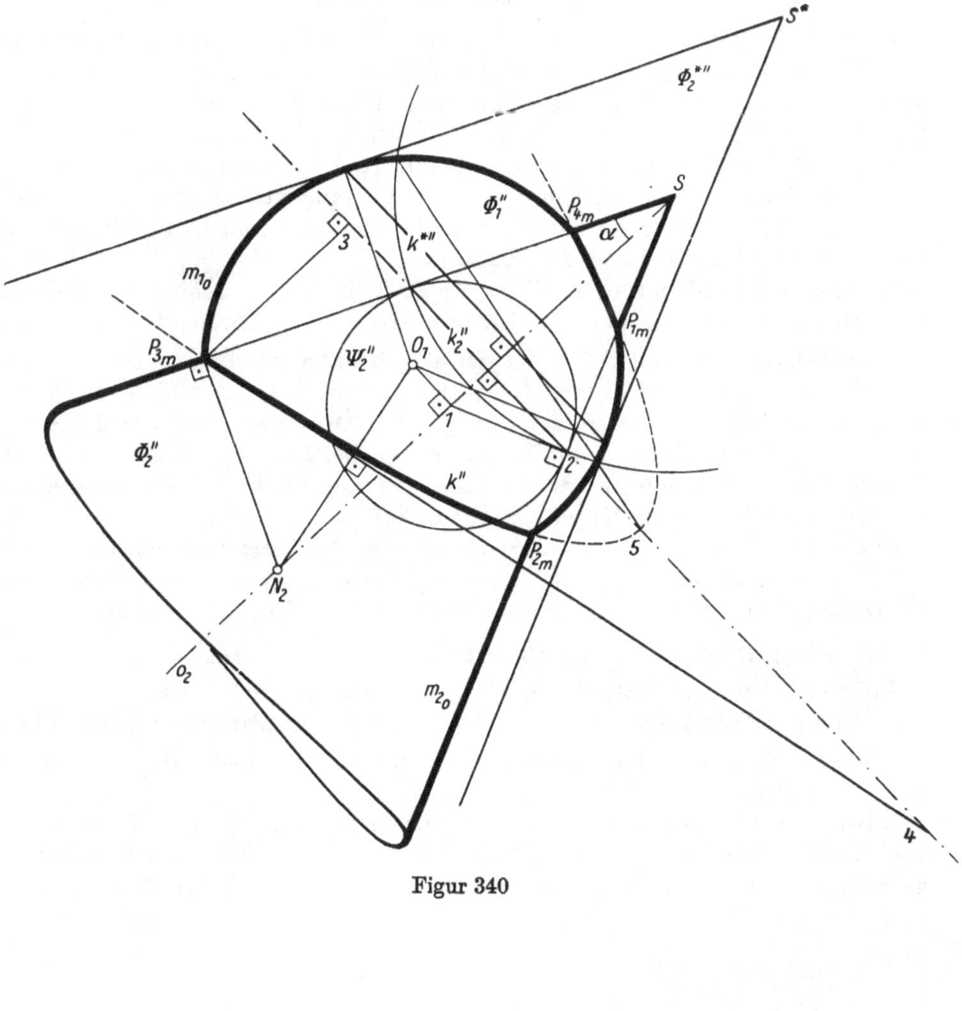

Figur 340

Lösung. (Figur 340.) Die Durchdringungskurve k ist eine Raumkurve vierter Ordnung symmetrisch zu π_2, ihr Aufriß k'' demnach wieder ein doppelt überdeckter Kegelschnitt. Man erkennt k'' unschwer als Parabel. Wählt man nämlich Φ_1 als Testkugel und umschreibt Φ_1 einen Drehkegel Φ_2^*, der durch Parallelverschiebung in Φ_2 übergeführt werden kann, so ist die Kurve $k^* = \Phi_1\Phi_2^*$ jener Kreis, längs dessen Φ_2^* die Kugel Φ_1 berührt. Der Aufriß $k^{*''}$ ist daher eine doppelt zu zählende Gerade normal o_2. Damit ist aber k'' als Parabel erkannt, deren Achse zu o_2 normal steht.

In Figur 340 ergeben sich vier reelle Meridianpunkte $P_{1m}, \ldots, P_{4m}$. Das Kugelverfahren liefert in einfacher Weise beliebig viele weitere Parabelpunkte. Jeder Punkt der Kegelachse o_2 kann dabei als Mitte einer Hilfskugel Ψ gewählt werden.

Die Parabelachse kann auch so gefunden werden:

$$(O_1 \perp o_2)o_2 = 1\,,$$
$$(1 \perp m_{2_0})m_{2_0} = 2\,,$$
$$2 \perp o_2 = \text{Achse der Parabel } k''.$$

Beweis. Wählt man den oben erklärten Punkt 1 als Mitte einer Hilfskugel Ψ_2 mit $r_2 = \overline{1\text{-}2}$, so liegt der Aufriß k_2'' des (doppelt zu zählenden) Schnittkreises $k_2 = \Phi_2\Psi_2$ in dem aus 2 auf o_2 gefällten Lot. Die Kordale der Umrißkreise von Φ_1 ($= m_{1_0}$) und Ψ_2 schneidet k'' in einem Punkt 5, der k'' angehört. Die Punkte von k_2 senden ihre Flächennormalen, aufgefaßt als Punkte des Kegels Φ_2, durch 1, als Punkte der Kugel Φ_1 hingegen durch O_1. Die Tangente an k'' in 5 steht daher normal zu $O_1 1$, also normal zur Achsenrichtung der Parabel. Der Punkt 5 ist somit tatsächlich der Scheitel der Parabel k''.

In Figur 340 wurde ferner die Tangente an k'' im Meridianpunkt P_{3m} konstruiert. Diese schneidet die Parabelachse in 4. Ist 3 der Lotfußpunkt von P_{3m} auf die Parabelachse, so muß $\overline{3\text{-}5} = \overline{5\text{-}4}$ sein (Zeichenkontrolle!).

Aufgabe 255 (für den Leser). Gegeben sind eine Kugel Φ_1 und ein Drehkegel Φ_2, dessen Spitze S auf der Kugel Φ_1 liegt. Der Öffnungswinkel von Φ_2 beträgt $90°$, die Kugel Φ_1 berühre in S die Kegelachse o_2. Der Leser konstruiere die Durchdringungskurve $k = \Phi_1\Phi_2$ unter der Voraussetzung, daß die Verbindungsebene der Kugelmitte O_1 mit der Kegelachse o_2 zur Aufrißebene parallel ist.

Außer Auf-, Grund- und Kreuzriß von k fertige der Leser auch einen Schrägriß des Drehkegels Φ_2 samt k unter Weglassung der Kugel Φ_1 an. Man beachte, daß die Durchdringungskurve in diesem speziellen Fall ein Vivianisches Fenster ist.

F) Φ_1 = Kugel, Φ_2 = Drehparaboloid

Aufgabe 256. Die Mitte O_1 einer Kugel Φ_1 vom Radius r_1 sowie die Achse o_2 eines Drehparaboloides Φ_2 mit dem Scheitel A und dem Parameter p liegen in π_2 gegeben vor ($\overline{O_1 o_2} = a$). Man konstruiere Grund- und Aufriß der Durchdringungskurve $k = \Phi_1\Phi_2$.

Lösung. (Figur 341.) Die Punktkonstruktion von k erfolgt mittels des Kugelverfahrens. Dabei kann jeder Punkt der Drehachse o_2 als Mitte einer Hilfskugel Ψ gewählt werden. Zwei (reelle) Meridianpunkte P_{1m}, P_{2m} ergeben sich in Figur 341

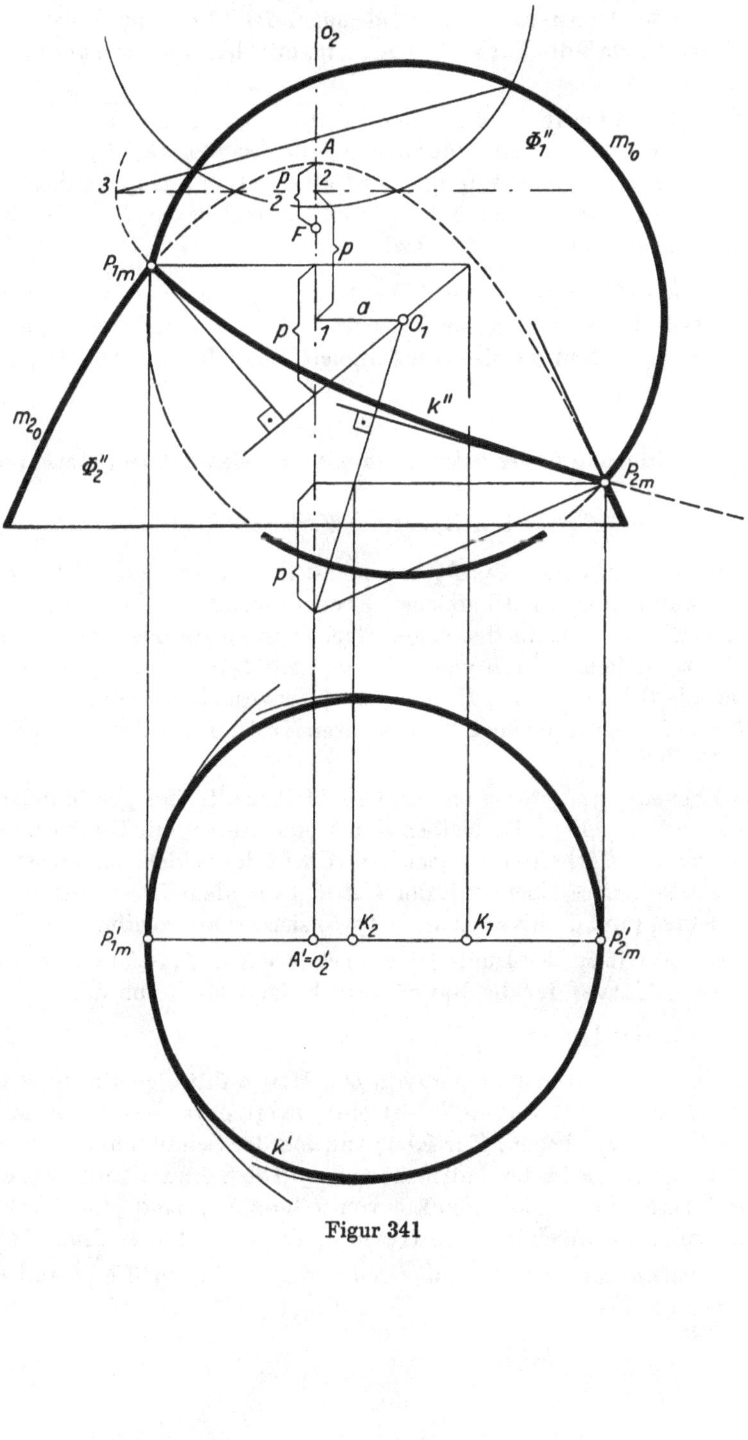

Figur 341

als Schnittpunkte der beiden Hauptmeridiane. Die Tangentenkonstruktion für Punkte von k'' führt man zunächst mittels des Normalenverfahrens durch. (Man verwendet bei der Konstruktion von Normalen der Meridianparabel m_{2_0} mit Vorteil die Tatsache, daß die Parabelsubnormale mit dem Parabelparameter p übereinstimmt.)

Die Durchdringungskurve k ist eine zu π_2 symmetrische Raumkurve vierter Ordnung, deren Aufriß k'' eine (doppelt überdeckte) Parabel ist. Die Achse von k'' steht zu o_2 normal (Verwendung einer Testkugel) und liegt im Abstand p über O_1. Der Parameter von k'' beträgt a. Der Grundriß k' von k ist eine bizirkulare Quartik, und zwar ein *Cartesisches Oval.*

* Aufgabe 257 (für den Leser). Der Leser beweise obige Behauptungen über k' und k'', stelle die Gleichung von k' auf und erkläre die in Figur 341 angedeutete Konstruktion der Schmiegkreise von k' in den Scheiteln P_{1m}' und P_{2m}'. *

§ 156. Durchdringung zweier Drehflächen mit parallelen Achsen (Ebenenverfahren)

1. *Allgemeines Verfahren*

Sollen zwei Drehflächen Φ_1, Φ_2 mit parallelen Achsen zum Schnitt gebracht werden, so wählt man als Hilfsflächen Ebenen normal zu den Drehachsen o_1, o_2. Jede solche Ebene Ψ schneidet beide Flächen in einem oder mehreren Parallelkreisen. Ist k_1 ein Schnittkreis von Ψ mit Φ_1 und k_2 ein Schnittkreis von Ψ mit Φ_2, so gehören die Schnittpunkte $P_1, P_2 = k_1k_2$ der gesuchten Durchdringungskurve $k = \Phi_1\Phi_2$ an. Daher liegen auch die absoluten Kreispunkte der zu den Drehachsen normalen Stellung auf k.

Dieses Ebenenverfahren ist als ein Grenzfall des früher geschilderten Kugelverfahrens anzusprechen. Es bleiben daher eine Reihe von Konstruktionen und Eigenschaften von k erhalten. So liegt k zur Ebene der beiden Achsen symmetrisch. Im folgenden soll diese Ebene mit der Aufrißebene identifiziert werden. Nehmen wir außerdem o_1 (und damit auch o_2) erstprojizierend an, so gilt:

a) ... Der Aufriß k'' der Durchdringungskurve $k = \Phi_1\Phi_2$ ist eine doppelt überdeckte (ebene) Kurve. Ist die Raumkurve k algebraisch von der Ordnung n, so ist k'' i. a. von der Ordnung $\frac{n}{2}$.

b) ... Punktweise Konstruktion von k''. Man wählt eine Ebene Ψ normal zu den beiden Achsen. Ihr Aufriß Ψ'' ist eine waagrechte Gerade, in der auch die Aufrisse k_1'' und k_2'' liegen. Zur Konstruktion der Schnittpunkte $P_1, P_2 = k_1k_2$ legt man die Ebene Ψ in die Aufrißebene um. Die Schnittpunkte P_m der beiden Hauptmeridiane, die Meridianpunkte von k (und k''), sind jene Punkte von k, die der Aufrißebene angehören. Es treten wieder parasitische Teile von k'' auf.

c) ... Tangentenkonstruktionen von k'' führt man am besten mit dem Normalenverfahren aus.

2. Φ_1, Φ_2 *sind Drehflächen zweiter Ordnung*

Sind die beiden Drehflächen Φ_1, Φ_2, deren Achsen als parallele Geraden in π_2 vorausgesetzt werden, algebraisch von zweiter Ordnung, dann ist ihre Durchdringungskurve $k = \Phi_1\Phi_2$ eine zu π_2 symmetrisch liegende Raumkurve vierter Ordnung. Der Aufriß k'' von k ist stets eine doppelt überdeckte Parabel, deren Achse zu den Drehachsen normal steht. Dies erkennt man sofort, wenn man eine Testkugel in der oben geschilderten Weise verwendet.

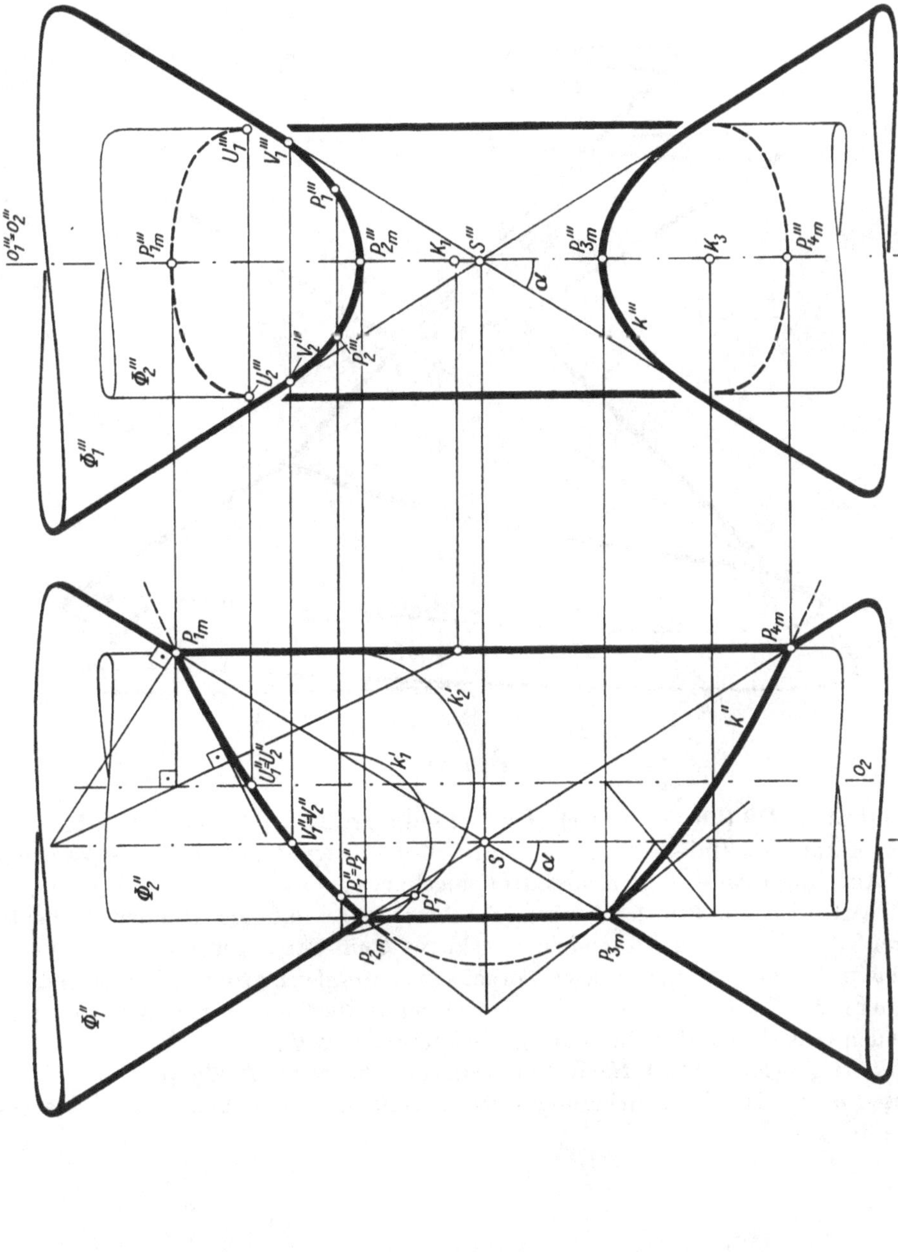

Figur 342

* Der Grundriß k' von k ist i. a. eine Quartik vom Geschlecht Eins mit Spitzen in den absoluten Kreispunkten. k' besitzt ferner eine Symmetrieachse (= erste Spur der Ebene $o_1 o_2$) und ist von sechster Klasse. Man nennt solche Kurven „*Cartesische Ovale*“. Es sind die Kurven von *gleicher Potenz in bezug auf eine* PASCAL-*Schnecke*. *

Aufgabe 258 (für den Leser). Die Achsen o_1 eines Drehkegels Φ_1 und o_2 eines Drehzylinders Φ_2 seien erstprojizierende Geraden der Aufrißebene π_2. (Figur 342.) Der Leser konstruiere Auf- und Kreuzriß der Durchdringungskurve $k = \Phi_1\Phi_2$.

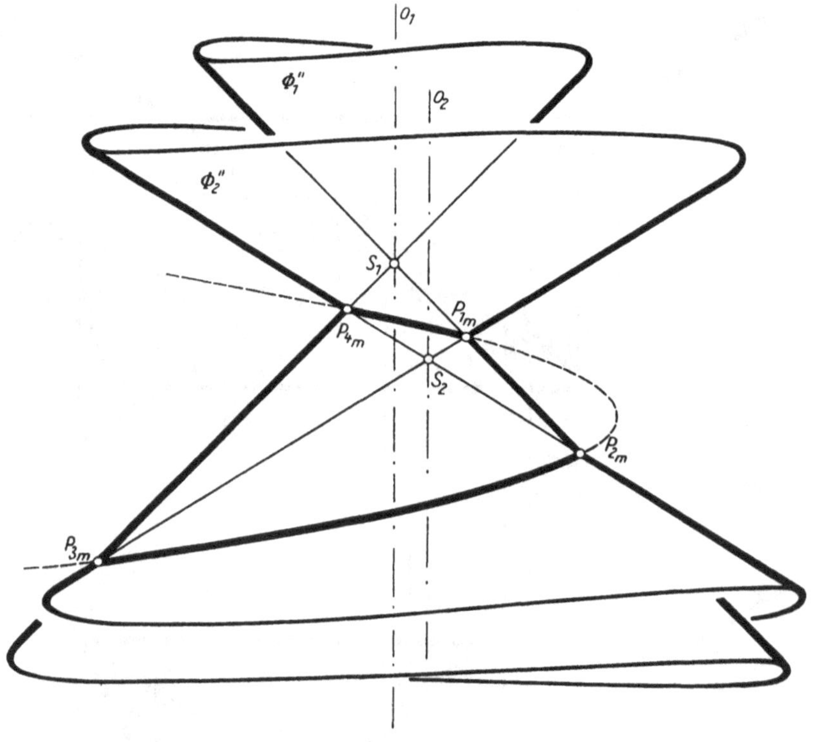

Figur 343

Aufgabe 259 (für den Leser). Die Achsen o_1, o_2 zweier Drehkegel Φ_1 bzw. Φ_2 seien erstprojizierende Geraden der Aufrißebene. (Figur 343.) Der Leser konstruiere Auf- und Grundriß der Durchdringungskurve $k = \Phi_1\Phi_2$.

* Aufgabe 260 (für den Leser). Der Leser zeige, daß der Grundriß k' der in Figur 343 auftretenden Durchdringungskurve k ein Cartesisches Oval ist. *

Aufgabe 261. Φ_1 und Φ_2 seien Torusflächen mit gleich großen Meridianradien. Ferner mögen beide Äquatorkreise in der Grundrißebene π_1 liegen. Man konstruiere den Grundriß k' der Durchdringungskurve $k = \Phi_1\Phi_2$.

Lösung. (Figur 344.) Nach Voraussetzung besitzen Φ_1, Φ_2 parallele Drehachsen o_1, o_2. Die Durchdringungskurve k läßt sich daher punktweise, wie geschildert, mit Hilfsebenen normal zur (gemeinsamen) Achsenrichtung zeichnen. Hierzu benötigt man Auf- und Grundriß.

Die gestellte Aufgabe kann auch nur im Grundriß gelöst werden, da die Durchdringungskurve k nach Abspaltung des vierfach zu zählenden absoluten Kugelkreises im Grundriß als doppelt überdecktes konfokales Kegelschnittpaar k_{r1}', k_{r2}' erscheint. (Der Beweis für diese Behauptung erfolgt bei der Lösung der nächsten Aufgabe.) Ferner kann man zeigen, daß die Grundrisse o_1', o_2' der Drehachsen o_1, o_2 die (gemeinsamen) Brennpunkte von k_{r1}', k_{r2}' sind. Die Grundrisse D_1', D_2' der Schnittpunkte D_1, D_2 der beiden oberen (und aus Symmetriegründen auch der beiden unteren) Flachkreise k_{f1}, k_{f2} gehören beiden Kegelschnitten an. k_{r1}', k_{r2}' durchsetzen sich in diesen Punkten rechtwinkelig.

Aufgabe 262. Φ_1, Φ_2 seien zwei Drehflächen mit lotrechten (daher zueinander parallelen) Achsen o_1, o_2. Die in der Achsenebene o_1o_2 liegenden Meridiane m_1,

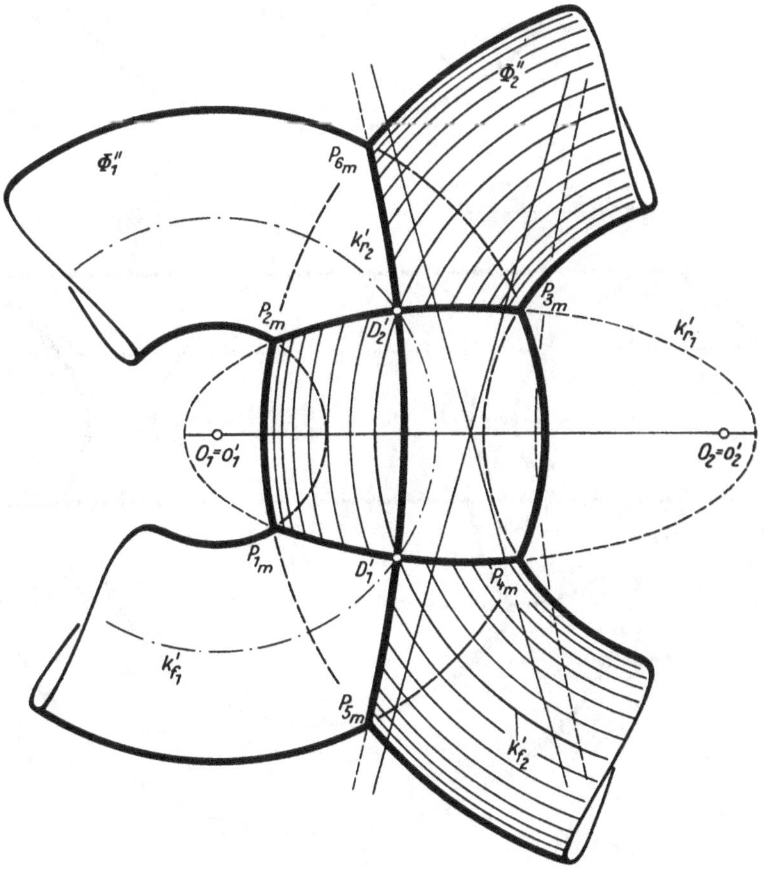

Figur 344

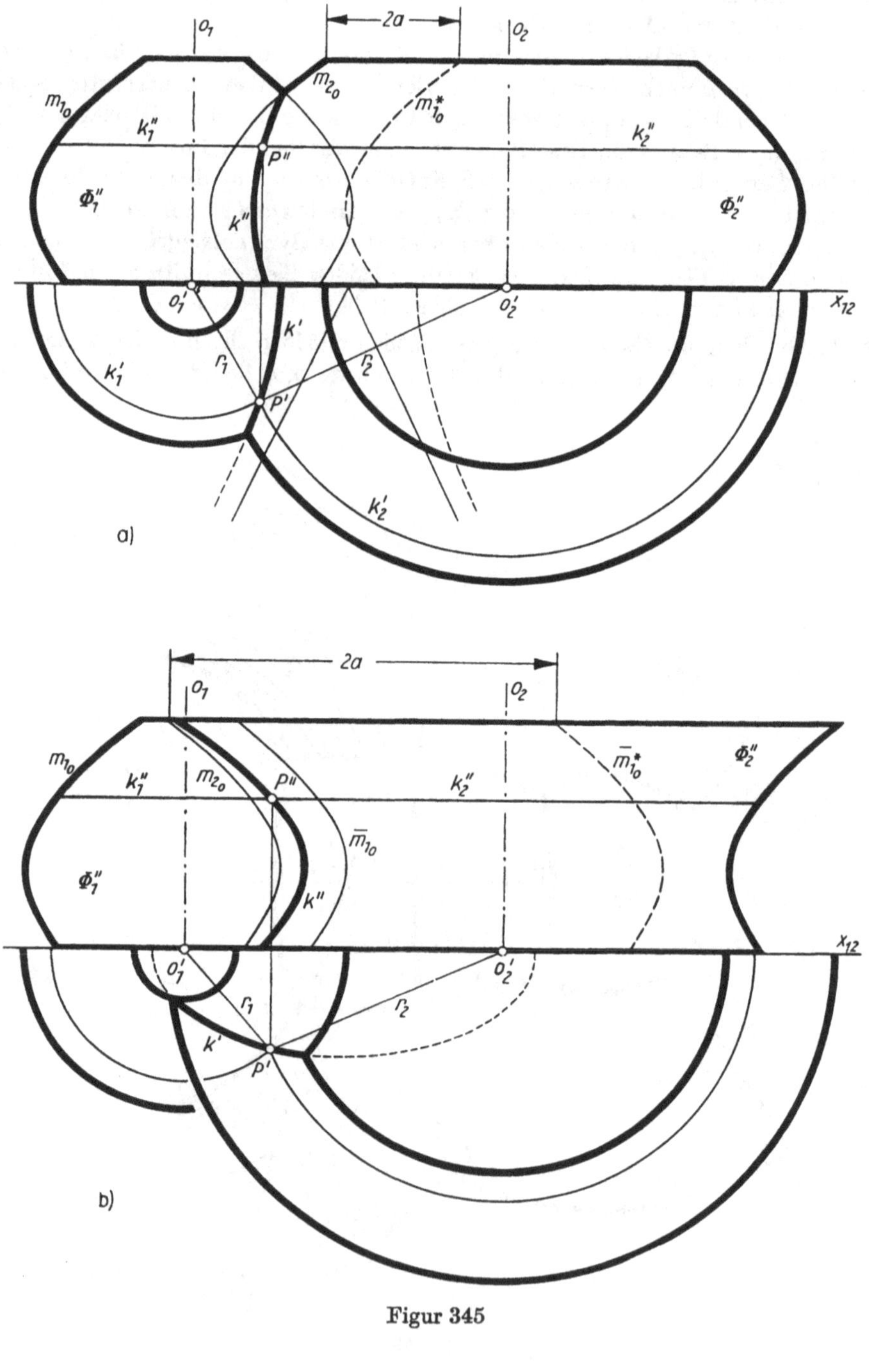

Figur 345

m_2 von Φ_1 bzw. Φ_2 seien durch Parallelverschiebung normal zu den Achsen ineinander überführbar. Man untersuche den Grundriß k' der Durchdringungskurve $k = \Phi_1\Phi_2$.

Lösung. (Figur 345.) Die lotrechten Drehachsen o_1, o_2 von Φ_1 bzw. Φ_2 mögen in der Aufrißebene π_2 liegen. Durch dieselbe Parallelverschiebung (parallel zur Bildachse x_{12}), die o_1 nach o_2 bringt, käme der linke halbe Hauptmeridian m_{1_0} von Φ_1 nach $m^*_{1_0}$. Der linke halbe Hauptmeridian m_{2_0} von Φ_2 gehe aus $m^*_{1_0}$ durch eine weitere Parallelverschiebung in gleicher Richtung um eine Strecke $2a$ (in Figur 345a im entgegengesetzten Sinn) hervor. Eine waagrechte Hilfsebene Ψ schneidet die beiden Flächen in zwei Kreisen $k_1 = \Psi\Phi_1$, $k_2 = \Psi\Phi_2$, deren Radien sich um $2a$ unterscheiden ($r_2 - r_1 = 2a$). Damit ist k' als Hyperbel erkannt, deren Brennpunkte o_1', o_2' sind.

Nimmt man hingegen das Spiegelbild $\overline{m}_{1_0}$ von m_{1_0} an o_1, also den rechten halben Hauptmeridian von Φ_1 bei der erwähnten (waagrechten) Parallelverschiebung $o_1 \to o_2$ mit und übt auf die so erhaltene Kurve $\overline{m}^*_{1_0}$ eine weitere (waagrechte) Schiebung um eine Strecke $2a$ (in Figur 345b im entgegengesetzten Sinn) nach m_{2_0} aus, so gilt $r_2 + r_1 = 2a$. In einem solchen Fall erweist sich k' als Ellipse mit den Brennpunkten o_1', o_2'. Dies gibt den

Satz. *Haben zwei Drehflächen Φ_1, Φ_2 mit lotrechten Achsen o_1, o_2 in der Achsenebene o_1o_2 (kongruente) Meridiane, die durch eine waagrechte Schiebung ineinander übergehen, so besteht der Grundriß k' der Durchdringungskurve $k = \Phi_1\Phi_2$ aus einem oder mehreren Kegelschnitten, deren (gemeinsame) Brennpunkte in die Grundrisse o_1', o_2' der Achsen o_1, o_2 fallen.* (Vergleiche auch Figur 344.)

Bemerkung. Die eben gemachte Aussage ist insofern merkwürdig, als hierzu keine Kenntnis der Art der auftretenden Meridiane nötig ist.

§ 157. Durchdringung von Drehflächen mit windschiefen Achsen

Im folgenden sollen Beispiele von Durchdringungen zweier Drehflächen mit windschiefen Achsen gebracht werden, bei denen man Ebenen oder Kugeln als Hilfsflächen verwenden kann.

a) Φ_1 = Torus, Φ_2 = Drehzylinder (Achse o_2 in der Äquatorebene von Φ_1)

Aufgabe 263. Die Achse o_1 eines Torus Φ_1 liege in π_1 normal π_2. Der Äquatorkreis von Φ_1 befinde sich in π_2. Von Φ_1 werde nur das in Figur 346 dargestellte Viertel betrachtet. Ferner sei o_2, eine lotrechte Gerade von π_2, die Achse eines Drehzylinders Φ_2. Der Spurkreis k_1 des Zylinders Φ_2 in π_1 sei zugleich ein das Torusviertel begrenzender Meridiankreis von Φ_1. Die beiden Flächen berühren einander daher längs k_1. Man konstruiere Auf- und Kreuzriß der Durchdringungskurve $k = \Phi_1\Phi_2$.

Lösung. (Figur 346.) Der Torus Φ_1 ist eine algebraische Fläche vierter Ordnung, der Drehzylinder Φ_2 eine algebraische Fläche zweiter Ordnung. Die Durchdringungskurve $k = \Phi_1\Phi_2$ ist somit eine algebraische Raumkurve von der Ordnung $4 \cdot 2 = 8$.

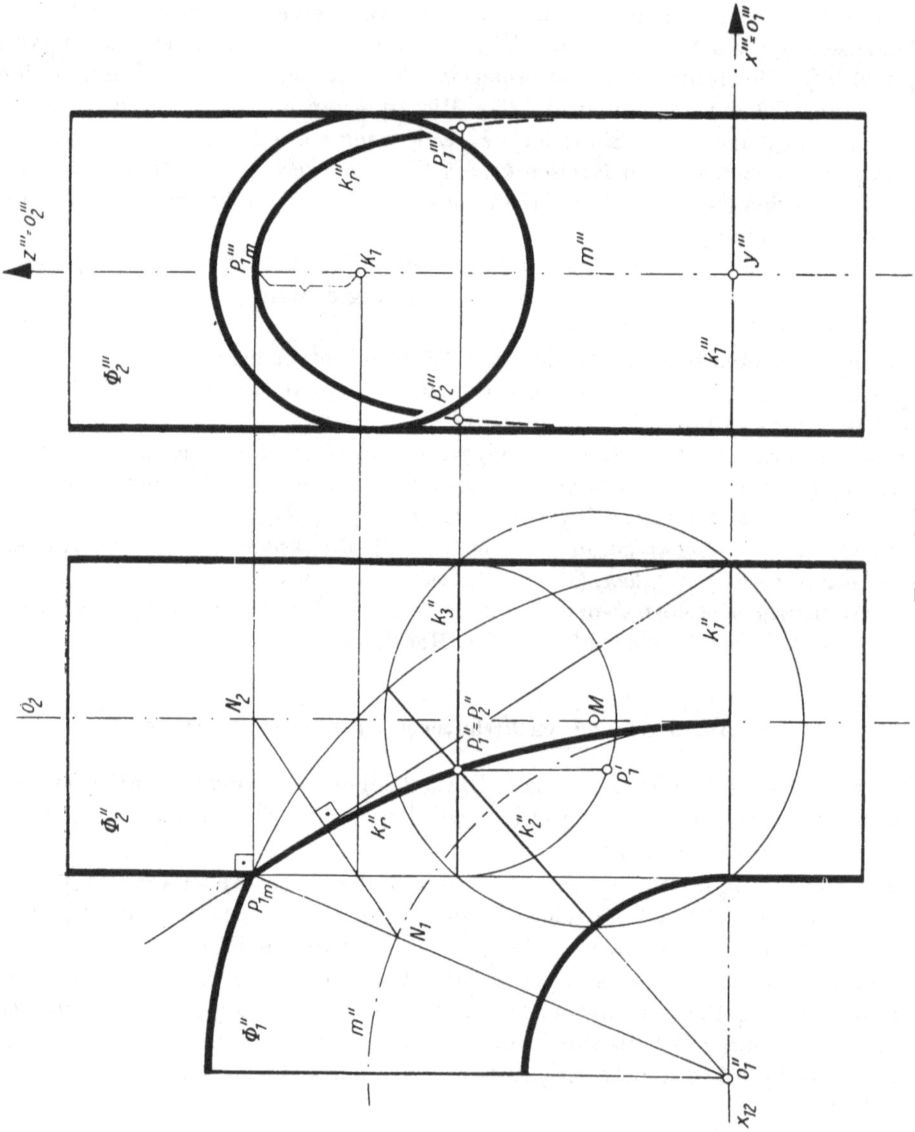

Figur 346

Da sich Φ_1 und Φ_2 längs k_1 berühren, gehört der doppelt zu zählende Kreis k_1 der Durchdringungskurve an. Der restliche Teil k_r von k ist demnach eine Raumkurve vierter Ordnung, die zu π_2 symmetrisch liegt, da π_2 für Φ_1 und Φ_2 Symmetrieebene ist. Die Grundrißebene π_1 ist ebenfalls für beide Flächen Symmetrieebene. Es liegt daher k und in weiterer Folge k_r auch zu π_1 symmetrisch. Die Bildachse x_{12} trägt somit eine Achse des (doppelt überdeckten) Kegelschnittes k_r''.

Jene aufrißparallele Ebene τ_1, die den Zylinder Φ_2 längs der vordersten Erzeugenden berührt, tangiert auch Φ_1, und zwar längs des vorderen Flachkreises. Der Berührpunkt dieses Flachkreises mit der vordersten Zylindererzeugenden gehört daher k_r an. Dann ist aber der Aufriß der Zylinderachse o_2 Scheiteltangente von k_r''.

Punkte von k_r'' können sowohl mit dem Ebenenverfahren (Hilfsebenen parallel π_2) als auch mit dem Kugelverfahren konstruiert werden. Bei Benützung des Kugelverfahrens legt man Hilfskugeln durch den Kreis k_1. Jede solche Hilfskugel Ψ schneidet den Torus Φ_1 nach einem weiteren Kreis k_2, den Zylinder noch nach einem Kreis k_3. Die gemeinsamen Punkte von k_2 und k_3 gehören k_r an. Da die Aufrisse k_2'', k_3'' von k_2 bzw. k_3 als Geraden erscheinen, sind die Aufrisse $P_1'' = P_2''$ ihrer Schnittpunkte P_1, P_2 leicht zu finden. Läßt man den Radius der Hilfskugel (durch k_1) immer größer werden, so erhält man nach dem Umrißpunkt P_{1m} Punkte des parasitischen Teiles von k_r'' und schließlich für $r \to \infty$ den Fernpunkt der (waagrechten) Achse von k_r''. Damit ist aber k_r'' als Parabel erkannt.

Tangenten von k_r'' konstruiert man am besten mit dem Normalenverfahren.

Der Kreuzriß k_r''' von k_r ist eine (ebene) Kurve vierter Ordnung.

Aufgabe 264 (für den Leser). Der Leser konstruiere k_r mit Hilfe des Ebenenverfahrens.

* Aufgabe 265 (für den Leser). Der Leser zeige, daß die Quartik k_r''' die Gleichung

$$z^4 + 16\,a^2 x^2 - 16\,a^2 b^2 = 0$$

besitzt, wenn a den Radius des Mittenkreises m und b den eines Meridiankreises von Φ_1 bedeuten. Der Leser untersuche ferner die Krümmung von k_r''' in den vier Scheiteln. *

b) $\Phi_1 =$ Torus, $\Phi_2 =$ beliebige Drehfläche, deren Achse o_2 in der Äquatorebene von Φ_1 liegt

Aufgabe 266. Der Äquatorkreis eines Torus Φ_1 liege in π_2. Die Achse o_2 einer beliebigen Drehfläche Φ_2 gehöre ebenfalls π_2 an. Man konstruiere den Aufriß k'' der Durchdringungskurve $k = \Phi_1\Phi_2$.

Lösung. (Figur 347.) Vorliegende Aufgabe ist eine Verallgemeinerung der Aufgabe a) und wird vorteilhafter Weise mit einer Varianten des Kugelverfahrens gelöst.

Man legt durch irgendeinen Meridiankreis m von Φ_1 eine Hilfskugel Ψ, deren Mitte M auf o_2 liegt. (Wenn die Achse des Kreises m und die Drehachse o_2 parallel laufen, so fällt M ins Unendliche. In diesem Fall wird man die Ebene dieses besonderen Meridians von Φ_1 als Hilfsfläche heranziehen.) Die Kugel Ψ schneidet

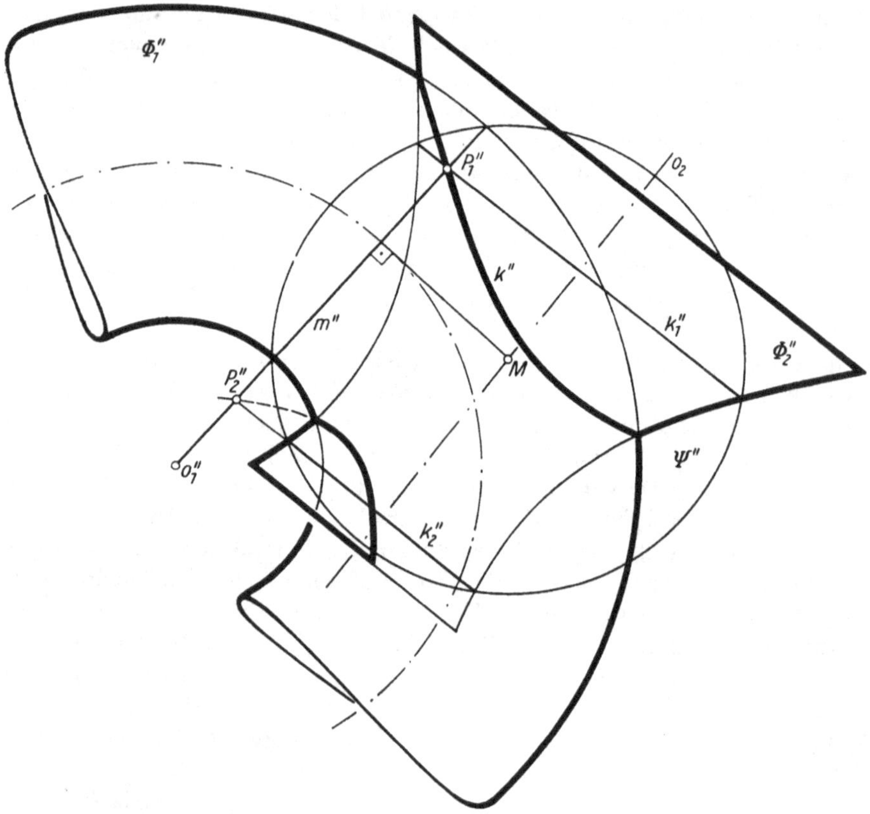

Figur 347

die Drehfläche Φ_2 in einer Anzahl von Kreisen k_i, deren Schnittpunkte mit m der Durchdringungskurve k angehören. (Die Hilfskugel Ψ schneidet den Torus Φ_1 noch in einem weiteren Meridiankreis, dessen Schnittpunkte mit den Kreisen k_i ebenfalls der Durchdringungskurve k angehören.)

Bei der getroffenen Annahme ist k'' zufolge der herrschenden Symmetrie doppelt überdeckt. Ist also Φ_2 eine algebraische Fläche von der Ordnung n, so ist i. a. k eine algebraische Raumkurve von der Ordnung $4n$, k'' eine (doppelt überdeckte) ebene algebraische Kurve von der Ordnung $2n$.

In Figur 347 wurden die auf einem beliebigen Meridian m von Φ_1 liegenden Punkte P_1, P_2 nach dem geschilderten Kugelverfahren (nur im Aufriß) konstruiert.

Aufgabe 267 (für den Leser). Der Leser konstruiere die Durchdringungskurve eines Torus Φ_1 mit einem Drehkegel Φ_2, dessen Achse o_2 in der Äquatorebene von Φ_1 liegt.

c) Φ_1 = Torus, Φ_2 = Kugel, deren Mitte O_2 in der Äquatorebene von Φ_1 liegt

Aufgabe 268. Gegeben sei ein Torus Φ_1 mit lotrechter Achse o_1 in π_2 und eine Kugel Φ_2, deren Mitte O_2 sowohl der Äquatorebene ($= \pi_1$) als auch der Ebene des

Hauptmeridians m_0 ($= \pi_2$) von Φ_1 angehört. Man zeichne Auf- und Grundriß der Durchdringungskurve $k = \Phi_1\Phi_2$.

Lösung. (Figur 348.) Bei der getroffenen Annahme liegen beide Flächen Φ_1 und Φ_2 sowohl zur Grundriß- als auch zur Aufrißebene symmetrisch. Die Durchdringungskurve $k = \Phi_1\Phi_2$ besitzt daher π_1 und π_2 als Symmetrieebenen. Daraus folgt, daß k' und k'' doppelt überdeckte Kurven sind.

Der absolute Kugelkreis i ist Doppelkurve von Φ_1 und einfache Kurve von Φ_2, gehört also doppelt gezählt der Durchdringungskurve k an. Nach Abspaltung von i (doppelt zu zählen) verbleibt eine Restkurve k_r von der Ordnung $4 \cdot 2 - 2 \cdot 2 = 4$, also eine Raumkurve vierter Ordnung. Daher sind k_r' und k_r'' doppelt überdeckte Kegelschnitte.

Punkte des Aufrisses k_r'' von k_r kann man nach dem gleichen Kugelverfahren konstruieren, das man bei der Durchdringung zweier Drehflächen mit schneidenden Achsen anwendet.

Beim Zeichnen des Grundrisses k_r' von k_r ist es vorteilhaft, die unter b) angeführte Variante des Kugelverfahrens zu benützen.

In Figur 348 wurde bei der Konstruktion von k_r'' eine Hilfskugel durch den oberen Flachkreis k_f verwendet. Mit ihrer Hilfe erhält man die beiden höchsten Punkte D_1, D_2 von k_r. Deren gemeinsamer Aufriß $D_1'' = D_2''$ gibt einen Nebenscheitel der Ellipse k_r'' (daß k_r'' im vorliegenden Fall eine doppelt überdeckte Ellipse ist, sei ohne Beweis mitgeteilt). Auch die Hauptscheitel von k_r'' sind einfach zu finden. Der Äquatorkreis der Kugel Φ_2 schneidet nämlich den Kehl- bzw. Äquatorkreis von Φ_1 in den Meridianpunkten $P_{1m}, \ldots, P_{4m}$, deren paarweise zusammenfallende Aufrisse $P_{1m}'' = P_{2m}''$ und $P_{3m}'' = P_{4m}''$ die gesuchten Hauptscheitel von k_r'' ergeben. Im Aufriß wurden die beiden (hohlen) Flächen Φ_1, Φ_2 außerdem mit der Hauptmeridianebene μ_0 geschnitten dargestellt, wobei die vor μ_0 gelegenen Teile entfernt gedacht wurden.

Bei der Konstruktion des Grundrisses k_r' wurde je eine Kugel durch die beiden Kreise m_{1_e}, m_{2_e} herangezogen. Mit deren Hilfe erhält man die beiden Hauptscheitel der Ellipse k_r' (daß k_r' im vorliegenden Fall eine doppelt überdeckte Ellipse ist, wird hier nicht bewiesen), usw.

* Zur rechnerischen Erfassung des Grundrisses k_r' von k_r legt man den Ursprung eines räumlichen kartesischen Normalkoordinatensystems in die Mitte O_1, die z-Achse in die Drehachse o_1 des Torus Φ_1 und wählt die Mitte O_2 der Kugel Φ_2 auf der y-Achse in der Entfernung c von O_1. Dann werden die beiden Flächen und damit ihre Durchdringungskurve $k = \Phi_1\Phi_2$ beschrieben durch

$$\left.\begin{aligned} &\Phi_1 \ldots (\sqrt{x^2 + y^2} - a)^2 + z^2 = b^2 \\ &\Phi_2 \ldots x^2 + (y - c)^2 + z^2 = r^2 \end{aligned}\right\} \ldots k,$$

wenn a den Radius des Mittenkreises, b den Radius eines Meridiankreises von Φ_1 und r den Kugelradius bedeuten.

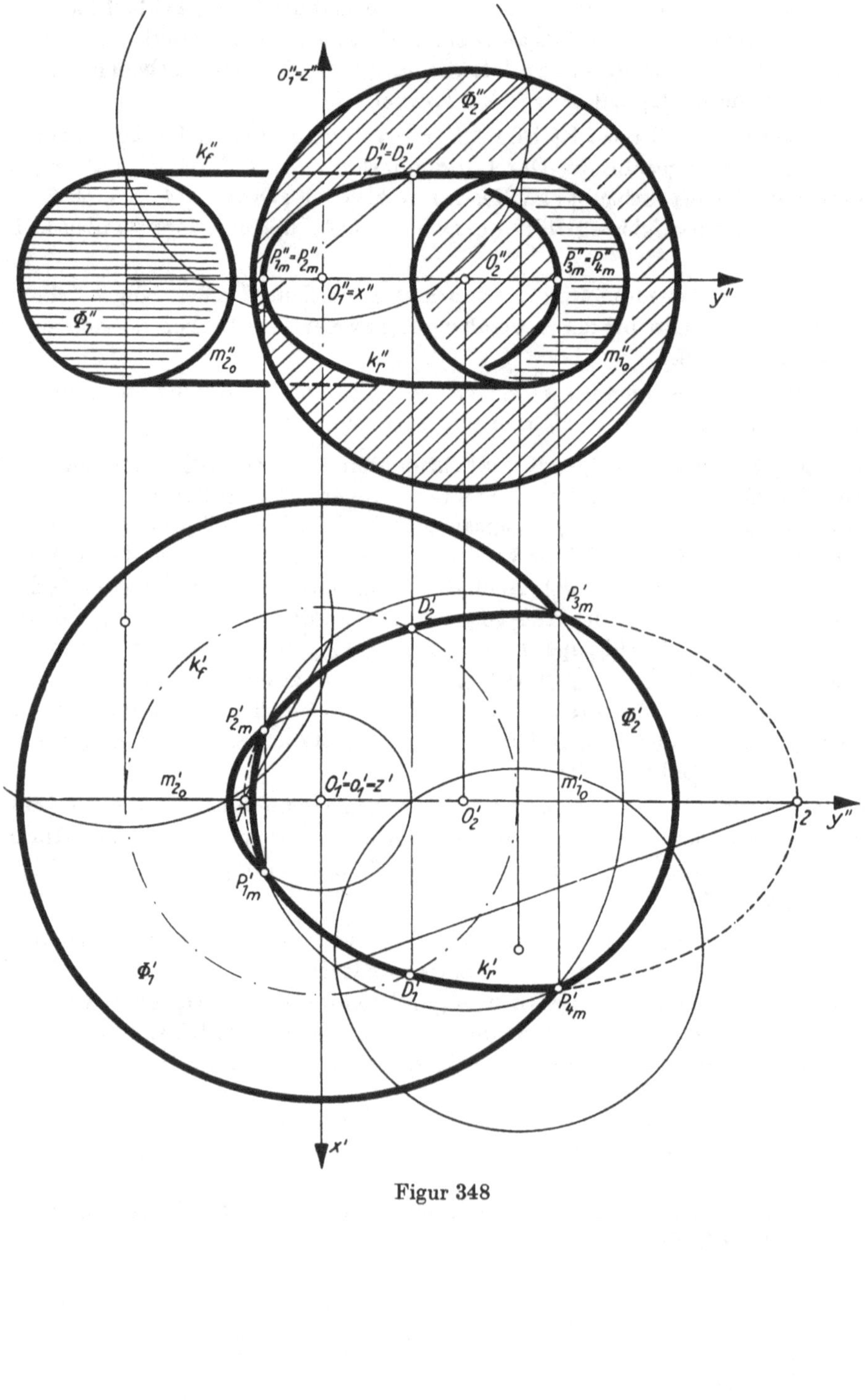

$o_1''=z''$
Φ_2''
k_f''
$D_1''=D_2''$
$P_{1m}''=P_{2m}''$
O_2''
$P_{3m}''=P_{4m}''$
$O_1''=x''$
y''
Φ_1''
m_{2_0}''
k_r''
m_{1_0}''
P_{3m}'
D_2'
k_f'
Φ_2'
P_{2m}'
m_{2_0}'
$O_1'=o_1'=z'$
m_{1_0}'
O_2'
2
y''
P_{1m}'
Φ_1'
k_r'
D_1'
P_{4m}'
x'

Figur 348

Nach Elimination von z aus obigen Gleichungen erhält man für k_r'

$$a^2(x^2 + y^2) = (cy + d^2)^2,$$

wobei für

$$d^2 = \frac{1}{2}(a^2 - b^2 + r^2 - c^2)$$

zu setzen ist. k_r' ist somit tatsächlich ein doppelt überdeckter Kegelschnitt, und zwar für

$c > a$ (d. h. O_2 außerhalb des Mittenkreises m) eine *Hyperbel*,

$c = a$ (d. h. O_2 auf m) eine *Parabel*,

$c < a$ (d. h. O_2 innerhalb m) eine *Ellipse.*

Eine kurze Rechnung zeigt, daß O_1' stets ein Brennpunkt von k_r' ist.

Bemerkung. Ist $d = 0$, dann zerfällt k_r in zwei Meridiankreise von Φ_1, somit k_r' in zwei Geraden durch O_1'. *

§ 158. Durchdringung von Kegel- und Zylinderflächen (Pendelebenenverfahren)

Die folgenden Ausführungen gelten für beliebige Kegel- und Zylinderflächen, doch soll wegen der einfacheren Vorstellung nachstehend nur von (geraden oder schiefen) Kreiskegeln oder Kreiszylindern gesprochen werden.

a) Φ_1 und Φ_2 sind Kreiskegel

k_1, k_2 seien Basiskreise zweier (gerader oder schiefer) Kreiskegel Φ_1, Φ_2 mit den Scheiteln S_1, S_2. Die beiden Basisebenen $\varkappa_1$, $\varkappa_2$ schneiden sich in einer Geraden e. Die Schnittpunkte S_I, S_{II} der Scheitelgeraden $s = S_1S_2$ mit $\varkappa_1$ bzw. $\varkappa_2$ seien bereits konstruiert. Ähnlich wie bei der Konstruktion des Durchdringungspolygons zweier Pyramiden legt man Hilfsebenen durch die Scheitelgerade s. Jede solche Ebene Ψ schneidet beide Kegel in je zwei Erzeugenden e_1, $\bar{e}_1$ bzw. e_2, $\bar{e}_2$, deren vier Schnittpunkte (abgesehen von S_1 und S_2) der gesuchten Durchdringungskurve $k = \Phi_1\Phi_2$ von vierter Ordnung angehören. In Figur 349 wurden eine Hilfsebene Ψ (mit den Spuren p_1, p_2 in $\varkappa_1$ bzw. $\varkappa_2$) gewählt und die in Ψ liegenden Punkte $Q_1, \ldots, Q_4$ von k konstruiert:

1. p_1 durch S_I beliebig,
2. $p_1k_1 = P_1, \overline{P_1}$,
3. $P_1S_1 = e_1$ und $\overline{P_1}S_1 = \bar{e}_1$,
4. $p_1e = P_e$,
5. $P_e S_{II} = p_2$,
6. $p_2k_2 = P_2, \overline{P_2}$,
7. $P_2S_2 = e_2$ und $\overline{P_2}S_2 = \bar{e}_2$,

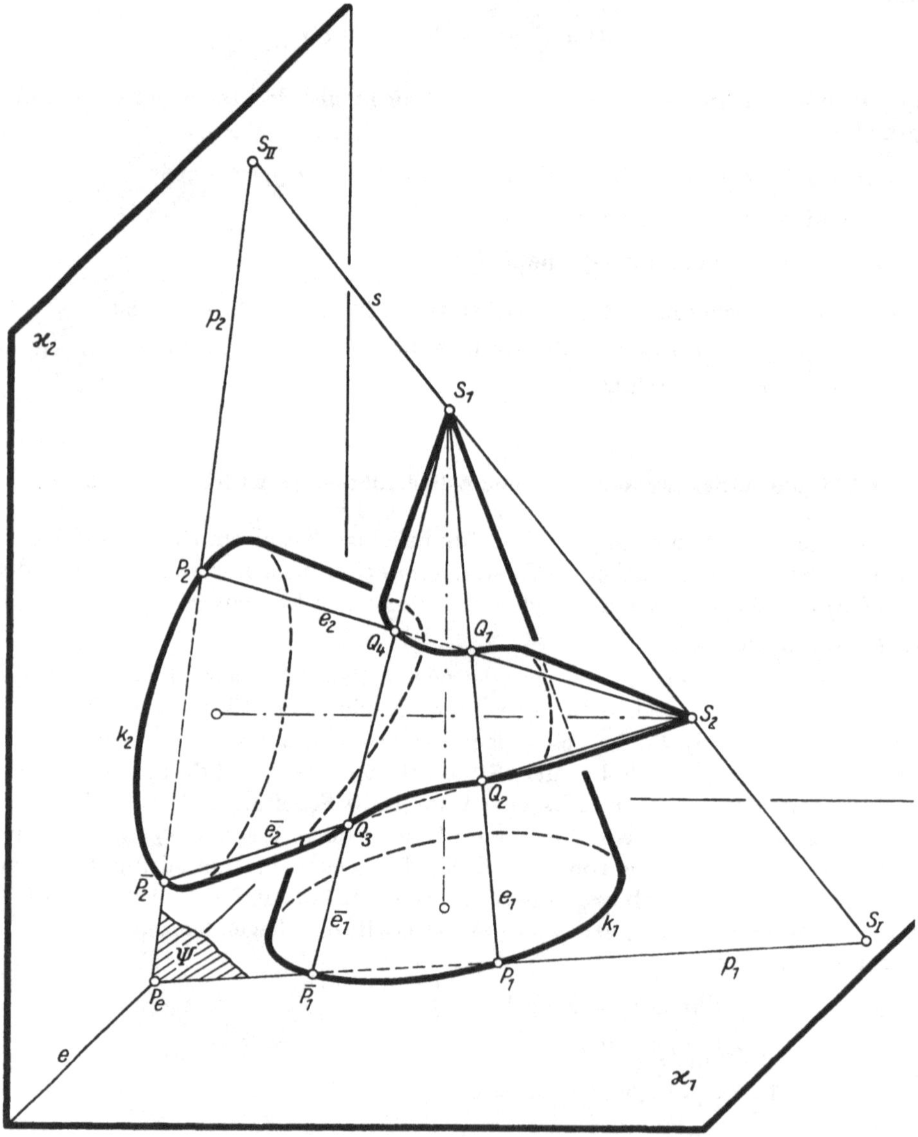

S_{II}
p_2
s
$\varkappa_2$
S_1
P_2
e_2
Q_4
Q_1
k_2
S_2
Q_2
$\bar{e}_2$
Q_3
$\bar{P}_2$
e_1
$\bar{e}_1$
k_1
S_I
Ψ
P_e
$\bar{P}_1$
P_1
p_1
e
$\varkappa_1$

Figur 349

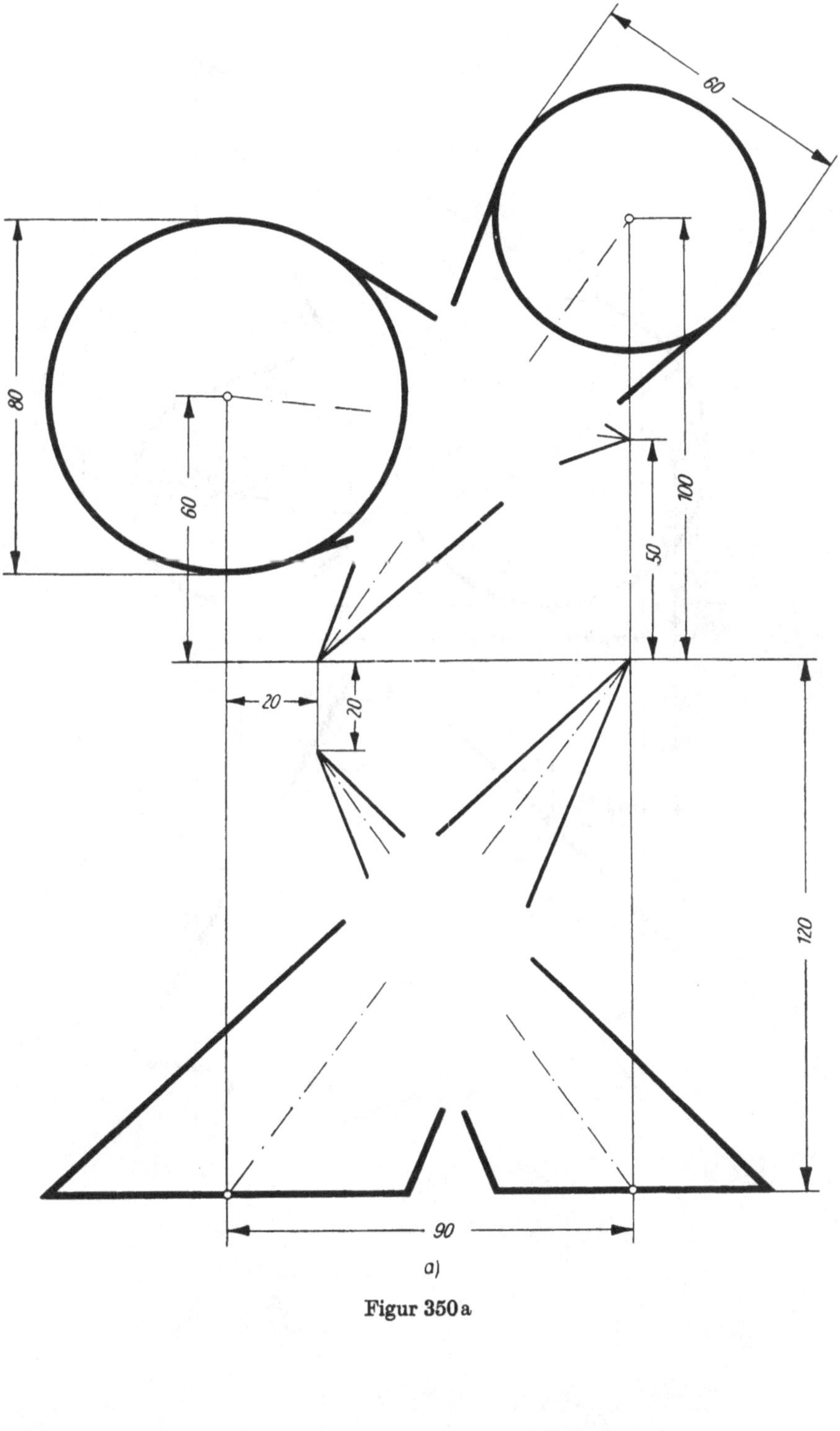

Figur 350a

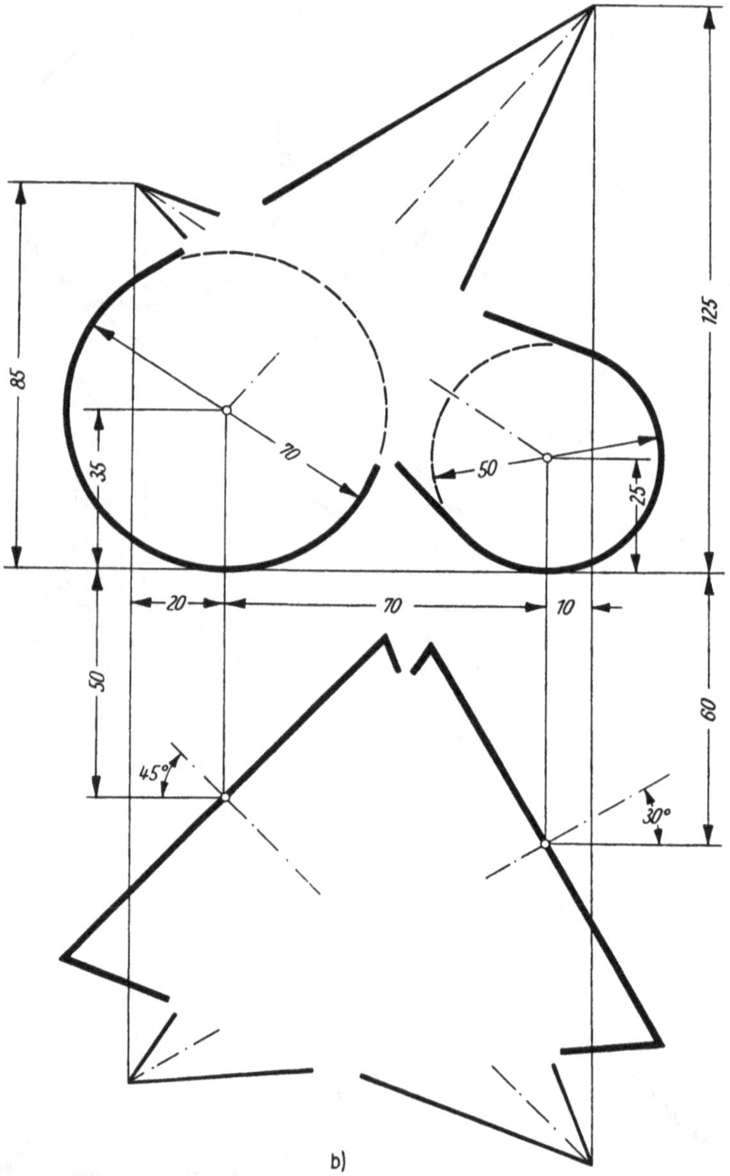

Figur 350 b

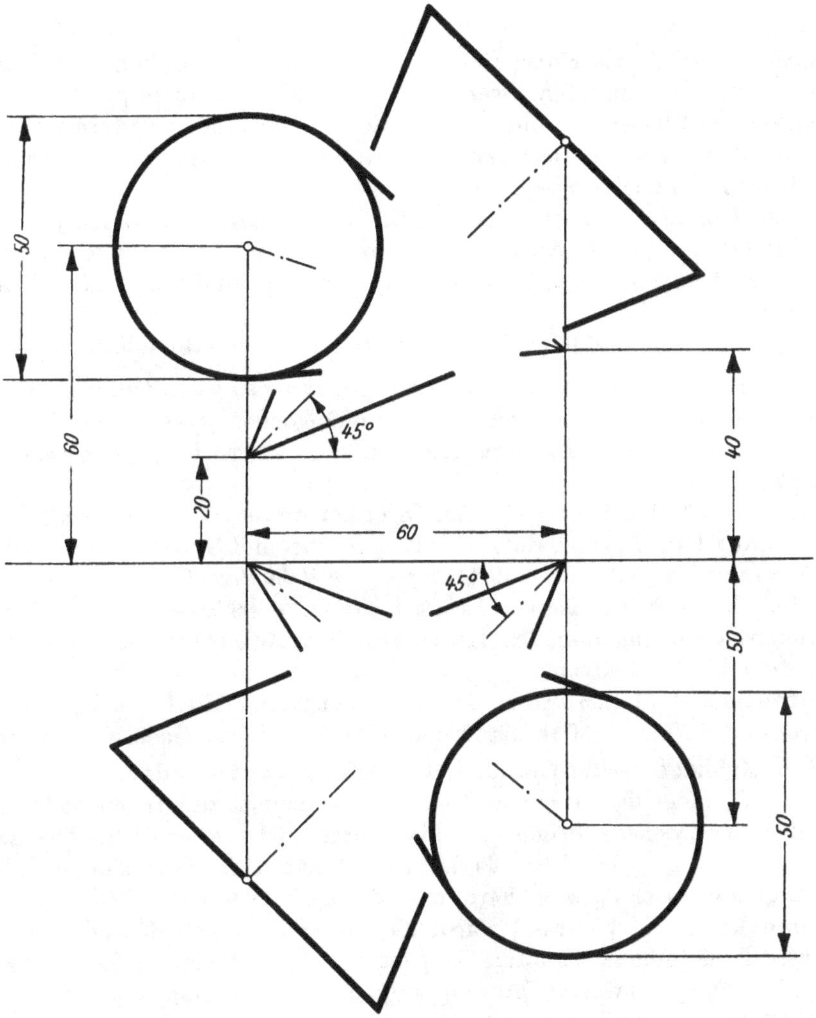

c)

Figur 350 c

8. $e_1 e_2 = Q_1$,
$e_1 \bar{e}_2 = Q_2$,
$\bar{e}_1 \bar{e}_2 = Q_3$,
$\bar{e}_1 e_2 = Q_4$.

Die eben geschilderte Konstruktion der Kurvenpunkte Q_i kann, wie Figur 349 zeigt, in einem Riß ausgeführt werden (Parallel- oder Zentralriß).

Da man die Ebenen des Büschels um die Scheitelgerade s dadurch erhält, daß man eine dieser Ebenen um s pendeln läßt, nennt man das eben dargelegte Verfahren auch *Pendelebenenverfahren.*

Bei der Durchführung der Konstruktion achte man darauf, auch jene Punkte von k zu erhalten, deren Bilder auf den scheinbaren Umrissen der beiden Kegel liegen, also jene Punkte aufzusuchen, in denen das Bild von k die scheinbaren Kegelumrisse berührt.

Tangenten von k sind nach dem Tangentialebenenverfahren leicht zu erhalten.

Bemerkung. In Figur 349 wurde die Annahme so getroffen, daß die Durchdringungskurve k eine einfach zusammenhängende, geschlossene Raumkurve (vierter Ordnung) ist. Es liegt demnach eine *Ausreißung* (*Verzapfung*) vor. (Vgl. Figur 128.)

Aufgabe 269 (für den Leser). Der Leser konstruiere die Durchdringungskurve k zweier Kegel Φ_1, Φ_2 von zweiter Ordnung in Auf- und Grundriß und wähle dabei die Annahme so, daß eine *vollständige Durchdringung* (*Durchbohrung*) entsteht (die Raumkurve k soll also aus zwei getrennten, geschlossenen Ästen bestehen). Anschließend verebne man den Mantel des einen Kegels und zeichne jene Kurve k^0, in die k hierbei übergeht.

Aufgabe 270 (für den Leser). Der Leser konstruiere die Durchdringungskurve für jedes der in Figur 350 durch Grund- und Aufriß gegebenen Kegelpaare.

b) Φ_1 = Zylinder zweiter Ordnung, Φ_2 = Kegel zweiter Ordnung

Ist ein Zylinder Φ_1 mit einem Kegel Φ_2 zum Schnitt zu bringen, so ändert sich das eben besprochene Pendelebenenverfahren nicht wesentlich. Die Scheitelgerade s als Träger des Büschels der Hilfsebenen Ψ ist jetzt eine Parallele zur Zylinderachse durch S_2 (S_1 = Fernpunkt der Zylinderachse).

Bemerkung. In Figur 351 wurde die Annahme so getroffen, daß die beiden Flächen Φ_1, Φ_2 eine gemeinsame Tangentialebene besitzen. Die Durchdringungskurve $k = \Phi_1\Phi_2$ von vierter Ordnung weist daher einen Doppelpunkt D auf (vgl. Figur 130).

Aufgabe 271 (für den Leser). Der Leser konstruiere die Durchdringungskurve k eines Drehkegels mit einem Drehzylinder in Auf- und Grundriß. Die beiden Flächen sollen windschiefe Achsen und eine gemeinsame Tangentialebene τ besitzen.

* Aufgabe 272 (für den Leser). In Aufgabe 271 tritt eine Raumkurve vierter Ordnung mit einem Doppelpunkt D auf. Der Leser konstruiere die Doppelpunktstangenten.

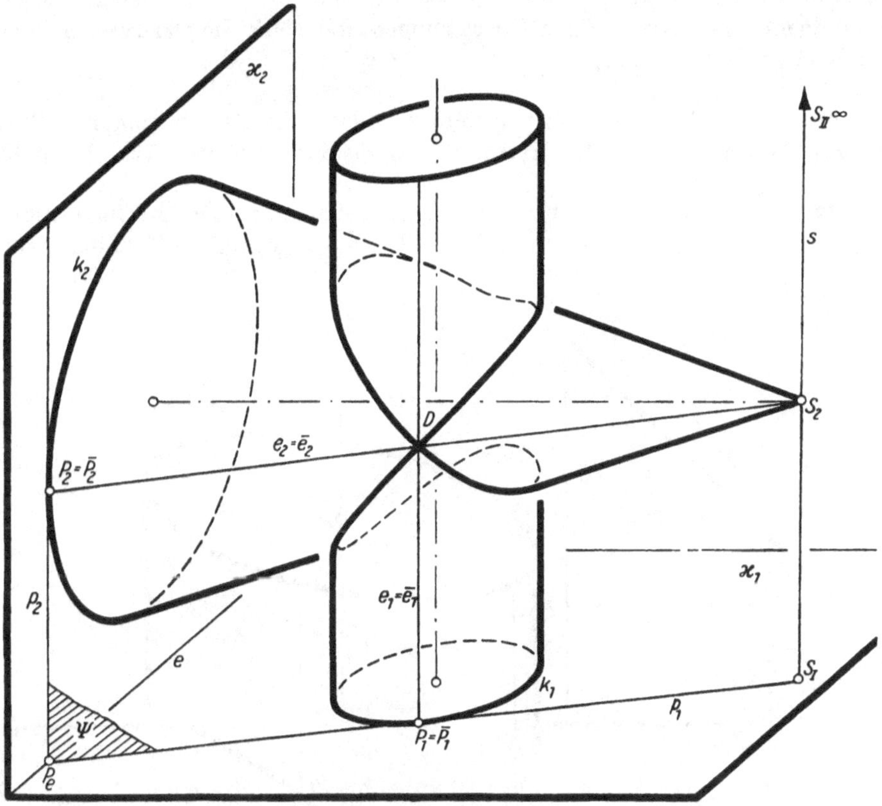

Figur 351

Anleitung. Man projiziere die Kurve k aus ihrem Doppelpunkt D auf irgendeine Ebene und erhält so einen Kegelschnitt k^c. Sodann schneidet man k^c mit der gemeinsamen Tangentialebene τ des Punktes D in den Punkten T_1 und T_2. Die Verbindungsgeraden T_1D und T_2D sind die gesuchten Doppelpunktstangenten t_1, t_2. Der Leser gebe eine genaue Begründung dieser Konstruktion. *

* Aufgabe 273 (für den Leser). Ein Drehzylinder Φ_1 mit lotrechter Achse soll mit einem schiefen Kreiskegel Φ_2 (Basiskreis in π_1) geschnitten werden, dessen Spitze S_2 auf dem Mantel von Φ_1 liegt; Φ_1 und Φ_2 mögen eine gemeinsame Erzeugende e besitzen. Der Leser konstruiere die Kurve k von dritter Ordnung, die Φ_1 und Φ_2 außer e gemeinsam haben (k ist ein *aufrechter kubischer Kreis*). *

c) Φ_1 und Φ_2 sind Kreiszylinder

Sollen zwei Zylinder Φ_1, Φ_2 zum Schnitt gebracht werden, so wählt man Hilfsebenen parallel zu den Erzeugenden beider Zylinder. Die Hilfsebenen bilden somit ein Parallelebenenbüschel, dessen Achse die hier in der Fernebene liegende Scheitelgerade ist. Alle übrigen Überlegungen sind völlig die gleichen wie bei der Durchdringung zweier Kegel.

Bemerkung. In Figur 352 wurde eine vollständige Durchdringung (Durchbohrung) zweier Drehzylinder in einer Schrägrißskizze dargestellt (vgl. Figur 132).

Aufgabe 274 (für den Leser). Der Leser konstruiere die Durchdringungskurve für jedes der in Figur 353 durch Auf- und Grundriß gegebenen Zylinderpaare.

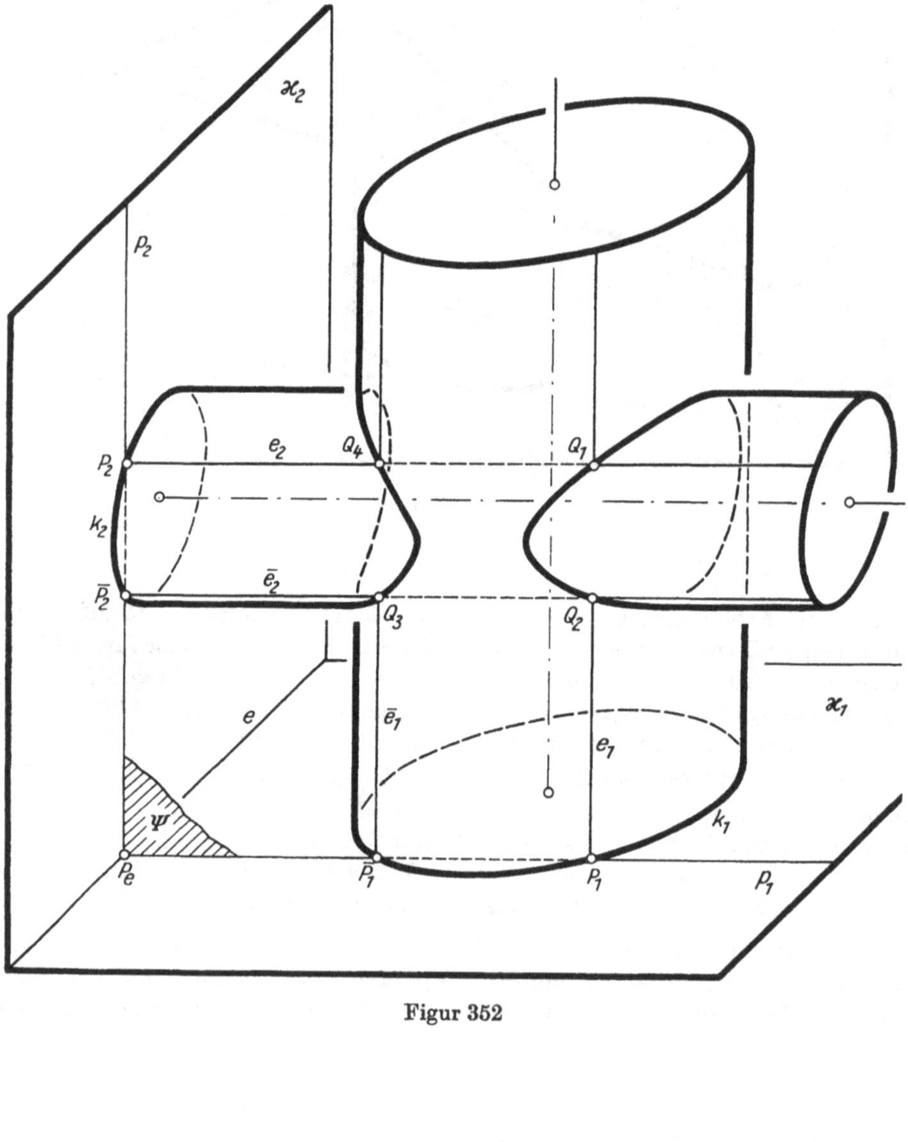

Figur 352

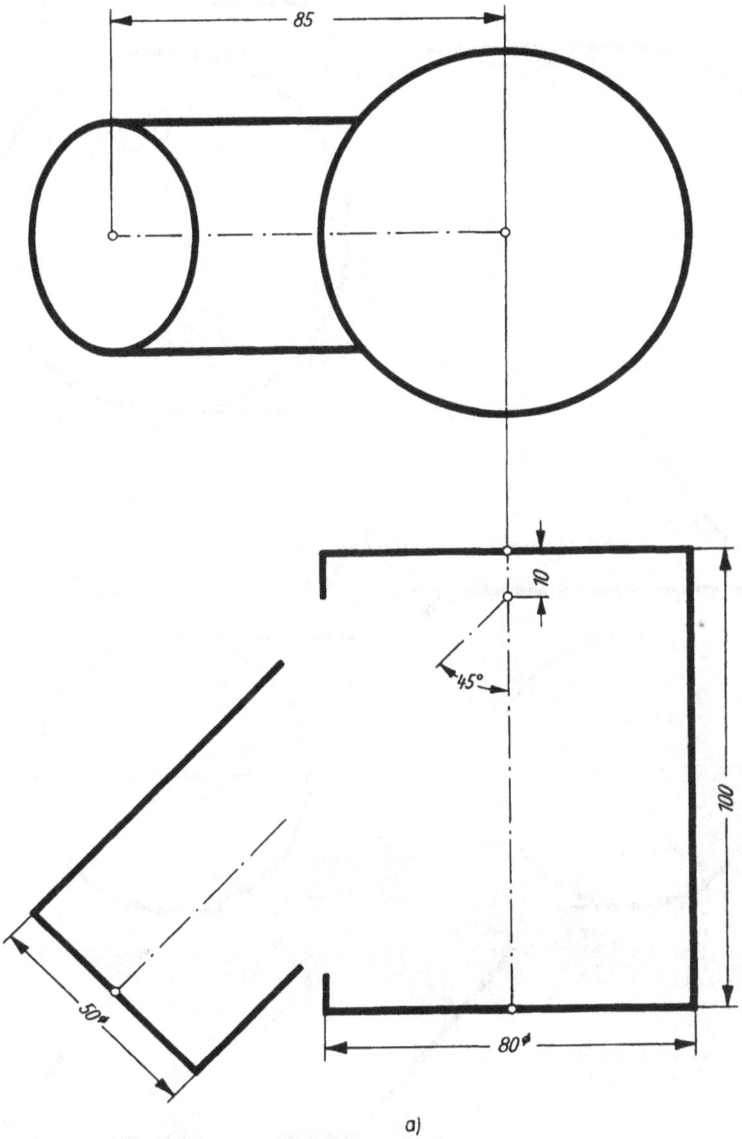

Figur 353 a

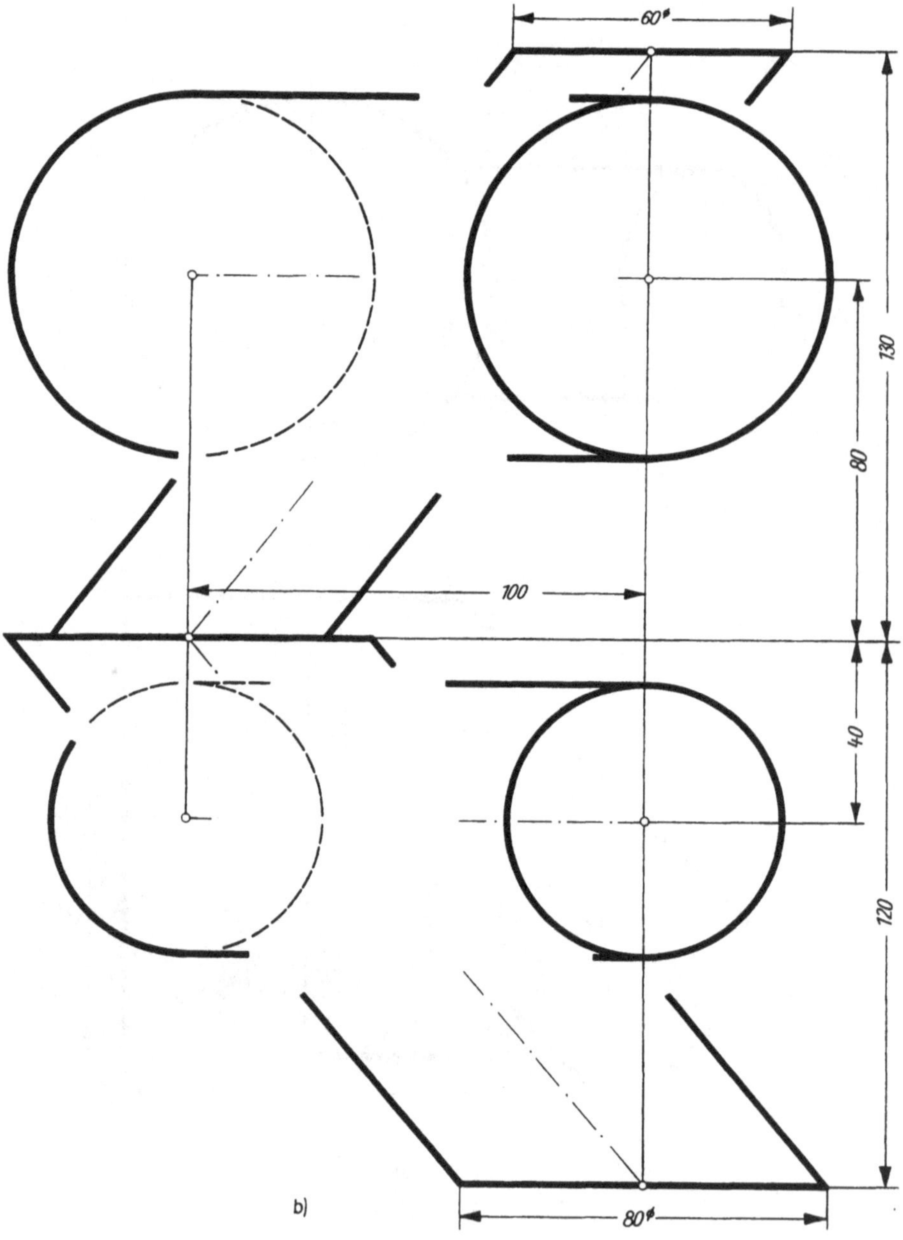

Figur 353 b

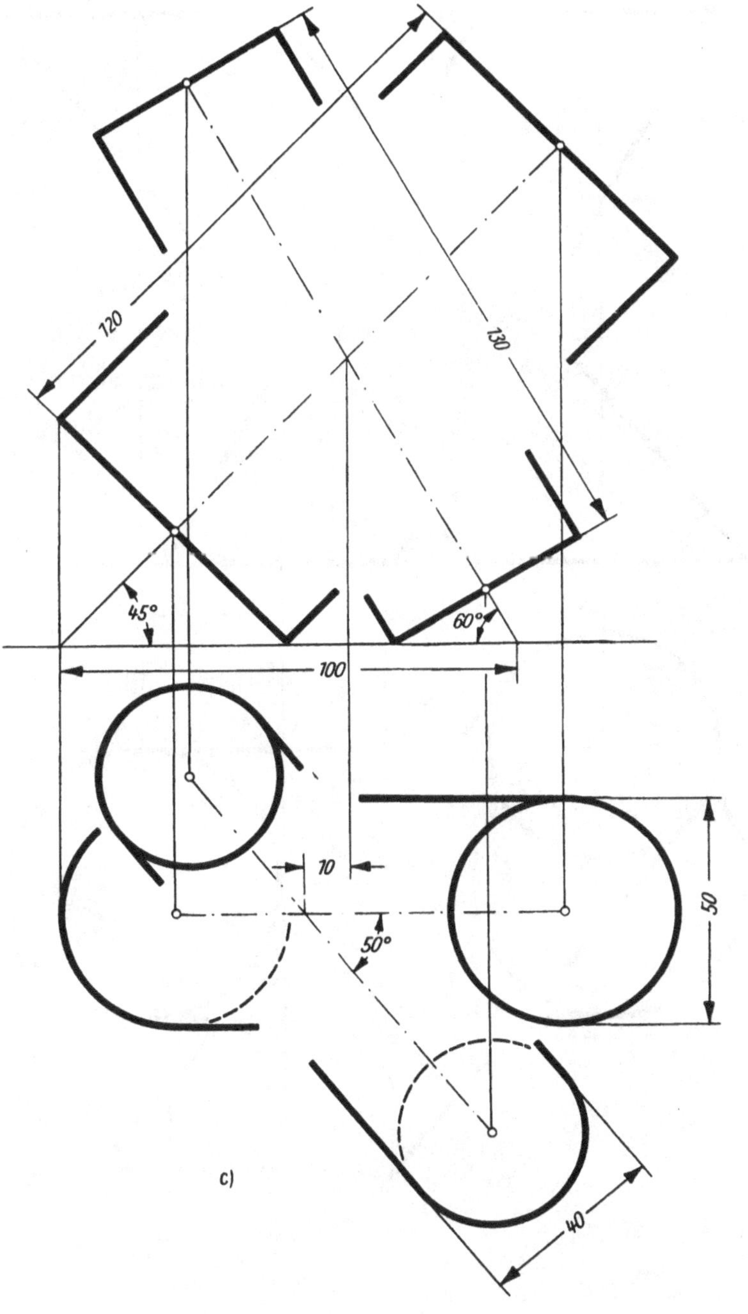

Figur 353 c

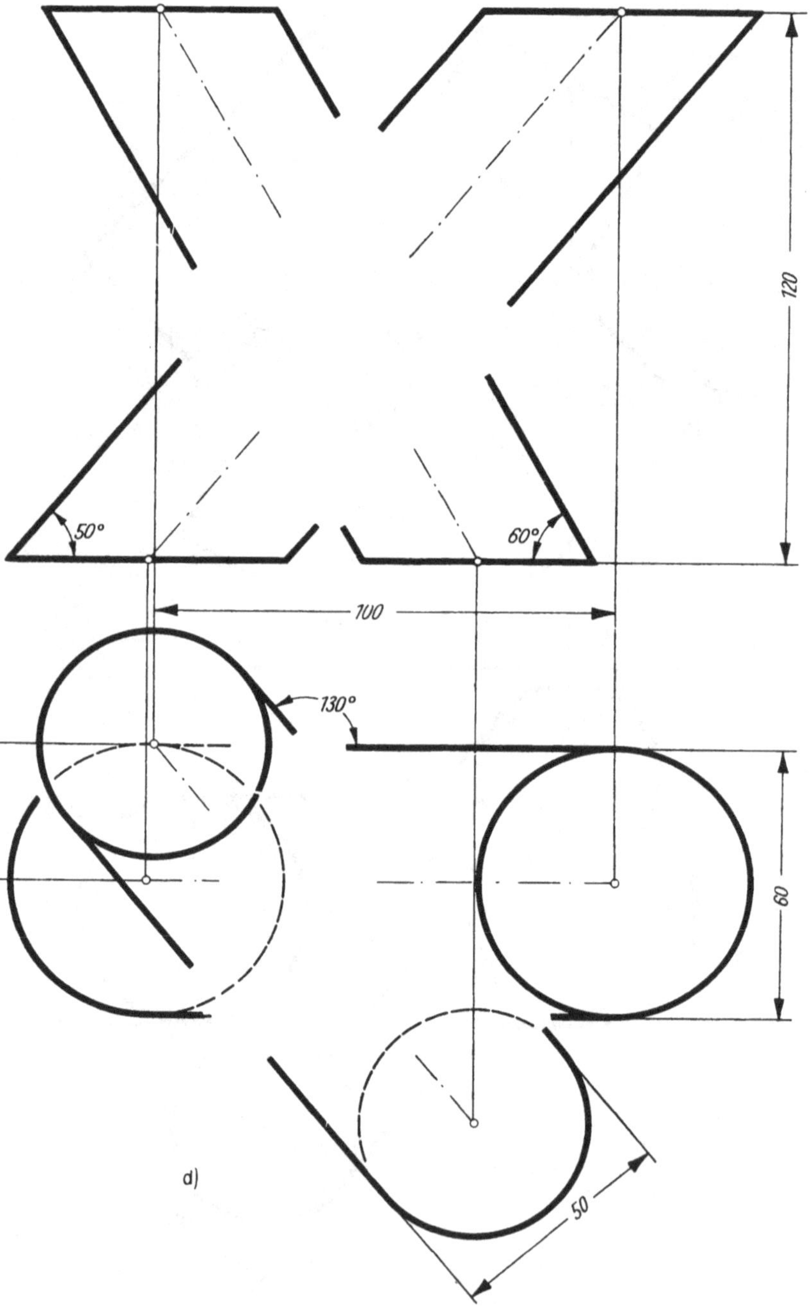

Figur 353 d

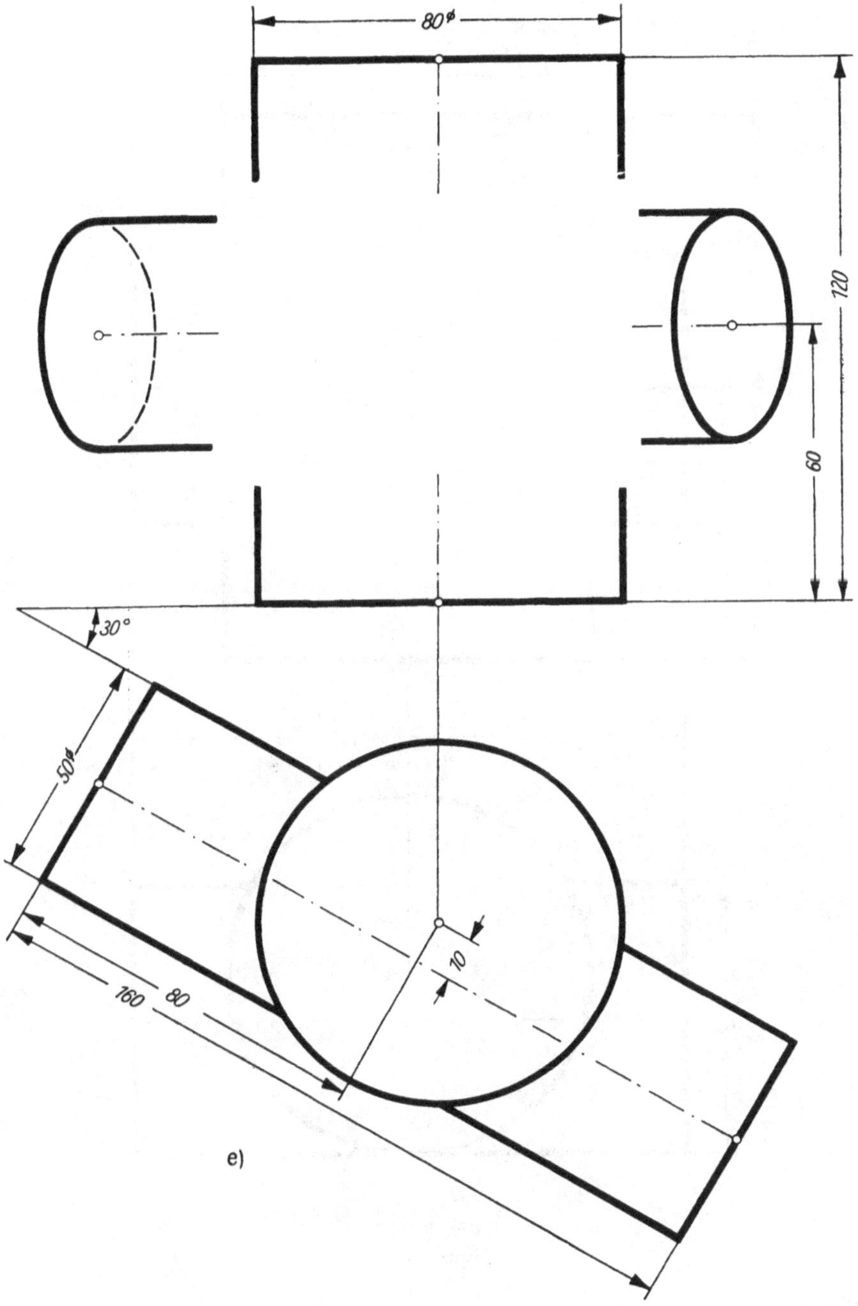

Figur 353e

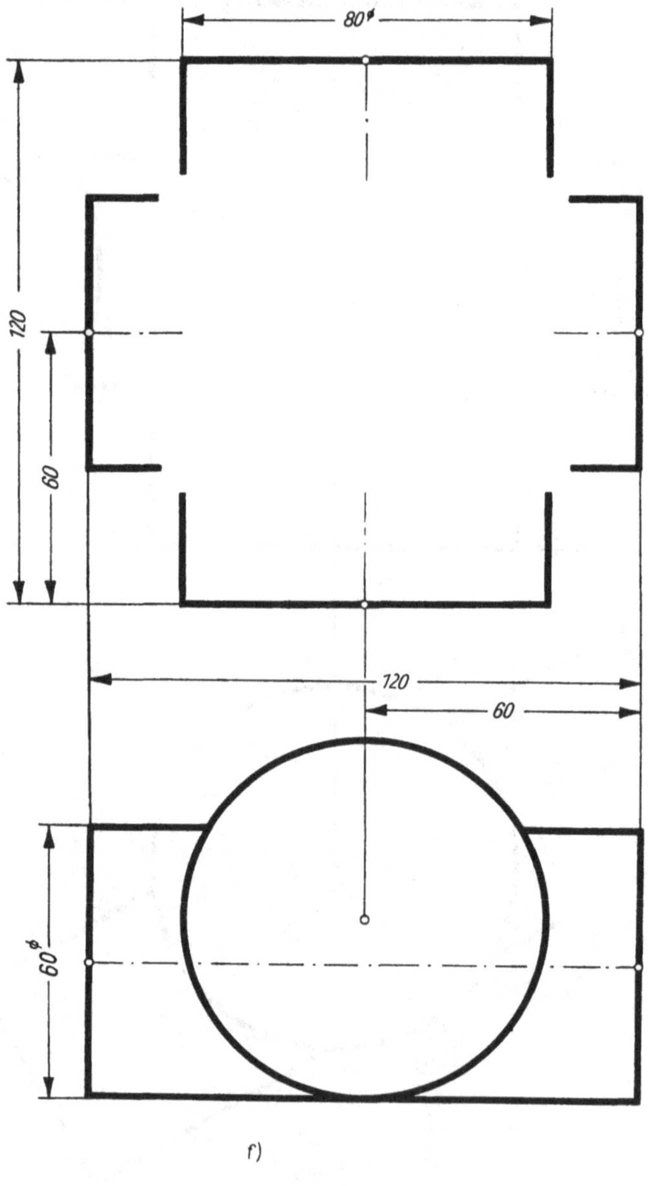

f)

Figur 353f

§ 159. Durchdringung von Kugel mit schiefem Kreiskegel und Kreiszylinder

Soll eine Kugel Φ_1 mit einem schiefen Kreiskegel oder Kreiszylinder Φ_2 geschnitten werden, so kann man stets Punkte der Durchdringungskurve $k = \Phi_1\Phi_2$ dadurch erhalten, daß man eine Kreisschnittebene von Φ_2 als Hilfsebene Ψ verwendet, schneidet doch Ψ beide Flächen Φ_1 und Φ_2 in je einem Kreis. Bei diesem *speziellen Ebenenverfahren* bilden die Hilfsebenen zwei Parallelebenenbüschel.

Auch ein gewisses Kugelverfahren führt zum Ziel. Legt man nämlich durch einen Kreisschnitt von Φ_2 eine beliebige Kugel Ψ, so schneidet Ψ die Kugel Φ_1 in einem Kreis, die Kegel- bzw. Zylinderfläche Φ_2 in zwei Kreisen.

Besonderes Interesse verdient der häufig auftretende Fall, bei dem die Mitte O der Kugel Φ_1 in der Ebene σ_1 des charakteristischen Schnittes von Φ_2 liegt. Die Ebene σ_1 des *charakteristischen Schnittes* eines schiefen Kreiskegels bzw. Kreiszylinders enthält die Mitten aller Kreisschnitte und steht auf allen Kreisschnittebenen normal. Jeder Kreisschnitt von Φ_2 und damit Φ_2 selbst geht durch Spiegelung an σ_1 in sich über. Da bei der betrachteten speziellen Lage σ_1 auch eine Symmetrieebene der Kugel Φ_1 ist, wird die Schnittkurve $k = \Phi_1\Phi_2$ (i. a. eine Raumkurve vierter Ordnung) durch Spiegelung an σ_1 in sich transformiert. Der Normalriß von k auf σ_1 ist daher i. a. ein doppelt überdeckter Kegelschnitt.

Nachstehend sollen einige solche spezielle Fälle betrachtet werden, wobei σ_1 stets als Aufrißebene π_2 oder parallel zu π_2 angenommen wird.

a) Φ_1 = *Kugel*, Φ_2 = **schiefer Kreiskegel**

α) Sonderfall. Wir betrachten zunächst den Sonderfall, daß die Kugel Φ_1 den Kegel Φ_2 in zwei Punkten D_1, D_2 derart berührt, daß beide Flächen außer der Ebene σ_1 des *charakteristischen Schnittes* von Φ_2 noch eine weitere Symmetrieebene σ_2 gemeinsam haben. (Figur 354.) Um eine solche gegenseitige Lage einer Kugel und eines schiefen Kreiskegels zu erhalten, nehmen wir in der Grundrißebene π_1 eine Ellipse c als Basis von Φ_2 an. Die Spitze S des Kegels Φ_2 liege auf der Lotrechten durch die Ellipsenmitte M. Sodann wählen wir die Mitte O der Kugel Φ_1 auf der Geraden MS und dimensionieren die Kugel Φ_1 derart, daß sie den Kegel Φ_2 doppelt berührt. Zu diesem Zweck drehen wir die Erzeugende AS um MS parallel zu π_2 nach A_0S_0 ($S_0 = S$). Der zweite scheinbare Umriß von Φ_1 ist der Kreis um O'', der $A_0''S''$ berührt. Der Fußpunkt des Lotes aus O'' auf $A_0''S''$ ist D_{1_0}''. Nach Rückdrehung erhält man den Aufriß D_1'' von D_1 auf $M''S''$, der sich mit dem Aufriß D_2'' des zweiten Berührpunktes von Φ_1 mit Φ_2 deckt.

Die beiden Berührpunkte D_1, D_2 sind Doppelpunkte der Durchdringungskurve $k = \Phi_1\Phi_2$. Diese Raumkurve vierter Ordnung zerfällt daher in zwei Kegelschnitte k_1, k_2, die auch der Kugel Φ_1 angehören, also Kreise sein müssen. Auf dem Kegel Φ_2 existieren somit *zwei Scharen von Kreisen* (auf Grund der zentrischen Ähnlichkeit von S aus). Die Ebenen $\varkappa_1$, $\varkappa_2$ von k_1, k_2 geben die Stellungen der Kreisschnittebenen an. In Figur 354 erscheinen die (zweitprojizierenden) Ebenen $\varkappa_1$, $\varkappa_2$ als Geraden durch $D_1'' = D_2''$ und durch je zwei der auftretenden Meridianpunkte.

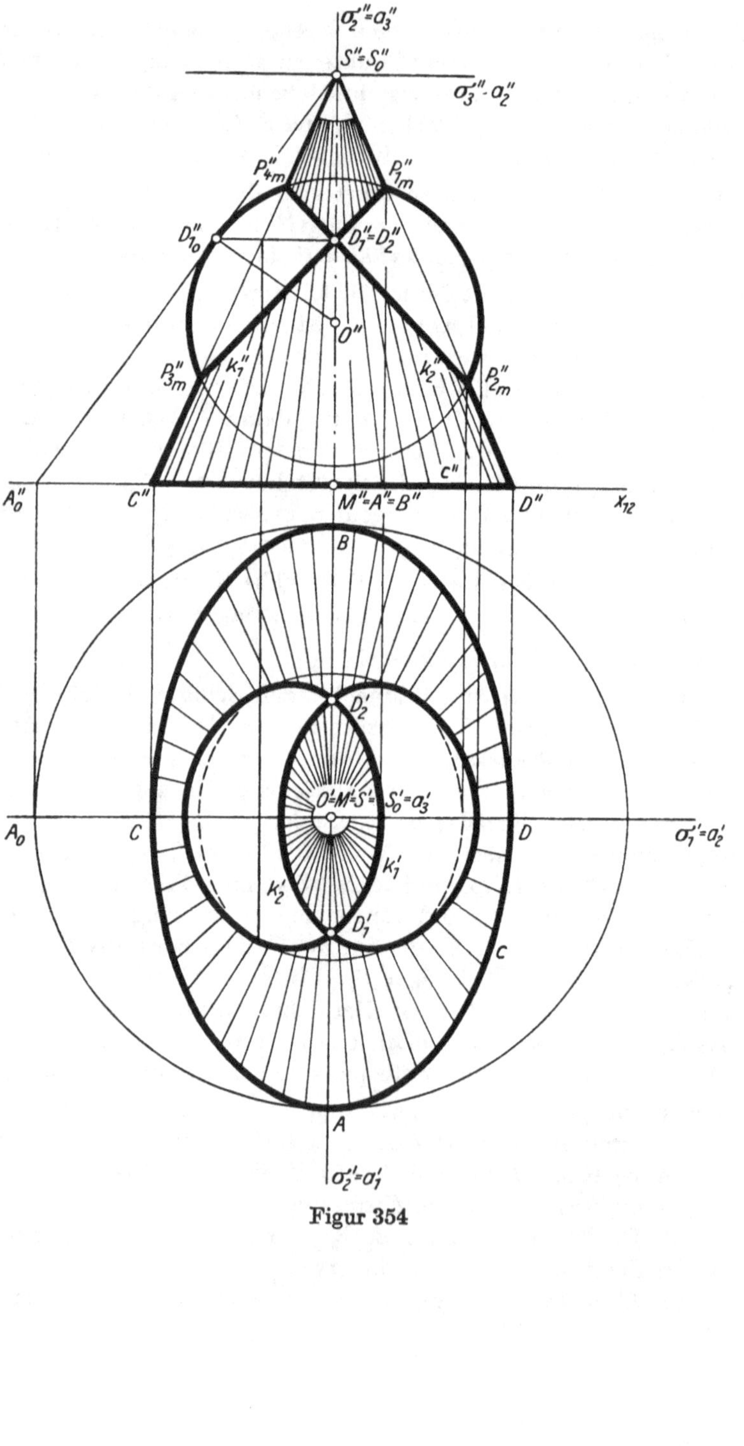
$\sigma_2'' = a_3''$
$S'' = S_0''$
$\sigma_3'' \cdot a_2''$
P_{4m}''
P_{1m}''
D_{1_0}''
$D_1'' = D_2''$
O''
P_{3m}''
k_1''
k_2''
P_{2m}''
c''
A_0''
C''
$M'' = A'' = B''$
D''
x_{12}
B
D_2'
$O' = M' = S' = S_0' = a_3'$
A_0
C
D
$\sigma_1' = a_2'$
k_1'
k_2'
D_1'
c
A
$\sigma_2' = \sigma_1'$

Figur 354

Der Kegel Φ_2 hat drei paarweise aufeinander normale Symmetrieebenen, nämlich $\sigma_1 = CDS =$ Ebene des charakteristischen Schnittes, $\sigma_2 = ABS$ und die Normalebene σ_3 durch S zu MS. Jeder Kreisschnitt von Φ_2 geht durch Spiegelung an σ_1 — wie bereits erwähnt — in sich über, durch Spiegelung an σ_2 oder σ_3 hingegen in einen (kongruenten) Kreisschnitt der anderen Schar. Die Normalen a_1, a_2, a_3 durch S zu den drei Symmetrieebenen sind die Hauptachsen von Φ_2.

Wählt man irgendeinen Kreisschnitt von Φ_2 als Basis, so kann man Φ_2 als schiefen Kreiskegel auffassen und es gilt:

Ein schiefer Kreiskegel $\mathfrak{K}$ besitzt drei paarweise zueinander normale Hauptachsen a_1, a_2, a_3. Die ebenfalls paarweise zueinander normalen Ebenen $\sigma_1 = a_2a_3$, $\sigma_2 = a_3a_1$, $\sigma_3 = a_1a_2$ sind die drei Symmetrieebenen von $\mathfrak{K}$; ferner besitzt $\mathfrak{K}$ außer den Kreisen, die in Parallelebenen zur Basis liegen, noch eine zweite Schar von Kreisschnitten.

Bemerkung. Jede Kugel Φ_1 durch einen Kreisschnitt k_1 eines schiefen Kreiskegels Φ_2 schneidet Φ_2 noch nach einem weiteren Kreis k_2. In den Schnittpunkten D_1, D_2 der beiden Kreise berühren die beiden Flächen einander. Im allgemeinen liegen die Berührpunkte D_1, D_2 in keiner Symmetrieebene von Φ_2. Der Leser beachte, daß D_1, D_2 nicht immer reell sein müssen, wohl aber ihre Normalprojektion auf σ_1.

β) Allgemeiner Fall. Wir wählen die charakteristische Ebene σ_1 eines schiefen Kreiskegels Φ_2 als Aufrißebene π_2. Die Mitte O einer Kugel Φ_1 sei in π_2 vorgegeben. Bei der in Figur 355 getroffenen Annahme ergeben sich vier reelle Meridianpunkte $P_{1m}, \ldots, P_{4m}$. Damit hat man vier Punkte des Kegelschnittes k'' gefunden (die Durchdringungskurve $k = \Phi_1\Phi_2$ ist — wie bereits mehrfach erwähnt — eine zu $\sigma_1 = \pi_2$ symmetrische Raumkurve vierter Ordnung).

Punkte von k können sowohl mit Hilfe des Ebenenverfahrens (jede Ebene eines Kreisschnittes von Φ_2 kann als Hilfsebene Ψ dienen) als auch mit dem Kugelverfahren (jede Kugel durch einen Kreisschnitt von Φ_2 kann als Hilfskugel Ψ verwendet werden) konstruiert werden.

Soll in einem Punkt P von k die Tangente t an k konstruiert werden, so verwendet man mit Vorteil das Tangentialebenenverfahren. Man legt zu diesem Zweck in P die Tangentialebene τ_1 an Φ_1 bzw. τ_2 an Φ_2 und bringt τ_1 mit τ_2 zum Schnitt ($t = \tau_1\tau_2$). In einem Meridianpunkt P_m erhält man zwar so die (zweitprojizierende) Tangente an k, hingegen nicht die Tangente an k'' in P_m, da der Aufriß dieser Tangente von k als Punkt erscheint.

Bemerkung. Das Normalenverfahren erweist sich in vorliegendem Fall deshalb nicht als günstig, da die Normalen des Kegels Φ_2 längs eines Kreisschnittes k_1 eine Strahlfläche X vierten Grades bilden. Da die Normalenfläche X die Achse a des Kreises k_1 als Leitgerade besitzt (d. h. alle Flächennormalen in den Punkten von k_1 schneiden a), kann man mit Hilfe des Normalenverfahrens (Grenzfall des Verfahrens) die Tangente an k'' in einem Meridianpunkt P_m konstruieren, wie Figur 356 zeigt. Man errichtet in dem betrachteten Meridianpunkt, etwa in P_{1m}, die Normale zur Umrißerzeugenden durch P_{1m} und schneidet diese mit der

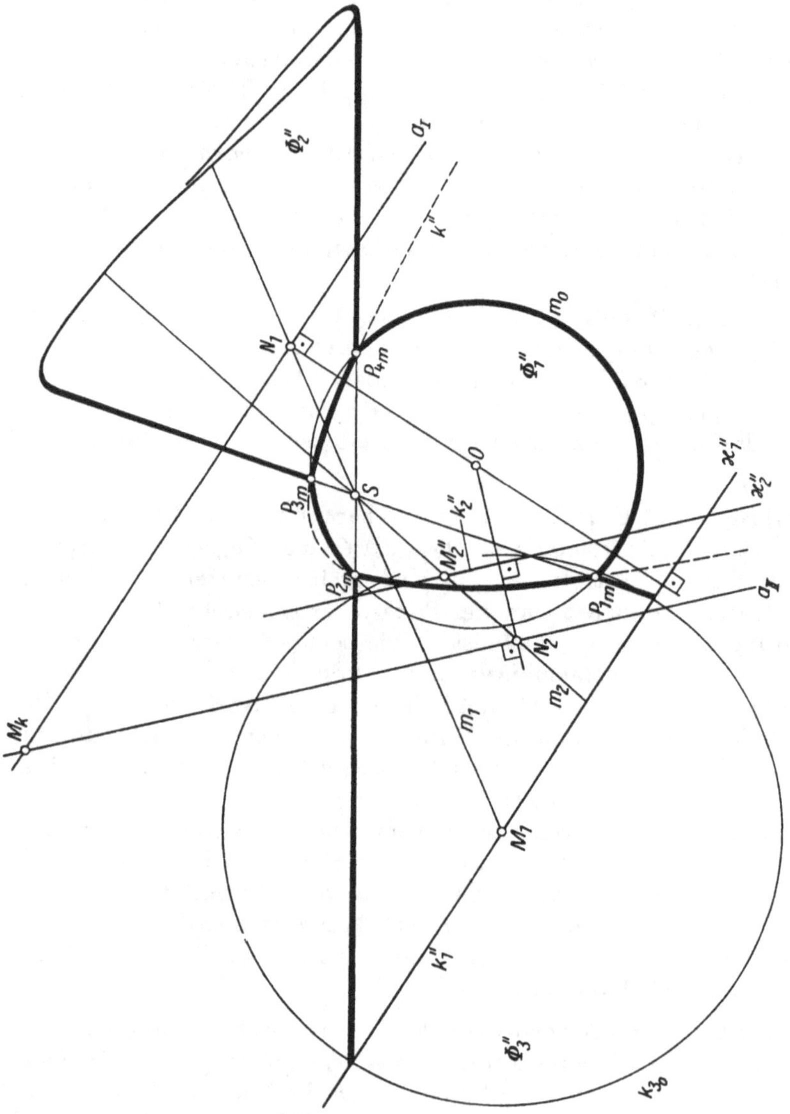
Φ''2
a_I
k''
m_0
N_1
P_4m
Φ''1
O
S
P_3m
k''2
M''2
P_2m
P_1m
N_2
m_2
m_1
M_K
M_1
k''1
Φ''3
k_3o
x''1
x''2
a_II

Figur 355

Achse a von k_1 (k_1 = Kreisschnitt von Φ_2 durch P_{1m}) in N. Die gesuchte Tangente t_1 an k'' in P_{1m} steht zur Geraden NO normal.

Um die Art des (doppelt überdeckten) Kegelschnittes k'' zu erkennen, verschiebt man die Kugel Φ_1 (die Kugelmitte O soll sich dabei in π_2 bewegen) in eine Kugel Φ_1^*, die den Kegel Φ_2 doppelt berührt. Wie in obigem Sonderfall dargelegt, zerfällt die Schnittkurve $k^* = \Phi_1^*\Phi_2$ in zwei Kreise k_1^*, k_2^*, deren Ebenen die Stellungen der Kreisschnitte von Φ_2 angeben. Die Aufrisse $k_1^{*\prime\prime}$, $k_2^{*\prime\prime}$ von k_1^*, k_2^* sind zwei Geraden, deren Fernpunkte nach Satz 3 auf Seite 427 mit den Fernpunkten

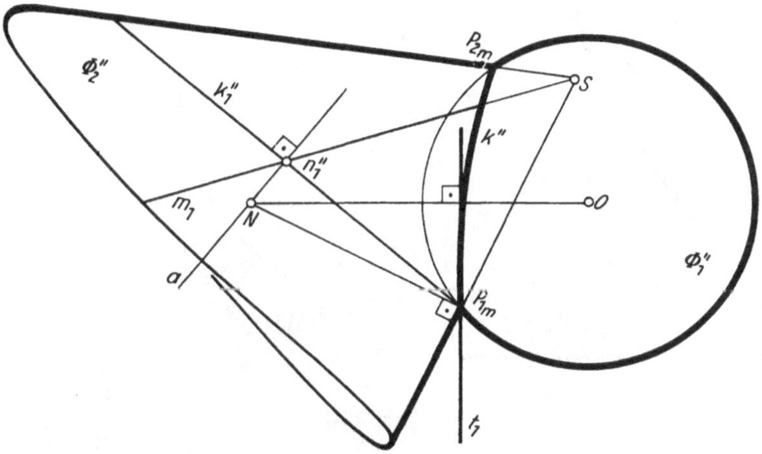

Figur 356

von k'' übereinstimmen. k'' ist demnach eine Hyperbel, deren Asymptoten zu den Aufrissen der Kreisschnittebenen von Φ_2 parallel sind. (Figur 355.)

Man konstruiert daher zunächst einen Kreisschnitt von Φ_2 jener Schar, der k_1 nicht angehört, indem man etwa durch den Basiskreis k_1 eine Kugel Φ_3 legt. Der Restschnitt von Φ_3 mit Φ_2 ist ein Kreis k_2 der anderen Schar. Die Asymptoten von k'' sind also parallel zu k_1'' und k_2''. Nun zieht man durch O die Normale zu k_1'' und schneidet dieses Lot mit $m_1 = M_1S$ in N_1. Die Parallele a_I zu k_1'' durch N_1 ist eine Asymptote von k''. Legt man nämlich durch a_I eine zweitprojizierende Ebene ε_I, so schneidet ε_I die Fläche Φ_1 bzw. Φ_2 in je einem (ein- oder nullteiligen) Kreis mit der gemeinsamen Mitte N_1. Die von ε_I ausgeschnittenen Kreise haben somit im Endlichen keine Punkte gemeinsam, d. h., auf a_I liegt kein endlicher Punkt der Hyperbel k'' oder a_I ist eine Asymptote von k''.

Die zweite Asymptote a_{II} von k'' kann in analoger Weise durch Zuhilfenahme eines Kreisschnittes der anderen Schar, wie Figur 355 zeigt, gewonnen werden.

b) Φ_1 = Kugel, Φ_2 = schiefer Kreiszylinder

Ein schiefer Kreiszylinder kann nach Seite 311 als Grenzfall eines schiefen Kreiskegels (mit unendlich ferner Spitze) aufgefaßt werden. Infolgedessen behal-

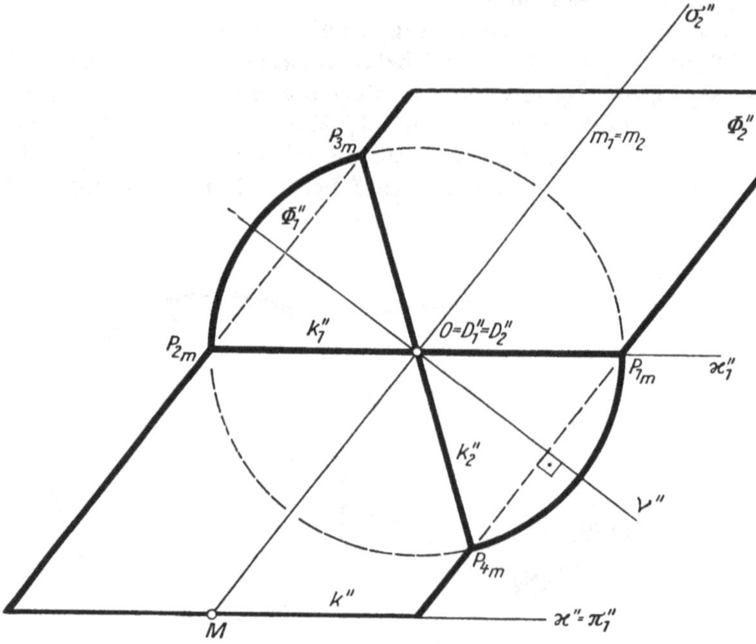

Figur 357

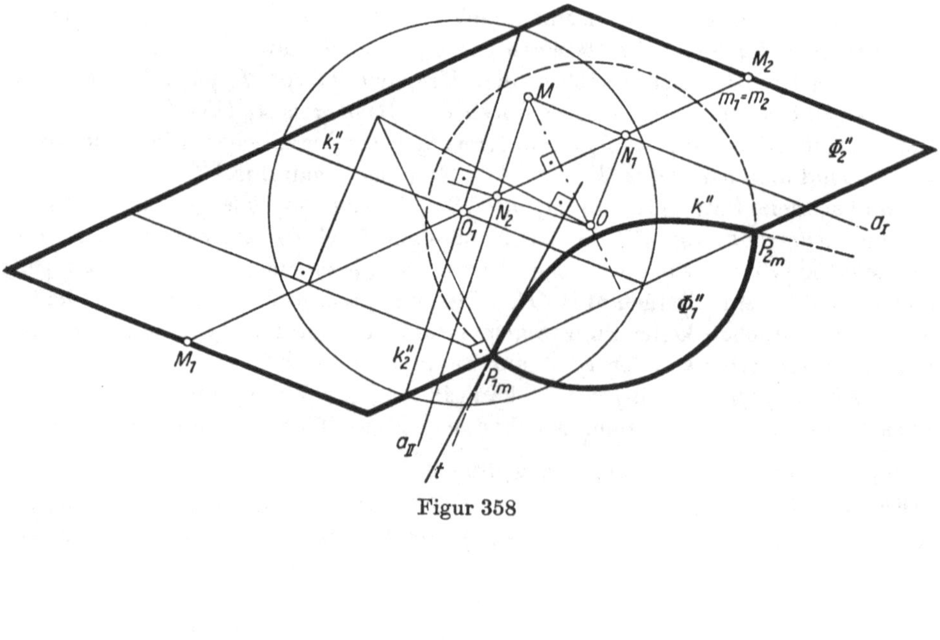

Figur 358

ten die Mehrzahl der unter a) gemachten Aussagen und Konstruktionsvorschriften ihre Gültigkeit und brauchen nicht nochmals angeführt zu werden. Es kommen allerdings noch besondere Merkmale hinzu. So liegen z. B. die Mitten der beiden Kreisscharen von Φ_2 auf ein und derselben Geraden ($m_1 = m_2$; vgl. auch Seite 312).

Nachstehend soll wieder kurz auf den technisch interessanten Sonderfall hingewiesen werden, bei dem die Kugelmitte O in der charakteristischen Ebene von Φ_2 liegt.

α) Sonderfall. Wählt man irgendeinen Kreisschnitt k_1 von Φ_2 als Großkreis der Kugel Φ_1 (Figur 357), so berührt Φ_1 den Zylinder in zwei Punkten D_1, D_2 und schneidet Φ_2 in noch einem zweiten (zu k_1 kongruenten) Kreis k_2. In diesem Fall besitzen Φ_1 und Φ_2 drei gemeinsame Symmetrieebenen, nämlich σ_1 (= Ebene des charakteristischen Schnittes von Φ_2), die durch $m_1 = m_2$ normal zu σ_1 gelegte Ebene σ_2 und die Normalschnittebene ν von Φ_2 durch O. Die beiden Berührpunkte D_1, D_2 gehören der Symmetrieebene σ_2 an.

Bemerkung. Jede Kugel Φ_1 durch einen Kreisschnitt k_1 eines schiefen Kreiszylinders Φ_2 schneidet Φ_2 noch nach einem weiteren Kreis k_2. In den Schnittpunkten D_1, D_2 der beiden Kreise k_1, k_2 berühren die beiden Flächen einander. Im allgemeinen liegen die beiden Berührpunkte nur in einer solchen Symmetrieebene von Φ_2, die zugleich Normalschnittebene von Φ_2 ist.

β) Allgemeiner Fall. (Figur 358.) Wird die charakteristische Ebene σ_1 eines schiefen Kreiszylinders Φ_2 als Aufrißebene π_2, die Mitte O einer Kugel Φ_1 in π_2 gewählt, so verläuft die Konstruktion der Durchdringungskurve $k = \Phi_1\Phi_2$ völlig analog wie unter a α) geschildert. Der Leser beachte, daß in vorliegendem Fall die Mitte M der Hyperbel k'' auf einer Normalen zu $m_1 = m_2$ durch O liegt, da die durch O gehende Normalschnittebene von Φ_2 eine gemeinsame Symmetrieebene von Φ_1 und Φ_2, mithin auch von k ist.

* Aufgabe 275 (für den Leser). Die Normalenfläche X eines schiefen Kreiszylinders Φ längs eines Kreisschnittes k_1 von Φ kann durch die Gleichung

$$r^2 y^2 = (x^2 + y^2)(kz + y)^2$$

beschrieben werden. Die Ebene $\varkappa_1$ von k_1 diente hierbei als die xy-Ebene, die charakteristische Ebene σ_1 von Φ als yz-Ebene des verwendeten kartesischen Normalkoordinatensystems (Ursprung = Mitte von k_1). Ferner bedeutet r den Radius des Kreises k_1, während k den Tangens des Neigungswinkels der Erzeugenden von Φ gegen $\varkappa_1$ angibt.

Der Leser überprüfe diese Behauptung, untersuche den Schnitt von X mit der Fernebene und zeige, daß diese Normalenfläche X (eine Strahlfläche vierten Grades erster Art) in einem hyperbolischen Netz liegt. *

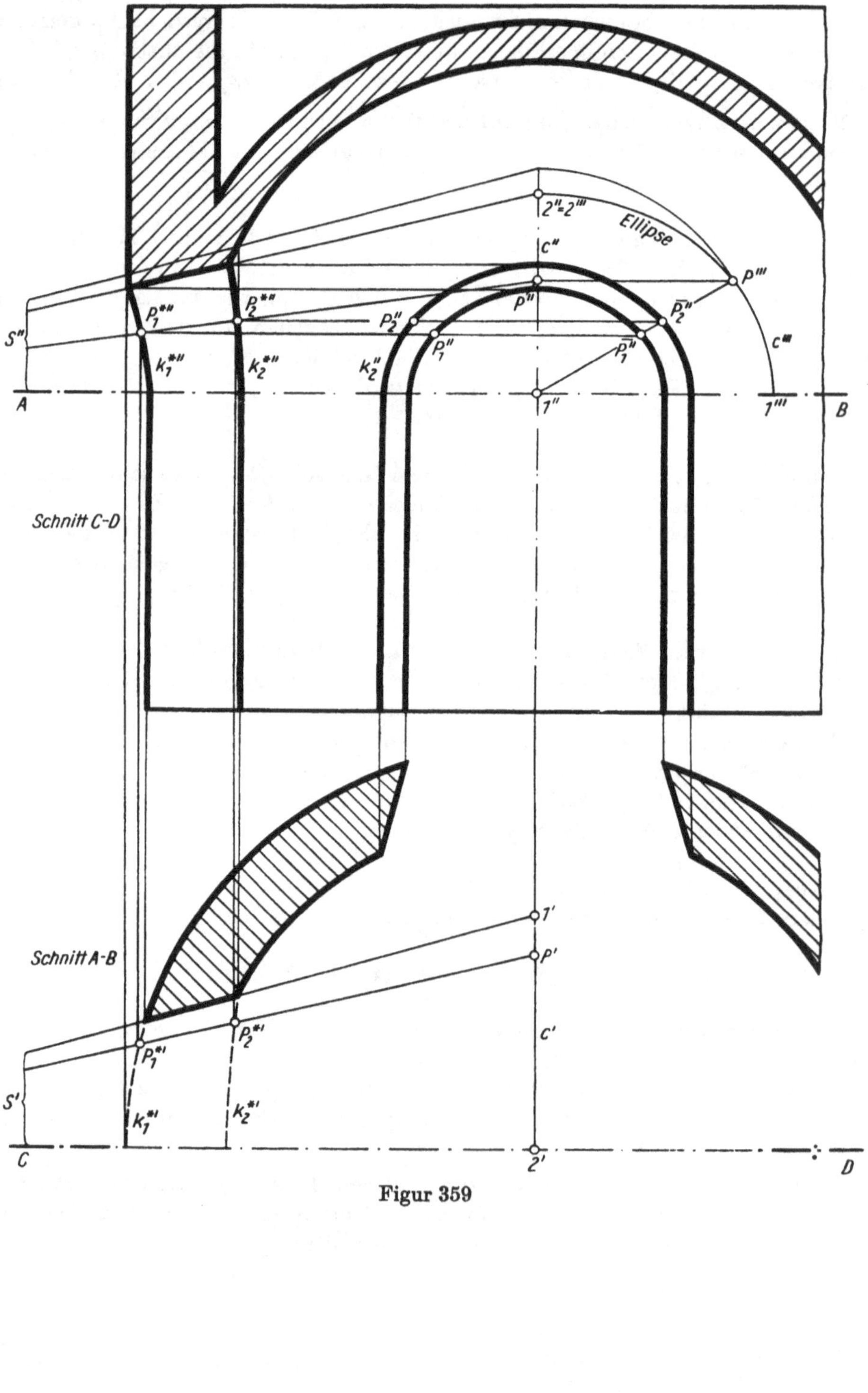

Figur 359

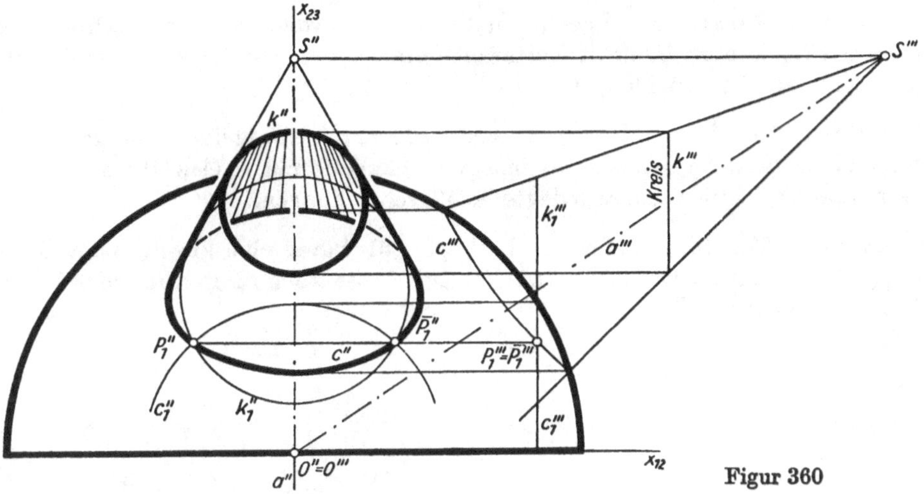

Figur 360

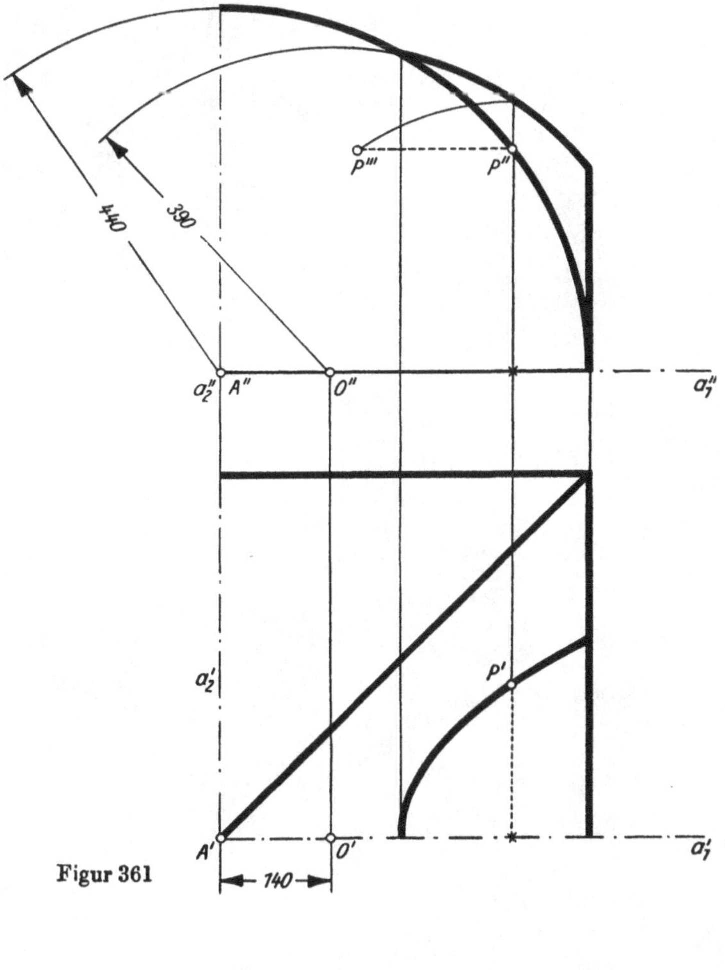

Figur 361

Aufgabe 276 (für den Leser). In Figur 359 wurden zwei waagrechte kegelförmige Stichkappen in ein Kugelgewölbe gezeichnet. Der Leser konstruiere die angedeuteten Verschneidungen.

Aufgabe 277 (für den Leser). In Figur 360 wurde eine steigende, kegelförmige Stichkappe (schiefer Kreiskegel) in ein halbkugelförmiges Gewölbe abgebildet. Der Leser konstruiere die angedeuteten Verschneidungen.

Aufgabe 278 (für den Leser). In Figur 361 wurde eine kugelförmige Stichkappe in ein Klostergewölbe skizziert. Der Leser konstruiere die auftretenden Verschneidungen.

LITERATURVERZEICHNIS

Dem interessierten Leser wird das Studium folgender Lehrbücher empfohlen:

ABBOTT, W.: Practical Geometry and Engineering Graphics. Blackie, London 1957.

ARUSTAMOW, C. A. (Арустамов, X. A.): Aufgabensammlung zur darstellenden Geometrie (Сборник задач по начертательной геометрии). Moskau 1959.

BACHMANN, A. und FORBERG, R.: Technisches Zeichnen. 14. Auflage, B. G. Teubner Verlagsgesellschaft, Leipzig 1961.

BARTEL, K.: Kotierte Projektion. B. G. Teubner, Leipzig und Berlin 1933.

BARTEL, K. und HAACK, W.: Malerische Perspektive, Band 1. B. G. Teubner, Leipzig und Berlin 1934.

BARTEL, K. und OTTO, F.: Perspektywa Malarska, Band 2. Warschau 1958.

ECKHART, L.: Konstruktive Abbildungsverfahren. Verlag von Julius Springer, Wien 1926.

FUCKE, R., KIRCH, K. und NICKEL, H.: Darstellende Geometrie. VEB Fachbuchverlag, Leipzig 1962.

GRAF, U. und BARNER, W.: Darstellende Geometrie. 7. Auflage, Verlag von Quelle und Meyer, Heidelberg 1961.

GROSSMANN, M.: Darstellende Geometrie. 3. Auflage, B. G. Teubner, Leipzig und Berlin 1932.

HAACK, W.: Darstellende Geometrie, Band 1–3. 3. bzw. 4. Auflage, Walter de Gruyter und Co., Berlin 1960–1962.

HAUCK, G.: Darstellende Geometrie. B. G. Teubner, Leipzig 1912.

— Malerische Perspektive. Springer, Berlin 1910.

HAUSSNER, R.: Darstellende Geometrie, Band 1–2. 5. bzw. 6. Auflage, Walter de Gruyter und Co., Berlin 1947.

HJELMSLEV, J.: Darstellende Geometrie. B. G. Teubner, Leipzig und Berlin 1914.

HOELSCHER, R. P. and SPRINGER, C. H.: Engineering Drawing and Geometry. New York and London 1961.

HOHENBERG, F.: Konstruktive Geometrie in der Technik. 2. Auflage, Springer-Verlag, Wien 1961.

KRAMER, W.: Darstellende Geometrie I. VEB Deutscher Verlag der Wissenschaften, Berlin 1959.

KRAMES, J. L.: Darstellende und kinematische Geometrie für Maschinenbauer. 2. Auflage, Franz Deuticke, Wien 1952.

MÜLLER, A.: Die Schaubarkeit in der Axonometrie. Akademie-Verlag, Berlin 1952.

MÜLLER, E. und KRUPPA, E.: Lehrbuch der darstellenden Geometrie. 5. Auflage, Springer-Verlag, Wien 1948.

OTTO, E.: Geometria Wykreślna. 3. Auflage, Warschau 1961.

OTTO, F. und OTTO, E.: Zbiór zadań z geometrii Wykreślnej, dazu 1 Band mit Anaglyphen. Warschau 1956.

PAL, J.: Darstellende Geometrie in Raumbildern. VEB Deutscher Verlag der Wissenschaften, Berlin 1961.

PESCHKA, G. A. V.: Darstellende und projektive Geometrie, Band 1–4 und 1 Atlas. 1. bzw. 2. Auflage, Verlag von Franz Deuticke, Leipzig und Wien 1884–1889.

REHBOCK, F.: Darstellende Geometrie. Springer-Verlag, Berlin-Göttingen-Heidelberg 1957.

REUTTER, F.: Darstellende Geometrie, Band 1–2. 2. bzw. 5. Auflage, Verlag G. Braun, Karlsruhe 1958.

ROHN, K. und PAPPERITZ, E.: Lehrbuch der darstellenden Geometrie, Band 1–3. 3. bzw. 4. Auflage, Veit und Co., Leipzig 1906–1916.

SALKOWSKI, E.: Darstellende Geometrie. 8. Auflage, Akademische Verlagsgesellschaft Geest und Portig, Leipzig 1959.

SANDEN, H. VON: Darstellende Geometrie. 6. Auflage, B. G. Teubner Verlagsgesellschaft Leipzig 1956.

SCHEFFERS, G.: Lehrbuch der Darstellenden Geometrie, Band 1–2. 2. Auflage, Verlag von Julius Springer, Berlin 1922–1927.

SCHMID, TH.: Darstellende Geometrie, Band 1–2. 1. bzw. 2. Auflage, Walter de Gruyter und Co., Berlin und Leipzig 1919–1921.

SCHÖRNER, E.: Raumbild-Lehrbuch der Darstellenden Geometrie. R. Oldenbourg Verlag, München 1960.

SELENIN, J. W. (Селенин, Я. В.): Vorlesungen der darstellenden Geometrie mit Aufgaben und Anwendungen (Курс начертательной геометрии с задачами и упражнениями). Moskau 1961.

STIEFEL, E.: Lehrbuch der darstellenden Geometrie. 2. Auflage, Birkhäuser Verlag, Basel und Stuttgart 1960.

STRUBECKER, K.: Vorlesungen über Darstellende Geometrie. Vandenhoeck und Ruprecht, Göttingen 1958.

TIMERDING, H. E.: Zeichnerische Geometrie. Akademische Verlagsgesellschaft mbH, Leipzig 1928.

TRAUTMAN, H. F. (Траутман, Х. Ф.): Aufgabensammlung zur darstellenden Geometrie (Сборник задач по начертательной геометрии). Moskau 1953.

VOLK. C.: Die maschinentechnischen Bauformen und das Skizzieren in Perspektive. 9. Auflage, Springer-Verlag, Berlin-Göttingen-Heidelberg 1949.

WIENER, CH.: Lehrbuch der darstellenden Geometrie, Band 1–2. 1. bzw. 2. Auflage, B. G. Teubner, Leipzig und Berlin 1887–1906.

SACHWORTVERZEICHNIS

Kolibri 360 GmbH
Ferdinand-Jühlke-Straße 7
99095 Erfurt, Deutschland
produktsicherheit@kolibri360.de